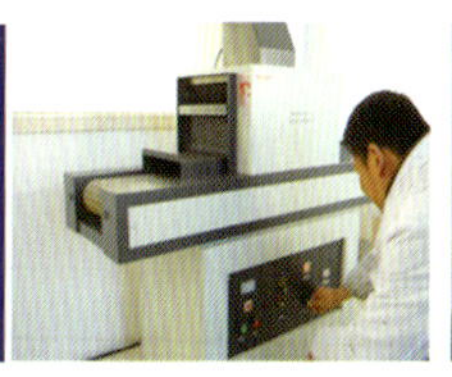
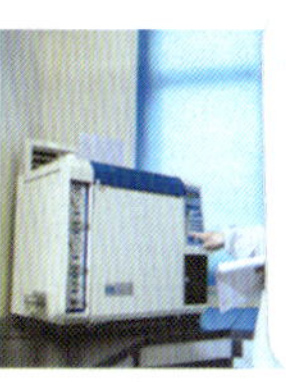

公司简介

江苏三木集团有限公司是专业从事涂料用树脂（溶剂）和树脂原料研发、生产以及配套铜和电缆生产与销售的大型集团企业。在行业中素有“涂料用原材料超市”之称。目前集团拥有总资产超过125亿元，净资产超过65亿元，设备年生产能力超200万吨，员工总数超5500人，跻身2019中国民营企业500强第350位、中国民营企业制造业500强第201位、中国制造企业500强第297位、江苏省前100家民营企业（集团）第60位。集团先后组建国家级博士后科研工作站、江苏省合成树脂工程技术研究中心、江苏省院士工作站、江苏省辐射固化材料工程中心等研发平台，承担多项国家级、省级科研项目，是国家级高新技术企业。

公司主要产品有合成树脂系列，溶剂系列以及化工原料系列，拥有36万环氧树脂、25万吨醇树脂、6万吨光固化单体及4吨光固树脂，5万吨氨基树脂、32万吨丙烯酸及酯类产品以及10万吨溶剂等产品。产品广泛应用于油漆、涂料、电子电工、船舶、建筑、医药等相关领域，公司在同行中率先通过了ISO 9001、ISO 14001等认证体系。

公司秉持打造“世界级涂料用原料循环经济园区”的目标，利用公司涂料原料的整体优势，先后在总部宜兴、四川合江、河南焦作和湖北嘉鱼等地建立绿色涂料产业园区。在泰兴及山东无棣建立了大型化工原料园区。同时，集团还拥有一个物流中心，一家运输公司，一家包装材料公司，一家化工设备安装制造公司，做到多元化经营、纵向发展。如今的三木，已成为以化工产品为主导、铜厂、电缆等相关产业配套经营、跨行业和地区的多元化大型企业集团。

“以质量创造价值，让顾客永远信赖”是公司始终贯彻的质量方针，“三木化工，助您成功”是公司始终不变的宗旨。

主要产品

环氧树脂
普通双酚A型环氧树脂
阻燃型溴化环氧树脂
耐热型酚醛环氧树脂
环氧活性稀释剂
双酚F环氧树脂
柔性环氧树脂
电子级线性酚醛树脂
双酚F(BPF)

环氧固化剂
环氧固化剂

光固化树脂
标准双酚A环氧丙烯酸酯
标准酚醛环氧丙烯酸酯
改性环氧丙烯酸酯
水性环氧丙烯酸酯
聚氯酯丙烯酸酯
氨基丙烯酸酯
聚酯丙烯酸酯
纯丙丙烯酸酯
磷酸酯丙烯酸酯
低成本单体
多官能基单体
三官能基单体
双官能基单体
单官能基单体
无苯单体
胺改性丙烯酸酯
聚醚多元醇
引发剂

醇酸树脂
木器漆及硝基漆用醇酸树月旨
净味木器漆树脂
工业烤漆及汽车漆用醇酸树脂
自干性醇酸树脂
工业聚氨酯漆用醇酸树脂
环氧酯树脂
硝基漆用醇酸树脂

饱和聚酯树脂
卷材涂料用聚酯树脂
工业烤漆用聚酯树脂
水性涂料用聚酯树脂

聚氨酯固化剂
通用型固化剂
快干型固化剂
达标型固化剂
底漆型固化剂
低价固化剂
潮气固化型固化剂
三聚体
醇酸改性树脂
封闭型固化剂
电泳漆用固化剂
高档耐黄变聚氨酯固化剂

丙烯酸树脂
热塑性丙烯酸树脂
金属漆（机械漆、防腐漆、集装箱、防火漆）用溶剂型热塑性丙烯酸树脂
水泥漆（马路划线、桥梁、外墙）用溶剂型热塑性丙烯酸树脂
塑胶漆（ABS、PP、PVC、PC、PS板）用溶剂型热塑性丙烯酸树脂
木器漆（家具漆、地板底漆、藤器漆）用溶剂型热塑性丙烯酸树脂
羟基丙烯酸树脂
金属漆（机械漆、防腐漆、集装箱、防火漆）用溶剂型羟基丙烯酸树脂
汽车修补漆用溶剂型羟基丙烯酸树脂
塑胶漆（ABS、PP、PVC、PS板）用溶剂型羟基丙烯酸树脂
玻璃漆用（灯具、玻璃、酒瓶）用溶剂型丙烯酸树脂

热固性丙烯酸树脂
金属漆（机械漆、防腐漆、集装箱、卷材）用溶剂型热固性丙烯酸树脂
车辆漆（汽车、摩托车、电动车、自行车、火车）用热固性丙烯酸树脂

氨基树脂
（异）丁醚化氨基树脂
甲醚化氨基树脂

有机硅树脂
有机硅树脂

粉末聚酯树脂
粉末聚酯树脂

不饱和聚酯树脂
玻璃钢树脂
涂层树脂
工艺品树脂
人造石树脂
云石胶树脂
纽扣树脂
原子灰树脂

水性树脂
电泳漆用阳离子丙烯酸树脂
电泳漆用阴离子丙烯酸树脂
热塑型丙烯酸树脂
热固型丙烯酸树脂
丙烯酸乳液
醇溶性丙烯酸树脂
水性环氧固化剂
环氧乳液
水性醇酸树脂
水性聚酯树脂
水性氨基树脂

地址：江苏省宜兴市官林镇三木路85号　邮编：214258　电话：0510-87235902 87235634　传真：0510-81735077

公司介绍

江苏纽克莱涂料有限公司是一家专业研发、生产、销售工业防腐涂料、重防腐涂料的企业，是一家致力于为您提供专业的工业涂料及涂装一体化解决方案的企业，下辖一家工业涂料生产工厂，一个水性防腐涂料研究所，及一个涂装外包服务分公司。公司坚持“专业品质，创造价值”的企业理念，为您提供高性能工业涂料涂装一体化解决方案。

工厂位于江阴市长东开发区，占地面积12000m^2,成立于1993年，新建于2003年，配备标准化生产车间，技术检测中心，打样实验室，成品仓库及原料中转仓库。公司长期和常州涂料研究院,中国腐蚀与防护学会，中国钢结构协会防腐蚀协会等保持着战略研发合作关系，也和浙江大学，华东理工大学，江南大学及中国矿业大学建立了针对产品优化改型的定向产学研合作，并荣幸的成为《涂料与技术文摘》特别协办单位，中国涂料工业协会理事单位，并参与起草了部分防腐涂料标准。截至2019年公司共累计申请发明专利12件，实用新型专利32件。

高新技术企业
证书
企业名称：江苏纽克莱涂料有限公司　证书编号：GR201932006629
发证时间：2019年12月5日　有效期：三年
批准机关：

江苏省科技型中小企业
企业名称：江苏纽克莱涂料有限公司
证书编号：14320281KJQY000094
二〇一五年一月八日
（盖章）

中国化工学会涂料涂装专业委员会
会员单位
发证机关：涂料涂装专业委员会

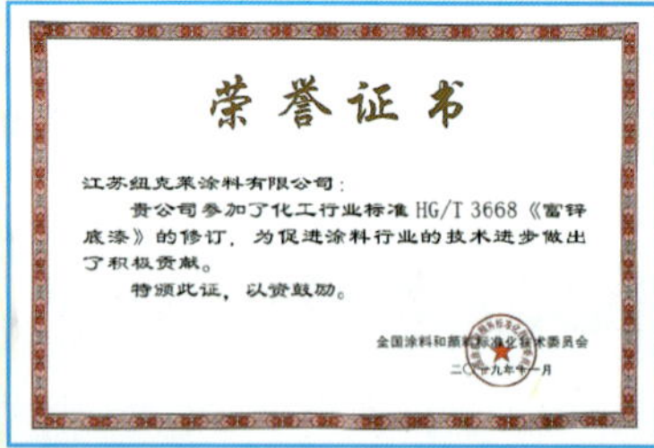
荣誉证书
江苏纽克莱涂料有限公司：
贵公司参加了化工行业标准HG/T 3668《富锌底漆》的修订，为促进涂料行业的技术进步做出了积极贡献。
特颁此证，以资鼓励。
全国涂料和颜料标准化技术委员会
二〇一九年十一月

二〇一九年度
创新发展先进企业
中共长泾镇委员会
长泾镇人民政府
二〇二〇年一月

主营产品

公司目前可生产200种以上的各种系列防腐涂料产品，主要包括环氧漆、丙烯酸漆、聚氨酯漆、氟碳涂料、耐高温漆、无机类漆等防腐涂料系列，产品广泛应用于石化、钢铁、电力、重型机械、工程机械、船舶、制药、食品、包装、汽车、建筑、电子、管道等行业及大型工程项目了。

纽克莱涂料
防腐专选

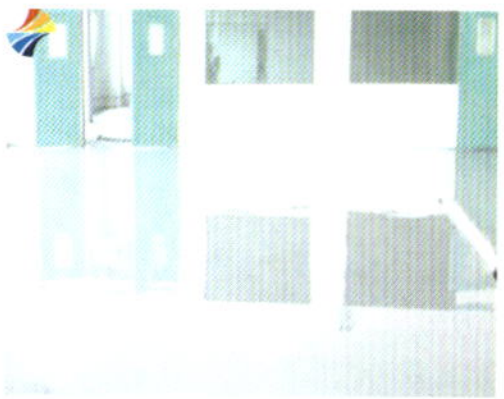

涂料与颜料标准汇编

涂料产品卷

2021

全国涂料和颜料标准化技术委员会
中国石油和化学工业联合会 编
中国标准出版社

中国标准出版社

北 京

图书在版编目(CIP)数据

涂料与颜料标准汇编. 涂料产品卷:2021/全国涂料和颜料标准化技术委员会,中国石油和化学工业联合会,中国标准出版社编. —北京:中国标准出版社,2021. 8
ISBN 978-7-5066-9850-4

Ⅰ.①涂… Ⅱ.①全…②中…③中… Ⅲ.①涂料—标准—汇编—中国②颜料—标准—汇编—中国 Ⅳ.①TQ63-65 ②TQ62-65

中国版本图书馆 CIP 数据核字(2021)第 147983 号

中国标准出版社出版发行
北京市朝阳区和平里西街甲 2 号(100029)
北京市西城区三里河北街 16 号(100045)
网址 www.spc.net.cn
总编室:(010)68533533 发行中心:(010)51780238
读者服务部:(010)68523946
中国标准出版社秦皇岛印刷厂印刷
各地新华书店经销
*
开本 880×1230 1/16 印张 50 字数 1 506 千字
2021 年 8 月第一版 2021 年 8 月第一次印刷
*
定价 250.00 元

出版说明

涂料是现代合成材料和新材料的一个重要分支。涂料产品虽不是一种主体材料，但在国民经济各行业发展过程中发挥着十分重要的作用。涂料的应用范围广泛，几乎遍及所有的工业和民用领域，在航空航天、国防军事、核电设施等方面也发挥着不可替代的作用。

经过多年的不断努力，目前涂料行业已形成了 500 余项国家标准和化工行业标准组成的较为完整的涂料和颜料标准体系，基本满足了各类涂料和颜料在生产、应用以及国内外贸易中的使用需求，在提高产品质量、规范市场秩序方面正发挥着积极的作用，促进了涂料和颜料产业结构调整和优化升级，为建设环境友好型、资源节约型社会做出了应有的贡献，在我国涂料和颜料行业发展进程中发挥了极为重要的作用。

2021 年重新编辑出版了《涂料与颜料标准汇编》，该套汇编按照系统完整的原则汇集了现行涂料颜料产品与试验方法标准，是相关涂料颜料研究机构、生产企业、涂料用户、检验机构等非常适用的首选工具书。

与 2016 年版《涂料与颜料标准汇编》相比，将建筑涂料、通用涂料、专用涂料、涂料有害物质限量要求等标准合并成产品卷；通用涂料试验方法不再单独设置一卷。

本套《涂料与颜料标准汇编》包括 4 册：

《涂料与颜料标准汇编　涂料产品卷　2021》

《涂料与颜料标准汇编　涂料试验方法卷　2021》

《涂料与颜料标准汇编　涂漆前底材处理及涂装技术规范　涂装卷　2021》

《涂料与颜料标准汇编　颜料产品和试验方法　颜料卷　2021》

本册为《涂料与颜料标准汇编　涂料产品卷　2021》，共收录截至 2020 年 12 月底批准发布的国家标准 68 项。

本汇编收集的国家标准的属性已在目录上标明(GB 或 GB/T)，年代号用 4 位数字表示。

编　者

2021 年 8 月

2016年版出版说明

涂料是现代合成材料和新材料的一个重要分支。涂料产品虽不是一种主体材料，但在国民经济各行业发展过程中发挥着十分重要的作用。涂料的应用范围广泛，几乎遍及所有的工业和民用领域，在航空航天、国防军事、核电设施等方面也发挥着不可替代的作用。2015 年我国涂料总产量已达 1 710 万吨，位居世界第一。

“十二五”是我国经济重要的结构调整和转型时期，人们对环境和健康安全更加关注，与环境保护、健康安全相关的标准和标准化工作引起人们的高度重视。“十二五”期间，全国涂料和颜料标准化技术委员会共组织完成 166 项国家标准和化工行业标准的制修订。经过多年的不断努力，目前已形成了涵盖 400 余项国家标准和化工行业标准组成的较为完整的涂料和颜料标准体系，基本满足了各类涂料和颜料在生产、应用以及国内外贸易中的使用需求，在提高产品质量、规范市场秩序方面正发挥着积极的作用，促进了涂料和颜料产业结构调整和优化升级，为建设环境友好型、资源节约型社会做出了应有的贡献，在我国涂料和颜料行业发展进程中发挥了极为重要的作用。

为使涂料相关单位及时了解标准内容，特重新编辑出版《涂料与颜料标准汇编》。本套汇编按照系统完整的原则汇集了现行涂料颜料产品与试验方法标准，是同类标准汇编中的最新版本，是相关涂料、颜料研究机构、生产企业、涂料用户、检验机构等非常适用的首选工具书。

本套汇编将分为 9 册陆续出版，包括：

《涂料与颜料标准汇编　涂漆前底材处理及涂装技术规范　涂装卷　2016》

《涂料与颜料标准汇编　涂料有害物质限量及测试方法　有害物质限量卷　2016》

《涂料与颜料标准汇编　涂料产品及试验方法　建筑涂料卷　2016》

《涂料与颜料标准汇编　涂料试验方法　通用卷　2016》

《涂料与颜料标准汇编　涂料产品　专用涂料卷　2016》

《涂料与颜料标准汇编　涂料产品　通用涂料卷　2016》

《涂料与颜料标准汇编　涂料试验方法　液体和施工性能卷　2016》

《涂料与颜料标准汇编　涂料试验方法　涂膜性能卷　2016》

《涂料与颜料标准汇编　颜料产品和试验方法　颜料卷　2016》

本汇编收集的国家标准与行业标准的属性已在目录上标明(GB 或 GB/T 或 HG/T 等),年代号用 4 位数字表示。鉴于部分标准是在标准清理整顿前出版的,现尚未修订,故正文部分仍保留原样;读者在使用这些标准时,其属性以目录上标明的为准(标准正文“引用标准”中的属性请读者注意查对)。

本套汇编收录的标准,由于出版的年代不同,其格式、计量单位乃至术语不尽相同,本次汇编只对原标准中技术内容上的错误以及其他明显不当之处做了更正。

编　者

2016 年 2 月

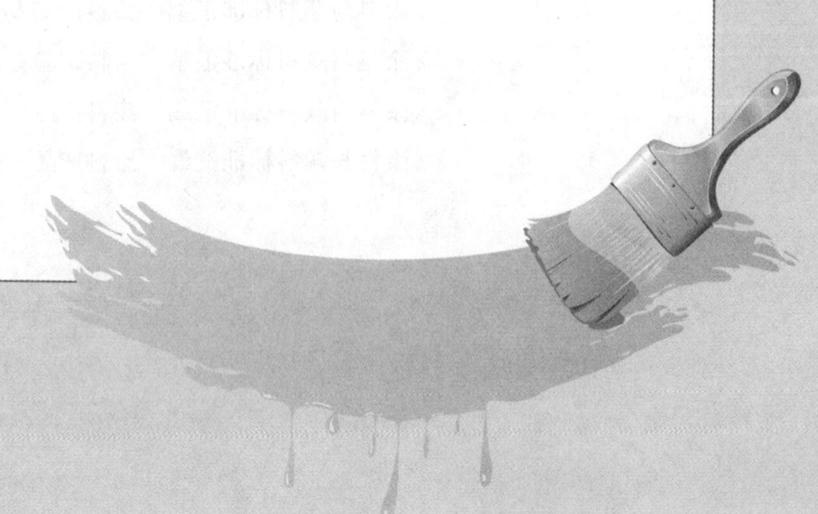

目　录

第一部分　通用涂料

第二部分　专用涂料

第三部分 建筑涂料

第四部分　有害物质限量要求

第一部分
通用涂料

ICS 25.220.01;87.020
A 29

中华人民共和国国家标准

GB/T 18178—2000

水性涂料涂装体系选择通则

General rules of the selection for painting system of water paint

2000-08-28发布 2001-01-01实施

国家质量技术监督局 发布

前　　言

附录 A 是标准的附录。

附录 B 是提示的附录。

本标准由国家机械工业局提出。

本标准由全国金属与非金属覆盖层标准化技术委员会归口。

本标准负责起草单位:武汉材料保护研究所。

本标准主要起草人:李新立、常玉鑫、贾建新、李安忠、叶蕾。

中华人民共和国国家标准

水性涂料涂装体系选择通则

GB/T 18178—2000

General rules of the selection for painting system of water paint

1 范围

本标准规定了水性涂料涂装体系选择的基本原则。

本标准适用于钢铁件的涂装。

2 引用标准

下列标准所包含的条文,通过在本标准中引用而构成为本标准的条文。本标准出版时,所示版本均为有效。所有标准都会被修订,使用本标准的各方应探讨使用下列标准最新版本的可能性。

GB/T 1731—1993 漆膜柔韧性测定法
GB/T 1732—1993 漆膜耐冲击测定法
GB/T 1733—1993 漆膜耐水性测定法
GB/T 1763—1979(1989) 漆膜耐化学试剂性测定法
GB/T 1771—1991 色漆和清漆 耐中性盐雾性能的测定(eqv ISO 7253:1984)
GB 3186—1982 涂料产品的取样
GB/T 5206.1—1985 色漆和清漆 词汇 第一部分 通用术语(eqv ISO 4618.1:1978)
GB 6514—1995 涂装作业安全规程 涂漆工艺安全及其通风净化
GB/T 6739—1996 漆膜硬度铅笔测定法
GB/T 6807—1986 钢铁工件涂漆前磷化处理技术条件
GB 7691—1987 涂装作业安全规程 劳动安全和劳动卫生管理
GB 7692—1999 涂装作业安全规程 涂漆前处理工艺安全及其通风净化
GB/T 8264—1987 涂装技术术语
GB/T 8923—1988 涂装前钢材表面锈蚀等级和除锈等级(eqv ISO 8501.1:1988)
GB/T 9286—1998 色漆和清漆 漆膜的划格试验(eqv ISO 2409:1992)
GB/T 11376—1997 金属的磷酸盐转化膜(eqv ISO 9717:1990)
GB/T 13312—1991 钢铁件涂装前除油程度检验方法(验油试纸法)
JB/T 6978—1993 涂装前表面准备 酸洗

3 定义

本标准采用GB/T 8264 中的定义和下列定义。

3.1 水性涂料 water (based) paint

完全或主要以水为介质的涂料(GB/T 5206.1—1985 中1.15)。

3.2 涂层体系 coat system

涂料经涂覆并固化后形成的多层涂膜。

国家质量技术监督局 2000-08-28 批准 2001-01-01 实施

3.3 涂装体系 painting system

表面预处理、涂料和涂料施工的总称。

4 需方应提供的信息

除非另有规定,需方应提供下列信息:

4.1 本标准号。

4.2 待涂工件的形状、尺寸和表面状态的说明、图纸或样品。

4.3 工件的使用环境和使用目的。

5 表面预处理

表面预处理主要包括脱脂、除锈和磷化等工序,根据工件表面状态、水性涂料的施工要求和工件的使用环境等因素,可以全部采用或部分采用。

5.1 脱脂

工件脱脂后,表面应无油脂、油污、酸、碱、盐液等,脱脂效果按 GB/T 13312 规定或附录 A(标准的附录)进行。

5.2 除锈

工件除锈后,表面应无氧化皮、型砂、锈迹等。可以采用机械除锈,也可以采用化学除锈,或两者组合除锈(如超声波除锈等)。

5.2.1 机械除锈

机械除锈包括喷射、抛射、火焰、手工工具和动力工具除锈等。机械除锈按 GB/T 8923 规定执行,工件除锈后表面应达到 Sa2 $\frac{1}{2}$或 St2 或 CF Ⅰ,可按具体情况选定。

5.2.2 化学除锈

化学除锈通常又称为酸洗。化学除锈及工件除锈后达到的表面状态应符合 JB/T 6978 中相应的规定。

5.3 磷化

不同水性涂料对磷化工序的要求差别很大,自泳涂料不需要磷化;除非另有规定,其他水性涂料作底层时建议采用磷化,经磷化后工件表面形成的磷化膜应符合 GB/T 6807 或 GB/T 11376 中相应的规定。

6 涂料

6.1 分类

目前,将水性涂料作如下分类:

a) Ⅰ型为乳胶涂料;

b) Ⅱ型为自泳涂料;

c) Ⅲ型为电泳涂料;

d) Ⅳ型为Ⅰ型、Ⅱ型、Ⅲ型之外的水性涂料。

常用水性涂料品种及用途见附录 B(提示的附录)。

6.2 一般要求

6.2.1 涂料的颜色、组成、包装、标志等应符合产品标准或相应技术规范要求。

6.2.2 涂料应能自干或烘干。

6.2.3 涂料使用前应取样复验,并应符合产品标准或相应技术规范要求。

6.2.4 多种涂料配合使用时,供方应进行需方认可的配套试验。

6.3 技术要求

除非另有规定，涂料的技术要求见表1。

表1 技术要求

项目	指标			
	Ⅰ型	Ⅱ型	Ⅲ型	Ⅳ型
铅笔硬度	符合产品技术要求	≥2H	阳极电泳涂料：≥H 阴极电泳涂料：≥2H	符合产品技术要求
柔韧性，mm	≤2	≤2	≤1	≤2
耐冲击性，cm	≥40	≥45	≥45	≥40
附着力，级	≤2	≤1	≤1	≤2
耐水性(甲法)，h	符合产品技术要求	符合产品技术要求	阳极电泳涂料：符合产品技术要求 阴极电泳涂料：≥1000	符合产品技术要求
耐盐水性(甲法)，h	≥24	—	—	水性醇酸涂料：≥48 水性环氧涂料：≥120 水性丙烯酸涂料：≥120 其他水性涂料：≥48
耐盐雾性，h	—	≥240	聚丁二烯阳极电泳涂料：≥240 丙烯酸阳极电泳涂料：≥120 其他阳极电泳涂涂：≥24 厚膜型阴极电泳涂料：≥1 000 其他阴极电泳涂料：≥720	符合产品技术要求

6.4 涂层体系中涂料的选用

应按相应的基体表面状况、涂料性能、工件的使用环境和使用目的等选择构成涂层体系的各层相应的涂料。常用水性涂料在涂层体系中的选用见表2。

表2 常用水性涂料在涂层体系中的选用

品种		底层	中间层	面层	底面合一层
Ⅰ型	丙烯酸金属乳胶涂料	Y	Y	Y	Y
	苯丙金属乳胶涂料	Y	Y	Y/N	Y/N
Ⅱ型	偏氯乙烯系自泳涂料	Y	N	N	Y/N
	丙烯酸系自泳涂料	Y	N	N	Y
Ⅲ型	丙烯酸阳极电泳涂料	Y	N	N	Y
	环氧阳极电泳涂料	Y	N	N	Y/N
	聚丁二烯阳极电泳涂料	Y	N	N	Y/N
	环氧阴极电泳涂料	Y	N	N	Y/N
	丙烯酸阴极电泳涂料	Y	N	N	Y
Ⅳ型	水性醇酸涂料	Y	Y	Y	Y
	水性丙烯酸涂料	Y/N	Y/N	Y	Y
	水性环氧防锈涂料	Y	Y	N	N
	水性聚酯涂料	Y/N	Y	Y/N	Y
注：Y—可以选用，N—不能选用，Y/N—由供需双方协商确定选用或不选用。					

6.5 试验方法

6.5.1 取样

按 GB/T 3186 进行。

6.5.2 铅笔硬度

按 GB/T 6739 进行。

6.5.3 柔韧性

按 GB/T 1731 进行。

6.5.4 耐冲击性

按 GB/T 1732 进行。

6.5.5 附着力

按 GB/T 9286 进行。

6.5.6 耐水性

按 GB/T 1733 进行。

6.5.7 耐盐水性

按 GB/T 1763 进行。

6.5.8 耐盐雾性

按 GB/T 1771 进行。

7 涂料施工

7.1 表面预处理

表面预处理按第 5 章执行。

7.2 施工条件

水性涂料的施工一般应在清洁、空气流通、光线充足的地方进行，根据各种水性涂料本身的特点选择温度、湿度、调配方法、重涂间隔时间等参数。

7.3 施工方法

根据水性涂料本身的特点和待涂工件的要求，选择浸涂、刷涂、滚涂、电泳、自泳、喷涂等中的一种或几种的组合。

7.4 固化

应根据各种水性涂料的特性选择固化温度、时间、方法等。

8 检查

按本标准提供的材料和提出的技术文件供方应接受需方的检查认可。在有争议的情况下，应遵从协商文件中规定的仲裁或调解方法，或采用其他适当的方式调解或仲裁。

9 安全

部分水性涂料也含有机溶剂，在一定条件下同样具有可燃性，水性涂料的某些组分可能有害。在操作时应遵守 GB/T 7691、GB/T 7692 和 GB/T 6514 中相应的规定。

附 录 A
（标准的附录）
脱脂效果简易判定方法

脱脂效果简易判定方法包括水浸润法和揩试法等见表 A1。

表 A1 脱脂效果简易判定方法

名称	操作方法	结果
水浸润法	清洗后的工件浸入自来水中，取出观察表面的水膜是否连续或挂水珠。表面若留有残渣时，应在弱酸中浸洗后，取出观察水膜是否连续或挂水珠。用表面活性剂清洗时，应在自来水中反复浸洗 2～3 次，取出观察水膜是否连续或挂水珠	水膜连续和不挂水珠者为合格，不连续或挂水珠者为不合格
揩试法	清洗后的工件用白布或白纸揩拭，观察白布或白纸上留有的污迹。工件表面的灰垢等较重时，不推荐使用该方法	白布或白纸上不留污迹为合格，留有污迹为不合格

附 录 B
（提示的附录）
常用水性涂料品种及用途

Ⅰ型、Ⅱ型、Ⅲ型和Ⅳ型水性涂料的常用品种及用途，分别见表 B1、表 B2、表 B3 和表 B4。

表 B1 Ⅰ型水性涂料常用品种及用途

涂料品种	成膜条件	性能和用途
苯丙金属乳胶涂料	表干：1 h，实干：24 h。烘干：140～160℃、1 h	涂膜耐水洗、耐磨、耐候性好，防锈性能超过醇酸和过氯乙烯防锈涂料。适用于钢铁底材、铝合金及镀锌板等的涂装
丙烯酸金属乳胶涂料	表干：1 h，实干：24 h。烘干：90～110℃、1 h	涂膜防锈性能好，可与过氯乙烯、醇酸、硝基、丙烯酸面漆配套使用。适用机床、铸件、铁制家具、法兰盘等产品的涂装。对铝合金表面、镀锌薄板表面、有潮气的金属表面涂装效果好
聚氨酯乳胶涂料	表干：1 h，实干：24 h	涂膜耐久性、耐磨性、防锈性优异，可作底漆，多用于汽车工业

表 B2 Ⅱ型水性涂料常用品种及用途

涂料品种	成膜条件	性能和用途
丙烯酸系自泳涂料	烘干：二段烘干，110℃、15 min，170℃、20 min	涂膜具有优良的耐盐雾、耐酸、耐碱性能，适用于汽车车架及部件、仪器仪表、农机具等的涂装
偏氯乙烯系自泳涂料	烘干：100～110℃、20～30 min	涂膜具有比丙烯酸系自泳涂料更优良的耐盐雾性能，附着力略低于丙烯酸系自泳涂料，适用于汽车车架及部件、仪器仪表、农机具等的涂装

表 B3 Ⅲ型水性涂料常用品种及用途

涂料品种	成膜条件	性能和用途
环氧阳极电泳涂料	电泳电压:60～100 V 电泳时间:2～3 min, 固化温度:150～170℃, 固化时间:20～30 min	涂膜具有较好的附着力、物理机械性能,适用于钢铁、铝及合金等涂装
丙烯酸阳极电泳涂料	电泳电压:130～170 V, 电泳时间:2～3 min, 固化温度:170～190℃, 固化时间:20～30 min	涂膜防锈性、耐候性、耐光性较好,用于轻工、家电、铝材等涂装
聚丁二烯阳极电泳涂料	电泳电压:80～200 V, 电泳时间:2～3 min, 固化温度:150～180℃, 固化时间:20～30 min	涂膜防锈性能良好,物理机械性能优异,槽液稳定性好。适用于钢板,钢条、金属部件、汽车车身等涂装
环氧阴极电泳涂料	电泳电压:150～250 V, 电泳时间:2～3 min, 固化温度:160～190℃, 固化时间:20～30 min	涂膜具有良好的耐水性、耐潮性和优良物理机械性能。用于军工、汽车、农机、家电、仪表等行业的金属制品等涂装
丙烯酸阴极电泳涂料	电泳电压:120～200 V, 电泳时间:2～3 min, 固化温度:170～190℃, 固化时间:20～30 min	涂膜耐候性、装饰性优异,清漆涂层光亮平滑,透明清澈。可用作金属精饰件的透明罩光涂层。添加各类彩色颜料,可使涂膜色彩鲜艳

表 B4 Ⅳ型水性涂料常用品种及用途

涂料品种	成膜条件	性 能 和 用 途
水性醇酸涂料	烘干:130～150℃、20 min	铅笔硬度:≥HB,冲击强度:50 cm,柔韧性:1 mm,用于钢结构件、机械零件、汽车部件等涂装
水性丙烯酸涂料	烘干:120～160℃、30 min	铅笔硬度:≥H,冲击强度:50 cm,附着力(划格法):≤1级,涂膜耐盐雾、耐水性、附着力较好,不仅可做底层也可做底面合一层,可用于汽车、家用电器、仪表、食品罐内壁等涂装
水性环氧防锈涂料	烘干:80～100℃、30 min	铅笔硬度:≥H,冲击强度:50 cm,附着力(划格法):0 级,涂膜耐水性、防锈性能好,适用于黑色金属防锈打底
水性环氧聚酯涂料	烘干:130～140℃、30 min	铅笔硬度:≥H,冲击强度:50 cm,附着力(划格法):≤1级,涂膜具有优良的附着力,适用于汽车农用车框架、底盘和零部件、家用电器和仪器仪表等涂装
水性聚酯涂料	烘干:二段烘干,80℃、10 min,160℃、20 min	铅笔硬度:≥2H,冲击强度:50 cm,附着力(划格法):≤1级,涂膜硬而坚韧、丰满光亮,耐污染性好。适用于卷材、汽车车身、轻工产品等涂装

ICS 87.040
G 51

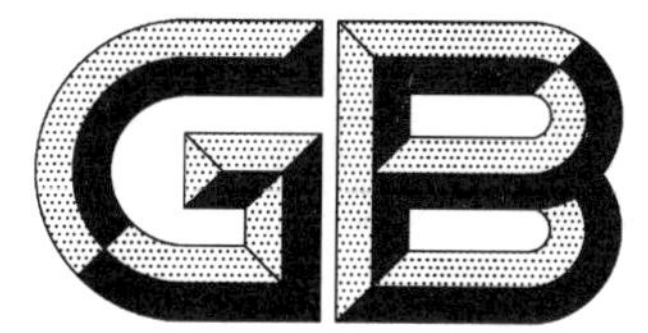

中华人民共和国国家标准

GB/T 24147—2009

水性紫外光(UV)固化树脂　水溶性不饱和聚酯丙烯酸酯树脂

Waterborne ultraviolet curable resin—Water soluble unsaturated polyester acrylate resin

2009-06-15 发布　　2010-02-01 实施

中华人民共和国国家质量监督检验检疫总局
中国国家标准化管理委员会　发布

前言

本标准由中国石油和化学工业协会提出。

本标准由全国涂料和颜料标准化技术委员会(SAC/TC 5)归口。

本标准起草单位:山东聊城齐鲁特种涂料有限责任公司、中海油常州涂料化工研究院。

本标准主要起草人:王兴民、赵玲、段洪东、黄逸东、王福忠。

水性紫外光(UV)固化树脂　水溶性不饱和聚酯丙烯酸酯树脂

1　范围

本标准规定了水溶性不饱和聚酯丙烯酸酯树脂的要求、试验方法、检验规则、标志、包装和贮存等内容。

本标准主要适用于水性UV固化油墨,也可以用于涂料和粘合剂领域。

2　规范性引用文件

下列文件中的条款通过本标准的引用而成为本标准的条款。凡是注日期的引用文件,其随后所有的修改单(不包括勘误的内容)或修订版均不适用于本标准,然而,鼓励根据本标准达成协议的各方研究是否可使用这些文件的最新版本。凡是不注日期的引用文件,其最新版本适用于本标准。

GB/T 1725　色漆、清漆和塑料　不挥发物含量的测定(GB/T 1725—2007,ISO 3251:2003,IDT)

GB/T 1728—1979　漆膜、腻子膜干燥时间测定法

GB/T 2794—1995　胶粘剂粘度的测定

GB/T 3186　色漆、清漆和色漆与清漆用原材料取样(GB/T 3186—2006,ISO 15528:2000,IDT)

GB/T 8170　数值修约规则与极限数值的表示和判定

GB/T 9750　涂料产品包装标志

GB/T 13491—1992　涂料产品包装通则

GB/T 14518—1993　胶粘剂的pH值测定

GB 18582—2008　室内装饰装修材料　内墙涂料中有害物质限量

3　要求

产品性能应符合表1的要求。

表1　要求

项　　目		要　　求
外观		无色或微黄色透明液体
pH值		8～10
不挥发物/%	≥	60
黏度		商定
水稀释稳定性		无絮凝,能形成均匀透明液体
光固化时间/s	≤	10
挥发性有机化合物含量(VOC)/(g/L)	≤	100

4　取样

按GB/T 3186的规定取样,也可按商定方法取样。取样量根据检验需要确定。

5 试验方法

5.1 外观

将试验样品放在洁净的玻璃烧杯中，在光线充足情况下目测。

5.2 pH 值

按 GB/T 14518—1993 的规定进行。

5.3 不挥发物

按 GB/T 1725 的规定进行。称样量(1±0.1)g，烘烤温度和时间(105±2)℃/3 h。

5.4 黏度

按 GB/T 2794—1995 中旋转黏度计法的规定进行。

5.5 水稀释稳定性

将试样用蒸馏水稀释到不挥发物约为 3%，静置 5 min 后目视观察是否有絮凝现象，以及能否形成均匀透明的液体。

5.6 光固化时间

5.6.1 仪器和试剂

5.6.1.1 天平：精确至 0.001 g。

5.6.1.2 线棒涂布器：规格为 25，与其对应的缠绕钢丝直径为 0.25 mm。

5.6.1.3 1 000 W 紫外灯。

5.6.1.4 铜版纸：70 g/m^2。

5.6.1.5 光引发剂。

5.6.2 光固化时间的测定

取 5 g 树脂溶液，在其中加入规定量的光引发剂。搅拌均匀后用线棒涂布器涂于铜版纸上，于紫外灯下 10 cm 处垂直照射，记录漆膜刚干燥时消耗的时间，以秒(s)表示。漆膜干燥的判断按 GB/T 1728—1979 中第 3 章甲法进行。

5.7 挥发性有机化合物含量(VOC)

按 GB 18582—2008 中附录 A 和附录 B 的规定进行测试，测试结果的计算按附录 A 中 A.7.2 进行。

6 检验规则

6.1 检验分类

6.1.1 产品检验分出厂检验和型式检验。

6.1.2 出厂检验项目包括外观、pH 值、不挥发物、黏度、水稀释稳定性、光固化时间。

6.1.3 型式检验项目包括本标准所列的全部技术要求。在正常生产情况下，每年至少检验一次。

6.2 检验结果的判定

6.2.1 检验结果的判定按 GB/T 8170 中修约值比较法进行。

6.2.2 应检项目的检验结果均达到本标准要求时，该试验样品为符合本标准要求。

7 标志、包装和贮存

7.1 标志

按 GB/T 9750 的规定进行。

7.2 包装

按 GB/T 13491—1992 中二级包装要求的规定进行。

7.3 贮存

产品贮存时应保证通风、干燥，防止日光直接照射并应隔绝火源，远离热源。

ICS 87.040
G 51

中华人民共和国国家标准

GB/T 25249—2010

氨基醇酸树脂涂料

Amino-alkyd resin coatings

2010-09-26 发布　　　　2011-08-01 实施

中华人民共和国国家质量监督检验检疫总局
中国国家标准化管理委员会　发布

前　言

本标准由中国石油和化学工业协会提出。

本标准由全国涂料和颜料标准化技术委员会(SAC/TC 5)归口。

本标准起草单位:中海油常州涂料化工研究院、南京长江涂料有限公司、深圳松辉化工有限公司、东莞大宝化工制品有限公司、浙江飞鲸漆业有限公司。

本标准主要起草人:郑国娟、李纯、张定德、黄建华、潘海洋。

氨基醇酸树脂涂料

1 范围

本标准规定了氨基醇酸树脂涂料的分类、要求、试验方法、检验规则、标志、包装和贮存等内容。

本标准适用于以氨基树脂和醇酸树脂为主要成膜物质，在一定温度下经烘烤固化形成涂膜的单组分涂料，主要用于轻工产品、机电仪器仪表、玩具等各种金属制品表面的涂覆，起装饰保护作用。

本标准不适用于氨基烘干绝缘涂料。

2 规范性引用文件

下列文件中的条款通过本标准的引用而成为本标准的条款。凡是注日期的引用文件，其随后所有的修改单(不包括勘误的内容)或修订版均不适用于本标准，然而，鼓励根据本标准达成协议的各方研究是否可使用这些文件的最新版本。凡是不注日期的引用文件，其最新版本适用于本标准。

GB/T 1725—2007 色漆、清漆和塑料 不挥发物含量的测定(ISO 3251:2003,IDT)

GB/T 1726—1979 涂料遮盖力测定法

GB/T 1728—1979 漆膜、腻子膜干燥时间测定法

GB/T 1732—1993 漆膜耐冲击测定法

GB/T 1735—2009 色漆和清漆 耐热性的测定(ISO 3248:1998,Paints and varnishes—Determination of the effect of heat,MOD)

GB/T 1766—2008 色漆和清漆 涂层老化的评级方法

GB/T 1865—2009 色漆和清漆 人工气候老化和人工辐射曝露 滤过的氙弧辐射(ISO 11341:2004,IDT)

GB 1922—2006 油漆及清洗用溶剂油

GB/T 3186 色漆、清漆和色漆与清漆用原材料 取样(GB/T 3186—2006,ISO 15528:2000,IDT)

GB/T 6682 分析实验室用水规格和试验方法(GB/T 6682—2008,ISO 3696—1987,MOD)

GB/T 6739—2006 色漆和清漆 铅笔法测定漆膜硬度(ISO 15184:1998,IDT)

GB/T 6742—2007 色漆和清漆 弯曲试验(圆柱轴)(ISO 1519:2002,IDT)

GB/T 6753.1—2007 色漆、清漆和印刷油墨 研磨细度的测定(ISO 1524:2000,IDT)

GB/T 6753.4—1998 色漆和清漆 用流出杯测定流出时间(eqv ISO 2431:1993)

GB/T 8170 数值修约规则与极限数值的表示和判定

GB/T 9271—2008 色漆和清漆 标准试板(ISO 1514:2004,MOD)

GB/T 9274—1988 色漆和清漆 耐液体介质的测定(eqv ISO 2812:1974)

GB/T 9278 涂料试样状态调节和试验的温湿度(GB/T 9278—2008,ISO 3270:1984,Paints and varnishes and their raw materials—Temperatures and humidities for conditioning and testing,IDT)

GB/T 9281.1—2008 透明液体 加氏颜色等级评定颜色 第1部分:目视法(ISO 4630-1:2004,IDT)

GB/T 9286—1998 色漆和清漆 漆膜的划格试验(eqv ISO 2409:1992)

GB/T 9750 涂料产品包装标志

GB/T 9754—2007 色漆和清漆 不含金属颜料的色漆漆膜的20°、60°和85°镜面光泽的测定(ISO 2813:1994,IDT)

GB/T 13452.2 色漆和清漆 漆膜厚度的测定(GB/T 13452.2—2008,ISO 2808:2007,IDT)

GB/T 13491 涂料产品包装通则

3 产品分类

本标准将氨基醇酸树脂涂料分为清漆和色漆两种,色漆又分为Ⅰ型和Ⅱ型,Ⅰ型为除锤纹等美术漆以外的色漆,Ⅱ型为锤纹等美术漆,Ⅰ型按使用场合不同又分为室外用和室内用两种。

4 要求

产品应符合表1的要求。

表1 要求

项目	指标			
	清漆	色漆		
		Ⅰ型		Ⅱ型
		室外用	室内用	
在容器中状态	搅拌混合后无硬块,呈均匀状态			
原漆颜色[a]/号 ≤	6	—		
流出时间(ISO 6号杯)/s ≥	30	—		
不挥发物含量/% ≥	—	47		
细度[b]/μm ≤ 光泽(60°)≥80 光泽(60°)<80	—	20 36		—
遮盖力[c]/(g/m²) ≤ 白色 黑色 其他色	—	110 40 商定		—
贮存稳定性[(50±2)℃/72 h]	通过			
干燥时间	通过			
漆膜外观	正常			—
光泽(60°)	商定			—
划格试验/级 ≤	1			—
耐冲击性/cm	50	≥40		
铅笔硬度(刮破) ≥	HB			
弯曲试验/mm ≤	3			
耐热性[(150±2)℃/1.5 h]	—	允许轻微变色和失光,并通过10 mm弯曲试验		
渗色性[d]	—	无渗色		—
耐水性(24 h)	无异常			—
耐碱性[e]（5% Na_2CO_3 溶液24 h)	—		无异常	—
耐酸性[e]（10% H_2SO_4 溶液5 h)	—	无异常	—	
耐挥发油性(3号普通型油漆及清洗用溶剂油)	48 h无异常	24 h无异常		—

表 1（续）

项目	指标			
	清漆	色漆		
		Ⅰ型		Ⅱ型
		室外用	室内用	
耐人工气候老化性(350 h)	—	不起泡、不开裂，变色≤2 级，失光≤2 级	—	
[a] 非透明液体除外。 [b] 含片状颜料和效应颜料，如铝粉、云母氧化铁、玻璃鳞片、珠光粉等的产品除外。 [c] 含有透明颜料的产品除外。 [d] 白色、银色、红色漆除外。 [e] 含铝粉的产品除外。				

5 试验方法

5.1 取样

产品按 GB/T 3186 的规定取样，也可按商定方法取样。取样量根据检验需要确定。

5.2 试验环境

除另有规定，制备好的样板应在 GB/T 9278 规定的条件下放置规定的时间后，按有关检验方法进行性能测试。干燥时间、光泽、划格试验、耐冲击性、铅笔硬度、弯曲试验项目应在 GB/T 9278 规定的条件下进行测试，其余项目按相关检验方法标准规定的条件进行测试。

5.3 试验样板的制备

除另有规定，试验用马口铁板、钢板和玻璃板应符合 GB/T 9271—2008 的要求，马口铁板的处理按 GB/T 9271—2008 中 4.3 的规定进行，钢板的处理应按 GB/T 9271—2008 中 3.5.2 的规定进行，玻璃板的处理应按 GB/T 9271—2008 中 7.2 的规定进行。按表 2 的规定制备试验样板，用 GB/T 13452.2 中规定的一种方法测定漆膜厚度。

表 2 试验样板的制备

检验项目	底材类型	底材尺寸 mm	施工方式及道数	漆膜厚度 μm	干燥及养护时间
漆膜外观、干燥时间、耐冲击性、弯曲试验、耐热性、耐水性、耐挥发油性、划格试验、铅笔硬度、渗色性	马口铁板	120×50×(0.2～0.3)	喷涂一道	清漆：20±3 色漆：23±3	样板喷涂好后放置 20 min，按规定的温度和时间烘干(烘烤温度和时间由供需双方商定)，放置 1 h 后进行试验。
光泽	清漆：涂覆黑漆的玻璃板； 色漆：玻璃板	150×100×3			
耐碱性、耐酸性	钢板	120×50×(0.45～0.55)	喷涂二道(第一道喷涂后放置 20 min，按规定的温度和时间烘干后再喷第二道)	45±5	
耐人工气候老化性	钢板	150×70×(0.8～1.5)			
注：划格试验、耐水性、耐碱性、耐酸性、耐挥发油性和耐人工气候老化性项目也可按供需双方商定的色漆和清漆配套体系进行制板。					

采用与本标准规定不同的底材、底材处理方法及样板制备方法，应在试验报告中注明。

5.4 在容器中状态

打开容器，用调刀或搅拌棒搅拌，允许容器底部有沉淀，若经搅拌易于混合均匀，可评为“搅拌混合后无硬块，呈均匀状态”。

5.5 原漆颜色

按 GB/T 9281.1—2008 的规定进行。

5.6 流出时间

按 GB/T 6753.4—1998 的规定进行。

5.7 细度

按 GB/T 6753.1—2007 的规定进行。

5.8 不挥发物含量

按 GB/T 1725—2007 的规定进行。烘烤温度为(125±2)℃，烘烤时间为 1 h，试样量约 1 g。

5.9 遮盖力

按 GB/T 1726—1979 中刷涂法的规定进行。

5.10 贮存稳定性

将约 250 mL 试样倒入内径为(70～80)mm、容量约 300 mL 的金属制罐中，立即盖好盖子，于(50±2)℃条件下贮存 72 h 后，如仍符合 5.4 条“在容器中状态”，则可评为“通过”。

5.11 干燥时间

按 GB/T 1728—1979 中实际干燥时间的甲法测定。在商定的温度和时间下进行烘烤，如实干则可评为“通过”。

5.12 漆膜外观

在自然日光下目视观察样板表面有无桔皮、起皱、色斑、缩孔等现象，如无则可评定为“正常”。

5.13 光泽

按 GB/T 9754—2007 的规定进行。

5.14 划格试验

按 GB/T 9286—1998 的规定进行。

5.15 耐冲击性

按 GB/T 1732—1993 的规定进行。

5.16 铅笔硬度

按 GB/T 6739—2006 的规定进行。铅笔用中华牌 101 绘图铅笔，以铅笔是否刮破漆膜来评定。

5.17 弯曲试验

按 GB/T 6742—2007 的规定进行。

5.18 渗色性

将同类白色氨基醇酸树脂涂料喷涂至已经干燥的色漆漆膜上，放置 20 min 后在商定的温度、时间下干燥后放置 1 h，在自然日光下目视观察受试产品是否渗到白色漆膜中并引起颜色变化，如无此现象则可评为“无渗色”。

5.19 耐热性

按 GB/T 1735—2009 的规定进行耐热性的测定，试验温度为(150±2)℃，时间为 1.5 h。耐热试验后的样板放置 24 h 后按 GB/T 6742—2007 进行弯曲试验。

5.20 耐水性、耐碱性、耐酸性、耐挥发油性

按 GB/T 9274—1988 中浸泡法的规定进行。水为符合 GB/T 6682 中规定的三级水，碱为 5% Na_2CO_3 溶液，酸为 10% H_2SO_4 溶液，油为符合 GB 1922—2006 中规定的 3 号普通型油漆及清洗用溶剂油。3 块试板中至少有 2 块未出现起泡、开裂、剥落、明显变色和明显失光等涂膜病态现象，则可评为

“无异常”。如出现以上涂膜病态现象按 GB/T 1766—2008 进行描述。

5.21 耐人工气候老化性

按 GB/T 1865—2009 中方法 1 中循环 A 的规定进行，结果评定按 GB/T 1766—2008 的规定进行。

6 检验规则

6.1 检验分类

6.1.1 产品检验分为出厂检验和型式检验。

6.1.2 出厂检验项目包括在容器中状态、原漆颜色、流出时间、细度、干燥时间、漆膜外观、光泽、划格试验、耐冲击性、铅笔硬度、弯曲试验。

6.1.3 型式检验项目包括本标准所列的全部技术要求。在正常生产情况下，每年至少进行一次型式检验。

6.2 检验结果的判定

6.2.1 检验结果的判定按 GB/T 8170 中修约值比较法进行。

6.2.2 所有应检项目的检验结果均达到本标准要求时，该试验样品为符合本标准要求。

7 标志、包装和贮存

7.1 标志

按 GB/T 9750 的规定进行。

7.2 包装

按 GB/T 13491 中一级包装要求的规定进行。

7.3 贮存

产品贮存时应保证通风、干燥，防止日光直接照射并应隔绝火源，远离热源。产品应根据类型定出贮存期，并在包装标志上明示。

ICS 87.040
G 51

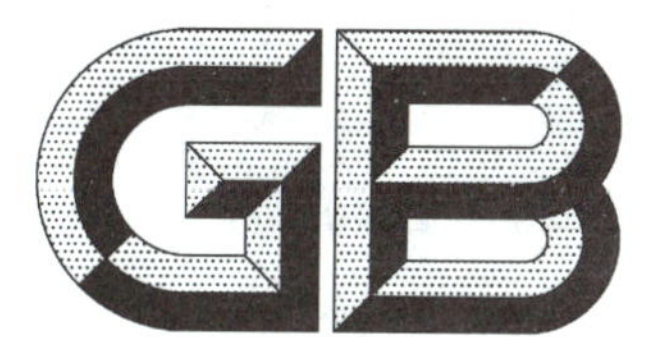

中华人民共和国国家标准

GB/T 25251—2010

醇酸树脂涂料

Alkyd resin coatings

2010-09-26 发布　　　　2011-08-01 实施

中华人民共和国国家质量监督检验检疫总局
中国国家标准化管理委员会　发布

前言

本标准由中国石油和化学工业协会提出。

本标准由全国涂料和颜料标准化技术委员会(SAC/TC 5)归口。

本标准起草单位:中海油常州涂料化工研究院、中华制漆(深圳)有限公司、广州珠江化工集团有限公司、浙江天女集团制漆有限公司、陕西宝塔山油漆股份有限公司、武汉双虎工业涂料有限公司、南京长江涂料有限公司、常州光辉化工有限公司、山东奔腾漆业有限公司、福建百花化学股份有限公司、杭州油漆有限公司、永记造漆工业(昆山)有限公司、宁波飞轮造漆有限责任公司、江苏冠军涂料实业有限公司、北京展辰化工有限公司、湖南湘江涂料集团有限公司。

本标准主要起草人:冯世芳、陈云、董翔、姚珄铭、刘军平、朱志录、宋景和、陆小英、王辉、黄启煊、姜方群、王海洋、冯伟东、谢海、罗先平、李波。

醇酸树脂涂料

1 范围

本标准规定了醇酸树脂涂料的分类、要求、试验方法、检验规则、标志、包装和贮存等内容。

本标准适用于以醇酸树脂或改性醇酸树脂为主要成膜物质，且通过氧化干燥成膜的醇酸树脂涂料。主要用于金属、木质等表面的保护和装饰。

2 规范性引用文件

下列文件中的条款通过本标准的引用而成为本标准的条款。凡是注日期的引用文件，其随后所有的修改单(不包括勘误的内容)或修订版均不适用于本标准，然而，鼓励根据本标准达成协议的各方研究是否可使用这些文件的最新版本。凡是不注日期的引用文件，其最新版本适用于本标准。

GB/T 1722—1992 清漆、清油及稀释剂颜色测定法

GB/T 1725—2007 色漆、清漆和塑料 不挥发物含量的测定(ISO 3251:2003,IDT)

GB/T 1726—1979 涂料遮盖力测定法

GB/T 1728—1979 漆膜、腻子膜干燥时间测定法

GB/T 1730—2007 色漆和清漆 摆杆阻尼试验(ISO 1522:1998,MOD)

GB/T 1733—1993 漆膜耐水性测定法

GB/T 1762—1980 漆膜回粘性测定法

GB/T 1766—2008 色漆和清漆 涂层老化的评级方法

GB/T 1865—2009 色漆和清漆 人工气候老化和人工辐射曝露 滤过的氙弧辐射色(ISO 11341:2004,IDT)

GB/T 3186 色漆、清漆和色漆与清漆用原材料 取样(GB/T3186—2006,ISO 15528:2000,IDT)

GB/T 6742—2007 色漆和清漆 弯曲试验(圆柱轴)(ISO 1519:2002,IDT)

GB/T 6753.1—2007 色漆、清漆和印刷油墨 研磨细度的测定(ISO 1524:2000,IDT)

GB/T 6753.4—1998 色漆和清漆 用流出杯测定流出时间(eqv ISO 2431:1993)

GB/T 8170 数值修约规则与极限数值的表示和判定

GB/T 9271—2008 色漆和清漆 标准试板(ISO 1514:2004,MOD)

GB/T 9274—1988 色漆和清漆 耐液体介质的测定(eqv ISO 2812:1974)

GB/T 9278 涂料试样状态调节和试验的温湿度(GB/T 9278—2008,ISO 3270:1984, Paints and varnishes and their raw materials—Temperatures and humidities for conditioning and testing,IDT)

GB/T 9286—1998 色漆和清漆 漆膜的划格试验(eqv ISO 2409:1992)

GB/T 9750 涂料产品包装标志

GB/T 9754—2007 色漆和清漆 不含金属颜料的色漆漆膜的 20°、60°和 85°镜面光泽的测定(ISO 2813:1994,IDT)

GB/T 13452.2 色漆和清漆 漆膜厚度的测定(GB/T 13452.2—2008,ISO 2808:2007,IDT)

GB/T 13491 涂料产品包装通则

GB/T 25271—2010 硝基涂料

JB/T 7499—2006 涂附磨具 耐水砂纸

SH 0004—1990(1998) 橡胶工业用溶剂油

3 产品的分类

产品分醇酸树脂清漆和醇酸树脂色漆两大类。醇酸树脂色漆分为底漆、防锈漆、调合漆和磁漆，磁漆根据涂装产品的使用场合分为室内用和室外用两种产品。

4 技术要求

4.1 醇酸树脂清漆产品应符合表1的要求。

表1 醇酸树脂清漆要求

项目		指标
在容器中状态		搅拌混合后无硬块，呈均匀状态
原漆颜色(不透明产品除外)/号	≤	12
不挥发物含量/%	≥	40
流出时间(ISO 6号杯)/s	≥	25
结皮性(24 h)		不结皮
施工性		施涂无障碍
漆膜外观		正常
干燥时间/h 表干 实干	 ≤ ≤	 5 15
弯曲试验/mm	≤	3
回粘性/级	≤	3
耐水性(6 h)		无异常
耐挥发油性(4 h)		无异常

4.2 醇酸树脂色漆产品应符合表2的要求。

表2 醇酸树脂色漆要求

<table>
<tr><th rowspan="3" colspan="2">项目</th><th colspan="5">指标</th></tr>
<tr><th rowspan="2">底漆</th><th rowspan="2">防锈漆</th><th rowspan="2">调合漆</th><th colspan="2">磁漆</th></tr>
<tr><th>室内用</th><th>室外用</th></tr>
<tr><td>在容器中状态</td><td></td><td colspan="5">搅拌混合后无硬块，呈均匀状态</td></tr>
<tr><td>流出时间(ISO 6号杯)/s</td><td>≥</td><td colspan="2">商定</td><td>40</td><td colspan="2">35</td></tr>
<tr><td>细度[a]/μm</td><td>≤</td><td>50</td><td>60</td><td>40</td><td colspan="2">光泽(60°)≥80 20
光泽(60°)＜80 40</td></tr>
<tr><td>遮盖力/(g/m²)
白色
黑色
其他色
(含有透明颜料的产品除外)</td><td>≤</td><td colspan="2">—</td><td>
200
45
商定</td><td colspan="2">
120
45
商定</td></tr>
<tr><td>不挥发物含量/%</td><td>≥</td><td colspan="2">—</td><td>50</td><td colspan="2">黑色、红色、蓝色、透明色 42
其他色 50</td></tr>
<tr><td>施工性</td><td></td><td colspan="5">施涂无障碍</td></tr>
</table>

表 2（续）

项目	指标				
	底漆	防锈漆	调合漆	磁漆	
				室内用	室外用
重涂适应性	—		重涂时无障碍		
与面漆的适应性	不咬起，不渗色	对面漆无不良影响	—		
干燥时间/h					
表干 ≤	5		8	8	8
实干 ≤	24		24	15	18
漆膜外观	正常				
光泽(60°)	—		商定		
硬度 ≥	—		0.2	0.2	
弯曲试验/mm ≤	—			3	
划格试验/级 ≤	1		—		
打磨性	易打磨，不粘砂纸	—			
渗色性(白色、银色、红色不测)	—			无渗色	
结皮性(48 h)	不结皮				
耐盐水性(3% NaCl)	24 h 无异常	48 h 无异常	—		
耐水性(8 h)	—			无异常	
耐挥发油性(4 h)	—			无异常	
耐酸性[b] (10 g/L H_2SO_4 溶液，24 h)	—				无异常
耐人工气候老化性(200 h)	—				不起泡、不开裂、不剥落、不粉化； 白色、黑色：变色≤2 级、失光≤3 级 其他色：变色、失光商定

[a] 含片状颜料和效应颜料，如铝粉、云母氧化铁、玻璃鳞片、珠光粉等的产品除外；

[b] 含铝粉颜料的产品除外。

5 试验方法

5.1 取样

产品按 GB/T 3186 规定取样，也可按商定方法取样。取样量根据检验需要确定。

5.2 试验样板的状态调节和试验环境

除另有规定外，制备好的样板，应在 GB/T 9278 规定的条件下放置规定的时间后，按有关检验方法进行性能测试。干燥时间、光泽、硬度、弯曲试验、划格试验应在 GB/T 9278 规定的条件下进行测试，其余项目按相关检验方法标准规定的条件进行测试。

5.3 试验样板的制备

5.3.1 底材的选择和处理方法

除另有商定外，按表3的规定选用底材，试验用钢板、马口铁板和玻璃板应符合GB/T 9271—2008的要求，钢板的处理应按GB/T 9271—2008中3.5.2的规定进行，马口铁板的处理应按GB/T 9271—2008中4.3的规定进行，玻璃板的处理应按GB/T 9271—2008中7.2的规定进行。商定的底材材质类型和底材处理方法应在检验报告中注明。

5.3.2 试验样板的制备

除另有规定外，按表3的规定制备试验样板。如需要底面漆配套检验，配套检验项目和样板制备方法可由供需双方商定。施涂方法可采用刷涂或喷涂，也可采用其他施涂方法。采用与本标准规定不同的样板制备方法，应在检验报告中注明。漆膜厚度的测试按GB/T 13452.2的规定进行。

表3 试验样板的制备

检验项目	底材类型	底材尺寸 mm	施涂方法	漆膜厚度 μm	干燥及养护时间[a]
施工性、漆膜外观、与面漆的适应性、重涂适应性	马口铁板	200×100×(0.2～0.3)	详见相关检验方法规定	清漆 15±3 色漆每道 40±3	详见相关检验方法规定
干燥时间	马口铁板	120×50×(0.2～0.3)	施涂一道	清漆 15±3 色漆 23±3	—
弯曲试验、打磨性	马口铁板	120×50×(0.2～0.3)	施涂一道	清漆 15±3 色漆 23±3	详见检验方法规定
回粘性	马口铁板	120×50×(0.2～0.3)	施涂一道	15±3	72 h
硬度、渗色性	玻璃板	120×90×(1.2～2.0)	施涂一道	23±3	72 h
光泽	玻璃板	150×100×3	详见检验方法规定	—	72 h
划格试验	钢板	120×50×(0.45～0.55)	施涂一道	23±3	详见检验方法规定
耐水性、耐挥发油性	钢板	120×50×(0.45～0.55)	施涂一道	23±3	72 h
耐盐水性、耐酸性	钢板	120×50×(0.45～0.55)	详见检验方法规定	45±5	详见检验方法规定
耐人工气候老化	钢板	150×70×(0.8～1.5)	施涂两道，每道间隔24 h	60±5	7 d

[a] 从试样开始涂装时计时。

5.4 在容器中状态

打开容器，用调刀或搅拌棒搅拌，允许容器底部有沉淀，若经搅拌易于混合均匀，可评为“搅拌混合后无硬块，呈均匀状态”。

5.5 原漆颜色

按GB/T 1722—1992中的甲法进行。

5.6 细度

按GB/T 6753.1—2007的规定进行。

5.7 流出时间

按GB/T 6753.4—1998的规定进行，用6号杯测试。

5.8 不挥发物含量

按 GB/T 1725—2007 的规定进行。烘烤温度为(105±2)℃,烘烤时间为 1 h,试样量约 1 g。

5.9 遮盖力

按 GB/T 1726—1979 中甲法的规定进行。

5.10 结皮性

将试样约 250 mL 倒入内径(70～80)mm、容量约 300 mL 的金属罐中,立即盖好盖子,使金属罐处于密闭状态。在 GB/T 9278 规定的条件下静置规定的时间后,取下容器的盖子,用玻璃棒触及试样表面,检查表层的流动性。如表层保持液体状态时,可评定为“不结皮”。

5.11 施工性

采用选择的施涂方法涂装试板,如施涂过程中无明显阻力,无明显拉丝、气泡、流挂等现象,可评定为“施涂无障碍”。将涂装好的试板水平放置 24 h 后,用于漆膜外观试验。

5.12 重涂适应性

采用选择的施涂方法涂装一道试样,放置 24 h。在试板的涂漆面用同样的方法进行重涂,观察施涂操作有无障碍。然后,放置 24 h,在自然日光下观察漆膜表面有无颗粒、裂纹、缩孔、起泡、剥落等现象,试片四周 10 mm 范围不属于观察范围。如重涂过程中无明显阻力,无明显拉丝、气泡、流挂等现象,重涂后漆膜表面无颗粒、裂纹、缩孔、起泡和剥落现象,可评定为“重涂时无障碍”。

5.13 干燥时间

表干按 GB/T 1728—1979 中乙法的规定进行,实干 GB/T 1728—1979 中甲法的规定进行。

5.14 与面漆的适应性

在处理好的底材上施涂一道受试产品(底漆或防锈漆),若受试产品为底漆,放置 24 h 后施涂一道符合 GB/T 25271—2010《硝基涂料》的白色硝基涂料;若受试产品为防锈漆,放置 24 h 后施涂一道白色醇酸调合漆或其他与防锈漆配套的面漆。评定与面漆的适应性时,首先应评定在受试产品上,用适宜的涂装工具施涂面漆时,是否能正常操作(施涂面漆过程中无明显阻力,无明显拉丝、气泡、流挂等现象,可视为“能正常操作”),然后再于施涂面漆后放置 48 h,在自然日光下目视检查漆膜,对于底漆,应不出现咬起和渗色现象,对于防锈漆,若不出现剥落、开裂、起皱、缩孔、色斑和光泽不均等现象时,可评定为“对面漆无不良影响”。

5.15 漆膜外观

对施工性试验涂装后并放置 24 h 的样板进行检查,如无明显的刷痕、起皱、色斑、颗粒、缩孔和光泽不均等现象时,可评定为“正常”。

5.16 打磨性

制备好的试板放入(105±2)℃的烘箱中保持 0.5 h,取出后放置 1 h,用符合 JB/T 7499—2006 标准规定的 P320(320 号)水砂纸沾水手工往返打磨 15 次,如漆膜易打磨成平整表面且不粘砂纸,可评定为“易打磨,不粘砂纸”。

5.17 光泽

用槽深为(100±2)μm 的块状涂布器刮涂一道制备试板,按 GB/T 9754—2007 的规定,以 60°角进行测试。

5.18 硬度

按 GB/T 1730—2007 中双摆杆式阻尼试验的规定进行。

5.19 弯曲试验

制备好的试板,清漆放置 72 h 后,按 GB/T 6742—2007 的规定进行测试。磁漆放置 24 h,再放入(120±2)℃的烘箱中保持 1 h,取出后放置 1 h 后,按 GB/T 6742—2007 的规定进行测试。

5.20 划格试验

制备好的试板放入(105±2)℃的烘箱中保持0.5 h,取出后放置1 h,按GB/T 9286—1988的规定进行。

5.21 回粘性

按GB/T 1762—1980的规定进行。

5.22 渗色性

在处理好的底材上施涂一道受试产品,试板涂漆面向上放置48 h,然后施涂一道与受试产品同种类的白色涂料,试板涂漆面向上放置48 h。在自然日光下,目视观察受试产品是否渗到白色漆膜中,并引起颜色变化。如无此现象可评定为“无渗色”。

5.23 耐水性

涂装好的试板面向上放置干燥,在大致固化干燥时,用熔融的石蜡或1∶1的石蜡和松香混合物或同种涂料将试板封边、封背。按GB/T 1733—1993甲法的规定进行试验。浸泡至规定时间后,将试板取出,用吸收纸或布将残存的水分轻轻擦除,立即目视观察漆膜有无皱纹、起泡、开裂及剥落等现象,然后,再将试板放置2 h,再次观察漆膜,与未浸泡试板对比,光泽和颜色有无明显变化。试片的周边及距液面约10 mm以内的漆膜不属于观察区域。三块试板中至少有两块取出后直接观察漆膜无皱纹、起泡、开裂及剥落等现象,取出后再放置2 h目视观察,与未浸泡试板对比,光泽和颜色无明显变化,可评定为“无异常”。如出现以上漆膜病态现象按GB/T 1766—2008进行描述。

5.24 耐挥发油性

涂装好的试板面向上放置干燥,在大致固化干燥时,用同种涂料或性能较好的涂料将试板封边、封背。按GB/T 9274—1998中甲法的规定,将试板浸入符合SH 0004—1990(1998)标准规定的溶剂油(120号溶剂油)中至规定时间后,将试板取出放置2 h,目视观察漆膜,试片的周边及距液面约10 mm以内的漆膜不属于观察区域。三块试板中至少有两块漆膜无皱纹、起泡、开裂及剥落现象,与未浸泡试板对比,光泽和颜色没有明显变化,液体着色及浑浊程度不明显时,可评定为“无异常”。如出现以上漆膜病态现象按GB/T 1766—2008进行描述。

5.25 耐盐水性

在处理好的底材上施涂一道受试产品,放入(105±2)℃的烘箱中保持0.5 h,取出放置至室温,再施涂一道受试产品,再放入(105±2)℃的烘箱中保持0.5 h,取出放置1 h,用同种涂料或性能较好的涂料将试板封边、封背,放置48 h,按GB/T 9274—1988中甲法的规定,将试板浸入3% NaCl溶液中至规定时间后,将试板取出,用流水洗净,将水分甩干后放置2 h,目视观察漆膜,试片的周边及距液面约10 mm以内的漆膜不属于观察区域。三块试板中至少有两块漆膜无起泡、剥落、开裂和生锈现象,与未浸泡试板对比,光泽和颜色没有明显变化时,可评定为“无异常”。如出现以上漆膜病态现象按GB/T 1766—2008进行描述。

5.26 耐酸性

在处理好的底材上施涂两道受试产品,每道间隔24 h。涂装好的试板面向上放置干燥,在大致固化干燥时,用同种涂料或性能较好的涂料将试板封边、封背。放置48 h,再放入(60±2)℃的烘箱中保持3 h,取出放置1 h。按GB/T 9274—1988中甲法的规定,将试板浸入10 g/L H_2SO_4溶液中至规定时间后,将试板取出,用流水洗净,将水分甩干后放置2 h,目视观察涂膜,试片的周边及距液面约10 mm以内的漆膜不属于观察区域。三块试板中至少有两块漆膜无起泡、剥落、开裂和生锈现象,与未浸泡试板对比,光泽和颜色没有明显变化时,可评定为“无异常”。如出现以上漆膜病态现象按GB/T 1766—2008进行描述。

5.27 耐人工气候老化性

按GB/T 1865—2009中方法1中循环A的规定进行,结果评定按GB/T 1766—2008的规定进行。

6 检验规则

6.1 检验分类

6.1.1 产品检验分为出厂检验和型式检验。

6.1.2 出厂检验项目

6.1.2.1 醇酸清漆为在容器中状态、原漆颜色、流出时间、漆膜外观、干燥时间。

6.1.2.2 醇酸底漆、防锈漆为在容器中状态、流出时间、细度、干燥时间、漆膜外观。

6.1.2.3 醇酸调合漆、磁漆为在容器中状态、流出时间、细度、遮盖力、干燥时间、漆膜外观、光泽。

6.1.3 型式检验项目包括本标准所列的全部技术要求。在正常生产情况下，耐人工气候老化性每两年至少检验一次，其余项目每年至少检验一次。

6.2 检验结果的判定

6.2.1 检验结果的判定按 GB/T 8170 中修约值比较法进行。

6.2.2 应检项目的检验结果均达到本标准要求时，该试验样品为符合本标准要求。

7 标志、包装和贮存

7.1 标志

按 GB/T 9750 的规定进行。

7.2 包装

按 GB/T 13491 中一级包装要求的规定进行。

7.3 贮存

产品应存放在阴凉通风、干燥的库房内。防止日光直接照射，并应隔离火源，远离热源。产品应根据类型定出贮存期，并在包装标志上明示。

ICS 87.040
G 51

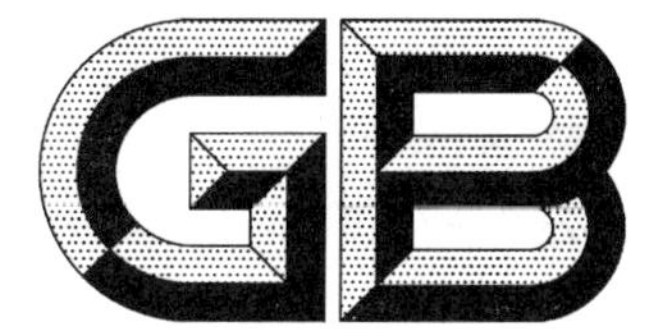

中华人民共和国国家标准

GB/T 25252—2010

酚醛树脂防锈涂料

Phenolic resin anticorrosive coatings

2010-09-26 发布　　2011-08-01 实施

中华人民共和国国家质量监督检验检疫总局
中国国家标准化管理委员会　发布

前言

本标准由中国石油和化学工业协会提出。

本标准由全国涂料和颜料标准化技术委员会(SAC/TC 5)归口。

本标准起草单位:中海油常州涂料化工研究院、常州光辉化工有限公司、无锡市造漆厂有限公司、江苏冠军涂料实业有限公司、宁波飞轮造漆有限责任公司。

本标准主要起草人:周文沛、陆小英、苏美群、谢海、冯伟东。

酚醛树脂防锈涂料

1 范围

本标准规定了酚醛树脂防锈涂料的要求、试验方法、检验规则、标志、包装和贮存等内容。

本标准适用于以酚醛树脂或改性酚醛树脂为主要成膜物质制成的酚醛树脂防锈涂料。主要用于金属基材表面的保护和装饰。

2 规范性引用文件

下列文件中的条款通过本标准的引用而成为本标准的条款。凡是注日期的引用文件,其随后所有的修改单(不包括勘误的内容)或修订版均不适用于本标准,然而,鼓励根据本标准达成协议的各方研究是否可使用这些文件的最新版本。凡是不注日期的引用文件,其最新版本适用于本标准。

GB/T 1720—1979 漆膜附着力测定法

GB/T 1726—1979 涂料遮盖力测定法

GB/T 1728—1979 漆膜、腻子膜干燥时间测定法

GB/T 1730—2007 色漆和清漆 摆杆阻尼试验(ISO 1522:1998,MOD)

GB/T 1732—1993 漆膜耐冲击测定法

GB/T 1766—2008 色漆和清漆 涂层老化的评级方法

GB/T 3186 色漆、清漆和色漆与清漆用原材料 取样(GB/T 3186—2006,ISO 15528:2000,IDT)

GB/T 6753.1—2007 色漆、清漆和印刷油墨 研磨细度的测定(ISO 1524:2000,IDT)

GB/T 6753.4—1998 色漆和清漆 用流出杯测定流出时间(eqv ISO 2431:1993)

GB/T 8170 数值修约规则与极限数值的表示和判定

GB/T 9271—2008 色漆和清漆 标准试板(ISO 1514:2004, MOD)

GB/T 9274—1988 色漆和清漆 耐液体介质的测定(eqv ISO 2812:1974)

GB/T 9278 涂料试样状态调节和试验的温湿度(GB/T 9278—2008,ISO 3270:1984,Paints and varnishes and their raw materials—Temperatures and humidities for conditioning and testing,IDT)

GB/T 9750 涂料产品包装标志

GB/T 13452.2 色漆和清漆 漆膜厚度的测定(GB/T 13452.2—2008,ISO 2808:2007,IDT)

GB/T 13491 涂料产品包装通则

3 要求

产品应符合表1的技术要求。

表1 要求

项目		指标				
		红丹	铁红	锌黄	云母氧化铁	其他
在容器中状态		搅拌混合后无硬块,呈均匀状态				
流出时间(ISO 6号杯)/s	≥	35	45	55	40	45
细度/μm	≤	60	55	50	—	55[a]
遮盖力/(g/m²)	≤	商定	55	180	商定	

表 1（续）

项　　目		指　　标				
		红丹	铁红	锌黄	云母氧化铁	其他
施工性		施涂无障碍				
干燥时间/h	≤					
表干		5				
实干		24				
涂膜外观		正常				
耐冲击性/cm		50				
硬度	≥	0.20	0.20	0.20	0.30	0.20
附着力/级	≤	2				
结皮性(48 h)		不结皮				
耐盐水性(3%NaCl 溶液)		120 h	48 h	168 h	120 h	48 h
		无异常				
[a] 含片状颜料，如铝粉等颜料的产品除外。						

4　试验方法

4.1　取样

产品按 GB/T 3186 规定取样，也可按商定方法取样。取样量根据检验需要确定。

4.2　试验样板的状态调节和试验环境

除另有商定外，制备好的样板，应在 GB/T 9278 规定的条件下放置规定时间后，按有关检验方法进行性能测试。干燥时间、耐冲击性、硬度、附着力、结皮性项目应在 GB/T 9278 规定的条件下进行测试，其余项目按相关检验方法标准规定的条件进行测试。

4.3　试验样板的制备

4.3.1　底材的处理

除另有商定外，试验用马口铁板、钢板和玻璃板应符合 GB/T 9271—2008 的要求，马口铁板的处理按 GB/T 9271—2008 中 4.3 的规定进行，玻璃板的处理应按 GB/T 9271—2008 中 7.2 的规定进行，钢板的处理应按 GB/T 9271—2008 中 3.5 的规定进行。商定的底材材质类型和底材处理方法应在检验报告中注明。

4.3.2　试验样板的制备

除另有商定外，按表 2 的规定制备试验样板。样板漆膜厚度的测定按 GB/T 13452.2 中的规定进行。当采用与本标准规定不同的样板制备方法时，应在检验报告中注明。

表 2　试验样板的制备

检验项目	底材类型	底材尺寸 mm	涂装要求
施工性、涂膜外观	马口铁板	200×100×(0.2～0.3)	涂装一道，干膜厚(23±3)μm。涂装好的样板放置 24 h 后，用于漆膜外观检查
干燥时间	马口铁板	120×50×(0.2～0.3)	涂装一道，干膜厚(23±3)μm

表 2（续）

检验项目	底材类型	底材尺寸 mm	涂装要求
耐冲击性、附着力	马口铁板	120×50×(0.2～0.3)	涂装一道，干膜厚(23±3)μm，放置48 h后测试
硬度	玻璃板	90×120×(1.2～2.0)	
耐盐水性	钢板	120×50×(0.45～0.55)	涂装二道，每道间隔24 h，干膜总厚(45±5)μm，放置7 d后测试

4.4 操作方法

4.4.1 在容器中状态

打开容器，用调刀或搅拌棒搅拌，允许容器底部有沉淀，若经搅拌易于混合均匀，可评定为“搅拌混合后无硬块，呈均匀状态”。

4.4.2 流出时间

按 GB/T 6753.4—1998 中 6 号杯的规定进行。

4.4.3 细度

按 GB/T 6753.1—2007 规定进行。

4.4.4 遮盖力

按 GB/T 1726—1979 中甲法规定进行。

4.4.5 施工性

如施涂过程中无明显阻力，无明显拉丝、气泡、流挂等现象，可评定为“施涂无障碍”。将涂装好的样板在温度(23±2)℃，相对湿度为(50±5)%的环境条件下放置 24 h 后，用于涂膜外观试验。

4.4.6 干燥时间

表干按 GB/T 1728—1979 中乙法进行，实干按 GB/T 1728—1979 中甲法进行。

4.4.7 涂膜外观

在自然日光下观察样板表面有无桔皮、起皱、色斑、颗粒、缩孔等现象，如无则可评定为“正常”。

4.4.8 耐冲击性

按 GB/T 1732—1993 规定进行。

4.4.9 硬度

按 GB/T 1730—2007 中 B 法进行。

4.4.10 附着力

按 GB/T 1720—1979 规定进行。

4.4.11 结皮性

将试样约 250 mL 倒入内径(70～80)mm、容量约 300 mL 的金属制罐中，密闭，在温度为(23±2)℃，相对湿度为(50±5)%的环境条件下静置 48 h 后，取下容器的盖子，用玻璃棒触及试样表面，检查表层的流动性。如表层保持液体状态时，可评定为“不结皮”。

4.4.12 耐盐水性

按 GB/T 9274—1988 中浸泡法的规定进行。3 块试板中至少有 2 块未出现起泡、开裂、剥落、明显变色等涂膜病态现象，则评为“无异常”。如出现以上涂膜病态现象按 GB/T 1766—2008 进行描述。

5 检验规则

5.1 检验分类

5.1.1 产品检验分出厂检验和型式检验。

5.1.2 出厂检验项目包括在容器中状态、流出时间、细度、遮盖力、施工性、干燥时间、涂膜外观。

5.1.3 型式检验项目包括本标准所列的全部技术要求。正常情况下耐冲击性、硬度、附着力每月检验一次，结皮性、耐盐水性每半年检验一次。

5.2 检验结果的判定

5.2.1 检验结果的判定按 GB/T 8170 中修约值比较法进行。

5.2.2 应检项目的检验结果均达到本标准要求时，该试验样品为符合本标准要求。

6 标志、包装和贮存

6.1 标志

按 GB/T 9750 的规定执行。

6.2 包装

按 GB/T 13491 中一级包装要求的规定执行。

6.3 贮存

产品贮存时应保证通风、干燥，防止日光直接照射，并隔离火源，远离热源。产品应定出贮存期，并在包装标志上明示。

ICS 87.040
G 51

中华人民共和国国家标准

GB/T 25253—2010

酚醛树脂涂料

Phenolic resin coatings

2010-09-26 发布　　　　2011-08-01 实施

中华人民共和国国家质量监督检验检疫总局
中国国家标准化管理委员会　发布

前　言

本标准由中国石油和化学工业协会提出。

本标准由全国涂料和颜料标准化技术委员会(SAC/TC 5)归口。

本标准起草单位:中海油常州涂料化工研究院、宁波飞轮造漆有限责任公司、广州珠江化工集团有限公司。

本标准主要起草人:周文沛、冯伟东、郭少娜。

酚醛树脂涂料

1 范围

本标准规定了酚醛树脂涂料的分类、要求、试验方法、检验规则、标志、包装和贮存等内容。

本标准适用于由酚醛树脂或改性酚醛树脂为主要成膜物制成的酚醛树脂涂料。主要用于交通工具、机械设备、木器家具等表面的保护和装饰。

2 规范性引用文件

下列文件中的条款通过本标准的引用而成为本标准的条款。凡是注日期的引用文件,其随后所有的修改单(不包括勘误的内容)或修订版均不适用于本标准,然而,鼓励根据本标准达成协议的各方研究是否可使用这些文件的最新版本。凡是不注日期的引用文件,其最新版本适用于本标准。

GB/T 1720—1979 漆膜附着力测定法

GB/T 1725—2007 色漆、清漆和塑料 不挥发物含量的测定(ISO 3251:2003,IDT)

GB/T 1726—1979 涂料遮盖力测定法

GB/T 1728—1979 漆膜、腻子膜干燥时间测定法

GB/T 1730—2007 色漆和清漆 摆杆阻尼试验(ISO 1522:1998,MOD)

GB/T 1731—1993 漆膜柔韧性测定法

GB/T 1732—1993 漆膜耐冲击测定法

GB/T 1733—1993 漆膜耐水性测定法

GB/T 1766—2008 色漆和清漆 涂层老化的评级方法

GB/T 3186 色漆、清漆和色漆与清漆用原材料 取样(GB/T 3186—2006,ISO 15528:2000,IDT)

GB/T 6682 分析实验室用水规格和试验方法(GB/T 6682—2008,ISO 3696:1987,MOD)

GB/T 6753.1—2007 色漆、清漆和印刷油墨 研磨细度的测定(ISO 1524:2000,IDT)

GB/T 6753.4—1998 色漆和清漆 用流出杯测定流出时间(eqv ISO 2431:1993)

GB/T 8170 数值修约规则与极限数值的表示和判定

GB/T 9271—2008 色漆和清漆 标准试板(ISO 1514:2004,MOD)

GB/T 9278 涂料试样状态调节和试验的温湿度(GB/T 9278—2008,ISO 3270:1984,Paints and varnishes and their raw materials—Temperatures and humidities for conditioning and testing,IDT)

GB/T 9281.1—2008 透明液体 加氏颜色等级评定颜色 第1部分:目视法(ISO 4630-1:2004,IDT)

GB/T 9750 涂料产品包装标志

GB/T 9754—2007 色漆和清漆 不含金属颜料的色漆漆膜的20°、60°和85°镜面光泽的测定(ISO 2813:1994,IDT)

GB/T 13452.2 色漆和清漆 漆膜厚度的测定(GB/T 13452.2—2008,ISO 2808:2007,IDT)

GB/T 13491 涂料产品包装通则

3 产品分类

产品分为清漆和色漆两类,其中色漆中分为调合漆、磁漆和底漆三类。

4 要求

产品应符合表1的技术要求。

表 1 要求

<table>
<tr><th colspan="2" rowspan="3">项　　目</th><th colspan="4">指　标</th></tr>
<tr><th rowspan="2">清漆</th><th colspan="3">色漆</th></tr>
<tr><th>调合漆</th><th>磁漆</th><th>底漆</th></tr>
<tr><td>在容器中状态</td><td></td><td colspan="4">搅拌混合后无硬块，呈均匀状态</td></tr>
<tr><td>原漆颜色[a]/号</td><td>≤</td><td>14</td><td colspan="3">—</td></tr>
<tr><td>流出时间(ISO 6 号杯)/s</td><td>≥</td><td>35</td><td colspan="2">40</td><td>45</td></tr>
<tr><td>细度[b]/μm</td><td>≤</td><td>—</td><td>40</td><td>30</td><td>60</td></tr>
<tr><td>遮盖力[c]/(g/m²)
黑色
白色
其他色</td><td>≤</td><td>—</td><td>45
200
商定</td><td>45
120
商定</td><td>—</td></tr>
<tr><td>不挥发物含量/%</td><td>≥</td><td>45</td><td colspan="3">50</td></tr>
<tr><td>结皮性(48 h)</td><td></td><td colspan="4">不结皮</td></tr>
<tr><td>施工性</td><td></td><td colspan="4">施涂无障碍</td></tr>
<tr><td>耐硝基漆性</td><td></td><td colspan="3">—</td><td>涂膜不膨胀，不起皱、不渗色</td></tr>
<tr><td>涂膜外观</td><td></td><td colspan="4">正常</td></tr>
<tr><td>干燥时间/h
表干
实干</td><td>≤</td><td colspan="4">
8
24</td></tr>
<tr><td>硬度</td><td>≥</td><td>0.20</td><td>0.20</td><td>0.25</td><td>—</td></tr>
<tr><td>柔韧性/mm</td><td>≤</td><td colspan="3">2</td><td>—</td></tr>
<tr><td>耐冲击性/cm</td><td></td><td>—</td><td>—</td><td>50</td><td>—</td></tr>
<tr><td>附着力/级</td><td>≤</td><td colspan="4">2</td></tr>
<tr><td>光泽(60°)/单位值</td><td></td><td colspan="3">商定</td><td>—</td></tr>
<tr><td>耐水性(8 h)</td><td></td><td colspan="3">无异常</td><td>—</td></tr>
<tr><td colspan="6">a 仅限于透明液体。
b 含铝粉、云母氧化铁、玻璃鳞片、锌粉等颜料的产品除外。
c 含有透明颜料的产品除外。</td></tr>
</table>

5 试验方法

5.1 取样

产品按 GB/T 3186 规定取样，也可按商定方法取样。取样量根据检验需要确定。

5.2 试验样板的状态调节和试验环境

除另有商定外，制备好的样板，应在 GB/T 9278 规定的条件下放置规定时间后，按有关检验方法进行性能测试。结皮性、干燥时间、硬度、柔韧性、耐冲击性、附着力、光泽项目应在 GB/T 9278 规定的条件下进行测试，其余项目按相关检验方法标准规定的条件进行测试。

5.3 试验样板的制备

5.3.1 底材的处理

除另有商定外，试验用马口铁板、钢板和玻璃板应符合 GB/T 9271—2008 的要求，马口铁板的处理按 GB/T 9271—2008 中 4.3 的规定进行，玻璃板的处理应按 GB/T 9271—2008 中 7.2 的规定进行，钢板的处理应按 GB/T 9271—2008 中 3.5 的规定进行。商定的底材材质类型和底材处理方法应在检验报告中注明。

5.3.2 试验样板的制备

除另有商定外，按表 2 的规定制备试验样板。样板漆膜厚度的测定按 GB/T 13452.2 中的规定进行。当采用与本标准规定不同的样板制备方法时，应在检验报告中注明。

5.4 操作方法

所用试剂均为化学纯以上，所用水均为符合 GB/T 6682 规定的三级水，试验用溶液在试验前预先调整到试验温度。

5.4.1 在容器中状态

打开容器，用调刀或搅拌棒搅拌，允许容器底部有沉淀，若经搅拌易于混合均匀，可评定为“搅拌混合后无硬块，呈均匀状态”。

5.4.2 原漆颜色

按 GB/T 9281.1—2008 规定进行。

表 2 试验样板的制备

<table>
<tr><th rowspan="2">检验项目</th><th rowspan="2">底材类型</th><th rowspan="2">底材尺寸
mm</th><th colspan="2">涂装要求</th></tr>
<tr><th>清漆</th><th>色漆</th></tr>
<tr><td>施工性、
涂膜外观</td><td>马口铁板</td><td>200×100×(0.2～0.3)</td><td>涂装一道，干膜厚(15±3)μm，其他要求详见检验方法规定</td><td>涂装一道，干膜厚(23±3)μm，其他要求详见检验方法规定</td></tr>
<tr><td>干燥时间</td><td>马口铁板</td><td>120×50×(0.2～0.3)</td><td>涂装一道，干膜厚(15±3)μm</td><td>涂装一道，干膜厚(23±3)μm</td></tr>
<tr><td>耐硝基漆性</td><td>马口铁板</td><td>120×50×(0.2～0.3)</td><td colspan="2">底漆涂装一道，干膜厚(23±3)μm</td></tr>
<tr><td>耐冲击性、附着力、
柔韧性</td><td>马口铁板</td><td>120×50×(0.2～0.3)</td><td rowspan="4">涂装一道，干膜厚(15±3)μm，放置48 h后测试</td><td rowspan="4">涂装一道，干膜厚(23±3)μm，放置48 h后测试</td></tr>
<tr><td>耐水性</td><td>钢板</td><td>120×50×(0.45～0.55)</td></tr>
<tr><td>硬度</td><td>玻璃板</td><td>120×90×(1.2～2.0)</td></tr>
<tr><td>光泽</td><td>清漆：涂覆无光黑漆的玻璃板；
色漆：玻璃板</td><td>150×100×3</td></tr>
</table>

5.4.3 流出时间

按 GB/T 6753.4—1998 中 6 号杯规定进行。

5.4.4 细度

按 GB/T 6753.1—2007 规定进行。

5.4.5 遮盖力

按 GB/T 1726—1979 中甲法规定进行。

5.4.6 不挥发物含量

按 GB/T 1725—2007 规定进行，烘烤温度为(120±2)℃，烘烤时间为 1 h，称样量约 1 g。

5.4.7 结皮性

将试样约 250 mL 倒入内径(70～80)mm、容量约 300 mL 的金属制罐中，密闭，在温度为(23±2)℃，相对湿度为(50±5)％的环境条件下静置 48 h 后，取下容器的盖子，用玻璃棒触及试样表面，检查表层的流动性。如表层保持液体状态时，可评定为“不结皮”。

5.4.8 施工性

如施涂过程中无明显阻力，无明显拉丝、气泡、流挂等现象，可评定为“施涂无障碍”。将涂装好的样板在温度(23±2)℃，相对湿度为(50±5)％的环境条件下放置 24 h 后，用于涂膜外观试验。

5.4.9 耐硝基漆性

底漆涂装一道，放置 24 h 后喷涂一道黏度约为 18 s(涂-4)的白硝基外用磁漆，干燥后观察。

5.4.10 涂膜外观

在自然日光下观察样板表面有无桔皮、起皱、色斑、颗粒、缩孔等现象，如无则可评定为“正常”。

5.4.11 干燥时间

表干按 GB/T 1728—1979 中乙法规定进行，实干按 GB/T 1728—1979 甲法规定进行。

5.4.12 硬度

按 GB/T 1730—2007 中 B 法规定进行。

5.4.13 柔韧性

按 GB/T 1731—1993 规定进行。

5.4.14 耐冲击性

按 GB/T 1732—1993 规定进行。

5.4.15 附着力

按 GB/T 1720—1979 规定进行。

5.4.16 光泽

按 GB/T 9754—2007 规定进行。

5.4.17 耐水性

按 GB/T 1733—1993 中甲法规定进行。浸入符合 GB/T 6682 规定的三级水中 8 h。3 块试板中至少有 2 块未出现起泡、开裂、剥落、明显变色、明显光泽变化等涂膜病态现象，则评为“无异常”。如出现以上涂膜病态现象按 GB/T 1766—2008 进行描述。

6 检验规则

6.1 检验分类

6.1.1 产品检验分出厂检验和型式检验。

6.1.2 出厂检验项目包括在容器中状态、原漆颜色、流出时间、细度、遮盖力、施工性、涂膜外观、干燥时间、光泽。

6.1.3 型式检验项目包括本标准所列的全部技术要求。硬度、柔韧性、耐冲击性、附着力、不挥发物含量每月检验一次；耐硝基漆性、结皮性、耐水性每半年检验一次。

6.2 检验结果的判定

6.2.1 检验结果的判定按 GB/T 8170 中修约值比较法进行。

6.2.2 应检项目的检验结果均达到本标准要求时，该试验样品为符合本标准要求。

7 标志、包装和贮存

7.1 标志

按 GB/T 9750 的规定执行。

7.2 包装

按 GB/T 13491 中一级包装要求的规定执行。

7.3 贮存

产品贮存时应保证通风、干燥，防止日光直接照射，并隔离火源，远离热源。产品应定出贮存期，并在包装标志上明示。

ICS 87.040
G 51

中华人民共和国国家标准

GB/T 25258—2010

过氯乙烯树脂防腐涂料

Perchlorovinyl resin anticorrosive coatings

2010-09-26 发布　　　　2011-08-01 实施

中华人民共和国国家质量监督检验检疫总局
中国国家标准化管理委员会　发布

前　言

本标准由中国石油和化学工业协会提出。

本标准由全国涂料和颜料标准化技术委员会(SAC/TC 5)归口。

本标准起草单位:中海油常州涂料化工研究院。

本标准主要起草人:吴璇、唐瑛。

过氯乙烯树脂防腐涂料

1 范围

本标准规定了过氯乙烯树脂防腐涂料的技术要求、试验方法、检验规则、标志、包装和贮存等内容。

本标准适用于以过氯乙烯树脂为主要成膜物质制成的过氯乙烯树脂防腐涂料。主要用于各种化工设备、管道、钢结构、混凝土结构表面的防腐蚀保护。

2 规范性引用文件

下列文件中的条款通过本标准的引用而成为本标准的条款。凡是注日期的引用文件，其随后所有的修改单(不包括勘误的内容)或修订版均不适用于本标准，然而，鼓励根据本标准达成协议的各方研究是否可使用这些文件的最新版本。凡是不注日期的引用文件，其最新版本适用于本标准。

GB/T 1720—1979 漆膜附着力测定法

GB/T 1723—1993 涂料粘度测定法

GB/T 1725—2007 色漆、清漆和塑料 不挥发物含量的测定(ISO 3251:2003,IDT)

GB/T 1726—1979 涂料遮盖力测定法

GB/T 1728—1979 漆膜、腻子膜干燥时间测定法

GB/T 1730—2007 色漆和清漆 摆杆阻尼试验(ISO 1522:1998,MOD)

GB/T 1732—1993 漆膜耐冲击性测定法

GB/T 1766—2008 色漆和清漆 涂层老化的评级方法

GB/T 3186 色漆、清漆和色漆与清漆用原材料 取样(GB/T 3186—2006,ISO 15528:2000,IDT)

GB/T 6742—2007 色漆和清漆 弯曲试验(圆柱轴)(ISO 1519:2002,IDT)

GB/T 8170 数值修约规则与极限数值的表示和判定

GB/T 9271—2008 色漆和清漆 标准试板(ISO 1514:2004,MOD)

GB/T 9274—1998 色漆和清漆 耐液体介质的测定(eqv ISO 2812:1974)

GB/T 9278 涂料试样状态调节和试验的温湿度(GB/T 9278—2008,ISO 3270:1984,Paints and varnishes and their raw materials—Temperatures and humidities for conditioning and testing,IDT)

GB/T 9750 涂料产品包装标志

GB/T 13452.2 色漆和清漆 漆膜厚度的测定(GB/T 13452.2—2008,ISO 2808:2007,IDT)

GB/T 13491 涂料产品包装通则

3 技术要求

产品应符合下表1的技术要求。

表1 要求

项目		指标
黏度(涂-4杯)/s	≥	30
不挥发物含量/%	≥	20
遮盖力/(g/m²)	≤	
白色		70
黑色		30
其他色		商定

表 1(续)

项　　目		指　　标
干燥时间(实干)/min	≤	60
涂膜外观		正常
硬度	≥	0.40
弯曲试验/mm		2
耐冲击性/cm		50
附着力/级	≤	2
耐酸性(25% H_2SO_4 溶液,30 d)		不起泡、不生锈、不脱落
耐碱性(40% NaOH 溶液,20 d)		不起泡、不生锈、不脱落

4　试验方法

4.1　取样

产品按 GB/T 3186 规定取样,也可按商定方法取样。取样量根据检验需要确定。

4.2　试验样板的状态调节和试验环境

除另有商定外,制备好的样板,应在 GB/T 9278 规定的条件下放置规定时间后,按有关检验方法进行性能测试。干燥时间、硬度、弯曲试验、耐冲击性、附着力项目应在 GB/T 9278 规定的条件下进行测试,其余项目按相关检验方法标准规定的条件进行测试。

4.3　试验样板的制备

4.3.1　底材的选择及处理方法

除另有商定外,试验用马口铁板和玻璃板应符合 GB/T 9271—2008 的要求,马口铁板的处理按 GB/T 9271—2008 中 4.3 的规定进行,玻璃板的处理应按 GB/T 9271—2008 中 7.2 的规定进行。钢棒使用前应用 0# 砂布打磨至看不见原始表面的痕迹或任何不平处并按 GB/T 9271—2008 中 3.5.5 的规定进行检查和清洗。商定的底材材质类型和底材处理方法应在检验报告中注明。

4.3.2　试验样板的制备

除另有商定外,按表 2 的规定制备试验样板。样板漆膜厚度的测试按 GB/T 13452.2 的规定进行。当采用与本标准规定不同的样板制备方法时,应在检验报告中注明。

表 2　试验样板的制备

检验项目	底材类型	底材尺寸 mm	涂装要求
干燥时间	马口铁板	120×50×(0.2～0.3)	喷涂一道,干膜厚度为(23±3)μm。
涂膜外观	马口铁板	120×50×(0.2～0.3)	喷涂一道,干膜厚度为(23±3)μm,放置 4 h 后测试。
耐冲击性、弯曲试验附着力	马口铁板	120×50×(0.2～0.3)	喷涂一道,干膜厚度为(23±3)μm,放置 24 h 后测试。
硬度	玻璃板	90×120×(1.2～2.0)	
耐酸性、耐碱性	钢棒	直径(13±2),长 120	可用过氯乙烯底漆和防腐涂料配套来进行制板,底漆、防腐涂料分别浸涂两道,每道间隔 24 h; 也可用过氯乙烯防腐涂料和相应配套体系来进行制板,其配套体系涂料品种、涂装道数、涂装间隔时间、涂层厚度等要求由涂料供应商提供。 放置 7 d 后测试。

4.4 操作方法

4.4.1 黏度

按 GB/T 1723—1993 中乙法的规定进行。

4.4.2 不挥发物含量

按 GB/T 1725—2007 的规定进行，烘烤温度为(85～90)℃，烘烤时间为 2 h，试样量约为 2 g。

4.4.3 遮盖力

按 GB/T 1726—1979 中乙法的规定进行。

4.4.4 干燥时间

按 GB/T 1728—1979 中甲法的规定进行。

4.4.5 涂膜外观

在自然日光下目视观察样板表面有无桔皮、起皱、色斑、颗粒、缩孔等现象，如无则可评定为“正常”。

4.4.6 硬度

按 GB/T 1730—2007 中 B 法的规定进行。

4.4.7 弯曲试验

按 GB/T 6742—2007 的规定进行。

4.4.8 耐冲击性

按 GB/T 1732—1993 的规定进行。

4.4.9 附着力

按 GB/T 1720—1979 规定进行。

4.4.10 耐酸性

按 GB/T 9274—1988 中甲法的规定进行，浸入 25% H_2SO_4 溶液中 30 d。3 根钢棒以至少 2 根钢棒一致的结果报出，如出现涂膜病态现象按 GB/T 1766—2008 进行描述。

4.4.11 耐碱性

按 GB/T 9274—1988 中甲法的规定进行，浸入 40% NaOH 溶液中 20 d。3 根钢棒以至少 2 根钢棒一致的结果报出，如出现涂膜病态现象按 GB/T 1766—2008 进行描述。

5 检验规则

5.1 检验分类

5.1.1 产品检验分出厂检验和型式检验。

5.1.2 出厂检验项目包括涂膜外观、黏度、不挥发物含量、遮盖力、干燥时间。

5.1.3 型式检验项目包括本标准所列的全部技术要求。在正常生产情况下，硬度、弯曲试验、耐冲击性、附着力每月至少检验一次。耐酸性、耐碱性每年至少检验一次。

5.2 检验结果的判定

5.2.1 检验结果的判定按 GB/T 8170 中修约值比较法进行。

5.2.2 所有项目的检验结果均达到本标准要求时，该试验样品为符合本标准要求。

6 标志、包装、贮存

6.1 标志

按 GB/T 9750 的规定进行。

6.2 包装

按 GB/T 13491 中一级包装要求的规定进行。

6.3 贮存

产品贮存时应保持通风、干燥、防止日光直接照射并应隔绝火源，远离热源。产品应定出贮存期，并在包装标志上明示。

ICS 87.040
G 51

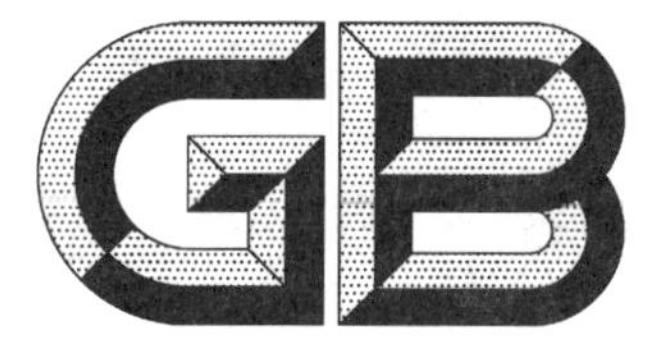

中华人民共和国国家标准

GB/T 25259—2010

过氯乙烯树脂涂料

Perchlorovinyl resin coatings

2010-09-26 发布　　　　2011-08-01 实施

中华人民共和国国家质量监督检验检疫总局
中国国家标准化管理委员会　发布

前　言

本标准由中国石油和化学工业协会提出。

本标准由全国涂料和颜料标准化技术委员会(SAC/TC 5)归口。

本标准起草单位:中海油常州涂料化工研究院、安庆菱湖漆业有限公司。

本标准主要起草人:吴璇、龙毛明。

过氯乙烯树脂涂料

1 范围

本标准规定了过氯乙烯树脂涂料的分类、技术要求、试验方法、检验规则、标志、包装和贮存等内容。

本标准适用于以过氯乙烯树脂为主要成膜物制成的过氯乙烯树脂涂料。主要用于化工设备、管道、机床等表面的保护和装饰。

2 规范性引用文件

下列文件中的条款通过本标准的引用而成为本标准的条款。凡是注日期的引用文件，其随后所有的修改单(不包括勘误的内容)或修订版均不适用于本标准，然而，鼓励根据本标准达成协议的各方研究是否可使用这些文件的最新版本。凡是不注日期的引用文件，其最新版本适用于本标准。

GB/T 1725—2007 色漆、清漆和塑料 不挥发物含量的测定(ISO 3251:2003,IDT)

GB/T 1726—1979 涂料遮盖力测定法

GB/T 1728—1979 漆膜、腻子膜干燥时间测定法

GB/T 1730—2007 色漆和清漆 摆杆阻尼试验(ISO 1522:1998,MOD)

GB/T 1732—1993 漆膜耐冲击性测定法

GB/T 1733—1993 漆膜耐水性测定法

GB/T 1766—2008 色漆和清漆 涂层老化的评级方法

GB/T 3186 色漆、清漆和色漆与清漆用原材料 取样(GB/T 3186—2006,ISO 15528:2000,IDT)

GB/T 6682 分析实验室用水规格和试验方法(GB/T 6682—2008,ISO 3696:1987,MOD)

GB/T 6742—2007 色漆和清漆 弯曲试验(圆柱轴)(ISO 1519:2002,IDT)

GB/T 6753.1—2007 色漆、清漆和印刷油墨研磨细度的测定(ISO 1524:2000,IDT)

GB/T 6753.4—1998 色漆和清漆 用流出杯测定流出时间(eqv ISO 2431:1993)

GB/T 8170 数值修约规则与极限数值的表示和判定

GB/T 9271—2008 色漆和清漆 标准试板(ISO 1514:2004,MOD)

GB/T 9274—1998 色漆和清漆 耐液体介质的测定(eqv ISO 2812:1974)

GB/T 9278 涂料试样状态调节和试验的温湿度(GB/T 9278—2008,ISO 3270:1984,Paints and varnishes and their raw materials—Temperatures and humidities for conditioning and testing,IDT)

GB/T 9286—1998 色漆和清漆 漆膜的划格试验(eqv ISO 2409:1992)

GB/T 9750 涂料产品包装标志

GB/T 9754—2007 色漆和清漆 不含金属颜料的色漆漆膜的20°、60°和85°镜面光泽的测定(ISO 2813:1994,IDT)

GB 11121 汽油机油

GB/T 13452.2 色漆和清漆 漆膜厚度的测定(GB/T 13452.2—2008,ISO 2808:2007,IDT)

GB/T 13491 涂料产品包装通则

3 产品分类

本标准将过氯乙烯树脂涂料分为底漆和面漆。

4 技术要求

产品应符合表1的技术要求。

表 1 要求

项　　目		指　　标	
		底漆	面漆
流出时间/s	≥	35	20
不挥发物含量/%	≥	45	30
细度/μm （含片状颜料，如铝粉等的产品除外）	≤	—	40
遮盖力/(g/m²) （清漆、含有透明颜料的产品除外）	≤	—	
白色			60
黑色			20
其他色			商定
干燥时间(表干)/min	≤	—	20
干燥时间(实干)/min	≤	60	
涂膜外观		正常	
弯曲试验/mm		2	
划格试验/级	≤	2	
硬度	≥	—	0.40
耐冲击性/cm		—	50
光泽(60°)/单位值		—	商定
耐盐水性(3%NaCl溶液，24 h)		无异常	—
耐油性(SE 15W-40 机油，24 h)		—	无异常
耐水性(24 h)		—	无异常

5 试验方法

5.1 取样

产品按 GB/T 3186 规定取样，也可按商定方法取样。取样量根据检验需要确定。

5.2 试验样板的状态调节和试验环境

除另有商定外，制备好的样板，应在 GB/T 9278 规定的条件下放置规定时间后，按有关检验方法进行性能测试。干燥时间、弯曲试验、划格试验、硬度、耐冲击性、光泽项目应在 GB/T 9278 规定的条件下进行测试，其余项目按相关检验方法标准规定的条件进行测试。

5.3 试验样板的制备

5.3.1 底材的选择及处理方法

除另有商定外，试验用马口铁板、钢板和玻璃板应符合 GB/T 9271—2008 的要求，马口铁板的处理按 GB/T 9271—2008 中 4.3 的规定进行，钢板的处理按 GB/T 9271—2008 中 3.5 的规定进行，玻璃板的处理应按 GB/T 9271—2008 中 7.2 的规定进行。商定的底材材质类型和底材处理方法应在检验报告中注明。

5.3.2 试验样板的制备

除另有商定外，按表 2 的规定制备试验样板。样板漆膜厚度的测试按 GB/T 13452.2 的规定进行。当采用与本标准规定不同的样板制备方法时，应在检验报告中注明。

表 2　试验样板的制备

检验项目	底材类型	底材尺寸/mm	涂　装　要　求
干燥时间	马口铁板	120×50×(0.2～0.3)	喷涂一道，干膜厚度为(23±3)μm。
涂膜外观	马口铁板	120×50×(0.2～0.3)	喷涂一道，干膜厚度为(23±3)μm，放置 4 h 后测试。
弯曲试验、耐冲击性	马口铁板	120×50×(0.2～0.3)	喷涂一道，干膜厚度为(23±3)μm，放置 24 h 后测试。
划格试验	钢板	120×50×(0.45～0.55)	
硬度	玻璃板	90×120×(1.2～2.0)	
光泽	玻璃板	150×100×3	
耐盐水性	钢板	120×50×(0.45～0.55)	喷涂两道，干膜总厚度为(45±5)μm，间隔 24 h，放置 7 d 后测试。
耐油性、耐水性	钢板	120×50×(0.45～0.55)	可用过氯乙烯面漆喷涂两道，间隔 24 h，干膜总厚度为(45±5)μm； 也可用过氯乙烯面漆和相应配套体系来进行制板，其配套体系涂料品种、涂装道数、涂装间隔时间、涂层厚度等要求由涂料供应商提供。 放置 7 d 后测试。

5.4　操作方法

5.4.1　流出时间

按 GB/T 6753.4—1998 中 6 号杯的规定进行。

5.4.2　不挥发物含量

按 GB/T 1725—2007 的规定进行，烘烤温度为(85～90)℃，烘烤时间为 2 h，试样量约为 2 g。

5.4.3　细度

按 GB/T 6753.1—2007 的规定进行。

5.4.4　遮盖力

按 GB/T 1726—1979 中乙法的规定进行。

5.4.5　干燥时间

按 GB/T 1728—1979 中的规定进行，表干按乙法的规定进行，实干按甲法的规定进行。

5.4.6　涂膜外观

在自然日光下目视观察样板表面有无桔皮、起皱、色斑、颗粒、缩孔等现象，如无则可评定为“正常”。

5.4.7　弯曲试验

按 GB/T 6742—2007 的规定进行。

5.4.8　划格试验

按 GB/T 9286—1998 的规定进行。

5.4.9　硬度

按 GB/T 1730—2007 中 B 法的规定进行。

5.4.10　耐冲击性

按 GB/T 1732—1993 的规定进行。

5.4.11　光泽

按 GB/T 9754—2007 的规定进行。

5.4.12 耐盐水性

按 GB/T 9274—1988 中甲法的规定进行。浸入 3%NaCl 溶液中 24 h。3 块试板中至少有 2 块未出现起泡、开裂、脱落、明显变色、明显光泽变化等涂膜病态现象,则评为“无异常”。如出现以上涂膜病态现象按 GB/T 1766—2008 进行描述。

5.4.13 耐油性

按 GB/T 9274—1988 中甲法的规定进行。浸入符合 GB 11121 规定的 SE 15W-40 机油中 24 h。3 块试板中至少有 2 块未出现起泡、开裂、脱落、明显变色、明显光泽变化等涂膜病态现象,则评为“无异常”。如出现以上涂膜病态现象按 GB/T 1766—2008 进行描述。

5.4.14 耐水性

按 GB/T 1733—1993 中甲法的规定进行。浸入符合 GB/T 6682 规定的三级水中 24 h。3 块试板中至少有 2 块未出现起泡、开裂、脱落、明显变色、明显光泽变化等涂膜病态现象,则评为“无异常”。如出现以上涂膜病态现象按 GB/T 1766—2008 进行描述。

6 检验规则

6.1 检验分类

6.1.1 产品检验分出厂检验和型式检验。

6.1.2 出厂检验项目包括流出时间、不挥发物含量、细度、遮盖力、干燥时间、涂膜外观。

6.1.3 型式检验项目包括本标准所列的全部技术要求。在正常生产情况下,弯曲试验、划格试验、硬度、耐冲击性、光泽每月至少检验一次。耐盐水性、耐油性、耐水性每半年至少检验一次。

6.2 检验结果的判定

6.2.1 检验结果的判定按 GB/T 8170 中修约值比较法进行。

6.2.2 应检项目的检验结果均达到本标准要求时,该试验样品为符合本标准要求。

7 标志、包装、贮存

7.1 标志

按 GB/T 9750 的规定进行。

7.2 包装

按 GB/T 13491 中一级包装要求的规定进行。

7.3 贮存

产品贮存时应保持通风、干燥、防止日光直接照射并应隔绝火源,远离热源。产品应定出贮存期,并在包装标志上明示。

ICS 87.040
G 51

中华人民共和国国家标准

GB/T 25263—2010

氯化橡胶防腐涂料

Chlorinated rubber anticorrosive coatings

2010-09-26 发布　　　　2011-08-01 实施

中华人民共和国国家质量监督检验检疫总局
中国国家标准化管理委员会　发布

前　言

本标准由中国石油和化学工业协会提出。

本标准由全国涂料和颜料标准化技术委员会(SAC/TC 5)归口。

本标准起草单位:中海油常州涂料化工研究院、海洋化工研究院、北京航材百慕新材料技术工程股份有限公司、永记造漆工业(昆山)有限公司、上海开林造漆厂、中华制漆(深圳)有限公司、广州珠江化工集团有限公司、杭州油漆有限公司、武汉双虎工业涂料有限公司、福建百花化学股份有限公司、西安利澳科技股份有限公司、宁波飞轮造漆有限责任公司、宁波大达化学有限公司、浙江飞鲸漆业有限公司、江苏冠军涂料实业有限公司、太仓市开林油漆有限公司、江苏兰陵高分子材料有限公司、江苏金陵特种涂料有限公司、湖南湘江涂料集团有限公司。

本标准主要起草人:苏春海、钱叶苗、李运德、王海洋、欧伯兴、陈云、廖瑞莹、姜方群、黄涛、吴远光、晏立宇、方指利、丁示波、潘海洋、谢海、徐锦明、陈建刚、卞大荣、刘胜飞。

氯化橡胶防腐涂料

1 范围

本标准规定了氯化橡胶防腐涂料产品的要求、试验方法、检验规则、标志、包装和贮存。

本标准适用于以氯化橡胶为主要成膜物质，加入增塑剂、颜料、溶剂等制成的底漆、中间层漆、面漆防腐涂料。

2 规范性引用文件

下列文件中的条款通过本标准的引用而成为本标准的条款。凡是注日期的引用文件，其随后所有的修改单(不包括勘误的内容)或修订版均不适用于本标准，然而，鼓励根据本标准达成协议的各方研究是否可使用这些文件的最新版本。凡是不注日期的引用文件，其最新版本适用于本标准。

GB/T 1725—2007 色漆、清漆和塑料 不挥发物含量的测定(ISO 3251:2003,IDT)

GB/T 1726—1979 涂料遮盖力测定法

GB/T 1728—1979 漆膜、腻子膜干燥时间测定法

GB/T 1766—2008 色漆和清漆 涂层老化的评级方法

GB/T 1771—2007 色漆和清漆 耐中性盐雾性能的测定(ISO 7253:1996,IDT)

GB/T 1865—2009 色漆和清漆 人工气候老化和人工辐射曝露 滤过的氙弧辐射(ISO 11341:2004,IDT)

GB/T 3186—2006 色漆、清漆和色漆与清漆用原材料 取样(ISO 15528:2000,IDT)

GB/T 5210—2006 色漆和清漆 拉开法附着力试验(ISO 4624:2002,IDT)

GB/T 6742—2007 色漆和清漆 弯曲试验(圆柱轴)(ISO 1519:2002,IDT)

GB/T 6753.1—2007 色漆 清漆和印刷油墨 研磨细度的测定(ISO 1524:2000,IDT)

GB/T 8170 数值修约规则与极限数值的表示和判定

GB/T 8923 涂装前钢材表面锈蚀等级和除锈等级(GB/T 8923—1988,eqv ISO 8501-1:1988)

GB/T 9271—2008 色漆和清漆 标准试板(ISO 1514:2004,MOD)

GB/T 9274—1988 色漆和清漆 耐液体介质的测定(eqv ISO 2812:1974)

GB/T 9278 涂料试样状态调节和试验的温湿度(GB/T 9278—2008,ISO 3270:1984,IDT)

GB/T 9286—1998 色漆和清漆 漆膜的划格试验(eqv ISO 2409:1992)

GB/T 9750 涂料产品包装标志

GB/T 9754—2007 色漆和清漆 不含金属颜料的色漆漆膜的20°、60°和85°镜面光泽的测定(ISO 2813:1994,IDT)

GB/T 13288.1 涂覆涂料前钢材表面处理 喷射清理后的钢材表面粗糙度特性 第1部分:用于评定喷射清理后钢材表面粗糙度的ISO表面粗糙度比较样块的技术要求和定义(GB/T 13288.1—2008,ISO 8503-1:1988,IDT)

GB/T 13452.2 色漆和清漆 漆膜厚度的测定(GB/T 13452.2—2008,ISO 2808:2007,IDT)

GB/T 13491 涂料产品包装通则

GB/T 15608 中国颜色体系

3 要求

产品性能应符合表1的规定。

表 1 性能要求

项目		指标		
		底漆	中间层漆	面漆
在容器中的状态		搅拌混合后,无硬块,呈均匀状态		
细度[a]/μm	≤	60		40
施工性		施涂无障碍		
遮盖力/(g/m^2) 白色和浅色[b] 其他色	≤	—		 160 商定
不挥发物含量/%	≥	50		45
漆膜外观		正常		
干燥时间/h 表干 实干	≤	 1 8		
弯曲试验/mm	≤	6		10
耐盐水性(3%NaCl 溶液,168 h)		无异常	—	
耐碱性[c](0.5%NaOH 溶液,48 h)		—	无异常	
划格试验/级	≤	1	—	
附着力(拉开法)/MPa	≥	—		3.0
光泽(60°)/单位值		—		商定
耐盐雾性,600 h		—		不起泡、不生锈、不脱落
耐人工气候老化性,300 h	白色和浅色[b]	—		不起泡、不剥落、不开裂、不生锈,变色≤2 级,粉化≤2 级。
	其他色			不起泡、不剥落、不开裂、不生锈,变色≤3 级,粉化≤2 级。

a 含片状颜料和效应颜料,如铝粉、云母氧化铁、玻璃鳞片、珠光粉等的产品除外。

b 浅色是指以白色涂料为主要成分,添加适量色浆后配制成的浅色涂料形成的涂膜所呈现的浅颜色,按 GB/T 15608 中规定明度值为 6 到 9 之间(三刺激值中的 Y_{D65}≥31.26)。

c 铝粉面漆除外。

4 试验方法

4.1 取样

产品按 GB/T 3186—2006 规定取样。取样量根据检验需要确定。

4.2 试验环境

试板的状态调节和试验的温湿度应符合 GB/T 9278 的规定。

4.3 试验样板的制备

4.3.1 底材及底材处理

除另有商定外,试验用底材应符合 GB/T 9271—2008 的要求。施工性、漆膜外观、干燥时间、弯曲试验项目底材为马口铁板,马口铁板的处理按 GB/T 9271—2008 中 4.3 的规定进行。其余项目用钢板，钢板的处理按 GB/T 9271—2008 中 3.5 的规定进行。附着力(拉开法)、耐盐雾性底材为喷砂钢板，其除锈等级达到 GB/T 8923 中规定的 Sa 2½ 级，表面粗糙度达到 GB/T 13288.1 中规定的中级，即丸状磨料为 *Ry*(40～70)μm，棱角状磨料为 *Ry*(60～100)μm。商定的底材材质类型和底材处理方法应在检验报告中注明。

4.3.2 **样板的制备**

样板的制备按表 2、表 3、表 4 的规定进行。当涂料供应商对其配套体系涂料品种、涂装道数、涂装间隔时间、涂层干膜厚度等有特殊要求时，按其要求制备试板。涂层厚度的测定按 GB/T 13452.2 的规定进行。

4.3.2.1 底漆样板的制备按表 2 进行。

表 2 底漆样板的制备

检验项目	底材类型	底材尺寸/mm	漆膜厚度/μm	涂装要求
施工性	马口铁板	200×100×(0.2～0.3)	30±5	施涂一道
漆膜外观	马口铁板	200×100×(0.2～0.3)	30±5	施涂一道
干燥时间	马口铁板	120×50×(0.2～0.3)	30±5	施涂一道
弯曲试验	马口铁板	120×50×(0.2～0.3)	30±5	施涂一道，养护 48 h
耐盐水性	钢板	150×70×(0.8～1.5)	60±10	施涂两道，每道间隔 24 h，养护 7 d
划格试验	钢板	150×70×(0.8～1.5)	30±5	施涂一道，养护 48 h

4.3.2.2 中间层漆样板的制备按表 3 进行。

表 3 中间层漆样板的制备

检验项目	底材类型	底材尺寸/mm	漆膜厚度/μm	涂装要求
施工性	马口铁板	200×100×(0.2～0.3)	30±5	施涂一道
漆膜外观	马口铁板	200×100×(0.2～0.3)	30±5	施涂一道
干燥时间	马口铁板	120×50×(0.2～0.3)	30±5	施涂一道
弯曲试验	马口铁板	120×50×(0.2～0.3)	30±5	施涂一道，养护 48 h
耐碱性	钢板	150×70×(0.8～1.5)	60±10	施涂一道底漆一道中间层漆或两道中间层漆，每道间隔 24 h，养护 7 d

4.3.2.3 面漆样板的制备按表 4 进行。

表 4 面漆样板的制备

检验项目	底材类型	底材尺寸/mm	漆膜厚度/μm	涂装要求
施工性	马口铁板	200×100×(0.2～0.3)	30±5	施涂一道
漆膜外观	马口铁板	200×100×(0.2～0.3)	30±5	施涂一道
干燥时间	马口铁板	120×50×(0.2～0.3)	30±5	施涂一道
弯曲试验	马口铁板	120×50×(0.2～0.3)	30±5	施涂一道，养护 48 h
耐碱性	钢板	150×70×(0.8～1.5)	60±10	施涂一道底漆一道中间层漆一道面漆，每道间隔 24 h，养护 7 d。或施涂两道面漆，每道间隔 24 h，养护 7 d
附着力	喷砂钢板	150×70×(3～5)	90±10	施涂一道底漆一道中间层漆一道面漆，每道间隔 24 h，养护 7 d

表 4（续）

检验项目	底材类型	底材尺寸/mm	漆膜厚度/μm	涂装要求
光泽	钢板	150×70×(0.8～1.5)	30±5	施涂一道，养护 48 h
耐盐雾性	喷砂钢板	150×70×(3～5)	240±20	依次施涂底漆、中间层漆、面漆，间隔 24 h，养护 7 d
耐人工气候老化性	钢板	150×70×(0.8～1.5)	240±20	依次施涂底漆、中间层漆、面漆，间隔 24 h，养护 7 d

4.4 在容器中的状态

打开容器用调刀或搅拌棒搅拌，允许容器底部有沉淀，若经搅拌易混合均匀，则评为“搅拌混合后无硬块，呈均匀状态”。

4.5 细度

按 GB/T 6753.1—2007 规定进行。

4.6 施工性

如施涂过程中无明显阻力，无明显拉丝、气泡、流挂等现象，可评定为“施涂无障碍”。

4.7 遮盖力

按 GB/T 1726—1979 的第 2 章中甲法进行。

4.8 不挥发物含量

按 GB/T 1725—2007 的规定进行。烘烤温度为(80±2)℃，烘烤时间为 2 h，试样量约 2 g。

4.9 漆膜外观

使用做完 4.6 试验的样板，于涂完漆后，在温度为(23±2)℃，相对湿度为(50±5)%的环境条件下放置 24 h 进行评定。在散射日光下目视检查涂漆面，漆膜应平整，无异常现象，则认为“正常”。

4.10 干燥时间

按 GB/T 1728—1979 的规定，表干按乙法进行，实干按甲法进行。

4.11 弯曲试验

按 GB/T 6742—2007 规定进行。

4.12 耐盐水性

按 GB/T 9274—1988 中甲法进行。

将三块试验样板浸于 3%NaCl 溶液后，如三块试板中有二块未出现起泡、开裂、剥落、掉粉、明显变色、明显失光等涂膜病态现象，则评为“无异常”。如出现以上涂膜病态现象按 GB/T 1766—2008 进行描述。

4.13 耐碱性

按 GB/T 9274—1988 中甲法进行。

将三块试验样板浸于 0.5%NaOH 溶液后，如三块试板中有二块未出现起泡、开裂、剥落、掉粉、明显变色、明显失光等涂膜病态现象，则评为“无异常”。如出现以上涂膜病态现象按 GB/T 1766—2008 进行描述。

4.14 划格试验

按 GB/T 9286—1998 规定进行。

4.15 附着力

按 GB/T 5210—2006 规定进行。使用直径为 20 mm 试柱。

4.16 光泽

按 GB/T 9754—2007 规定进行。

4.17 耐盐雾性

按 GB/T 1771—2007 规定进行(试板不划线)。如出现起泡、生锈、脱落等涂膜病态现象,按 GB/T 1766—2008 进行描述。

4.18 耐人工气候老化性

按 GB/T 1865—2009 中方法 1 中循环 A 的规定进行,结果评定按 GB/T 1766—2008 的规定进行。

5 检验规则

5.1 检验分类

5.1.1 产品检验分为出厂检验和型式检验。

5.1.2 出厂检验项目

5.1.2.1 底漆的出厂检验包括在容器中的状态、细度、施工性、不挥发物含量、漆膜外观、干燥时间、弯曲试验、划格试验八项。

5.1.2.2 中间层漆的出厂检验包括在容器中的状态、细度、施工性、不挥发物含量、漆膜外观、干燥时间、弯曲试验七项。

5.1.2.3 面漆的出厂检验包括在容器中的状态、细度、施工性、遮盖力、不挥发物含量、漆膜外观、干燥时间、弯曲试验、光泽九项。

5.1.3 型式检验项目包括本标准所列的全部技术要求。在正常生产情况下,耐盐雾性、耐人工气候老化性每两年检验一次,其他项目每年至少进行一次检验。

5.2 检验结果的判定

5.2.1 检验结果的判定按 GB/T 8170 中修约值比较法进行。

5.2.2 应检项目的检验结果均达到本标准要求时,该试验样品为符合本标准要求。

6 标志、包装和贮存

6.1 标志

按 GB/T 9750 的规定进行。

6.2 包装

按 GB/T 13491 中一级包装要求的规定进行。

6.3 贮存

产品贮存时应保证通风、干燥,防止日光直接照射并应隔绝火源,远离热源。产品应根据类型定出贮存期,并在包装标志上明示。

ICS 87.040
G 51

中华人民共和国国家标准

GB/T 25264—2010

溶剂型丙烯酸树脂涂料

Solvent-based acrylic resin coatings

2010-09-26 发布　　　　2011-08-01 实施

中华人民共和国国家质量监督检验检疫总局
中国国家标准化管理委员会　发布

前 言

本标准由中国石油和化学工业协会提出。

本标准由全国涂料和颜料标准化技术委员会(SAC/TC 5)归口。

本标准起草单位:中海油常州涂料化工研究院、深圳市展辰达化工有限公司、浙江天女集团制漆有限公司、福建百花化学股份有限公司、陕西宝塔山油漆股份有限公司、永记造漆工业(昆山)有限公司、中华制漆(深圳)有限公司、杭州传化涂料有限公司、杜邦中国集团有限公司上海高性能涂料分公司、西安利澳科技股份有限公司、广州珠江化工集团有限公司、宁波大达化学有限公司、深圳松辉化工有限公司、湖南湘江涂料集团有限公司。

本标准主要起草人:沈苏江、陈寿生、姚珄铭、吴远光、夏克龙、王海洋、陈云、汤情文、王悦宏、杜宏印、吴服兵、丁示波、陈晓华、刘寿兵。

溶剂型丙烯酸树脂涂料

1 范围

本标准规定了溶剂型丙烯酸树脂涂料的分类、要求、试验方法、检验规则、标志、包装和贮存等。

本标准适用于以丙烯酸酯树脂为主要成膜物质的溶剂型单组分面漆。产品主要用于各类金属及塑料等表面的装饰与保护。

本标准不适用于辐射固化丙烯酸树脂涂料。

2 规范性引用文件

下列文件中的条款通过本标准的引用而成为本标准的条款。凡是注日期的引用文件，其随后所有的修改单(不包括勘误的内容)或修订版均不适用于本标准，然而，鼓励根据本标准达成协议的各方研究是否可使用这些文件的最新版本。凡是不注日期的引用文件，其最新版本适用于本标准。

GB/T 1722—1992 清漆、清油及稀释剂颜色测定法

GB/T 1725—2007 色漆、清漆和塑料 不挥发物含量的测定(ISO 3251:2003,IDT)

GB/T 1726—1979 涂料遮盖力测定法

GB/T 1727—1992 漆膜一般制备法

GB/T 1728—1979 漆膜、腻子膜干燥时间测定法

GB/T 1732—1993 漆膜耐冲击测定法

GB/T 1735—2009 色漆和清漆 耐热性的测定(ISO 3248:1998,Paints and varnishes—Determination of the effect of heat,MOD)

GB/T 1766—2008 色漆和清漆 涂层老化的评级方法

GB/T 3186 色漆、清漆和色漆与清漆用原材料 取样(GB/T 3186—2006,ISO 15528:2000,IDT)

GB/T 6682 分析实验室用水规格和试验方法(GB/T 6682—2008,ISO 3696:1987,MOD)

GB/T 6739—2006 色漆和清漆 铅笔法测定漆膜硬度(ISO 15184:1998,IDT)

GB/T 6742—2007 色漆和清漆 弯曲试验(圆柱轴)(ISO 1519:2002,IDT)

GB/T 6753.1—2007 色漆、清漆和印刷油墨 研磨细度的测定(ISO 1524:2000,IDT)

GB/T 6753.4 色漆和清漆 用流出杯测定流出时间(GB/T 6753.4—1998,eqv ISO 2431:1993)

GB/T 8170 数值修约规则与极限数值的表示和判定

GB/T 9271—2008 色漆和清漆 标准试板(ISO 1514:2004,MOD)

GB/T 9274—1988 色漆和清漆 耐液体介质的测定(eqv ISO 2812:1974)

GB/T 9278 涂料试样状态调节和试验的温湿度(GB/T 9278—2008,ISO 3270:1984,Paint and varnish and their raw materials—Temperatures and humidities for conditioning and testing,IDT)

GB/T 9286 色漆和清漆 漆膜的划格试验(GB/T 9286—1998,eqv ISO 2409:1992)

GB/T 9750 涂料产品包装标志

GB/T 9754—2007 色漆和清漆 不含金属颜料的色漆漆膜的20°、60°和85°镜面光泽的测定(ISO 2813:1994,IDT)

GB/T 10009 丙烯腈-丁二烯-苯乙烯(ABS)塑料挤出板材

GB/T 13452.2 色漆和清漆 漆膜厚度的测定(GB/T 13452.2—2008,ISO 2808:2007,IDT)

GB/T 13491 涂料产品包装通则

SH 0004—1990(1998) 橡胶工业用溶剂油

3 分类

本标准规定的溶剂型丙烯酸树脂涂料分为以下两个类型：

Ⅰ型：以热塑型丙烯酸酯树脂为主要成膜物质，可加入适量纤维素酯等成膜物改性而成的单组分面漆。Ⅰ型产品又可分为A类和B类两个类别，其中A类产品主要适用于金属表面，B类产品主要适用于塑料表面。

Ⅱ型：以热固型丙烯酸酯树脂为主要成膜物质，加入氨基树脂交联剂等调制而成的单组分面漆。产品主要适用于金属表面。

4 要求

4.1 Ⅰ型产品应符合表1的要求。

表1 Ⅰ型产品要求

项 目	要 求			
	A类		B类	
	清漆	色漆	清漆	色漆
在容器中状态	搅拌混合后无硬块，呈均匀状态			
原漆颜色[a]/号 ≤ (铁钴比色计)	2	—	2	—
细度[b]/μm ≤ 光泽(60°)≥80 光泽(60°)<80	—	20 40	—	20 40
遮盖力[c]/(g/m²) ≤ 白色 其他色	—	110 商定	—	110 商定
流出时间/s ≥ (ISO 6号杯)	20	40	20	40
不挥发物含量/% ≥	35	40	35	40
干燥时间 ≤ 表干/min 实干/h	30 2			
漆膜外观	正常			
弯曲试验/mm 光泽(60°)≥80 光泽(60°)<80	2 商定		—	
划格试验/级 ≤	1			
铅笔硬度(擦伤) ≥	HB			
光泽(60°)/单位值	商定			
耐汽油性[符合SH 0004—1990(1998)的溶剂油，1 h]	不发软，不发粘，不起泡		—	
耐水性(8 h)	不起泡，不脱落，允许轻微变色			

表 1（续）

项　　目	要　　求			
	A 类		B 类	
	清漆	色漆	清漆	色漆
耐热性 [(90±2)℃,3 h]	不鼓泡,不起皱		—	
与底材的适应性	—		通过	
[a] 不透明液体除外。 [b] 含效应颜料,如珠光粉、铝粉等的产品除外。 [c] 含有透明颜料的产品除外。				

4.2　Ⅱ型产品应符合表 2 的要求。

表 2　Ⅱ型产品要求

项　　目	要　　求	
	清漆	色漆
在容器中状态	搅拌混合后无硬块,呈均匀状态	
原漆颜色[a]/号　≤ (铁钴比色计)	2	—
细度[b]/μm　≤ 光泽(60°)≥80 光泽(60°)<80	— 	 20 30
遮盖力[c]/(g/m²)　≤ 白色 其他色	—	 110 商定
流出时间/s　≥ (ISO 6 号杯)	20	40
不挥发物含量/%　≥	35	40
干燥时间/h (实干)	通过	
漆膜外观	正常	
弯曲试验/mm	2	
划格试验/级　≤	1	
耐冲击性/cm	50	
铅笔硬度(擦伤)　≥	H	
光泽(60°)/单位值	商定	
耐汽油性[符合 SH 0004—1990(1998)的溶剂油,3 h]	不发软,不发粘,不起泡	
耐水性(24 h)	不起泡,不脱落,允许轻微变色	
[a] 不透明液体除外。 [b] 含效应颜料,如珠光粉、铝粉等的产品除外。 [c] 含有透明颜料的产品除外。		

5 试验方法

5.1 取样

产品按 GB/T 3186 的规定取样，也可按商定方法取样。取样量根据检验需要确定。

5.2 试验样板的状态调节和试验环境

除另有规定外，制备好的样板，应在 GB/T 9278 规定的条件下放置规定的时间后，按有关检验方法进行性能测试。干燥时间、漆膜外观、弯曲试验、划格试验、耐冲击性、铅笔硬度和光泽项目应在 GB/T 9278 规定的条件下进行测试，其余项目按相关检验方法标准规定的条件进行测试。

5.3 试验样板的制备

5.3.1 底材的处理

除另有商定外，试验用马口铁板和玻璃板应符合 GB/T 9271—2008 的要求，马口铁板的处理按 GB/T 9271—2008 中 4.3 的规定进行，玻璃板的处理应按 GB/T 9271—2008 中 7.2 的规定进行。塑料板使用前应擦去表面的浮灰和污垢。商定的底材材质类型和底材处理方法应在检验报告中注明。

5.3.2 试验样板的制备

除光泽项目外，漆膜制备方法按 GB/T 1727—1992 中的喷涂法进行。所有制板项目均以单一涂料类型制板，即分别以清漆或色漆制板。Ⅰ型中 A 类产品和Ⅱ型产品各项目检验用底材及涂装要求见表 3。Ⅰ型中 B 类产品各项目检验用底材及涂装要求见表 4。也可采用商定的其他方式进行涂装。若使用与本标准规定不同的样板制备条件，应在试验报告中注明。漆膜厚度的测定按 GB/T 13452.2 规定进行。

表 3 Ⅰ型中 A 类产品和Ⅱ型产品制板要求

项 目	底材	尺寸/mm	涂装要求
干燥时间、漆膜外观、弯曲试验、划格试验、耐冲击性、铅笔硬度、耐汽油性、耐水性、耐热性	马口铁板	50×120×(0.2～0.3)	喷涂一道，清漆干漆膜厚度为(13±3)μm，色漆干漆膜厚度为(18±3)μm。除干燥时间和漆膜外观项目外，Ⅰ型产品放置 24 h 后测试，Ⅱ型产品在商定的烘烤条件下烘烤后放置 1 h 测试。
光泽	玻璃板[a]	100×150×3	用规格为 150 μm 的漆膜涂布器刮涂一道，Ⅰ型产品放置 24 h 后测试，Ⅱ型产品在商定的烘烤条件下烘烤后放置 1 h 测试。
a 清漆测光泽时采用已喷有无光黑漆的玻璃板。			

表 4 Ⅰ型中 B 类产品制板要求

项 目	底材	尺寸/mm	涂装要求
干燥时间、漆膜外观、划格试验、铅笔硬度、耐水性、与底材的适应性	塑料板[a]	50×120×(1～3)	喷涂一道，清漆干漆膜厚度[b]为(13±3)μm，色漆干漆膜厚度[b]为(18±3)μm。除干燥时间和漆膜外观项目外，放置 24 h 后测试。
光泽	玻璃板[c]	100×150×3	用规格为 150 μm 的漆膜涂布器刮涂一道，放置 24 h 后测试。
a 本标准推荐使用符合 GB/T 10009 要求的 ABS 塑料板。如使用其他类型的塑料板，应在试验报告中注明。 b 以同时喷涂钢板的厚度为参考来控制样板漆膜厚度。 c 清漆测光泽时采用已喷有无光黑漆的玻璃板。			

5.4 测试方法

5.4.1 在容器中状态

打开容器，用调刀或搅拌棒搅拌，允许容器底部有沉淀，若经搅拌易于混合均匀，可评定为“搅拌混合后无硬块，呈均匀状态”。

5.4.2 原漆颜色

按 GB/T 1722—1992 中甲法的规定进行。

5.4.3 细度

按 GB/T 6753.1—2007 规定进行。

5.4.4 遮盖力

按 GB/T 1726—1979 中甲法的规定进行。

5.4.5 流出时间

按 GB/T 6753.4 的规定进行。

5.4.6 不挥发物含量

按 GB/T 1725—2007 的规定进行。烘烤温度为(125±2)℃，烘烤时间为 1 h，试样量约 1 g。

5.4.7 干燥时间

表干按 GB/T 1728—1979 中表干乙法规定进行。实干按 GB/T 1728—1979 中实干甲法规定进行。Ⅱ型产品在商定的温度和时间下进行烘烤，如实干则评为“通过”。

5.4.8 漆膜外观

将实干后的样板放在散射日光或 D65 标准光源下目视观察样板表面有无桔皮、起皱、色斑、颗粒、缩孔等现象，如无则可评定为“正常”。

5.4.9 弯曲试验

按 GB/T 6742—2007 的规定进行。

5.4.10 划格试验

按 GB/T 9286 的规定进行。

5.4.11 耐冲击性

按 GB/T 1732—1993 的规定进行。

5.4.12 铅笔硬度

按 GB/T 6739—2006 的规定进行。铅笔为中华牌 101 绘图铅笔。

5.4.13 光泽

按 GB/T 9754—2007 的规定进行。对于闪光漆和珠光漆，本方法不适用，仅作为参考方法。

5.4.14 耐汽油性

按 GB/T 9274—1988 中 5.4 的规定进行。浸入符合 SH 0004—1990(1998)要求的溶剂油中，至规定的时间取出样板，放置 10 min 后观察，结果的评定按 GB/T 1766—2008 进行。

5.4.15 耐水性

按 GB/T 9274—1988 中 5.4 的规定进行，浸入符合 GB/T 6682 要求的三级水中，至规定的时间取出样板观察，结果的评定按 GB/T 1766—2008 进行。

5.4.16 耐热性

按 GB/T 1735—2009 的规定进行，试验温度为(90±2)℃，试验时间为 3 h，结果的评定按 GB/T 1766—2008 进行。

5.4.17 与底材的适应性

样板在散射日光或 D65 标准光源下目视观察，如果样板表面未出现起皱、咬起、发花和光泽不均等现象，则可评定为“通过”。

6 检验规则

6.1 检验分类

6.1.1 产品检验分出厂检验和型式检验。

6.1.2 Ⅰ型、Ⅱ型清漆产品出厂检验项目包括在容器中状态、原漆颜色、流出时间、干燥时间、漆膜外观和光泽共6项；Ⅰ型、Ⅱ型色漆产品出厂检验项目包括在容器中状态、细度、遮盖力、流出时间、干燥时间、漆膜外观和光泽共7项。

6.1.3 型式检验项目包括本标准所列的全部技术要求。在正常生产情况下，不挥发物含量、弯曲试验、划格试验、耐冲击性、铅笔硬度和与底材的适应性每半年至少检验一次；耐水性、耐汽油性和耐热性每年至少检验一次。

6.2 检验结果的判定

6.2.1 检验结果的判定按GB/T 8170中修约值比较法进行。

6.2.2 应检项目的检验结果均达到本标准要求时，该试验样品为符合本标准要求。

7 标志、包装和贮存

7.1 标志

按GB/T 9750的规定进行。

7.2 包装

按GB/T 13491中一级包装要求的规定进行。

7.3 贮存

产品贮存时应保证通风、干燥，防止日光直接照射并应隔绝火源，远离热源。夏季气温过高时，应设法降温。产品应根据类型定出贮存期，并在包装标志上明示。

ICS 87.040
G 51

中华人民共和国国家标准

GB/T 25271—2010

硝基涂料

Nitrocellulose coatings

2010-09-26 发布　　　　2011-08-01 实施

中华人民共和国国家质量监督检验检疫总局
中国国家标准化管理委员会　发布

前　言

本标准由中国石油和化学工业协会提出。

本标准由全国涂料和颜料标准化技术委员会(SAC/TC 5)归口。

本标准起草单位:中海油常州涂料化工研究院、上海富臣化工有限公司、南京长江涂料有限公司、浙江环达漆业集团有限公司、佛山市美涂士化工有限公司、中华制漆(深圳)有限公司、江苏大象东亚制漆有限公司、广州珠江化工集团有限公司、深圳松辉化工有限公司、四川省危险化学品质量监督检验所。

本标准主要起草人:刘琳、周琼辉、张浩君、邱玉清、刘湘智、朱会明、杨少武、蔡敏钊、张定德、王晓云。

硝 基 涂 料

1 范围

本标准规定了硝基涂料的分类、要求、试验方法、检验规则及标志、包装和贮存等内容。

本标准适用于以硝酸纤维素为主要成膜物质，加入醇酸树脂、改性松香树脂、丙烯酸树脂等改性而成的涂料。产品主要适用于金属、塑料、木质等表面的保护与装饰。

本标准不适用于室内装饰装修(包括工厂化涂装)用木器制品表面的保护与装饰。

2 规范性引用文件

下列文件中的条款通过本标准的引用而成为本标准的条款。凡是注日期的引用文件，其随后所有的修改单(不包括勘误的内容)或修订版均不适用于本标准，然而，鼓励根据本标准达成协议的各方研究是否可使用这些文件的最新版本。凡是不注日期的引用文件，其最新版本适用于本标准。

GB/T 1722—1992 清漆、清油及稀释剂颜色测定法

GB/T 1725—2007 色漆、清漆和塑料 不挥发物含量的测定(ISO 3251:2003,IDT)

GB/T 1726—1979 涂料遮盖力测定法

GB/T 1728—1979 漆膜、腻子膜干燥时间测定法

GB/T 1735—2009 色漆和清漆 耐热性的测定(ISO 3248:1998,Paints and varnishes—Determination of the effect of heat,MOD)

GB/T 1762—1980 漆膜回粘性测定法

GB/T 1766—2008 色漆和清漆 涂层老化的评级方法

GB 1922—2006 油漆及清洗用溶剂油

GB/T 3186 色漆、清漆和色漆与清漆用原材料 取样(GB/T 3186—2006,ISO 15528:2000,IDT)

GB/T 6682 分析实验室用水规格和试验方法(GB/T 6682—2008, ISO 3696:1987,MOD)

GB/T 6753.1—2007 色漆、清漆和印刷油墨研磨细度的测定(ISO 1524:2000,IDT)

GB/T 8170 数值修约规则与极限数值的表示和判定

GB/T 9271—2008 色漆和清漆 标准试板(ISO 1514:2004,MOD)

GB/T 9274—1988 色漆和清漆 耐液体介质的测定(eqv ISO 2812:1974)

GB/T 9278 涂料试样状态调节和试验的温湿度(GB/T 9278—2008,ISO 3270:1984,Paints and varnishes and their raw materials—Temperatures and humidities for conditioning and testing,IDT)

GB/T 9286—1998 色漆和清漆 漆膜的划格试验(eqv ISO 2409:1992)

GB/T 9750 涂料产品包装标志

GB/T 9754—2007 色漆和清漆 不含金属颜料的色漆漆膜的20°、60°和85°镜面光泽的测定(ISO 2813:1994,IDT)

GB/T 13452.2—2008 色漆和清漆 漆膜厚度的测定(ISO 2808:2007,IDT)

GB/T 13491 涂料产品包装通则

JB/T 7499—2006 涂附磨具 耐水砂纸

3 产品分类

硝基涂料分为硝基底漆与硝基面漆两大类，其中硝基面漆分为清漆和色漆。

4 技术要求

4.1 硝基底漆

产品性能应符合表1的技术要求。

表1 硝基底漆要求

项目		指标
在容器中状态		搅拌混合后无硬块,呈均匀状态
不挥发物含量/%	≥	35
干燥时间/min 表干 实干	≤	 10 50
涂膜外观		正常
施工性		施涂无障碍
划格试验/级	≤	2
与面漆的适应性		对面漆无不良影响
打磨性(用400号水砂纸打磨30次)		易打磨

4.2 硝基面漆

产品性能应符合表2的要求。

表2 硝基面漆要求

项目		指标	
		清漆	色漆
在容器中状态		搅拌混合后无硬块,呈均匀状态	
原漆颜色[a]/号	≤	9	—
细度[b]/μm 光泽(60°)≥80 光泽(60°)<80	≤	—	 26 36
不挥发物含量/%	≥	28	30
遮盖力[c]/(g/m²) 黑色 白色 其他色	≤	—	 20 60 商定
施工性		施涂无障碍	
干燥时间/min 表干 实干	≤	 10 50	
涂膜外观		正常	
光泽(60°)/单位值		—	商定
回粘性/级	≤	2	
渗色性[d]		—	不渗色

表 2（续）

项　　目	指　　标	
	清漆	色漆
耐热性 清漆[(115～120)℃/2 h] 色漆[(100～105)℃/2 h]	无起泡、起皱、裂纹，允许颜色和光泽有轻微变化	
耐水性	18 h 无异常	24 h 无异常
耐挥发油性 (2 h)	无异常	

[a] 非透明液体除外。

[b] 含片状颜料和效应颜料，如含铝粉、珠光粉等的产品除外。

[c] 含有透明颜料的产品除外。

[d] 白色、红色、银色漆除外。

5　试验方法

5.1　取样

产品按 GB/T 3186 规定取样，也可按商定方法取样。取样量根据检验需要确定。

5.2　试验样板的状态调节和试验环境

除另有规定外，制备好的样板，应在 GB/T 9278 规定的条件下放置规定的时间后，按有关检验方法进行性能测试。干燥时间、涂膜外观、光泽、划格试验应在 GB/T 9278 规定的条件下进行测试，其余项目按相关检验方法规定的条件进行测试。

5.3　试验样板的制备

5.3.1　底材的处理

除另有商定外，试验用钢板、马口铁板、玻璃板应符合 GB/T 9271—2008 的要求，钢板的处理按 GB/T 9271—2008 中 3.5 的规定进行，马口铁板的处理按 GB/T 9271—2008 中 4.3 的规定进行，玻璃板的处理应按 GB/T 9271—2008 中 7.2 的规定进行。商定的底材材质类型和底材处理方法应在检验报告中注明。

5.3.2　试验样板的制备

除另有商定外，按表 3 制备样板，样板涂膜厚度的测定按 GB/T 13452.2 中规定进行，当采用与本标准规定不同的涂膜制备方法时，应在检验报告中注明。

表 3　试验样板的制备

检验项目	底材类型	底材尺寸 mm	涂装要求
施工性 涂膜外观	马口铁板	200×100×(0.2～0.3)	底漆一道：(23±3)μm 清漆两道：(30±5)μm(每道间隔 30 min) 色漆两道：(35±5)μm(每道间隔 30min) 其中涂膜外观放置 24 h 后测试
与面漆的适应性	钢板或商定	200×100×(0.2～0.3)	底漆一道：(23±3)μm，配套面漆厚度商定，放置 48 h 后测试
干燥时间	马口铁板	120×50×(0.2～0.3)	底漆一道：(23±3)μm
			清漆一道：(15±3)μm
			色漆一道：(23±3)μm

表 3（续）

<table>
<tr><th>检验项目</th><th>底材类型</th><th>底材尺寸
mm</th><th>涂装要求</th></tr>
<tr><td>划格试验</td><td>钢板</td><td>120×50×(0.45～0.55)</td><td>底漆一道：(23±3)μm，放置 24 h 后测试</td></tr>
<tr><td>光泽</td><td>玻璃板</td><td>150×100×3</td><td>色漆一道：(23±3)μm，放置 24 h 后测试</td></tr>
<tr><td rowspan="2">渗色性
耐热性</td><td rowspan="2">玻璃板</td><td rowspan="2">90×120×(2～3)</td><td>色漆两道：(35±5)μm(每道间隔 30 min)，放置 24 h 后测试</td></tr>
<tr><td>清漆两道：(30±5)μm(每道间隔 30 min)放置 24 h 后测试</td></tr>
<tr><td rowspan="3">回粘性
打磨性</td><td rowspan="3">马口铁板</td><td rowspan="3">120×50×(0.2～0.3)</td><td>清漆两道：(30±5)μm(每道间隔 30 min)，干燥及养护详见检验方法规定</td></tr>
<tr><td>色漆一道：(23±3)μm，放置 24 h 后测试</td></tr>
<tr><td>底漆一道：(23±3)μm，放置 24 h</td></tr>
<tr><td rowspan="2">耐水性
耐挥发油性</td><td rowspan="2">马口铁板</td><td rowspan="2">120×50×(0.2～0.3)</td><td>清漆两道：(30±5)μm(每道间隔 30 min)，干燥及养护详见检验方法规定</td></tr>
<tr><td>色漆两道：(35±5)μm(每道间隔 30 min)，其中耐水性放置 24 h 后测试，耐挥发油性干燥及养护均详见检验方法规定</td></tr>
</table>

5.4 容器中状态

打开容器，用调刀或搅拌棒搅拌，允许容器底部有沉淀，若经搅拌易于混合均匀，可评为“搅拌混合后无硬块，呈均匀状态”。

5.5 原漆颜色

按 GB/T 1722—1992 中的甲法进行。

5.6 细度

按 GB/T 6753.1—2007 的规定进行。

5.7 不挥发物含量

按 GB/T 1725 — 2007 中的规定进行。烘烤温度为(80±2)℃，烘烤时间为 1 h，称样量(1±0.1)g。

5.8 遮盖力

按 GB/T 1726—1979 中乙法进行。

5.9 施工性

除另有商定外，用配套稀释剂将涂料稀释至施工黏度，若无配套稀释剂则用表 4 的配比稀释，将试样喷涂至试板上，在第一道喷涂操作后在规定条件下放置 1 h，喷涂第二道，如喷涂过程中无明显阻力，无明显拉丝、气泡、流挂等现象，可评定为“施涂无障碍”。

试验用稀释剂配置表见表 4。

表 4

原料名称	配比
乙酸乙酯	15
乙酸丁酯	15
丁醇	5
甲苯	65

5.10 干燥时间

按 GB/T 1728—1979 中的规定进行，表干、实干均按甲法的规定进行。

5.11 涂膜外观

在自然日光下目视观察样板表面有无桔皮、起皱、色斑、颗粒、缩孔等现象，如无则可评定为“正常”。

5.12 划格试验

在(60±2)℃烘 1 h，再按 GB/T 9286—1998 中的规定进行。

5.13 与面漆的适应性

在处理好的底材上施涂一道受试底漆，自干 24 h 后施涂一道与底漆配套的面漆。面漆涂膜厚度商定。评定与面漆的适应性时，首先应评定在底漆上施涂面漆是否无障碍，然后再于施涂面漆后 48 h，在自然日光下目视检查涂膜，若无剥落、开裂、起皱、缩孔、色斑和光泽不均等现象时，可评定为“对面漆无不良影响”。

5.14 打磨性

在(60±2)℃烘 1 h，用符合 JB/T 7499—2006 标准规定的 P400(400 号)水砂纸打磨 30 次，如涂膜易打磨成平整光滑的表面，则评为“易打磨”。

5.15 光泽

按 GB/T 9754—2007 中规定进行。

5.16 回粘性

5.16.1 清漆样板在规定的条件下干燥 1 h，放入(80±2)℃的烘箱中加热 30 min，取出样板，在规定条件下再放置 1 h，按 GB/T 1762—1980 中规定进行。

5.16.2 色漆样板按 GB/T 1762—1980 中规定进行。

5.17 渗色性

将同类白色硝基涂料喷涂至已经干燥的色漆涂膜上，在规定条件下放置 30 min 后，在自然日光下目视观察受试产品是否渗到白色涂膜中并引起颜色变化，如无此现象则可评为“不渗色”。

5.18 耐热性

按 GB/T 1735—2009 的规定进行耐热性的测定，其中清漆样板在(115～120)℃的烘箱中加热 2 h；色漆样板在(100～105)℃的烘箱中加热 2 h，取出在规定条件下放置 1 h 后观察。

5.19 耐水性

5.19.1 清漆样板在规定的条件下干燥 1 h，放入(80±2)℃的烘箱中加热 30 min，取出样板，在规定条件下再放置 1 h，按 GB/T 9274—1988 中浸泡法的规定进行，浸入符合 GB/T 6682 的三级水中 18 h 取出，恢复 2 h，检查涂膜。3 块样板中至少有 2 块未出现皱纹、起泡、开裂、剥落，明显变色、明显光泽变化等涂膜病态现象，评定为“无异常”。

5.19.2 色漆样板按 GB/T 9274—1988 中浸泡法的规定进行，3 块样板中至少有 2 块未出现皱纹、起泡、开裂、剥落，明显变色、明显光泽变化等涂膜病态现象，并允许涂膜轻微发白、失光、起泡、在 2 h 内恢复，评定为“无异常”。

如出现以上涂膜病态现象按 GB/T 1766—2008 的规定进行。

5.20 耐挥发油性

样板在规定的条件下干燥 1 h，放入(80±2)℃的烘箱中加热 30 min，再在规定条件下放置 1 h，作为试验样板。按 GB/T 9274—1988 中的浸泡法的规定进行。浸入符合 GB 1922—2006 规定的 3 号普通型油漆及清洗用溶剂油中 2 h，恢复 2 h，3 块样板中至少有 2 块未出现皱纹、起泡、开裂、剥落，明显变色、明显光泽变化等涂膜病态现象，液体的混浊程度也不大时，评定为“无异常”。

如出现以上涂膜病态现象按 GB/T 1766—2008 的规定进行。

6 检验规则

6.1 检验分类

6.1.1 产品检验分为出厂检验和型式检验。

6.1.2 出厂检验项目包括在容器中状态、不挥发物含量、原漆颜色、细度、遮盖力、施工性、干燥时间、涂膜外观、光泽、划格试验、打磨性。

6.1.3 型式检验项目包括本标准所列全部技术要求。在正常生产情况下回粘性、渗色性、耐水性、耐热性、耐挥发油性，与面漆的适应性每年至少检验一次。

6.2 检验结果的判定

6.2.1 检验结果的判定按 GB/T 8170 中修约值比较法进行。

6.2.2 应检项目的检验结果均达到本标准要求时，该试验样品为符合本标准要求。

7 标志、包装和贮存

7.1 标志

按 GB/T 9750 的规定进行。

7.2 包装

按 GB/T 13491 中一级包装要求的规定进行。

7.3 贮存

产品贮存时应保证通风、干燥，防止日光直接照射，并隔离火源，远离热源。产品应定出贮存期，并在包装标志上明示。

ICS 87.040
G 51

中华人民共和国国家标准

GB/T 25272—2010

硝基涂料防潮剂

Moisture-proof agents for nitrocellulose coatings

2010-09-26 发布　　　　2011-08-01 实施

中华人民共和国国家质量监督检验检疫总局
中国国家标准化管理委员会　发布

前　言

本标准由中国石油和化学工业协会提出。

本标准由全国涂料和颜料标准化技术委员会(SAC/TC 5)归口。

本标准主要起草单位:中海油常州涂料化工研究院、中华制漆(深圳)有限公司。

本标准主要起草人:陈刚、朱会明。

硝基涂料防潮剂

1 范围

本标准规定了硝基涂料防潮剂的要求、试验方法、检验规则及标志、包装、贮存等内容。

本标准适用于由沸点较高、挥发速度较慢的酯类、醇类、酮类等有机溶剂混合而成的硝基涂料防潮剂。该防潮剂与硝基涂料稀释剂配合使用时，可在湿度大的环境下施工，以防止硝基涂料发白。

2 规范性引用文件

下列文件中的条款通过本标准的引用而成为本标准的条款。凡是注日期的引用文件，其随后所有的修改单(不包括勘误的内容)或修订版均不适用于本标准，然而，鼓励根据本标准达成协议的各方研究是否可使用这些文件的最新版本。凡是不注日期的引用文件，其最新版本适用于本标准。

GB/T 1722—1992 清漆、清油及稀释剂颜色测定法

GB 1922—2006 油漆及清洗用溶剂油

GB/T 3186 色漆、清漆和色漆与清漆用原材料 取样(GB/T 3186—2006，ISO 15528:2000，IDT)

GB/T 6743 塑料用聚酯树脂、色漆和清漆用漆基部分酸值和总酸值的测定(GB/T 6743—2008，ISO 2114:2000，IDT)

GB/T 8170 数值修约规则与极限数值的表示和判定

GB/T 9278 涂料试样状态调节和试验的温湿度(GB/T 9278—2008，ISO 3270:1984，Paints and varnishes and their raw materials—Temperatures and humidities for conditioning and testing，IDT)

GB/T 9750 涂料产品包装标志

GB/T 13491 涂料产品包装通则

HG/T 3858—2006 稀释剂、防潮剂水分测定法

HG/T 3859—2006 稀释剂、防潮剂白化性测定法

HG/T 3860—2006 稀释剂、防潮剂挥发性测定法

HG/T 3861—2006 稀释剂、防潮剂胶凝数测定法

3 要求

产品性能应符合表1的要求。

表 1 要求

项 目		要 求
颜色(铁钴比色计)/号		≤1
外观		清澈透明，无机械杂质
酸值(以 KOH 计)/(mg/g)	≤	0.1
水分		不浑浊、不分层
挥发性/倍		商定
胶凝数/mL	≥	60
白化性		漆膜不发白及没有无光斑点

4 试验方法

4.1 取样

产品按 GB/T 3186 规定取样，也可按商定方法取样。取样量根据检验需要确定。

4.2 试验的一般条件

试样的状态调节和试验的温湿度应符合 GB/T 9278 的规定。

4.3 颜色

按 GB/T 1722—1992 中甲法规定进行。当样品颜色比 1 号更浅时，则评为“＜1”。

4.4 外观

目视观察。

4.5 酸值

按 GB/T 6743—2008 方法 A 中指示剂法规定进行。试样量为 25 g～30 g，稀释剂为无水乙醇，加入量为 20 mL～30 mL。

注：测定贮存中的防潮剂酸值时，取出的试样在 35 ℃～40 ℃水浴中加热 30 min，以便除去溶解其中的气体。

4.6 水分

按 HG/T 3858—2006 中 3 规定进行。

4.7 挥发性

按 HG/T 3860—2006 规定进行。

4.8 胶凝数

按 HG/T 3861—2006 中甲法规定进行，滴定剂为符合 GB 1922—2006 标准规定的 3 号普通型油漆及清洗用溶剂油。

4.9 白化性

按 HG/T 3859—2006 规定进行。按硝基涂料稀释剂的质量计，加入 25％的硝基涂料防潮剂，以 1∶1与黑硝基外用磁漆混合后，在温度(23±2)℃、相对湿度不小于 85％的条件下，喷涂于马口铁板上，干燥后观察。

5 检验规则

5.1 检验分类

5.1.1 产品检验分出厂检验和型式检验。

5.1.2 出厂检验项目包括颜色、外观、酸值和水分共 4 项。

5.1.3 型式检验项目包括本标准所列的全部技术要求。在正常的情况下，挥发性、胶凝数和白化性每年至少检验一次。

5.2 检验结果的判定

5.2.1 检验结果的判定按 GB/T 8170 中修约值比较法进行。

5.2.2 所有项目的检验结果均达到本标准要求时，该试验样品为符合本标准要求。

6 标志、包装、贮存

6.1 标志

按 GB/T 9750 规定进行。

6.2 包装

按 GB/T 13491 中一级包装要求的规定进行。

6.3 贮存

产品贮存时应保证通风、干燥、防止日光直接照射，并隔离火源，远离热源，夏季温度过高时应设法降温。产品应定出贮存期，并在包装标志上明示。

ICS 87.040
G 51

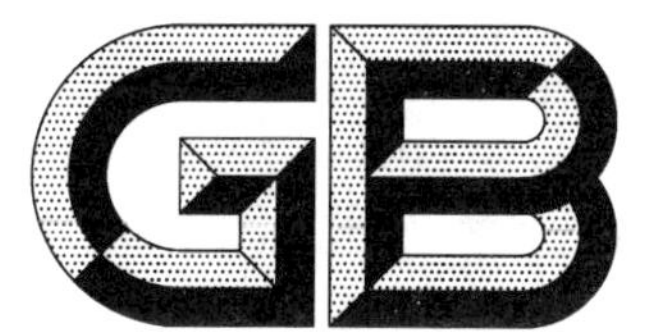

中华人民共和国国家标准

GB/T 27806—2011

环氧沥青防腐涂料

Tar epoxy anti-corrosion coatings

2011-12-30 发布　　2012-06-01 实施

中华人民共和国国家质量监督检验检疫总局
中国国家标准化管理委员会　发布

前　言

本标准按照 GB/T 1.1—2009 给出的规则起草。

本标准由中国石油和化学工业联合会提出。

本标准由全国涂料和颜料标准化技术委员会(SAC/TC 5)归口。

本标准起草单位:中海油常州涂料化工研究院、上海开林造漆厂、杭州油漆有限公司、常州光辉化工有限公司、武汉双虎工业涂料有限公司、西北永新化工股份有限公司、无锡造漆厂有限公司、中华制漆(深圳)有限公司、永记造漆工业(昆山)有限公司、浙江环达漆业集团有限公司、南京长江涂料有限公司、江苏冶建防腐材料有限公司、福建百花化学股份有限公司、太仓市开林油漆有限公司、江苏金陵特种涂料有限公司。

本标准主要起草人:郑国娟、许莉莉、姜方群、赵绍洪、黄涛、刘志云、何玉兰、蔡江波、王海洋、邱玉清、杨绍云、史优良、吴远光、金仲岷、卞大荣、顾辉旗。

环氧沥青防腐涂料

1 范围

本标准规定了环氧沥青防腐涂料产品的分类、要求、试验方法、检验规则、标志、包装和贮存等内容。

本标准适用于以环氧树脂和煤焦沥青为主要成膜物质，加入固化剂、溶剂、颜料等组成的双组分涂料，包括普通型底漆、面漆和厚浆型底漆、面漆，主要用于水下及地下等钢结构和混凝土表面的重防腐涂装。

2 规范性引用文件

下列文件对于本文件的应用是必不可少的。凡是注日期的引用文件，仅注日期的版本适用于本文件。凡是不注日期的引用文件，其最新版本(包括所有的修改单)适用于本文件。

GB/T 1725—2007 色漆、清漆和塑料 不挥发物含量的测定

GB/T 1728—1979 漆膜、腻子膜干燥时间测定法

GB/T 1732—1993 漆膜耐冲击测定法

GB/T 1740—2007 漆膜耐湿热性测定法

GB/T 1766—2008 色漆和清漆 涂层老化的评级方法

GB/T 1771—2007 色漆和清漆 耐中性盐雾性能的测定

GB 1922—2006 油漆及清洗用溶剂油

GB/T 3186 色漆、清漆和色漆与清漆用原材料 取样

GB/T 6682 分析实验室用水规格和试验方法

GB/T 6742—2007 色漆和清漆 弯曲试验(圆柱轴)

GB/T 8170 数值修约规则与极限数值的表示和判定

GB/T 8923 涂装前钢材表面锈蚀等级和除锈等级

GB/T 9264—1988 色漆流挂性的测定

GB/T 9271—2008 色漆和清漆 标准试板

GB/T 9274—1988 色漆和清漆 耐液体介质的测定

GB/T 9278 涂料试样状态调节和试验的温湿度

GB/T 9750 涂料产品包装标志

GB/T 13288.1 涂覆涂料前钢材表面处理 喷射清理后的钢材表面粗糙度特性 第1部分：用于评定喷射清理后钢材表面粗糙度的ISO表面粗糙度比较样块的技术要求和定义

GB/T 13452.2 色漆和清漆 漆膜厚度的测定

GB/T 13491 涂料产品包装通则

3 产品分类

本标准将环氧沥青防腐涂料分为普通型和厚浆型两类。

4 要求

产品应符合表1的要求。

表1 要求

项目		指标	
		普通型	厚浆型
在容器中状态		搅拌后均匀无硬块	
流挂性/μm	≥	—	400
不挥发物含量/%	≥	65	
适用期[a](3 h)		通过	
施工性		施涂无障碍	
干燥时间/h	≤	24	
漆膜外观		正常	
弯曲试验/mm	≤	8	10
耐冲击性/cm		≥40	
冷热交替试验(三次循环)		无异常	
耐水性(30 d)		无异常	
耐盐水性(浸入3%NaCl溶液中168 h)		无异常	
耐碱性[b](浸入5%NaOH溶液中168 h)		无异常	
耐酸性[b](浸入5%H_2SO_4溶液中168 h)		无异常	
耐挥发油性(浸入3号普通型油漆及清洗用溶剂油中48 h)		无异常	
耐湿热性(120 h)		无异常	
耐盐雾性(120 h)		无异常	

[a] 不挥发物含量大于95%的产品除外。

[b] 含铝粉的产品除外。

5 试验方法

5.1 取样

产品按GB/T 3186的规定取样，也可按商定方法取样。取样量根据检验需要确定。

5.2 试验环境

除另有规定，制备好的样板应在GB/T 9278规定的条件下放置规定的时间后，按有关检验方法进行性能测试。干燥时间、弯曲试验和耐冲击性项目应在GB/T 9278规定的条件下进行测试，耐水性、耐盐水性、耐碱性、耐酸性和耐挥发油性项目在23 ℃±2 ℃条件下进行，其余项目按相关检验方法标准规定的条件进行测试。

5.3 试验样板的制备

除另有规定，试验用马口铁板、钢板应符合 GB/T 9271—2008 的要求，马口铁板的处理按 GB/T 9271—2008 中 4.3 的规定进行，普通钢板的处理按 GB/T 9271—2008 中 3.5 的规定进行，喷砂钢板进行喷砂处理，其除锈等级达到 GB/T 8923 中规定的 Sa 2½ 级，表面粗糙度达到 GB/T 13288.1 中规定的中级，即丸状磨料 Ry(40～70)μm 或棱角状磨料 Ry(60～100)μm。按表 2 的规定制备试验样板，用 GB/T 13452.2 中规定的一种方法测定漆膜厚度。当涂料供应商对其配套体系涂料品种、涂装道数、涂装间隔时间、涂层干膜厚度等有特殊要求时，按其要求制备试板，但应在试验报告中注明。

表 2　制板说明

<table>
<tr><th>检验项目</th><th>底材类型</th><th>底材尺寸/mm</th><th>漆膜厚度/μm</th><th>干燥及养护时间</th></tr>
<tr><td>施工性</td><td>马口铁板</td><td>200×100×(0.2～0.3)</td><td rowspan="4">普通型:45～50
厚浆型:100～120</td><td rowspan="4">除施工性和干燥时间外，漆膜外观喷涂后放置 24 h 观察，其余项目恒温恒湿条件下养护 7 d 后检验。</td></tr>
<tr><td>干燥时间、漆膜外观、弯曲试验</td><td>马口铁板</td><td>120×50×(0.2～0.3)</td></tr>
<tr><td>耐冲击性</td><td>普通钢板</td><td>120×50×0.5</td></tr>
<tr><td>耐水性、耐盐水性</td><td>喷砂钢板</td><td>150×100×3</td></tr>
<tr><td>冷热交替试验、耐碱性、耐酸性、耐挥发油性、耐湿热性、耐盐雾性</td><td>喷砂钢板</td><td>150×100×3</td><td>普通型漆膜总厚度:
90～100
厚浆型漆膜总厚度:
300～350</td><td>每道间隔 24 h，最后一道后于恒温恒湿条件下养护 7 d 后检验。</td></tr>
<tr><td colspan="5">注 1：主剂和固化剂按比例混合，在 23 ℃±2 ℃条件下熟化 30 min 后制板。
注 2：施工方式可以采用刷涂、喷涂、刮涂等方式，施涂道数不定，只要达到规定膜厚即可。</td></tr>
</table>

5.4 在容器中状态

打开容器，用调刀或搅拌棒搅拌，允许容器底部有沉淀，若经搅拌易于混合均匀，可评为“搅拌后均匀无硬块”。主剂和固化剂应分别测试。

5.5 流挂性

将主剂与固化剂按产品规定的比例混合，搅拌均匀，在 23 ℃±2 ℃条件下熟化 30 min 后按 GB/T 9264—1988 的规定进行。

5.6 不挥发物含量

将主剂与固化剂按产品规定的比例混合后，按 GB/T 1725—2007 的规定进行。烘烤温度为 120 ℃±2 ℃，烘烤时间为 2 h，试样量约 2 g。

5.7 适用期

将混合并搅拌均匀后的试样约 250 mL 倒入内径(70～80)mm、容量约 300 mL 的金属制罐中，在 23 ℃±2 ℃下放置 3 h 后，若黏度没有明显增长、没有胶化迹象，易搅拌均匀，则可评定为“通过”。

5.8 施工性

施涂过程中无明显阻力，无明显拉丝、气泡、流挂等现象，可评为“施涂无障碍”。

5.9 干燥时间

按 GB/T 1728—1979 中实际干燥时间的甲法测定。

5.10 漆膜外观

在自然日光下目视观察样板涂漆面，若漆膜平整，允许略有刷痕，无起皱、色斑、缩孔、针孔现象，则可评定为“正常”。

5.11 弯曲试验

按 GB/T 6742—2007 的规定进行。

5.12 耐冲击性

按 GB/T 1732—1993 的规定进行。

5.13 冷热交替试验

将试验样板涂漆面朝上，置于−20 ℃±2 ℃的恒温箱中，水平放置 1 h，取出后于 23 ℃±2 ℃下放置 30 min，再置于 80 ℃±2 ℃的恒温箱中放置 1 h，取出后于 23 ℃±2 ℃下放置 30 min，此为一次循环。3 次循环后目视观察漆膜表面，如 3 块试板中至少有 2 块不出现起泡、开裂、脱落现象，则可评为“无异常”。如出现以上现象，则按 GB/T 1766—2008 的规定进行描述。

5.14 耐水性、耐盐水性、耐碱性、耐酸性和耐挥发油性

按 GB/T 9274—1988 中浸泡法的规定进行。试验介质分别为符合 GB/T 6682 中规定的三级水、3%NaCl 溶液、5%NaOH 溶液、5%H_2SO_4 溶液、符合 GB 1922—2006 规定的 3 号普通型油漆及清洗用溶剂油。如 3 块试板中至少有 2 块不出现起泡、开裂、脱落、生锈现象，则可评为“无异常”。如出现以上现象，则按 GB/T 1766—2008 的规定进行描述。

5.15 耐湿热性

按 GB/T 1740—2007 的规定进行，如 3 块试板中至少有 2 块不出现起泡、开裂、脱落、生锈现象，则可评为“无异常”。如出现以上现象，则按 GB/T 1766—2008 的规定进行描述。

5.16 耐盐雾性

按 GB/T 1771—2007 的规定进行，在试板上划一道平行于试板长边的划痕进行试验，如 3 块试板中至少有 2 块划痕两侧 3 mm 以外区域不出现起泡、开裂、脱落、生锈现象，则可评为“无异常”。如出现以上现象，则按 GB/T 1766—2008 的规定进行描述。

6 检验规则

6.1 检验分类

6.1.1 产品检验分为出厂检验和型式检验。

6.1.2 出厂检验项目包括在容器中状态、流挂性、不挥发物含量、适用期、施工性、干燥时间、漆膜外观。

6.1.3 型式检验项目包括本标准所列的全部技术要求。在正常生产情况下，弯曲试验、耐冲击性每三个月至少检验一次，其余项目每年至少检验一次。

6.2 检验结果的判定

6.2.1 检验结果的判定按 GB/T 8170 中修约值比较法进行。

6.2.2 所有应检项目的检验结果均达到本标准要求时，该试验样品为符合本标准要求。

7 标志、包装和贮存

7.1 标志

按 GB/T 9750 的规定进行，包装标志上应明确各组分配比。

7.2 包装

按 GB/T 13491 中一级包装要求的规定进行。

7.3 贮存

产品贮存时应保证通风、干燥，防止日光直接照射并应隔绝火源，远离热源。产品应根据类型定出贮存期，并在包装标志上明示。

ICS 87.040
G 51

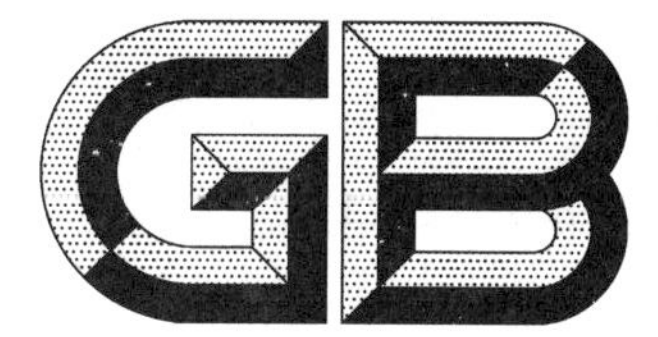

中华人民共和国国家标准

GB/T 27807—2011

聚酯粉末涂料用固化剂

Curing agent for polyester powder coatings

2011-12-30 发布　　　　2012-06-01 实施

中华人民共和国国家质量监督检验检疫总局
中国国家标准化管理委员会　发布

前　言

本标准按照 GB/T 1.1—2009 给出的规则起草。

本标准由中国石油和化学工业联合会提出。

本标准由全国涂料和颜料标准化技术委员会(SAC/TC 5)归口。

本标准起草单位:中海油常州涂料化工研究院、常州市牛塘化工厂有限公司、宁波南海化学有限公司、黄山市华惠精细化工有限公司、扬州三得利化工有限公司、黄山新仁凯科技有限公司、六安市捷通达化工有限责任公司、立邦涂料(天津)有限公司、青岛美尔塑料粉末有限公司、肇庆市东源实业有限公司、中国化工学会涂料涂装专业委员会。

本标准主要起草人:黄逸东、刘泽曦、季军宏、任淑芝、胡宁先、方向宏、陶杰、胡尚青、翁世兵、朱星赢、袁文学、周德贵。

聚酯粉末涂料用固化剂

1 范围

本标准规定了聚酯粉末涂料用固化剂的分类和分等、要求、试验方法、检验规则、标志、包装和贮存等内容。

本标准适用于羧基聚酯粉末涂料用异氰脲酸三缩水甘油酯(TGIC)和羟烷基酰胺(HAA)固化剂。

注：羟烷基酰胺(HAA)固化剂指主要成分为 N,N,N′,N′-四羟乙基己二酰胺的羟烷基酰胺。

2 规范性引用文件

下列文件对于本文件的应用是必不可少的。凡是注日期的引用文件，仅注日期的版本适用于本文件。凡是不注日期的引用文件，其最新版本(包括所有的修改单)适用于本文件。

GB/T 617—2006 化学试剂 熔点范围测定通用方法

GB/T 1725—2007 色漆、清漆和塑料 不挥发物含量的测定

GB/T 2794—1995 胶粘剂粘度的测定

GB/T 3186 色漆、清漆和色漆与清漆用原材料取样

GB/T 4612—2008 塑料 环氧化合物环氧当量的测定

GB/T 6682 分析试验室用水规格和试验方法

GB/T 8170 数值修约规则与极限数值的表示和判定

GB/T 9750 涂料产品包装标志

GB/T 12009.1—1989 异氰酸酯中总氯含量测定方法

GB/T 13491 涂料产品包装通则

HG/T 2006 热固性粉末涂料

3 产品分类和分等

3.1 产品分类

本标准根据羧基聚酯粉末涂料用固化剂的组成，分为异氰脲酸三缩水甘油酯(TGIC)和羟烷基酰胺(HAA)两种类型。

3.2 产品分等

异氰脲酸三缩水甘油酯(TGIC)产品分为两个等级：优等品、合格品。

4 要求

4.1 固化剂产品质量性能应符合表 1 的要求。

表 1　要求

项　　目		类　　型		
		异氰脲酸三缩水甘油酯(TGIC)		羟烷基酰胺(HAA)
		优等品	合格品	
外观		白色粉末或颗粒		浅黄～白色粉末或颗粒
羟基当量/(g/mol)		—		82±2
环氧当量/(g/mol)	≤	110		—
挥发分/%	≤	0.5		1.0
熔程/℃		95～125		120～130
熔体黏度(120±1)/[℃/(mPa·s)]	≤	100		—
总氯含量/%	≤	0.4	0.6	—
环氧氯丙烷残留量/(mg/kg)	≤	100	250	—
羟烷基酰胺[a]含量/%	≥	—		88

[a] 羟烷基酰胺指 N,N,N′,N′-四羟乙基己二酰胺。

4.2　固化剂产品应用性能

经双方商定的配方、生产工艺制得的粉末涂料和涂层应符合 HG/T 2006 标准或双方商定的其他标准中产品的要求。

5　试验方法

5.1　一般规定

除另有规定，试验用试剂均为分析纯，试验用水均为符合 GB/T 6682 规定的三级水，试验用溶液在试验前预先调整到试验温度。

5.2　取样

产品按 GB/T 3186 的规定取样，也可按商定方法取样。取样量根据检验需要确定。

5.3　外观

目测。

5.4　羟基当量

按附录 A 的规定进行测试。

5.5　环氧当量

按 GB/T 4612—2008 的规定进行测试。

5.6　挥发分

按 GB/T 1725—2007 的规定测试不挥发分(w)，然后按式(1)计算挥发分(w_0)，烘烤条件为

(110±2)℃/3 h,称样量约 2 g。

$$w_0 = (1 - w) \times 100\% \qquad (1)$$

式中：

w_0——挥发分质量分数；

w——不挥发分质量分数。

5.7 熔程

按 GB/T 617—2006 的规定进行测试,升温速度为 1.0 ℃/min,仲裁使用仪器法。

5.8 熔体黏度

按 GB/T 2794—1995 的规定进行测试。

5.9 总氯含量

按 GB/T 12009.1—1989 的规定进行测试。试验样品用量约 0.1 g,硝酸银标准溶液的浓度为 0.005 mol/L。

5.10 环氧氯丙烷残留量

按附录 B 的规定进行测试。

5.11 羟烷基酰胺含量

按附录 C 的规定进行测试。

6 检验规则

6.1 检验分类

6.1.1 产品检验分出厂检验和型式检验。

6.1.2 出厂检验项目包括外观、羟基当量、环氧当量、熔程和挥发分。

6.1.3 型式检验项目包括本标准表 1 所列的全部技术要求。在正常生产情况下每半年至少检验一次。固化剂产品的应用性能根据需要进行检验。

6.2 检验结果的判定

6.2.1 检验结果的判定按 GB/T 8170 中修约值比较法进行。

6.2.2 应检项目的检验结果均达到本标准要求时,该试验样品为符合本标准要求。

7 标志、包装和贮存

7.1 标志

按 GB/T 9750 的规定进行。标志需明示产品安全使用说明。

7.2 包装

按 GB/T 13491 中二级包装要求的规定进行。

7.3 贮存

产品贮存时应保证通风、干燥、防潮，防止日光直接照射并应隔绝火源，远离热源。自生产日期起，未拆封的产品有效贮存期为一年，如有特殊要求双方商定，并在包装标志上明示。产品开包后须立即使用。

附　录　A
（规范性附录）
羟基当量测定

A.1　原理

试样中的羟基在乙酸酐的吡啶溶液中回流被酯化，过量的乙酸酐加水水解，生成的乙酸用氢氧化钠标准滴定溶液滴定，通过空白试验与试样滴定消耗溶液体积的差值计算羟基当量。

A.2　试剂

A.2.1　除另有规定，试验用试剂均为分析纯，试验用水均为符合 GB/T 6682 规定的三级水。

A.2.2　氢氧化钠标准溶液：0.5 mol/L 的水溶液，按 GB/T 601—2002 的规定进行配制和标定。

A.2.3　乙酰化试剂（$V_{吡啶}/V_{乙酸酐}=35/2$）：试剂应为新配，深色瓶保存。

A.2.4　酚酞指示液：1%的乙醇溶液。

A.3　仪器

A.3.1　碘量瓶：250 mL。

A.3.2　滴定管：50 mL。

A.3.3　恒温水浴：能将温度控制在（98±2）℃范围内。

A.3.4　移液管：20 mL。

A.3.5　分析天平：精确到 0.000 2 g。

A.4　测定步骤

A.4.1　测定次数

平行测定 2 次。

A.4.2　试样测试

准确称取 0.5 g～0.8 g 样品置于碘量瓶（A.3.1）中，用移液管（A.3.4）移取 20 mL 乙酰化试剂（A.2.3），加入到碘量瓶（A.3.1）中，盖上瓶塞并摇动至样品完全溶解后，置于（98±2）℃恒温水浴（A.3.3）中，保持恒温水浴中水面高于碘量瓶内的液面，恒温 2 小时后取出碘量瓶，冷却至室温，用 20 mL～30 mL 水小心冲洗瓶塞上的液体进入瓶中，并冲洗瓶壁。加入 1%酚酞指示液（A.2.4）3～5 滴，立即用 0.5 mol/L 氢氧化钠标准溶液（A.2.2）滴定，以 15 s 粉红色不褪为终点．记录滴定消耗的氢氧化钠标准溶液的体积 V，以毫升表示。

以同样的方法进行空白测试，记录消耗的氢氧化钠标准溶液的体积 V_0，以毫升表示。

A.5　结果的计算与表示

羟基当量（HV）以克每摩尔表示，按式（A.1）计算：

$$HV = \frac{1\,000\,m}{(V_0 - V)c} \quad \cdots\cdots\cdots\cdots (A.1)$$

式中：

m ——试样的质量，单位为克(g)；

V_0——空白试验消耗氢氧化钠标准溶液的体积，单位为毫升(mL)；

V ——试样测定消耗氢氧化钠标准溶液的体积，单位为毫升(mL)；

c ——氢氧化钠标准溶液的浓度，单位为摩尔每升(mol/L)。

取两次测试结果的算术平均值，精确到0.1 g/mol。

A.6 精密度

A.6.1 重复性

同一操作者二次测试结果的相对偏差应小于1.5%。

A.6.2 再现性

不同实验室间测试结果的相对偏差应小于2%。

附 录 B
（规范性附录）
环氧氯丙烷残留量的测定

B.1 原理

试样经稀释后注入气相色谱仪中，经色谱柱分离后，用火焰离子化检测器检测，以外标法定量。

B.2 材料和试剂

B.2.1 载气：氮气，纯度≥99.995%。

B.2.2 燃气：氢气，纯度≥99.995%。

B.2.3 助燃气：空气。

B.2.4 辅助气体（隔垫吹扫和尾吹气）：与载气具有相同性质的氮气。

B.2.5 校准化合物：环氧氯丙烷，纯度（质量分数）至少为99%或已知纯度。

B.2.6 稀释溶剂：N，N-二甲基甲酰胺，纯度（质量分数）至少为99%或已知纯度。

B.2.7 标准工作溶液：准确称取适量的校准化合物（B.2.5），用稀释溶剂（B.2.6）配制成浓度约为10 mg/kg的标准工作溶液。

B.3 仪器设备

B.3.1 气相色谱仪，具有以下配置：

B.3.1.1 分流装置的进样口，并且汽化室内衬可更换。

B.3.1.2 程序升温控制器。

B.3.1.3 检测器：火焰离子化检测器（FID）。

B.3.1.4 色谱柱：应能使被测物足够分离，如聚二甲基硅氧烷毛细管柱、6%腈丙苯基/94%聚二甲基硅氧烷毛细管柱、聚乙二醇毛细管柱或相当型号。

B.3.2 进样器：容量至少应为进样量的二倍。

B.3.3 配样瓶：约15 mL的玻璃瓶，具有可密封的瓶盖。

B.3.4 天平：精度0.1mg。

B.4 气相色谱测试条件

B.4.1 色谱柱：30 m×0.32 mm×0.25 μm，DB-5石英毛细管柱或相当型号。

B.4.2 进样口温度：250 ℃。

B.4.3 检测器温度：300 ℃。

B.4.4 柱温：初始温度50 ℃保持5 min，然后以30 ℃/min升至280 ℃保持7 min。

B.4.5 载气流速：1.8 mL/min。

B.4.6 分流比：分流进样，分流比可调。

B.4.7 进样量：1.0 μL。

注：也可根据所用仪器的性能及待测试样的实际情况选择最佳的气相色谱测试条件。

B.5 测试步骤

B.5.1 测定次数

所有试验进行二次平行测定。

B.5.2 色谱仪参数优化

按B.4中的色谱测试条件，每次都应该使用校准化合物(B.2.5)对仪器进行最优化处理，使仪器的灵敏度、稳定性和分离效果处于最佳状态。

进样量和分流比应相匹配，以免超出色谱柱的容量，并在仪器检测器的线性范围内。

B.5.3 试样的测试

B.5.3.1 标准工作溶液中校准化合物(B.2.5)的峰面积测定

在与测试试样相同的气相色谱测试条件下，按B.5.2的规定优化仪器参数。用进样器(B.3.2)分别取1.0 μL标准工作溶液(B.2.7)注入气相色谱仪中，对校准化合物(B.2.5)进行峰面积积分，进样二次，取平均值，其相对偏差应≤5%。

B.5.3.2 试样的配制

将待测样品搅拌均匀后。称取试样约1 g(精确至0.1 mg)、稀释溶剂(B.2.6)约10 g(精确至0.1 mg)置于配样瓶(B.3.3)中，密封配样瓶并摇匀。

B.5.3.3 将1.0 μL按B.5.3.2配制的试样注入气相色谱仪中，记录色谱图，然后按式(B.1)计算试样中被测化合物的含量。

$$w_i = \frac{A_i}{A_s} \times w_s \times \frac{(m_s + m_r)}{m_s} \qquad \cdots\cdots (B.1)$$

式中：

w_i——试样中被测化合物 i 的含量，单位为毫克每千克(mg/kg)；

A_i——试样中被测化合物 i 的峰面积；

A_s——标准工作溶液中校准化合物 s 的峰面积；

w_s——标准工作溶液中校准化合物 s 的含量，单位为毫克每千克(mg/kg)；

m_r——稀释溶剂 r 的质量，单位为克(g)；

m_s——试样的质量，单位为克(g)。

注：如遇到采用B.4中的色谱测试条件不能有效分离被测化合物而难以准确定量测定时，可换用其他类型的色谱柱(见B.3.1.4所列)或色谱测试条件，使被测化合物有效分离后再定量测定。

B.6 精密度

B.6.1 重复性

同一操作者二次测试结果的相对偏差应小于5%。

B.6.2 再现性

不同实验室间测试结果的相对偏差应小于10%。

附　录　C
（规范性附录）
羟烷基酰胺含量的测定

C.1　原理

试样经稀释后注入液相色谱仪中，经反相色谱柱分离后，用紫外检测器（UVD）检测，以面积归一法定量。

C.2　材料和试剂

C.2.1　除另有规定，试验用试剂均为分析纯，试验用水均为符合 GB/T 6682 规定的三级水。

C.2.2　乙腈：色谱纯。

C.2.3　三氟乙酸：色谱纯。

C.2.4　校准化合物：N，N，N′，N′-四羟乙基己二酰胺，纯度至少为 99%（质量分数）或已知纯度。

C.3　仪器设备

C.3.1　高效液相色谱仪，配有紫外检测器。

C.3.2　滤膜：0.45 μm。

C.3.3　天平：精度 0.1 mg。

C.3.4　容量瓶：100 mL。

C.4　液相色谱测试条件

C.4.1　液相色谱柱：ODS-C18 柱，150 mm×4.6 mm（内径），粒度 5 μm，或相当型号。

C.4.2　流动相：三氟乙酸/乙腈/水＝0.1/10/90（体积比）。

C.4.3　流速：1.0 mL/min。

C.4.4　波长：210 nm。

C.4.5　柱温：35 ℃。

C.4.6　进样量：20 μL。

注：也可根据所用仪器的性能及待测试样的实际情况选择最佳的液相色谱测试条件。

C.5　测试步骤

C.5.1　测定次数

所有试验进行二次平行测定。

C.5.2　色谱仪参数优化

按 C.4 中的色谱测试条件，每次都应该使用流动相溶液对仪器进行最优化处理，使仪器的灵敏度和稳定性处于最佳状态。

C.5.3 试样的测试

C.5.3.1 试样的配制：将待测样品搅拌均匀后，称取试样约 0.1 g（精确至 0.1 mg）置于 100 mL 容量瓶（C.3.4）中，用流动相溶液定容至刻度，经 0.45 μm 滤膜（C.3.2）过滤得样品溶液。

C.5.3.2 将 20 μL 按 C.5.3.1 配制的试样溶液注入液相色谱仪中，按 C.4 色谱条件进行分析，记录色谱峰的峰面积，响应值均应在在仪器检测的线性范围内，根据羟烷基酰胺的保留时间定性，面积归一法定量，以百分含量计算。羟烷基酰胺的液相色谱保留时间和色谱图见图 C.1。

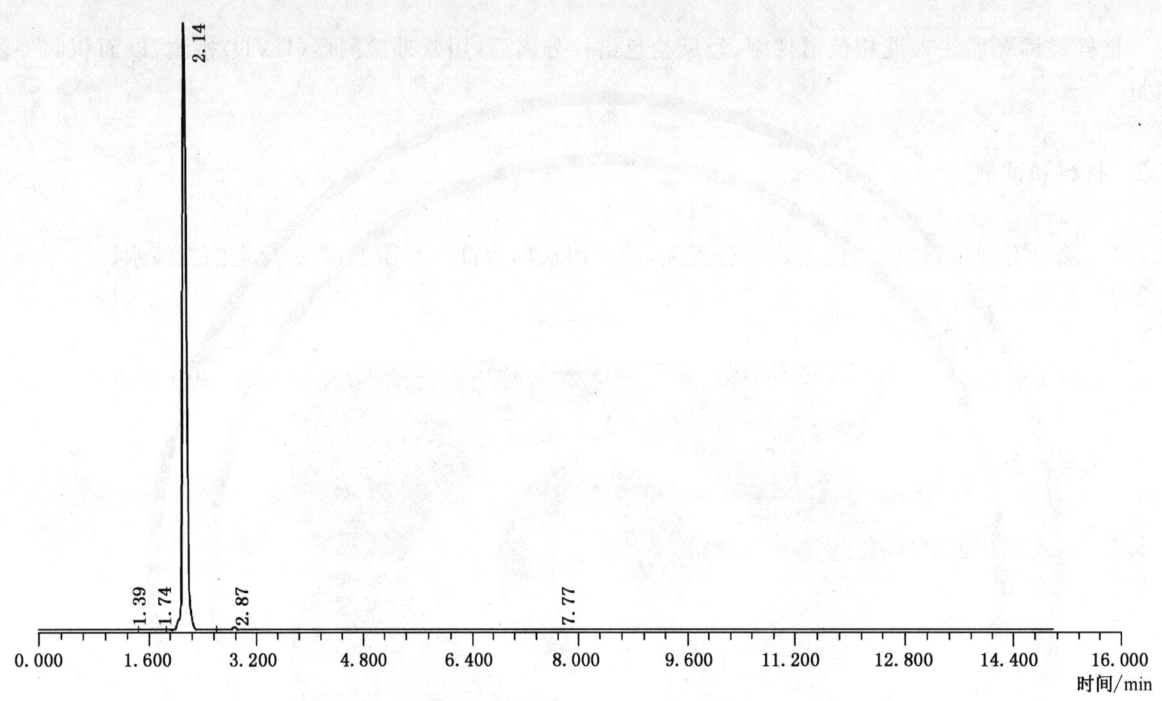

图 C.1 羟烷基酰胺的液相色谱保留时间和色谱图

C.6 精密度

C.6.1 重复性

同一操作者二次测试结果的相对偏差应小于 5%。

C.6.2 再现性

不同实验室间测试结果的相对偏差应小于 10%。

ICS 87.040
G 51

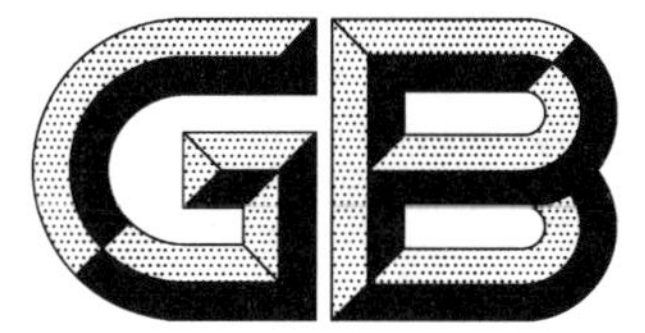

中华人民共和国国家标准

GB/T 27808—2011

热固性粉末涂料用饱和聚酯树脂

Saturated polyester resins for thermosetting powder coatings

2011-12-30 发布　　　　2012-06-01 实施

中华人民共和国国家质量监督检验检疫总局
中国国家标准化管理委员会　发布

前言

本标准按照 GB/T 1.1—2009 给出的规则起草。

本标准由中国石油和化学工业联合会提出。

本标准由全国涂料和颜料标准化技术委员会(SAC/TC 5)归口。

本标准起草单位:中海油常州涂料化工研究院、杭州中法实业股份有限公司、安徽神剑新材料股份有限公司、帝斯曼(中国)有限公司、氰特表面技术(上海)有限公司、浙江天松新材料股份有限公司、黄山永佳三利科技有限公司、扬州百思德新材料有限公司、广州擎天实业有限公司、温州市立邦塑粉有限公司、漳州市万安实业有限公司、玉石塑粉有限公司、浙江昌明化学制品有限公司、中国化工学会涂料涂装专业委员会。

本标准主要起草人:黄逸东、刘泽曦、季军宏、董亿政、李保才、贾林、夏红卫、徐忠根、沈福祥、朱璜、何涛、林晓东、苏万安、陈玉才、朱明辉。

热固性粉末涂料用饱和聚酯树脂

1 范围

本标准规定了热固性粉末涂料用饱和聚酯树脂的术语及定义、产品分类、要求、试验方法、检验规则和标志、包装、贮存。

本标准适用于由多元羧酸(或酸酐)、多元醇等经缩聚反应制得的热固性饱和聚酯树脂，产品用于环氧聚酯粉末涂料、纯聚酯粉末涂料和聚氨酯粉末涂料的制造。

2 规范性引用文件

下列文件对于本文件的应用是必不可少的。凡是注日期的引用文件，仅注日期的版本适用于本文件。凡是不注日期的引用文件，其最新版本(包括所有的修改单)适用于本文件。

GB/T 3186 色漆、清漆和色漆与清漆用原材料取样

GB/T 6682 分析试验室用水规格和试验方法

GB/T 6743—2008 塑料用聚酯树脂、色漆和清漆用漆基 部分酸值和总酸值的测定

GB/T 8170 数值修约规则与极限数值的表示和判定

GB/T 9282.1—2008 透明液体 以铂-钴等级评定颜色 第1部分:目测法

GB/T 9750 涂料产品包装标志

GB/T 9751.1—2008 色漆和清漆 用旋转黏度计测定黏度 第1部分:以高剪切速率操作的锥板黏度计

GB/T 12007.6—1989 环氧树脂软化点测定方法 环球法

GB/T 12008.3—2009 聚醚多元醇 第3部分:羟值的测定

GB/T 13491 涂料产品包装通则

GB/T 19466.2—2004 塑料 差示扫描量热法(DSC) 第2部分:玻璃化转变温度的测定

HG/T 2006 热固性粉末涂料

3 术语及定义

下列术语和定义适用于本文件。

3.1

热固性粉末涂料用饱和聚酯树脂 saturated polyester resins for thermosetting powder coatings

由多元羧酸(或酸酐)、多元醇等经缩聚反应制得的热固性饱和聚酯树脂，其数均分子量在2 000～8 000范围内。

4 产品分类

本标准根据热固性粉末涂料用饱和聚酯树脂类型的不同，分为环氧聚酯粉末涂料用聚酯树脂(环氧聚酯混合型)、纯聚酯粉末涂料用聚酯树脂(纯聚酯型)和聚氨酯粉末涂料用聚酯树脂(聚氨酯型)。

5 要求

5.1 树脂产品质量性能应符合表1要求。

表1 要求

<table>
<tr><th rowspan="2">项 目</th><th colspan="3">指 标</th></tr>
<tr><th>环氧聚酯混合型</th><th>纯聚酯型</th><th>聚氨酯型</th></tr>
<tr><td>外观[a]</td><td colspan="3">浅色或无色透明颗粒,无肉眼可见的夹杂物</td></tr>
<tr><td>颜色(铂-钴法) ≤</td><td>250</td><td>150</td><td>100</td></tr>
<tr><td rowspan="4">酸值[b]/(mg/g)</td><td>5∶5时,70±5或商定</td><td rowspan="4">商定</td><td rowspan="4">—</td></tr>
<tr><td>6∶4时,50±5或商定</td></tr>
<tr><td>7∶3时,30±3或商定</td></tr>
<tr><td>其他比例时,商定</td></tr>
<tr><td>羟值/(mg/g)</td><td colspan="2">—</td><td>商定</td></tr>
<tr><td>软化点/℃</td><td colspan="3">110±10或商定</td></tr>
<tr><td>熔体黏度/(mPa·s)
(175 ℃或200 ℃)</td><td colspan="3">商定</td></tr>
<tr><td>玻璃化转变温度[c]/℃ ≥</td><td>52</td><td>TGIC型:60
HAA型:55</td><td>52</td></tr>
<tr><td colspan="4">[a] 有特殊要求的产品指标商定。
[b] 环氧聚酯混合型按聚酯树脂与环氧树脂(E12)固化时的质量比划分品种。
[c] 纯聚酯型按所用固化剂种类分为异氰脲酸三缩水甘油酯(TGIC)型聚酯树脂和羟烷基酰胺(HAA)型聚酯树脂;环氧聚酯混合型和纯聚酯型中有特殊要求的产品指标商定。</td></tr>
</table>

5.2 树脂产品应用性能

经双方商定的配方、生产工艺制得的粉末涂料和涂层应符合HG/T 2006标准或双方商定的其他标准中产品的要求。

6 试验方法

6.1 一般规定

除另有规定,试验用试剂均为化学纯以上,试验用水均为符合GB/T 6682规定的三级水,试验用溶液在试验前预先调整到试验温度。

6.2 取样

产品按GB/T 3186的规定取样,也可按商定方法取样。取样量根据检验需要确定。

6.3 外观

目视观察。

6.4 颜色

将树脂溶解于 N,N-二甲基甲酰胺(DMF)或双方商定的合适溶剂中[树脂∶溶剂=1∶1(质量比)]制成透明液体,如溶解速度慢或不能完全溶解,可稍许加热至透明,然后按 GB/T 9282.1—2008 的规定进行测试。

6.5 酸值

按 GB/T 6743—2008 方法 A 中的指示剂法进行测试,计算按 GB/T 6743—2008 中 8.1.1 进行。溶剂:N,N-二甲基甲酰胺(DMF)或双方商定的其他适宜溶剂,如样品溶解不完全,可稍许加热至透明。

6.6 羟值

按 GB/T 12008.3—2009 中方法 A 的规定进行测试。建议试样量约 1.5 g,邻苯二甲酸酐酰化试剂移取量为 10 mL。

6.7 软化点

按 GB/T 12007.6—1989 的规定进行测试。

6.8 熔体黏度

按 GB/T 9751.1—2008 的规定进行测试。按双方商定选用其中的一种温度进行测试。

6.9 玻璃化转变温度

按 GB/T 19466.2—2004 的规定进行测试。升温速度为 10 ℃/min。

7 检验规则

7.1 检验分类

7.1.1 产品检验分出厂检验和型式检验。

7.1.2 出厂检验项目包括外观、颜色、酸值、羟值和熔体黏度。

7.1.3 型式检验项目包括本标准表 1 所列的全部技术要求。在正常生产情况下软化点、玻璃化转变温度每年至少检验一次。树脂产品的应用性能根据需要进行检验。

7.2 检验结果的判定

7.2.1 检验结果的判定按 GB/T 8170 中修约值比较法进行。

7.2.2 应检项目的检验结果均达到本标准要求时,该试验样品为符合本标准要求。

8 标志、包装和贮存

8.1 标志

按 GB/T 9750 的规定进行。

8.2 包装

按 GB/T 13491 中二级包装要求的规定进行。

8.3 贮存

产品贮存时应保证通风、干燥，防止日光直接照射并应隔绝火源，远离热源。自生产日期起，未拆封的产品有效贮存期为一年，有特殊要求的产品有效贮存期由有关双方商定，并在包装标志上明示。

ICS 87.040
G 51

中华人民共和国国家标准

GB/T 27809—2011

热固性粉末涂料用双酚A型环氧树脂

Bisphenol A epoxy resins for thermosetting powder coatings

2011-12-30 发布　　　　2012-06-01 实施

中华人民共和国国家质量监督检验检疫总局
中国国家标准化管理委员会　发布

前　言

本标准按照 GB/T 1.1—2009 给出的规则起草。

本标准由中国石油和化学工业联合会提出。

本标准由全国涂料和颜料标准化技术委员会(SAC/TC 5)归口。

本标准起草单位:中海油常州涂料化工研究院、宏昌电子材料股份有限公司、安徽恒远化工有限公司、中石化巴陵石化分公司环氧树脂事业部、胜利油田方圆防腐材料有限公司、杜邦华佳化工有限公司、江苏华光粉末有限公司、漳州市万安实业有限公司、玉石塑粉有限公司、浙江华彩化工有限公司、大庆庆鲁化工技术研究所、中国化工学会涂料涂装专业委员会。

本标准主要起草人:黄逸东、刘泽曦、季军宏、湛爱冰、程振朔、周建宏、王德洲、鲍红霞、潘建良、苏万安、陈玉才、张松、吴希革。

热固性粉末涂料用双酚A型环氧树脂

1 范围

本标准规定了热固性粉末涂料用双酚A型环氧树脂的产品分类和分等、要求、试验方法、检验规则以及标志、包装和贮存的要求。

本标准适用于双酚A型环氧树脂。产品用于热固性环氧粉末涂料和环氧聚酯粉末涂料的制造。

2 规范性引用文件

下列文件对于本文件的应用是必不可少的。凡是注日期的引用文件，仅注日期的版本适用于本文件。凡是不注日期的引用文件，其最新版本(包括所有的修改单)适用于本文件。

GB/T 1725—2007 色漆、清漆和塑料 不挥发物含量的测定

GB/T 3186 色漆、清漆和色漆与清漆用原材料取样

GB/T 4612—2008 塑料 环氧化合物环氧当量的测定

GB/T 4618.1—2008 塑料 环氧树脂氯含量的测定 第1部分:无机氯

GB/T 4618.2—2008 塑料 环氧树脂氯含量的测定 第2部分:易皂化氯

GB/T 6682 分析试验室用水规格和试验方法

GB/T 8170 数值修约规则与极限数值的表示和判定

GB/T 9282.1—2008 透明液体 以铂-钴等级评定颜色 第1部分:目测法

GB/T 9750 涂料产品包装标志

GB/T 9751.1—2008 色漆和清漆 用旋转黏度计测定黏度 第1部分:以高剪切速率操作的锥板黏度计

GB/T 12007.6—1989 环氧树脂软化点测定方法 环球法

GB/T 13491 涂料产品包装通则

HG/T 2006 热固性粉末涂料

3 产品分类和分等

3.1 产品分类

按制成的粉末涂料应用领域分为通用型和防腐型。

3.2 产品分等

产品分为两个等级:优等品、合格品。

4 要求

4.1 树脂产品质量性能应符合表1的要求。

表1 要求

项目	指标			
	优等品		合格品	
	通用型	防腐型	通用型	防腐型
外观[a]	浅色或无色透明颗粒,无肉眼可见的夹杂物			
软化点/℃	商定			
环氧当量/(g/mol)	商定			
无机氯,w/(mg/kg) ≤	50	20	100	30
易皂化氯,w/(mg/kg) ≤	300	250	600	500
挥发分,w/% ≤	0.2		0.5	
熔体黏度/(mPa·s) (150 ℃)	商定			
颜色(铂-钴法) ≤	100		150	
[a] 有特殊要求的产品指标商定。				

4.2 树脂产品应用性能

经双方商定的配方、生产工艺制得的粉末涂料和涂层应符合 HG/T 2006 标准或双方商定的其他标准中产品的要求。

5 试验方法

5.1 一般规定

除另有规定,试验用试剂均为化学纯以上,试验用水均为符合 GB/T 6682 规定的三级水,试验用溶液在试验前预先调整到试验温度。

5.2 取样

产品按 GB/T 3186 的规定取样,也可按商定方法取样。取样量根据检验需要确定。

5.3 外观

目视观察。

5.4 软化点

按 GB/T 12007.6—1989 的规定进行测试。

5.5 环氧当量

按 GB/T 4612—2008 的规定进行测试。

5.6 无机氯

按 GB/T 4618.1—2008 的规定进行测试。

5.7 易皂化氯

按 GB/T 4618.2—2008 的规定进行测试。

5.8 挥发分

按 GB/T 1725—2007 的规定测试不挥发分(w),然后按式(1)计算挥发分(w_0),烘烤条件为(110±2)℃/3 h,称样量约 2 g。

$$w_0 = (1 - w) \times 100\% \quad \cdots\cdots(1)$$

式中:

w_0——挥发分质量分数;

w ——不挥发分质量分数。

5.9 熔体黏度

按 GB/T 9751.1—2008 的规定进行测试。

5.10 颜色

按 GB/T 9282.1—2008 的规定进行测试。预先将树脂和溶剂(丙酮、二乙二醇丁醚或商定的其他适宜溶剂)按质量比 2∶3 混合溶解成透明液体,再进行测试,若常温溶解不完全,可以稍许加热溶解透明后测试。

6 检验规则

6.1 检验分类

6.1.1 产品检验分出厂检验和型式检验。

6.1.2 出厂检验项目包括外观、软化点、环氧当量、挥发分、熔体黏度和颜色。

6.1.3 型式检验项目包括本标准表 1 所列的全部技术要求。在正常生产情况下每月至少检验一次。树脂产品的应用性能根据需要进行检验。

6.2 检验结果的判定

6.2.1 检验结果的判定按 GB/T 8170 中修约值比较法进行。

6.2.2 应检项目的检验结果均达到本标准要求时,该试验样品为符合本标准要求。

7 标志、包装和贮存

7.1 标志

按 GB/T 9750 的规定进行。

7.2 包装

按 GB/T 13491 中二级包装要求的规定进行。

7.3 贮存

产品贮存时应保证通风、干燥,防止日光直接照射并应隔绝火源,远离热源。自生产日期起,未拆封的产品有效贮存期为一年,并在包装标志上明示。

ICS 87.040
G 51

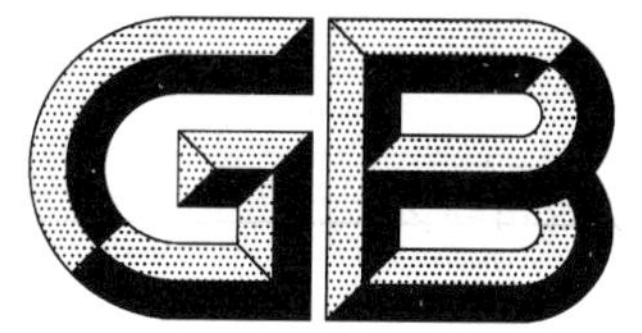

中华人民共和国国家标准

GB/T 27811—2011

室内装饰装修用天然树脂木器涂料

Natural resin coatings for woodenware for indoor decorating and refurbishing

2011-12-30 发布　　2012-06-01 实施

中华人民共和国国家质量监督检验检疫总局
中国国家标准化管理委员会　发布

前言

本标准按照GB/T 1.1—2009给出的规则起草。

本标准由中国石油和化学工业联合会提出。

本标准由全国涂料和颜料标准化技术委员会(SAC/TC 5)归口。

本标准起草单位:江苏冠军涂料科技集团有限公司、广东华润涂料有限公司、三棵树涂料股份有限公司、深圳广田装饰集团股份有限公司、中海油常州涂料化工研究院。

本标准主要起草人:谢海、武宝珍、唐瑛、张军、罗启涛、胡基如。

室内装饰装修用天然树脂木器涂料

1 范围

本标准规定了室内装饰装修用天然树脂木器涂料产品的术语和定义、要求、试验方法、检验规则及标志、包装和贮存等内容。

本标准适用于由亚麻油、桐油、蓖麻油、松香等天然原料制成的树脂作为主要成膜物质，用松节油、橘油等来源于植物的天然稀释剂作为稀释剂，调制而成的氧化干燥型天然树脂涂料。产品主要用于室内木器表面的保护及装饰。

本标准不适用于人为加入甲苯、二甲苯等来源于矿物的稀释剂的天然树脂涂料。

2 规范性引用文件

下列文件对于本文件的应用是必不可少的。凡是注日期的引用文件，仅注日期的版本适用于本文件。凡是不注日期的引用文件，其最新版本(包括所有的修改单)适用于本文件。

GB/T 1725—2007　色漆、清漆和塑料　不挥发物含量的测定

GB/T 1728—1979　漆膜、腻子膜干燥时间测定法

GB/T 1766—2008　色漆和清漆　涂层老化的评级方法

GB/T 3186　色漆、清漆和色漆与清漆用原材料　取样

GB/T 4893.1—2005　家具表面耐冷液测定法

GB/T 4893.3—2005　家具表面耐干热测定法

GB/T 6682　分析试验室用水规格和试验方法

GB/T 6739—2006　色漆和清漆　铅笔法测定漆膜硬度

GB/T 6750—2007　色漆和清漆　密度的测定　比重瓶法

GB/T 6753.1—2007　色漆、清漆和印刷油墨　研磨细度的测定

GB/T 8170　数据修约规则与极限数值的表示和判定

GB/T 9278　涂料试样状态调节和试验的温湿度

GB/T 9286—1998　色漆和清漆　漆膜的划格试验

GB/T 9750　涂料产品包装标志

GB/T 9754—2007　色漆和清漆　不含金属颜料的色漆漆膜的20°、60°和85°镜面光泽的测定

GB/T 13491　涂料产品包装通则

GB 18581—2009　室内装饰装修材料　溶剂型木器涂料中有害物质限量

GB 18582—2008　室内装饰装修材料　内墙涂料中有害物质限量

3 术语和定义

下列术语和定义适用于本文件。

3.1

挥发性有机化合物(VOC)　volatile organic compounds

在101.3 kPa标准大气压下，任何初沸点低于或等于250 ℃的有机化合物。

3.2

挥发性有机化合物含量　volatile organic compounds content

按规定的测试方法测试产品所得到的挥发性有机化合物的含量。

3.3

天然树脂　natural resins

由亚麻油、桐油、蓖麻油、松香等天然原料制成的树脂。

3.4

天然稀释剂　natural thinner

指松节油、橘油等来源于植物的稀释剂。

4　要求

产品应符合表1的要求。

表1　要求

项　目		指　标
在容器中状态		搅拌后均匀无硬块
细度/μm　≤		40
干燥时间/h　≤	表干	8
	实干	24
贮存稳定性	结皮性(24 h)	不结皮
	沉降性[(50±2)℃,7 d]	无异常
涂膜外观		正常
光泽(60°),单位值		商定
硬度(擦伤)　≥		B
附着力/级(划格间距 2 mm)　≤		1
耐干热性/级[(70±2)℃,15 min]　≤		2
耐水性(24 h)		无异常
耐碱性(50 g/L $NaHCO_3$ 溶液,1 h)		无异常
耐醇性(8 h)		无异常
耐污染性(1 h)	醋	无异常
	茶	无异常
挥发性有机化合物(VOC)含量[a]/(g/L)　≤		450
苯含量[a],w/%　≤		0.1
甲苯、二甲苯、乙苯含量总和[a],w/%　≤		1.0
卤代烃含量[a,b],w/%　≤		0.1
可溶性重金属含量/(mg/kg)　≤	铅 Pb	90
	镉 Cd	75
	铬 Cr	60
	汞 Hg	60

[a] 按产品明示的施工配比混合后测定。如稀释剂的使用量为某一范围时,应按照产品施工配比规定的最大稀释比例混合后进行测定。

[b] 包括二氯甲烷、1,1-二氯乙烷、1,2-二氯乙烷、三氯甲烷、1,1,1-三氯乙烷、1,1,2-三氯乙烷、四氯化碳。

5 试验方法

5.1 取样

产品按 GB/T 3186 的规定取样，也可按商定方法取样。取样量根据检验需要确定。

5.2 试验环境

试板的状态调节和试验的温湿度应符合 GB/T 9278 的规定。

5.3 试验样板的制备

各项目检验用底材及涂装要求见表 2。也可采用喷涂或商定的其他方式进行涂装。若使用与本标准规定不同的样板制备条件，应在试验报告中注明。

表 2 制板说明

<table>
<tr><th>项　目</th><th>底材</th><th>尺寸/mm</th><th>涂装要求</th></tr>
<tr><td>涂膜外观、附着力、耐水性、耐碱性、耐醇性、耐污染性</td><td rowspan="2">浅色贴面胶合板[a]（符合 GB/T 15104—2006），使用前在 5.2 环境条件下放置 7 d 以上。</td><td>150×70</td><td rowspan="2">刷涂两道。第一道刷涂量为（0.8±0.1）g/dm²；间隔 24 h 后刷涂第二道；第二道刷涂量为（0.7±0.1）g/dm²，涂膜外观项目放置 24 h 后测试，其他项目放置 7 d 后测试。</td></tr>
<tr><td>耐干热性</td><td>150×150</td></tr>
<tr><td>干燥时间、硬度</td><td>马口铁板</td><td>50×120×（0.2～0.3）</td><td rowspan="2">刷涂一道，干膜厚度为（23±3）μm，光泽项目放置 48 h 后测试，硬度项目放置 7 d 后测试。</td></tr>
<tr><td>光泽</td><td>玻璃板（清漆测光泽时采用喷有无光黑漆的玻璃板）</td><td>150×100×3</td></tr>
<tr><td colspan="4">[a] 推荐采用白桦、白枫木、白橡木等浅色品种。</td></tr>
</table>

5.4 操作方法

所用试剂均为化学纯以上，所用水均为符合 GB/T 6682 规定的三级水，试验用溶液在试验前预先调整到试验温度。

5.4.1 在容器中状态

打开容器，用调刀或搅棒搅拌，允许容器底部有沉淀，若经搅拌易于混合均匀，则评为“搅拌后均匀无硬块”。

5.4.2 细度

按 GB/T 6753.1—2007 规定进行。

5.4.3 干燥时间

表干和实干分别按 GB/T 1728—1979 表干中乙法和实干中甲法规定进行。

5.4.4 贮存稳定性

5.4.4.1 结皮性

将试样约 90 mL 倒入 120 mL 带盖广口瓶中，立即盖好瓶盖并密封好。将瓶放在(23±2)℃的环境条件下的暗处 24 h 后，取出瓶，打开瓶盖目视检查。检查方法：将瓶倾斜，并用玻璃棒触及试样的表面，检查表层的流动性。如表层保持液态时，可评定为“不结皮”。

5.4.4.2 沉降性

将约 0.5 L 的样品装入密封良好的铁罐中，罐内留有约 10% 的空间，密封后放入(50±2)℃恒温干燥箱中，7 d 后取出在(23±2)℃下放置 3 h，如有结皮，应小心地去除结皮，然后按照 5.4.1 方法考查“在容器中状态”，如果搅拌后均匀无硬块，则认为“无异常”。

5.4.5 涂膜外观

样板在散射日光下目视观察，如果涂膜均匀，无流挂、发花、针孔、开裂和剥落等涂膜病态，则评为“正常”。

5.4.6 光泽(60°)

按 GB/T 9754—2007 规定进行。

5.4.7 硬度

按 GB/T 6739—2006 规定进行。铅笔为中华牌 101 绘图铅笔。

5.4.8 附着力

按 GB/T 9286—1998 规定进行。划格间距为 2 mm。

5.4.9 耐干热性

按 GB/T 4893.3—2005 规定进行。试验温度为(70±2)℃，试验时间 15 min。

5.4.10 耐水性

按 GB/T 4893.1—2005 规定进行。试液为蒸馏水，试验区域取每块板的中间部位，在每个试验区域上分别放上五层滤纸片，试验过程中需保持滤纸湿润，必要时在玻璃罩和试板接触部位涂上凡士林加以密封。24 h 后取掉滤纸，吸干，放置 2 h 后在散射日光下目视观察，如 3 块试板中有 2 块未出现起泡、开裂、剥落等涂膜病态现象，但允许出现轻微变色和轻微光泽变化，则评为“无异常”。如出现以上涂膜病态现象按 GB/T 1766—2008 进行描述。

5.4.11 耐碱性

试液为 50 g/L 的 $NaHCO_3$ 溶液，试验 1 h 后取掉滤纸，用水冲洗后吸干，放置 1 h 后观察。测评方法同 5.4.10。

5.4.12 耐醇性

试液为 70%(体积分数)乙醇水溶液，试验 8 h 后取掉滤纸，用水冲洗后吸干，放置 1 h 后观察。测评方法同 5.4.10。

5.4.13 耐污染性

试验 1 h 后取掉滤纸，用水冲洗后吸干，放置 1 h 后观察。测评方法同 5.4.10。

耐醋：试液为酿造食醋。

注：推荐使用符合 GB 18187—2000 的酿造食醋。

耐茶：试液为绿茶水，在 2 g 绿茶中加入 250 mL 沸水，室温放置 5 min 后立即用茶水进行试验。

注：推荐使用袋装立顿绿茶。

5.4.14 挥发性有机化合物(VOC)含量的测试按 GB 18581—2009 中附录 A 的规定进行。

5.4.15 苯含量测试按 GB 18581—2009 中附录 B 的规定进行。

5.4.16 甲苯、乙苯、二甲苯含量的测试按 GB 18581—2009 中附录 B 的规定进行。

5.4.17 卤代烃含量的测试按 GB 18581—2009 中附录 C 的规定进行。

5.4.18 可溶性重金属(铅、镉、铬、汞)含量的测试按 GB 18582—2008 中附录 D 的规定进行。

注：也可使用其他合适的分析仪器如电感耦合等离子体原子发射光谱法(ICP-OES)等测试处理后试验溶液中的可溶性铅、镉、铬、汞的含量，并根据仪器制造商的相关说明进行操作和测试，但应在检测报告中注明采用的分析仪器。

6 检验规则

6.1 检验分类

6.1.1 产品检验分出厂检验和型式检验。

6.1.2 出厂检验项目包括在容器中状态、细度、干燥时间、涂膜外观、光泽。

6.1.3 型式检验项目包括本标准所列的全部技术要求。在正常生产情况下每年至少检验一次。

6.2 检验结果的判定

6.2.1 检验结果的判定按 GB/T 8170 中修约值比较法进行。

6.2.2 应检项目的检验结果均达到本标准要求时，该试验样品为符合本标准要求。

7 标志、包装和贮存

7.1 标志

按 GB/T 9750 的规定进行。

7.2 包装

按 GB/T 13491 中一级包装要求的规定进行。

7.3 贮存

产品贮存时应保证通风、干燥，防止日光直接照射并应隔绝火源，远离热源。产品应根据类型定出贮存期，并在包装标志上明示。

参 考 文 献

[1] GB/T 15104—2006 装饰单板贴面人造板
[2] GB 18187—2000 酿造食醋

ICS 87.020
G 50

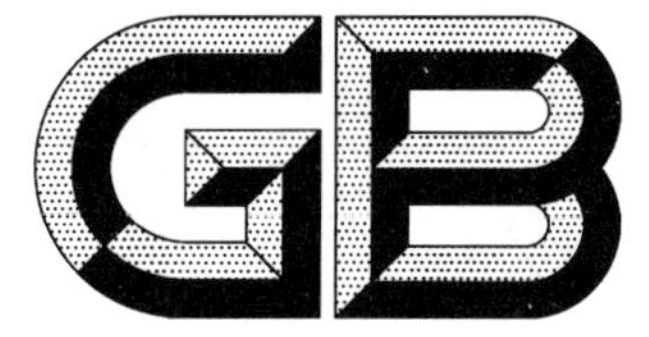

中华人民共和国国家标准

GB/T 31415—2015/ISO 20340:2009

色漆和清漆　海上建筑及相关结构用防护涂料体系性能要求

Paints and varnishes—Performance requirements for protective paint systems for offshore and related structures

(ISO 20340:2009,IDT)

2015-05-15 发布　　2015-10-01 实施

中华人民共和国国家质量监督检验检疫总局
中国国家标准化管理委员会　发布

前　言

本标准按照 GB/T 1.1—2009 给出的规则起草。

本标准使用翻译法等同采用国际标准 ISO 20340:2009《色漆和清漆　海上建筑及相关结构用防护涂料体系性能要求》。

与本标准中规范性引用的国际文件有一致性对应关系的我国文件如下：

——GB/T 1725—2007　色漆、清漆和塑料　不挥发物含量的测定(ISO 3251:2003,IDT)

——GB/T 1747.2—2008　色漆和清漆　颜料含量的测定　第2部分：灰化法(ISO 14680-2:2000,IDT)

——GB/T 5208—2008　闪点的测定　快速平衡闭杯法(ISO 3679:2004,IDT)

——GB/T 5210—2006　色漆和清漆　拉开法附着力试验(ISO 4624:2002,IDT)

——GB/T 6750—2007　色漆和清漆　密度的测定　比重瓶法(ISO 2811-1:1997,IDT)

——GB/T 6753.2—1986　涂料表面干燥试验　小玻璃球法(eqv ISO 1517:1973)

——GB/T 7790—2008　色漆和清漆　暴露在海水中的涂层耐阴极剥离性能的测定(ISO 15711:2003,MOD)

——GB/T 8923.1—2011　涂覆涂料前钢材表面处理　表面清洁度的目视评定　第1部分：未涂覆过的钢材表面和全面清除原有涂层后的钢材表面的锈蚀等级和处理等级(ISO 8501-1:2007,IDT)

——GB/T 9271—2008　色漆和清漆　标准试板(ISO 1514:2004,MOD)

——GB/T 9272—2007　色漆和清漆　通过测量干涂层密度测定涂料的不挥发物体积分数(ISO 3233:1998,MOD)

——GB/T 9278—2008　涂料试样状态调节和试验的温湿度(ISO 3270:1984,IDT)

——GB/T 9793—2012　热喷涂　金属和其他无机覆盖层　锌、铝及其合金(ISO 2063:2005,IDT)

——GB/T 10125—2012　人造气氛腐蚀试验　盐雾试验(ISO 9227:2006,IDT)

——GB/T 13288.1—2008　涂覆涂料前钢材表面处理　喷射清理后的钢材表面粗糙度特性　第1部分：用于评定喷射清理后钢材表面粗糙度的ISO表面粗糙度比较样块的技术要求和定义(ISO 8503-1:1988,IDT)

——GB/T 13288.2—2011　涂覆涂料前钢材表面处理　喷射清理后的钢材表面粗糙度特性　第2部分：磨料喷射清理后钢材表面粗糙度等级的测定方法　比较样块法(ISO 8503-2:1988,IDT)

——GB/T 13912—2002　金属覆盖层　钢铁制件热浸镀锌层技术要求及试验方法(ISO 1461:1999,MOD)

——GB/T 21862.2—2008　色漆和清漆　密度的测定　第2部分：落球法(ISO 2811-2:1997,IDT)

——GB/T 21862.3—2008　色漆和清漆　密度的测定　第3部分：振动法(ISO 2811-3:1997,IDT)

——GB/T 21862.4—2008　色漆和清漆　密度的测定　第4部分：压杯法(ISO 2811-4:1997,IDT)

本标准由中国石油和化学工业联合会提出。

本标准由全国涂料和颜料标准化技术委员会(SAC/TC 5)归口。

本标准起草单位:中海油常州涂料化工研究院有限公司、北京碧海舟腐蚀防护工业股份有限公司、浙江鱼童新材料股份有限公司、信和新材料股份有限公司、海洋石油工程股份有限公司设计公司、海虹老人涂料(中国)有限公司、中涂化工(上海)有限公司、阿克苏诺贝尔防护涂料(苏州)有限公司、佐敦涂料(张家港)有限公司、永记造漆工业(昆山)有限公司、中远关西涂料化工有限公司、中国船舶工业集团公司第十一研究所、海洋化工研究院有限公司、大金氟化工(中国)有限公司、冶建新材料股份有限公司、浙江飞鲸漆业有限公司、宁波大达化学有限公司、重庆三峡油漆股份有限公司、上海市涂料研究所、深圳广田装饰集团股份有限公司、江苏双乐化工颜料有限公司。

本标准主要起草人:陈丰、刘小平、杨亚良、胡建林、张国庆、李华刚、张一南、张延斌、刘新、王海洋、刘会成、傅建华、钱叶苗、嵇麟、史优良、严杰、丁示波、魏雪峰、许莉莉、李少强、毛顺明。

色漆和清漆　海上建筑及相关结构用防护涂料体系性能要求

1　范围

本标准规定了海上建筑及相关结构(即那些暴露于海洋大气和浸于咸水或微咸水中的结构)所用防护涂料体系的性能要求。这些结构暴露于 ISO 12944-2 定义的 C5-M 腐蚀性等级和 Im2 浸渍等级的环境中,ISO 12944-2:1998 中 4.3 以及附录 B 对这些腐蚀环境中的特殊应力进行了说明。本标准也适用于其他采用符合本标准的涂料或防护涂料体系的建筑结构。

本标准着重于高耐久性涂料体系,以达到最小化维护费用的目的,并因此减少安全性支出和环境影响。本标准在 ISO 12944-6 中用于对 C5-M 腐蚀性等级的要求基础之上指定了额外的测试要求。因此,满足 ISO 12944-6 中 C5-M 等级高耐久性要求的涂料体系未必满足本标准的要求,并可能需要做更进一步的测试。

这些涂料体系适用的温度范围一般在 −20 ℃～80 ℃,而性能试验也是为了证实涂料体系在该温度范围的适应性。在此温度范围之外使用涂料体系应得到最终用户的认可。这些认可应包括在合适的温度下进行的测试。

用于浸渍条件(Im2)下的涂料体系针对的是环境温度最高达到 50 ℃的情况。对于更高的环境温度,则需要特定的评价和性能说明。所选择考察的性能要求应考虑与阴极保护的设计参数相结合。

本标准包括:

——确定防护涂料体系不同组分成分的测试方法;

——评定防护涂料体系预期耐久性的实验室性能测试方法;

——评价性能测试结果的准则。

2　规范性引用文件

下列文件对于本文件的应用是必不可少的。凡是注日期的引用文件,仅注日期的版本适用于本文件。凡是不注日期的引用文件,其最新版本(包括所有的修改单)适用于本文件。

GB/T 23987—2009　色漆和清漆　涂层的人工气候老化曝露　曝露于荧光紫外线和水(ISO 11507:2007,IDT)

ISO 1461　金属覆盖层　钢铁制件热浸镀锌层技术要求及试验方法(Hot dip galvanized coatings on fabricated iron and steel articles—Specifications and test methods)

ISO 1514　色漆和清漆　标准试板(Paints and varnishes—Standard panels for testing)

ISO 2063　金属和其他无机覆盖层热喷涂　锌、铝及其合金(Thermal spraying—Metallic and other inorganic coatings—Zinc, aluminium and their alloys)

ISO 2811(所有部分)　色漆和清漆　密度的测定(Paints and varnishes—Determination of density)

ISO 2812-2　色漆和清漆　耐液体介质的测定　第 2 部分:水浸法(Paints and varnishes—Determination of resistance to liquids—Part 2: Water immersion method)

ISO 3233　色漆和清漆　通过测量干涂层密度测定涂料的不挥发物体积分数(Paints and varnishes—Determination of percentage volume of non-volatile matter by measuring the density of a dried coating)

ISO 3251 色漆、清漆和塑料 不挥发物含量的测定(Paints, varnishes and plastics—Determination of non-volatile-matter content)

ISO 3270 涂料试样状态调节和试验的温湿度(Paints and varnishes and their raw materials—Temperatures and humidities for conditioning and testing)

ISO 3549 涂料用锌粉颜料 规范和试验方法(Zinc dust pigments for paints—Specifications and test methods)

ISO 3679 闪点的测定 快速平衡闭杯法(Determination of flashpoint—Rapid equilibrium closed cup method)

ISO 4624 色漆和清漆 拉开法附着力试验(Paints and varnishes—Pull-off test for adhesion)

ISO 4628(第2部分～第6部分) 色漆和清漆 涂层老化的评价 缺陷的数量和大小以及外观均匀变化程度的标识(Paints and varnishes—Evaluation of degradation of coatings—Designation of quantity and size of defects, and of intensity of uniform changes in appearance)

ISO 8501-1 涂装前钢材表面锈蚀等级和除锈等级(Preparation of steel substrates before application of paints and related products—Visual assessment of surface cleanliness—Part 1: Rust grades and preparation grades of uncoated steel substrates and of steel substrates after overall removal of previous coatings)

ISO 8503-1 涂覆涂料前钢材表面处理 喷射清理后的钢材表面粗糙度特性 第1部分:用于评定喷射清理后钢材表面粗糙度的ISO表面粗糙度比较样块的技术要求和定义(Preparation of steel substrates before application of paints and related products—Surface roughness characteristics of blast-cleaned steel substrates—Part 1: Specifications and definitions for ISO surface profile comparators for the assessment of abrasive blast-cleaned surfaces)

ISO 8503-2 涂覆涂料前钢材表面处理 喷射清理后的钢材表面粗糙度特性 第2部分:磨料喷射清理后钢材表面粗糙度等级的测定方法 比较样块法(Preparation of steel substrates before application of paints and related products—Surface roughness characteristics of blast-cleaned steel substrates—Part 2: Method for the grading of surface profile of abrasive blast-cleaned steel—Comparator procedure)

ISO 9117-3[1] 色漆和清漆 干燥试验 第3部分:小玻璃球法表面干燥试验(Paints and varnishes—Drying tests—Part 3: Surface-drying test using ballotini)

ISO 9227 人造气氛腐蚀试验 盐雾试验(Corrosion tests in artificial atmospheres—Salt spray tests)

ISO 12944-2:1998 色漆和清漆 防护涂料体系对钢结构的防腐蚀保护 第2部分:环境分类(Paints and varnishes—Corrosion protection of steel structures by protective paint systems—Part 2: Classification of environments)

ISO 12944-4 色漆和清漆 防护涂料体系对钢结构的防腐蚀保护 第4部分:表面类型和表面处理(Paints and varnishes—Corrosion protection of steel structures by protective paint systems—Part 4: Types of surface and surface preparation)

ISO 12944-5 色漆和清漆 防护涂料体系对钢结构的防腐蚀保护 第5部分:防护涂料体系(Paints and varnishes—Corrosion protection of steel structures by protective paint systems—Part 5: Protective paint systems)

ISO 12944-6 色漆和清漆 防护涂料体系对钢结构的防腐蚀保护 第6部分:实验室性能测试方

1) ISO 9117-3:2010 代替了 ISO 1517:1973。

法(Paints and varnishes—Corrosion protection of steel structures by protective paint systems—Part 6: Laboratory performance test methods)

ISO 12944-8 色漆和清漆 防护涂料体系对钢结构的防腐蚀保护 第8部分:新建和维护技术规格书的制定(Paints and varnishes—Corrosion protection of steel structures by protective paint systems—Part 8: Development of specifications for new work and maintenance)

ISO 14680-2 色漆和清漆 颜料含量的测定 第2部分:灰化法(Paints and varnishes—Determination of pigment content—Part 2: Ashing method)

ISO 15711:2003 色漆和清漆 暴露在海水中的涂层耐阴极剥离性能的测定(Paints and varnishes—Determination of resistance to cathodic disbonding of coatings exposed to sea water)

ISO 19840 色漆和清漆 防护涂料体系对钢结构的防腐蚀保护 粗糙表面上干膜厚度的测量和验收准则(Paints and varnishes—Corrosion protection of steel structures by protective paint systems—Measurement of, and acceptance criteria for, the thickness of dry films on rough surfaces)

3 术语和定义

下列术语和定义适用于本文件。

3.1

海上建筑及相关结构 offshore and related structures

对长期完好有较高防护要求的永久性安装或系泊的结构。

注:典型的例子是油、气生产设施。

3.2

涂层 coat

经一次施涂所得到的连续涂膜。

3.3

腐蚀 corrosion

金属与所处环境之间的物理化学作用,其结果使金属的性能发生变化,并常可导致金属、环境或由它们作为组成部分的技术体系的功能受到损伤。

3.4

耐久性 durability

防护涂料体系从涂装完工后到第一次主要维护涂装前的预期使用期限。

3.5

色漆 paint

液态、黏稠物状或粉末状的着色涂料,当涂覆于基材上时能形成具有保护、装饰或特殊技术性能的不透明涂层。

3.6

防护涂层体系 protective coating system

已被涂装或将被涂装到基材上提供防腐蚀保护的金属材料和/或色漆涂层,或相关产品的总称。

3.7

防护涂料体系 protective paint system

已被涂装或将被涂装到基材上提供防腐蚀保护的色漆涂层或相关产品的总称。

3.8

基材 substrate

已用涂料涂装或待涂装的表面。

3.9

额定干膜厚度　nominal dry film thickness;NDFT

规定的每道涂层或整个涂层体系的干膜厚度。

3.10

干膜厚度　dry film thickness;DFT

涂层或涂层体系在被涂物表面硬化后形成的涂膜厚度。

注：干膜厚度按照 ISO 19840 的规定测量。

3.11

产品技术参数手册　product technical-data sheet;product TDS

为提供某种具体涂料产品相关信息而设计的文件。

注 1：这类信息包括产品用途、特性、服务性能、施工性能、施工设备、包装规格以及贮存与处理的相关信息。

注 2：具体所需要提供的最基本的信息见 5.4。

3.12

材料安全数据手册　material safety data sheet;MSDS

为提供涂料产品或稀释剂关于健康和安全方面信息而设计的文件。

注：典型的 MSDS 应包括涉及材料属性鉴别、危险物成分、物性数据、火灾和爆炸数据、健康危害、反应性数据、溢出或泄露处理程序、特别防护要求和其他特别措施等内容的信息。

3.13

合格认证　qualification

采用合适的测试标准来评价一种防护涂料体系是否适合某种特性的环境暴露条件的程序。

注：这个程序包括：

——对涂料体系的描述(例如，表 2)；

——施工性测试(见第 7 章)；

——实验室性能测试方法和对结果的评定(见第 8 章)；

——对涂料的全面鉴别(见 5.5.2 和附录 B)。

3.14

贮存期　shelf life

从产品生产之时起，当产品在运输和贮存过程中不损坏、不打开包装的情况下，对涂料的施工或性能没有任何影响，并在涂料生产商所提供的建议环境条件限制之内的使用期限。

注 1：超过贮存期，涂料应重新检验。

注 2：水性涂料在运输和贮存的任何时候都应保护以免冻结。

3.15

挥发性有机化合物　volatile organic compound;VOC

在所处的大气温度和压力下，可以自然挥发的任何有机液体和/或固体。

注：根据美国政府的立法，术语 VOC 仅限指那些在空气中具有光化学活性的化合物(参见 ASTM D3960)。任何其他的化合物均被定义为豁免化合物。

3.16

浪溅和潮汐区域　splash and tidal zones

由于受到潮汐、大风和/或波浪或者压载/承载的影响，而干湿交替的区域。

3.17

临时性底漆　holding primer

一类施涂在喷射清理过的钢材表面，在构建建筑结构期间对其进行保护的快干底漆，但是这样的钢材不允许直接进行焊接。

注：施涂后允许钢材进行焊接的底漆称为“预涂底漆”。

4 应用领域

4.1 总则

本标准涉及的应用领域包括：

——结构类型；

——环境类型；

——表面类型和表面处理；

——涂料类型。

4.2 结构类型

本标准适用于由厚度不低于 3 mm 的碳钢或低合金钢制造的结构，这些结构的设计经过了受认可的强度计算。

本标准不适用于：

——由不锈钢和铜、钛、铝以及它们的合金所建造的结构；

——钢缆；

——埋藏结构；

——管线；

——贮罐的内部。

4.3 环境类型

本标准适用于 ISO 12944-2 中定义的大气腐蚀性等级 C5-M 和浸渍等级 Im2。

该结构可根据每个区域所处的暴露环境类型分为不同的区域：

——一个相当于暴露在大气等级 C5-M 中的区域；

——另一个相当于永久性浸没在咸水中的区域，例如，等级 Im2；

——两个相当于处在潮汐类和浪溅类环境的综合区域，它们受到等级 C5-M 和 Im2 的复合影响：

a) 潮汐区域，即由自然或人为因素引起水平面改变的区域，周期性的暴露于水和大气联合作用之中会导致腐蚀加剧；

b) 浪溅区域，即被波浪和飞沫活动所浸湿的区域，尤其是海水会导致特别高的腐蚀应力；

c) 本标准中，浪溅和潮汐区域将通过一套测试程序进行联合的合格认证(见表 3)。

4.4 表面类型和表面处理

本标准适用于下列类型的碳钢或低合金钢表面(见 ISO 12944-4)：

——无涂层表面；

——金属涂层表面(热喷涂或热浸镀锌)；

——涂覆预涂底漆表面；

——之前所用涂料体系已被彻底清除的二次涂漆表面。

除了金属涂层表面，表面处理应进行喷射清理，并达到表面处理等级：ISO 8501-1 中的 Sa 2½或 Sa 3 和表面粗糙度：ISO 8503-1 中的“中(G)”。

4.5 涂料类型

广泛用于钢结构防腐蚀保护的涂料体系中常用的涂料类型在 ISO 12944-5 中有描述，但是不仅限于 ISO 12944-5 中所描述的涂料类型。

5 涂料

5.1 总则

防护涂料体系的性能应按照第8章进行测试,(涂料)体系各组分应按照5.5进行鉴别。

应进行第三方认证,进行测试的独立实验室应经当事各方达成一致认可。

对涂料体系中的每种涂料,生产商都应提供产品技术参数手册(TDS)(见5.4)和材料安全数据手册(MSDS)。

涂料体系经合格认证后,体系中单个涂料的化学组成(见5.5.2和5.5.3)和体系的说明(见6.1)都不应变动。

5.2 质量保证

涂料生产商应建立并维护好质量保证体系(见ISO 12944-8),这样才能确保其提供的产品或服务都能满足本标准各方面的要求。

5.3 包装和标识

所有涂料组分、溶剂和稀释剂都应储存在贴有生产商标签和说明的原容器中。标签上至少应包括下列信息:

——涂料名称;

——主要成膜物质;

——涂料生产商名称;

——涂料颜色;

——批号;

——生产日期;

——依照合适的规范制定的涉及健康、安全和环境保护的说明和警告;

——引用相关产品技术参数手册的说明。

5.4 要求的产品信息

除了材料安全数据手册(MSDS)中的信息,每个提交合格认证的产品还需要在产品技术参数手册中至少提供以下信息:

——发布日期;

——产品名称;

——生产商名称;

——涂料的类型;

——固化剂的类型;

——其他组分的类型;

——涂料颜色;

——组分配比;

——配制说明(包括熟化时间);

——推荐储存条件下的贮存期;

——涂料混合后的不挥发物体积分数(按照ISO 3233的规定测得)[2];

——涂料混合后的密度(按照ISO 2811相关部分的规定测得)[2];

——涂料混合后的适用期[2)]；
——产品各组分的闪点(按照 ISO 3679 的规定测得)；
——涂层表干时间(按照 ISO 9117-3 的规定测得)[2)]；
——涂层完全固化时间[2)]；
——推荐稀释剂(名称和/或编号)；
——推荐稀释剂的闪点；
——每种稀释剂施工时的最大允许用量；
——推荐表面处理等级(见 ISO 8501-1)和粗糙度(见 ISO 8503-1)；
——推荐施工方式；
——最短和最长涂覆间隔时间；
——推荐最小和最大干膜厚度；
——推荐清洗设备的溶剂；
——推荐施工条件(温度和相对湿度)；
——最大挥发性有机化合物含量(VOC)及检测其是否超标的方法[3)]；
——引用材料安全数据手册的说明；
——理论涂布率(单位用量的涂料达到 x 微米干膜厚度，以 m^2/L 或 m^2/kg 计)。

5.5 涂料鉴别

5.5.1 总则

涂料体系中每种涂料都应进行以下两类鉴别检查：

a) 进行合格认证的涂料体系中所有涂料产品都应进行指纹检查(见 5.5.2)；

b) 对于一种合格的涂料体系，在其最开始和以后每一批的产品都应进行例行批次检查(见 5.5.3)。

5.5.2 指纹检查

指纹检查的目的是确保供应的涂料产品与经合格认证产品的一致性。一种涂料体系经合格认证后，如有必要可以使用指纹来确保其提供的涂料与通过合格认证的产品相一致。

附录 B 中给出了指纹至少应包括的特征要素。

5.5.3 例行批次检查

采用简单的实验室技术进行例行批次检查的结果，与通过合格认证的产品进行比较可以显示涂料组成的差异。

涂料生产商应对每批涂料进行例行批次检查。如用户需要，可以此作为产品一致性的证明。

表 1 给出了一个简单的鉴别检查(如果对相关的产品有疑问)至少所需提供的数据。

当事各方应有资格对任何一批产品进行额外的检查以核对指纹。

5.6 保密信息

本标准描述了对于防护涂料体系的评定过程，为此，涂料生产商必须提供一些机密信息。这些机密信息和评定过程的详细结果应视作用户的财产，但是未经涂料生产商的事先同意，用户不得随便散布这些信息。

---

2) 这些数值应在温度(23±2)℃和相对湿度(50±5)%或其他商定的条件下测得。

3) 详细内容见材料安全数据手册。

表 1 例行批次检查(对每一批成品的检查)

签发日期		生产日期	
涂料名称		产品 TDS 编号	
产品批号		MSDS 编号	
	测试方法	测试结果	允许偏差范围
密度	ISO 2811 的相关部分	—	______ g/cm^3 ±0.05 g/cm^3 [a]
以质量计的不挥发物含量	ISO 3251	—	______%±2%

[a] 如果密度大于 2 g/cm^3,则允许偏差范围为±0.1 g/cm^3。

6 防护涂料体系

6.1 说明

进行合格认证的防护涂料体系应进行如下说明:

a) 生产商的名称和地址;

b) 涂料体系设计适用的环境类型(见 4.3)和基材类型(见 4.4);

c) 推荐的基材表面处理(方法和处理等级);

d) 为了施工,涂料体系中对每个涂层都指定了某种产品。对每种产品,都要求给出以下信息:

——商品名;

——涂料类型;

——颜色范围;

——额定干膜厚度(NDFT)。

防护涂料体系的额定干膜厚度是指各单独涂层额定干膜厚度的总和。

表 2 给出了一种涂料体系说明的示例。

表 2 涂料体系说明示例

<table>
<tr><td colspan="2">生产商</td><td colspan="2">基材类型</td><td>环境类型</td></tr>
<tr><td colspan="2">名称:
地址:</td><td colspan="2"></td><td></td></tr>
<tr><td>表面处理</td><td colspan="4"></td></tr>
<tr><td>涂层</td><td>商品名</td><td>颜色范围</td><td>涂料类型</td><td>额定干膜厚度/μm</td></tr>
<tr><td>第一道涂层</td><td></td><td></td><td></td><td></td></tr>
<tr><td>第二道涂层</td><td></td><td></td><td></td><td></td></tr>
<tr><td>第三道涂层</td><td></td><td></td><td></td><td></td></tr>
<tr><td>第四道涂层</td><td></td><td></td><td></td><td></td></tr>
<tr><td>其他</td><td></td><td></td><td></td><td></td></tr>
<tr><td colspan="4">总额定干膜厚度/μm:</td><td></td></tr>
</table>

6.2 防护涂料体系的最低要求

通过本标准中所有测试的涂料体系一般能为海上建筑提供高耐久性防护。然而,仍然有很多因素会影响一种涂料的实际性能和耐久性。

经验表明,涂料体系的构成、主要的涂层道数以及总干膜厚度是涂料体系在实际应用中能达到高耐久性的一些基本因素。

鉴于这些原因,本标准为各种环境区域下的涂料体系建立了一套最低限度的性能要求。

必须强调,表3中给出的涂料体系是由不同类型的涂料,包括底漆、中间漆和面漆而组成的。因此他们仅仅考虑具有最低限度的性能要求。另外,该列表并不是包罗万象的。

在特殊情况下,涂料体系可由更少的施涂道数构成。在这种情况下,总干膜厚度应相应地比表3中的最小要求有显著增加。同时,较为明智的做法是在施工过程中采取特殊的质量控制措施。

如果使用了临时性底漆,它将成为涂料体系的一部分(作为一个额外的涂层),这应得到当事各方的同意,并且该临时性底漆应符合本标准的合格要求。

表3 防护涂料体系及其初始性能的最低要求

基材	经喷射清理的碳钢:Sa 2½或 Sa 3 表面粗糙度等级:中(G)							热浸镀锌钢材或热喷涂锌钢材[a]
环境腐蚀性等级	C5-M		浪溅和潮汐区域 C5-M 和 Im2			Im2		C5-M
第一道涂层	Zn(R)[b]	其他底漆[c]	Zn(R)[b,d]	其他底漆[c]		其他底漆		—
NDFT/μm	≥40	≥60	≥40	≥60	≥200	—	≥150	—
涂层最少道数[e]	3	3	3	3	2	1	2	2
涂料体系总 NDFT/μm	≥280	≥350	≥450	≥450	≥600	≥800	≥350	≥200
按 ISO 4624 测得拉开法附着力的最小值(老化前)/MPa	3	4	3	4	4	8	4	3

[a] 金属涂层的厚度应按照 ISO 1461(热浸镀锌)或 ISO 2063(热喷涂金属钢材)的要求进行,并且应按照 ISO 12944-4:1998 中第12章(热浸镀锌)或第13章(热喷涂金属钢材)的规定处理表面。因为存在涂覆层剥落和热喷涂铝(TSA)腐蚀的风险,在 TSA 上不建议使用涂覆层。对于 TSA,仅推荐使用封闭漆。

[b] Zn(R),即 ISO 12944-5:2007 中5.2所定义的富锌底漆(涂料不挥发分中锌粉的质量百分含量不低于80%)。该锌粉颜料应符合 ISO 3549 的要求。

[c] 除富锌以外的底漆主要适用于修补和维护。对于新建结构,其他种类的底漆应被限制使用在一些有特殊应力要求的区域(例如,ISO 12944-2:1998 附录 B 中 B.2 所定义的),这些区域需要涂料体系具有高机械强度或高耐化学介质性,并能提供比富锌底漆更好的抗腐蚀蔓延保护。这些有特殊应力要求的区域一般是指直升机甲板、浪溅和潮汐区域、人行道、逃生通道、材料放置区域和泥浆区。

[d] 如果要求使用富锌底漆,那么包含有机富锌底漆的涂料体系也可以用于 Im2 类型防护。在这种情况下,整个体系的总 NDFT 可以减至≥350 μm。

[e] 涂层的道数不包括过渡涂层,例如,当使用硅酸盐富锌底漆时可能需要施涂的涂层。

7 涂料施工试验

7.1 取样作施涂试验的涂料在原包装中不应出现任何结皮、颗粒或沉积现象,并应易于搅拌均匀。产品应在其贮存有效期及混合后的适用期之内进行测试。

7.2 涂料体系中用到的每种涂料，当施涂在一块光滑、除油，面积为 1 m^2 的垂直平板上，以相当于至少1.5 倍规定 NDFT 的干膜厚度进行涂覆时，涂膜不应出现流挂现象。

注：对于底漆和底、面合一的产品，推荐使用粗糙度为“中(G)”的经喷射清理的钢板代替光滑平板进行试验。

8 涂料体系的性能测试

8.1 试板的制备及状态调节

8.1.1 试板类型和尺寸以及试板数量

试板应采用符合 ISO 1514 的钢材制作。除非另有约定，试板的最小尺寸应为 150 mm×75 mm×3 mm。如果试板的厚度小于 5 mm，推荐采用 ISO 4624 中的对接法进行拉开法附着力测试。每项测试需要准备 3 块试板。

8.1.2 表面处理

采用合适的方法清除试板表面的油污并进行喷射清理，并至少应达到 ISO 8501-1 中的 Sa 2½级。除非另有约定，每块试板测试面的表面粗糙度等级应相当于 ISO 8503-1 中的“中(G)”，并用 ISO 8503-2 中的比较样块法进行检查。

经当事各方同意，其他的表面处理方法也可以用来模拟实际的现场条件。

试板应保持干燥，且不能沾染灰尘和任何其他外来物质。

表面处理的所有相关参数(清洁度、粗糙度、灰尘等级等)都应作为试验报告的一部分进行记录。

8.1.3 施涂和固化

严格按照涂料生产商提供的说明书在试板上喷涂涂料并进行固化。

采用当事各方都同意的适当的方法对试板的背面和侧边进行保护。

8.1.4 干膜厚度

对于每道涂层，在进行下一道施涂之前，按照 ISO 19840 在 5 个部位(中间和距离试板边缘 15 mm～20 mm 的每个角落)测量试板测试面的干膜厚度，并记录这些测量结果的最小值、平均值和最大值(见 C.1)。

每块试板上每道涂层的最大干膜厚度应：

——如果额定干膜厚度≤60 μm，则小于 1.5 倍额定干膜厚度；

——如果额定干膜厚度>60 μm，则小于 1.25 倍额定干膜厚度。

8.1.5 施涂间隔时间

对于每道涂层，按照涂料生产商提供的最新说明书的规定施涂下一道。

如果当事各方同意，可以对涂料生产商规定的施涂间隔时间进行调整，并记录在试验报告中。

8.1.6 状态调节和固化

按照 ISO 3270 的要求，在控制的温湿度条件下对试板进行状态调节。如果固化和状态调节是在不同的条件下进行，则需要在试验报告中详细阐明。

在试验开始前，应按照生产商最新说明书的要求使涂层体系完全固化。

当事各方应就试验条件达成一致意见或按照涂料生产商说明书的要求进行试验。

8.1.7 孔隙检测

为了避免早期试验失败,应采用合适的方法检测涂层内存在的任何针孔。

8.1.8 划线

当按照表 4 的规定时,应在每块试板的涂层上划一条线(见图 1 和图 2)并确保能充分暴露于所有的测试环境中。这条划线应通过机械方式划出(使用诸如带钻钢钻的钻床之类的机器)。划线应为长 50 mm,宽 2 mm,距试板每条长边 12.5 mm,距试板的一条短边 25 mm。划线应完全切透涂层直至露出金属基材。

单位为毫米

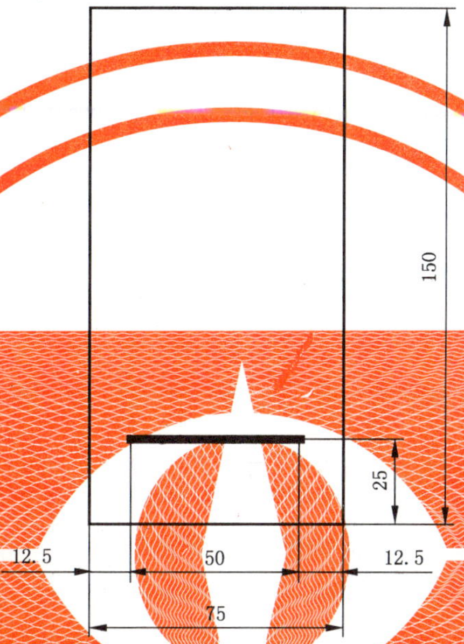

图 1 试板测试面划线示意图

单位为毫米

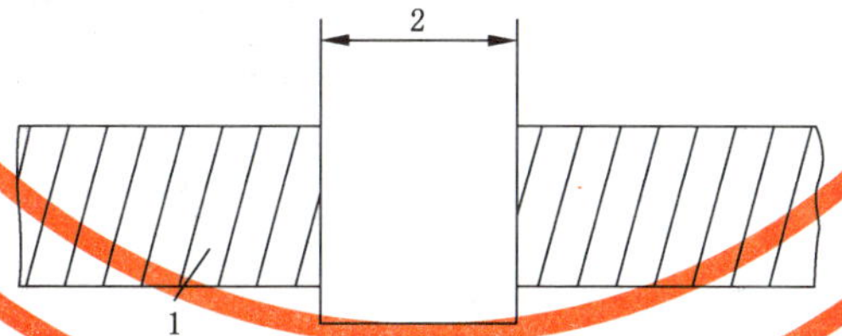

说明:

1——钢质基材。

图 2 划线横截面示意图

8.1.9 数据记录

记录在试板制备期间所有相关的测量数据(见附录 C)。

8.2 合格认证试验

按表 4 的要求进行合格认证试验。

可选性的测试,例如耐化学介质性、抗冲击性、耐磨性和厚膜抗裂性也可以进行。实际要进行的测试项目应经当事各方同意。

表 4 合格认证试验

试验项目	划线	环境腐蚀性等级 C5-M	环境复合腐蚀性等级 C5-M 和 Im2（浪溅和潮汐区域）	环境腐蚀性等级 Im2
耐循环老化性(见附录 A)	是 (见 8.1.8)	4 200 h	4 200 h	—
耐阴极剥离性(除非另有约定，按照 ISO 15711:2003 中方法 A 进行)	否 (以人造圆孔代替，见表 5)	—	4 200 h	4 200 h
海水浸泡试验(按照 ISO 2812-2 进行)	是 (见 8.1.8)	—	4 200 h	4 200 h

8.3 评定：方法和要求

8.3.1 总则

按照 ISO 12944-6 的规定评定试板。表 5 给出了相关的方法和要求。三块试板中至少应有两块满足要求。在距试板边缘 10 mm 以内出现的任何涂层缺陷均不予考虑。

表 5 试板评定——方法和要求(ISO 12944-6)

<table>
<tr><th>评定方法</th><th>合格认证试验前的要求</th><th colspan="2">合格认证试验后的要求</th></tr>
<tr><td>ISO 4624
(拉开法附着力试验)</td><td>见表 3。
基材与第一道漆之间不得出现附着破坏，除非拉开法的数值达到或超过 5 MPa(见 ISO 12944-6)</td><td colspan="2">试板状态经过两周再调节后进行评定；
拉开法的数值至少应达到试板初始测量值的 50%，且最小为 2 MPa；
基材与第一道漆之间不得出现附着破坏，除非拉开法的数值达到或超过 5 MPa(见 ISO 12944-6)</td></tr>
<tr><td>ISO 4628-2(起泡)</td><td></td><td>0(S0)</td><td>试验完后立即进行评定</td></tr>
<tr><td>ISO 4628-3(生锈)</td><td></td><td>Ri 0</td><td>试验完后立即进行评定</td></tr>
<tr><td>ISO 4628-4(开裂)</td><td></td><td>0(S0)</td><td>试验完后立即进行评定</td></tr>
<tr><td>ISO 4628-5(剥落)</td><td></td><td>0(S0)</td><td>试验完后立即进行评定</td></tr>
<tr><td>ISO 4628-6(粉化)</td><td></td><td colspan="2">商定</td></tr>
<tr><td>划线处的腐蚀宽度(见 8.1.8 和 8.3.2)</td><td></td><td colspan="2">对使用富锌底漆的涂料体系，$M \leqslant 3.0$ mm；
对使用非富锌底漆的涂料体系，$M \leqslant 8.0$ mm</td></tr>
<tr><td>按照 ISO 15711:2003 中方法 A 进行的耐阴极剥离性</td><td></td><td colspan="2">试验前，按照 ISO 15711:2003 中方法 A 规定的程序制造一个直径 6 mm 的人造圆孔(使钢质基材完全暴露)；
试验后，用锋利薄刃的小刀划出两条贯穿涂层，于圆孔中心相交且夹角为 45°的放射状切痕。切透涂层至钢质基材，试着用刀尖掀起涂层。记录这样暴露的总面积(包括圆孔的面积)。通过总暴露面积和圆孔面积间的差值计算剥离区域的面积；
由剥离面积计算出相应的等效直径；
该剥离面积的等效直径不应超过 20 mm</td></tr>
</table>

8.3.2 划线处的腐蚀评定

采用合适的方法去除涂层后，在9个点(划线的中心点和中心点每边间隔5 mm的各4个点)测量腐蚀宽度。用式(1)计算划线处的腐蚀宽度：

$$M=\frac{C-W}{2} \qquad \cdots\cdots(1)$$

式中：

M ——划线处的腐蚀宽度，单位为毫米(mm)；

C ——9个点腐蚀宽度测量值的平均值，单位为毫米(mm)；

W ——划线的初始宽度，单位为毫米(mm)。

9 试验报告

试验报告至少应包括以下信息：

a) 进行试验的实验室(名称和地址)；

b) 试验日期；

c) 包括指纹数据在内，完成防护涂料体系鉴定所需的所有必要的细节(见6.1)；

d) 防护涂料体系所应用的环境类型(见4.3)和所进行的合格认证试验(见8.2)；

e) 对试板制备和状态调节的说明(见8.1)；

f) 老化之前对试板的评定结果(见第7章和表5)；

g) 对于每项合格认证试验，老化之后对试板的评定结果(见表4和表5)；

h) 与规定的试验方法之间存在的任何偏离。

附录C给出了试验报告格式的示例。

附　录　A
（规范性附录）
循环老化试验程序

本程序中所采用的每个暴露循环持续一整周(168 h),包括(见图 1):

a) 暴露于紫外线和凝露中 72 h,按照 GB/T 23987—2009 的规定,以下述条件进行:

——GB/T 23987—2009 中方法 A:交替循环进行(60±3)℃条件下 4 h 紫外线辐照和(50±3)℃条件下 4 h 凝露暴露的试验循环;

——Ⅱ型紫外灯(UVA-340)(见 GB/T 23987—2009 中 5.1.2)。

b) 暴露于盐雾中 72 h,按照 ISO 9227 的规定进行;

c) (−20±2)℃条件下低温暴露 24 h。

第一天	第二天	第三天	第四天	第五天	第六天	第七天
紫外线/凝露——GB/T 23987—2009 			盐雾——ISO 9227 			(−20±2)℃ 低温暴露 

图 A.1　循环老化试验每周程序

紫外线/凝露循环期间,以紫外线辐照开始,以凝露暴露结束。

在盐雾和低温暴露周期之间,用去离子水冲洗试板,但不用干燥试板。

在低温暴露周期的开始阶段,试板应在 30 min 内达到(−20±2)℃的温度。

将试板暴露 4 200 h(25 个循环)。

附 录 B
（规范性附录）
指 纹

表 B.1 指纹检查

签发日期：			基料	固化剂
涂料名称				
生产商名称				
批号				
生产日期				
		试验方法	试验结果范围	试验结果范围
主要参数[a]				
红外光谱		参见参考文献		
不挥发分(质量分数)		ISO 3251	(…±2)%	(…±2)%
密度		ISO 2811 中适用部分	(…±0.05)g/cm³	(…±0.05)g/cm³
灰分		参见参考文献	(…±3)%	(…±3)%
可选参数				
颜料含量(质量分数)	金属锌/全锌 铝 铁 磷	ISO 14680-2	(…±1)% (…±1)% (…±1)% (…±1)%	(…±1)% (…±1)% (…±1)% (…±1)%
官能团含量	环氧基 羟基 酸性基团 氨基 异氰酸酯基	参见参考文献	—	—

[a] 得到的结果依据色调的不同而有所差异。

成膜物质的特性(红外光谱和官能团含量)需要将树脂与颜料及溶剂进行分离之后才能确定。

在需要更精确地表征涂料的组成时,可采用其他的试验方法。

附 录 C
（资料性附录）
试验报告的示例

C.1 试板制备试验报告示例

实验室： GB/T 31415—2015

实验室	试验日期
名称： 地址：	试板制备结束日期： 试验开始日期：

涂料体系说明

生产商	环境类型	基材类型
名称： 地址：		

表面处理：	

涂层	商品名	颜色范围	类型	额定干膜厚度/μm
第一道涂层				
第二道涂层				
第三道涂层				
第四道涂层				
其他				
			总计	

试板制备

基材：	表面处理：	
长度、宽度和厚度：	清洁度：	粗糙度：

涂料体系的施涂					
涂层	商品名	批号	温度/℃	相对湿度/%	施涂适应性及所用施涂方式（备注）
第一道涂层					
第二道涂层					
第三道涂层					
第四道涂层					

试板涂层厚度的测量及其试验分配					
额定干膜厚度	第一道涂层	第二道涂层	第三道涂层	第四道涂层	

样板编号	涂层厚度测量结果(最小值/平均值/最大值)/μm												试验分配

干燥/固化条件：

备注：

报告日期和签名：

C.2 按 ISO 2812-2 进行海水浸泡试验后试板评定的试验报告示例

<table>
<tr><td colspan="10">合格认证试验前的评定</td></tr>
<tr><td></td><td colspan="3">样板编号…</td><td colspan="3">样板编号…</td><td colspan="3">样板编号…</td></tr>
<tr><td rowspan="2">ISO 4624</td><td>单个值</td><td>平均值</td><td>通过/失败</td><td>单个值</td><td>平均值</td><td>通过/失败</td><td>单个值</td><td>平均值</td><td>通过/失败</td></tr>
<tr><td></td><td></td><td></td><td></td><td></td><td></td><td></td><td></td><td></td></tr>
<tr><td>备注：</td><td colspan="3"></td><td colspan="3"></td><td colspan="3"></td></tr>
<tr><td colspan="10">浸水后的评定(4 200 h)</td></tr>
<tr><td></td><td colspan="3">样板编号…</td><td colspan="3">样板编号…</td><td colspan="3">样板编号…</td></tr>
<tr><td rowspan="2">ISO 4624</td><td>单个值</td><td>平均值</td><td>通过/失败</td><td>单个值</td><td>平均值</td><td>通过/失败</td><td>单个值</td><td>平均值</td><td>通过/失败</td></tr>
<tr><td></td><td></td><td></td><td></td><td></td><td></td><td></td><td></td><td></td></tr>
<tr><td>ISO 4628-2</td><td colspan="3"></td><td colspan="3"></td><td colspan="3"></td></tr>
<tr><td>ISO 4628-3</td><td colspan="3"></td><td colspan="3"></td><td colspan="3"></td></tr>
<tr><td>ISO 4628-4</td><td colspan="3"></td><td colspan="3"></td><td colspan="3"></td></tr>
<tr><td>ISO 4628-5</td><td colspan="3"></td><td colspan="3"></td><td colspan="3"></td></tr>
<tr><td>ISO 4628-6</td><td colspan="3"></td><td colspan="3"></td><td colspan="3"></td></tr>
<tr><td>锈蚀：
划线处腐蚀宽度/M
(以 mm 计)</td><td colspan="3"></td><td colspan="3"></td><td colspan="3"></td></tr>
<tr><td>备注：</td><td colspan="3"></td><td colspan="3"></td><td colspan="3"></td></tr>
</table>

报告日期和签名：

C.3 循环老化试验后试板评定的试验报告示例

老化循环(见附录 A):

合格认证试验前的评定									
	样板编号…			样板编号…			样板编号…		
	单个值	平均值	通过/失败	单个值	平均值	通过/失败	单个值	平均值	通过/失败
ISO 4624									
备注:									
循环老化试验后的评定(4 200 h)									
	样板编号…			样板编号…			样板编号…		
	单个值	平均值	通过/失败	单个值	平均值	通过/失败	单个值	平均值	通过/失败
ISO 4624									
ISO 4628-2									
ISO 4628-3									
ISO 4628-4									
ISO 4628-5									
ISO 4628-6									
锈蚀: 划线处腐蚀宽度/M (以 mm 计)									
备注:									

报告日期和签名:

参 考 文 献

术语

[1] ISO 8044,金属和合金的腐蚀　基本术语和定义

[2] ISO 4618,色漆和清漆　术语和定义

灰分的测定(质量分数)

[3] NF T30-012,涂料 清漆、色漆及类似产品中灰分含量的测定

官能团含量的测定

[4] 异氰酸酯含量:ISO 11909,色漆和清漆用胶黏剂　聚异氰酸酯树脂　通用试验方法

[5] 羟值:ISO 4629,色漆和清漆用胶黏剂　羟值的测定　滴定法

[6] 环氧值:ISO 7142,色漆和清漆用胶黏剂　环氧树脂　通用试验方法

[7] 胺含量:ISO 11908,色漆和清漆用胶黏剂　氨基树脂　通用试验方法

颜料含量

[8] 铝:ISO 1247,涂料用铝颜料

[9] 氧化铁(铁红):ISO 1248,氧化铁颜料　规格和试验方法

[10] 云母氧化铁:ISO 10601,涂料用云母氧化铁颜料　规格和试验方法

[11] 磷酸锌:ISO 6745,涂料用磷酸锌颜料　规格和试验方法

红外光谱

[12] ASTM D2372,从低溶剂涂料中分离溶质的标准操作

[13] ASTM D2621,红外鉴定低溶剂涂料中固体溶质的标准试验方法

其他

[14] ISO 2114,塑料(聚酯树脂)、色漆和清漆(胶黏剂)部分酸值和总酸值的测定

[15] ASTM D3960,色漆及相关涂料中挥发性有机化合物(VOC)含量测定的标准操作

第二部分
专用涂料

ICS 87.040
G 51

中华人民共和国国家标准

GB/T 6745—2008
代替 GB/T 6745—1986

2008-05-14 发布　　　　2008-10-01 实施

中华人民共和国国家质量监督检验检疫总局
中国国家标准化管理委员会　发布

前　言

本标准代替 GB/T 6745—1986《船壳漆通用技术条件》。

本标准与 GB/T 6745—1986 的主要技术差异为：

——名称改为船壳漆；

——更新了原有项目的测试方法；

——增加了干燥时间、耐冲击性、光泽、耐盐水性、耐盐雾性、耐人工气候老化性指标；

——将产品检验分为出厂检验和型式检验。

本标准由中国石油和化学工业协会提出。

本标准由全国涂料和颜料标准化技术委员会归口。

本标准起草单位：海洋化工研究院、江苏兰陵高分子材料有限公司、中涂化工（上海）有限公司、上海开林造漆厂、中国船舶重工集团公司第七二五研究所、浙江飞鲸漆业有限公司、宁波飞轮造漆有限责任公司、中化建常州涂料化工研究院。

本标准主要起草人：王桂荣、苏春海、陈建刚、王磊、杜伟娜、张东亚、袁泉利、陆伯岑。

本标准于 1986 年 8 月首次发布，本次为第一次修订。

船　　壳　　漆

1　范围

本标准规定了船壳漆的要求、试验方法、检验规则、标志、包装、运输和贮存。

本标准适用于涂敷在船舶满载水线以上的建筑物外部所用的涂料，亦可用于桅杆和起重机械用涂料。

2　规范性引用文件

下列文件中的条款通过本标准的引用而成为本标准的条款。凡是注日期的引用文件，其随后所有的修改单(不包括勘误的内容)或修订版均不适用于本标准，然而，鼓励根据本标准达成协议的各方研究是否可使用这些文件的最新版本。凡是不注日期的引用文件，其最新版本适用于本标准。

GB/T 1250—1989　极限数值的表示方法和判定方法

GB/T 1725—2007　色漆、清漆和塑料　不挥发物含量的测定(ISO 3251:2003,IDT)

GB/T 1727—1992　漆膜一般制备法

GB/T 1728—1979　漆膜、腻子膜干燥时间测定法

GB/T 1731—1993　漆膜柔韧性测定法

GB/T 1765—1979　测定耐湿热、耐盐雾、耐候性(人工加速)的漆膜制备法

GB/T 1766—1995　色漆和清漆　涂层老化的评级方法(neq ISO 4628-1:1980)

GB/T 1771—2007　色漆和清漆　耐中性盐雾性能的测定(ISO 7253:1996,IDT)

GB/T 1865—1997　色漆和清漆　人工气候老化和人工辐射暴露(滤过的氙弧辐射)(eqv ISO 11341:1994)

GB/T 3186　色漆、清漆和色漆与清漆用原材料　取样(GB/T 3186—2006,ISO 15528:2000,IDT)

GB/T 5210—2006　色漆和清漆　拉开法附着力试验 (ISO 4624:2002,IDT)

GB/T 6748　船用防锈漆通用技术条件

GB/T 6753.1—2007　色漆、清漆和印刷油墨　研磨细度的测定 (ISO 1524:2000,IDT)

GB/T 9271—1988　色漆和清漆　标准试板(eqv ISO 1514:1984)

GB/T 9276—1996　涂层自然气候曝露试验方法(eqv ISO 2810)

GB/T 9278　涂料试样状态调节和试验的温湿度(GB/T 9278—2008,ISO 3270:1984,Paints and varnishes and their raw materials—Temperatures and humidities for conditioning and testing,IDT)

GB/T 9750—1998　涂料产品包装标志

GB/T 9754—2007　色漆和清漆　不含金属颜料的色漆漆膜的 20°、60°和 85°镜面光泽的测定(ISO 2813:1994,IDT)

GB/T 10834　船舶漆耐盐水性的测定　盐水和热盐水浸泡法

GB/T 13491—1992　涂料产品包装通则

GB/T 14522—1993　机械工业产品用塑料、涂料、橡胶材料人工气候加速试验方法

GB/T 20624.1—2006　色漆和清漆　快速变形(耐冲击性)试验　第 1 部分:落锤试验(大面积冲头)(ISO 6272-1:2002,IDT)

HG/T 2458—1993　涂料产品的检验、运输和贮存通则

3　要求

产品应符合表 1 的技术要求，配套底漆应符合 GB/T 6748 的规定。

表 1 技术要求

项目			指标
涂膜外观			正常
细度/μm		≤	40
不挥发物质量分数/%		≥	50
干燥时间/h	表干	≤	4
	实干	≤	24
耐冲击性			通过
柔韧性/mm			1
光泽(60°)/单位值			商定
附着力(拉开法)/MPa		≥	3.0
耐盐水性(天然海水或人造海水,27℃±6℃,48 h)			漆膜不起泡、不脱落、不生锈
耐盐雾性(单组分漆 400 h,双组分漆 1 000 h)			漆膜不起泡、不脱落、不生锈
耐人工气候老化性/级 (紫外 UVB-313:300 h 或商定; 或者氙灯:500 h 或商定)			漆膜颜色变化≤4 粉化≤2[a] 裂纹 0
耐候性(海洋大气曝晒,12 个月)/级			漆膜颜色变化≤4 粉化≤2[a] 裂纹 0
[a] 环氧类漆可商定。			

4 试验方法

4.1 取样

产品按 GB/T 3186 的规定取样,也可按商定方法取样。样品应分成两份,一份做检验用样品,另一份密封贮存备查。

4.2 试验环境

样板的状态调节和试验的温湿度应符合 GB/T 9278 的规定。

4.3 试验样板的制备

标准试板的准备按照 GB/T 9271—1988 规定进行,测定耐盐水性、耐盐雾性、耐人工气候老化性的试板,均按照 GB/T 1765—1979 规定制板。双组分漆要根据施工使用说明规定比例混合均匀后,按 GB/T 1727—1992 规定进行刷涂或喷涂,并与相应底漆配套。干膜厚度底漆控制在(50±10)μm,船壳漆控制在(60±10)μm,总干膜厚度控制在(100±10)μm。除另有规定外,所有试板制板后在 GB/T 9278规定条件下放置 7 d 后进行测试。

4.4 操作方法

4.4.1 涂膜外观

样板在散射日光下目视观察,如果涂膜均匀,无流挂、发花、针孔、开裂和剥落等涂膜病态,则评为“正常”。

4.4.2 细度

按 GB/T 6753.1—2007 的规定进行。

4.4.3 不挥发物含量

按 GB/T 1725—2007 的规定进行，双组分漆按产品配比混合均匀后测定。

4.4.4 干燥时间

按 GB/T 1728—1979 的规定进行，其中表干按乙法，实干按甲法。

4.4.5 耐冲击性

按 GB/T 20624.1—2006 的规定进行。采用直径为(20±0.3)mm 的球形冲头，重锤质量为 1 kg，不装深度控制环，调整重锤自 500 mm 处落下，如在冲击的变形区域内无漆膜脱落和开裂，则该冲击点为通过。试验两块试板，每块板上冲击 5 个点，如其中有一块试板上有 3 个点及以上无漆膜脱落和开裂，则该试验项目评为“通过”。

4.4.6 柔韧性

按 GB/T 1731—1993 的规定进行。

4.4.7 光泽

按 GB/T 9754—2007 的规定进行。

4.4.8 附着力

按 GB/T 5210—2006 中 9.4.3 的规定进行。

4.4.9 耐盐水性

按 GB/T 10834 的规定进行。

4.4.10 耐盐雾性

按 GB/T 1771—2007 的规定进行。

4.4.11 耐人工气候老化性

耐紫外老化按 GB/T 14522—1993 的规定进行，辐照度为 0.68 W/m^2；耐氙灯老化按 GB/T 1865—1997 中 9.3 操作程式 A 的规定进行，结果的评定按 GB/T 1766—1995 规定进行。

4.4.12 耐候性

按 GB/T 9276—1996 的规定进行，结果的评定按 GB/T 1766—1995 规定进行。

5 检验规则

5.1 检验分类

产品检验分为出厂检验和型式检验。

5.1.1 出厂检验

出厂检验项目包括：涂膜外观、细度、不挥发物含量、干燥时间、耐冲击性、柔韧性共 6 项。

5.1.2 型式检验

型式检验项目包括表 1 中所列的全部技术要求，在正常生产情况下，每年至少进行一次型式检验(耐候性每两年至少进行一次型式检验)。有下列情况之一时应随时进行型式检验：

——新产品最初定型时；

——产品异地生产时；

——生产配方、工艺及原材料有较大改变时；

——停产三个月后又恢复生产时。

5.2 检验结果的判定

5.2.1 检验结果的判定按 GB/T 1250—1989 中修约值比较法进行。

5.2.2 所有项目的检验结果均达到本标准要求时，该产品为符合本标准要求。

6 标志、包装、运输和贮存

6.1 标志

按 GB/T 9750—1998 的规定进行，对于双组分漆，包装标志上应明确各组分配比。

6.2 包装

除合同或订单另有规定外，应按 GB/T 13491—1992 中一级包装要求的规定进行。

6.3 运输

运输中严防雨淋、日光曝晒，禁止接近火源，防止碰撞，保持包装完好无损，应符合 HG/T 2458—1993 中第 4 章的有关规定。

6.4 贮存

在贮存时应保持通风、干燥、防止日光直接照射，并应隔绝火源，远离热源。产品应根据类型定出贮存期，并在包装标志上明示。超过贮存期可按本标准规定进行检验，如结果符合本标准第 3 章要求，仍可使用。

ICS 87.040
G 51

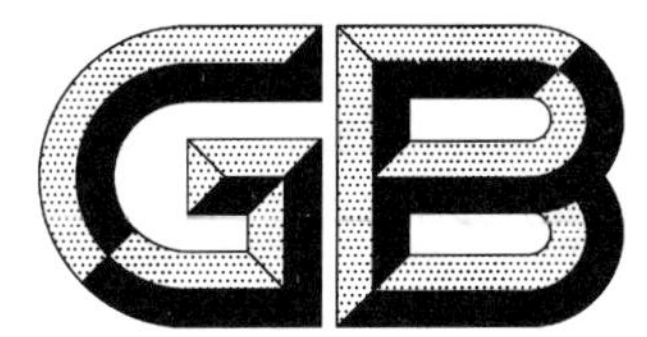

中华人民共和国国家标准

GB/T 6746—2008
代替 GB/T 6746—1986

船用油舱漆

Oil tank paint for ship

2008-06-04 发布　　2008-12-01 实施

中华人民共和国国家质量监督检验检疫总局
中国国家标准化管理委员会　发布

前　言

本标准代替 GB/T 6746—1986《船用油舱漆通用技术条件》。

本标准与 GB/T 6746—1986 相比主要技术差异为：

——名称改为船用油舱漆；

——增加了在容器中状态、涂膜外观、干燥时间、适用期的要求；

——删除了柔韧性、耐冲击性的要求；

——耐盐雾性项目要求有所提高；

——耐油性取消了煤油，明确规定了汽油和柴油的牌号等内容；

——耐盐水性试验方法不同；

——检验分为出厂检验和型式检验。

本标准由中国石油和化学工业协会提出。

本标准由全国涂料和颜料标准化技术委员会归口。

本标准起草单位：上海开林造漆厂、中海油常州涂料化工研究院、中涂化工(上海)有限公司、海虹老人牌(中国)有限公司、海洋化工研究院、中国船舶重工集团公司第七二五研究所、宁波飞轮造漆有限责任公司、浙江飞鲸漆业有限公司。

本标准主要起草人：许莉莉、苏春海、黄捷、李华刚、邱国胜、王桂荣、任润桃、袁泉利、严杰。

本标准于 1986 年 8 月首次发布。

船用油舱漆

1 范围

本标准规定了船用油舱漆的要求、试验方法、检验规则、标志、包装、运输、贮存。

本标准适用于装载除航空汽油、航空煤油等特种油品以外的石油烃类油舱内表面双组分船用油舱漆。

2 规范性引用文件

下列文件中的条款通过本标准的引用而成为本标准的条款。凡是注日期的引用文件，其随后所有的修改单(不包括勘误的内容)或修订版均不适用于本标准，然而，鼓励根据本标准达成协议的各方研究是否可使用这些文件的最新版本。凡是不注日期的引用文件，其最新版本适用于本标准。

GB 190 危险货物包装标志

GB/T 191 包装储运图示标志(GB/T 191—2000,eqv ISO 780:1997)

GB/T 1728 漆膜、腻子膜干燥时间测定法

GB/T 1766 色漆和清漆 涂层老化的评级方法

GB/T 1771 色漆和清漆 耐中性盐雾性能的测定(GB/T 1771—2007,ISO 7253:1996,IDT)

GB/T 3186 色漆、清漆和色漆与清漆用原材料 取样(GB/T 3186—2006,ISO 15528:2000,IDT)

GB/T 5210—2006 色漆和清漆 拉开法附着力试验(ISO 4624:2002,IDT)

GB/T 9271 色漆和清漆 标准试板(GB/T 9271—2008,ISO 1514:2004,MOD)

GB/T 9274 色漆和清漆 耐液体介质的测定(GB/T 9274—1988,eqv ISO 2812:1974)

GB/T 9278 涂料试样状态调节和试验的温湿度(GB/T 9278—2008,ISO 3270:1984,Paints and varnishes and their raw materials—Temperatures and humidities for conditioning and testing,IDT)

GB/T 9750 涂料产品包装标志

GB/T 10834 船舶漆耐盐水性的测定 盐水和热盐水浸泡法

GB/T 13491 涂料产品包装通则

HG/T 2458 涂料产品检验、运输和贮存通则

3 要求

产品应符合表1的要求。

表1 要求

项目		指标
在容器中状态		搅拌后均匀无硬块
干燥时间/h	表干	≤6
	实干	≤24
涂膜外观		正常
适用期/h		商定
附着力/MPa		≥3
耐盐雾性(800 h)		漆膜不起泡、不生锈、不脱落，允许轻微变色

表 1（续）

项目	指标
耐盐水性(三个周期)	漆膜不起泡、不脱落
耐油性：21 d 耐汽油(120＃) 耐柴油(0＃)	漆膜不起泡、不脱落、不软化

4 试验方法

4.1 取样

产品按 GB/T 3186 的规定或商定的方法取样。样品应分成两份，一份做检验用样品，另一份密封贮存备查。

4.2 试验条件

试板的状态调节和试验的温、湿度应符合 GB/T 9278 的规定。

4.3 试验样板的制备

4.3.1 底材及底材处理

除另有规定外，干燥时间试验用底材为马口铁板，耐盐雾性、耐盐水性、耐油性试验用底材为钢板。附着力试验用底材为金属试柱。各种底材的要求和处理应符合 GB/T 9271 的规定。

4.3.2 制板要求

采用刷涂或喷涂。

除另有规定外，干燥时间试验涂装一道，漆膜厚度为(20～26)μm；附着力试验为底漆、面漆配套后测试，一底一面涂装两道，每道间隔 24 h，底漆干膜厚度为(40～70)μm，面漆干膜厚度为(40～70)μm；耐盐雾性、耐盐水性、耐油性试验均为底漆、面漆配套后测试，可多道涂装，每道间隔 24 h，底漆干膜厚度为(150～175)μm，面漆干膜厚度为(150～175)μm，总干膜厚度(300～350)μm。试板放置 7 d 后测试。

4.4 在容器中状态

打开容器，采用手工或动力搅拌，允许容器底部有沉淀，若经搅拌易于混合均匀，则评为“搅拌后均匀无硬块”。双组分涂料应分别进行检验。

4.5 干燥时间

表干按 GB/T 1728 中乙法规定进行，实干按 GB/T 1728 中甲法规定进行。

4.6 涂膜外观

在散射日光下目视观察样板，如果涂膜颜色均匀，表面平整，无气泡、缩孔及其他涂膜病态现象则评为“正常”。

4.7 适用期

将涂料各组分的温度预先调整到(23±2)℃，然后按产品规定的比例混合均匀后取出 300 mL 放入容量约为 500 mL 密封性良好的铁罐中，在(23±2)℃条件下放置规定的时间后，按 4.4 和 4.6 的要求考察容器中状态和涂膜外观。如果试验结果符合 4.4 和 4.6 的要求，同时在制板过程中施涂无障碍，则认为能使用，适用期合格。

4.8 附着力

按 GB/T 5210—2006 中 9.4.3 的规定进行。

4.9 耐盐雾性

按 GB/T 1771 进行试验，结果的评定按 GB/T 1766 规定进行。

4.10 耐盐水性

按 GB/T 10834 中盐水和热盐水浸泡法规定进行，共进行三个周期。试验样板在温度为 23℃±2℃的盐水中浸泡 7 d，然后将样板移入温度为 80℃±2℃的热盐水中浸泡 2 h，这样一个试验过程为一个周期。

4.11 耐油性

按 GB/T 9274 中甲法(浸泡法)规定进行。

5 检验规则

5.1 检验分类

产品检验分为出厂检验与型式检验。

5.1.1 出厂检验

出厂检验项目包括在容器中状态、干燥时间、涂膜外观、适用期四项。

5.1.2 型式检验

型式检验项目包括表 1 中所列的全部要求，在正常的情况下，每四年至少进行一次型式检验。有下列情况之一时应随时进行型式检验：

——新产品最初定型时；

——产品异地生产时；

——生产配方、工艺及原材料有较大改变时；

——停产一年后又恢复生产时。

5.2 检验结果的判定

所有项目的检验结果均达到本标准要求时，该产品为符合本标准要求。如产品检验结果不符合本标准要求时，应按照 GB/T 3186 的规定重新取双倍量进行复验，如仍不符合本标准要求规定时，产品即为不合格品。

6 标志、包装、运输、贮存

6.1 标志

产品的标志应符合 GB/T 9750 的要求。

6.2 包装

产品的包装应符合 GB 190、GB/T 191 和 GB/T 13491 的要求。

6.3 运输

产品在运输中应防止雨淋，日光曝晒，并应符合 HG/T 2458 的要求。

6.4 贮存

产品贮存应符合 HG/T 2458 的要求，贮存在通风、干燥的仓库内，防止日光直接照射，并应隔绝火源，远离热源，夏季温度过高时应设法降温。产品应规定贮存期，并在包装标志上明示。超过贮存期可按本标准规定进行检验，如结果符合本标准第 3 章要求，仍可使用。

ICS 87.040
G 51

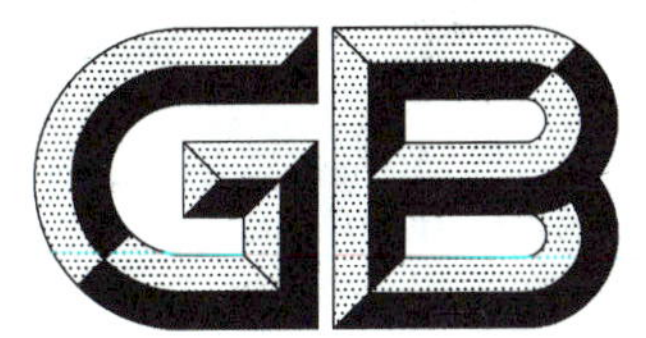

中华人民共和国国家标准

GB/T 6747—2008
代替 GB/T 6747—1986

2008-05-14 发布　　2008-10-01 实施

中华人民共和国国家质量监督检验检疫总局
中国国家标准化管理委员会　发布

前 言

本标准代替 GB/T 6747—1986《船用车间底漆通用技术条件》。

本标准与 GB/T 6747—1986 相比主要技术差异如下：

——标准名称改为《船用车间底漆》；

——本标准增加了对产品的分类；

——原标准中 GB 1764—1979《漆膜厚度测定法》改为 GB/T 13452.2—2008《色漆和清漆　漆膜厚度的测定》(ISO 2808:2007,IDT)；

——原标准中 GB/T 1766—1979《漆膜耐候性评级方法》中第 6 章改为 GB/T 1766—2008《色漆和清漆　涂层老化的评级方法》中 4.6；

——原标准中 GB/T 1767—1979《漆膜耐候性测定法》改为 GB/T 9276《涂层自然气候暴露试验方法》；

——原标准中 GB 3186—1982《涂料产品的取样》改为 GB/T 3186《色漆、清漆和色漆与清漆用原材料　取样》(ISO 15528:2000,IDT)；

——技术指标中增加含锌量指标，该指标定为“按产品技术要求”；

——技术指标中耐候性指标 3 级和 4 级改为 1 级，按车间底漆的耐候性将产品分为Ⅰ-3、Ⅰ-6、Ⅰ-12三个等级；

——附录 A 的 A.2 和 A.3 部分合并，且采用中国船级社产品认证指南中车间底漆焊接试验方案，增加角焊接内容。

本标准的附录 A 为规范性附录。

本标准由中国石油和化学工业协会提出。

本标准由全国涂料和颜料标准化技术委员会归口。

本标准起草单位：中国船舶重工集团公司第七二五研究所、中涂化工(上海)有限公司、中远佐敦船舶涂料有限公司、海虹老人牌(中国)有限公司、江苏兰陵高分子材料有限公司、常州光辉化工有限公司、扬州美涂士金陵特种涂料有限公司、江苏长江涂料有限公司、上海国际油漆有限公司、江苏冶建防腐材料有限公司、宁波飞轮造漆有限责任公司、浙江飞鲸漆业有限公司、上海开林造漆厂、海洋化工研究院、上海船舶工艺研究所、中化建常州涂料化工研究院。

本标准起草人：苏雅丽、苏春海、叶章基、张一南、徐国强、王健、陈建刚 、刘志文、卞直兵、李纯、任卫东、史优良、袁泉利、陆伯岑、许莉莉、钱叶苗、凌小桐、张东亚、陈凯锋。

本标准于 1986 年首次发布，本次为第一次修订。

船用车间底漆

1 范围

本标准规定了船用车间底漆的分类、要求、试验方法、检验规则、标志、包装、运输、贮存。

本标准适用于船用钢板、型钢和成型件经抛丸(或喷砂)表面处理达到要求的等级后施涂的车间底漆。该车间底漆作为暂时保护钢材的防锈底漆。

2 规范性引用文件

下列文件中的条款通过本标准的引用而成为本标准的条款。凡是注日期的引用文件,其随后所有的修改单(不包括勘误的内容)或修订版均不适用于本标准,然而,鼓励根据本标准达成协议的各方研究是否可使用这些文件的最新版本。凡是不注日期的引用文件,其最新版本适用于本标准。

GB 190　危险货物包装标志

GB/T 191　包装储运图示标志(GB/T 191—2008,ISO 780:1997,MOD)

GB/T 1720　漆膜附着力测定法

GB/T 1727　漆膜一般制备法

GB/T 1728—1979　漆膜、腻子膜干燥时间测定法

GB/T 1766—2008　色漆和清漆　涂层老化的评级方法

GB/T 3186　色漆、清漆和色漆与清漆用原材料　取样(GB/T 3186—2006,ISO 15528:2000,IDT)

GB/T 8923—1988　涂装前钢材表面锈蚀等级和除锈等级(eqv ISO 8501-1:1988)

GB/T 9271　色漆和清漆　标准试板(GB/T 9271—2008,ISO 1514:2004,MOD)

GB/T 9276　涂层自然气候曝露试验方法(GB/T 9276—1996,eqv ISO 2810)

GB/T 9278　涂料试样状态调节和试验的温湿度(GB/T 9278—2008,ISO 3270:1984,Paints and varnishes and their raw materials—Temperatures and hunidities for conditioning and testing,IDT)

GB/T 9750　涂料产品包装标志

GB/T 13452.2　色漆和清漆　漆膜厚度的测定(GB/T 13452.2—2008,ISO 2808:2007,IDT)

GB/T 13491　涂料产品包装通则

HG/T 2458　涂料产品检验、运输和贮存通则

HG/T 3668—2000　富锌底漆

CB 3881　船舶涂装作业安全规程

3 分类

3.1 类型

车间底漆可分含锌粉和不含锌粉底漆两种。

Ⅰ型:含锌粉;

Ⅱ型:不含锌粉。

3.2 等级(仅适用于Ⅰ型)

Ⅰ-12 级:在海洋性气候环境中曝晒 12 个月,生锈≤1 级;

Ⅰ-6 级:在海洋性气候环境中曝晒 6 个月,生锈≤1 级;

Ⅰ-3 级:在海洋性气候环境中曝晒 3 个月,生锈≤1 级。

4 要求

4.1 一般要求

4.1.1 车间底漆的性能应符合表1要求。

4.1.2 为适应自动化流水线作业需要，车间底漆应能在较短的时间内干燥。

4.1.3 车间底漆应对下道漆种具有广泛的配套性，并对长期暴露的车间底漆旧漆膜有良好的重涂性。

4.1.4 车间底漆涂装中的劳动安全应符合 CB 3881 的有关规定。

4.1.5 切割速度的减慢不超过15%。

4.2 技术要求

产品应符合表1技术指标。

表1 车间底漆技术指标

项目名称		技术指标
干燥时间/min		≤5
附着力/级		≤2
漆膜厚度/μm	含锌粉	15～20
	不含锌粉	20～25
不挥发分中的金属锌含量(仅限Ⅰ型)		按产品技术要求
耐候性(在海洋性气候环境中)	Ⅰ-12级，12个月	生锈≤1级
	Ⅰ-6级，6个月	
	Ⅰ-3级，3个月	
	Ⅱ型，3个月	生锈≤3级
焊接与切割		按A.2要求通过

5 试验方法

5.1 试验环境

按 GB/T 9278 规定进行。

5.2 试板制备

5.2.1 试板的材质及其表面处理

除另有规定外，试板均采用 GB/T 9271 中规定的普通碳素结构钢板。试板的表面处理应达到 GB/T 8923—1988 规定的 Sa2½级。

5.2.2 试验样板的制备

除另有规定外，按 GB/T 1727 中规定刷涂或喷涂，漆膜干膜厚度符合表1要求。除另有规定外，试验样板应在试验环境条件下放置7d后进行测试。

5.3 干燥时间

按 GB/T 1728—1979 中表面干燥时间测定法的乙法进行。

5.4 附着力

按 GB/T 1720 规定进行。

5.5 漆膜厚度

5.5.1 按 GB/T 13452.2 进行。

5.5.2 流水线中施涂于钢板上漆膜厚度的测定按附录A中A.1进行。

5.6 不挥发分中的金属锌含量

按 HG/T 3668—2000 中 5.13 进行。

5.7 耐候性

5.7.1 按 GB/T 9276 进行试验。

5.7.2 按 GB/T 1766—2008 中 4.6 进行测试结果评定。

5.8 焊接与切割

按附录 A 中 A.2 进行。

6 检验规则

6.1 检验责任

除合同或订单另有规定外，车间底漆生产厂应负责本标准规定的所有检验。必要时，定货方有权按本标准所述对任一检验项目进行检验。

6.2 检验分类

6.2.1 船用车间底漆检验分为型式检验和出厂检验。

6.2.2 型式检验为周期检验，出厂检验为每批次检验。

6.3 抽样

除另有规定外，船用车间底漆应按 GB/T 3186 的规定抽样，样品分为两份，一份密封储存备查，另一份作检验用样品。

6.4 型式检验

6.4.1 检验条件

车间底漆有下列情况之一时，应进行型式检验：

a) 正常生产时，每四年应进行一次型式检验；

b) 当产品新投产时；

c) 当材料、工艺有改变足以影响产品性能时；

d) 产品停产一年以上后重新恢复生产时。

6.4.2 检验项目

车间底漆按表 2 规定的项目进行型式检验。

6.5 出厂检验

6.5.1 检验条件

每批油漆均应进行出厂检验。

6.5.2 批次

出厂检验以批为单位，按每一贮漆槽为一批。

6.5.3 检验项目

车间底漆按表 2 规定的项目进行出厂检验。

表 2 车间底漆检验项目要求和方法

项目名称	型式检验	出厂检验	要求章节	试验方法
干燥时间，表干	√	√	4.2	5.3
附着力		√		5.4
漆膜厚度		√		5.5
不挥发分中的金属锌含量		—		5.6
耐候性(在海洋性气候环境中)				5.7
焊接与切割				5.8

6.6 合格判定

油漆定货方在对油漆产品进行检验时，如发现产品质量不符合本标准技术要求规定时，供需双方应按照 GB/T 3186 的规定重新取双倍量进行复验，如仍不符合本标准技术要求规定时，产品即为不合格品。

7 标志、包装、运输、贮存

7.1 标志

车间底漆产品的标志应符合 GB/T 9750 的要求。

7.2 包装

车间底漆产品的包装应符合 GB 190、GB/T 191 和 GB/T 13491 的要求。

7.3 运输

车间底漆产品在运输中应符合 HG/T 2458 的要求，防止雨淋、日光暴晒。

7.4 贮存

车间底漆产品应符合 HG/T 2458 的要求，贮存在通风、干燥的仓库内，防止日光直接照射，并应隔绝火源。产品在原包装封闭的条件下，自生产完成之日起，贮存期为 6 个月(或按照产品技术要求)。超过贮存期的产品可按本标准规定的出厂检验项目进行检验，如检验合格，仍可使用。

附 录 A
(规范性附录)
车间底漆特性的检验方法

A.1 车间底漆的漆膜厚度测定

A.1.1 钢板经抛丸流水线除锈后，在涂装前，于其正反两面用胶带贴上光滑的钢质检验板 70 mm×300 mm×1 mm，使检验板与钢板同时被喷涂车间底漆，干燥后作漆膜厚度测定。

A.1.2 钢板上检验板的贴置应具有代表性，参见图 A.1。

单位为毫米

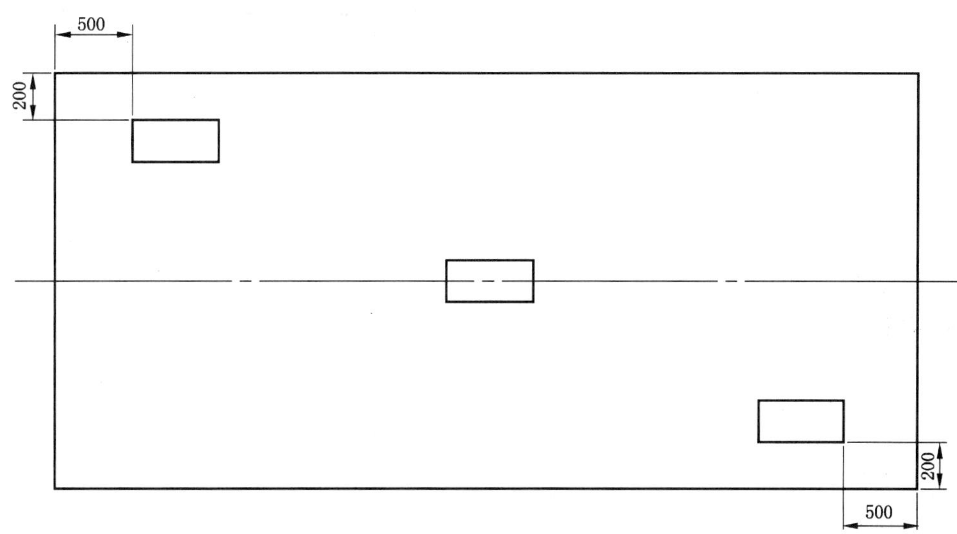

图 A.1 检验板粘贴位置

A.1.3 每块检验板上，应测定不在同一直线上的五个任意点的漆膜厚度。

A.1.4 用于车间底漆漆膜厚度测定的测厚仪，其测量误差应小于 5%。

A.1.5 操作方法按下述操作步骤进行：

a) 按照测厚仪说明书规定的方法校准测厚仪；

b) 用浸渍溶剂的棉球擦拭已磨平的钢板，将涂漆样板用胶带固定于这钢板的三处，经喷涂干燥后取下样板，在样板的五个点上测定厚度；

c) 测定结果的表达：每块样板的五个测厚点的平均厚度即为干膜的厚度。

A.1.6 除了进行测定的结果外，测定记录应指明本标准中未规定的操作细节以及可能影响测定结果的情况。

A.2 焊接与切割

A.2.1 试验条件

A.2.1.1 试板：试板材料为船用钢板，厚度为 20 mm，应持有 CCS 证书。

A.2.1.2 焊接材料：焊接材料应持有 CCS 证书。焊接材料等级和试验用钢级别见表 A.1，试验用钢韧性级别可选低于表中要求的材料。

A.2.1.3 焊接方法：手工电弧焊。

A.2.1.4 试板接头形式：对接、角接。

A.2.1.5 试板表面状态：切割后，试板经坡口加工、喷砂(或抛丸)处理达 Sa2½级后，涂装车间底漆，涂漆部位包括坡口。

A.2.1.6 漆膜厚度分别为:甲:按制造厂的说明书喷涂;乙:喷涂厚度大约为制造厂说明书厚度的两倍;丙:喷砂不喷涂。

A.2.2 试验项目和数量

试验项目和数量见表 A.2。

表 A.1 钢焊接材料认可试验用钢材级别

焊接材料等级	试验用钢级别	焊接材料等级	试验用钢级别
1	A	5Y50	F500
2	B、D	3Y55	D550
3	E	4Y55	E550
4	F	5Y55	F550
1Y	A32、A36	3Y62	D620
2Y	D32、D36	4Y62	E620
3Y	E32、E36	5Y62	F620
4Y	F32、F36	3Y69	D690

表 A.2 试验项目和数量

<table>
<tr><th>编号</th><th>接头形式</th><th>焊接方法</th><th>数量/组</th><th>漆膜厚度</th></tr>
<tr><td>1-1</td><td rowspan="3">对接</td><td rowspan="6">手工焊</td><td rowspan="6">1</td><td>甲</td></tr>
<tr><td>1-2</td><td>乙</td></tr>
<tr><td>1-3</td><td>丙</td></tr>
<tr><td>1-4</td><td rowspan="3">角接</td><td>甲</td></tr>
<tr><td>1-5</td><td>乙</td></tr>
<tr><td>1-6</td><td>丙</td></tr>
</table>

A.2.3 焊接

A.2.3.1 对接焊试板:试板经火焰切割后,宽度不小于 100 mm,长度应足够提供截取规定数量和尺寸的试样,再按甲、乙、丙三种要求涂漆,待船用车间底漆晾干后装配。

A.2.3.2 对焊接步骤

a) 采用平对接焊,用 4 mm 焊条焊接;

b) 焊满反面铲根,并用 4 mm 焊条封底,正反焊缝加强高度不大于 3 mm;

c) 为使焊后样板平直,试板在焊前可预制反变形,焊接过程中,每焊完一道,试板应放置在静止的空气中,使焊缝冷却到 250℃以下,然后再焊一道;

d) 按图 A.2 截取 2 个横向拉伸试样,2 个弯曲试样和冲击试样 3 组(每组 3 个),并按图 A.3、图 A.4、图 A.5 分别进行加工,进行拉伸、正反弯曲和冲击试验。

A.2.3.3 对接焊试验的项目和结果要求

a) 外观检查:用 5 倍放大镜进行焊缝全长观察,焊缝表面应成形均匀,无裂纹、无明显的焊瘤和咬边等有害缺陷。

b) 无损检测:焊缝内部应无不允许存在的缺陷。

c) 机械性能检验:对接焊试验的力学性能应满足表 A.3 的规定及下列要求:

1) 拉伸试验:横向拉伸试样二个,其抗拉强度应不低于母材规定的最小抗拉强度;

2) 正反弯曲试验:正反弯曲试样各一个,弯曲角度为 120°,试样的受拉表面上出现的裂纹或缺陷长度不大于 3 mm；

3） 冲击试验：冲击试样三组（每组三个），缺口位置分别位于焊缝中心、熔合线和距熔合线 2 mm 的热影响区。冲击试验的单个值应不低于规定值的 70%，三个平均值应大于规定值。

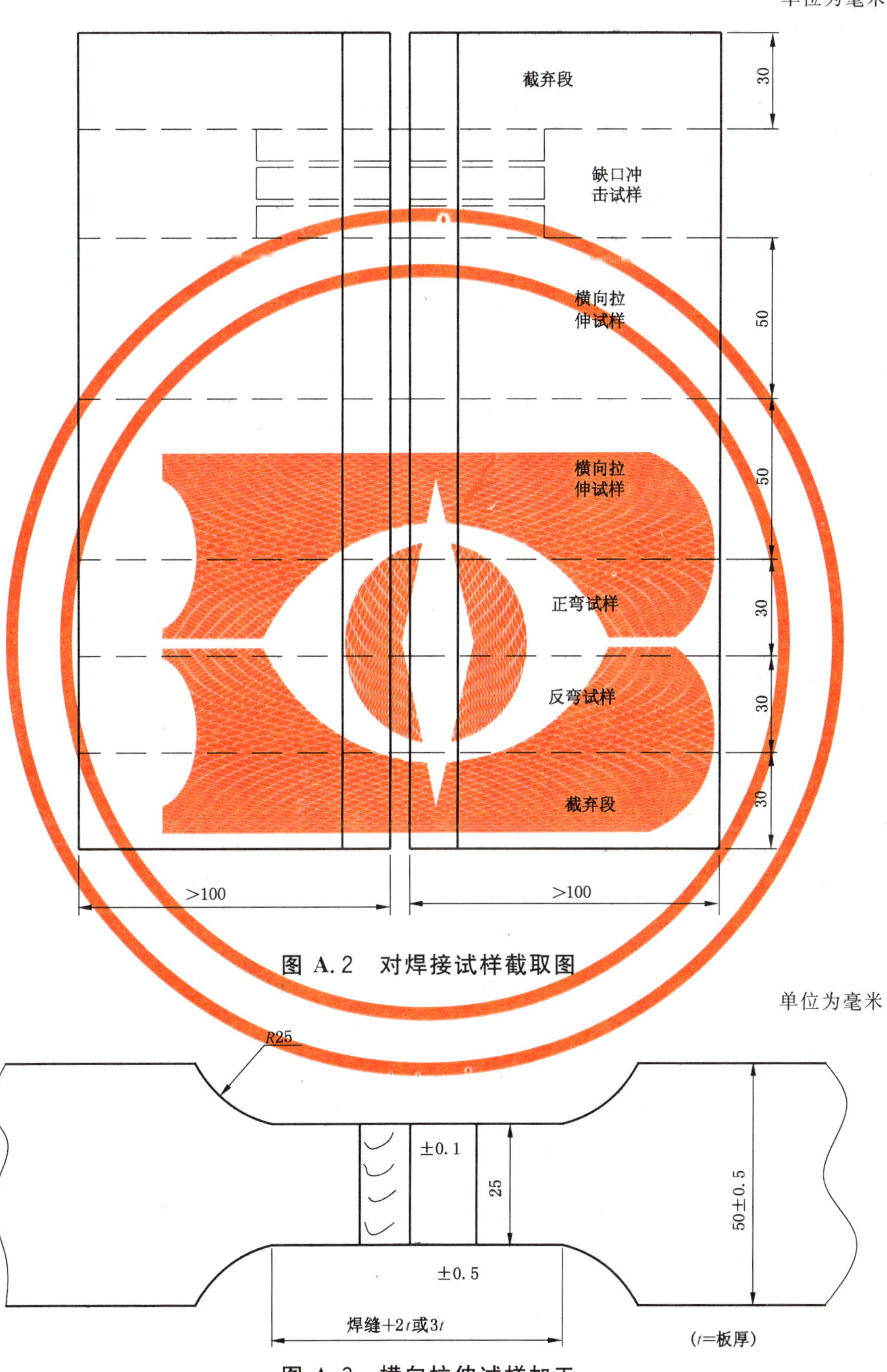

图 A.2 对焊接试样截取图

图 A.3 横向拉伸试样加工

单位为毫米

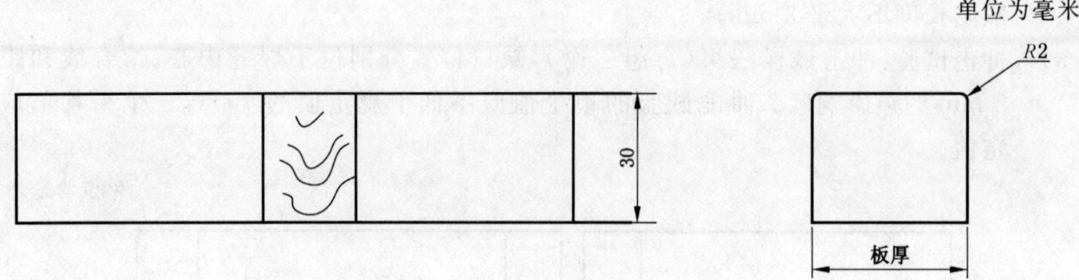

图 A.4 正、反冷弯试样加工

单位为毫米

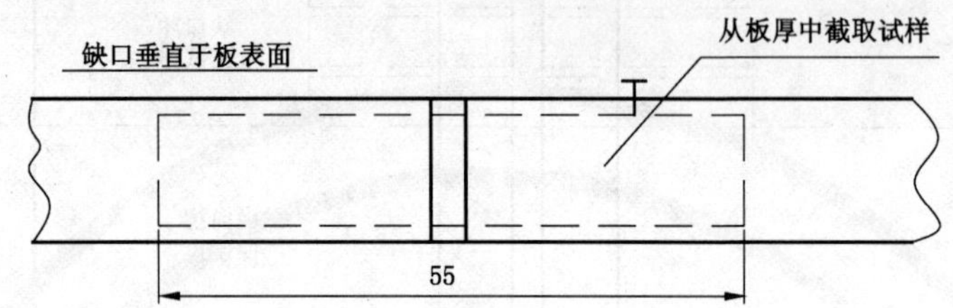

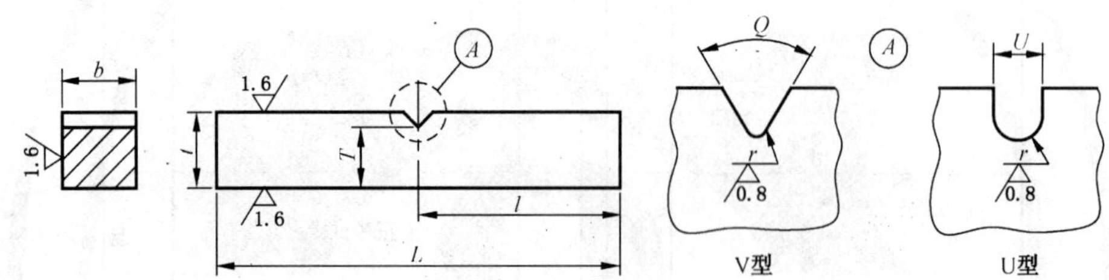

L——长度,(55±0.60)mm;

b——宽度,(10±0.11)mm;

t——厚度,(10±0.06)mm;

Q——缺口角度,夏比 V 型缺口试样(45±2)°;

U——缺口宽度,夏比 U 型缺口试样(2±0.14)mm;

T——缺口以下的厚度,夏比 V 型缺口试样(8±0.06)mm,夏比 U 型缺口试样(5±0.09)mm;

r——缺口根部半径,夏比 V 型缺口试样(0.25±0.025)mm,夏比 U 型缺口试样(1±0.07)mm;

l——试样端部至缺口中心距离,(27.5±0.42)mm。

注:缺口对称面与试样纵向轴线间的角度,(90±2)°。

图 A.5 冲击试样加工(V 型或 U 型)

表 A.3 结构钢焊接材料力学性能

焊接材料级别			1、2、3、4	1Y、2Y、3Y、4Y[a]
对焊接试验	接头抗拉强度/(N/mm²)		≥400	≥490
	夏比 V 型缺口冲击试验	试验温度/℃	[b]	
		平均冲击功/J	≥47	
	弯曲试验		试验后,试样表面上出现的裂纹或其他缺陷长度应不大于 3 mm	

[a] 手工焊条应符合 2Y 级以上要求。

[b] 1Y 级焊接材料的冲击试验温度为 20℃;
2Y 级焊接材料的冲击试验温度为 0℃;
3Y 级焊接材料的冲击试验温度为 −20℃;
4Y 级焊接材料的冲击试验温度为 −40℃。

A.2.3.4 角接焊试板：按甲、乙种要求涂漆和丙种要求不涂漆然后装配焊接，试板宽度为 150 mm，长度应能保证充分焊完直径最大焊条的全部长度。

A.2.3.5 角焊接步骤：两面均单道焊接，焊脚尺寸 6 mm。

A.2.3.6 角接焊试验的项目和试验结果要求：

a) 按图 A.6 截取三个长度为 25 mm 的断面宏观检查试样。

b) 硬度试验：如图 A.7 将一个断面宏观检查试样的端面磨光，做硬度测试，以测定焊接接头的硬度，测点的间距为 0.5 mm～2 mm。硬度测试的结果应不超过 HV350。

c) 角焊缝破断试验：在余下的 2 个分段中，取其在两侧焊缝处分别受检。当一侧焊缝受检时，另一侧焊缝加工掉。两侧检查破断焊缝根部的缺陷情况。破断面应显示出焊缝熔合良好，无裂纹和疏松等缺陷，若焊缝中出现夹渣或气孔，应将这类缺陷的数量大小、位置和密集程度记入报告，角接焊应显示出焊缝成形良好、完全熔合。

单位为毫米

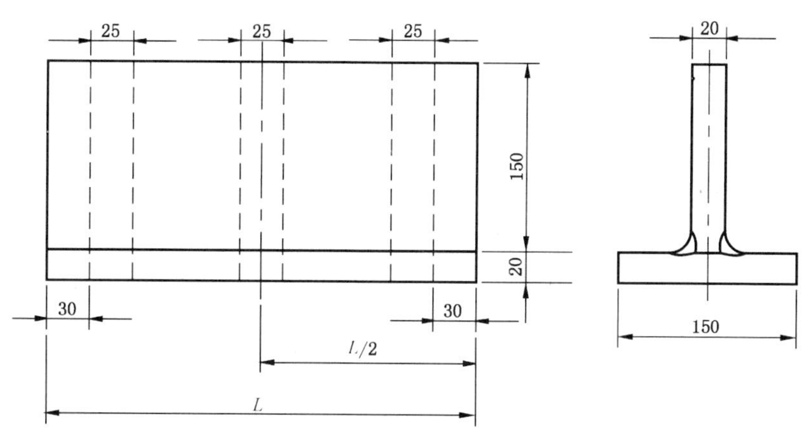

图 A.6 角焊接试样截取图

单位为毫米

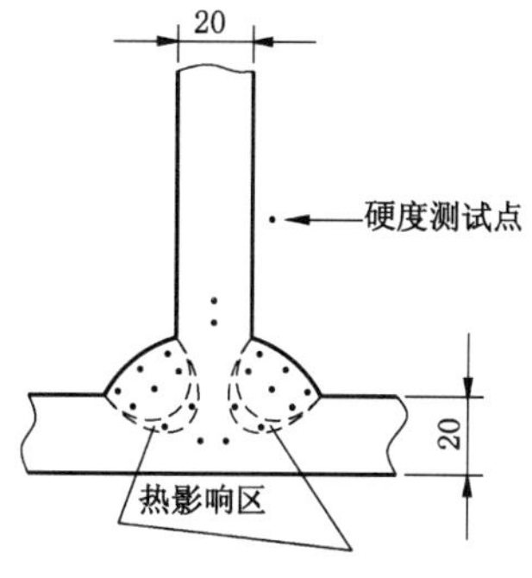

图 A.7 断面宏观检查试样

A.2.4 切割

A.2.4.1 试板尺寸：305 mm×300 mm×20 mm。

A.2.4.2 切割要求：氧气压力不大于 0.6 MPa，切割速度为 20 cm/min，将试板切割成 150 mm×305 mm。

A.2.4.3 试验结果要求：按制造厂说明书漆膜厚度要求喷涂船用车间底漆后试验，其切割速度的减慢不超过 15%，且焊接或切割缝两边漆膜的损坏宽度不超过 20 mm。

ICS 87.040
G 51

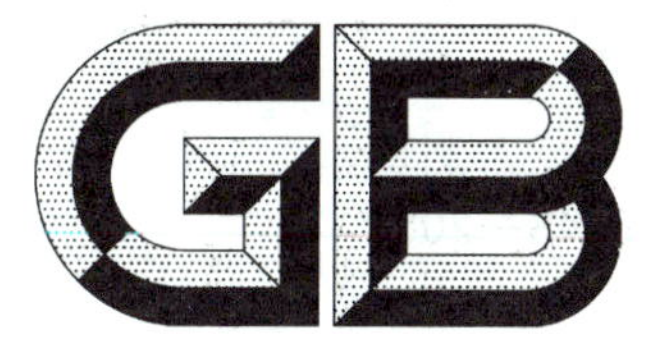

中华人民共和国国家标准

GB/T 6748—2008
代替 GB/T 6748—1986

船用防锈漆

Anticorrosive paint for ship

2008-06-04 发布　　　　2008-12-01 实施

中华人民共和国国家质量监督检验检疫总局
中国国家标准化管理委员会　发布

前　言

本标准代替 GB/T 6748—1986《船用防锈漆通用技术条件》。

本标准与 GB/T 6748—1986 相比主要技术差异如下：

——标准名称改为“船用防锈漆”；

——标准使用范围变更为船舶船体设计水线以上部位及内部结构(液舱除外)以及海洋平台设计水线以上部位及内部结构(液舱除外)；

——增加对产品的分类；

——附着力试验方法由划圈法改为拉开法；

——增加了“密度、黏度、闪点、干燥时间、适用期、耐盐雾性”要求；

——“对面漆的适应性”增加了无咬底和渗色现象的评价；

——检验方式分型式检验和出厂检验两种。

本标准由中国石油和化学工业协会提出。

本标准由全国涂料和颜料标准化技术委员会(SAC/TC 5)归口。

本标准起草单位：中国船舶重工集团公司第七二五研究所、中海油常州涂料化工研究院、常州光辉化工有限公司、江苏长江涂料有限公司、中涂化工(上海)有限公司、江苏兰陵高分子材料有限公司、宁波飞轮造漆有限责任公司、浙江飞鲸漆业有限公司、江苏冶建防腐材料有限公司、深圳市展辰达化工有限公司、北京展辰化工有限公司、上海富臣化工有限公司、上海开林造漆厂、海洋化工研究院。

本标准主要起草人：叶章基、苏春海、曹玉峰、王晶晶、欧伯兴、钱叶苗、邱绕生、沈澜、陈建刚、袁泉利、严杰、史优良、叶荣森、赵从华、陈寿生。

本标准于 1986 年首次发布。

船 用 防 锈 漆

1 范围

本标准规定了船舶船体设计水线以上部位及内部结构(液舱除外)用防锈漆的分类、要求、试验方法、检验规则、标志、包装、运输和贮存。

本标准适用于船舶船体设计水线以上部位及内部结构(液舱除外)用防锈漆,也适用于海洋平台设计水线以上部位及内部结构(液舱除外)用防锈漆。

2 规范性引用文件

下列文件中的条款通过本标准的引用而成为本标准的条款。凡是注日期的引用文件,其随后所有的修改单(不包括勘误的内容)或修订版均不适用于本标准,然而,鼓励根据本标准达成协议的各方研究是否可使用这些文件的最新版本。凡是不注日期的引用文件,其最新版本适用于本标准。

GB 190 危险货物包装标志

GB/T 191 包装储运图示标志(GB/T 191—2008,ISO 780:1997,MOD)

GB/T 1723 涂料粘度测定法

GB/T 1725 色漆、清漆和塑料 不挥发物含量的测定(GB/T 1725—2007,ISO 3251:2003,IDT)

GB/T 1727 漆膜一般制备法

GB/T 1728 漆膜、腻子膜干燥时间测定法

GB/T 1731 漆膜柔韧性测定法

GB/T 1771 色漆和清漆 耐中性盐雾性能的测定(GB/T 1771—2007,ISO 7253:1996,IDT)

GB/T 3186 色漆、清漆和色漆与清漆用原材料 取样(GB/T 3186—2006,ISO 15528:2000,IDT)

GB/T 5208 涂料闪点测定法 快速平衡闭杯法(GB/T 5208—2008,ISO 3679:2004,IDT)

GB/T 5210—2006 色漆和清漆 拉开法附着力试验(ISO 4624:2002,IDT)

GB/T 6750 色漆和清漆 密度的测定 比重瓶法(GB/T 6750—2007,ISO 2811-1:1997,Paints and varnishes—Determination of density—Part 1:Pyknometer method,IDT)

GB/T 8923—1988 涂装前钢材表面锈蚀等级和除锈等级(eqv ISO 8501-1:1988)

GB/T 9269 建筑涂料粘度的测定 斯托默粘度计法

GB/T 9271 色漆和清漆 标准试板(GB/T 9271—2008,ISO 1514:2004,MOD)

GB/T 9278 涂料试样状态调节和试验的温湿度(GB/T 9278—2008,ISO 3270:1984 Paint&varnishes&their raw materials-temperatures and humidities for conditioning and testing,IDT)

GB/T 9750 涂料产品包装标志

GB/T 9751.1 色漆和清漆 用旋转黏度计测定黏度 第1部分:以高剪切速率操作的锥板黏度计(GB/T 9751.1—2008,ISO 2884-1:1999,IDT)

GB/T 10834 船舶漆耐盐水性的测定 盐水和热盐水浸泡法

GB/T 13288—1991 涂装前钢材表面粗糙度等级的评定(比较样块法)(neq ISO 8503-2:1988)

GB/T 13491 涂料产品包装通则

HG/T 2458 涂料产品检验、运输和贮存通则

3 分类

产品分为Ⅰ型和Ⅱ型:

Ⅰ型:双组分油漆。

Ⅱ型:单组分油漆。

4 要求

4.1 船用防锈漆应能与船用车间底漆配套。

4.2 船用防锈漆应符合表1的要求。

表1 船用防锈漆技术要求

项目		技术指标
固体含量(质量分数)/%		商定
密度/(g/mL)		
黏度		
闪点/℃		
干燥时间/h	表干	商定
	实干	≤24
适用期(Ⅰ型)		商定
附着力/MPa	Ⅰ型	≥5
	Ⅱ型	≥3
柔韧性/mm		≤2
耐盐水性(27±6)℃,96 h		漆膜无剥落、无起泡、无锈点,允许轻微变色、失光
耐盐雾性	Ⅰ型,336 h	漆膜无起泡、无脱落、无锈蚀
	Ⅱ型,168 h	
对面漆适应性		无不良现象
施工性		通过

5 试验方法

5.1 试验条件

按GB/T 9278的规定进行。

5.2 试验样板制备

5.2.1 试验样板的材质及其表面处理

除另有规定外,干燥时间、柔韧性试验用底材为马口铁板,耐盐雾性、耐盐水性试验用底材为钢板。附着力底材为钢板或金属试柱。各种底材的要求和处理应符合GB/T 9271的规定。试板的表面清洁度应达到GB/T 8923—1988规定的Sa2½级,表面粗糙度应达到GB/T 13288—1991规定的Ry(40～70)μm。

5.2.2 试验样板的涂装

采用刷涂和喷涂。

除另有规定外,干燥时间、柔韧性涂装一道,漆膜厚度为(20～26) μm;附着力试验涂装一道,干膜厚度为(40～70) μm;耐盐雾性、耐盐水性可单道涂装,也可多道涂装,每道间隔24 h,干膜总厚度为(100～150) μm。

5.2.3 状态调节时间

除另有规定外,试板放置7 d后进行测试。

5.3 固体含量

按 GB/T 1725 规定进行。

5.4 密度

按 GB/T 6750 规定进行。

5.5 黏度

按 GB/T 1723 或 GB/T 9269 或 GB/T 9751.1 或商定方法进行。

5.6 闪点

按 GB/T 5208 规定进行。

5.7 干燥时间

表干按 GB/T 1728 中乙法规定进行，实干按 GB/T 1728 中甲法规定进行。

5.8 适用期

将涂料各组份的温度预先调整到(23±2)℃，然后按产品规定的比例混合后均匀取出 300 mL 放入容量约为 500 mL 密封性良好的铁罐中，在(23±2)℃条件下放置规定的时间后，考察漆膜外观，如漆膜颜色均匀，表面平整，无气泡、缩孔及其他漆膜病态现象，同时在制板过程中施涂无障碍，则认为能使用，适用期合格。

5.9 附着力

按 GB/T 5210—2006 的 9.4.3 进行。

5.10 柔韧性

按 GB/T 1731 规定进行。

5.11 耐盐水性

按 GB/T 10834 规定进行，试验盐水温度为(27±6)℃。

5.12 耐盐雾性

按 GB/T 1771 规定进行。

5.13 对面漆适应性

选用相应配套的面漆，按 GB/T 1727 的规定进行刷涂，先刷涂一道船用防锈漆，按产品技术要求干燥后，刷涂一道面漆，在刷涂时观察涂刷性。待面漆干燥 24 h 后，观察漆膜表面，如无缩孔、裂纹、针眼、起泡、剥落、咬底和渗色等现象，则判定为无不良现象。

5.14 油漆的施工性

可按产品规定要求进行刷涂、喷涂、辊涂，应具有良好的流动性和涂布性，湿膜不应出现流挂，干燥后的漆膜应平整、均匀。

6 检验规则

6.1 抽样

应按 GB/T 3186 的规定抽样，也可按商定方法进行，样品分为两份，一份密封储存备查，另一份作检验用样品。

6.2 检验分类

6.2.1 检验分为型式检验和出厂检验。

6.2.2 出厂检验项目包括固体含量、密度、黏度、干燥时间。

6.2.3 型式检验项目包括本标准所列的全部要求。有下列情况之一时，应进行型式检验：

a) 正常生产时，每四年应进行一次型式检验；

b) 当产品新投产时；

c) 当材料、工艺有改变足以影响产品性能时；

d) 产品停产一年以上后重新恢复生产时。

6.3　合格判定

在对产品进行检验时，如发现产品质量不符合要求规定时，供需双方应按照 GB/T 3186 的规定重新取双倍量进行复验，如仍不符合本标准技术要求规定时，产品即为不合格品。

7　标志、包装、运输、贮存

7.1　标志

产品的标志应符合 GB/T 9750 的要求。

7.2　包装

产品的包装应符合 GB 190、GB/T 191 和 GB/T 13491 的要求。

7.3　运输

产品在运输中应符合 HG/T 2458 的要求，防止雨淋、日光暴晒。

7.4　贮存

产品应符合 HG/T 2458 的要求，贮存在通风、干燥的仓库内，防止日光直接照射，并应隔绝火源。产品在原包装封闭的条件下，自生产完成之日起，贮存期为 1 年(或按照产品技术要求)。超过贮存期的产品可按本标准规定的出厂检验项目进行检验，如检验合格，仍可使用。

ICS 87.040
G 51

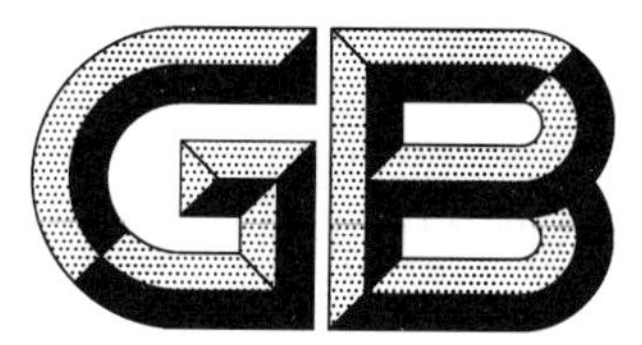

中华人民共和国国家标准

GB/T 6822—2014
代替 GB/T 6822—2007

船体防污防锈漆体系

Antifouling and anticorrosive paint systems for ship hull

2014-07-08 发布　　2014-12-01 实施

中华人民共和国国家质量监督检验检疫总局
中国国家标准化管理委员会　发布

前　言

本标准按照 GB/T 1.1—2009 给出的规则起草。

本标准代替 GB/T 6822—2007《船体防污防锈漆体系》，与 GB/T 6822—2007 相比，除编辑性修改外主要技术变化如下：

——修改了防污漆体系的分类方法，改为防污漆类型和防污剂类型，在防污漆类型中增加了Ⅲ型不含防污剂的非自抛光型或非磨蚀型的防污漆(Foul Release Coating，简称 FRC)(见 3.1.1，2007 版的第 3 章)；

——取消了防锈漆体系分类的使用期效和类别(见 2007 版的 3.2.3)；

——增加连接漆分类(见 3.3)；

——删除原附录 C 和附录 D(见 2007 版的附录 C、附录 D)；

——增加了附录 C、附录 D、附录 E、附录 F(见附录 C、附录 D、附录 E、附录 F)；

——修改了范围(见第 1 章，2007 版的第 1 章)；

——修改表 1(见 4.1.1.1，2007 版的 4.1.2.4)；

——修改与阴极保护性的有关要求、试验方法和结果判定(见 4.2.2、4.3.4、5.16，2007 版的 4.3.4、5.11、5.15)；

——修改了耐浸泡性的评定，补充了量化指标(见 4.3.2，2007 版的 4.3.2)；

——修改了型式检验周期(见 6.3.1，2007 版的 6.4.1)。

本标准由中国石油和化学工业联合会提出。

本标准由全国涂料和颜料标准化技术委员会(TC 5)归口。

本标准的负责起草单位：中国船舶重工集团公司第七二五研究所。

本标准参加起草单位：中国船级社、上海开林造漆厂、庞贝捷涂料(昆山)有限公司、海虹老人涂料(中国)有限公司、海洋化工研究院有限公司、中远佐敦船舶涂料有限公司、中海油常州涂料化工研究院、厦门双瑞船舶涂料有限公司、上海国际油漆有限公司、中涂化工(上海)有限公司、浙江鱼童新材料股份有限公司。

本标准主要起草人：金晓鸿、龚暄威、欧伯兴、杨琳、钱叶苗、王健、苏春海、郑添水、叶章基、姚敬华、吴海荣、危春阳、孙凌云、王磊、杨亚良、陶乃旺。

本标准所代替标准的历次版本发布情况为：

——GB/T 6822—1986、GB/T 6822—2007；

——GB/T 13351—1992。

船体防污防锈漆体系

1 范围

本标准规定了船体设计水线以下和水线部位外表面用防污防锈漆体系(包括防污漆、防锈漆和连接漆)的分类、要求、试验方法、检验规则及标志、包装、运输和贮存。

本标准适用于各类船体材料的船舶设计水线以下和水线部位的防污防锈漆体系(包括防污漆、防锈漆和连接漆)。

2 规范性引用文件

下列文件对于本文件的应用是必不可少的。凡是注日期的引用文件,仅注日期的版本适用于本文件。凡是不注日期的引用文件,其最新版本(包括所有的修改单)适用于本文件。

GB 190 危险货物包装标志

GB/T 191 包装储运图示标志

GB/T 1723 涂料粘度测定法

GB/T 1725—2007 色漆、清漆和塑料 不挥发物含量的测定

GB/T 1728 漆膜、腻子膜干燥时间测定法

GB/T 1766 色漆和清漆 涂层老化的评级方法

GB/T 3186 色漆、清漆和色漆与清漆用原材料 取样

GB/T 5208 闪点的测定 快速平衡闭杯法

GB/T 5210—2006 色漆和清漆 拉开法附着力试验

GB/T 5370—2007 防污漆样板浅海浸泡试验方法

GB/T 6750 色漆和清漆 密度的测定 比重瓶法

GB/T 6753.3 涂料贮存稳定性试验方法

GB/T 7789—2007 船舶防污漆防污性能动态试验方法

GB/T 7790—2008 色漆和清漆 暴露在海水中的涂层耐阴极剥离性能的测定

GB/T 9269 涂料黏度的测定 斯托默黏度计法

GB/T 9272 色漆和清漆 通过测量干涂层密度测定涂料的不挥发物体积分数

GB/T 9750 涂料产品包装标志

GB/T 9751.1 色漆和清漆 用旋转黏度计测定黏度 第1部分:以高剪切速率操作的锥板黏度计

GB/T 9761 色漆和清漆 色漆的目视比色

GB/T 10834—2008 船舶漆 耐盐水性的测定 盐水和热盐水浸泡法

GB/T 13491 涂料产品包装通则

GB/T 23985 色漆和清漆 挥发性有机化合物(VOC)含量的测定 差值法

GB/T 23986 色漆和清漆 挥发性有机化合物(VOC)含量的测定 气相色谱法

GB/T 25011 船舶防污漆中滴滴涕含量测试及判定

GB/T 26085 船舶防污漆锡总量的测试及判定

HG/T 2458　涂料产品检验、运输和贮存通则

HG/T 3668—2009　富锌底漆

3　分类

3.1　防污漆体系

3.1.1　防污漆类型

Ⅰ型：含防污剂的自抛光型或磨蚀型防污漆。

Ⅱ型：含防污剂的非自抛光型或非磨蚀型防污漆。

Ⅲ型：不含防污剂的非自抛光型或非磨蚀型的防污漆(Foul Release Coating，简写 FRC)。

3.1.2　防污剂类型

A 类：铜和铜化合物。

B 类：不含铜和铜化合物。

C 类：其他。

3.1.3　使用期效

短期效：3 年以下使用期。

中期效：3 年及 3 年以上，5 年以下使用期。

长期效：5 年及 5 年以上使用期。

3.1.4　分类说明

防污漆体系的组成和分类的详细说明参见附录 A。

3.2　防锈漆体系

3.2.1　防锈漆型别

Ⅰ型：双组分油漆。

Ⅱ型：单组分油漆。

3.2.2　分类说明

防锈漆体系的组成和分类的详细说明参见附录 B。

3.3　连接漆

3.3.1　连接漆型别

Ⅰ型：双组分油漆。

Ⅱ型：单组分油漆。

3.3.2　分类说明

连接漆体系的组成和分类的详细说明参见附录 C。

4 要求

4.1 防污防锈漆体系一般要求

4.1.1 防污防锈漆的技术性能

4.1.1.1 本标准规定的船体防污防锈漆体系产品应均匀一致，配套应用。油漆的技术性能应符合表1的规定。油漆制造方按表1的规定提供油漆技术性能要求。

表1 油漆的技术性能

序号	检测项目		防污漆	防锈漆	连接漆
1	防污剂	铜总量[a]	按产品的技术要求	—	—
		不含铜的杀生物剂			
2	不挥发分的体积分数/%		按产品的技术要求	按产品的技术要求	按产品的技术要求
3	挥发性有机化合物(VOC)		按产品的技术要求	按产品的技术要求	按产品的技术要求
4	密度/(g/mL)		按产品的技术要求	按产品的技术要求	按产品的技术要求
5	颜色		按产品的技术要求	按产品的技术要求	按产品的技术要求
6	黏度		按产品的技术要求	按产品的技术要求	按产品的技术要求
7	闪点/℃		按产品的技术要求	按产品的技术要求	按产品的技术要求
8	干燥时间/h	表干	按产品的技术要求	按产品的技术要求	按产品的技术要求
		实干[b]	≤24	≤24	≤24
9	适用期		按产品的技术要求	按产品的技术要求	按产品的技术要求
10	有机锡防污剂/(mg/kg)		不得使用[c]	—	—
11	滴滴涕(DDT)/(mg/kg)		不得使用[d]	—	—
12	磨蚀率/(μm/月)[e]		按产品的技术要求	—	—

[a] 仅适用于A类防污剂。
[b] Ⅲ型防污漆产品按各自规定的技术要求。
[c] 按照GB/T 26085方法检测到的锡总量≤2 500 mg/kg，可认为没有添加有机锡防污剂。
[d] 按照GB/T 25011方法检测到的滴滴涕含量≤1 000 mg/kg，可认为没有添加滴滴涕作为防污剂。
[e] 磨蚀率仅适用于自抛光型防污漆(Ⅰ型)，方法参见附录D。

4.1.1.2 表1中列出的性能，如不挥发分、挥发性有机化合物(VOC)、密度、颜色、黏度、闪点和干燥时间应符合产品的技术要求。

4.1.1.3 适用期(适用于多组分的防污漆Ⅲ型、防锈漆Ⅰ型和连接漆Ⅰ型)：油漆产品按照HG/T 3668—2009中5.8方法试验，符合产品技术要求。

4.1.1.4 磨蚀率应符合自抛光型防污漆的技术要求。

4.1.2 在容器中状态

在用机械混和器搅拌5 min之内，油漆应很容易地混合成均匀的状态。油漆应无坚硬的沉底、结皮、起颗粒或其他不适合使用的现象。

4.1.3 贮存稳定性

原封、未开桶包装的油漆按照 GB/T 6753.3 方法试验，在自然环境条件下贮存 1 年后（或按照产品技术要求），或者在加速条件下贮存 30 d 后，使用时应该满足下列性能：

a) 用机械混和器搅拌，在 5 min 之内很容易地混合成均匀的状态；

b) 无粗粒子、颗粒，无硬质或胶质沉淀物、结皮、硬的颜料沉底和持续的泡沫。

4.1.4 油漆的施工性

4.1.4.1 喷涂性能

油漆体系的每一种单独的油漆，按照产品规定要求混合，进行喷涂试验时，喷涂时油漆能雾化均匀。湿膜不应出现流挂，干燥后的漆膜应平整、均匀。

4.1.4.2 刷涂性能

油漆体系的每一种单独的油漆，按照产品规定要求混合，进行刷涂试验时，应容易涂刷，应具有良好的流动性和涂布性。湿膜不应出现流挂，干燥后的漆膜应平整、均匀。

4.1.4.3 辊涂性能

油漆体系的每一种单独的油漆，按照产品规定要求混合，进行辊涂试验时，应容易辊涂，应具有良好的流动性和涂布性。湿膜不应出现流挂，干燥后的漆膜应平整、均匀。

4.2 防污漆体系的涂层性能

4.2.1 防污性能

4.2.1.1 浅海浸泡性（不适用于Ⅲ型防污漆）

Ⅰ型和Ⅱ型的防污漆在按照 5.15.1 进行试验时，应符合下列要求：

a) 防锈涂层应无剥落和片落；

b) 防污漆的性能按 GB/T 5370—2007 方法评定。

4.2.1.2 防污涂层抛光（磨蚀）性（不适用于Ⅱ型和Ⅲ型防污漆）

Ⅰ型防污漆在按照 5.15.2 进行试验时，防污涂层的抛光或磨蚀率应与鉴定特征性能相一致。

4.2.1.3 动态模拟试验（适用于所有类型的防污漆）

4.2.1.3.1 短期效防污漆体系

在按照 5.15.3 进行试验时，试验周期为 3 个，并且在每个试验周期结束后检查评级 1 次，最后一个周期应在海生物生长旺季。防污防锈漆体系应符合下列要求：

a) 防锈涂层应无剥落和片落；

b) 防污漆的性能按 GB/T 5370—2007 方法评定。在试验结束时，Ⅰ型和Ⅱ型防污漆应符合 GB/T 5370—2007 中 6.1.7 要求；Ⅲ型防污漆的试验样板的硬壳污损生物（藤壶、硬壳苔藓虫、盘管虫等）覆盖面积应不大于 25%（注明适用的最长的海港静态浸泡时间）。

4.2.1.3.2 中期效防污漆体系

在按照 5.15.3 进行试验时，试验周期为 5 个，并且在每个试验周期结束后检查评级 1 次，最后一个周期应在海生物生长旺季。防污防锈漆体系应符合下列要求：

a) 防锈涂层应无剥落和片落；

b) 防污漆的性能按 GB/T 5370—2007 方法评定。在试验结束时，Ⅰ型和Ⅱ型防污漆应符合 GB/T 5370—2007 中 6.1.7 要求；Ⅲ型防污漆的试验样板的硬壳污损生物（藤壶、硬壳苔藓虫、盘管虫等）覆盖面积应不大于 25%（注明适用的最长的海港静态浸泡时间）。

4.2.1.3.3 长期效防污漆体系

在按照 5.15.3 进行试验时，试验周期为 8 个，并且在每个试验周期结束后检查评级 1 次，最后一个周期应在海生物生长旺季。防污防锈漆体系应符合下列要求：

a) 防锈涂层应无剥落和片落；

b) 防污漆的性能按 GB/T 5370—2007 方法评定。在试验结束时，Ⅰ型和Ⅱ型防污漆应符合 GB/T 5370—2007 中 6.1.7 要求；Ⅲ型防污漆的试验样板的硬壳污损生物（藤壶、硬壳苔藓虫、盘管虫等）覆盖面积应不大于 25%（注明适用的最长的海港静态浸泡时间）。

4.2.2 与阴极保护相容性

在按照 5.16 进行试验时，防污涂层与防锈涂层之间（包括连接涂层）的剥离在人造漏涂孔外缘起 10 mm 范围内；同时防锈漆涂层从钢基体表面的剥离在人造漏涂孔外缘起 8 mm 范围内，即在整个人造漏涂孔周围被剥离涂层的计算等效圆直径为 19 mm 范围内。本试验仅适用于钢基材的防污漆体系。Ⅲ型防污漆的与阴极保护相容性应符合产品的技术要求。

4.3 防锈漆体系的涂层性能

4.3.1 附着力（Ⅱ型沥青系除外）

船体防锈漆体系与基体材料的附着力，按照 GB/T 5210—2006 中 9.4.3 方法试验时，防锈漆体系应大于 3.0 MPa。

4.3.2 耐浸泡性（Ⅱ型沥青系除外）

防锈漆体系按照 5.10 进行试验，结果按照 GB/T 1766 方法评定。浸泡试验的前 10 个周期（70 d）起泡不超过 1(S2) 级或其他表面缺陷，但增长速率很慢或不明显，可以不计在内。浸泡 20 周期（140 d）结束后，漆膜生锈不超过 1(S2) 级，起泡不超过 2(S3) 级，外观颜色变化不超过 1 级。浸泡后重涂面防锈漆体系附着力应不小于未重涂面附着力的 50%。

4.3.3 抗起泡性（适用于Ⅰ型）

防锈漆体系经热盐水浸泡试验，不应出现起泡。

4.3.4 耐阴极剥离试验（适用于Ⅰ型）

本条仅对船体防锈漆体系而言，防锈漆体系应与船舶的阴极保护方法相适应，采用锌阳极，试验时间 182 d。试验后被剥离涂层距人造漏涂孔外缘的平均距离不大于 8 mm，即在整个人造漏涂孔周围被剥离涂层的计算等效圆直径为 19 mm。如防锈漆体系与配套的防污漆一同进行耐阴极保护性试验，试验方法和要求按照 5.15 和 4.2.2 进行，不再单独做防锈漆的耐阴极剥离性试验。

5 试验方法

5.1 防污剂

5.1.1 铜类（铜和铜化合物）防污剂

防污漆中铜总量的测定按照附录 E 进行，其结果应符合表 1 第 1 项的要求。

5.1.2 有机锡含量

防污漆样品的锡总量的测定按照 GB/T 26085 方法进行，其结果应符合表 1 第 10 项的要求。

5.1.3 滴滴涕(DDT)含量

防污漆中滴滴涕(DDT)的测定按照 GB/T 25011 方法进行，其结果应符合表 1 第 11 项的要求。

5.1.4 不含铜的防污剂(杀生物剂)

防污漆中不含铜的防污剂(杀生物剂)的测定按照各产品的技术方法进行，其结果应符合各产品的技术要求。

5.2 不挥发物体积分数

防污漆、防锈漆和连接漆的不挥发物的测定按照 GB/T 9272 方法，其结果应符合表 1 第 2 项的要求。

5.3 挥发性有机化合物(VOC)

防污漆、防锈漆和连接漆的挥发性有机化合物的测定按照 GB/T 23985 或 GB/T 23986 的方法进行，其结果应符合表 1 第 3 项要求。

5.4 密度

防污漆、防锈漆和连接漆的密度的测定按照 GB/T 6750 方法进行，其结果应符合表 1 第 4 项的要求。

5.5 颜色

防污漆的颜色测定和表示按照 GB/T 9761 的方法进行，其结果应符合表 1 第 5 项的要求。

5.6 黏度

防污漆、防锈漆和连接漆的黏度测定按照 GB/T 1723、或 GB/T 9269、或 GB/T 9751.1 或按照产品规定的测试方法进行，其结果应符合表 1 第 6 项的要求。

5.7 闪点

防污漆、防锈漆和连接漆的闪点测定按照 GB/T 5208 方法进行，其结果应符合表 1 第 7 项的要求。

5.8 干燥时间

防污漆、防锈漆和连接漆的干燥时间测定按照 GB/T 1728 方法进行，其结果应符合表 1 第 8 项的要求。

5.9 附着力

防锈漆体系的附着力测定按照 GB/T 5210—2006 中 9.4.3 方法进行，其结果应符合 4.3.1 的要求。

5.10 耐浸泡性

5.10.1 试样制备及试验条件：试样尺寸为 150 mm×300 mm×3 mm，表面粗糙度为 40 μm～80 μm。试样制备和试验条件按 GB/T 10834—2008 的第 4 章、5.1 和 5.2.1 规定进行。

5.10.2 试验程序及评定：涂漆样板经20个周期（每周期7 d）浸泡试验（或至失效前），每周期均记录涂层情况。如果在20个周期后，涂层情况完好，则用软布和自来水轻擦表面，干燥，然后用金刚砂布（100＃）手工轻磨每块样板其中的一面，对打磨面再清洗、干燥，用涂层体系面漆一道（如适合，则涂底漆一道、面漆一道），重涂该面中心向上的三分之一，并封边13 mm。状态处理7 d，然后增加5个周期全浸试验。全浸试验后分别进行原涂层和重涂涂层的附着力测试。其结果应符合4.3.2的要求。

5.11 抗起泡性

试样制备及试验用盐水溶液按GB/T 10834—2008规定进行，第一个周期试验温度88 ℃±3 ℃，条件保持14 d。取出样板，洗涤、干燥，然后用金刚砂布（100＃）手工轻磨每块样板其中的一面，对打磨面再清洗、干燥，再涂面漆一道，干燥7 d后，进行第二周期试验，样板浸入38 ℃±2 ℃盐水或天然海水中14 d。取出样板，检查并记录起泡程度（边缘向内6 mm不计）。其结果应符合4.3.3的要求。

5.12 耐阴极剥离性

防锈漆体系的耐阴极剥离性测定按照GB/T 7790方法进行，其结果应符合4.3.4的要求。

5.13 适用期

按照HG/T 3668—2009中5.8进行，其结果应符合4.1.1.3的要求。

5.14 贮存稳定性

按照GB/T 6753.3规定的方法进行，其结果应符合4.1.3的要求。

5.15 防污性能

5.15.1 浅海浸泡性

5.15.1.1 浮筏浸泡法

按照GB/T 5370规定的方法进行，其结果应符合4.2.1.1的要求。

5.15.1.2 试验时间

5.15.1.2.1 短期效防污漆

要求经过1个海生物生长旺季，并且至少每半年检查评级一次，油漆体系应符合4.2.1.1要求。仅含B类防污剂的Ⅰ型和Ⅱ型防污漆的浮筏浸泡试验结果应符合产品的技术要求。

5.15.1.2.2 中期效防污漆

要求经过2个海生物生长旺季，并且至少每半年检查评级一次，油漆体系应符合4.2.1.1要求。仅含B类防污剂的Ⅰ型和Ⅱ型防污漆的浮筏浸泡试验结果应符合产品的技术要求。

5.15.1.2.3 长期效防污漆

要求经过3个海生物生长旺季，并且至少每半年检查评级一次，油漆体系应符合4.2.1.1要求。仅含B类防污剂的Ⅰ型和Ⅱ型防污漆的浮筏浸泡试验结果应符合产品的技术要求。

5.15.2 防污涂层抛光（磨蚀）性

防污涂层抛光（磨蚀）性的测定按照附录E的要求进行，其结果应符合表1第12项和4.2.1.2的要求。

5.15.3 动态模拟试验

按照 GB/T 7789 方法要求进行，其中Ⅰ型和Ⅱ型防污漆的试验程序按照 GB/T 7789—2007 的 4.3 试验程序要求，Ⅲ型防污漆的试验程序是先将试样放入试验浮筏进行防污漆浅海浸泡试验 10 d 到 2 个月（根据产品技术要求确定，并在检验结果中注明适用的最长的海港静态浸泡时间），检查试样表面的硬壳污损生物（藤壶、硬壳苔藓虫、盘管虫等）覆盖面积和其他类型的污损生物，并记录拍照；然后将样板移到动态试验装置，调整试样表面的线速度为(18±2)knot（简称 kn），试样连续运转相当于航行(4 000±50)kn，检查试样表面保留的硬壳污损生物（藤壶、硬壳苔藓虫、盘管虫等）覆盖面积并记录拍照。依此作为动态试验的一个周期。其结果应符合 4.2.1.3 的要求。

5.16 与阴极保护相容性

防污防锈漆体系的与阴极保护相容性的测定按照 GB/T 7790—2008 的方法 B 进行。试验结果应符合 4.2.2 的要求。

6 检验规则

6.1 检验分类

船体防污防锈漆检验分为型式检验和出厂检验。

6.2 抽样规则

船体防污防锈漆应按 GB/T 3186 的规定抽样，样品分为两份，一份密封储存备查，另一份作检验用样品。

6.3 型式检验

6.3.1 检验周期

本油漆体系中每一种单一涂料有下列情况之一时，应进行型式检验：

a) 正常生产时，每四年应进行一次型式检验；中、长期效防污漆的浅海浸泡性试验每八年进行一次型式检验；
b) 当产品新投产时；
c) 当材料、工艺有改变足以影响产品性能时；
d) 产品停产一年以上后重新恢复生产时；
e) 出厂检验结果与上次型式检验有较大差异时；
f) 国家质量监督机构提出型式检验要求时。

6.3.2 检验项目

防污漆体系按表 2 规定的项目进行型式检验；船体防锈漆体系按表 3 规定的项目进行型式检验，船体连接漆按表 4 规定的项目进行型式检验。其中表 2 的第 10 项浅海浸泡性为首次型式检验项目，对中长期效防污漆可采用动态模拟试验作为防污性检验的必检项目。

6.4 出厂检验

6.4.1 组批规则

出厂检验以批为单位，按每一贮漆槽为一批。

6.4.2 检验项目

按表 2、表 3 和表 4 的规定分别进行出厂检验。

6.5 检验结果的判定

油漆定货方在对油漆产品进行检验时，如发现产品质量不符合本标准技术要求规定时，供需双方应按照 GB/T 3186 的规定重新取双倍量进行复验，如仍不符合本标准技术要求规定时，产品即为不合格品。

表 2 船体防污漆体系检验项目

序号	检验项目	型式检验	出厂检验	要求章条号	试验方法章条号
1	防污剂/%	●	—	4.1.1.1	5.1
2	不挥发分的体积分数/%	●	—	4.1.1.1	5.2
3	挥发性有机化合物(VOC)	●	—	4.1.1.1	5.3
4	密度/(g/mL)	●	●	4.1.1.1	5.4
5	颜色	●	●	4.1.1.1	5.5
6	黏度	●	●	4.1.1.1	5.6
7	闪点/℃	●	—	4.1.1.1	5.7
8	干燥时间/h	●	●	4.1.1.1	5.8
9	贮存稳定性	●	—	4.1.3	5.14
10	浅海浸泡性[a]	●	—	4.2.1.1	5.15.1
11	防污涂层抛光(或磨蚀)性(适用于Ⅰ型)	●	—	4.2.1.2	5.15.2
12	动态模拟试验[a]	●	—	4.2.1.3	5.15.3
13	与阴极保护相容性[a]	●	—	4.2.2	5.16
14	适用期	●	—	4.1.1.3	5.13
15	锡总量	●	—	4.1.1.1	5.1.2
16	滴滴涕(DDT)	●	—	4.1.1.1	5.1.3
注：“●”为必检项目；“—”为不检项目。					
[a] 与防锈漆配套试验。					

表 3 船体防锈漆体系检验项目

序号	检验项目	型式检验	出厂检验	要求章条号	试验方法章条号
1	不挥发分的体积分数/%	●	—	4.1.1.1	5.2
2	挥发性有机化合物(VOC)	●	—	4.1.1.1	5.3
3	密度/(g/mL)	●	●	4.1.1.1	5.4
4	黏度	●	●	4.1.1.1	5.6
5	闪点/℃	●	—	4.1.1.1	5.7

表 3（续）

序号	检验项目	型式检验	出厂检验	要求章条号	试验方法章条号
6	干燥时间/h	●	●	4.1.1.1	5.8
7	附着力	●	—	4.3.1	5.9
8	耐浸泡性	●	—	4.3.2	5.10
9	抗起泡性	●	—	4.3.3	5.11
10	耐阴极剥离性	●	—	4.3.4	5.12
11	适用期	●	—	4.1.1.3	5.13
12	贮存稳定性	●	—	4.1.3	5.14
注："●"为必检项目；"—"为不检项目。					

表 4 船体连接漆检验项目

序号	检验项目	型式检验	出厂检验	要求章条号	试验方法章条号
1	不挥发分的体积分数/%	●	—	4.1.1.1	5.2
2	挥发性有机化合物(VOC)	●	—	4.1.1.1	5.3
3	密度/(g/mL)	●	●	4.1.1.1	5.4
4	黏度	●	●	4.1.1.1	5.6
5	闪点/℃	●	—	4.1.1.1	5.7
6	干燥时间/h	●	●	4.1.1.1	5.8
7	适用期	●	—	4.1.1.3	5.13
注："●"为必检项目；"—"为不检项目。					

7 标志、包装、运输和贮存

7.1 标志

船体防污防锈漆体系产品的标志应符合 GB/T 9750 的要求。

7.2 包装

船体防污防锈漆体系产品的包装应符合 GB 190、GB/T 191 和 GB/T 13491 的要求。

7.3 运输

船体防污防锈漆体系产品在运输中应符合 HG/T 2458 的要求，防止雨淋、日光曝晒。

7.4 贮存

船体防污防锈漆体系产品应符合 HG/T 2458 的要求，贮存在通风、干燥的仓库内，防止日光直接照射，并应隔绝火源。产品在原包装封闭的条件下，自生产完成之日起，贮存期为 1 年(或按照产品技术要求)。超过贮存期的产品可按本标准规定的出厂检验项目进行检验，如检验合格，仍可使用。

8 安全要求

8.1 安全技术说明书

作为船体防污防锈漆体系产品，提供的安全技术说明书(MSDS)应包括采用的防污剂。

8.2 有害化学物质

油漆产品不含有国家有关部门禁用的有害化学物质。

附 录 A
（资料性附录）
防污漆体系组成和分类说明

A.1 组成

A.1.1 预定直接涂在金属底材上的防锈漆体系或连接漆之上的防污漆。

A.1.2 应用非金属材料表面上，不需要与防锈漆配套，可以直接涂装防污漆或用附着力增进涂层（或称中间涂层、连接涂层）进行配套。

A.2 分类说明

A.2.1 防污漆类型

三种类型的防污漆的防污机理如下：

Ⅰ型：Ⅰ型是一种具有自抛光型防污漆的油漆体系，防污作用的过程应是水解的、抛光的、磨耗的或者在厚度上是减少的。其主要防污功能应是通过防污剂渗出过程来达到，也可以采用机械水下冲刷进行防污漆面层的更新；

Ⅱ型：Ⅱ型是一类非自抛光型防污漆，它们在使用中不减少涂层厚度。其主要防污功能应是通过防污剂渗出过程来达到，也可以采用机械水下冲刷进行防污漆面层的更新；

Ⅲ型：Ⅲ型是一类不含防污剂的非自抛光型或非磨蚀型的防污漆（Foul Release Coating）。其主要机理是形成一个非常光滑的、低摩擦力的表面，从而使污损生物难以附着或者容易地被一定速度的水流冲刷掉，也可采用合适的水下清洗方法进行防污漆面层的更新。

A.2.2 防污剂类型

按照防污剂的化学组成分成 3 类防污剂：

A 类：铜和铜化合物；

B 类：不含铜和铜化合物的防污剂；

C 类：其他。

A.2.3 使用期效

按照防污漆体系的使用期效分短期效、中期效和长期效 3 种：

短期效：油漆体系应具有 3 年以下的使用期，并且没有因附着力损失、起泡、片落，由于过量磨蚀或防污能力的降低而造成的防污失效（从水线到轻载水线少量的海泥和污损除外）；

中期效：油漆体系应具有 3 年和 3 年以上，5 年以下的使用期，并且没有因附着力损失、起泡、片落，由于过量磨蚀或防污能力降低而造成的防污失效（从水线到轻载水线少量的海泥和污损除外）；

长期效：油漆体系应具有 5 年和 5 年以上的使用期，并且没有因附着力损失、起泡、片落，由于过量磨蚀或防污能力降低而造成的防污失效（从水线到轻载水线少量的海泥和污损除外）。

附 录 B
(资料性附录)
防锈漆体系组成和分类说明

B.1 组成

船体防锈漆体系可以是多道的单一防锈漆产品,也可以由防锈底漆和防锈面漆组成的体系。

B.2 分类说明

B.2.1 型别

按照防锈漆的成膜机理,防锈漆可分成下面两种型别:

Ⅰ型:防锈漆由两种组分构成,在涂装施工前按照规定比例,均匀混合两种组分,经过一定时间的预反应后即可进行涂装施工,通过两种组分反应固化而干燥成膜;

Ⅱ型:防锈漆为单组分,涂装施工后,通过漆膜内的溶剂挥发或其他方式干燥成膜。

附 录 C
（资料性附录）
连接漆的组成和分类说明

C.1 组成

连接漆通常是单一的油漆产品。

C.2 分类说明

C.2.1 型别

按照连接漆的成膜机理，连接漆可分成下面两种型别：

Ⅰ型：连接漆由两种组分构成，在涂装施工前按照规定比例，均匀混合两种组分，经过一定时间的预反应后即可进行涂装施工，通过两种组分反应固化而干燥成膜；

Ⅱ型：连接漆为单组分，涂装施工后，通过漆膜内的溶剂挥发或其他方式干燥成膜。

附 录 D
（规范性附录）
防污涂层抛光（磨蚀）性的测定方法

D.1 适用范围

本方法适用于测定具有自抛光性能的防污涂层的抛光（磨蚀）率。

D.2 术语和定义

D.2.1

基材 substrate

制备试样的材料，如环氧玻璃纤维复合材料板。

D.2.2

样板 panel

采用基材材料加工而成平板，作为制备涂层的试样的基体。

D.2.3

试样 specimen

在样板上面涂覆试验的防污漆，形成的具有单面防污涂层的试验样板。

D.2.4

抛光（磨蚀）率 Rate of polishing (or ablative)

防污涂层试样在连续运动（如旋转）的单位时间段（月或年）内平均的防污涂层膜厚减少值。

D.2.5

抛光（磨蚀）性 ability of polishing

防污涂层试样在连续运动（如旋转）的单位时间段（月或年）的防污涂层抛光（减少）的性能。

D.3 方法原理

以防污涂层试样板的基材表面为基准面，测量防污涂层在进行抛光试验前后涂膜的厚度变化，计算防污涂层的抛光（磨蚀）率，评价自抛光防污漆的抛光（磨蚀）性。

D.4 试样制备及设备

D.4.1 样板的材料和加工

选择在海水中不易腐蚀的材料，如环氧玻璃纤维复合材料板作为样板的基材。材料表面平整、无弯曲、不易磨损变形。每块样板的尺寸为 95 mm×60 mm×3 mm，样板四周距边缘 10 mm 处各开一个 ϕ6 mm 的通孔。见图 D.1。

D.4.2 试样的制备

D.4.2.1 样板的涂漆部位用 120 目的砂纸打磨拉毛后，用丙酮或无水乙醇将样板表面灰尘及油污擦洗干净,晾干备用。

单位为毫米

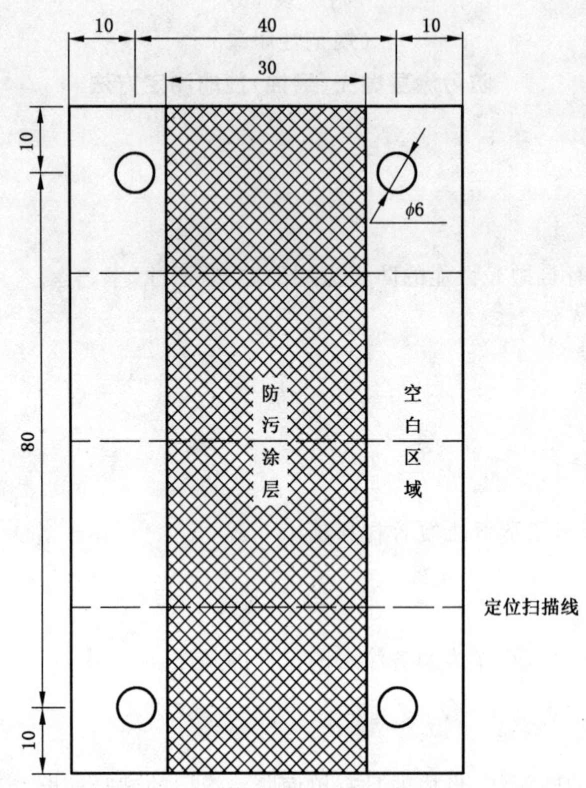

图 D.1 样板制备方式(虚线为测试线位置)

D.4.2.2 用胶带纸覆盖样板空白区域,采用喷涂或漆膜制备器在样板上均匀涂装 2 道防污漆。防污涂层表干后,揭去覆盖的胶带纸,要求涂层平整,无漏涂,无起泡,厚度要求达到 100 μm～150 μm。按防污漆产品技术要求干燥涂层或放置在温度为(23±2)℃,湿度为(50±5)%的室内干燥 7 d 后,完成试样的制备。

D.4.3 试样的标记

在每块试样上做好标记和编号,作为安装和测试的定位标记。以保证每次进行检测时仪器扫描的测试曲线或测量点的位置一致。

D.4.4 检测仪器

D.4.4.1 CCD 激光位移传感器,也称激光平整度检测仪(测量精度为±1 μm)。

D.4.4.2 转子试验机,也称防污漆动态试验装置,见 GB/T 7789—2007 的 4.1.2 和附录 A。

D.5 试样防污涂层膜厚的测试程序

D.5.1 定位

将试样按 D.4.3 的定位标记放置在测试平台上,设置并固定每次测量的起点坐标和终点坐标,确保不同试验周期扫描数据线的重合。

D.5.2 测量记录原始数据

开始试验前，按定位要求进行一次测量，得到初始涂层数据。

D.5.3 试验步骤

D.5.3.1 将每组 3 块平行试样用铜质螺栓固定在一块 260 mm×150 mm×3 mm 的惰性基材底板上，再将底板安装在转子试验机上。如图 D.2 所示。

D.5.3.2 将转子浸泡于天然海水中，控制转子顶端距水面≥1 m，以(18±2)kn 线速度连续旋转 30 d。

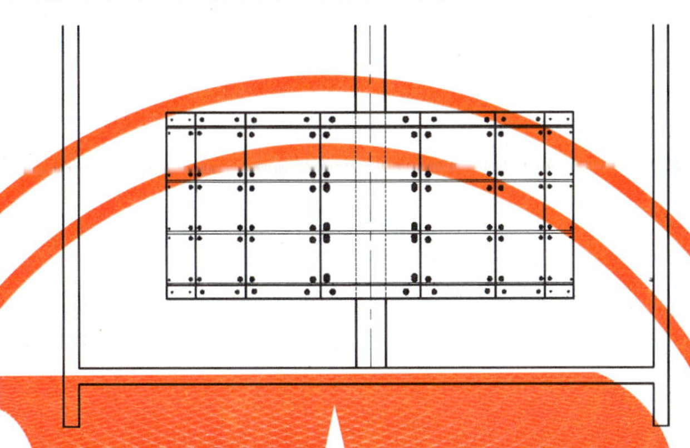

图 D.2 试样安装示意图

D.5.3.3 旋转结束后，取出试样，在自来水下用柔软毛刷清洗干净，平放于温度(23±2)℃，相对湿度(50±5)%的室内干燥 2 d，按 D.5.1 进行防污涂层膜厚的定位测量，得到防污涂层抛光 1 个周期后的膜厚 h_i。

D.5.3.4 测量结束后，按 D.5.3.2 和 D.5.3.3 步骤重复试验，得到不同试验周期的涂层厚度值。

D.5.3.5 整个试验的周期数最小为 4 个，最大为 6 个。

D.6 计算

D.6.1 防污涂层初始膜厚

涂层初始膜厚 Δh_0。

$$\Delta h_0 = h_0 - h_0' \qquad \text{(D.1)}$$

式中：

h_0 ——防污涂层初始测量厚度，单位为微米(μm)；

h_0'——样板基准面的测量厚度，单位为微米(μm)。

D.6.2 第 1 周期涂层磨蚀厚度

第 1 周期后涂层的厚度 Δh_1：

$$\Delta h_1 = h_1 - h_1' \qquad \text{(D.2)}$$

第 1 周期后涂层的磨蚀厚度 ΔH_1：

$$\Delta H_1 = \Delta h_0 - \Delta h_1 \qquad \text{(D.3)}$$

式中：

h_1 ——第 1 周期试验后防污漆涂层的测量厚度，单位为微米(μm)；

h_1'——样板基准面的测量厚度，单位为微米(μm)。

D.6.3 其他周期涂层磨蚀厚度

按 D.6.2 类推,可得到第 2、3……6 周期的磨蚀厚度。

试验结束时,得到防污涂层在天然海水中以 18 kn 线速度旋转 6 个月后,漆膜的磨蚀总厚度为:

$$\Delta H = h_0 - h_6 \qquad \cdots\cdots\cdots\cdots (D.4)$$

D.6.4 绘制防污涂层磨蚀厚度与试验时间的关系曲线

根据各个周期测得的漆膜磨蚀厚度与试验时间作图,得到防污涂层漆膜厚度随时间的变化曲线,或按总磨蚀厚度求算漆膜的月平均磨蚀率。

$$R = \Delta H / t \qquad \cdots\cdots\cdots\cdots (D.5)$$

式中:

R ——在(23±2)℃天然海水中,(18±2)kn 线速度条件下,防污涂层的月磨蚀率,单位为微米每月(μm/月);

ΔH ——防污涂层磨蚀的总厚度,单位为微米(μm);

t ——防污涂层旋转试验总时间,6,单位为月。

由式(D.5)可得到防污涂层的磨蚀率 R(μm/月),分析对比 1 个月、2 个月……试验数据的变化趋势,即可评判防污涂层的抛光性。

附　录　E
（规范性附录）
船舶防污漆铜总量测定法——火焰原子吸收光谱法

E.1　基本原理

防污漆干膜样品用适宜的酸溶液进行密闭微波消解，经赶酸、定容处理后，采用火焰原子吸收光谱法(FAAS)或能满足精度的现行有效方法(如 ICP、XRF 等)对每个样品中的铜总量进行检测分析，即可得到防污漆膜中的铜总量或含铜质量分数。

E.2　试剂

除另有说明外，在分析中所用试剂均为分析纯，水为蒸馏水或相当纯度的水。涉及的试剂如下：

a）盐酸，ρ 为 1.19 g/mL；

b）硝酸，ρ 为 1.42 g/mL；

c）硫酸，ρ 为 1.84 g/mL；

d）10%(体积分数)盐酸溶液：用盐酸[a)]和蒸馏水以体积比 1∶9 的配比制备 10%(体积分数)的盐酸溶液；

e）铜标准溶液：可选用符合要求的市售标准溶液或按以下方法制备：

铜标准溶液Ⅰ：准确称取 1.341 8 g $CuCl_2 \cdot 2H_2O$(优级纯)，放置于烧杯中，用 50 mL 水溶解后转移至 250 mL 容量瓶中，加入 2.5 mL 硝酸[b)]，混匀，用水稀释至刻度，得到稳定的铜离子标准储备液。此标准储备溶液铜离子浓度为 2 mg/mL。

E.3　仪器设备

E.3.1　密闭微波消解仪：配有聚四氟乙烯(PTFE)样品消解罐。

E.3.2　智能控温电加热器：温度设定范围为室温至 200 ℃。

E.3.3　火焰原子吸收光谱仪。

E.3.4　鼓风烘箱：控温精度为±1 ℃。

E.3.5　精密天平：称量精度应达到 0.000 1 g。

E.3.6　其他，包括：

a）pH 计或 pH 试纸；

b）烧杯、锥形瓶、容量瓶、载玻片等实验室玻璃仪器。

E.4　取样

E.4.1　取样要求

测试样品既可从产品容器内的液态油漆样品中采取，也可从船底的干油漆层上采取。

E.4.2　液态油漆样品取样

E.4.2.1　液态油漆样品的取样按 GB/T 3186 的相关要求进行。

E.4.2.2 液态油漆干膜试样的制备：将防污涂料样品均匀涂抹于载玻片上，按 GB/T 1725—2007 中表 1、表 2 的要求烘干样品或在室内温度(23±2)℃、相对湿度(50±5)%条件下干燥 7 d。

E.4.3 现场船底取样

E.4.3.1 对船底干油漆层进行取样前，应用水和海绵清除涂层表面积垢，以防止样品污染；如果取样在船坞内进行，则应先对船底用自来水进行冲洗。

E.4.3.2 船底干油漆层的取样点应选择在覆盖完整的防污漆涂层代表区域，避免在有明显破损的防污涂层处或船舶平底设有标志的地方取样；根据船舶大小和船底部位的可达性，以沿船底长度方向均匀分布为原则，至少应设定四个取样点；如果取样在船坞内进行，除船底旁垂直取样外，还应对船舶平底区域进行取样。

E.5 试验步骤

E.5.1 试样溶液的制备

E.5.1.1 干膜样品的预消解

将按 E.4.2.2 制备的干膜样品用工具刀从载玻片表面刮下，或将按 E.4.3 现场船底取样样品，放入陶瓷研臼中研磨均匀，准确称取(0.1±0.000 2)g 的干膜样品放入消解罐中，加入 3 mL 硝酸[E.2b)]和 9 mL 盐酸[E.2a)]或根据涂料样品特性选用其他适宜的酸溶液体系，混合均匀，再加入 1 mL 硫酸[E.2c)]，室温放置 30 min 或至无剧烈反应为止，然后盖上密封塞和罐盖。

在将研磨后的干膜样品放入消解罐中时，应尽量避免样品粉末粘附在罐体内壁。若有粘附，则在加入酸溶液时可将酸液沿罐壁加入，应尽量将样品冲洗到消解罐底部，并浸泡于酸溶液中。此项操作应在通风橱内进行。

E.5.1.2 试样溶液的微波消解

将装有样品酸液的消解罐按要求装入微波消解仪内腔，根据样品特性、酸液体积和样品数量等相关条件设定消解参数，开始进行微波消解。

示例：以 6 个消解罐为例，参数设定参见表 E.1。

表 E.1 微波消解参数设定

功率 W	功率输出 %	升温时间 min	消解温度 ℃	消解时间 min	风冷时间 min
400	100	15	180	20	15

微波消解停止后，取出消解罐，在通风橱内打开罐盖，观察罐内防污涂料样品是否完全溶解，若仍有涂料固体样品存在，则按 E.5.1.2 的步骤再次进行消解，若二次消解仍有不溶物，则应向消解罐内再加酸溶液或重新取样换用其他适宜的酸溶液体系重新进行消解。消解程序应确保防污涂料干膜样品完全溶解于酸溶液中。

E.5.1.3 赶酸

确认防污漆干膜样品完全消解后，用蒸馏水少量多次冲洗罐壁，将消解罐直接放入智能控温电加热器的消解罐插槽内，恒温(120±2)℃，加热至罐内留有约 5 mL～10 mL 溶液为止。在赶酸过程中，应随时注意样品溶液状况，避免出现干烧现象。

E.5.1.4 定容

沿消解罐内壁旋转加入约 20 mL 蒸馏水稀释罐内溶液，振荡均匀后，将稀释溶液转移至 1 000 mL 容量瓶中，然后应用蒸馏水清洗消解罐至少 3 次以上，清洗液一并转入到容量瓶中，加入硝酸[E.2b)] 1 mL，用蒸馏水定容至刻度线，混匀。

E.5.2 空白试验

在不加入防污漆干膜样品的情况下，按 E.5.1.1～E.5.1.4 的步骤与测试样品同步进行试样溶液的制备，得到试样空白溶液。

E.5.3 测试分析

E.5.3.1 标准曲线的绘制

E.5.3.1.1 标准参比溶液的配制

E.5.3.1.1.1 取 5 mL 铜标准溶液Ⅰ[E.2e)]于 1 000 mL 容量瓶中，用符合要求的蒸馏水定容至刻度，得铜标准溶液Ⅱ，此标准溶液铜离子浓度为 10 mg/L。进行分析试验时，根据试验需求取铜标准溶液Ⅱ配制一组铜离子浓度适宜的标准参比溶液。

表 E.2 铜标准溶液的配制

溶液名称	加入铜标准溶液Ⅱ的体积/mL	加入 10%(体积分数)盐酸溶液的体积/mL	蒸馏水稀释至最终体积/mL	铜标准溶液浓度 mg/L
S0	0	10	50	0.00
S1	1	9	50	0.20
S2	2	8	50	0.40
S3	3	7	50	0.60
S4	4	6	50	0.80
S5	5	5		1.00
注：由于待测样品各有不同，测试时可根据实际情况配制适宜浓度的标准溶液。				

E.5.3.1.1.2 以上溶液均应在使用当天配制。

E.5.3.1.2 仪器设置

E.5.3.1.2.1 将铜空心阴极灯安装在光谱仪 E.3.3 上，按仪器说明选定测定铜的最佳条件。为取得最大吸收，单色器波长应设置于 324.8 nm。

E.5.3.1.2.2 根据吸入器和燃烧器的特性，调节燃气与助燃气的流量，点燃火焰。调整仪器，使浓度最高的标准参比溶液吸光度达到最大值。

E.5.3.1.3 标准曲线

按仪器分析程序进行铜标准溶液(见表 E.2)和空白溶液(见 E.5.2)的分析，得到以浓度为横坐标，以吸光度值为纵坐标的铜离子浓度标准曲线。

E.5.3.2 样品溶液测定

采用原子吸收光谱分析仪检测由步骤 E.5 所得样品溶液。必要时可对样品溶液进行稀释处理。若同一样品测试结果的相对标准偏差大于 10%,重新取样进行分析。

E.5.3.3 精密度

E.5.3.3.1 重复性

同一操作者采用相同的仪器设备在相同操作条件下在短的时间间隔内,对同一试验样品所得到的 3 个结果之间的相对误差,在置信水平为 95%时应不超过 3%。

E.5.3.3.2 再现性

不同操作者在不同的实验室对同一试验样品所得到的 3 个结果之间的相对误差,在置信水平为 95%时应不超过 5%。

E.6 结果计算

铜总量以质量分数 ω_{Cu} 表示,数值以%表示,按式(E.1)计算:

$$\omega_{Cu}=\frac{\rho_{Cu}\times V\times 10^{-3}}{m}\times 100\% \qquad \text{(E.1)}$$

式中:

ρ_{Cu}——样品溶液中铜的浓度平均值,单位为毫克每升(mg/L);

V ——防污涂料干膜样品消解定容的样品溶液的体积值,单位为升(L);

m ——防污涂料干膜样品的质量值,单位为克(g)。

计算结果保留 3 位有效数字。

E.7 试验报告

试样报告应至少包括以下内容:

a) 被试产品的型号和名称;

b) 注明采用本标准和使用的仪器及型号;

c) 注明参照在本标准中涉及的国家标准和其他文件;

d) 记录校准程序及与本试验规定程序的任何不同之处;

e) 试验结果;

f) 试验日期。

附 录 F
（资料性附录）
缩 略 语

AAS：原子吸收光谱法（atomic absorption spectrophotometry）

防污剂（Antifouling compound）

杀生物剂（Biocide）

DDT：二氯-二苯-三氯乙烷，滴滴涕（商品名）（dichlorodiphenyltrichloro-ethane）

FRC：污底易脱型防污漆，也有称不沾污型、污损释放型、和低表面能型涂料（防污漆）（Foul Release Coating，or Easy Release）

GC：气相色谱法（gas chromatography）

ICP：感应耦合等离子体（inductively coupled plasma）

IMO：国际海事组织（International Maritime Organization）

Kn：节（测航速的单位）＝1 海里/小时，合 1.85 km/h（Knot）

MEPC：海洋环境保护委员会（Marine Environment Protection Committee）

PSCO：当事国港监官员（port State control officer）

XRF：X 射线荧光分析（X-ray fluorescence anaysis）

参 考 文 献

［1］ International Convention on the Control of Harmful Anti-fouling Systems on Ships，2001 (the AFS Convention)

ICS 87.040
G 51

中华人民共和国国家标准

GB/T 6823—2008
代替 GB/T 6823—1986

船舶压载舱漆

Ballast tanks paint for ship

2008-06-04 发布　　　　2008-12-01 实施

中华人民共和国国家质量监督检验检疫总局
中国国家标准化管理委员会　发布

前　言

本标准对应于《船舶专用海水压载舱和散货船双舷侧处所保护涂层性能标准》(简称 PSPC)[2006 年 12月 8 日国际海事组织(IMO)海事安全委员会(MSC)根据修订的海上生命安全公约(SOLAS)条款Ⅱ-1/3-2 通过],与其一致性程度为非等效。

本标准代替 GB/T 6823—1986《船舶压载舱漆通用技术条件》。

本标准与 GB/T 6823—1986 相比主要技术差异如下:

——标准名称改为《船舶压载舱漆》;

——增加了适用范围;

——增加了规范性引用文件章节;

——增加了产品的分类;

——技术要求分为"涂料的要求"和"涂层的要求"。在"涂料的要求"中增加了"基料和固化剂组分鉴定、密度、不挥发物、贮存稳定性"的要求;在"涂层的要求"中取消了"耐冲击性、耐盐雾性、耐热盐水性",增加了"外观与颜色、名义干膜厚度、模拟压载舱条件试验、冷凝试验"的要求;

——增加了对"取样"和"试验样板的制备"的详细规定;

——增加了"基料和固化剂组分鉴定、密度、不挥发物、储存稳定性、外观与颜色、名义干膜厚度、模拟压载舱条件试验、冷凝试验"等试验方法内容;

——在附录 A"模拟压载舱条件试验"和附录 B"冷凝试验"中增加了"起泡和锈蚀、针孔数量、附着力、内聚力、按重量损失计算的阴极保护需要电流、阴极剥离、划痕附近的腐蚀蔓延、U 型条"等检测试验内容;

——在"检验规则"中增加了检验分类,按检验方式分型式检验和出厂检验二种;

——增加了"附录 A　模拟压载舱条件试验"、"附录 B　冷凝试验"、"附录 C　人工海水配方"、"附录 D　牺牲阳极——锌合金的组成成分"。

本标准的附录 A、附录 B、附录 C 和附录 D 为规范性附录。

本标准由中国石油和化学工业协会提出。

本标准由全国涂料和颜料标准化技术委员会归口。

本标准起草单位:中国船舶重工集团公司第七二五研究所、中海油常州涂料化工研究院、中远佐敦船舶涂料有限公司、海虹老人牌(中国)有限公司、中涂化工(上海)有限公司、江苏海耀化工有限公司、上海国际油漆有限公司、中国船级社、海洋化工研究院、上海开林造漆厂、宁波飞轮造漆有限责任公司、浙江飞鲸漆业有限公司、江苏冶建防腐材料有限公司。

本标准主要起草人:黄淑珍、苏春海、王健、徐国强、王玉珏、刘才方、王一任、吴海荣、钱叶苗、杜伟娜、袁泉利、严杰、史优良。

本标准于 1986 年首次发布。

船舶压载舱漆

1 范围

本标准规定了船舶压载舱漆的分类、要求、试验方法、检验规则、标志、包装、运输和贮存。

本标准适用于不小于 500 t 的所有类型船舶专用海水压载舱和船长不小于 150 m 的散货船双舷侧处所保护涂层。

2 规范性引用文件

下列文件中的条款通过本标准的引用而成为本标准的条款。凡是注日期的引用文件，其随后所有的修改单(不包括勘误的内容)或修订版均不适用于本标准，然而，鼓励根据本标准达成协议的各方研究是否可使用这些文件的最新版本。凡是不注日期的引用文件，其最新版本适用于本标准。

GB 190 危险货物包装标志

GB/T 191 包装储运图示标志(GB/T 191—2000，eqv ISO 780:1997)

GB 712 船体用结构钢

GB/T 1725 色漆、清漆和塑料 不挥发物含量的测定 (GB/T 1725—2007，ISO 3251:2003，IDT)

GB/T 1765 测定耐湿热、耐盐雾、耐候性(人工加速)的漆膜制备法

GB/T 1766 色漆和清漆 涂层老化的评级方法

GB/T 3186 色漆、清漆和色漆与清漆用原材料 取样(GB/T 3186—2006，ISO 15528:2000，IDT)

GB 3097 海水水质标准

GB/T 5210—2006 色漆和清漆 拉开法附着力试验 (ISO 4624:2002，IDT)

GB/T 6747 船用车间底漆

GB/T 6750 色漆和清漆 密度的测定 比重瓶法(GB/T 6750—2007，ISO 2811-1:1997 Paints and varnishes-determination of density-part 1:pyknometer method，IDT)

GB/T 6753.3 涂料贮存稳定性试验方法

GB/T 8923 涂装前钢材表面锈蚀等级和除锈等级(GB/T 8923—1988，eqv ISO 8501-1:1988)

GB/T 9271 色漆和清漆 标准试板(GB/T 9271—2008，ISO 1514:2004，MOD)

GB/T 9278 涂料试样状态调节和试验的温湿度(GB/T 9278—2008，ISO 3270:1984，Paints and varnishes and their raw materials—Temperatures and hunidities for conditioning and testing，IDT)

GB/T 9750 涂料产品包装标志

GB/T 13288 涂装前钢材表面粗糙度等级的评定(比较样块法)(GB/T 13288—1991，eqv ISO 8503:1995)

GB/T 13452.2 色漆和清漆 漆膜厚度的测定法(GB/T 13452—2008，ISO 2808:2007，IDT)

GB/T 13491 涂料产品包装通则

GB/T 13893 色漆和清漆 耐湿性的测定 连续冷凝法(GB/T 13893—2008，ISO 6270-1:1998，IDT)

GB/T 18570.3 涂覆涂料前钢材表面处理 表面清洁度的评定试验 第3部分:涂覆涂料前钢材表面的灰尘评定(压敏粘带法)(GB/T 18570.3—2005，ISO 8502-3:1992，IDT)

GB/T 18570.9 涂覆涂料前钢材表面处理 表面清洁度的评定试验 第9部分:水溶性盐的现场

电导率测定法(GB/T 18570.9—2005,ISO 8502-9:1999,IDT)

HG/T 2458 涂料产品检验、运输和贮存通则

3 分类

产品按基料和固化剂组分分为两种类型:

a) 环氧基涂层体系;

b) 非环氧基涂层体系。

4 要求

4.1 一般要求

4.1.1 产品涂层的目标使用寿命为15 a。

4.1.2 产品配套体系的组成由涂料供应商确定。

4.1.3 产品应能和无机硅酸锌车间底漆或等效的涂料配套,车间底漆与主涂层系统的相容性应由涂料供应商确认。

4.1.4 产品应能在通常的自然环境条件下施工和干燥。

4.1.5 产品应适应无空气喷涂,施工性能良好,无流挂。

4.2 涂料的要求

涂料的性能应符合表1的要求。

表1 涂料的要求

检测项目		环氧基涂层体系	非环氧基涂层体系
基料和固化剂组分鉴定		环氧基体系	非环氧基体系
密度/(g/mL)		商定	商定
不挥发物/%			
储存稳定性	自然环境条件,1 a	通过	通过
	(50±2)℃条件,30 d	通过	通过

4.3 涂层的要求

涂层的性能应符合表2的要求。

表2 涂层的要求

检测项目	环氧基涂层体系	非环氧基涂层体系
外观与颜色	漆膜平整。 多道涂层系统,每道涂层的颜色要有对比,面漆应为浅色。	漆膜平整。 多道涂层系统,每道涂层的颜色要有对比,面漆应为浅色。
名义干膜厚度	涂层在90/10规则下达到320 μm	商定
模拟压载舱条件试验	通过	通过
冷凝舱试验	通过	通过

5 试验方法

5.1 取样

除另有规定，船舶压载舱漆应按 GB /T 3186 的规定抽样。样品分为两份，一份密封储存备查，另一份作检验用样品。

5.2 试验样板的制备

5.2.1 试验样板基材

除另有规定外，试验板材应采用 GB 712 中的热轧普通碳素钢。

5.2.2 样板基材的表面处理

5.2.2.1 试验样板钢板应在下列环境条件下，采用喷砂或抛丸进行钢板表面处理：

a) 空气相对湿度不超过 85%；

b) 钢板表面温度高于露点温度 3℃以上。

5.2.2.2 试验样板钢板经表面处理后，在进行车间底漆涂装前按 GB/T 8923 规定方法检测钢板表面除锈等级应达到 Sa2½；按 GB/T 18570.3 规定方法检测表面清洁度应达到灰尘分布量为 1 级、灰尘尺寸不大于 2 级，目视检查无油污；按 GB/T 13288 规定方法检测表面粗糙度应达到 Ra30 μm ～75 μm。

5.2.2.3 试验样板钢板经表面处理后，应按 GB/T 18570.9 规定方法进行钢板表面水溶性盐检测，当钢板表面水溶性盐含量不大于 50 mg/m² NaCl 时，方可进行车间底漆的涂装。

5.2.3 车间底漆的涂装

除另有规定或商定，应按 GB/T 1765 的规定采用喷涂方式进行涂装。应选择由涂料供应商确认的无机硅酸锌车间底漆或等效涂料，车间底漆的厚度和性能应符合 GB/T 6747 规定的要求。

5.2.4 车间底漆的老化

已涂装车间底漆的试验样板应放在露天环境中自然老化至少 2 个月。

5.2.5 二次表面处理

采用低压水清洗或其他温和的方法，对老化后的试验样板表面进行清洁处理，然后将其置于通风干燥环境中干燥。不可采用扫掠式喷射或高压水清洗等其他去除底漆的方法。

5.2.6 压载舱漆的涂装

5.2.6.1 除另有规定或商定，应在已经做过露天环境自然老化的试验样板上，采用喷涂方式进行压载舱涂层涂装。涂层配套体系、涂装道数、涂装间隔等按相关产品技术要求或涂料供应商要求进行。

5.2.6.2 涂层体系中每道涂层干膜厚度都应进行测量，直到上道涂层厚度达到规定要求，方可进行下一道涂装(不含车间底漆涂层厚度)。

5.2.6.3 试板背面应涂适当的保护涂料或受试涂料，试板的四周应以适当的方法封边，避免对试验结果产生影响。

5.2.7 涂层厚度的检测

5.2.7.1 最后一道压载舱涂层完全干燥后，应使用非破坏性的测厚仪，按 GB/T 13452.2 规定的方法测定压载舱涂层的总干膜厚度，以在 150 cm ×150 cm 的平面上均匀地分布 9 个测量点的方式进行。

5.2.7.2 环氧基涂层体系的名义干膜厚度在 90/10 规则下应达到 320 μm(不含车间底漆涂层厚度)，非环氧基涂层体系的名义干膜厚度应符合供应商产品技术要求。

注：90/10 规则意指所有测点的 90%测量结果应不小于名义干膜厚度，余下 10%测量结果应大于 0.9 倍的名义干膜厚度。

5.2.7.3 用 90 V 低压湿海绵针孔检测仪，检测压载舱涂层针孔数量应为零。

5.2.8 试验样板的状态调节

除另有规定，应按 GB/T 9278 规定条件状态调节 7 d 后，方可投入试验。

5.3 基料和固化剂组分鉴定

采用红外法进行鉴定。

5.4 密度的测定

按 GB/T 6750 规定方法进行。

5.5 不挥发物的测定

按 GB/T 1725 规定的方法进行。

5.6 储存稳定性的测定

按照 GB/T 6753.3 规定方法进行试验。原封、未开桶包装的涂料在自然环境条件下贮存 1 a 或在(50±2)℃加速条件下贮存 30 d 后，开封检查涂料应满足下列要求：

a) 用机械混和器搅拌，在 5 min 之内很容易成均匀的状态；

b) 无硬块或胶质沉淀物。

5.7 外观与颜色

目视检查。

5.8 干膜厚度的测定

按照 5.2.7 规定方法进行检测。

5.9 模拟压载舱条件试验

按附录 A《模拟压载舱条件试验》规定的试验方法，进行试验和合格性判定。

5.10 冷凝舱试验

按附录 B《冷凝舱试验》规定的试验方法，进行试验和合格性判定。

6 检验规则

6.1 检验分类

6.1.1 检验分为型式检验和出厂检验。

6.1.2 出厂检验项目包括密度、不挥发物、外观与颜色。

6.1.3 型式检验包括本标准所列的全部要求。有下列情况之一时，应进行型式检验：

a) 正常生产时，每四年应进行一次型式检验；

b) 当产品新投产时；

c) 当材料、工艺有改变足以影响产品性能时；

d) 产品停产一年以上后重新恢复生产时。

6.2 合格判定

在对产品进行检验时，如发现产品质量不符合本标准技术要求规定时，供需双方应按照GB/T 3186 的规定重新取双倍量进行复验，如仍不符合本标准技术要求规定时，产品即为不合格品。

7 标志、包装、运输、贮存

7.1 标志

产品的标志应符合 GB/T 9750 的要求。

7.2 包装

产品的包装应符合 GB 190、GB/T 191 和 GB/T 13491 的要求。

7.3 运输

产品的运输应符合 HG/T 2458 的要求，防止雨淋、日光暴晒。

7.4 贮存

产品应符合 HG/T 2458 的要求，贮存在通风、干燥的仓库内，防止日光直接照射，并应隔绝火源。产品在原包装封闭的条件下，自生产完成之日起，贮存期为一年(或按照产品技术要求)。超过贮存期的产品可按本标准规定的出厂检验项目进行检验，如检验合格，仍可使用。

附　录　A
（规范性附录）
模拟压载舱条件试验

A.1　适用范围

附录A提供了本标准第4章、第5章所涉及的模拟压载舱条件试验程序的详细步骤，包括试验条件、试验程序、验收标准和试验报告等。

附录A适用于不小于500 t的所有类型船舶专用海水压载舱保护涂层。

A.2　试验条件

A.2.1　试验期为180 d。

A.2.2　试验样板五块，每块样板尺寸为200 mm×400 mm×3 mm。

A.2.3　模拟压载舱条件试验装置——压载舱涂层试验波浪舱的技术要求和1#～4#试验样板放置情况如图A.1所示：

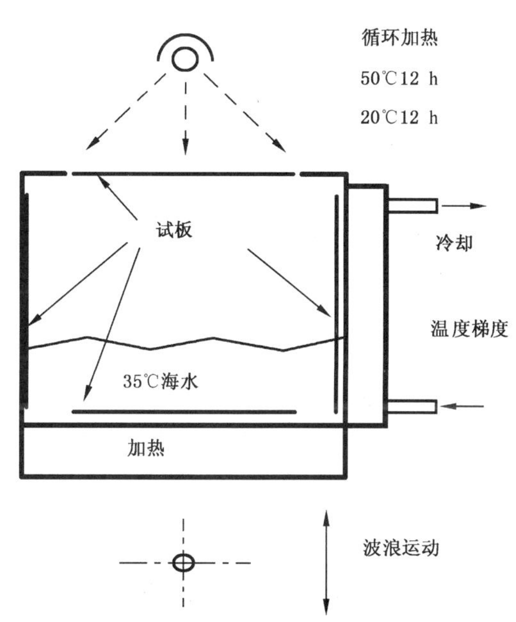

图A.1　压载舱涂层试验波浪舱

A.2.4　模拟真实压载舱的条件，一个试验循环为二个星期装载天然或人工海水，一个星期空载。海水温度保持在(35±2)℃。

A.2.5　试验海水为符合GB/T 3097中第一类经过滤的天然海水或人工海水，人工海水配方见附录C（规范性附录）。

A.2.6　样板1#：模拟上甲板的状况，试板背部(50±2)℃/12 h加(20±2)℃/冷却12 h循环；试验样板周期性的用天然或人工海水泼溅，模拟船舶纵摇和横摇运动，泼溅间隔为3 s或更短；板上有划破涂层至底材的、横贯宽度的划线。

A.2.7　样板2#：固定锌牺牲阳极以评估阴极保护效果，锌牺牲阳极尺寸为ϕ20 mm×25 mm，锌牺牲阳极材料应符合附录D的要求；试验样板上距离阳极100 mm处开有直径为8 mm的至底材的圆形人工漏涂孔；试验样板循环浸泡在天然或人工海水中。

A.2.8　样板3[#]：背面冷却，形成一个大约为20℃温度梯度，以模拟一个压载舱的冷却舱壁；用天然或人工海水泼溅，模拟船舶纵摇和横摇运动，泼溅间隔为3s或更短；板上有划破涂层至底材的、横贯宽度的划线。

A.2.9　样板4[#]：用天然或人工海水循环泼溅，模拟船前后颠簸和摇摆的运动，泼溅间隔为3 s或更短；板上有划破涂层至底材的、横贯宽度的划线。

A.2.10　在样板3[#]和4[#]各焊上一条U型条（见图A.2），U型条距一条短边120 mm，距长边各80 mm。

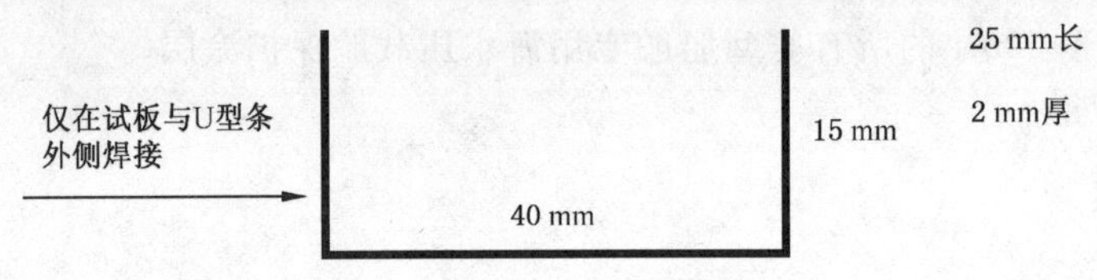

图A.2　U型条

A.2.11　样板5[#]：模拟双层底加热的燃料舱和压载水舱之间的隔板，放在干燥且温度为(70±2)℃条件下暴露180 d。

A.3　试验程序

A.3.1　试验样板制备

按5.1～5.2要求制备模拟压载舱条件试验的五块试验样板。

A.3.2　试验样板放置

将已制备完成的1[#]～4[#]试验样板按图1所示放入模拟压载舱条件试验装置——压载舱涂层试验波浪舱中规定位置并固定牢固；将5[#]样板另外放入干燥且温度为(70±2)℃的恒温试验箱中。

A.3.3　试验

A.3.3.1　开启压载舱涂层试验波浪舱和恒温试验箱，按试验条件要求设定各系统试验运行参数。试验过程中应随时检查、调整和记录各系统试验参数。

A.3.3.2　试验过程中，在每个试验循环周期结束时，应检查并记录所有试验样板表面的锈蚀、起泡、开裂情况，必要时拍照片记录。

A.3.3.3　试验结束时，应小心取出所有试验样板，用自来水冲洗去除盐迹，用滤纸或软布擦干，必要时拍照片记录。

A.3.4　试验结果检测

A.3.4.1　起泡和锈蚀

按GB/T 1766规定的试验方法对1[#]～5[#]试验样板进行检测和评级。

A.3.4.2　针孔数量

采用90 V低压湿海绵针孔检测仪对1[#]～5[#]试验样板进行检测。

A.3.4.3　附着力和内聚力

按GB/T 5210中9.4.2规定的方法对1[#]～5[#]各试验样板进行检测。

A.3.4.4　阴极保护需要电流

按重量损失计算阴极保护需要电流。

A.3.4.5　阴极剥离

A.3.4.5.1　仔细检查2[#]样板涂层并记录漆膜起泡情况，若样板反面也涂装了受试涂料，那么也应对样板反面进行检查。按照GB/T 1766规定的评级标准，记录下样板的起泡等级及起泡与人造孔之间的距离。注意区分因人造孔所致的起泡及人造孔之外的起泡。

A.3.4.5.2 在人造孔处用锋利的小刀在基材与漆膜之间划两道痕(交叉于人造孔)以评估人造孔处漆膜附着力的降低情况。用小刀尽可能地把人造孔周围的漆膜剥起。记录下漆膜与基材的附着力是否降低,以及被剥离漆膜与人造孔之间的最大距离(mm)。

A.3.4.6 划痕附近的腐蚀蔓延

仔细检查1#、3#、4#样板划痕处附近涂层锈蚀、起泡、脱落情况,按照GB/T 1766规定的评级标准,记录下样板的锈蚀、起泡等级及与划痕处之间的距离(mm)。测量每块样板沿划痕两边的腐蚀蔓延并确定腐蚀蔓延的最大值,三个最大值的平均值作为验收值。

A.3.4.7 U型条效应

仔细检查并记录焊接在3#、4#样板上的U型焊条的所有角落或焊缝处是否存在缺陷、开裂或剥离等情况。

A.4 验收标准

船舶压载舱漆涂层的模拟压载舱条件试验的试验结果应满足下表A.1要求。

表 A.1 验收标准

项　　目	环氧基体系	非环氧基体系
起泡	0级	0级
锈蚀	0级	0级
针孔数量	0	0
附着力	>3.5 MPa 基材和涂层间或各道涂层之间的脱开面积在60%或以上	>5.0 MPa 基材和涂层间或各道涂层之间的脱开面积在60%或以上
内聚力	>3.0 MPa 涂层中的内聚破坏面积在40%或以上	>5.0 MPa 涂层中的内聚破坏面积在40%或以上
阴极保护需要电流	<5 mA/m²	<5 mA/m²
阴极保护;人工漏涂处的剥离	<8 mm	<5 mm
划痕附近的腐蚀蔓延	<8 mm	<5 mm
U型条	若在角上或焊缝处有缺陷、开裂或剥离都将判定系统不合格	若在角上或焊缝处有缺陷、开裂或剥离都将判定系统不合格

A.5 试验报告

试验报告应包括下列内容:

a) 生产商名称。

b) 试验日期。

c) 涂料和底漆的产品名称/标识。

d) 批号。

e) 钢板表面处理的数据,包括:

——表面处理方式;

——水溶性盐含量;

——灰尘和磨料嵌入物。

f) 涂层体系涂装的数据,包括下列数据:

——车间底漆;

——涂层道数;

——涂装间隔;

——试验前的干膜厚度;

——稀释剂;

——气温、湿度、钢板温度。

g) 模拟压载舱条件试验的试验结果,包括:

——样板起泡;

——样板锈蚀;

——针孔数量;

——附着力;

——内聚力;

——按重量损失计算的阴极保护需要电流;

——阴极保护,人工漏涂处的剥离;

——划痕附近的腐蚀蔓延;

——U 型条。

h) 按验收标准判断的结果。

附 录 B
（规范性附录）
冷凝舱试验

B.1 适用范围

附录B提供了本标准第4章、第5章所涉及的冷凝舱条件试验程序的详细步骤，包括试验条件、试验程序、验收标准和试验报告等。

附录B适用于不小于500 t的所有类型船舶专用海水压载舱及船长150 m及以上散货船的双舷侧处所（非专用海水压载舱）的保护涂层。

B.2 试验条件

冷凝舱试验依据GB/T 13893标准进行，试验条件如下：

a) 暴露时间为180 d；

b) 两块试板，每块试板尺寸为150 mm×150 mm×3 mm；

c) 冷凝舱条件试验的试验装置技术要求和试验样板放置情况如图B.1所示：

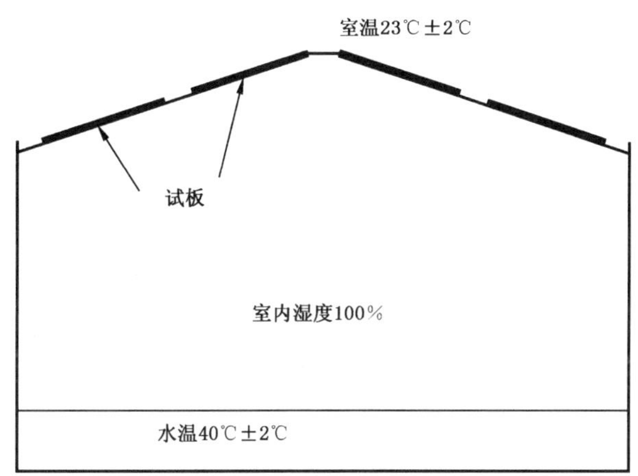

图 B.1 冷凝舱试验

B.3 试验程序

B.3.1 按5.1、5.2要求制备冷凝舱试验的2块试验样板。

B.3.2 将已制备完成的样板按图B.1所示放入冷凝舱中规定位置。

B.3.3 开启冷凝试验舱，按试验条件要求设定各系统试验运行参数。试验过程中应随时检查并记录各系统试验参数的运行情况。

B.3.4 试验过程中，要定期检查并记录所有试验样板表面的锈蚀、起泡、开裂等情况，必要时应拍照片记录。

B.3.5 试验结束时，应小心取出所有试验样板，用滤纸或软布轻轻擦干，然后按下列规定试验方法进行试验结果检测。

B.3.5.1 起泡和锈蚀的检测

按GB/T 1766规定的试验方法进行检测和评级。

B.3.5.2　针孔数量的检测

采用 90 V 低压湿海绵针孔检测仪板进行检测。

B.3.5.3　附着力和内聚力的检测

按 GB/T 5210—2006 中 9.4.2 规定的方法进行检测。

B.4　验收标准

船舶压载舱漆涂层的冷凝舱试验的结果应满足表 B.1 要求。

表 B.1　验收标准

项　目	环氧基系统	非环氧基系统
起泡	0 级	0 级
锈蚀	0 级	0 级
针孔数量	0	0
附着力	>3.5 MPa 基材和涂层间或各道涂层之间的脱开面积在 60%或以上	>5.0 MPa 基材和涂层间或各道涂层之间的脱开面积在 60%或以上
内聚力	>3.0 MPa 涂层中的内聚破坏面积在 40%或以上	>5.0 MPa 涂层中的内聚破坏面积在 40%或以上

B.5　试验报告

试验报告应包括下列内容：

a)　生产商名称。

b)　试验日期。

c)　涂料和底漆的产品名称/标识。

d)　批号。

e)　钢板表面处理的数据，包括：

——表面处理方式；

——水溶性盐含量；

——灰尘和磨料嵌入物。

f)　涂层体系涂装的数据，包括下列数据：

——车间底漆；

——涂层道数；

——涂装间隔；

——试验前的干膜厚度；

——稀释剂；

——气温、湿度、钢板温度。

g)　压载条件试验的试验结果，包括：

——样板起泡；

——样板锈蚀；

——针孔数量；

——附着力；

——内聚力。

h)　按验收标准判断的结果。

附　录　C
（规范性附录）
人工海水配方

用下列分析纯级试剂溶于蒸馏水并稀释至总量为 1 L：

24.53 g 氯化钠（NaCl）；

11.11 g 六水合氯化镁（$MgCl_2 \cdot 6H_2O$）；

4.09 g 无水硫酸钠（Na_2SO_4）；

1.16 g 无水氯化钙（$CaCl_2$）；

0.70 g 氯化钾（KCl）；

0.20 g 碳酸氢钠（$NaHCO_3$）；

0.10 g 溴化钾（KBr）。

附　录　D
（规范性附录）
牺牲阳极——锌合金的组成成分

合金中各成分的质量分数(%)：

铅	≤0.006
铁	≤0.005
钙	0.025～0.070
铜	≤0.005
铝	0.10～0.50
其他	≤0.10
锌(纯度 99.99%)	余下部分

ICS 47.020.01;89.040
U 05

中华人民共和国国家标准

GB/T 7788—2007
代替 GB/T 7788—1987

船舶及海洋工程阳极屏涂料通用技术条件

General specification for anodic shield coating of ship and marine engineering

2007-01-05 发布　　2007-06-01 实施

中华人民共和国国家质量监督检验检疫总局
中国国家标准化管理委员会　发布

前　言

本标准代替 GB/T 7788—1987《船舶及海洋工程阳极屏涂料通用技术条件》。

本标准与 GB/T 7788—1987 相比有如下重大技术变化：

——本标准对部分技术指标进行了修订：

a) 附着力指标不小于 2.5 MPa 修改为不小于 10 MPa；

b) 耐冲击试验方法参照 BS 标准修订为按照 ASTM D2794 规定进行；

c) 耐盐雾性能指标 600 h 修改为 1 000 h；

d) 增加了外观、密度、干燥时间及适用期技术指标。

——本标准对附录 A 中试验装置进行修改。

本标准附录 A 为规范性附录。

本标准由中国石油和化学工业协会提出。

本标准由全国涂料和颜料标准化技术委员会归口。

本标准起草单位：中国船舶重工集团公司第七二五研究所。

本标准主要起草人：吴诤、叶美琪、林志坚、柯清良、许春生。

本标准于 1987 年 4 月首次发布。

船舶及海洋工程阳极屏涂料通用技术条件

1 范围

本标准规定了船舶及海洋工程用阳极屏涂料的要求、试验方法、检验规则、标志、包装、运输和贮存。

本标准适用于船舶及海洋工程外加电流阴极保护系统辅助阳极的屏蔽涂料。

2 规范性引用文件

下列文件中的条款通过本标准的引用而成为本标准的条款。凡是注日期的引用文件，其随后所有的修改单(不包括勘误的内容)或修订版均不适用于本标准，然而，鼓励根据本标准达成协议的各方研究是否可使用这些文件的最新版本。凡是不注日期的引用文件，其最新版本适用于本标准。

GB/T 1727 漆膜一般制备法

GB/T 1728 漆膜、腻子膜干燥时间测定法

GB/T 1765 测定耐湿热、耐盐雾、耐候性(人工加速)的漆膜制备法

GB/T 1771 色漆和清漆 耐中性盐雾性能的测定(GB/T 1771—1991,eqv ISO 7253:1984)

GB 3097 海水水质标准

GB/T 3186 色漆、清漆和色漆与清漆用原材料 取样(GB/T 3186—2006,ISO 15528:2000,IDT)

GB/T 5210 色漆和清漆 拉开法附着力试验(GB/T 5210—2006,ISO 4624:2002,IDT)

GB/T 6750 色漆和清漆 密度的测定(GB/T 6750—1986,eqv ISO 2811:1974)

GB/T 6753.3 涂料贮存稳定性试验方法

GB/T 8923—1988 涂装前钢材表面锈蚀等级和除锈等级(eqv ISO 8501-1:1988)

GB/T 9750 涂料产品包装标志

GB/T 13491 涂料产品包装通则

ASTM D2794 有机涂层抗快速变型(冲击)的作用

3 要求

3.1 技术指标

技术指标应符合表1的要求。

表1 技术指标

序号	项 目 名 称	技 术 指 标
1	外观	光滑均匀
2	密度/(g/mL)	1.20～1.40
3	干燥时间[(23±2)℃]/h	表干:≤4 实干:≤24
4	适用期(23℃)/h ≥	1
5	附着力/MPa ≥	10
6	耐冲击/(kg·m) ≥	0.408
7	耐盐雾,1 000 h	无起泡、无脱落、无生锈

表 1(续)

序号	项 目 名 称		技 术 指 标
8	耐电位[(−3.50±0.02)V](相对于银/氯化银参比电极),30 d		无起泡、无剥落、无生锈
9	贮存期	≥	1年

4 试验方法

4.1 试板制备

4.1.1 试板表面处理

按 GB/T 8923—1988 的 Sa2.5 或 St3 级的规定进行试板表面处理。

4.1.2 漆膜制备

按 GB/T 1727、GB/T 1765 的规定进行漆膜制备。耐冲击、耐盐雾及耐电位性能试验干膜厚度应为(1 000±50)μm。

4.2 颜色外观试验

自然光下目测,其结果应符合 3.1 的要求。

4.3 密度测定

按 GB/T 6750 的规定测定密度,其结果应符合 3.1 的要求。

4.4 干燥时间测定

按 GB/T 1728 规定的进行,其结果应符合 3.1 的要求。

4.5 适用期检验

环境温度为(23±2)℃,相对湿度(50±5)%条件下,进行适用期检验,其结果应符合 3.1 的要求。

4.6 附着力试验

按 GB/T 5210 的规定进行附着力试验,其结果应符合 3.1 的要求。

4.7 耐冲击试验

按 ASTM D2794 的规定进行耐冲击试验,其结果应符合 3.1 的要求。

4.8 耐盐雾试验

按 GB/T 1771 的规定进行耐盐雾试验,其结果应符合 3.1 的要求。

4.9 耐电位试验

按附录 A 的规定进行耐电位性能试验,其结果应符合 3.1 的要求。

4.10 贮存期检验

按 GB/T 6753.3 的规定进行贮存期检验,其结果应符合 3.1 的要求。

5 检验规则

5.1 抽样

按 GB/T 3186 规定的进行取样,取样量应不得少于 4 kg,分成两份,分别装入干燥、清洁容器中,一份供检验用,一份密封贮存以备查。

5.2 检验分类

检验分为型式检验和出厂检验。

5.3 型式检验

5.3.1 检验条件

有下列情况之一时应进行型式检验:

a) 产品新投产时;

b） 正式生产后，产品的原材料、制备工艺有重大变化影响产品性能时；

c） 产品连续生产三年时；

d） 产品停产一年后恢复生产时。

5.3.2 检验项目

按表2的规定进行型式检验。

5.4 出厂检验

5.4.1 检验条件

每批涂料应进行出厂检验。

5.4.2 组批

检验以批为单位，以一个生产批次为一批，每批应不超过500 kg。

5.4.3 检验项目

按表2的规定进行出厂检验。

5.4.4 合格判定

检验项目不符合规定时。应按GB/T 3186的规定重新取双倍试样进行复验，如仍有项目不符合规定，产品即为不合格品。

表2 检验项目

序号	检验项目名称	出厂检验	型式检验	要求章节	试验方法
1	外观	•	•	3.1	4.2
2	密度	•	•	3.1	4.3
3	干燥时间	•	•	3.1	4.4
4	适用期	•	•	3.1	4.5
5	附着力	—	•	3.1	4.6
6	耐冲击	—	•	3.1	4.7
7	耐盐雾	—	•	3.1	4.8
8	耐电位	—	•	3.1	4.9
9	贮存期	—	•	3.1	4.10
注：• 应检项目；— 不检项目。					

6 标志、标签、包装、运输和贮存

6.1 标志

涂料标志应符合GB/T 9750的规定。

6.2 标签

阳极屏涂料包装容器应附有标签，注明产品标准号、型号、名称、质量、批号、贮存期、生产厂名、厂址及生产日期。

6.3 包装

涂料包装应符合GB/T 13491的规定。

6.4 运输

阳极屏涂料在运输时，应防止雨淋、日光曝晒等。

6.5 贮存

阳极屏涂料存放时应保持通风、干燥，防止日光直接照射，并应隔绝火源。阳极屏涂料在原包装封闭条件下，自生产之日起，有效贮存期为一年，超过贮存期可按本标准的规定进行出厂检验，若检验合格仍可使用。

附 录 A
（规范性附录）
阳极屏涂层耐电位性能试验方法

A.1 试验装置

阳极屏涂层耐电位性能试验装置参见图 A.1。

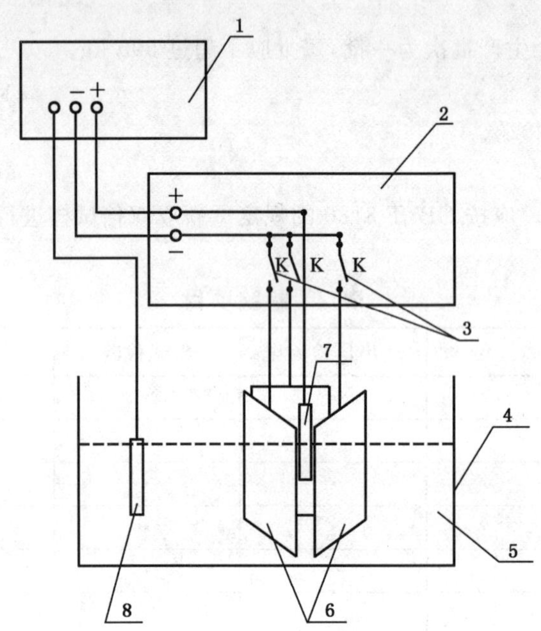

1——恒电位仪；
2——接线板；
3——开关；
4——水槽；
5——海水介质；
6——样板；
7——碳电极；
8——参比电极(银/氯化银参比电极)。

图 A.1 耐电位性能试验装置

A.2 试验条件

试验条件如下：

a) 实验介质应符合 GB 3097 的要求；

b) 试验温度应为常温；

c) 恒电位控制范围：(－7～7)V；输出电流：(0～±200)mA；输山电压：(0～±10)V。

d) 试验电位应为(－3.5±0.02)V(相对于银/氯化银参比电极)。

A.3 试验样板的制备

A.3.1 试板材料

试板材料应为普通低碳钢板。

A.3.2 试样制备方法

试样按如下规定制备：

a) 试样数量：试验样板数量为3块；

b) 试板尺寸：试板尺寸按图A.2规定，厚度为(1.5～2)mm；

c) 试板表面处理：按GB/T 8923—1988的Sa2.5或St3级的规定进行试板表面处理；

单位为毫米

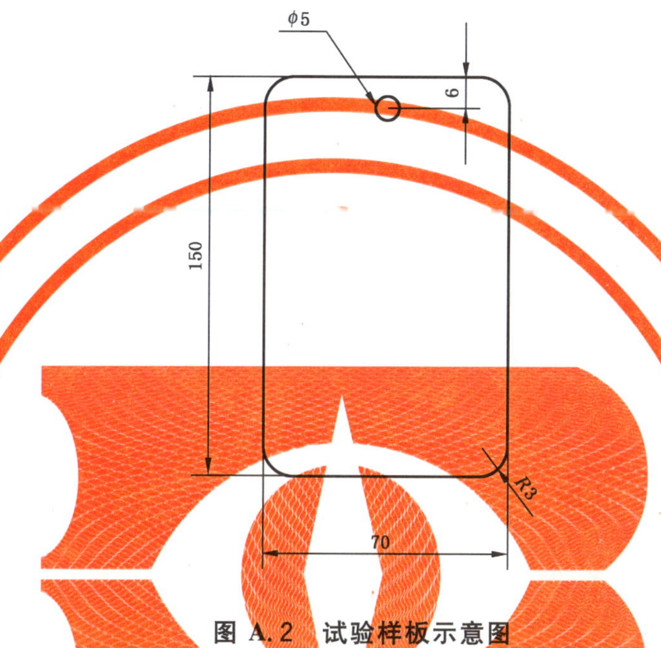

图A.2 试验样板示意图

d) 试样涂层厚度：按实际涂装工艺制样，涂层厚度应为(1 000±50)μm；

e) 漆膜干燥条件：涂层干燥温度为(23±2)℃，相对湿度为(50±5)%条件下，放置7 d。

A.4 试验步骤

试验步骤如下：

a) 将试样置于水槽中，介质浸到样板的三分之二，用并联的方式将试样接入恒电位仪负极，正极为碳电极。

b) 将试样围住碳电极，距离不大于300 mm，并使样板的考察面正对碳电极。

c) 将电流表接在开关的两端的接线柱上，断开开关，读取读数；合上开关，取下电流表。

d) 每天观察试样测量电流并记录。在试验过程中如发现涂层有起泡、脱落等现象，试验中止。

A.5 试验报告

试验报告应包括试验名称、相关标准及其名称、试验日期、试验条件、试验结果等。

ICS 87.040
G 51

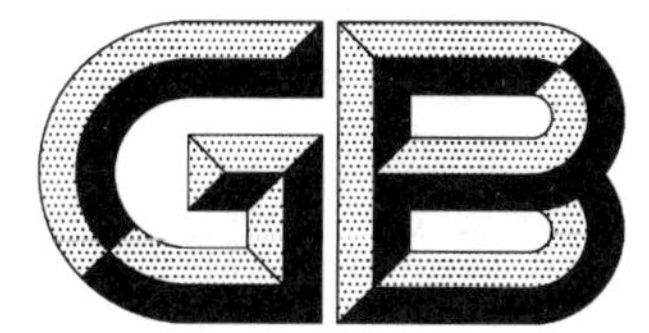

中华人民共和国国家标准

GB/T 9260—2008
代替 GB/T 9260—1988

船用水线漆

Boottopping paint for ship

2008-06-04 发布　　2008-12-01 实施

中华人民共和国国家质量监督检验检疫总局
中国国家标准化管理委员会　发布

前　言

本标准代替 GB/T 9260—1988《船用水线漆通用技术条件》。

本标准与 GB/T 9260—1988 的主要技术差异为：

——名称改为船用水线漆；

——更新了原有项目的试验方法；

——增加了涂膜外观、干燥时间、耐冲击性、耐人工气候老化性要求；

——耐划水性试验装置的线速度由"32.78 km/h(约 18 节)"提高到"38.24 km/h(约 21 节)"；

——将产品检验分为出厂检验和型式检验。

本标准的附录 A 为规范性附录。

本标准由中国石油和化学工业协会提出。

本标准由全国涂料和颜料标准化技术委员会归口。

本标准起草单位：海洋化工研究院、中海油常州涂料化工研究院、海虹老人牌(中国)有限公司、中涂化工(上海)有限公司、宁波飞轮造漆有限责任公司、浙江飞鲸漆业有限公司、上海开林造漆厂、中国船舶重工集团公司第七二五研究所。

本标准主要起草人：钱叶苗、苏春海、王桂荣、邱国胜、王磊、袁泉利、严杰、李华刚、叶章基。

本标准于 1988 年 4 月首次发布，本次为第一次修订。

船 用 水 线 漆

1 范围

本标准规定了船用水线漆的要求、试验方法、检验规则、标志、包装、运输和贮存。

本标准适用于船舶满载水线和轻载水线之间船壳外表面的水线漆，不适用于具有防污作用的水线漆。

2 规范性引用文件

下列文件中的条款通过本标准的引用而成为本标准的条款。凡是注日期的引用文件，其随后所有的修改单(不包含勘误的内容)或修订版均不适用于本标准，然而，鼓励根据本标准达成协议的各方研究是否可使用这些文件的最新版本。凡是不注日期的引用文件，其最新版本适用于本标准。

GB/T 1727 漆膜一般制备法

GB/T 1728—1979 漆膜、腻子膜干燥时间测定法

GB/T 1765—1979 测定耐湿热、耐盐雾、耐候性(人工加速)的漆膜制备法

GB/T 1766 色漆和清漆 涂层老化的评级方法

GB/T 1771 色漆和清漆 耐中性盐雾性能的测定(GB/T 1771—2007,ISO 7253:1996,IDT)

GB/T 1865—1997 色漆和清漆 人工气候老化和人工辐射暴露(滤过的氙弧辐射)(eqv ISO 11341:1994)

GB/T 3186 色漆、清漆和色漆与清漆用原材料 取样(GB/T 3186—2006,ISO 15528:2000,IDT)

GB/T 5210—2006 色漆和清漆 拉开法附着力试验(ISO 4624:2002,IDT)

GB/T 6748 船用防锈漆

GB/T 9271 色漆和清漆 标准试板(GB/T 9271—2008,ISO 1514:2004,MOD)

GB/T 9274—1988 色漆和清漆 耐液体介质的测定(eqv ISO 2812:1974)

GB/T 9276—1996 涂层自然气候曝露试验方法(eqv ISO 2810)

GB/T 9278 涂料试样状态调节和试验的温湿度(GB/T 9278—2008,ISO 3270:1984,Paints and varnishes and their raw materials—Temperatures and humidities for conditioning and testing,IDT)

GB/T 9750 涂料产品包装标志

GB/T 10834 船舶漆耐盐水性的测定 盐水和热盐水浸泡法

GB/T 13491—1992 涂料产品包装通则

GB/T 14522—1993 机械工业产品用塑料、涂料、橡胶材料人工气候加速试验方法

GB/T 20624.1—2006 色漆和清漆 快速变形(耐冲击性)试验 第1部分:落锤试验(大面积冲头)(ISO 6272-1:2002,IDT)

HG/T 2458—1993 涂料产品的检验、运输和贮存通则

3 要求

产品应符合表1的要求，配套底漆应符合GB/T 6748《船用防锈漆》的要求。

表1 要求

项目		指标
涂膜外观		正常
干燥时间/h	表干	≤4
	实干	≤24
耐冲击性		通过
附着力/MPa		≥3
耐盐水性(天然海水或人造海水,27℃±6℃,7 d)		漆膜不起泡、不生锈、不脱落
耐油性(15W-40号柴油机润滑油,48 h)		漆膜不起泡、不脱落
耐盐雾性(单组分漆 400 h,双组分漆 1 000 h)		漆膜不起泡、不脱落、不生锈
耐人工气候老化性[a]/级 (紫外 UVB-313:200 h或商定; 或者氙灯:300 h或商定)		漆膜颜色变色[b]≤4 粉化[b]≤2 无裂纹
耐候性[a](海洋大气曝晒,12个月)/级		漆膜颜色变色[b]≤4 粉化[b]≤2 无裂纹
耐划水性,2个周期		漆膜不起泡、不脱落
[a] 耐人工气候老化性和耐候性可任选一项。 [b] 环氧类漆可商定。		

4 试验方法

4.1 取样

产品按 GB/T 3186 的规定取样,也可按商定方法取样。样品应分成两份,一份做检验用样品,另一份密封贮存备查。

4.2 试验环境

样板的状态调节和试验的温湿度应符合 GB/T 9278 的规定。

4.3 试验样板的制备

除另有规定外,干燥时间试验用底材为马口铁板,附着力试验用底材为金属试柱,其余试验项目所用底材均为钢板,各种底材的要求和处理方法应符合 GB/T 9271 规定。测定附着力、耐盐水性、耐油性、耐盐雾性、耐人工气候老化性、耐候性、耐划水性的试板,均按照 GB/T 1765—1979 规定制板,并与相应底漆配套。双组分漆要根据施工使用说明规定比例混合均匀后,按 GB/T 1727 规定进行刷涂或喷涂。试板的底面漆干膜厚度应按其相应的产品技术条件或说明书中规定的条件进行控制。除另有规定外,所有试板制板后在 GB/T 9278 规定条件下放置 7 d 后进行测试。

4.4 涂膜外观

样板在散射日光下目视观察,如果涂膜均匀,无流挂、发花、针孔、开裂和剥落等涂膜病态,则评为“正常”。

4.5 干燥时间

按 GB/T 1728—1979 的规定进行,其中表干按乙法,实干按甲法。

4.6 耐冲击性

按 GB/T 20624.1—2006 的规定进行。采用直径为(20±0.3)mm 的球形冲头,重锤质量为 1 kg,

不装深度控制环，调整重锤自 500 mm 处落下，如在冲击的变形区域内无漆膜脱落和开裂，则该冲击点为通过。试验两块试板，每块板上冲击 5 个点，如其中有一块试板上有 3 个点及以上无漆膜脱落和开裂，则该试验项目评为“通过”。

4.7 附着力

按 GB/T 5210—2006 中 9.4.3 的规定进行。

4.8 耐盐水性

按 GB/T 10834 的规定进行。

4.9 耐油性

按 GB/T 9274—1988 中甲法的规定进行，介质为 15W-40 号柴油机润滑油。

4.10 耐盐雾性

按 GB/T 1771 的规定进行。

4.11 耐人工气候老化性

耐紫外老化按 GB/T 14522—1993 规定进行，辐照度为 0.68 W/m^2；耐氙灯老化按 GB/T 1865—1997 中 9.3 操作程式 A 的规定进行，结果的评定按 GB/T 1766 规定进行。

4.12 耐候性

按 GB/T 9276—1996 的规定进行，结果的评定按 GB/T 1766—1995 规定进行。

4.13 耐划水性

按附录 A 的规定进行。

5 检验规则

5.1 检验分类

产品检验分为出厂检验和型式检验。

5.1.1 出厂检验

出厂检验项目包括：涂膜外观、干燥时间、耐冲击性共三项。

5.1.2 型式检验

型式检验项目包括表 1 中所列的全部要求，在正常生产情况下，每四年进行一次型式检验。有下列情况之一时应随时进行型式检验：

——新产品最初定型时；

——当材料、工艺有改变足以影响产品性能时；

——产品停产一年以上又重新恢复生产时。

5.2 检验结果的判定

所有项目的检验结果均达到本标准要求时，该产品为符合本标准要求；如发现产品质量不符合要求规定时，供需双方应按照 GB/T 3186 的规定重新取双倍量进行复验，如仍不符合本标准要求规定时，产品即为不合格品。

6 标志、包装、运输和贮存

6.1 标志

按 GB/T 9750 的规定进行。对于双组分漆，包装标志上应明确各组分配比。

6.2 包装

除合同或订单另有规定外，应按 GB/T 13491—1992 中一级包装要求的规定进行。

6.3 运输

运输中严防雨淋、日光曝晒，禁止接近火源，防止碰撞，保持包装完好无损，应符合 HG/T 2458—1993 中第四章的有关规定。

6.4 贮存

在贮存时应保持通风、干燥、防止日光直接照射，并应隔绝火源，远离热源。产品应根据类型定出贮存期，并在包装标志上明示。超过贮存期可按本标准规定的出厂检验项目进行检验，如结果符合本标准第 3 章要求，仍可使用。

附 录 A
（规范性附录）
划 水 试 验

A.1 试验装置

如图A.1所示。一个1 200 mm×1 200 mm×1 200 mm的水池，其上装有电动机，通过传动装置带动池内的样板架。动力和传动装置必须使样板线速度达到38.24 km/h（约21节）。

样板架的转动轴垂直于池的底面，固定安装在水池内。轴的位置距一边为边长的二分之一，距该边的邻边为边长的三分之一。

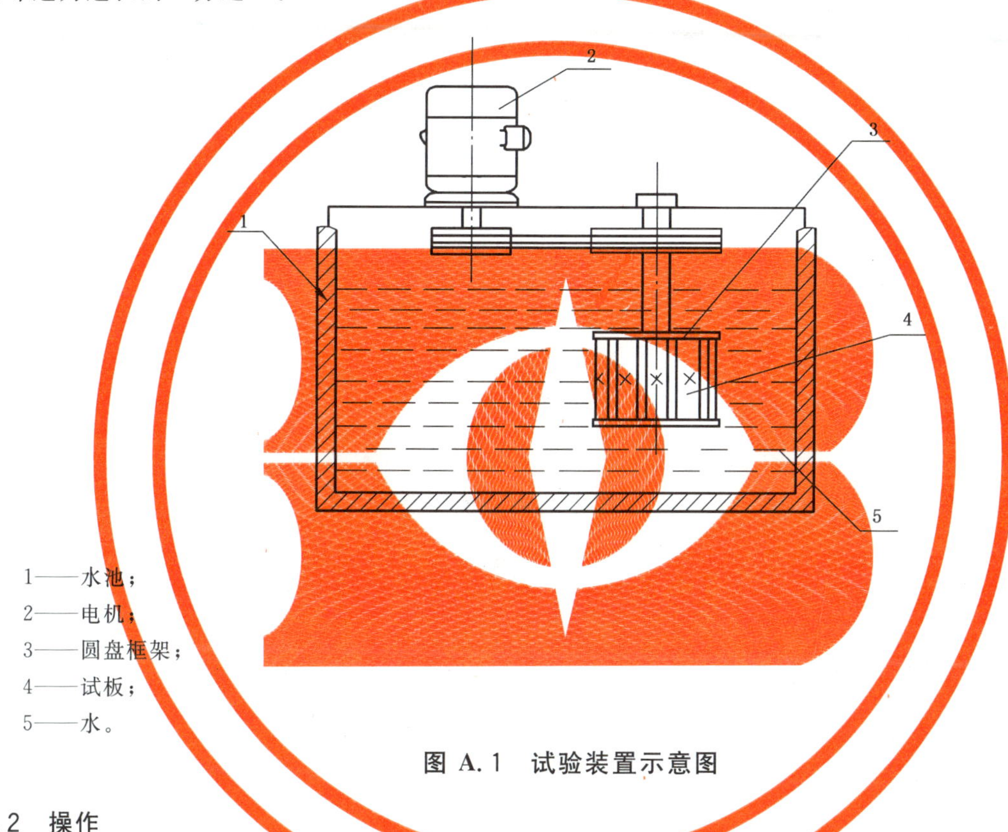

1——水池；
2——电机；
3——圆盘框架；
4——试板；
5——水。

图 A.1 试验装置示意图

A.2 操作

试验前，在样板中心处划一"×"形划痕（必须裸露底板），划线长度为50 mm，两线相互垂直，划线与样板边成45°。同一试样要用三块样板进行平行试验。

将样板沿轴向排列，使受试面朝外，固定在样板架上。使样板全部浸入(23±2)℃的自来水中，放置24 h。启动电机8 h，停机后静置16 h，重复三次。总共96 h为一试验周期。

A.3 样板检验

在每个试验周期结束后，应检验样板的涂漆表面并作记录（检查时应扣除样板边缘10 mm内及划线两测3 mm内的区域）。样板出现漆膜脱落、起泡和生锈等缺陷时，则应终止试验。

A.4 试验结果

试验结束后，以不少于两块试验样板的结果一致为准。

ICS 87.040
G 51

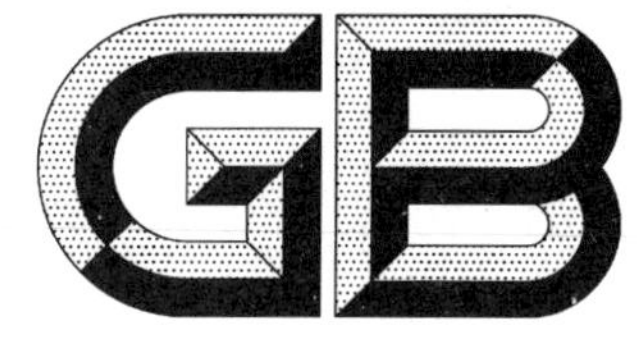

中华人民共和国国家标准

GB/T 9261—2008
代替 GB/T 9261—1988

甲　　板　　漆

Deck paint

2008-05-14 发布　　　　2008-10-01 实施

中华人民共和国国家质量监督检验检疫总局
中国国家标准化管理委员会　发布

前　言

本标准代替 GB/T 9261—1988《甲板漆通用技术条件》。

本标准与 GB/T 9261—1988 的主要技术差异为：

——名称改为甲板漆；

——更新了原有项目的测试方法；

——将耐 1%仲烷基磺酸钠溶液改为耐十二烷基苯磺酸钠；

——增加了不挥发物含量、干燥时间、耐冲击性、耐人工气候老化性指标；

——将产品检验分为出厂检验和型式检验。

本标准由中国石油和化学工业协会提出。

本标准由全国涂料和颜料标准化技术委员会归口。

本标准起草单位：海洋化工研究院、中涂化工(上海)有限公司、上海开林造漆厂、中国船舶重工集团公司第七二五研究所、宁波飞轮造漆有限责任公司、浙江飞鲸漆业有限公司、中化建常州涂料化工研究院。

本标准起草人：钱叶苗、苏春海、欧伯兴、沈澜、陆伯岑、袁泉利、张东亚。

本标准于 1988 年 4 月首次发布，本次为第一次修订。

甲 板 漆

1 范围

本标准规定了甲板漆的要求、试验方法、检验规则、标志、包装、运输和贮存。

本标准适用于船舶甲板、码头及其他海洋设施的钢铁表面用漆。

2 规范性引用文件

下列文件中的条款通过本标准的引用而成为本标准的条款。凡是注日期的引用文件，其随后所有的修改单(不包括勘误的内容)或修订版均不适用于本标准，然而，鼓励根据本标准达成协议的各方研究是否可使用这些文件的最新版本。凡是不注日期的引用文件，其最新版本适用于本标准。

GB/T 1250—1989 极限数值的表示方法和判定方法

GB/T 1725—2007 色漆、清漆和塑料 不挥发物含量的测定(ISO 3251:2003,IDT)

GB/T 1727—1992 漆膜一般制备法

GB/T 1728—1979(1989) 漆膜、腻子膜干燥时间测定法

GB/T 1765—1979(1989) 测定耐湿热、耐盐雾、耐候性(人工加速)的漆膜制备法

GB/T 1766—1995 色漆和清漆 涂层老化的评级方法(neq ISO 4628-1:1980)

GB/T 1768—2006 色漆和清漆 耐磨性的测定 旋转橡胶砂轮法(ISO 7784-2:1997,IDT)

GB/T 1771—2007 色漆和清漆 耐中性盐雾性能的测定(ISO 7253:1996,IDT)

GB/T 1865—1997 色漆和清漆 人工气候老化和人工辐射暴露(滤过的氙弧辐射)(eqv ISO 11341:1994)

GB/T 3186 色漆、清漆和色漆与清漆用原材料 取样(GB/T 3186—2006,ISO 15528:2000,IDT)

GB/T 5210—2006 色漆和清漆 拉开法附着力试验(ISO 4624:2002,IDT)

GB/T 6748 船用防锈漆通用技术条件

GB/T 9263—1988 防滑甲板漆防滑性的测定

GB/T 9271—1988 色漆和清漆 标准试板(eqv ISO 1514:1984)

GB/T 9274—1988 色漆和清漆 耐液体介质的测定(eqv ISO 2812:1974)

GB/T 9276—1996 涂层自然气候曝露试验方法(eqv ISO 2810)

GB/T 9278 涂料试样状态调节和试验的温湿度(GB/T 9278—2008,ISO 3270:1984,Paints and varnishes and their raw materials—Temperatures and hunidities for conditioning and testing,IDT)

GB/T 9750—1998 涂料产品包装标志

GB/T 10834 船舶漆耐盐水性的测定 盐水和热盐水浸泡法

GB/T 13491—1992 涂料产品包装通则

GB/T 14522—1993 机械工业产品用塑料、涂料、橡胶材料人工气候加速试验方法

GB/T 20624.1—2006 色漆和清漆 快速变形(耐冲击性)试验 第1部分:落锤试验(大面积冲头)(ISO 6272-1:2002,IDT)

HG/T 2458—1993 涂料产品的检验、运输和贮存通则

3 要求

产品应符合表1的技术要求，配套底漆应符合 GB/T 6748 的规定。

表 1 技术要求

项目			指标
涂膜外观			正常
不挥发物质量分数/%		≥	50
干燥时间/h	表干	≤	4
	实干	≤	24
耐冲击性			通过
附着力/MPa		≥	3.0
耐磨性(500 g/500 r)/mg		≤	100
耐盐水性(天然海水或人造海水,27℃±6℃,48 h)			漆膜不起泡、不脱落、不生锈
耐柴油性(0#柴油,48 h)			漆膜不起泡、不脱落
耐十二烷基苯磺酸钠(1%溶液,48 h)			漆膜不起泡、不脱落
耐盐雾性(单组分漆 400 h,双组分漆 1 000 h)			漆膜不起泡、不脱落、不生锈
耐人工气候老化性/级 (紫外 UVB-313:300 h 或商定; 或者氙灯:500 h 或商定)			漆膜颜色变化≤4 粉化≤2[a] 裂纹 0
耐候性(海洋大气曝晒,12 个月)/级			漆膜颜色变化≤4 粉化≤2[a] 裂纹 0
防滑性(干态摩擦因数)[b]			≥0.85
a 环氧类漆可商定。 b 仅适用于防滑型甲板漆。			

4 试验方法

4.1 取样

产品按 GB/T 3186 的规定取样,也可按商定方法取样。样品应分成两份,一份做检验用样品,另一份密封贮存备查。

4.2 试验环境

样板的状态调节和试验的温湿度应符合 GB/T 9278 的规定。

4.3 试验样板的制备

标准试板的准备按照 GB/T 9271—1988 规定进行,测定耐盐水性、耐柴油性、耐十二烷基苯磺酸钠、耐盐雾性、耐人工气候老化性的试板,均按照 GB/T 1765—1979(1989)规定制板,双组分漆要根据施工使用说明规定比例混合均匀后,按 GB/T 1727—1992 规定进行刷涂或喷涂,并与相应底漆配套。干膜厚度底漆控制在(50±10)μm,甲板漆控制在(60±10)μm,总干膜厚度控制在(100±10)μm。除另有规定外,所有试板制板后在 GB/T 9278 规定条件下放置 7 d 后进行测试。

4.4 操作方法

4.4.1 涂膜外观

样板在散射日光下目视观察,如果涂膜均匀,无流挂、发花、针孔、开裂和剥落等涂膜病态,则评为"正常"。

4.4.2 不挥发物含量

按 GB/T 1725—2007 的规定进行，双组分漆按产品配比混合均匀后测定。

4.4.3 干燥时间

按 GB/T 1728—1979(1989)的规定进行，其中表干按乙法，实干按甲法。

4.4.4 耐冲击性

按 GB/T 20624.1—2006 的规定进行。采用直径为(20±0.3)mm 的球形冲头，重锤质量为 1 kg，不装深度控制环，调整重锤自 500 mm 处落下，如在冲击的变形区域内无漆膜脱落和开裂，则该冲击点为通过。试验两块试板，每块板上冲击 5 个点，如其中有一块试板上有 3 个点及以上无漆膜脱落和开裂，则该试验项目评为“通过”。

4.4.5 附着力

按 GB/T 5210—2006 中 9.4.3 的规定进行。

4.4.6 耐磨性

按 GB/T 1768—2006 的规定进行，所用橡胶砂轮的型号为 CS-10。

4.4.7 耐盐水性

按 GB/T 10834 的规定进行。

4.4.8 耐柴油性

按 GB/T 9274—1988 中甲法的规定进行，介质为 0# 柴油。

4.4.9 耐十二烷基苯磺酸钠

按 GB/T 9274—1988 的规定进行，介质为 1%的十二烷基苯磺酸钠溶液。

4.4.10 耐盐雾性

按 GB/T 1771—2007 的规定进行。

4.4.11 耐人工气候老化性

耐紫外老化按 GB/T 14522—1993 规定进行，辐照度为 0.68 W/m^2；耐氙灯老化按 GB/T 1865—1997 中 9.3 操作程式 A 的规定进行，结果的评定按 GB/T 1766—1995 规定进行。

4.4.12 耐候性

按 GB/T 9276—1996 的规定进行，结果的评定按 GB/T 1766—1995 规定进行。

4.4.13 防滑性

对防滑型甲板漆，应测定该漆对橡胶的干态摩擦因数，橡胶应是 60～80(邵 A)硬度范围的硫化橡胶。对试验样板均匀地施加 15 kg 负载，按照 GB/T 9263—1988 中 5.2 规定的试验方法进行试验，摩擦因数(μ)按式(1)计算。

$$\mu = \frac{W}{15 \times 9.8} \quad \cdots\cdots(1)$$

式中：

μ——摩擦因数；

W——试块从静止到起动所需的拉力，单位为牛顿(N)；

15——对样板施加的负载，单位为千克(kg)。

5 检验规则

5.1 检验分类

产品检验分为出厂检验和型式检验。

5.1.1 出厂检验

出厂检验项目包括：涂膜外观、不挥发物含量、干燥时间、耐冲击性共 4 项。

5.1.2 型式检验

型式检验项目包括表 1 中所列的全部技术要求，在正常生产情况下，每年至少进行一次型式检验

(耐候性每两年至少进行一次型式检验)。有下列情况之一时应随时进行型式检验:

——新产品最初定型时;

——产品异地生产时;

——生产配方、工艺及原材料有较大改变时;

——停产三个月后又恢复生产时。

5.2 检验结果的判定

5.2.1 检验结果的判定按 GB/T 1250—1989 中修约值比较法进行。

5.2.2 所有项目的检验结果均达到本标准要求时,该产品为符合本标准要求。

6 标志、包装、运输和贮存

6.1 标志

按 GB/T 9750—1998 的规定进行。对于双组分漆,包装标志上应明确各组分配比。

6.2 包装

除合同或订单另有规定外,应按 GB/T 13491—1992 中一级包装要求的规定进行。

6.3 运输

运输中严防雨淋、日光曝晒,禁止接近火源,防止碰撞,保持包装完好无损,应符合 HG/T 2458—1993 中第 4 章的有关规定。

6.4 贮存

在贮存时应保持通风、干燥、防止日光直接照射,并应隔绝火源,远离热源。产品应根据类型定出贮存期,并在包装标志上明示。超过贮存期可按本标准规定进行检验,如结果符合本标准第 3 章要求,仍可使用。

ICS 87.040
G 51

中华人民共和国国家标准

GB/T 9262—2008
代替 GB/T 9262—1988

船用货舱漆

Cargo hold paint for ship

2008-06-04 发布　　　　2008-12-01 实施

中华人民共和国国家质量监督检验检疫总局
中国国家标准化管理委员会　发布

前　言

本标准代替 GB/T 9262—1988《货舱漆通用技术条件》。

本标准与 GB/T 9262—1988 相比主要技术差异为：

——名称改为船用货舱漆；

——增加了对产品的分类；

——增加了在容器中的状态和适用期的要求；

——改变了附着力测试方法；

——耐盐雾性要求有所提高；

——产品检验分为出厂检验和型式检验。

本标准由中国石油和化学工业协会提出。

本标准由全国涂料和颜料标准化技术委员会归口。

本标准起草单位：上海开林造漆厂、中海油常州涂料化工研究院、海洋化工研究院、中涂化工（上海）有限公司、宁波飞轮造漆有限责任公司、浙江飞鲸漆业有限公司、中国船舶重工集团公司第七二五研究所。

本标准主要起草人：杜伟娜、苏春海、钱叶苗、欧伯兴、张一南、袁泉利、严杰、任润桃。

本标准于 1988 年 8 月首次发布。

船 用 货 舱 漆

1 范围

本标准规定了船用货舱漆的要求、试验方法、检验规则、标志、包装、运输、贮存。

本标准适用于船舶干货舱及舱内的钢结构部位防护用漆。

2 规范性引用文件

下列文件中的条款通过本标准的引用而成为本标准的条款。凡是注日期的引用文件，其随后所有的修改单(不包括勘误的内容)或修订版均不适用于本标准，然而，鼓励根据本标准达成协议的各方研究是否可使用这些文件的最新版本。凡是不注日期的引用文件，其最新版本适用于本标准。

GB 190 危险货物包装标志

GB/T 191 包装储运图示标志 (GB/T 191—2000，eqv ISO 780:1997)

GB/T 1728 漆膜、腻子膜干燥时间测定法

GB/T 1731 漆膜柔韧性测定法

GB/T 1732 漆膜耐冲击测定法

GB/T 1766 色漆和清漆 涂层老化的评级方法

GB/T 1768 色漆和清漆 耐磨性的测定 旋转橡胶砂轮法(GB/T 1768—2006，ISO 7784-2:1997，IDT)

GB/T 1771 色漆和清漆 耐中性盐雾测定法(GB/T 1771—2007，ISO 7253:1996，IDT)

GB/T 3186 色漆、清漆和色漆与清漆用原材料 取样(GB/T 3186—2006，ISO 15528:2000，IDT)

GB/T 5210—2006 色漆和清漆 拉开法附着力试验(ISO 4624:2002，IDT)

GB/T 6748 船用防锈漆

GB/T 9271 色漆和清漆 标准试板 (GB/T 9271—2008，ISO 1514:2004，MOD)

GB/T 9278 涂料试样状态调节和试验的温湿度 (GB/T 9278—2008，ISO 3270:1984，Paints and varnishes and their raw materials—Temperatures and humidities for conditioning and testing，IDT)

GB/T 9750 涂料产品包装标志

GB/T 13491 涂料产品包装通则

HG/T 2458 涂料产品检验、运输和贮存通则

中华人民共和国食品卫生法(1995 年)

3 分类

船用货舱漆分为Ⅰ型和Ⅱ型，Ⅰ型为单组分漆，Ⅱ型为双组分漆。

4 要求

4.1 与货舱漆配套的各类防锈漆性能应符合 GB/T 6748《船用防锈漆》的技术要求。

4.2 装载散装谷物食品时，应选用符合“中华人民共和国食品卫生法”[1995]中有关条例的货舱漆。

4.3 产品应符合表 1 的要求。

表 1 要求

项　　目		指　　标	
		Ⅰ型	Ⅱ型
涂膜外观		正常	
在容器中状态		搅拌后均匀无硬块	
干燥时间/h	表干	≤4	
	实干	≤24	
附着力/MPa		≥3	
耐磨性(500 g,500 转)/mg		≤100	
适用期/h		—	商定
柔韧性/mm		≤3	—
耐冲击性/cm		≥40	商定
耐盐雾性		500 h 无剥落,允许变色不大于3级,起泡 1(S2),生锈 1(S3)	1 000 h 无剥落,允许变色不大于 3 级,起泡 1(S1),生锈 1(S1)

5 试验方法

5.1 取样

产品按 GB/T 3186 的规定或商定的方法取样。样品应分成两份,一份做检验用样品,另一份密封贮存备查。

5.2 试验条件

试板的状态调节和试验的温湿度应符合 GB/T 9278 的规定。

5.3 试验样板的制备

5.3.1 底材及底材处理

干燥时间、柔韧性试验用底材为马口铁板;耐磨性底材为玻璃板或铝板;耐冲击性、耐盐雾性试验用底材为钢板;附着力试验用底材为金属试柱。各种底材的要求和处理应符合 GB/T 9271 的规定。

5.3.2 制板要求

采用刷涂或喷涂。

除另有规定外,干燥时间、柔韧性、耐冲击性(Ⅰ型)三项试验涂装一道,干膜厚度为(20～26)μm;耐磨性试验涂装两道,每道间隔 24 h,干膜厚度(70～80)μm。

除另有规定外,附着力试验为底漆、面漆配套后测试,每道涂膜的涂装间隔时间为 24 h,底漆干膜厚度为(35～40)μm,面漆干膜厚度为(35～40)μm,总干膜厚度(70～80)μm。

除另有规定外,耐盐雾性试验为底漆、面漆配套后测试,每道漆膜的涂装间隔时间为 24 h,底漆干膜厚度为(75～100)μm,面漆干膜厚度为(75～100)μm,总干膜厚度(150～200)μm。

除另有规定外,Ⅰ型产品放置 48 h 后测试,Ⅱ型产品放置 7 d 后测试。

5.4 涂膜外观

在散射日光下目视观察试板,如果涂膜颜色均匀,表面平整,无气泡、缩孔及其他涂膜病态现象则评为“正常”。

5.5 在容器中状态

打开容器,采用手工或动力搅拌,允许容器底部有沉淀,若经搅拌易于混合均匀,则评为“搅拌后均匀无硬块”。双组分涂料应分别进行检验。

5.6 干燥时间

表干按 GB/T 1728 中乙法规定进行，实干按 GB/T 1728 中甲法规定进行。

5.7 附着力

按 GB/T 5210—2006 中 9.4.3 的规定进行。

5.8 耐磨性

按 GB/T 1768 规定进行，使用型号为 CS-10 的橡胶砂轮。

5.9 适用期

将涂料各组份的温度预先调整到(23±2)℃，然后按产品规定的比例混合后均匀后取出 300 mL 放入容量约为 500 mL 密封性良好的铁罐中，在(23±2)℃条件下放置规定的时间后，按 5.4 和 5.5 的要求考察涂膜的外观和容器中的状态。如果实验结果符合 5.4 和 5.5 的要求，同时在制板过程中喷涂无障碍，则认为能使用，适用期合格。

5.10 柔韧性

按 GB/T 1731 规定进行。

5.11 耐冲击性

按 GB/T 1732 规定进行。

5.12 耐盐雾

按 GB/T 1771 进行试验，结果评定按 GB/T 1766 进行。

6 检验规则

6.1 检验分类

产品检验分为出厂检验与型式检验。

6.1.1 出厂检验

出厂检验项目包括涂膜外观、在容器中状态、干燥时间、柔韧性、耐冲击性。

6.1.2 型式检验

型式检验项目包括表 1 中所列的全部要求，在正常的情况下，每四年至少进行一次型式检验。有下列情况之一时应随时进行型式检验：

——新产品最初定型时；

——产品异地生产时；

——生产配方、工艺及原材料有较大改变时；

——停产一年后又恢复生产时。

6.2 检验结果的判定

所有项目的检验结果均达到本标准要求时，该产品为符合本标准要求。如产品检验结果不符合本标准要求时，应按照 GB/T 3186 的规定重新取双倍量进行复验，对于仍不符合本标准要求规定时，产品即为不合格品。

7 标志、包装、运输和贮存

7.1 标志

产品的标志应符合 GB/T 9750 的要求。

7.2 包装

产品的包装应符合 GB 190、GB/T 191 和 GB/T 13491 的要求。

7.3 运输

产品在运输中应防止雨淋，日光曝晒，并应符合 HG/T 2458 的要求。

7.4 贮存

货舱漆贮存应符合 HG/T 2458 的要求，贮存时应保证通风、干燥的仓库内，防止日光直接照射，并应隔绝火源，远离热源，夏季温度过高时应设法降温。产品应根据类型定出贮存期，并在包装标志上明示。超过贮存期可按本标准规定进行检验，如结果符合本标准第 4 章要求，仍可使用。

ICS 13.220.20
C 82

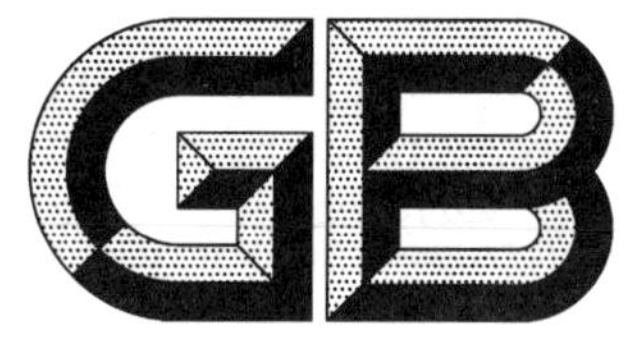

中华人民共和国国家标准

GB 12441—2018
代替 GB 12441—2005

饰面型防火涂料

Finishing fire resistant coating

2018-02-06 发布　　2018-09-01 实施

中华人民共和国国家质量监督检验检疫总局
中国国家标准化管理委员会　发布

前　言

本标准的5.2、8.1和第7章为强制性的，其余为推荐性的。

本标准按照GB/T 1.1—2009给出的规则起草。

本标准代替GB 12441—2005《饰面型防火涂料》。

本标准与GB 12441—2005相比，除编辑性修改外主要技术变化如下：

——增加了产品的分类和型号(见第4章)；

——修改了饰面型防火涂料部分理化性能技术指标，删除了技术要求中的缺陷类别(见5.2,2005年版的4.2)；

——用难燃性试验代替了隧道燃烧法(见6.11,2005年版的附录B)；

——修改了检验规则(见第7章,2005年版的第6章)。

本标准由中华人民共和国公安部提出并归口。

本标准起草单位：公安部四川消防研究所、公安部消防局、公安部消防产品合格评定中心、四川天府防火材料有限公司、武汉武立涂料有限公司、四川卓安新材料科技有限公司、江苏冠军科技集团股份有限公司、南京展拓消防设备有限公司。

本标准主要起草人：程道彬、包光宏、王鹏翔、刘程、余威、冯军、唐勇、潘烽、薛黎。

GB 12441—2005的历次版本发布情况为：

——GB 12441—1998；

——GB 15442.1—1995、GB/T 15442.2—1995、GB/T 15442.3—1995、GB/T 15442.4—1995。

GB 12441—1998的历次版本发布情况为：

——GB 12441—1990。

饰面型防火涂料

1 范围

本标准规定了饰面型防火涂料的术语和定义，分类和型号，技术要求，试验方法，检验规则，标志，使用说明书，包装、运输及贮存。

本标准适用于各类饰面型防火涂料。

2 规范性引用文件

下列文件对于本文件的应用是必不可少的。凡是注日期的引用文件，仅注日期的版本适用于本文件。凡是不注日期的引用文件，其最新版本(包括所有的修改单)适用于本文件。

GB/T 1720 漆膜附着力测定法

GB/T 1727 漆膜一般制备法

GB/T 1728 漆膜、腻子膜干燥时间测定法

GB/T 1731 漆膜柔韧性测定法

GB/T 1732 漆膜耐冲击性测定法

GB/T 1733 漆膜耐水性测定法

GB/T 1740 漆膜耐湿热性测定法

GB/T 5907(所有部分) 消防词汇

GB/T 6753.1 色漆、清漆和印刷油墨 研磨细度的测定

GB/T 8625 建筑材料难燃性试验方法

GB/T 9750 涂料产品包装标志

3 术语和定义

GB/T 5907 界定的以及下列术语和定义适用于本文件。

3.1

饰面型防火涂料 finishing fire resistant coating

涂覆于可燃基材(如木材、纤维板、纸板及制品)表面，具有一定装饰作用，受火后能膨胀发泡形成隔热保护层的涂料。

3.2

难燃性 difficult flammability

在规定的试验条件下，材料难以进行有焰燃烧的特性。

3.3

炭化体积 char volume

在规定的试验条件下，材料发生炭化的最大体积。

4 分类和型号

4.1 分类

饰面型防火涂料按分散介质可分为：

a) 水基性饰面型防火涂料：以水作为分散介质的饰面型防火涂料；

b) 溶剂性饰面型防火涂料：以有机溶剂作为分散介质的饰面型防火涂料。

4.2 型号

饰面型防火涂料的产品代号以字母 SMT 表示，分散介质特征代号分别为 S(水基性)和 R(溶剂性)。饰面型防火涂料的型号编制方法如下：

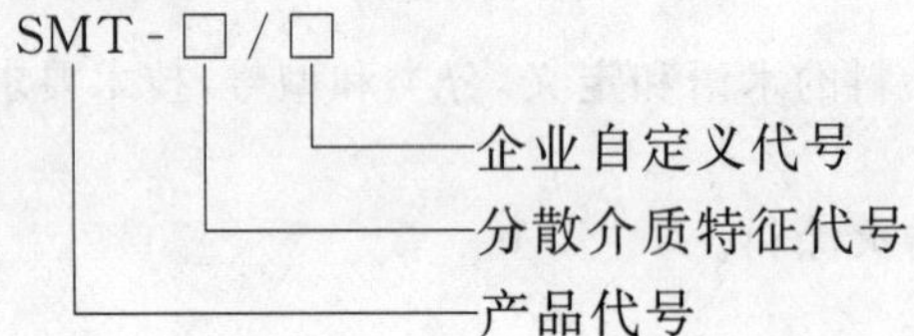

示例：

SMT-S/A，表示水基性饰面型防火涂料，企业自定义代号为 A。

5 技术要求

5.1 一般要求

5.1.1 用于生产防火涂料的原材料应符合国家环境保护、职业卫生和健康相关法律法规的规定。

5.1.2 涂料应能采用规定的分散介质进行调和、稀释。

5.1.3 饰面型防火涂料应能采用刷涂、喷涂、辊涂和刮涂中任何一种或多种方法方便地施工，并能在正常的自然环境条件下干燥、固化，涂层实干后不应有刺激性气味。成膜后应能形成平整的饰面，无明显凹凸或条痕，无脱粉、气泡、龟裂、斑点等现象。

5.2 技术要求

饰面型防火涂料技术指标应符合表 1 的规定。

表 1 饰面型防火涂料技术指标

序号	项目		技术指标
1	在容器中的状态		经搅拌后呈均匀状态，无结块
2	细度/μm		≤90
3	干燥时间	表干/h	≤5
		实干/h	≤24
4	附着力/级		≤3
5	柔韧性/mm		≤3
6	耐冲击性/cm		≥20
7	耐水性		经 24 h 试验，涂膜不起皱，不剥落
8	耐湿热性		经 48 h 试验，涂膜无起泡、无脱落
9	耐燃时间/min		≥15
10	难燃性		试件燃烧的剩余长度平均值应≥150 mm，其中没有一个试件的燃烧剩余长度为零；每组试验通过热电偶所测得的平均烟气温度不应超过 200 ℃
11	质量损失/g		≤5.0
12	炭化体积/cm^3		≤25

6 试验方法

6.1 试验准备

6.1.1 试验用基材

理化性能试验(除耐湿热性试验外)用基材应符合 GB/T 1727 的规定要求。耐湿热性试验基材为透明有机玻璃板,尺寸约为 150 mm×70 mm×1 mm。防火性能试验用基材应符合附录 A 和附录 B 的规定。难燃性试验基材的尺寸应符合 GB/T 8625 的要求,其他防火性能试验用基材的尺寸应符合附录 A 和附录 B 的规定。

6.1.2 试件的制备

理化性能试件的制备应按 GB/T 1727 规定的方法进行。防火性能试件的制备应按 6.11、附录 A 和附录 B 规定的方法进行。

6.1.3 状态调节

理化性能试件应在温度(23±2)℃、相对湿度 50%±5% 的环境条件下状态调节 48 h。防火性能试件经涂刷达到规定的湿涂覆比值后,应在温度(23±2)℃、相对湿度 50%±5% 的环境条件下调节至质量恒定(相隔 24 h 两次称量,其质量变化不大于±0.5%)。

6.1.4 试验环境条件

涂料的细度、干燥时间、附着力、柔韧性、耐冲击性及耐水性六项试验应在温度(23±2)℃、相对湿度 50%±5%的环境条件下进行。

6.2 在容器中的状态

用搅拌器搅拌容器内的试样或按规定的比例调配多组分涂料的试样,观察涂料有无结块,是否均匀。

6.3 细度

按 GB/T 6753.1 规定的方法进行。

6.4 干燥时间

按 GB/T 1728(甲法)规定的方法进行。

6.5 附着力

按 GB/T 1720 规定的方法进行。

6.6 柔韧性

按 GB/T 1731 规定的方法进行。

6.7 耐冲击性

按 GB/T 1732 规定的方法进行。

6.8 耐水性

按 GB/T 1733(甲法)规定的方法进行。

6.9 耐湿热性

按 GB/T 1740 规定的方法进行。

6.10 耐燃时间

按附录 A 规定的方法进行。

6.11 难燃性

试件基材及制备应符合附录 A 的要求,同时涂覆在试件表面前应先将防火涂料涂覆于试件四周封边。试验按 GB/T 8625 规定的方法进行。

6.12 质量损失

按附录 B 规定的方法进行。

6.13 炭化体积

按附录 B 规定的方法进行。

7 检验规则

7.1 检验分类

7.1.1 出厂检验

出厂检验项目为在容器中的状态、细度、干燥时间、附着力、柔韧性、耐冲击性、耐水性、耐湿热性及耐燃时间。

7.1.2 型式检验

型式检验项目为 5.2 规定的全部检验项目。有下列情况之一时,应进行型式检验:

a) 新产品投产前或老产品转厂时的试制定型鉴定;

b) 正常生产后,产品的原材料、配方或生产工艺有较大改变时;

c) 产品停产一年以上恢复生产时;

d) 出厂检验结果与上次型式检验有较大差异时;

e) 发生重大质量事故整改后;

f) 质量监督部门依法提出型式检验要求时。

7.2 组批与抽样

7.2.1 组批

组成一批的饰面型防火涂料应为同一批材料、同一工艺条件下生产的产品。

7.2.2 抽样

出厂检验样品应从不少于 200 kg 的产品中随机抽取 10 kg。

型式检验样品应从不少于1 000 kg的产品中随机抽取20 kg。

7.3 判定规则

7.3.1 出厂检验判定

出厂检验项目均满足表1规定的技术指标为合格,不合格的检验项目可以在同批样品中抽样进行两次复检,复检均合格后方判为合格。

7.3.2 型式检验判定

型式检验项目全部符合本标准要求时,判该产品合格。

8 标志、使用说明书

8.1 产品标志应包含产品名称、型号规格、执行标准、商标(适用时)、生产者名称及地址、生产企业名称及地址、产品生产日期或生产批号等。

8.2 产品的使用说明书应明示产品的涂覆量、施工工艺及警示等。溶剂性饰面型防火涂料应特别注明防火安全要求及对人员的健康防护措施。

9 包装、运输及贮存

9.1 包装

产品包装的标志应符合GB/T 9750的规定。产品包装桶应贴上产品说明书、产品标志和合格证,并应满足下列要求:

a) 水基性饰面型防火涂料应采用清洁、密封的塑料桶或有塑料内衬的容器;

b) 溶剂性饰面型防火涂料应采用清洁、密封的铁桶。

9.2 运输

运输过程中应防止雨淋、曝晒,防止重压、摔落、冲撞及倒置。

9.3 贮存

产品应存放在通风、干燥、防止日光直射的地方,贮存温度应在5 ℃～40 ℃。

附　录　A
（规范性附录）
大板燃烧法

A.1　范围

本附录规定了在规定条件下测试涂覆于可燃基材表面的饰面型防火涂料耐燃特性的试验方法—大板燃烧法。

本附录适用于饰面型防火涂料耐燃时间的测定。

A.2　试验设备

A.2.1　试验装置

A.2.1.1　试验装置由试验架、燃烧器、喷射吸气器等组成，见图A.1。

单位为毫米

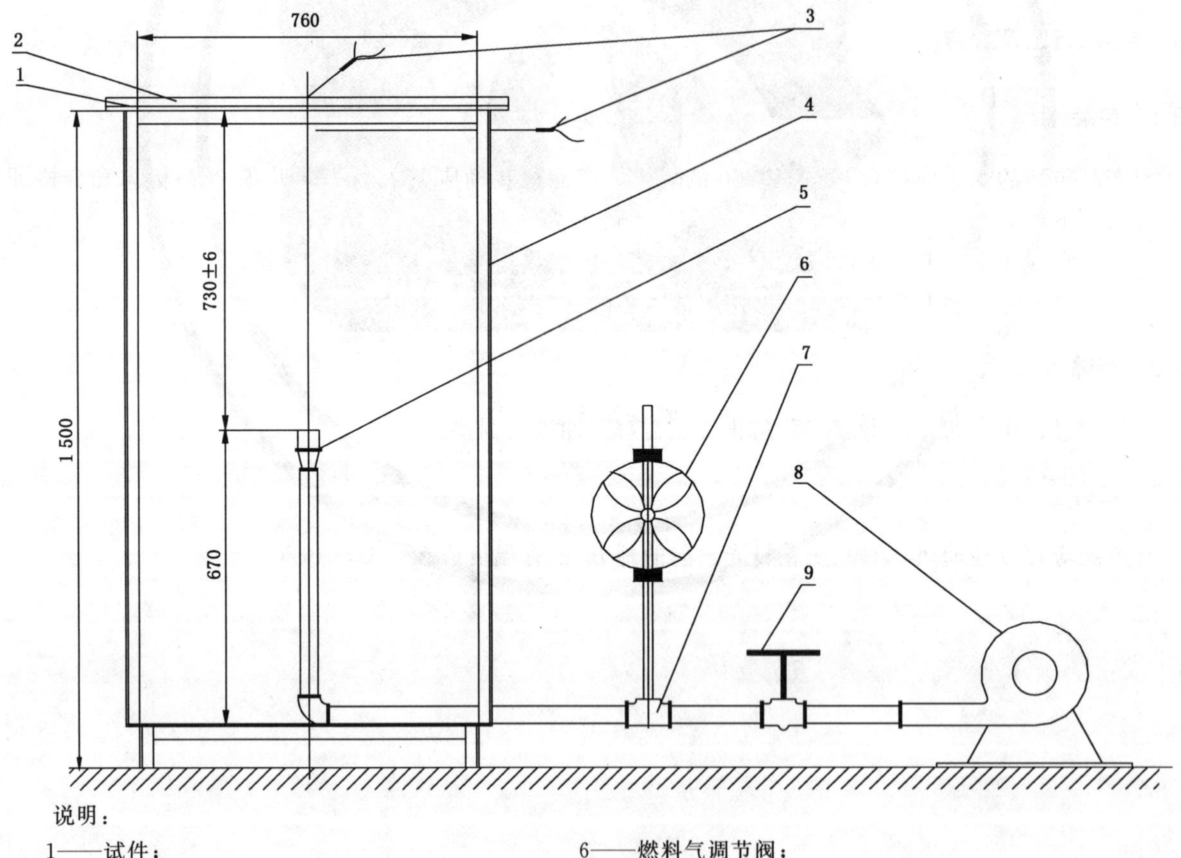

说明：

1——试件；
2——石棉压板；
3——热电偶；
4——试验架；
5——燃烧器；
6——燃料气调节阀；
7——喷射吸气器；
8——风机；
9——空气调节阀。

图 A.1　试验装置

A.2.1.2 试验架为 30 mm×30 mm 角钢构成的框架,其内部尺寸为 760 mm×760 mm×1 400 mm。框架下端脚高 100 mm,上端用于放置试件。

A.2.1.3 石棉压板由 900 mm×900 mm×20 mm 石棉板制成,中心有一直径为 500 mm 的圆孔。

A.2.1.4 燃烧器由内径 42 mm、壁厚 3 mm、高 42 mm 以及内径 28 mm、壁厚 7 mm、高 25 mm 的两个铜套管组合而成,两个铜套管的外端面平行,同时在内铜套管的端面均匀分布四个内径为 2 mm 的小孔;燃烧器安装在公称直径为 40 mm×32 mm 变径直通管接头上。燃烧器口到试件的距离为(730±6)mm。

A.2.1.5 喷射吸气器由公称直径为 32 mm×32 mm×15 mm 变径三通管接头以及旋入三通管接头一端的喷嘴所组成,喷嘴长 54 mm,中心孔径为 14 mm。

A.2.1.6 鼓风机风量为 1 m^3/min~5 m^3/min。

A.2.2 调控装置

A.2.2.1 热电偶

温度监控均采用精度不低于Ⅱ级、K 分度的热电偶。其中,用于火焰温度监控应采用外径不大于 3 mm 的铠装热电偶;用于试件背火面温度测试应采用丝径不大于 0.5 mm 的热电偶,其热接点应焊接在直径为 12 mm,厚度为 0.2 mm 的铜片中心位置。

A.2.2.2 温度记录装置

将热电偶产生的毫伏信号送至信号调理板,通过数据采集卡将模拟信号转换为数字信号,然后由计算机进行编程处理转换成相应的温度值。温度读数分辨率为 1 ℃。

A.2.3 计时器

计时器采用计算机或电子秒表,其计时误差不大于 1 s/h,读数分辨率为 1 s。

A.2.4 燃料

燃料采用液化石油气或丙烷气。

A.2.5 试验室

试验室分为燃烧室和控制室两部分,两室之间设有观察窗。燃烧室的长、宽、高限定为 3 m~4.5 m,试验架到墙的任何部位不得小于 900 mm。试验时,应无外界气流干扰。

A.3 试件制备

A.3.1 试验基材的选择及尺寸

试验基材为一级三层胶合板,基材厚度为 5 mm±0.2 mm,试板尺寸为 900 mm×900 mm。表面应平整光滑,试板的一面距中心 250 mm 平面内不应有拼缝和节疤。

A.3.2 涂覆比值

试件为单面涂覆,涂覆应均匀,湿涂覆比值为 500 g/m^2,涂覆误差为规定值的±2%。若需分次涂覆,则两次涂覆的间隔时间不得小于 24 h。

A.4 试验程序

A.4.1 检查热电偶及计算机系统工作是否正常。

A.4.2 将经过状态调节至质量恒定的试件水平放置于试验架上，使涂有防火涂料的一面向下，试件中心正对燃烧器，其背面压上石棉压板。

A.4.3 将测量火焰温度的铠装热电偶水平放置于试件下方，其热接点距试件受火面中心 50 mm（试验中，若涂料发泡膨胀厚度大于 50 mm 时，可将热电偶垂直向下移动直至热接点露出发泡层）。再将测背火面温度的 5 支铜片表面热电偶放置于试件背火面，其中 1 支铜片表面热电偶放置于试件背火面对角线交叉点，另外 4 支铜片表面热电偶分别放置于试件背火面离交叉点 100 mm 的对角线上（见图 A.2）。每个铜片上应覆盖 30 mm×30 mm×2 mm 石棉板一块，石棉板应与试件紧贴，并以适当方式固定，不应压其他物体。

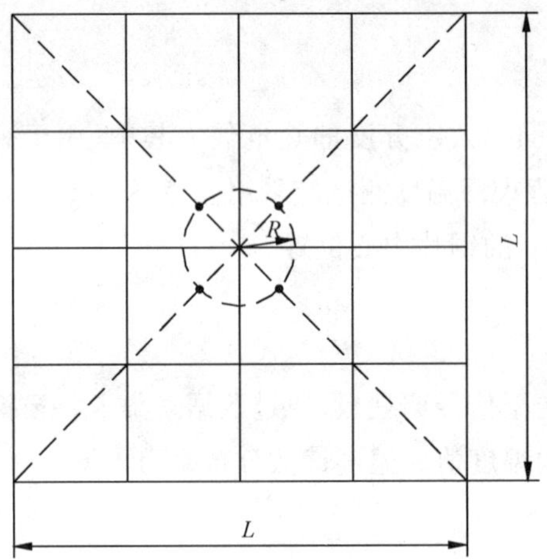

说明：

· ——背火面热电偶放置位置；

R ——背火面热电偶位置与试件对角线交叉点的间距，$R=100$ mm；

L ——试件尺寸，$L=900$ mm。

图 A.2 背火面热电偶布置图

A.4.4 开启计算机测试系统，然后开启空气调节阀和燃气调节阀，在点燃燃气的同时启动计算机测试系统并开始计时。观察试验现象，计算机测试系统每分钟采集一次火焰温度和试件背火面温度。试验采用的燃气如果为液化石油气，当试验进行至 5 min 时，燃气供给量应为（16±0.4）L/ min。然后通过调节空气供给量来控制火焰温度，整个试验过程按照图 A.3 所示时间—温度标准曲线进行升温，当试件背火面任何 1 支铜片表面热电偶温度达到 220 ℃或试件背火面出现穿火时，关闭空气调节阀和燃气调节阀，计算机测试系统应自动记录试验时间。

A.4.5 整个试验过程的火焰温升（$T-T_0$）按式（A.1）计算：

$$T - T_0 = 345\ \lg(8t + 1) \qquad \cdots\cdots\cdots\cdots(\text{A.1})$$

式中：

T ——t 时的火焰温度，单位为摄氏度（℃）；

T_0——试验开始时的环境温度，单位为摄氏度（℃）；

t ——试验经历的时间，单位为分钟（min）。

图 A.3 为式（A.1）的函数曲线，即时间—温度标准曲线，其对应每分钟的代表性温升见表 A.1。

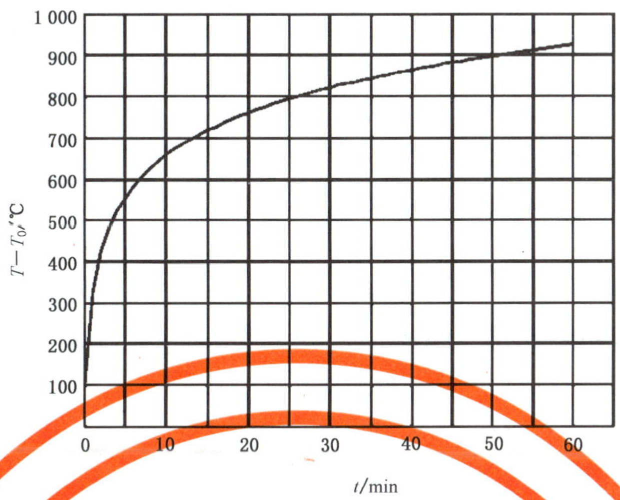

图 A.3 时间—温度标准曲线

表 A.1 随时间变化的温升表

时间 min	温升($T-T_0$) ℃	时间 min	温升($T-T_0$) ℃	时间 min	温升($T-T_0$) ℃	时间 min	温升($T-T_0$) ℃
1	329	10	659	19	754	28	812
2	425	11	673	20	761	29	817
3	482	12	684	21	769	30	822
4	524	13	697	22	776	35	845
5	553	14	708	23	782	40	865
6	583	15	719	24	789	45	882
7	606	16	727	25	795	50	892
8	625	17	737	26	800	55	912
9	643	18	746	27	806	60	925

试验中的时间—温度实测曲线下的面积与时间—温度标准曲线下的面积之间的可允许偏差为：

a) 在试验的开始 10 min 范围内为±10%；

b) 在试验的 10 min 以后为±5%。

A.4.6 每完成一次试验后，应等待室温降至 40 ℃以下时，方可进行下次试验。

A.4.7 重复试验 3 个试件，对 3 个试件燃烧时间的平均值取整(舍去小数部分)，即得到耐燃时间，单位为分钟(min)。

附 录 B
（规范性附录）
小室燃烧法

B.1 范围

本附录规定了在实验室条件下测试涂覆于可燃基材表面防火涂料阻火性能的试验方法——小室燃烧法，测试结果以燃烧质量损失和炭化体积表示。

本附录适用于饰面型防火涂料阻火性能的测定。

B.2 试验设备

B.2.1 小室燃烧箱

B.2.1.1 小室燃烧箱为一镶有玻璃门窗的金属板箱（见图 B.1）。

单位为毫米

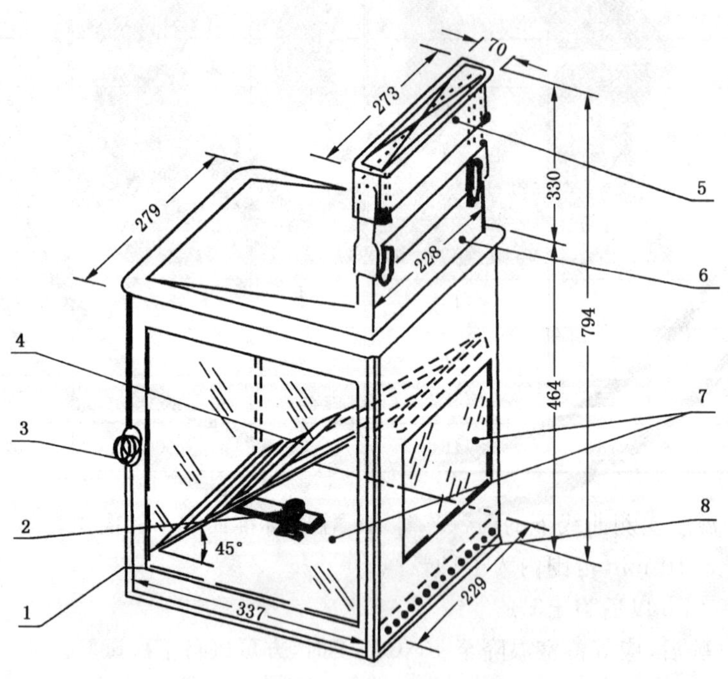

说明：

1——箱体；
2——燃料杯；
3——门销；
4——试件支架；
5——回风罩；
6——烟囱；
7——玻璃窗；
8——进气孔。

图 B.1 小室燃烧箱示意图

B.2.1.2 箱体的内部长宽高尺寸为 337 mm×229 mm×794 mm(包括伸出的烟囱和顶部回风罩)。
B.2.1.3 回风罩与烟囱之间的距离可调节,以便排走燃烧产生的烟气。

B.2.2 试件支撑架

B.2.2.1 试件支撑架由间隔 130 mm 的两块平行扁铁构成,扁铁尺寸为 480 mm×25 mm×3 mm。扁铁两端由搭接件固定。
B.2.2.2 支撑架上有可调节横条,用以固定试件位置。
B.2.2.3 支撑架底部固定一平行于箱底的金属基座,基座用于放置燃料杯。

B.2.3 燃料杯

燃料杯由黄铜制成,外径 24 mm,壁厚 1 mm,高 17 mm,容积约为 6 mL。

B.2.4 其他试验设备

试验还需使用以下设备:

a) 天平(感量 0.1 g);
b) 钢直尺或游标卡尺(分度值 1 mm);
c) 滴定管或移液管(分度值 0.1 mL)。

B.3 试件制备

B.3.1 基材的选择及尺寸

试验基材选用一级三层胶合板,基材厚度为 5 mm±0.2 mm,试板尺寸为 300 mm×150 mm;试板表面应平整光滑,无节疤拼缝或其他缺陷。

B.3.2 涂覆比值

试件为单面涂覆,涂覆应均匀,湿涂覆比值为 250 g/m^2(不包括封边),涂覆误差为规定值的±2%。涂覆时,应先将防火涂料涂覆于试板四周封边,放置 24 h 后再将防火涂料均匀地涂覆于试板的一表面。若需分次涂覆时,则两次涂覆的时间间隔不得小于 24 h。

B.4 试验程序

B.4.1 将经过状态调节的试件置于(50±2)℃ 的烘箱中静置 40 h,取出冷却至室温,准确称量至 0.1 g。
B.4.2 将称量后的试件放在试件支撑架上,使其涂覆面向下。
B.4.3 用移液管或滴定管取 5 mL 分析纯无水乙醇注入燃料杯中,将燃料杯放在基座上,使杯沿到试件受火面的最近垂直距离为 25 mm。点火、关门,试验持续到火焰自熄为止。试验过程中应无强制通风。
B.4.4 每组试验应重复做 5 个试件。

B.5 数据处理

B.5.1 将燃烧过的试件取出冷却至室温,准确称量至 0.1 g。对 5 个试件燃烧前后的质量损失取平均值,并保留到小数点后一位数,即得到防火涂料试件的质量损失。

B.5.2 用锯子将烧过的试件沿着火焰延燃的最大长度、最大宽度线锯成 4 块，量出纵向、横向切口涂膜下面基材炭化（明显变黑）的长度、宽度，再量出最大的炭化深度，计算出炭化体积；最后对 5 个试件炭化体积的平均值即得到防火涂料试件的炭化体积，具体计算方法见式(B.1)。

$$V=\frac{\sum_{i=1}^{n}(a_i b_i h_i)}{n} \qquad \text{(B.1)}$$

式中：

V ——炭化体积，单位为立方厘米(cm^3)；

a_i ——炭化长度，单位为厘米(cm)；

b_i ——炭化宽度，单位为厘米(cm)；

h_i ——炭化深度，单位为厘米(cm)；

n ——试件个数。

B.5.3 若一组试件的标准偏差大于其平均质量损失(或平均炭化体积)的 10%，需加做 5 个试件，其质量损失(或炭化体积)应根据 10 个试件的平均值计算。

标准偏差的计算见式(B.2)：

$$S=\sqrt{\sum_{i=1}^{n}(x_i-\overline{x})^2/(n-1)} \qquad \text{(B.2)}$$

式中：

S ——标准偏差；

x_i ——每个试件的质量损失(或炭化体积)值；

$\overline{x}$ ——一组试件的质量损失(或炭化体积)平均值；

n ——试件个数。

ICS 13.220.50
C 84

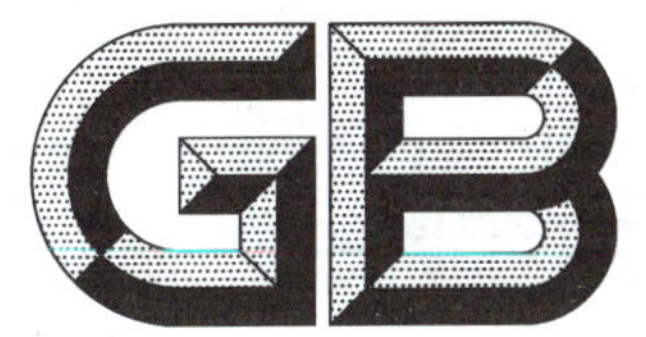

中华人民共和国国家标准

GB 14907—2018
代替 GB 14907—2002

2018-11-19 发布　　　　2019-06-01 实施

国家市场监督管理总局
中国国家标准化管理委员会　发布

前言

本标准的 5.1.5、5.2 和第 7 章为强制性的，其余为推荐性的。

本标准按照 GB/T 1.1—2009 给出的规则起草。

本标准代替 GB 14907—2002《钢结构防火涂料》。

本标准与 GB 14907—2002 相比，除编辑性修改外主要技术变化如下：

——增加了截面系数术语及定义(见 3.2)；

——修改了产品的分类和型号(见第 4 章；2002 年版的第 4 章)；

——修改了产品的一般要求(见 5.1；2002 年版的 5.1)；

——增加了隔热效率偏差要求和试验方法(见 5.2、6.4.7)；

——增加了 pH 值要求和试验方法(见 5.2、6.4.8)；

——修改了耐水性、耐冷热循环性、耐曝热性、耐湿热性、耐冻融循环性、耐酸性、耐碱性、耐盐雾腐蚀性、耐火性能要求和试验方法(见 5.2、6.4.9、6.4.10、6.4.11、6.4.12、6.4.13、6.4.14、6.4.15、6.4.16、6.5；2002 年版的 5.2、6.4.8、6.4.9、6.4.10、6.4.11、6.4.12、6.4.13、6.4.14、6.4.15、6.5)；

——修改了理化性能试件的制备(见 6.3；2002 年版的 6.3)；

——增加了耐紫外线辐照性要求和试验方法(见 5.2、6.4.17)；

——删除了附加耐火性能(见 2002 年版的 6.6)；

——修改了检验规则(见第 7 章；2002 年版的第 7 章)；

——增加了钢结构防火涂料隔热效率试验(见附录 A)；

——修改了钢结构防火涂料耐火试验加载量计算(见附录 B；2002 年版的附录 A)；

——删除了钢结构防火涂料腐蚀性的评定(见 2002 年版的附录 B)。

本标准由中华人民共和国应急管理部提出并归口。

本标准起草单位：公安部四川消防研究所、公安部消防产品合格评定中心、四川天府防火材料有限公司、杭州西子防火材料有限公司、江苏兰陵高分子材料有限公司、北京金隅涂料有限责任公司、北京茂源防火材料厂、厦门市大平工贸有限公司、昆山市宁华防火材料有限公司、广州督江防火材料有限公司、江苏海龙核科技股份有限公司。

本标准主要起草人：李风、东靖飞、孟志、聂涛、程道彬、覃文清、濮爱萍、周晓勇、张才、姚建军、徐晓奕。

本标准所代替标准的历次版本发布情况为：

——GB 14907—1994、GB 14907—2002。

钢结构防火涂料

1 范围

本标准规定了钢结构防火涂料的术语和定义、分类和型号、技术要求、试验方法、检验规则及标志、包装、运输和贮存。

本标准适用于建(构)筑物钢结构表面使用的各类钢结构防火涂料。

2 规范性引用文件

下列文件对于本文件的应用是必不可少的。凡是注日期的引用文件,仅注日期的版本适用于本文件。凡是不注日期的引用文件,其最新版本(包括所有的修改单)适用于本文件。

GB/T 191 包装储运图示标志

GB/T 706—2016 热轧型钢

GB/T 1728—1979 漆膜、腻子膜干燥时间测定法

GB/T 3186—2006 色漆、清漆和色漆与清漆用原材料 取样

GB/T 6388 运输包装收发货标志

GB/T 9779—2015 复层建筑涂料

GB/T 9978.1—2008 建筑构件耐火试验方法 第1部分:通用要求

GB/T 9978.6 建筑构件耐火试验方法 第6部分:梁的特殊要求

GB/T 11263—2017 热轧H型钢和剖分T型钢

GB/T 14522—2008 机械工业产品用塑料、涂料、橡胶材料人工气候老化试验方法 荧光紫外灯

GB 15930—2007 建筑通风和排烟系统用防火阀门

GB 50017—2003 钢结构设计规范

GA/T 714—2007 构件用防火保护材料快速升温耐火试验方法

3 术语和定义

下列术语和定义适用于本文件。

3.1

钢结构防火涂料 fire resistive coating for steel structure

施涂于建(构)筑物钢结构表面,能形成耐火隔热保护层以提高钢结构耐火极限的涂料。

3.2

截面系数 section factor

无保护钢构件每单位长度外表面面积与单位长度对应体积的比值。

4 分类和型号

4.1 分类

4.1.1 按火灾防护对象分为:

a) 普通钢结构防火涂料:用于普通工业与民用建(构)筑物钢结构表面的防火涂料;

b) 特种钢结构防火涂料:用于特殊建(构)筑物(如石油化工设施、变配电站等)钢结构表面的防火涂料。

4.1.2 按使用场所分为:

a) 室内钢结构防火涂料:用于建筑物室内或隐蔽工程的钢结构表面的防火涂料;

b) 室外钢结构防火涂料:用于建筑物室外或露天工程的钢结构表面的防火涂料。

4.1.3 按分散介质分为:

a) 水基性钢结构防火涂料:以水作为分散介质的钢结构防火涂料;

b) 溶剂性钢结构防火涂料:以有机溶剂作为分散介质的钢结构防火涂料。

4.1.4 按防火机理分为:

a) 膨胀型钢结构防火涂料:涂层在高温时膨胀发泡,形成耐火隔热保护层的钢结构防火涂料;

b) 非膨胀型钢结构防火涂料:涂层在高温时不膨胀发泡,其自身成为耐火隔热保护层的钢结构防火涂料。

4.2 耐火性能分级

4.2.1 钢结构防火涂料的耐火极限分为:0.50 h、1.00 h、1.50 h、2.00 h、2.50 h 和 3.00 h。

4.2.2 钢结构防火涂料耐火性能分级代号见表 1。

表 1 耐火性能分级代号

耐火极限(F_r) h	耐火性能分级代号	
	普通钢结构防火涂料	特种钢结构防火涂料
$0.50 \leqslant F_r < 1.00$	F_p0.50	F_t0.50
$1.00 \leqslant F_r < 1.50$	F_p1.00	F_t1.00
$1.50 \leqslant F_r < 2.00$	F_p1.50	F_t1.50
$2.00 \leqslant F_r < 2.50$	F_p2.00	F_t2.00
$2.50 \leqslant F_r < 3.00$	F_p2.50	F_t2.50
$F_r \geqslant 3.00$	F_p3.00	F_t3.00
注:F_p 采用建筑纤维类火灾升温试验条件;F_t 采用烃类(HC)火灾升温试验条件。		

4.3 型号

钢结构防火涂料的产品代号以字母 GT 表示;钢结构防火涂料的相关特征代号为:使用场所特征代号 N 和 W 分别代表室内和室外,分散介质特征代号 S 和 R 分别代表水基性和溶剂性,防火机理特征代号 P 和 F 分别代表膨胀型和非膨胀型;主参数代号以表 1 中的耐火性能分级代号表示。

钢结构防火涂料的型号编制方法如下:

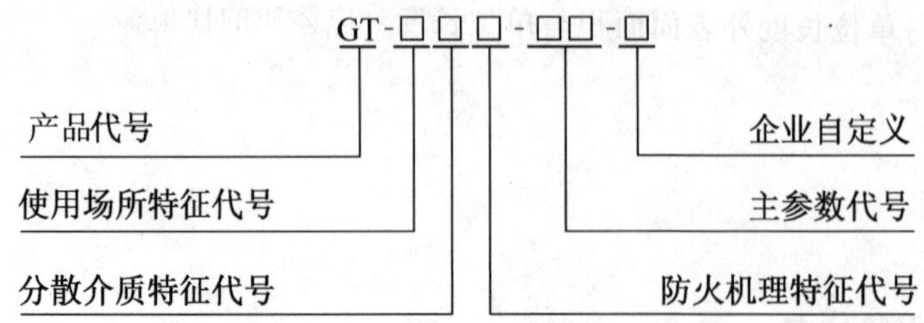

示例 1：

GT-NRP-F_p1.50-A，表示室内用溶剂性膨胀型普通钢结构防火涂料，耐火性能为 F_p1.50，自定义代号为 A。

示例 2：

GT-WSF-F_t2.00-B，表示室外用水基性非膨胀型特种钢结构防火涂料，耐火性能为 F_t2.00，自定义代号为 B。

5 技术要求

5.1 一般要求

5.1.1 用于生产钢结构防火涂料的原材料应符合国家环境保护和安全卫生相关法律法规的规定。

5.1.2 钢结构防火涂料应能采用规定的分散介质进行调和、稀释。

5.1.3 钢结构防火涂料应能采用喷涂、抹涂、刷涂、辊涂、刮涂等方法中的一种或多种方法施工，并能在正常的自然环境条件下干燥固化，涂层实干后不应有刺激性气味。

5.1.4 复层涂料应相互配套，底层涂料应能同防锈漆配合使用，或者底层涂料自身具有防锈性能。

5.1.5 膨胀型钢结构防火涂料的涂层厚度不应小于 1.5 mm，非膨胀型钢结构防火涂料的涂层厚度不应小于 15 mm。

5.2 性能要求

5.2.1 室内钢结构防火涂料的理化性能应符合表 2 的规定。

表 2 室内钢结构防火涂料的理化性能

序号	理化性能项目	技术指标		缺陷类别
		膨胀型	非膨胀型	
1	在容器中的状态	经搅拌后呈均匀细腻状态或稠厚流体状态，无结块	经搅拌后呈均匀稠厚流体状态，无结块	C
2	干燥时间(表干)/h	≤12	≤24	C
3	初期干燥抗裂性	不应出现裂纹	允许出现 1～3 条裂纹，其宽度应≤0.5 mm	C
4	粘结强度/MPa	≥0.15	≥0.04	A
5	抗压强度/MPa	—	≥0.3	C
6	干密度/(kg/m³)	—	≤500	C
7	隔热效率偏差	±15%	±15%	—
8	pH 值	≥7	≥7	C
9	耐水性	24 h 试验后，涂层应无起层、发泡、脱落现象，且隔热效率衰减量应≤35%	24 h 试验后，涂层应无起层、发泡、脱落现象，且隔热效率衰减量应≤35%	A
10	耐冷热循环性	15 次试验后，涂层应无开裂、剥落、起泡现象，且隔热效率衰减量应≤35%	15 次试验后，涂层应无开裂、剥落、起泡现象，且隔热效率衰减量应≤35%	B

注 1：A 为致命缺陷，B 为严重缺陷，C 为轻缺陷；"—"表示无要求。

注 2：隔热效率偏差只作为出厂检验项目。

注 3：pH 值只适用于水基性钢结构防火涂料。

5.2.2 室外钢结构防火涂料的理化性能应符合表3的规定。

表3 室外钢结构防火涂料的理化性能

序号	理化性能项目	技术指标		缺陷类别
		膨胀型	非膨胀型	
1	在容器中的状态	经搅拌后呈均匀细腻状态或稠厚流体状态,无结块	经搅拌后呈均匀稠厚流体状态,无结块	C
2	干燥时间(表干)/h	≤12	≤24	C
3	初期干燥抗裂性	不应出现裂纹	允许出现1～3条裂纹,其宽度应≤0.5 mm	C
4	粘结强度/MPa	≥0.15	≥0.04	A
5	抗压强度/MPa	—	≥0.5	C
6	干密度/(kg/m^3)	—	≤650	C
7	隔热效率偏差	±15%	±15%	—
8	pH值	≥7	≥7	C
9	耐曝热性	720 h试验后,涂层应无起层、脱落、空鼓、开裂现象,且隔热效率衰减量应≤35%	720 h试验后,涂层应无起层、脱落、空鼓、开裂现象,且隔热效率衰减量应≤35%	B
10	耐湿热性	504 h试验后,涂层应无起层、脱落现象,且隔热效率衰减量应≤35%	504 h试验后,涂层应无起层、脱落现象,且隔热效率衰减量应≤35%	B
11	耐冻融循环性	15次试验后,涂层应无开裂、脱落、起泡现象,且隔热效率衰减量应≤35%	15次试验后,涂层应无开裂、脱落、起泡现象,且隔热效率衰减量应≤35%	B
12	耐酸性	360 h试验后,涂层应无起层、脱落、开裂现象,且隔热效率衰减量应≤35%	360 h试验后,涂层应无起层、脱落、开裂现象,且隔热效率衰减量应≤35%	B
13	耐碱性	360 h试验后,涂层应无起层、脱落、开裂现象,且隔热效率衰减量应≤35%	360 h试验后,涂层应无起层、脱落、开裂现象,且隔热效率衰减量应≤35%	B
14	耐盐雾腐蚀性	30次试验后,涂层应无起泡,明显的变质、软化现象,且隔热效率衰减量应≤35%	30次试验后,涂层应无起泡,明显的变质、软化现象,且隔热效率衰减量应≤35%	B
15	耐紫外线辐照性	60次试验后,涂层应无起层,开裂、粉化现象,且隔热效率衰减量应≤35%	60次试验后,涂层应无起层,开裂、粉化现象,且隔热效率衰减量应≤35%	B

注1:A为致命缺陷,B为严重缺陷,C为轻缺陷;"—"表示无要求。

注2:隔热效率偏差只作为出厂检验项目。

注3:pH值只适用于水基性的钢结构防火涂料。

5.2.3 钢结构防火涂料的耐火性能应符合表 4 的规定。

表 4 钢结构防火涂料的耐火性能

产品分类	耐火性能										缺陷类别
	膨胀型				非膨胀型						
普通钢结构防火涂料	$F_p0.50$	$F_p1.00$	$F_p1.50$	$F_p2.00$	$F_p0.50$	$F_p1.00$	$F_p1.50$	$F_p2.00$	$F_p2.50$	$F_p3.00$	A
特种钢结构防火涂料	$F_t0.50$	$F_t1.00$	$F_t1.50$	$F_t2.00$	$F_t0.50$	$F_t1.00$	$F_t1.50$	$F_t2.00$	$F_t2.50$	$F_t3.00$	
注：耐火性能试验结果适用于同种类型且截面系数更小的基材。											

6 试验方法

6.1 取样

抽样、检查和试验所需样品的采取，除另有规定外，应按 GB/T 3186—2006 的规定进行。

6.2 制样条件

除另有规定外，试件的制备、养护均应在环境温度 5 ℃～35 ℃，相对湿度 50%～80% 的条件下进行。

6.3 理化性能试件的制备

6.3.1 试件基材

采用 Q235 钢材作为试件基材，彻底清除锈迹后，按规定的防锈措施进行防锈处理（适用时）。试件基材的尺寸及数量见表 5。

表 5 试件基材的尺寸及数量

序号	试件用途	尺寸 mm	数量 块
1	干燥时间试验	150×70×6	3
2	初期干燥抗裂性试验	300×150×6	2
3	粘结强度试验	70×70×6	5
4	耐曝热性试验	150×70×6 500×500×6	1 1
5	耐湿热性试验	150×70×6 500×500×6	1 1
6	耐冻融循环性试验	150×70×6 500×500×6	1 1

表 5（续）

序号	试件用途	尺寸 mm	数量 块
7	耐冷热循环性试验	150×70×6 500×500×6	1 1
8	耐水性试验	150×70×6 500×500×6	1 1
9	耐酸性试验	150×70×6 500×500×6	1 1
10	耐碱性试验	150×70×6 500×500×6	1 1
11	耐盐雾腐蚀性试验	150×70×6 500×500×6	1 1
12	耐紫外线辐照性试验	150×70×6 500×500×6	1 1
13	基准隔热效率测定	500×500×6	1
14	标准隔热效率测定	500×500×6	1

6.3.2 试件的涂覆和养护

按委托方提供的产品施工工艺（除加固措施外）进行涂覆施工，试件涂层厚度分别为：对于小试件（尺寸小于 500 mm×500 mm），P 类（1.50±0.20）mm、F 类（15±2）mm；对于大试件（尺寸为 500 mm×500 mm），P 类（2.00±0.20）mm、F 类（25±2）mm，且每块大试件的涂层厚度相互之间偏差不应大于 10%。达到规定厚度后应抹平和修边，保证均匀平整。对于复层涂料，还应按委托方提供的施工工艺进行面层和底层涂料的施工。涂覆好的试件涂层面向上水平放置在试验台上干燥养护，除用于试验表干时间和初期干燥抗裂性的试件外，其余试件的养护期规定为：P 类不低于 10 d、F 类不低于 28 d，委托方有特殊规定的按委托方的规定执行。养护期满后方可进行试验。

6.3.3 试件预处理

将用于 6.4.9、6.4.10、6.4.11、6.4.12、6.4.13、6.4.14、6.4.15、6.4.16 及 6.4.17 试验的试件养护期满后用 1∶1 的石蜡与松香的溶液封堵其周边（封边宽度不得小于 5 mm），再次养护 24 h 后方可进行试验。

6.4 理化性能

6.4.1 在容器中的状态

用搅拌器搅拌容器内的试样或按规定的比例调配多组分涂料的试样，观察涂料是否均匀，有无结块。

6.4.2 干燥时间

将依据 6.3 要求制作的试件，按 GB/T 1728—1979 规定的指触法进行测试。

6.4.3 初期干燥抗裂性

按 GB/T 9779—2015 的 6.10 进行试验。目测检查有无裂纹出现或使用适当的器具测量裂纹宽度。2 块试件均符合要求判为合格。

6.4.4 粘结强度

将依据 6.3 要求制作的试件的涂层中央 40 mm×40 mm 面积内，均匀涂刷高粘结力的粘结剂(如溶剂型环氧树脂等)，然后将钢制联结件粘上并压上 1 kg 重的砝码，小心去除联结件周围溢出的粘结剂，继续在 6.2 规定的条件下放置 3 d 后去掉砝码，沿钢制联结件的周边切割涂层至板底面，然后将粘结好的试件安装在试验机上；在沿试件底板垂直方向施加拉力，以 1 500 N/min～2 000 N/min 的速度施加荷载，测得最大的拉伸荷载(要求钢制联结件底面平整与试件涂覆面粘结)。每一试件的粘结强度按式(1)计算。粘结强度结果以 5 个试验值中剔除粗大误差后的平均值表示。

$$f_b = F/A \quad \cdots\cdots(1)$$

式中：

f_b ——粘结强度，单位为兆帕(MPa)；

F ——最大拉伸荷载，单位为牛顿(N)；

A ——粘结面积，单位为平方毫米(mm^2)。

6.4.5 抗压强度

6.4.5.1 试件的制作

先在规格为 70.7 mm×70.7 mm×70.7 mm 的金属试模内壁涂一薄层机油，将拌和后的涂料注入试模内，轻轻摇动并插捣抹平，待基本干燥固化后脱模。在规定的环境条件下养护期满后，再放置在(60±5)℃的烘箱中干燥 48 h，然后再放置在干燥器内冷却至室温。

6.4.5.2 试验程序

选择试件的某一侧面作为受压面，用卡尺测量其边长，精确至 0.1 mm。将选定试件的受压面向上放在压力试验机(误差小于或等于 2%)的加压座上，试件的中心线与压力机中心线应重合，以 150 N/min～200 N/min 的速度均匀施加荷载至试件破坏。记录试件破坏时的最大荷载。按式(2)计算每一个试件的抗压强度。抗压强度结果以 5 个试验值中剔除粗大误差后的平均值表示。

$$R = P/A \quad \cdots\cdots(2)$$

式中：

R ——抗压强度，单位为兆帕(MPa)；

P ——最大载荷，单位为牛顿(N)；

A ——受压面积，单位为平方毫米(mm^2)。

6.4.6 干密度

试件制作同 6.4.5.1。

采用卡尺和电子天平测量试件的体积和质量，按式(3)计算每一个试件的干密度。干密度结果以 5 个试验值中剔除粗大误差后的平均值表示。

$$\rho = m/V \quad \cdots\cdots(3)$$

式中：

ρ ——干密度，单位为千克每立方米(kg/m^3)；

m——质量,单位为千克(kg);

V——体积,单位为立方米(m^3)。

6.4.7 隔热效率偏差

6.4.7.1 基准隔热效率的测定

型式检验时,按附录A的规定,对依据6.3要求制作的“基准隔热效率测定”用试件进行隔热效率试验,其隔热效率(T_0)为钢结构防火涂料的基准隔热效率。

6.4.7.2 隔热效率偏差测试

出厂检验时,按附录A的规定,对依据6.3要求制作的“标准隔热效率测定”用试件进行隔热效率试验,其隔热效率($T_{标}$)为钢结构防火涂料的标准隔热效率。隔热效率偏差按附录A的规定进行计算。

6.4.8 pH值

按产品施工工艺要求,首先用搅拌器搅拌容器内的试样或按规定的比例调配多组分涂料的试样至混合均匀状态,然后采用pH计测量其pH值。

6.4.9 耐水性

6.4.9.1 将依据6.3要求制作的试件全部浸泡于盛有自来水的容器中。试验期间应观察并记录小试件表面的防火涂料涂层外观情况,直至达到规定的试验时间。

6.4.9.2 取出经过6.4.9.1试验的大试件,放在(23±2)℃的环境中养护干燥后,按附录A的规定测试其隔热效率并计算衰减量。

6.4.10 耐冷热循环性

6.4.10.1 将依据6.3要求制作的试件置于(23±2)℃的空气中18 h,然后将试件放入(−20±2)℃低温箱中冷冻3 h,再将试件从低温箱中取出立即放入(50±2)℃的恒温箱中3 h。此为1次循环,按此反复循环试验。试验期间,每一次循环结束时应观察并记录小试件表面的防火涂料涂层外观情况,直至达到规定的循环次数。

6.4.10.2 取出经过6.4.10.1试验的大试件,放在(23±2)℃的环境中养护干燥后,按附录A的规定测试其隔热效率并计算衰减量。

6.4.11 耐曝热性

6.4.11.1 将依据6.3要求制作的试件垂直放置在(50±2)℃的烘箱中。试验期间,每隔24 h应观察并记录小试件表面的防火涂料涂层外观情况,直至达到规定的试验时间。

6.4.11.2 取出经过6.4.11.1试验的大试件,放在(23±2)℃的环境中养护干燥后,按附录A的规定测试其隔热效率并计算衰减量。

6.4.12 耐湿热性

6.4.12.1 将依据6.3要求制作的试件垂直放置在湿度90%±5%、温度(45±5)℃的试验箱中。试验期间,每隔24 h应观察并记录小试件表面的防火涂料涂层外观情况,直至达到规定的试验时间。

6.4.12.2 取出经过6.4.12.1试验的大试件,放在(23±2)℃的环境中养护干燥后,按附录A的规定测试其隔热效率并计算衰减量。

6.4.13 耐冻融循环性

6.4.13.1 将依据 6.3 要求制作的试件置于(23±2)℃的自来水中 18 h,然后将试件放入(−20±2)℃低温箱中冷冻 3 h,再将试件从低温箱中取出立即放入(50±2)℃的恒温箱中 3 h。此为 1 次循环,按此反复循环试验。试验期间,每一次循环结束时应观察并记录小试件表面的防火涂料涂层外观情况,直至达到规定的循环次数。

6.4.13.2 取出经过 6.4.13.1 试验的大试件,放在(23±2)℃的环境中养护干燥后,按附录 A 的规定测试其隔热效率并计算衰减量。

6.4.14 耐酸性

6.4.14.1 将依据 6.3 要求制作的试件全部浸泡于 3%的盐酸溶液中。试验期间,每隔 24 h 应观察并记录小试件表面的防火涂料涂层外观情况,直至达到规定的试验时间。

6.4.14.2 取出经过 6.4.14.1 试验的大试件,放在(23±2)℃的环境中养护干燥后,按附录 A 的规定测试其隔热效率并计算衰减量。

6.4.15 耐碱性

6.4.15.1 将依据 6.3 要求制作的试件全部浸泡于 3%的氨水溶液中。试验期间,每隔 24 h 应观察并记录小试件表面的防火涂料涂层外观情况,直至达到规定的试验时间。

6.4.15.2 取出经过 6.4.15.1 试验的大试件,放在(23±2)℃的环境中养护干燥后,按附录 A 的规定测试其隔热效率并计算衰减量。

6.4.16 耐盐雾腐蚀性

6.4.16.1 将依据 6.3 要求制作的试件按 GB 15930—2007 的 7.11 的规定进行试验。试验期间,每一次循环结束时应观察并记录小试件表面的防火涂料涂层外观情况,直至达到规定的循环次数。

6.4.16.2 取出经过 6.4.16.1 试验的大试件,放在(23±2)℃的环境中养护干燥后,按附录 A 的规定测试其隔热效率并计算衰减量。

6.4.17 耐紫外线辐照性

6.4.17.1 将依据 6.3 要求制作的试件按 GB/T 14522—2008 的表 C.1 规定的第 2 种暴露周期类型进行试验。试验期间,每二次循环结束时应观察并记录小试件表面的防火涂料涂层外观情况,直至达到规定的循环次数。

6.4.17.2 取出经过 6.4.17.1 试验的大试件,放在(23±2)℃的环境中养护干燥后,按附录 A 的规定测试其隔热效率并计算衰减量。

6.5 耐火性能

6.5.1 试验装置

符合 GB/T 9978.1—2008 中第 5 章对试验装置的要求。

6.5.2 试验条件

普通钢结构防火涂料采用建筑纤维类火灾升温条件,试验炉内温度及压力应符合 GB/T 9978.1—2008 中 6.1 和 6.2 的相关规定;特种钢结构防火涂料采用烃类(HC)火灾升温条件,试验炉内温度应符合 GA/T 714—2007 中 5.1.2 的相关规定,炉内保持正压。

试验炉内用于温度和压力测量的仪器设备，其数量、布置方式及测量要求应符合 GB/T 9978.1—2008 和 GB/T 9978.6 的相关规定。

6.5.3 试件制作

采用 GB/T 11263—2017 规定的 HN400×200 热轧 H 型钢(截面系数为 161 m^{-1})和 GB/T 706—2016 规定的 36b 热轧工字钢(截面系数为 126 m^{-1})作为试验基材。试件制作时，首先按 GB/T 9978.6 的相关规定设置试件热电偶(均用于测量试件的平均温度)，然后依据产品使用说明书规定的工艺条件对试件受火面进行涂覆，形成涂覆的钢梁试件，并放在 6.2 规定的条件下养护，养护期由委托方确定。

6.5.4 涂层厚度的确定

涂层厚度应在试件各受火面进行测量，且沿试件长度方向每米不少于 2 个测量截面。每个截面上共 7 个测量点(见图 1)，其中腹板两侧中部各一个，上翼缘下表面两侧中部各一个，下翼缘上表面两侧中部各一个，下翼缘下表面中部一个。涂层厚度(包括防锈漆、防锈液、面漆及加固措施等厚度在内)以剔除测量值中的最大值和最小值后的平均值表示。涂层厚度精确至：0.1 mm(P 类)，1 mm(F 类)。

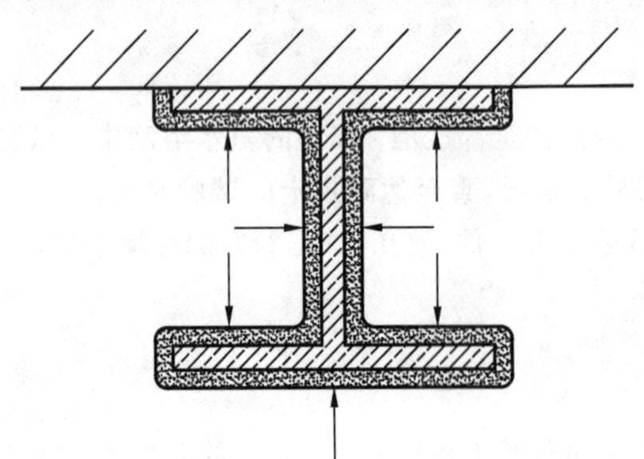

图 1 试件截面上涂层厚度测量点位置

6.5.5 试件安装、约束与加载

6.5.5.1 试件应水平、简支安装在水平燃烧试验炉上。试件三面受火，上表面覆盖标准盖板，盖板可采用密度为(650±200)kg/m^3 的加气混凝土板或轻质混凝土板，每块盖板的厚度为(150±25)mm、长度不大于 1 m、宽度大于或等于梁上翼缘的 3 倍宽度且不小于 600 mm。盖板与梁的上翼缘之间设一层硅酸铝纤维棉，其宽度等于梁的上翼缘宽度。试件受火长度不小于 4 000 mm，试件的支撑点间距(净跨度)及总长度应符合 GB/T 9978.6 中对试件尺寸的相关规定。试件的其他安装和约束要求应符合 GB/T 9978.6 的相关规定。

6.5.5.2 试件加载条件应符合 GB/T 9978.6 的相关规定，试件承受四点集中荷载模拟的均布荷载，荷载总量对应设计弯矩极限值(按 GB 50017—2003 中 4.1 规定进行计算)的 60%，且应符合整体稳定性的要求。计算时应采用钢材的设计强度。实际加载量为总荷载量扣除钢梁、标准盖板自重(试验前进行称量)而得出的荷载量。加载量在整个试验过程中应保持恒定(偏差在规定值的±5%以内)。HN400×200 热轧 H 型钢和 36b 热轧工字钢的实际加载量的计算示例见附录 B。

6.5.6 判定准则

6.5.6.1 判定条件

钢结构防火涂料的耐火极限以试件失去承载能力或达到规定的平均温度的时间来确定。

6.5.6.2 承载能力

在整个耐火试验时间内,试件的最大弯曲变形量不应超过$\frac{L_0^2}{400h}$ mm(L_0 为试件的净跨度,h 为试件截面上抗压点与抗拉点之间的距离)。

6.5.6.3 试件温度

在整个耐火试验时间内,试件的平均温度不应超过 538 ℃。

6.5.7 耐火性能的表示

钢结构防火涂料的耐火性能试验结果应包括升温条件、试验基材类型、截面系数、涂层厚度、耐火性能试验时间或耐火极限等信息,并注明涂层构造方式和防锈处理措施。耐火性能试验时间或耐火极限精确至 0.01 h。

7 检验规则

7.1 检验分类

7.1.1 出厂检验

出厂检验项目分为常规项目和抽检项目两类。常规项目应至少包括:在容器中的状态、干燥时间、初期干燥抗裂性和 pH 值,且应按批检验。抽检项目应至少包括:干密度、隔热效率偏差、耐水性、耐酸性、耐碱性,且应在每季度或每生产 500 t(P 类)、1 000 t(F 类)产品(先到为准)之内至少进行一次检验。

7.1.2 型式检验

型式检验项目为 5.1.5、5.2 规定的全部项目。

有下列情形之一,产品应进行型式检验:

a) 新产品投产或老产品转厂生产时试制定型鉴定;

b) 正式生产后,产品的配方、工艺、原材料有较大改变时;

c) 产品停产一年以上恢复生产时;

d) 出厂检验结果与上次型式检验结果有较大差异时;

e) 发生重大质量事故整改后;

f) 质量监督机构依法提出要求时。

7.2 组批与抽样

7.2.1 组批

组成一批的钢结构防火涂料应为同一次投料、同一生产工艺、同一生产条件下生产的产品。

7.2.2 抽样

出厂检验样品应分别从不少于 200 kg(P 类)、500 kg(F 类)的产品中随机抽取 40 kg(P 类)、100 kg(F 类)。

型式检验样品应分别从不少于 1 000 kg(P 类)、3 000 kg(F 类)的产品中随机抽取 300 kg(P 类)、500 kg(F 类)。

7.3 判定规则

7.3.1 出厂检验判定

出厂检验的常规项目全部符合要求时判该批产品合格；常规项目发现有不合格的，判该批产品不合格。抽检项目全部合格的，产品可正常出厂；抽检项目有不合格的，允许对不合格项进行加倍复验，复验合格的，产品可继续生产销售；复验仍不合格的，产品停产整改。

7.3.2 型式检验判定

型式检验项目全部符合要求时，判该产品合格。有缺陷时的合格判定规则如下，检验结论中需注明缺陷类别和数量：

a） A＝0；

b） B≤2；

c） B＋C≤3。

8 标志、包装、运输和贮存

8.1 产品标志应包含产品名称、型号规格、执行标准、商标(适用时)、制造商、生产厂、生产地址、生产日期或生产批号、出厂日期、贮存期等。

8.2 产品包装运输的相关标志应符合 GB/T 191 及 GB/T 6388 的规定，包装内应附产品合格证和产品使用说明书。

8.3 产品说明书中应明示产品的涂覆量、施工工艺[包括钢基材的处理要求、防锈底漆(适用时)、加固措施(适用时)、面漆(适用时)]及警示等。

8.4 产品运输时应防止雨淋，曝晒、装卸时应轻拿轻放，并应遵守运输部门的有关规定。

8.5 产品应贮存在干燥、通风、防止日光直接照射的场所。

附 录 A
（规范性附录）
钢结构防火涂料隔热效率试验

A.1 试件

本试验所采用的试件为6.4.7中提及的“基准隔热效率测试”用试件和“标准隔热效率测试”用试件，以及6.4.9.2、6.4.10.2、6.4.11.2、6.4.12.2、6.4.13.2、6.4.14.2、6.4.15.2、6.4.16.2、6.4.17.2中提及的大试件。

A.2 试验装置

试验装置应至少包括水平燃烧试验炉、热电偶、炉压测量探头等。试验炉开口尺寸不应小于1 000 mm×1 000 mm，其内衬材料应采用耐高温隔热材料（密度应小于1 000 kg/m³，厚度不小于50 mm）。试验炉可采用液体或气体燃料，炉内的温度及压力能得到有效的监视和控制。热电偶（丝径不小于0.5 mm）、炉压测量探头等应符合GB/T 9978.1—2008中5.5的相关规定。

A.3 试验程序

A.3.1 组批

按试验炉开口尺寸大小的不同，在满足A.3.2规定的安装条件下，可一次试验一块或多块试件。

A.3.2 安装

试件涂覆面向下水平安装在试验炉上，涂覆面应与试验炉炉盖下表面基本平齐，试件的背火表面覆盖一层名义厚度为50 mm、体积密度为128 kg/m³ 的干燥硅酸铝纤维毯。试件的受火尺寸不应小于450 mm×450 mm，其边缘与炉膛内壁之间的距离不应小于250 mm。当多块试件同时进行试验时，相邻试件边缘之间的间距不应大于500 mm。试件的周边与安装框架之间的间隙处应填塞硅酸铝纤维棉。

A.3.3 试验条件

试验炉内温度及压力应符合GB/T 9978.1—2008中6.1和6.2的相关规定。

A.3.4 温度测量

A.3.4.1 试验炉内温度

在试验炉内距离每块试件下表面100 mm处的水平面上至少应布置1支炉内热电偶，热电偶与炉膛内壁之间的距离不应小于300 mm，热电偶的总数量不应少于4支。

A.3.4.2 试件背火面温度

每块试件的背火面温度采用2支热电偶进行测量，其中1支位于试件背火表面中心，另1支位于试件背火表面中心线上距中心125 mm处。热电偶与试件背火面的固定方式应符合GB/T 9978.1—2008

的相关规定。

A.4 试验结果

试件的隔热效率以试件背火面平均温度达到 500 ℃时的试验时间来表示，单位为分钟(min)。

A.5 隔热效率偏差

钢结构防火涂料的隔热效率偏差采用式(A.1)计算：

$$\eta = (T_{标} - T_0)/T_0 \times 100\% \qquad \cdots\cdots(A.1)$$

式中：

η ——隔热效率偏差，%；

T_0 ——基准隔热效率，单位为分钟(min)；

$T_{标}$ ——标准隔热效率，单位为分钟(min)。

A.6 隔热效率衰减量

钢结构防火涂料的隔热效率衰减量采用式(A.2)计算：

$$\theta = (T_0 - T)/T_0 \times 100\% \qquad \cdots\cdots(A.2)$$

式中：

θ ——隔热效率衰减量，%；

T_0 ——基准隔热效率，单位为分钟(min)；

T ——耐久性试验后大试件的隔热效率，单位为分钟(min)。

注：当 $T \geqslant T_0$ 时，表示试件的隔热效率无衰减。

附　录　B
（规范性附录）
钢结构防火涂料耐火试验加载量计算

B.1　已知条件

钢梁为Q235钢材，抗弯强度为f(N/mm^2)。钢梁安装方式为水平简支，计算跨度为L_0(mm)、受压翼缘宽度为b_1(mm)、翼缘厚度为t_1(mm)、腹板厚度为d(mm)、截面高度h(mm)、截面回转半径为i_y(mm)、截面模量为W_x(mm^3)、强度折减系数为k、屈服强度为f_y(N/mm^2)、自重为g(N/m)。标准盖板自重经称量为q_0(N/m)。

B.2　均布荷载计算

钢梁受载后其截面上实际产生的最大弯矩M_{max}采用式(B.1)计算：

$$M_{max}=(1/8)q_{max}L_0^2 \quad\cdots\cdots\cdots(B.1)$$

按GB 50017—2003中4.1规定，钢梁截面上的设计弯矩M_x应符合式(B.2)的要求。

$$M_x/(\gamma_x W_x)\leqslant kf \quad\cdots\cdots\cdots(B.2)$$

式中，对于工字形截面$\gamma_x=1.05$，当梁受压翼缘自由外伸宽度与其厚度之比大于$13\sqrt{235/f_y}$而不超过$15\sqrt{235/f_y}$时，$\gamma_x=1.0$。

由式(B.2)，钢梁截面上的设计弯矩极限值$M_{极限}$应采用式(B.3)计算：

$$M_{极限}=k\gamma_x W_x f \quad\cdots\cdots\cdots(B.3)$$

依据6.5.5的规定，$M_{max}=M_{极限}\times60\%$，由式(B.1)和式(B.3)推出均布荷载q_{max}：

$$q_{max}=4.8k\gamma_x W_x f/L_0^2 \quad\cdots\cdots\cdots(B.4)$$

B.3　稳定性验证

B.3.1　验证原则

按GB 50017—2003中4.2.1规定，若$L_0/b_1>13$，则应计算梁的整体稳定性。

B.3.2　稳定系数的计算

按GB 50017—2003中B.5规定，对于均匀弯曲的受弯构件：

(1) 当$\lambda_y<120\sqrt{235/f_y}$时，对于双轴对称的工字形截面(含H型钢)，其稳定系数φ_b可按式(B.5)计算。

$$\varphi_b=1.07-\frac{\lambda_y^2}{44\ 000}\cdot\frac{f_y}{235} \quad\cdots\cdots\cdots(B.5)$$

式中：

$\lambda_y=L_0/i_y$。

(2) 当$\lambda_y\geqslant120\sqrt{235/f_y}$时，其稳定系数$\varphi_b$应按GB 50017—2003中B.1和B.2的规定进行计算，并且当计算所得的$\varphi_b>0.6$时，应采用式(B.6)对其进行修正计算。

$$\varphi'_b=1.07-0.282/\varphi_b \quad\cdots\cdots\cdots(B.6)$$

B.3.3 验证条件

按 GB 50017—2003 中 4.2.2 规定，在处于整体稳定的条件下，钢梁截面上的最大弯矩 M_{max} 应符合式(B.7)的要求。

$$M_{max} \leqslant kf\varphi_b W_x \quad \cdots\cdots (B.7)$$

当稳定系数经过修正后，应采用 φ_b' 代替式(B.7)中的 φ_b。

若不符合以上验证条件，应按 GB 50017—2003 中 4.2 规定，以梁的整体稳定性计算均布荷载 q_{max}。

B.4 加载量计算

依据 6.5.5 的规定，试件的实际加载量 F 采用式(B.8)计算：

$$F=(q_{max}-g-q_0)L_0 \quad \cdots\cdots (B.8)$$

示例 1：

已知：试验基材为 GB/T 11263—2017 规定的 HN400×200 热轧 H 型钢，$f=215$ N/mm²、$L_0=4\ 200$ mm、$b_1=200$ mm、$t_1=13$ mm、$d=8$ mm、$h=400$ mm、$i_y=45.4$ mm、$W_x=1\ 190\ 000$ mm³、$k=0.9$、$f_y=235$ N/mm²、$g=646.8$ N/m，所用标准盖板自重经称量 $q_0=573.3$ N/m。求钢梁的实际加载量 F。

计算程序如下：

(1) 均布荷载计算：

由于梁受压翼缘自由外伸宽度与其厚度之比为 $\frac{b_1-d}{2t_1}=\frac{200-8}{2\times 13}=7.38$，而 $13\sqrt{235/f_y}=13$、$15\sqrt{235/f_y}=15$，所以 $\gamma_x=1.05$。由式(B.4)得：

$q_{max}=4.8k\gamma_x W_x f/L_0{}^2=4.8\times 0.9\times 1.05\times 1\ 190\ 000\times 215/4\ 200^2=65.790$ kN/m

(2) 稳定性验证：

因 $L_0/b_1=4\ 200/200=21>13$，应计算梁的整体稳定性。

$\lambda_y=L_0/i_y=4\ 200/45.4=92.51<120\sqrt{235/f_y}=120$，由式(B.5)得：

$\varphi_b=1.07-\frac{\lambda_y{}^2}{44\ 000}\cdot\frac{f_y}{235}=1.07-\frac{92.51^2}{44\ 000}\cdot\frac{235}{235}=0.88$

由式(B.1)得：

$M_{max}=(1/8)q_{max}L_0{}^2=(1/8)\times 65.790\times 4\ 200^2=145\ 067$ N·m

而，$kf\varphi_b W_x=0.9\times 215\times 0.88\times 1\ 190\ 000=202\ 633$ N·m

所以，$M_{max}<kf\varphi_b W_x$，满足稳定性要求。

(3) 加载量计算：

由式(B.8)得：

$F=(q_{max}-g-q_0)L_0=(65\ 790-646.8-573.3)\times 4.2=271$ kN

示例 2：

已知：试验基材为 GB/T 706—2016 规定的 36b 热轧工字钢，$f=215$ N/mm²、$L_0=4\ 200$ mm、$b_1=138$ mm、$t_1=15.8$ mm、$d=12.0$ mm、$h=360$ mm、$i_y=26.4$ mm、$W_x=919\ 000$ mm³、$k=0.9$、$f_y=235$ N/mm²、$g=643.8$ N/m，所用标准盖板自重经称量 $q_0=573.3$ N/m。求钢梁的实际加载量 F。

计算程序如下：

(1) 均布荷载计算：

由于梁受压翼缘自由外伸宽度与其厚度之比为 $\frac{b_1-d}{2t_1}=\frac{138-12.0}{2\times 15.8}=3.99$，而 $13\sqrt{235/f_y}=13$、$15\sqrt{235/f_y}=15$，所以 $\gamma_x=1.05$。由式(B.4)得：

$q_{max}=4.8k\gamma_x W_x f/L_0{}^2=4.8\times 0.9\times 1.05\times 919\ 000\times 215/4\ 200^2=50.808$ kN/m

(2) 稳定性验证：

因 $L_0/b_1=4\ 200/138=30>13$，应计算梁的整体稳定性。

$\lambda_y = L_0/i_y = 4\ 200/26.4 = 159.09 > 120\sqrt{235/f_y} = 120$，按 GB 50017—2003 中 B.2 的规定计算梁的整体稳定系数：

查表(见 GB 50017—2003 中表 B.2)，当 $L_0 = 4\ 000$ mm 和 $L_0 = 5\ 000$ mm 时，其对应稳定性系数分别为 0.93 和 0.73。采用线性插值法计算，当 $L_0 = 4\ 200$ mm 时，梁的稳定性系数 $\varphi_b = 0.89 > 0.6$，按式(B.6)对其进行修正：

$\varphi_b' = 1.07 - 0.282/\varphi_b = 1.07 - 0.282/0.89 = 0.75$

由式(B.1)得：

$M_{max} = (1/8)q_{max}L_0^2 = (1/8) \times 50.808 \times 4\ 200^2 = 112\ 032$ N·m

而，$kf\varphi_b'W_x = 0.9 \times 215 \times 0.75 \times 919\ 000 = 133\ 370$ N·m

所以，$M_{max} < kf\varphi_b'W_x$，满足稳定性要求。

(3) 加载量计算：

由式(B.8)得：

$F = (q_{max} - g - q_0)L_0 = (50\ 808 - 643.8 - 573.3) \times 4.2 = 208$ kN

ICS 47.020.05
U 05

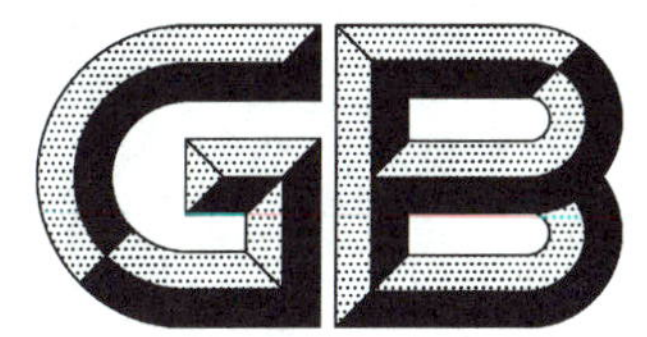

中华人民共和国国家标准

GB/T 14616—2008
代替 GB/T 14616—1993

机舱舱底涂料通用技术条件

General specification for engine-room bottom coating

2008-07-30 发布　　　　2009-02-01 实施

中华人民共和国国家质量监督检验检疫总局
中国国家标准化管理委员会　发布

前　言

本标准代替 GB/T 14616—1993《机舱舱底涂料通用技术条件》。

本标准与 GB/T 14616—1993 相比，主要有下列变化：

——引用标准中增加了 GB/T 13491、GB/T 9274—1988、HG/T 2458，取消了 GB/T 1727—1992、GB/T 1765—1979、GB/T 1734—1993、GB/T 1763—1979、GB/T 1732—1993、GB/T 8923—1988；

——增加了固体含量技术指标规定；

——调整了技术指标中的耐盐雾性试验时间；

——取消了黏度、密度和耐冲击性等技术指标规定。

本标准由中国船舶重工集团公司提出。

本标准由全国海洋船标准化技术委员会船用材料应用工艺分技术委员会归口。

本标准负责起草单位：中国船舶重工集团公司第七二五研究所。

本标准参加起草单位：上海开林造漆厂、武昌造船厂。

本标准主要起草人：陈凯锋、陈乃红、欧伯兴、姚晓红、孙祖信。

本标准所代替标准的历次版本发布情况为：

——GB/T 14616—1993。

机舱舱底涂料通用技术条件

1 范围

本标准规定了机舱舱底涂料(以下简称涂料)的技术要求、试验方法、检验规则、标志、包装、运输和贮存等。

本标准适用于钢船主机、辅机及泵舱舱底的涂料体系。

2 规范性引用文件

下列文件中的条款通过本标准的引用而成为本标准的条款。凡是注日期的引用文件,其随后所有的修改单(不包括勘误的内容)或修订版均不适用于本标准,然而,鼓励根据本标准达成协议的各方研究是否可使用这些文件的最新版本。凡是不注日期的引用文件,其最新版本适用于本标准。

GB/T 1724 涂料细度测定法

GB/T 1725 色漆、清漆和塑料 不挥发物含量的测定(GB/T 1725—2007,ISO 3251:2003,IDT)

GB/T 1728 漆膜、腻子膜干燥时间测定法

GB/T 1771 色漆和清漆 耐中性盐雾性能的测定(GB/T 1771—2007,ISO 7253:1996,IDT)

GB/T 3186 色漆、清漆和色漆与清漆用原材料 取样(GB/T 3186—2006,ISO 15528:2000,IDT)

GB/T 5210 色漆和清漆 拉开法附着力试验(GB/T 5210—2006,ISO 4624:2002,IDT)

GB/T 9274—1988 色漆和清漆 耐液体介质的测定(eqv ISO 2812:1974)

GB/T 9750 涂料产品包装标志

GB/T 10834 船舶漆耐盐水性的测定 盐水和热盐水浸泡法

GB/T 13491 涂料产品包装通则

HG/T 2458 涂料产品检验、运输和贮存通则

3 要求

3.1 一般要求

3.1.1 涂料应能在通常的环境和确保安全条件下施工和干燥。

3.1.2 在温度(23±2)℃下,双组分涂料混合后其适用期按各产品生产厂技术要求规定。

3.1.3 涂料从制造之日起至少一年内,产品在原容器中应能用人工或机械搅拌均匀。

3.1.4 涂料应能和常用车间底漆配套。

3.1.5 涂料应适用于刷涂、辊涂和高压无气喷涂等方式施工,在规定的漆膜厚度内施工应不发生流挂。

3.1.6 涂料自然老化或破坏时,应能用原涂料体系进行修补。

3.1.7 涂料用稀释剂应按生产厂技术要求执行。

3.2 技术指标

3.2.1 涂料技术指标

涂料技术指标应符合表1要求。

表 1 涂料技术指标

项目名称		技术指标
细度		≤80 μm(鳞片涂料除外)
固体含量		≥70%
干燥时间	表干	≤8 h
	实干	≤24 h

3.2.2 涂层技术指标

涂层技术指标应符合表 2 要求。

表 2 涂层技术指标

项目名称	技术指标
附着力	≥3 MPa
耐盐雾性(600 h)	涂膜无起泡、龟裂、剥落、起皱和锈斑等
耐热盐水性[(40±2)℃,336 h]	涂膜无起泡、龟裂、剥落、起皱和锈斑等
耐柴油性[(23±2)℃,0.5 a]	涂膜无起泡、软化、剥落和锈斑等

4 试验方法

4.1 细度

细度的测定按 GB/T 1724 的规定进行。结果应符合 3.2.1 的要求。

4.2 固体含量

固体含量的测定按 GB/T 1725 的规定进行。结果应符合 3.2.1 的要求。

4.3 干燥时间

干燥时间的测定按 GB/T 1728 的规定进行。结果应符合 3.2.1 的要求。

4.4 附着力

附着力的测定按 GB/T 5210 的规定进行。结果应符合 3.2.2 的要求。

4.5 耐盐雾性

耐盐雾性的测定按 GB/T 1771 的规定进行。结果应符合 3.2.2 的要求。

4.6 耐热盐水性

耐热盐水性的测定按 GB/T 10834 的规定进行。结果应符合 3.2.2 的要求。

4.7 耐柴油性

耐柴油性的测定按 GB/T 9274—1988 甲法(浸泡法)的规定进行。结果应符合 3.2.2 的要求。

5 检验规则

5.1 检验分类

涂料检验分为型式检验和出厂检验。

5.2 型式检验

5.2.1 检验项目

涂料的型式检验项目为 3.2 规定的所有技术指标项目。

5.2.2 检验要求

涂料有下列之一情况时,应进行型式检验:

a) 正常生产时,每三年至少应进行一次型式检验;

b) 当产品配方有改变,新投产时;

c) 当材料、工艺有较大改变，足以影响涂料性能时；

d) 产品停产半年重新恢复生产时。

5.2.3 判定规则

涂料的型式检验项目全部符合 3.2 要求时，判定型式检验合格。若有一项不符合要求，则判定为涂料型式检验不合格。

5.3 出厂检验

5.3.1 检验项目

涂料的出厂检验项目为 3.2.1 规定的所有技术指标项目。

5.3.2 组批规则

涂料按每一贮漆槽为一批，检验以批为单位。

5.3.3 取样

涂料按 GB/T 3186 的规定进行取样，样品应分为两份，一份密封贮存备查，另一份用作检验。

5.3.4 判定规则

每批涂料的出厂检验项目全部符合 3.2.1 要求时，判定该批涂料的出厂检验合格。若有一项不符合要求，则判定该批涂料出厂检验不合格。

6 标志、包装、运输和贮存

6.1 标志

涂料产品标志应符合 GB/T 9750 的要求。

6.2 包装

涂料产品的包装应符合 GB/T 13491 的要求。

6.3 运输

涂料产品的运输应符合 HG/T 2458 的要求。

6.4 贮存

涂料的贮存应符合 HG/T 2458 的要求。涂料在原包装封闭的条件下，贮存期自生产完成之日起为一年。超过贮存期可按本标准规定的项目进行检验，若检验合格，仍可使用。

ICS 87.040
G 51

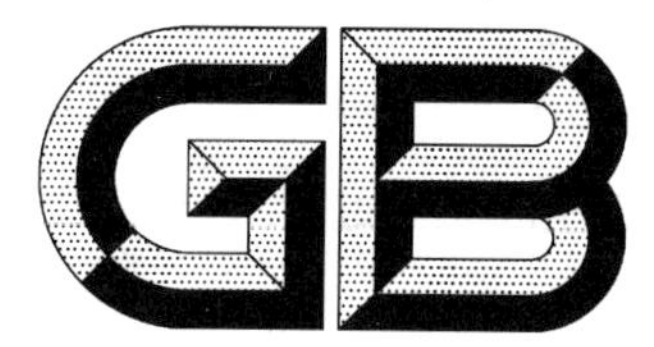

中华人民共和国国家标准

GB/T 24100—2009

X、γ辐射屏蔽涂料

X、γ radiation shielding coating

2009-06-02 发布

2010-02-01 实施

中华人民共和国国家质量监督检验检疫总局
中国国家标准化管理委员会 发布

前　言

本标准由中国石油和化学工业协会提出。

本标准由全国涂料和颜料标准化技术委员会(SAC/TC 5)归口。

本标准起草单位:北京金铠盾防辐射技术有限公司、哈尔滨龙江劳动防护科技开发公司。

本标准主要起草人:刘冬凌、刘洪刚、刘景尧、宋文强、张海涛。

X、γ辐射屏蔽涂料

1 范围

本标准规定了X、γ辐射屏蔽涂料的技术要求、检验规则、包装、标志、运输及贮存等。

本标准适用于粉状、膏状、砂浆状X、γ辐射屏蔽涂料，采用抹涂、刮涂的施工方法。

2 规范性引用文件

下列文件中的条款通过本标准的引用而成为本标准的条款。凡是注日期的引用文件，其随后所有的修改单(不包括勘误的内容)或修订版均不适用于本标准，然而，鼓励根据本标准达成协议的各方研究是否可使用这些文件的最新版本。凡是不注日期的引用文件，其最新版本适用于本标准。

GB/T 12573 水泥取样方法

GB/T 17671 水泥胶砂强度检验方法(ISO法)

GB 18582—2008 室内装饰装修材料 内墙涂料中有害物质限量

GB 50212 建筑防腐蚀工程施工及验收规范

GBZ/T 147 X射线防护材料衰减性能的测定

JGJ 70 建筑砂浆基本性能试验方法

3 术语和定义

下列术语和定义适用于本标准。

3.1

电离辐射 ionizing radiation

在辐射防护领域，指能在生物物质中产生离子对的辐射。

3.2

铅当量 lead equivalent

在相同照射条件下，具有与被测防护材料等同屏蔽能力的铅层厚度。单位以mm Pb表示。

3.3

体积密度 bulk density

在规定条件下，材料单位体积(包括所有孔隙在内)的质量。

3.4

挥发性有机化合物 volatile organic compounds

VOC

在101.3 kPa标准压力下，任何初沸点低于或等于250 ℃的有机化合物。

3.5

挥发性有机化合物含量 volatile organic compounds content

按规定的测试方法测试产品所得到的挥发性有机化合物的含量。

4 技术要求

4.1 产品外观

无潮湿，无结块，无杂质。

4.2 产品铅当量、物理力学性能

产品铅当量、物理力学性能应符合表1的规定。

表 1 铅当量、物理力学性能要求

项 目	要 求
铅当量/(mm Pb/10 mm 涂层) ≥	0.9
体积密度/(kg/m³) ≥	2 850
抗压强度/MPa ≥	20.0
抗折强度/MPa ≥	3.0
抗拉强度/MPa ≥	2.0
粘接强度(混凝土)/MPa ≥	0.20

4.3 产品中有害物质含量

产品中有害物质含量应符合表2的规定。

表 2 有害物质含量要求

项 目		要 求
挥发性有机化合物(VOC)/(g/L) ≤		120
苯、甲苯、乙苯、二甲苯总和/(mg/kg) ≤		300
游离甲醛/(mg/kg) ≤		100
可溶性重金属/(mg/kg) ≤	铅 Pb	90
	镉 Cd	75
	铬 Cr	60
	汞 Hg	60

5 试验方法

5.1 涂料取样

按 GB/T 12573 的规定进行。

5.2 外观质量

在正常自然光或 200 lx 光源条件下，用目视方法观察。

5.3 铅当量

按 JGJ 70 中抗压强度试验规定，制备面积为 200 mm×200 mm，厚度 10 mm～20 mm 试件 3 块，在不通风的室内自然养护，室温 20 ℃±5 ℃，相对湿度 60%～80%，保持试件潮湿的状态下，养护 7 d，然后按 GBZ/T 147 的规定进行试验。管电压 120 kV，2.5 mmAl 过滤片。

5.4 体积密度

按 JGJ 70 中抗压强度试验规定，制备 200 mm×200 mm×15 mm 试件 3 块。将试件放入温度为 105 ℃±5 ℃的烘干箱中烘干至恒重，计算出单位体积的质量，体积密度由 3 次试验结果的算术平均值确定。

5.5 抗压强度

按 JGJ 70 的规定进行。

5.6 抗折强度

按 GB/T 17671 的规定进行。

5.7 抗拉强度和粘接强度

按 GB 50212 的规定进行。

5.8 有害物质限量

按 GB 18582—2008 的规定进行。

6 检验规则

6.1 检验分类

6.1.1 产品检验分出厂检验和型式检验。

6.1.2 出厂检验项目包括：

本标准条款中 4.1、7.1、7.2。

6.1.3 型式检验项目包括本标准所列全部技术要求。在正常生产情况下，每年至少进行一次型式检验。有下列情况之一时，应进行型式检验：

a) 新产品定型鉴定时；

b) 产品主要原材料及用量或生产工艺重大变更时；

c) 产品停产半年后恢复生产时；

d) 国家质量监督检验机构提出型式检验要求时。

6.2 检验结果的判定

如检验结果中有某项不合格时，应重新取样进行复检，仍存在下列条款之一者，则判该产品为不合格产品。

a) 铅当量和表 2 各项中有一项不合格；

b) 表 1 各项(铅当量除外)和本标准条款中 4.1、7.1、7.2 中有两项不合格。

7 包装、标志、运输和贮存

7.1 产品外包装使用防水编织袋包装，包装袋上应有如下标志：

a) 产品名称；

b) 商标；

c) 每袋净重；

d) 执行标准号；

e) 生产日期或批号；

f) 厂名、厂址及邮政编码。

7.2 产品出厂应附有产品检验合格证和使用说明书。检验合格证包括以下内容：

a) 产品名称；

b) 生产厂名称、地址；

c) 生产日期；

d) 检验员代号等。

7.3 运输和贮存时勿日晒、雨淋。严禁与酸、碱等腐蚀物接触。

7.4 产品应贮存在干燥通风库房内，离地垫高 100 mm 以上。

7.5 产品在上述条件下，自生产之日起，产品贮存期为 6 个月。超过贮存期可按本标准进行型式试验，合格后方可销售和使用，但贮存期限最多不得超过 12 个月。

ICS 87.040
G 51

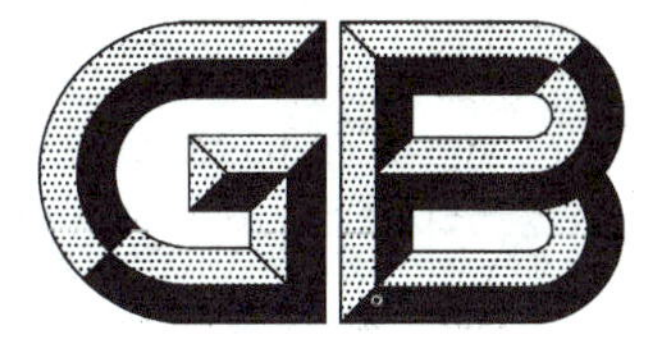

中华人民共和国国家标准

GB/T 31817—2015

风力发电设施防护涂装技术规范

Specification of coating for corrosion protection of windpower equipments

2014-07-03 发布　　　　2016-02-01 实施

中华人民共和国国家质量监督检验检疫总局
中国国家标准化管理委员会　发布

前　言

本标准按照GB/T 1.1—2009给出的规则起草。

本标准由中国石油和化学工业联合会提出。

本标准由全国涂料和颜料标准化技术委员会(SAC/TC 5)归口。

本标准主要起草单位:中海油常州涂料化工研究院有限公司、海虹老人涂料(中国)有限公司、阿克苏诺贝尔防护涂料(苏州)有限公司、新疆金风科技股份有限公司、广东明阳风电产业集团有限公司、西北永新涂料有限公司、冶建新材料股份有限公司、庞贝捷漆油贸易(上海)有限公司、立邦涂料(中国)有限公司、常熟三爱富中昊化工新材料有限公司、大金氟化工(中国)有限公司、株洲时代新材料科技股份有限公司、无锡福斯特涂料有限公司、中远关西涂料化工有限公司、河北晨阳工贸集团有限公司、无锡市联邦涂料有限公司。

本标准主要起草人:苏春海、李荣俊、刘进伟、吴璇、詹耀、李华明、武占海、史优良、吴慧、赵宏鑫、钱晓锋、嵇麟、曾凡辉、索严林、郭建军、杜景怡、花东栓、马尘威。

风力发电设施防护涂装技术规范

1 范围

本标准规定了内陆和海上风电设施用防护涂层的技术条件，包括防护涂层的分类、要求、试验方法、检验规则、安全、卫生和环境保护、验收。

本标准适用于内陆和海上风电设施防护涂层的初始涂装及修补涂装。

2 规范性引用文件

下列文件对于本文件的应用是必不可少的。凡是注日期的引用文件，仅注日期的版本适用于本文件。凡是不注日期的引用文件，其最新版本（包括所有的修改单）适用于本文件。

GB/T 1724—1979 涂料细度测定法

GB/T 1725—2007 色漆、清漆和塑料 不挥发物含量的测定

GB/T 1728—1979 漆膜、腻子膜干燥时间测定法

GB/T 1732—1993 漆膜耐冲击测定法

GB/T 1733—1993 漆膜耐水性测定法

GB/T 1740—2007 漆膜耐湿热测定法

GB/T 1748—1979 腻子膜柔韧性测定法

GB/T 1766—2008 色漆和清漆 涂层老化的评级方法

GB/T 1768—2006 色漆和清漆 耐磨性的测定 旋转橡胶砂轮法

GB/T 1770—2008 涂膜、腻子膜打磨性测定法

GB/T 1771—2007 色漆和清漆 耐中性盐雾性能的测定

GB/T 1865—2009 色漆和清漆 人工气候老化和人工辐射曝露 滤过的氙弧辐射

GB/T 3186 色漆、清漆和色漆与清漆用原材料 取样

GB/T 5210—2006 色漆和清漆 拉开法附着力试验

GB 6514—2008 涂装作业安全规程 涂漆工艺安全及其通风净化

GB/T 6739—2006 色漆和清漆 铅笔法测定漆膜硬度

GB/T 6742—2007 色漆和清漆 弯曲试验（圆柱轴）

GB/T 6750—2007 色漆和清漆 密度的测定 比重瓶法

GB 7691—2003 涂装作业安全规程 安全管理通则

GB 7692—2012 涂装作业安全规程 涂漆前处理工艺安全及其通风净化

GB/T 7790—2008 色漆和清漆 暴露在海水中的涂层耐阴极剥离性能的测定

GB/T 8923.1 涂覆涂料前钢材表面处理 表面清洁度的目视评定 第1部分：未涂覆过的钢材表面和全面清除原有涂层后的钢材表面的锈蚀等级和处理等级

GB/T 8923.2 涂覆涂料前钢材表面处理 表面清洁度的目视评定 第2部分：已涂覆过的钢材表面局部清除原有涂层后的处理等级

GB/T 9274—1988 色漆和清漆 耐液体介质的测定

GB/T 9286—1998 色漆和清漆 漆膜的划格试验

GB/T 13288.1 涂覆涂料前钢材表面处理 喷射清理后的钢材表面粗糙度特性 第1部分：用于

评定喷射清理后钢材表面粗糙度的ISO表面粗糙度比较样块的技术要求和定义

GB/T 13452.2—2008 色漆和清漆 漆膜厚度的测定

GB/T 18570.3 涂覆涂料前钢材表面处理 表面清洁度的评定试验 第3部分:涂覆涂料前钢材表面的灰尘评定(压敏粘带法)

GB/T 18570.6 涂覆涂料前钢材表面处理 表面清洁度的评定试验 第6部分:可溶性杂质的取样 Bresle法

GB/T 18570.9 涂覆涂料前钢材表面处理 表面清洁度的评定试验 第9部分:水溶性盐的现场电导率测定法

GB/T 18838.1 涂覆涂料前钢材表面处理 喷射清理用金属磨料的技术要求 导则和分类

GB/T 23987—2009 色漆和清漆 涂层的人工老化曝露 曝露于荧光紫外线和水

GB/T 30790.2—2014 色漆和清漆 防护涂料体系对钢结构的防腐蚀保护 第2部分:环境分类

GB 50205—2001 钢结构工程施工质量验收规范

GB 50212—2014 建筑防腐蚀工程施工规范

HG/T 3668—2009 富锌底漆

HG/T 3792—2014 交联型氟树脂涂料

ISO 4628-1 色漆和清漆 漆膜老化的评定 缺陷的数量和大小以及外观均匀变化程度的评定 第1部分:通则和评定体系(Paint and Varnishes—Evaluation of degradtion of coatings—Desingnation of quantity and size of defects,and of intensity of uniform changes in appearance—Part 1:General introduction and designation system)

ISO 4628-2 色漆和清漆 漆膜老化的评定 缺陷的数量和大小以及外观均匀变化程度的评定 第2部分:起泡等级的评定(Paint and Varnishes—Evaluation of degradtion of coatings—Desingnation of quantity and size of defects,and of intensity of uniform changes in appearance—Part 2:Assessment of degree of blistering)

ISO 4628-3 色漆和清漆 漆膜老化的评定 缺陷的数量和大小以及外观均匀变化程度的评定 第3部分:生锈等级的评定(Paint and Varnishes—Evaluation of degradtion of coatings—Desingnation of quantity and size of defects,and of intensity of uniform changes in appearance—Part 3:Assessment of degree of rusting)

ISO 4628-4 色漆和清漆 漆膜老化的评定 缺陷的数量和大小以及外观均匀变化程度的评定 第4部分:开裂等级的评定(Paint and Varnishes—Evaluation of degradtion of coatings—Desingnation of quantity and size of defects,and of intensity of uniform changes in appearance—Part 4:Assessment of degree of cracking)

ISO 4628-5 色漆和清漆 漆膜老化的评定 缺陷的数量和大小以及外观均匀变化程度的评定 第5部分:剥落等级的评定(Paint and Varnishes—Evaluation of degradtion of coatings—Desingnation of quantity and size of defects,and of intensity of uniform changes in appearance—Part 5:Assessment of degree of flaking)

ISO 4628-6 色漆和清漆 漆膜老化的评定 缺陷的数量和大小以及外观均匀变化程度的评定 第6部分:胶带纸法评定粉化等级(Paint and Varnishes—Evaluation of degradtion of coatings—Desingnation of quantity and size of defects,and of intensity of uniform changes in appearance—Part 6:Assessment of degree of chalking by tape method)

ISO 4628-7 色漆和清漆 漆膜老化的评定 缺陷的数量和大小以及外观均匀变化程度的评定 第7部分:天鹅绒布法评定粉化等级(Paint and Varnishes—Evaluation of degradtion of coatings—Desingnation of quantity and size of defects,and of intensity of uniform changes in appearance—Part 7:Assessment of degree of chalking by velvet method)

ISO 4628-8 色漆和清漆 漆膜老化的评定 缺陷的数量和大小以及外观均匀变化程度的评定 第 8 部分：划线或其他人造缺陷周边剥离和腐蚀等级的评定(Paint and Varnishes—Evaluation of degradtion of coatings—Desingnation of quantity and size of defects，and of intensity of uniform changes in appearance—Part 8：Assessment of degree of delamination and corrosion around a scribe)

ISO 4628-10 色漆和清漆 漆膜老化的评定 缺陷的数量和大小以及外观均匀变化程度的评定 第 10 部分：丝状腐蚀等级的评定(Paint and Varnishes—Evaluation of degradtion of coatings—Desingnation of quantity and size of defects，and of intensity of uniform changes in appearance—Part 10：Assessment of degree of filiform corrosion)

ISO 20340：2009 色漆和清漆 海上建筑及相关结构用防护涂料体系性能要求(Paints and varnishes—Performance requirements for protective paint systems for offshore and related structures)

3 术语和定义

下列术语和定义适用于本文件。

3.1

大气类型 type of atmosphere

以大气中含有的腐蚀介质类型和它们的浓度为基础进行大气类型的表征。

3.2

耐久性 durability

防护涂料体系从涂装完工后到第一次主要维护涂装前的预期使用期限。

3.3

防护涂料体系 protective paint system

已被涂装或将被涂装到基材上提供防腐蚀保护的色漆涂层或相关产品的总称。

3.4

适用期 pot life

多组分涂料混合后可使用的最长时间。

3.5

可重涂性 recoatability

每道涂层之间在一定涂装间隔内形成无缺陷的附着。

4 分类

4.1 涂层体系设计年限分类

按设计年限分为两类：

——普通型，<15 年；

——长效型，≥15 年。

4.2 腐蚀环境分类

腐蚀环境分类符合 GB/T 30790.2—2014 的要求，参见附录 A。

4.3 涂装部位分类

按涂装部位分为五类：

——叶片；

——塔筒；

——法兰；

——基础环与桩基；

——电机、机舱罩及其他。

4.4 涂装时期分类

按涂装时期分为两类：

——初始涂装：风电设施钢结构的初次涂装；

——修补涂装：风电设施在其运营全过程中对涂层进行的维修保养。

5 要求

5.1 涂装施工单位基本要求

5.1.1 施工单位应具有防腐保温贰级及以上资质，具备保证工程安全、质量的能力。

5.1.2 施工人员应具备正确施工的能力。关键施工工序（喷射清理、喷漆、质检）施工人员应获得涂装中级工及以上证书。特种作业人员应具备相应资格。

5.2 涂层体系要求

5.2.1 涂层体系配套要求

5.2.1.1 中等腐蚀环境(C3)

按照腐蚀环境、工况条件、涂装部位、防腐年限设计涂层配套体系。中等腐蚀环境(C3)涂层体系配套应符合表1的要求。

表1 中等腐蚀环境(C3)涂层体系配套要求

<table>
<tr><th colspan="2" rowspan="2">涂装部位</th><th colspan="2">设计年限为普通型涂装体系</th><th colspan="2">设计年限为长效型涂装体系</th></tr>
<tr><th>涂料名称</th><th>最低干膜厚度
μm</th><th>涂料名称</th><th>最低干膜厚度
μm</th></tr>
<tr><td colspan="2">叶片</td><td>腻子
底漆
聚氨酯面漆</td><td>商定
100
60</td><td>腻子
底漆
聚氨酯面漆</td><td>商定
140
60</td></tr>
<tr><td colspan="2">叶片</td><td>腻子
聚氨酯面漆</td><td>商定
2×80</td><td>腻子
聚氨酯面漆</td><td>商定
2×100</td></tr>
<tr><td rowspan="2">塔筒</td><td>外表面</td><td>厚浆型环氧漆
聚氨酯面漆</td><td>100
60</td><td>厚浆型环氧漆
聚氨酯面漆</td><td>140
60</td></tr>
<tr><td>内表面</td><td>厚浆型环氧漆</td><td>120</td><td>厚浆型环氧底漆</td><td>160</td></tr>
<tr><td colspan="2">法兰(接触面)</td><td>无机富锌底漆</td><td>50</td><td>无机富锌底漆</td><td>50</td></tr>
<tr><td rowspan="2">基础环</td><td>外表面</td><td>厚浆型环氧漆
聚氨酯面漆</td><td>240
50</td><td>厚浆型环氧漆
聚氨酯面漆</td><td>240
50</td></tr>
<tr><td>内表面</td><td>厚浆型环氧漆</td><td>240</td><td>厚浆型环氧漆</td><td>240</td></tr>
</table>

表 1（续）

涂装部位		设计年限为普通型涂装体系		设计年限为长效型涂装体系	
		涂料名称	最低干膜厚度 μm	涂料名称	最低干膜厚度 μm
电机、机舱罩及其他	碳钢	厚浆型环氧漆 聚氨酯面漆	80 50	厚浆型环氧漆 聚氨酯面漆	100 60
	镀锌镀铝及合金钢	专用环氧底漆 聚氨酯面漆	60 50	专用环氧底漆 聚氨酯面漆	60 50
	玻璃钢	聚氨酯底漆或环氧底漆 聚氨酯面漆	80 80	聚氨酯底漆或环氧底漆 聚氨酯面漆	80 80
C3 环境若伴有风沙的条件下，则应适当增加配套涂层的厚度。 基础环暴露部位的外表面应用面漆保护。					
注 1：根据叶片的材质腻子可选择环氧腻子，聚氨酯腻子或其他类型；面漆可选择聚硅氧烷、聚脲、氟碳等面漆。 **注 2**：塔筒外表面要求高耐久性时，可采用氟碳面漆、聚硅氧烷面漆和底面合一聚脲体系等。 **注 3**：塔筒内表面要求高耐久性时，可加涂聚氨酯面漆。					

5.2.1.2 高等腐蚀环境(C4)

按照腐蚀环境、工况条件、涂装部位、防腐年限设计涂层配套体系。高等腐蚀环境(C4)涂层体系配套应符合表 2 的要求。

表 2 高等腐蚀环境(C4)涂层体系配套要求

涂装部位		设计年限为普通型涂装体系		设计年限为长效型涂装体系	
		涂料名称	最低干膜厚度 μm	涂料名称	最低干膜厚度 μm
叶片		腻子 底漆 聚氨酯面漆	商定 100 60	腻子 底漆 聚氨酯面漆	商定 140 60
叶片		腻子 聚氨酯面漆	商定 2×80	腻子 聚氨酯面漆	商定 2×100
塔筒	外表面	环氧富锌底漆 环氧云铁中间漆 聚氨酯面漆	60 80 60	环氧富锌底漆 环氧云铁中间漆 聚氨酯面漆	60 120 60
	内表面	厚浆型环氧漆 厚浆型环氧漆	80 80	厚浆型环氧底漆 厚浆型环氧漆	100 100
法兰(接触面)		无机富锌底漆	50	无机富锌底漆	50
基础环	外表面	厚浆型环氧漆 聚氨酯面漆	500 50	厚浆型环氧漆 聚氨酯面漆	500 50
	内表面	厚浆型环氧漆	330	厚浆型环氧漆	500

表 2 (续)

涂装部位		设计年限为普通型涂装体系		设计年限为长效型涂装体系	
		涂料名称	最低干膜厚度 μm	涂料名称	最低干膜厚度 μm
电机、机舱罩及其他	碳钢	厚浆型环氧漆 聚氨酯面漆	80 60	厚浆型环氧漆 聚氨酯面漆	160 80
	镀锌镀铝及合金钢	专用环氧底漆 聚氨酯面漆	60 60	专用环氧底漆 聚氨酯面漆	60 80
	玻璃钢	聚氨酯底漆或环氧底漆 聚氨酯面漆	80 80	聚氨酯底漆或环氧底漆 聚氨酯面漆	80 80
C4 环境若伴有风沙的条件下，则应适当增加配套涂层的厚度。 基础环暴露部位的外表面应用面漆保护。					
注 1：根据叶片的材质腻子可选择环氧腻子，聚氨酯腻子或其他类型；面漆可选择聚硅氧烷、聚脲、氟碳等面漆。 注 2：塔筒外表面要求高耐久性时，可采用氟碳面漆、聚硅氧烷面漆和底面合一聚脲体系等。 注 3：塔筒内表面要求高耐久性时，可加涂聚氨酯面漆。					

5.2.1.3 **海洋腐蚀环境(C5-M)/Im2**

按照腐蚀环境、工况条件、涂装部位、防腐年限设计涂层配套体系。海洋腐蚀环境(C5-M)/Im2 涂层体系配套应符合表 3 的要求。

表 3 海洋腐蚀环境(C5-M)/Im2 涂层体系配套要求

涂装部位		设计年限为长效型涂装体系	
		涂料名称	最低干膜厚度 μm
叶片		腻子 底漆 聚氨酯面漆	商定 180 60
叶片		腻子 聚氨酯面漆	商定 2×100
塔筒	外表面	环氧富锌底漆 环氧云铁中间漆 聚氨酯面漆	60 200 60
	内表面	环氧富锌底漆 环氧云铁中间漆	60 180
法兰(接触面)		无机富锌底漆	60
导管架及桩基	大气区	环氧玻璃鳞片漆或改性环氧漆 聚氨酯面漆	500 80
	潮汐和浪溅区	环氧玻璃鳞片漆或改性环氧漆	600
	水下区	环氧玻璃鳞片漆或改性环氧漆	500
	桩基内表面暴露区	环氧玻璃鳞片漆或超强环氧漆	600

表 3（续）

涂装部位		设计年限为长效型涂装体系	
		涂料名称	最低干膜厚度 μm
电机、机舱罩及其他	碳钢	环氧富锌底漆 厚浆型环氧漆 聚氨酯面漆	60 160 60
	镀锌镀铝及合金钢	专用环氧底漆 聚氨酯面漆	80 60
	玻璃钢	环氧底漆 聚氨酯面漆	100 100

注 1：根据叶片的材质腻子可选择环氧腻子，聚氨酯腻子或其他类型；面漆可选择聚硅氧烷、聚脲、氟碳等面漆。

注 2：塔筒外表面要求高耐久性时，可采用氟碳面漆、聚硅氧烷面漆和底面合一聚脲体系等。

注 3：塔筒内表面要求高耐久性时，可加涂聚氨酯面漆。

5.2.2 涂层配套体系说明

较高防腐等级的涂层配套体系也适用于较低防腐等级的涂层配套体系，并可适当降低涂层厚度。

5.2.3 涂层体系性能要求(不含叶片)

5.2.3.1 中等腐蚀环境(C3)下涂层体系性能要求

中等腐蚀环境(C3)下涂层体系性能应符合表 4 的要求。

表 4 中等腐蚀环境(C3)下涂层体系性能要求

涂装部位	设计年限	耐水性[a] h	附着力 MPa	耐盐雾性[b] h	人工加速老化[c](氙灯) h
塔筒外表面	普通型	120	≥5	240	1 000
	长效型	240		480	1 000
塔筒内表面	普通型	—		—	—
	长效型	120		—	—
基础环	普通型	240		1 000	—
	长效型	480		2 000	—
电机、机舱罩及其他	普通型	—		—	1 000
	长效型	120		—	1 000

[a] 耐水性试验后不生锈、不起泡、不开裂、不剥落，允许变色 1 级和失光 1 级。

[b] 耐盐雾性试验后不起泡、不剥落、不生锈、不开裂。

[c] 人工加速老化性能试验后不生锈、不起泡、不剥落、不开裂、不粉化，允许变色 2 级和失光 2 级；当采用高性能面漆例如氟碳、聚硅氧烷时，人工加速老化时间为 3 000 h。

5.2.3.2 高等腐蚀环境(C4)环境下涂层体系性能要求

高等腐蚀环境(C4)环境下涂层体系性能应符合表5的要求。

表5 高等腐蚀环境(C4)环境下涂层体系性能要求

涂装部位	设计年限	耐水性[a] h	附着力 MPa	耐盐雾性[b] h	人工加速老化[c](氙灯) h
塔筒外表面	普通型	240	≥5	1 000	1 000
	长效型	480		2 000	1 000
塔筒内表面	普通型	120		600	—
	长效型	240		1 000	—
基础环	普通型	480		2 000	—
	长效型	480		3 000	—
电机、机舱罩及其他	普通型	120		600	1 000
	长效型	240		1 000	1 000

[a] 耐水性试验后不生锈、不起泡、不开裂、不剥落,允许变色1级和失光1级。
[b] 耐盐雾性试验后不起泡、不剥落、不生锈、不开裂。
[c] 人工加速老化性能试验后不生锈、不起泡、不剥落、不开裂、不粉化,允许变色2级和失光2级;当采用高性能面漆例如氟碳、聚硅氧烷时,人工加速老化时间为3 000 h。

5.2.3.3 海洋腐蚀环境(C5-M)/Im2涂层体系性能要求

海洋腐蚀环境(C5-M)/Im2涂层体系性能应符合表6的要求。

表6 海洋腐蚀环境(C5-M)/Im2涂层体系性能要求

涂装部位	耐阴极剥离 h	耐盐水性[a] (3%NaCl水溶液) h	附着力 MPa	耐盐雾性[b] h	人工加速老化[c](氙灯) h	循环老化试验 h
塔筒外表面	—	720	≥5	3 000	1 000	4 200
塔筒内表面	—	480		2 000	—	—
导管架及桩基	4 200	720		3 000	—	4 200
电机、机舱罩及其他	—	480		2 000	1 000	—

[a] 耐盐水性试验后不生锈、不起泡、不开裂、不剥落,允许变色1级和失光1级。
[b] 耐盐雾性试验后不起泡、不剥落、不生锈、不开裂。
[c] 人工加速老化性能试验后不生锈、不起泡、不剥落、不开裂、不粉化,允许变色2级和失光2级;当采用高性能面漆例如氟碳、聚硅氧烷时,人工加速老化时间为3 000 h。

5.2.4 叶片涂层性能要求

叶片涂层性能应符合表7的要求。

表 7 叶片涂层性能要求

项目		指标
涂膜外观		平整光滑
弯曲试验/mm	(23±2)℃	2
	(−20±2)℃/1 h, ≤	5
耐磨性(1 000 g/1 000 r,砂轮型号:CS-10)/mg ≤		50
附着力(拉开法)		平均值大于 6 MPa,单个测试值不低于 5 MPa
耐油性(液压油,4 h)		不起泡,不起皱,允许轻微变色
耐酸性(50 g/L H_2SO_4 溶液,168 h)		不起泡,不起皱,允许轻微变色
耐碱性(100 g/L NaOH 溶液,96 h)		不起泡,不起皱,允许轻微变色
耐盐雾性(720 h)		无起泡、开裂、剥落等现象。拉开法附着力:平均值大于 5 MPa,单个测试值不低于 4 MPa
耐湿热性(480 h)		涂膜无明显变化
人工加速老化试验(UVA-340 nm),(2 000 h)		不起泡、不开裂、不脱层,允许变色 2 级、失光 2 级和粉化 2 级

5.3 涂料性能要求

涂料性能要求见附录 B。

5.4 工艺要求

5.4.1 表面处理

5.4.1.1 钢材表面预处理

5.4.1.1.1 结构预处理

钢结构在喷射清理除锈前应进行必要的结构预处理,包括:

——粗糙焊缝打磨光顺,焊接飞溅物用刮刀或砂轮机除去。焊缝上深为 0.8 mm 以上或宽度小于深度的咬边(除封闭的内表面外)应补焊处理,并打磨光顺;

——锐边用砂轮打磨成曲率半径为 2 mm 的圆角;

——切割边的峰谷差超过 1 mm 时,打磨到 1 mm 以下。厚钢板边缘切割硬化层,用砂轮磨掉 0.3 mm;

——表面层叠、裂缝、夹杂物,打磨处理,必要时补焊。

5.4.1.1.2 除油

表面油和油脂的清洁应用溶剂或专用清洗剂和干净的抹布擦洗。

5.4.1.1.3 除盐分

经喷射清理后,检测钢板表面水溶性盐含量,(C5-M)/Im2 环境下水溶性盐(相当于 NaCl)含量不大于 50 mg/m^2,其他环境下不大于 100 mg/m^2。表面存在的盐分超标时应采用高压淡水冲洗。

5.4.1.1.4 除锈

除另有规定外，磨料、除锈等级、表面粗糙度要求如下：

——喷射清理用金属磨料应符合 GB/T 18838.1 的要求；

——根据表面粗糙度的要求，选用合适粒度的磨料；

——热喷锌、喷铝，钢材表面处理分别应达到 GB/T 8923.1 规定的 Sa3 级；

——无机富锌底漆，钢材表面处理应达到 GB/T 8923.1 规定的 Sa2½～Sa3 级；

——环氧富锌底漆，钢材表面处理应达到 GB/T 8923.1 规定的 Sa2½级；

——不便于喷射除锈的部位，手工或动力工具除锈至 GB/T 8923.1 规定的 St3 级。

5.4.1.1.5 除尘

喷射清理完工后，除去喷射清理残渣，使用真空吸尘器或无油、无水的压缩空气，清理表面灰尘。清洁后的喷射清理表面灰尘清洁度要求不大于 GB/T 18570.3 规定的 3 级。

5.4.1.2 二次表面处理

5.4.1.2.1 钢结构焊接修复预处理

按 5.4.1.1 要求进行。

5.4.1.2.2 钢结构二次表面处理

钢结构二次表面处理，包括：

——钢结构外表面，在涂装涂层底漆时宜采用喷射方法进行二次表面处理；

——内表面无机硅酸锌车间底漆基本完好时，可不进行二次表面处理，但要除去表面油污、可溶性锌盐、灰尘等，并对焊缝、锈蚀处打磨至 GB/T 8923.1 规定的 St3 级。

5.4.1.3 表面处理后涂装的时间限定

当处理过的表面干燥且无油、无灰情况下，应立即喷涂预处理车间底漆作为钢材的短期防护。二次表面处理后在无污染的情况下或者任何可见的表面损坏发生前(一般为 4 h)，施工底漆作为防护。

5.4.1.4 玻璃钢表面预处理

加工后的玻璃钢要用适当的清洁剂去除脱模剂、油污、油脂等污染物，然后用高压新鲜淡水冲洗，或者用适当的溶剂/脱脂剂进行彻底的清洁。等底材完全清洁并且干燥后，用 P80 或 P120 等级的砂纸进行机械或手工打磨，打磨方式宜用打圈式打磨，尽量使打磨砂纸平面和玻璃钢基材平面保持基本平行，不要打磨出半月型型面，也尽量不要打磨到玻璃纤维层。砂纸打磨以后，应彻底除去玻璃钢基材表面的灰尘，除尘有几种方法：其一，如果有条件最好使用真空吸尘机，吸尽玻璃钢底材表面的灰尘；其二，可用清洁的压缩空气去除玻璃钢底材表面的灰尘，然后用无尘布清洁；其三是用水冲洗玻璃钢底材，表面干燥后用无尘布清洁。另外也应检查玻璃钢底材是否打磨到位：逆光观察玻璃钢底材，表面呈现无光/哑光状态，表明打磨到位，否则应进行再打磨。

5.4.2 涂装要求

5.4.2.1 施工环境要求

施工环境温度 5 ℃～38 ℃，空气相对湿度不大于 85%，并且钢材表面温度高于露点 3 ℃以上；不应在雨、雪、雾、大风和较大灰尘的条件下进行户外施工；低温(5 ℃以下)施工时采用相应的低温固化型涂料。

5.4.2.2 涂料配制和使用时间

5.4.2.2.1 涂料应充分搅拌均匀后方可施工，宜采用电动或气动搅拌装置。对于双组分或多组分涂料，应先将各组分分别搅拌均匀后，再严格按比例混合并搅拌均匀。

5.4.2.2.2 混合好的涂料按照产品说明书的规定时间进行熟化。

5.4.2.2.3 涂料的混合使用期按产品说明书规定的适用期执行。

5.4.2.2.4 低温施工时，涂料混合和固化的温度应符合产品说明书的规定。

5.4.2.3 涂装工艺

5.4.2.3.1 涂装方法

涂装方法分为：

——大面积喷涂应采用高压无气喷涂施工及其他施工方式；

——焊缝、棱角沟槽、边角、流水孔等不易涂装的角落部位应采用刷涂或辊涂进行手工预涂处理，然后再大面积喷涂；

——细长、小面积以及复杂形状构件可采用空气喷涂或刷涂、辊涂施工；

——按5.4.1.4要求对玻璃钢表面预处理，用大缝腻子刮涂风电叶片表面较大空洞和缺陷的地方，用针孔腻子刮涂风电叶片表面的细孔和小瑕疵。进行第一遍薄刮，确保腻子与玻璃钢基材紧密结合，大缝腻子与针孔腻子配合使用，将叶片表面的缺陷进行修补，刮涂一遍膜厚在50 μm～250 μm，干燥后进行粗打磨。粗打磨后，将打磨好的腻子表面粉尘清除干净，进行第二遍满批，要求涂刮平整，不漏底，腻子刮涂干膜厚度50 μm～1 000 μm，待表干后，再找补缺陷部位进行刮涂修补，待干燥后进行细打磨，打磨完成清除腻子表面粉尘；进行第三遍薄刮，腻子涂刮一遍干膜厚度50 μm～250 μm，对针眼，轻微缺陷进行再次找补，待腻子彻底干燥后进行细打磨，打磨过程中如有细小针眼及轻微缺陷可用针眼腻子重复找补，直至腻子表面光滑平整。腻子彻底涂刮完成并验收合格后，将表面清除干净，进行底漆或者中涂的施工。不管腻子在任何一层漆面上刮涂或找补，在喷涂面漆之前均宜使用针眼腻子配合面漆或中涂进行找补，然后打磨及进行面漆喷涂。

5.4.2.3.2 涂装间隔

按照设计要求和材料工艺进行底涂、中涂和面涂的施工。每道涂层的涂装间隔时间应符合材料供应商的有关技术要求。超过最大涂装间隔时间时，应进行表面拉毛处理后涂装。

5.4.2.3.3 现场末道面漆涂装

现场末道面漆涂装前应进行以下处理和检查：

——对运输和装配过程中破损处进行修复处理；

——采用淡水、清洗剂等对待涂表面进行清洁处理，除掉表面灰尘和油污等污染物；

——试验涂层相容性与附着力，整个涂装过程中要随时注意涂装有无异常情况。

5.4.3 涂层要求

5.4.3.1 外观

涂层表面应平整、均匀一致，涂层应无漏涂、起泡、针孔、裂纹、返锈等异常现象，允许有轻微桔皮和局部轻微流挂。

5.4.3.2 干膜厚度

施工中随时检查湿膜厚度以保证干膜厚度满足设计要求。干膜厚度采用“85-15”规则判定，即允许有15%的读数可低于规定值，但每一单独读数不应低于规定值的85%。涂层厚度达不到设计要求时，应增加涂装道数，直至合格为止。涂膜厚度测定点的最大值不能超过设计厚度的3倍。

5.4.3.3 附着力

当检测的涂层厚度大于250 μm时，附着力试验采用拉开法测试，按GB/T 5210—2006的规定进行，涂层体系与底材的附着力及层间附着力平均值不低于5 MPa，最小值不小于3 MPa。当检测的涂层厚度不大于250 μm时，各道涂层和涂层体系的附着力试验可按GB/T 9286—1998的规定进行，附着力不大于2级。

5.4.4 维修涂装

5.4.4.1 涂膜劣化评定

涂层投入使用后，按照风电设施运行管理单位的规定定期检查，进行涂层劣化评定，评定方法依据ISO 4628-1、ISO 4628-2、ISO 4628-3、ISO 4628-4、ISO 4628-5、ISO 4628-6、ISO 4628-7、ISO 4628-8、ISO 4628-10。根据漆膜劣化情况，选择合适的维修或重涂方式。

5.4.4.2 维修涂装

维修涂装要求如下：

——当面漆出现3级以上粉化，且粉化减薄的厚度大于初始厚度的50%，或由于外观要求时，彻底清洁面涂层后，涂装与原涂层相容的配套面漆；

——当涂膜处于2～3级开裂，或2～3级剥落，或2～3级起泡，但底涂层完好时，选择相应的中间漆、面漆，进行维修涂装；

——当涂膜发生大于Ri2锈蚀时，打磨处理和彻底清洁表面，涂装相应底漆、中间漆、面漆。

5.4.4.3 工艺要点

5.4.4.3.1 根据损坏的面积大小，钢结构外表面可分为以下两种重涂方式：

——小面积维修涂装。先清理损坏区域周围松散的涂层，延伸至未损坏区域50 mm～80 mm，并应修成坡口，表面处理至Sa2级或St3级，涂装低表面处理环氧涂料＋面漆；

——中等面积维修涂装。表面处理至Sa2½级，涂装环氧富锌底漆＋环氧(云铁)漆＋面漆。

5.4.4.3.2 内表面维修或重新涂装底漆宜采用适用于低表面处理的环氧底漆，并宜采用浅色高固体分或无溶剂环氧涂料。

5.4.4.3.3 海洋大气腐蚀环境(C5-M)/Im2下的涂层修复先采用清洁剂、淡水等清洁后，再表面打磨粗糙和除锈处理。

5.4.4.3.4 处于干湿交替区的钢构件，在水位变动情况下涂装时，应选择表面容忍性好的涂料，并能适应潮湿涂装环境的涂层体系。

5.4.4.3.5 处于水下区的钢构件在浸水状态下施工时应选择可水下施工、水下固化的涂层体系。

5.4.4.3.6 玻璃钢表面涂装的维修，其表面处理及配套可按新建时的方案进行，也可根据实际使用工况，另行提出配套方案。

6 试验方法

6.1 涂层配套体系

6.1.1 耐水性试验按GB/T 1733—1993甲法进行。

6.1.2 附着力试验按 GB/T 5210—2006、GB/T 9286—1998 进行。

6.1.3 耐盐雾性能试验按 GB/T 1771—2007 进行。

6.1.4 人工加速老化性能(氙灯)试验按 GB/T 1865—2009 中循环 A 的规定进行;人工加速老化性能(荧光紫外)试验按 GB/T 23987—2009 进行,其中辐照度 0.68 W/m^2,试验条件为黑板温度(60±3)℃下紫外光照 4 h,黑板温度(50±3)℃下冷凝 4 h 为一个循环,连续交替进行。

6.1.5 耐阴极剥离性能试验按 GB/T 7790—2008 方法 A 进行。

6.1.6 耐盐水性、耐油性、耐酸性、耐碱性试验按 GB/T 9274—1988 甲法进行。

6.1.7 循环老化试验按 ISO 20340:2009 附录 A 进行。

6.1.8 弯曲试验按 GB/T 6742—2007 进行。

6.1.9 耐磨性试验按 GB/T 1768—2006 进行。

6.1.10 耐湿热性试验按 GB/T 1740—2007 进行。

6.1.11 涂层体系试验后,漆膜表面缺陷评判按 GB/T 1766—2008 进行。

6.2 表面处理

6.2.1 表面处理等级评判按照 GB/T 8923.1、GB/T 8923.2 进行。

6.2.2 表面粗糙度评判按照 GB/T 13288.1 进行。

6.2.3 表面油污检查可采用以下两种方法:

——粉笔试验法(适用于非常光滑的钢结构表面):对于怀疑有油污污染的部位,用粉笔划一条直线贯穿油污区域。如果在该区域内,粉笔线条变细或变浅,说明该区域可能被油污污染;

——醇溶液试验法(适用于所有钢结构表面):对于怀疑有油污污染的部位,用蘸有异丙醇的脱脂棉球擦拭,并将擦拭后的棉球中的异丙醇挤入透明玻璃管中,加入 2~3 倍的蒸馏水,振荡混合约 20 min。以相同体积的异丙醇蒸馏水溶液为参照,如果溶液呈混浊状,表明钢结构表面有油污污染。

6.2.4 表面灰尘清洁度评判按 GB/T 18570.3 进行。

6.2.5 表面水溶性盐(相当于 NaCl)测定按 GB/T 18570.6 和 GB/T 18570.9 进行。当钢材确定不接触氯离子环境时,可不进行表面可溶性盐分的检测;当不能完全确定时,应进行首次检测。

6.3 现场涂层

6.3.1 涂层厚度

6.3.1.1 湿膜厚度按 GB/T 13452.2—2008 中的 4.2.4 梳规或 4.2.5 轮规规定的方法进行测试。

6.3.1.2 干膜厚度按 GB/T 13452.2—2008 进行测试。

6.3.2 涂层附着力

涂料涂层附着力按 GB/T 5210—2006、GB/T 9286—1998 进行。

7 检验规则

7.1 取样

7.1.1 产品按 GB/T 3186 规定取样,也可按商定方法取样。取样量根据检验要求确定。现场取样应使用专用的样品取样罐。确保现场取样罐的清洁,没有灰尘、水等杂质。

7.1.2 抽检的产品包装完整,标志清晰。

7.1.3 采用电动或气动搅拌装置,确保抽检产品均匀一致。

7.2 检验项目

7.2.1 涂层性能的检测项目见表 4、表 5、表 6、表 7。

7.2.2 进场涂料检测项目由监理、施工方及涂料供应商确定。

7.2.3 现场涂层检测项目按照 5.4.3 执行。

7.3 判定原则

7.3.1 型式检验包括涂层配套体系性能检测的全部项目，应由涂料供应商提供国家认可检测机构出具的涂层性能的合格的检测报告。

7.3.2 进场涂料检测结果全部符合本标准的要求为合格。检测结果有一项及以上指标不符合要求时，可对不符合要求的项目进行复验，复验结果仍不符合要求，则判该批产品为不合格。

7.3.3 现场涂层检测结果全部符合本标准的要求为合格。检测结果有一项及以上指标不符合要求时，都应在现场处理至合格后方可进入下道工序。

8 安全、卫生和环境保护

8.1 安全、卫生

8.1.1 涂装作业安全、卫生应符合 GB 6514—2008、GB 7691—2003、GB 7692—2012 和 GB 50212—2014 的有关规定。

8.1.2 涂装作业场所空气中有害物质不超过最高容许浓度。

8.1.3 施工现场应远离火源，不可堆放易燃、易爆和有毒物品。

8.1.4 涂料仓库及施工现场应有消防水源、灭火器和消防工器具，并应定期检查。消防道路应畅通。

8.1.5 施工人员应正确穿戴工作服、口罩、防护镜等劳动保护用品，这些劳保用品应是具备相应资质厂家生产的合格产品。

8.1.6 所有电器设备应绝缘良好，临时电线应选用绝缘性能良好的电缆，工作结束后应切断电源。

8.1.7 工作平台的搭建应符合有关安全规定。高空作业人员应具备高空作业资格。

8.2 环境保护

遵照国家清洁生产和文明生产的要求，保持施工现场清洁，产生的垃圾等应及时收集并妥善处理。

9 验收

9.1 涂层验收可按构件分批次验收。

9.2 涂装承包商至少应提交下列验收资料：

——设计文件或设计变更文件；

——涂料出厂合格证和质量检验文件，进场验收记录；

——钢结构表面处理和检验记录；

——涂装施工记录(包括施工过程中对重大技术问题和其他质量检验问题处理记录)；

——修补和返工记录；

——其他涉及涂层质量的相关记录。

附 录 A
（资料性附录）
腐蚀环境分类

A.1 大气区

大气区腐蚀种类见表 A.1。

表 A.1 大气区腐蚀种类

腐蚀种类	单位面积质量损失/厚度损失(经过一年曝露后)				温和气候下典型环境实例	
	低碳钢		锌		外部	内部
	质量损失 g/m²	厚度损失 μm	质量损失 g/m²	厚度损失 μm		
C1 很低	≤10	≤1.3	≤0.7	≤0.1	—	加热的建筑物内部，空气洁净。如办公室、商店、学校和宾馆等
C2 低	10～200	1.3～25	0.7～5	0.1～0.7	污染水平较低。大部分是乡村地区	未加热的地方，冷凝有可能发生，如库房、体育馆等
C3 中等	200～400	25～50	5～15	0.7～2.1	城市和工业大气，中等二氧化硫污染。低盐度沿海区	具有高湿度和一些空气污染的生产车间，如食品加工厂、洗衣店、酿酒厂、牛奶场
C4 高	400～650	50～80	15～30	2.1～4.2	中等盐度的工业区和沿海区	化工厂、游泳池、沿海船舶和造船厂
C5-I 很高（工业）	650～1 500	80～200	30～60	4.2～8.4	高湿度和恶劣气氛的工业区	总是有冷凝和高污染的建筑物和地区
C5-M 很高（海洋）	650～1 500	80～200	30～60	4.2～8.4	高盐度的沿海和海上区域	总是有冷凝和高污染的建筑物和地区
注：在沿海区的炎热、潮湿地带，质量或厚度损失值可能超过 C5-M 种类的界限。						

A.2 水和土壤区

水和土壤种类见表 A.2。

表 A.2 水和土壤腐蚀种类

分类	环境	环境和结构的示例
Im1	淡水	河流设施,水力发电站
Im2	海水或盐水	港口地区的构筑物,例如:闸门、水闸、防波堤;海上构筑物
Im3	土壤	埋在地下的槽罐,钢桩,钢管

附　录　B
（规范性附录）
涂料性能要求和试验方法

B.1　富锌底漆

富锌底漆应符合表 B.1 的要求。

表 B.1　富锌底漆的要求和试验方法

项　目		技术指标		试验方法
		无机富锌底漆	环氧富锌底漆	
在容器中状态		粉末，应呈微小的均匀粉末状态。 液料和浆料，搅拌混合后应无硬块，呈均匀状态		目测
不挥发分(混合后)/% ≥		70		GB/T 1725—2007
密度(混合后)/(g/mL)		商定		GB/T 6750—2007
不挥发分中金属锌含量/% ≥		80	75	HG/T 3668—2009 中 5.7
适用期/h		商定		HG/T 3668—2009 中 5.8
施工性		施工无障碍		HG/T 3668—2009 中 5.9
涂膜外观		涂膜外观正常		目测
干燥时间/h	表干 ≤	0.5	1	GB/T 1728—1979 乙法
	实干 ≤	5	24	GB/T 1728—1979 甲法
耐冲击性/cm		—	50	GB/T 1732—1993
附着力/MPa ≥		3	6	GB/T 5210—2006
抗滑移系数[a](初始时) ≥		0.50	—	GB 50205—2001
耐盐雾性		1 000 h 划痕处单向扩蚀≤2.0 mm，未划痕区无起泡、生锈、开裂、剥落等现象	600 h 划痕处单向扩蚀≤2.0 mm，未划痕区无起泡、生锈、开裂、剥落等现象	GB/T 1771—2007
[a] 无机富锌底漆用于法兰面时，测试抗滑移系数。				

B.2　环氧漆

环氧漆应符合表 B.2 的要求。

表 B.2 环氧漆的要求和试验方法

项　目		技术指标		试验方法
		环氧(厚浆)漆	环氧(云铁)漆	
在容器中的状态		搅拌后无硬块,呈均匀状态		目测
不挥发物含量/% ≥		75		GB/T 1725—2007
干燥时间/h	表干 ≤	4		GB/T 1728—1979 乙法
	实干 ≤	24		GB/T 1728—1979 甲法
弯曲试验/mm		2		GB/T 6742—2007
耐冲击性/cm		50		GB/T 1732—1993
附着力/MPa ≥		5		GB/T 5210—2006
耐酸性(10% H_2SO_4 溶液,168 h)		不起泡、不生锈,允许轻微变色		GB/T 9274—1988 甲法
耐碱性(10% NaOH 溶液,168 h)		不起泡、不生锈,允许轻微变色		GB/T 9274—1988 甲法
耐盐水性(5% NaCl 溶液,168 h)		不起泡、不生锈,允许轻微变色		GB/T 9274—1988 甲法

B.3 面漆

面漆应符合表 B.3 的要求。

表 B.3 面漆的要求和试验方法

项目		技术指标			试验方法
		丙烯酸脂肪族聚氨酯面漆	氟碳面漆	聚硅氧烷面漆	
不挥发物含量/% ≥		60	55	75	GB/T 1725—2007
细度/μm ≤		35		商定	GB/T 1724—1979
溶剂可溶物氟含量/% ≥		—	22	—	HG/T 3792—2014 附录 A
基料中硅氧键含量/% ≥		—	—	15	附录 C
干燥时间/h	表干 ≤	2			GB/T 1728—1979 乙法
	实干 ≤	24			GB/T 1728—1979 甲法
耐弯曲性/mm ≤		2		3	GB/T 6742—2007
耐冲击性/cm		50			GB/T 1732—1993
耐磨性(500 r/500 g)/g ≤ (砂轮型号:CS-10)		0.05	0.03		GB/T 1768—2006
铅笔硬度(擦伤) ≥		F			GB/T 6739—2006
附着力/MPa ≥		5			GB/T 5210—2006
耐盐雾性		1 000 h 不起泡、不开裂、不脱层			GB/T 1771—2007
人工加速老化(氙灯)		1 000 h 不起泡、不开裂、不脱落,允许 1 级变色、1 级失光和 1 级粉化	3 000 h 不起泡、不开裂、不脱落,允许 2 级变色、2 级失光和 2 级粉化		GB/T 1865—2009

B.4 叶片涂料

B.4.1 叶片腻子性能要求

叶片腻子性能应符合表 B.4 的要求。

表 B.4 叶片腻子性能要求和试验方法

项目		指标		试验方法
		大缝腻子	针孔腻子	
不挥发物含量/%	≥	98		GB/T 1725—2007
附着力(拉开法)/MPa	≥	5		GB/T 5210—2006
柔韧性/mm		≤100	50	GB/T 1748—1979
适用期/min	≥	10		目测
打磨性		2 h 可打磨		GB/T 1770—2008
耐水性(72 h)		不起泡,不脱落,允许轻微变色		GB/T 1733—1993 甲法
耐冲击性/cm	≥	20	30	GB/T 1732—1993
刮涂性		易刮涂,不卷边		目测

B.4.2 叶片面漆性能要求

叶片面漆性能应符合表 B.5 的要求。

表 B.5 叶片面漆性能要求和试验方法

项目			指标	试验方法
耐磨性(1 000 g/1 000 r)/mg (砂轮型号:CS-10)		≤	50	GB/T 1768—2006
耐冲击性/cm			50	GB/T 1732—1993
附着力(拉开法)/MPa		≥	5	GB/T 5210—2006
耐油性(液压油,4 h)			不起泡、不起皱,允许轻微变色、失光	GB/T 9274—1988 甲法
耐酸性(50 g/L H_2SO_4 溶液,168 h)			不起泡、不起皱,允许轻微变色、失光	GB/T 9274—1988 甲法
耐碱性(100 g/L NaOH 溶液,96 h)			不起泡、不起皱,允许轻微变色、失光	GB/T 9274—1988 甲法
弯曲试验/mm	(23±2)℃		2	GB/T 6742—2007
	(−20±2)℃/1 h	≤	5	GB/T 6742—2007
耐湿热性(480 h)			不起泡、不开裂、不脱落。拉开法附着力:不低于 4 MPa	GB/T 1740—2007 GB/T 5210—2006
人工加速老化试验(QUV-A 340 nm,2 000 h)			不起泡、不开裂、不脱落,允许 2 级变色、2 级失光和 2 级粉化	GB/T 23987—2009
注: 当采用氟碳、聚硅氧烷面漆时,人工加速老化试验时间为 3 000 h。				

附 录 C
（规范性附录）
基料中硅氧键含量测定方法

C.1 范围

本方法适用于聚硅氧烷涂料中基料中硅氧键含量的测定。

C.2 原理

试样经离心分离，取清液部分将溶剂挥发完全后，粉碎成粉末。准确称取一定量的粉末，经梯度灰化除去基料中有机物，灰分即为二氧化硅。由灰分质量计算基料中硅氧键含量。

注：灰分是否为二氧化硅，可采用X射线荧光光谱仪或其他具有相同功能的仪器进行定性鉴定。

C.3 试剂和材料

采用混合溶剂[甲苯：丙酮＝1：1(体积比)]或其他合适的溶剂。所用试剂均为分析纯。

C.4 仪器设备

C.4.1 高温炉：温度能控制在(600±20)℃。

C.4.2 瓷坩埚：高型，50 mL。预先在高温炉内于600 ℃下加热至恒重，在干燥器内冷却并存放。

C.4.3 分析天平：精度0.1 mg。

C.4.4 干燥器。

C.4.5 离心机：转速5 000 r/min～20 000 r/min。

C.4.6 烘箱：具有强制通风，温度能控制在(105±2)℃。

C.4.7 粉碎机。

C.5 测试步骤

C.5.1 测定次数

所有试验进行二次平行测定。

C.5.2 样品离心处理和粉碎

按产品明示的配比制备混合试样(稀释剂不必加入)，取适量混合均匀的试样(根据试样的黏度、所用离心机的离心管体积和离心力大小而定)于离心管内，加入适量的混合溶剂，混合均匀后，放入离心机内，离心20 min～30 min，使基料和颜填料分离。将上层溶液置于100 mL烧杯中。重复上述洗涤、离心操作三次，并将试管中上层溶液合并于100 mL烧杯中。在低温下将烧杯中的大部分溶剂挥发后，取适量烧杯内溶液试样涂在玻璃板或聚四氟乙烯板上，在(105±2)℃条件下烘烤使溶剂完全蒸发，然后将烘干样品粉碎备用。

C.5.3 梯度灰化

准确称取约 2 g(精确至 0.1 mg)按 C.5.2 处理后的基料(烘干样品)到已恒重的瓷坩埚内。将瓷坩埚放入高温炉内,按下列条件进行梯度灰化试样:升温至 200 ℃保温 2 h;继续升温至 300 ℃保温 2 h;继续升温至 400 ℃保温 2 h;继续升温至 500 ℃保温 2 h;最后升温至 600 ℃,保温直至完全灰化。在大多数情况下,灰化会在 600 ℃保温 3 h 后结束。

将瓷坩埚放入干燥器内冷却至室温,称量。

注 1:硅氧键含量较低的样品,为提高测试准确性,可适当增加称样量。

注 2:在灰化期间应供给足够的空气氧化,但瓷坩埚内的物质不应在任何阶段发生燃烧和逸出。

注 3:高温炉升温时应控制速度,升温过快时灰化所产生的气体可能会将灰分带出瓷坩埚。

C.6 结果计算

按式(C.1)计算基料中硅氧键含量:

$$w_{si}=\frac{(m_2-m_0)\times 0.7333}{m_1}\times 100\% \qquad \cdots\cdots(C.1)$$

式中:

w_{si} ——基料中硅氧键含量;

m_2 ——瓷坩埚和灰分的质量,单位为克(g);

m_0 ——瓷坩埚的质量,单位为克(g);

m_1 ——基料的质量,单位为克(g);

0.733 3——二氧化硅换算成硅氧键的系数。

计算两次平行测定的平均值,计算结果保留小数点后一位。

C.7 精密度

C.7.1 重复性

同一操作者二次测试结果的相对偏差小于 5%。

C.7.2 再现性

不同实验室间测试结果的相对偏差小于 10%。

ICS 87.040
G 51

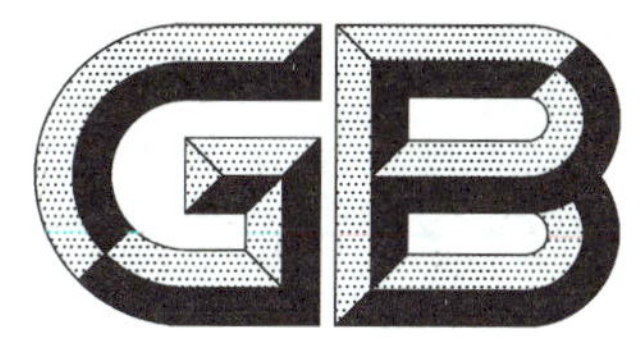

中华人民共和国国家标准

GB/T 31820—2015

原油油船货油舱漆

Paints for cargo oil tanks of crude oil tankers

2015-07-03 发布　　　　2016-02-01 实施

中华人民共和国国家质量监督检验检疫总局
中国国家标准化管理委员会　发布

前　言

本标准按照 GB/T 1.1—2009 给出的规则起草。

本标准使用重新起草法参考 IMO MSC.288(87)《原油油船货油舱保护涂层性能标准》及其附件 1《原油油船货油舱保护涂层合格测试程序》编制，与 IMO MSC.288(87)一致性程度为非等效。

本标准由中国石油和化学工业联合会提出。

本标准由全国涂料和颜料标准化技术委员会(SAC/TC 5)归口。

本标准起草单位：中国船舶重工集团公司第七二五研究所、中海油常州涂料化工研究院有限公司、北京碧海舟腐蚀防护工业股份有限公司、浙江鱼童新材料股份有限公司、冶建新材料股份有限公司、中涂化工(上海)有限公司、宁波飞轮造漆有限责任公司、信和新材料股份有限公司、海洋化工研究院有限公司、上海国际油漆有限公司、浙江飞鲸漆业有限公司、常州市天安特种涂料有限公司、海虹老人涂料(中国)有限公司、立邦船舶涂料(张家港)有限公司、中远关西涂料化工有限公司。

本标准主要起草人：黄淑珍、苏春海、李依璇、杨亚良、史优良、王磊、朱能杰、胡建林、孙海红、科林、严杰、王素琴、邱国胜、方华、刘会成。

原油油船货油舱漆

1 范围

本标准规定了原油油船货油舱漆的分类、要求、试验方法、检验规则及标志、包装、运输和贮存。

本标准适用于原油油船货油舱用涂料。

2 规范性引用文件

下列文件对于本文件的应用是必不可少的。凡是注日期的引用文件,仅注日期的版本适用于本文件。凡是不注日期的引用文件,其最新版本(包括所有的修改单)适用于本文件。

GB 190 危险货物包装标志

GB/T 191 包装储运图示标志

GB 712 船舶及海洋工程用结构钢

GB/T 1725 色漆、清漆和塑料 不挥发物含量的测定

GB/T 1765 测定耐湿热、耐盐雾、耐候性(人工加速)的漆膜制备法

GB/T 3186 色漆、清漆和色漆与清漆用原材料 取样

GB/T 6040 红外光谱分析方法通则

GB/T 6747 船用车间底漆

GB/T 6750 色漆和清漆 密度的测定 比重瓶法

GB/T 6753.3 涂料贮存稳定性试验方法

GB/T 8923.1 涂覆涂料前钢材表面处理 表面清洁度的目视评定 第1部分:未涂覆过的钢材表面和全面清除原有涂层后的钢材表面的锈蚀等级和处理等级

GB/T 9278 涂料试样状态调节和试验的温湿度

GB/T 9750 涂料产品包装标志

GB/T 13288.1 涂覆涂料前钢材表面处理 喷射清理后的钢材表面粗糙度特性 第1部分:用于评定喷射清理后钢材表面粗糙度的ISO表面粗糙度比较样块的技术要求和定义

GB/T 13288.2 涂覆涂料前钢材表面处理 喷射清理后的钢材表面粗糙度特性 第2部分:磨料喷射清理后钢材表面粗糙度等级的测定方法 比较样块法

GB/T 13452.2 色漆和清漆 漆膜厚度的测定

GB/T 13491 涂料产品包装通则

GB/T 17411—2012 船用燃料油

GB/T 18570.3 涂覆涂料前钢材表面处理 表面清洁度的评定试验 第3部分:涂覆涂料前钢材表面的灰尘评定(压敏粘带法)

GB/T 18570.6 涂覆涂料前钢材表面处理 表面清洁度的评定试验 第6部分:可溶性杂质的取样 Bresle法

GB/T 18570.9 涂覆涂料前钢材表面处理 表面清洁度的评定试验 第9部分:水溶性盐的现场电导率测定法

GB/T 23263—2009 制品中石棉含量测定方法

GB/T 23985—2009 色漆和清漆 挥发性有机化合物(VOC)含量的测定 差值法

GB/T 23986—2009 色漆和清漆 挥发性有机化合物(VOC)含量的测定 气相色谱法

GB/T 30789.2—2014 色漆和清漆 涂层老化的评价 缺陷的数量和大小以及外观均匀变化程度的标识 第2部分:起泡等级的评定

GB/T 30789.3—2014 色漆和清漆 涂层老化的评价 缺陷的数量和大小以及外观均匀变化程度的标识 第3部分:生锈等级的评定

HG/T 2458 涂料产品检验、运输和贮存通则

ISO 6618:1997 石油产品和润滑剂 酸和中和碱值的测定:颜色指示剂滴定法(Petroleum products and lubricants—Determination of acid or base number—Coulour-indicator titration method)

ISO 8217:2012 石油产品 燃料(F级) 船用燃料油规格(Petroleum products—Fuels (class F)—Specifications of marine fuels)

ISO 22262-1:2012 空气质量 散装材料:第1部分:商业散装材料中石棉的抽样与定性(Air quality—Bulk materials—Part 1:Sampling and qualitative determination of asbestos in commercial bulk materials)

ASTM D1141—98(2013) 海水代用品制备规程(Standard practice for the preparation of substitute ocean water)

3 分类

产品按基料和固化剂组分分为两种类型:

——环氧类;

——非环氧类。

4 要求

4.1 一般要求

涂层体系的目标使用寿命为15年。

产品配套体系的组成由涂料供应商确定。

产品如和无机硅酸锌车间底漆或等效的车间底漆配套,车间底漆与主涂层系统的相容性由涂料供应商确认。

产品应能在通常的自然环境条件下施工和干燥。

产品应适应无空气喷涂,施工性能良好,无流挂。

4.2 涂料的要求

涂料的性能应符合表1的要求。

表1 涂料的要求

检测项目	环氧类	非环氧类
基料和固化剂组分鉴定	环氧基体系	非环氧基体系
密度/(g/mL)	符合产品的技术要求	
不挥发物/%	符合产品的技术要求	
挥发性有机化合物(VOC)/(g/L)	符合产品的技术要求	

表 1（续）

检测项目	环氧类	非环氧类
石棉	无阈值	
储存稳定性[自然环境条件下 1 a 或(50±2)℃条件下 30 d]	通过	

4.3 涂层的要求

涂层的性能应符合表 2 的要求。

表 2 涂层的要求

检测项目	环氧类	非环氧类
外观与颜色	漆膜平整；多道涂层体系，每道涂层的颜色要有对比，面漆应为浅色	
名义干膜厚度	涂层在 90/10 规则下达到 320 μm	符合产品的技术要求
气密柜试验	通过	
浸泡试验	通过	

5 试验方法

5.1 取样

除另有规定，产品应按 GB/T 3186 的规定抽样。样品分为两份，一份密封储存备查，另一份作检验用样品。

5.2 试验样板的制备

5.2.1 试验样板基材

除另有规定外，试验板材应采用 GB 712 中的热轧普通碳素钢。

5.2.2 样板基材的表面处理

5.2.2.1 试验基材应在下列环境条件下，采用喷砂或抛丸进行表面处理：

a) 空气相对湿度不超过 85%；

b) 钢板表面温度不低于露点温度 3 ℃以上。

5.2.2.2 试验样板钢板经表面处理后，在进行车间底漆涂装前按 GB/T 8923.1 规定方法检测钢板表面除锈等级应达到 Sa2.5；按 GB/T 18570.3 规定方法检测表面清洁度应达到灰尘分布量为 1 级、灰尘尺寸不大于 2 级，目视检查无油污；按 GB/T 13288.1 和 GB/T 13288.2 规定方法检测表面粗糙度应达到 R_Y30 μm～75 μm。

5.2.2.3 试验样板钢板经表面处理后，应按 GB/T 18570.6 和 GB/T 18570.9 规定方法进行钢板表面水溶性盐取样和检测，当钢板表面水溶性盐(相当于 NaCl)含量不大于 50 mg/m^2 时，方可进行车间底漆的涂装。

5.2.3 车间底漆的涂装

除另有规定或商定，应按 GB/T 1765 的规定采用喷涂方式进行涂装。选择由涂料供应商确认的无机硅酸锌车间底漆或等效的车间底漆，车间底漆的厚度和性能应符合 GB/T 6747 规定的要求。

5.2.4 车间底漆的老化

已涂装车间底漆的试验样板应放在露天环境中自然老化至少 2 个月。

5.2.5 二次表面处理

采用低压清洁淡水清洗或其他温和的方法，对老化后的试验样板表面进行清洁处理，然后将其置于通风干燥环境中干燥。不可采用扫掠式喷射或高压水清洗等其他去除底漆的方法。

5.2.6 原油油船货油舱漆的涂装

5.2.6.1 除另有规定或商定，应在已经做过露天环境自然老化的试验样板上，采用喷涂方式进行原油油船货油舱保护涂层涂装。涂层配套体系、涂装的道数、涂装间隔和涂装的方式等按相关产品技术要求或涂料供应商要求进行。

5.2.6.2 涂层体系中每道涂层干膜厚度都应进行测量，直到上道涂层厚度达到规定要求，方可进行下一道涂装(不含车间底漆涂层厚度)。

5.2.6.3 试验样板背面应涂适当的保护涂料或受试涂料，试验样板的四周应以适当的方法封边，避免对试验结果产生影响。

5.2.7 涂层厚度的检测

5.2.7.1 最后一道原油油船货油舱漆涂层完全干燥后，应使用非破坏性的测厚仪，按 GB/T 13452.2 规定的方法测定原油油船货油舱涂层的总干膜厚度。

5.2.7.2 环氧类涂层体系在 90/10 规则下名义干膜厚度应达到 320 μm(不含车间底漆涂层厚度)，非环氧类涂层体系名义干膜厚度应符合油漆供应商的规范要求。

注：90/10 规则意指所有测点的 90%测量结果应不小于名义干膜厚度，余下 10%测量结果应大于 0.9 倍的名义干膜厚度。

5.2.8 试验样板的状态调节

除另有规定，应按 GB/T 9278 规定条件状态调节 7 d 后，方可投入试验。

5.3 基料和固化剂组分鉴定

按 GB/T 6040 规定进行。

5.4 密度的测定

按 GB/T 6750 规定进行。

5.5 不挥发物的测定

按 GB/T 1725 规定进行。

5.6 挥发性有机化合物(VOC)的测定

按照 GB/T 23985—2009 或 GB/T 23986—2009 规定进行。

当预期 VOC 含量大于 0.1%(质量分数)而小于 15%(质量分数)时,应采用 GB/T 23986—2009;

当预期 VOC 含量大于 15%(质量分数)时,应采用 GB/T 23985—2009。

5.7 石棉的测定

按照 ISO 22262-1:2012 和 GB/T 23263—2009 规定进行。

5.8 储存稳定性的测定

按照 GB/T 6753.3 规定进行,结果应满足下列要求:

a) 用机械搅拌,在 5 min 之内易成均匀的状态;

b) 无硬块或胶质沉淀物。

如果满足以上要求,则评为“通过”。

5.9 外观与颜色

目视检查。

5.10 名义干膜厚度的测定

按照 GB/T 13452.2 规定进行。

5.11 气密柜试验

按附录 A 规定进行。

5.12 浸泡试验

按附录 B 规定进行。

6 检验规则

6.1 检验分类

6.1.1 检验分为型式检验和出厂检验。

6.1.2 出厂检验项目包括密度、不挥发物、外观与颜色。

6.1.3 型式检验包括本标准所列的全部要求。有下列情况之一时,应进行型式检验:

a) 正常生产时,每四年应进行一次型式检验;

b) 当产品新投产时;

c) 当材料、工艺有改变足以影响产品性能时;

d) 产品停产一年以上重新恢复生产时。

6.2 检验结果的判定

在对产品进行检验时,如发现产品质量不符合本标准技术要求规定时,供需双方应按照 GB/T 3186 的规定重新取双倍量进行复验,如仍不符合本标准技术要求规定时,产品即为不合格品。

7 标志、包装、运输、贮存

7.1 标志

产品的标志应符合 GB/T 9750 的要求。

7.2 包装

产品的包装应符合 GB 190、GB/T 191 和 GB/T 13491 的要求。

7.3 运输

产品的运输应符合 HG/T 2458 的要求，防止雨淋、日光暴晒。

7.4 贮存

产品应符合 HG/T 2458 的要求，贮存在通风、干燥的仓库内，防止日光直接照射，并应隔绝火源。产品在原包装封闭的条件下，自生产完成之日起，贮存期为一年(或按照产品技术要求)。超过贮存期的产品可按本标准规定的出厂检验项目进行检验，如检验合格，仍可使用。

附 录 A
（规范性附录）
气密柜试验

A.1 适用范围

适用于环氧类和非环氧类产品的气密柜试验。

A.2 试验条件

A.2.1 试验期为 90 d。

A.2.2 试验样板三块，每块样板尺寸为 150 mm×100 mm×3 mm，其中两块样板用于进行试验，第三块样板用作对照板。

A.2.3 气密柜试验装置由环境试验箱和气体混合控制器组成：

a) 环境试验箱：试验箱内温度为(60±3)℃，湿度为(95±5)%；环境试验箱底部注入(2±0.2)L 的水，该箱中的水须在每次重新进行试验前排空并换新；

b) 气体混合控制器：将五种试验气体按表 A.1 的要求输入环境试验箱中。环境试验箱中的气体环境须在试验期间加以保持，当气体不在试验方法规定范围时须加以更新。监测试验气体的频率和方法及更新试验气体的日期和时间记入试验报告；

c) 样板支架：使用适宜的惰性材料制成。将样板垂直夹持，样板之间的间距至少为 20 mm，样板下边缘距水面的高度至少为 200 mm，距试验舱壁至少 100 mm，如有两层支架，须小心保证溶液不致滴落到下层样板上。

表 A.1 试验气体比例

成 分	体积比例
N_2	$(83\pm2)\times10^{-2}$
CO_2	$(13\pm2)\times10^{-2}$
O_2	$(4\pm1)\times10^{-2}$
SO_2	$(300\pm20)\times10^{-6}$
H_2S	$(200\pm20)\times10^{-6}$

A.3 试验程序

A.3.1 试验样板制备

按 5.2 要求制备气密柜试验的三块试验样板。

A.3.2 试验样板放置

将已制备完成的 2 块试验样板放入气密柜试验装置中的样板支架上并固定牢固。

A.3.3 试验

A.3.3.1 开启气密柜试验箱，按试验条件要求设定运行参数。试验过程中应按时更新气密柜试验箱中试验气体并随时检查、记录各系统试验参数。

A.3.3.2 试验过程中，应随时检查并记录所有试验样板表面的起泡、锈蚀情况，必要时拍照片记录。

A.3.3.3 试验结束后，小心取出所有试验样板并用热水漂洗，用滤纸吸干样板并在 24 h 内，按 GB/T 30789.2—2014 对起泡进行评定和按 GB/T 30789.3—2014 对锈蚀进行评定，必要时拍照片记录。

A.3.4 试验结果

位于边缘 5 mm 之内不考察起泡和锈蚀，以 2 块试验样板中试验结果较差的一块板的结果作为试验结果。

A.4 验收标准

如果试验结果为“无起泡，锈蚀为 Ri0 级”，则评为“通过”。

A.5 试验报告

试验报告应包括下列内容：

a) 供应商名称；
b) 试验日期；
c) 涂料和底漆的产品名称/标识；
d) 批号；
e) 钢板表面处理的数据，包括：
  1) 表面处理方式；
  2) 水溶性盐含量；
  3) 灰尘等级。
f) 涂层体系涂装的数据，包括下列数据：
  1) 车间底漆；
  2) 涂层道数；
  3) 涂装间隔；
  4) 试验前的名义干膜厚度；
  5) 稀释剂；
  6) 气温、湿度、钢板温度。
g) 气密柜试验的试验结果，包括：
  1) 样板起泡；
  2) 样板锈蚀。
h) 按验收标准判断的结果。

附 录 B
（规范性附录）
浸泡试验

B.1 适用范围

适用于环氧类和非环氧类产品的浸泡试验。

B.2 试验条件

B.2.1 试验期为 180 d。

B.2.2 试验样板三块，每块样板尺寸为 150 mm×100 mm×3 mm，其中两块样板用于进行试验，第三块样板用作对照板。

B.2.3 浸泡试验装置由恒温箱和试验容器组成。

B.2.3.1 恒温箱：在试验期间应保持温度（60±2）℃，可采用油浴、水浴或能够将试验溶液保持在要求温度范围内的循环空气恒温箱。

B.2.3.2 试验容器：由惰性材料（例如大理石）构成具有内平底的容器。应使试验液体柱的高度达到400 mm，生成 20 mm 的水相，任何其他使用同样试验液体并亦导致试验样板浸入 20 mm 水相的试验安排亦可接受。

B.2.3.3 样板支架：使用适宜的惰性材料制成，须保持试验样板垂直放置并在试验期间全部浸没、相互之间隔离且不遮挡试验区域。

B.2.4 试验液体

B.2.4.1 使用蒸馏船用燃料油，船用燃料油应符合 ISO 8217：2012 要求的 DMA 级或 GB/T 17411—2012要求的 DMA 级，见附录 C。

B.2.4.2 加入环烷酸（分析纯），按 ISO 6618：1997 规定测定至蒸馏船用燃料油（见 B.2.4.1）酸值（以KOH 计）为（2.5±0.1）mg/g。

B.2.4.3 加入混合溶剂[苯：甲苯＝ 1：1（体积比）]至酸性蒸馏船用燃料油（见 B.2.4.2）质量的（8.0±0.2）%。

B.2.4.4 加入人造海水至混合物（见 B.2.4.3）质量的（5.0±0.2）%，人造海水应符合 ASTM D1141—98（2013）规定（见附录 D）。

B.2.4.5 加入已溶于液体载体的 H_2S 溶液，使得 H_2S 质量占混合物（见 B.2.4.4）总质量的 $(5\pm1)\times10^{-6}$。

B.2.4.6 使用前，对以上成分作充分混合，混合一旦完成，应加以测试，确定该混合物符合试验液体浓度要求。

注：为防止 H_2S 释放到试验设施中，建议使用 B.2.4.1～B.2.4.4 步骤的液体储备，之后注入试验容器中再按 B.2.4.5～B.2.4.6 步骤完成试验液体。

B.3 试验程序

B.3.1 试验样板制备

按 5.2 要求制备浸泡试验的三块试验样板。

B.3.2 试验样板放置

将已制备完成的两块试验样板放入试验浸泡液体中并固定在试样支架上。

B.3.3 试验

B.3.3.1 开启浸泡试验箱，按试验要求设定运行参数，试验过程中应随时检查、记录试验参数。

B.3.3.2 试验过程中，应随时检查并记录所有试验样板表面的起泡、锈蚀情况，必要时拍照片记录。

B.3.3.3 试验结束时，从试验浸泡液体中小心取出所有试验样板用吸水纸吸干，并在 24 h 内，按 GB/T 30789.2—2014 对起泡进行评定和按 GB/T 30789.3—2014 对锈蚀进行评定，必要时拍照片记录。

B.3.4 试验结果

位于边缘 5 mm 之内不考察起泡和锈蚀，以 2 块试验样板中试验结果较差的一块板的结果作为试验结果。

B.4 验收标准

如果试验结果为“无起泡，锈蚀为 Ri0 级”，则评为“通过”。

B.5 试验报告

试验报告应包括下列内容：

a) 供应名称；
b) 试验日期；
c) 涂料和底漆的产品名称/标识；
d) 批号；
e) 钢板表面处理的数据，包括：
   1) 表面处理方式；
   2) 水溶性盐含量；
   3) 灰尘等级。
f) 涂层体系涂装的数据，包括下列数据：
   1) 车间底漆；
   2) 涂层道数；
   3) 涂装间隔；
   4) 试验前的干膜厚度；
   5) 稀释剂；
   6) 气温、湿度、钢板温度。
g) 浸泡试验的试验结果，包括：
   1) 样板起泡；
   2) 样板锈蚀。
h) 按验收标准判断的结果。

附 录 C
（规范性附录）
船用燃料油要求

船用燃料油要求见表 C.1。

表 C.1 船用燃料油要求

项目	ISO 8217:2012 (DMA 级)	GB/T 17411—2012 (DMA 级)
密度(15 ℃)/(g/mL)	≤0.89	≤0.89
运动黏度(40 ℃)/(mm^2/s)	≥2 且≤6	≥2 且≤6
灰分(质量分数)/%	≤0.010	≤0.010
残炭(质量分数)/%	≤0.3	≤0.3
硫含量(质量分数)/%	≤1.50	≤1.50
酸值(以 KOH 计)/(mg/g)	≤0.5	≤0.5
闪点/℃	≥60	≥60
倾点/℃	≤−6	≤−6
十六烷指数	≥40	≥40
硫化氢/(mg/kg)	≤2.0	≤2.0
氧化安定性/(g/m^3)	≤25	≤25

附 录 D
（规范性附录）
人造海水配方

用下列分析纯级试剂溶于蒸馏水并稀释到总量为 1 L：

a) 24.53 g 氯化钠（NaCl）；

b) 11.11 g 六水氯化镁（$MgCl_2 \cdot 6H_2O$）；

c) 4.09 g 无水硫酸钠（Na_2SO_4）；

d) 1.16 g 无水氯化钙（$CaCl_2$）；

e) 0.70 g 氯化钾（KCl）；

f) 0.20 g 碳酸氢钠（$NaHCO_3$）；

g) 0.10 g 溴化钾（KBr）。

ICS 87.040
G 51

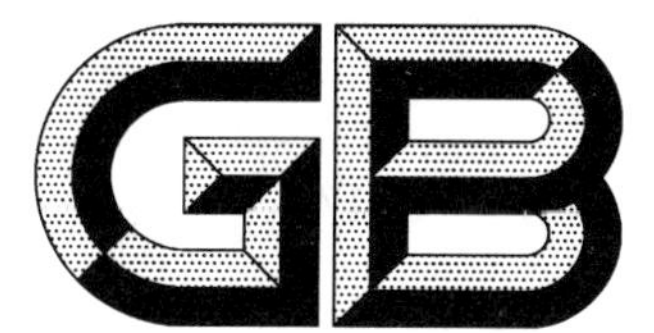

中华人民共和国国家标准

GB/T 34677—2017

水下生产系统防腐涂料

Anticorrosive coatings for subsea production systems

2017-11-01 发布　　2018-05-01 实施

中华人民共和国国家质量监督检验检疫总局
中国国家标准化管理委员会　发布

前 言

本标准按照GB/T 1.1—2009给出的规则起草。

本标准由中国石油和化学工业联合会提出。

本标准由全国涂料和颜料标准化技术委员会(SAC/TC 5)归口。

本标准起草单位:中国船舶重工集团公司第七二五研究所、中海油常州涂料化工研究院有限公司、浙江鱼童新材料股份有限公司、江苏金陵特种涂料有限公司、浙江飞鲸新材料科技股份有限公司、宁波飞轮造漆有限责任公司、佛山市顺德区巴德富实业有限公司、无锡市海轮涂料有限公司、浙江明泉工业涂装有限公司、东莞市大兴化工有限公司、深圳市宜丽家生态建材有限公司。

本标准主要起草人:陈凯锋、张平、陈丰、杨亚良、卞大荣、颜朝明、曹晓东、方指利、罗云、岳晓清、盛剑、段传喜、吴少勇。

水下生产系统防腐涂料

1 范围

本标准规定了水下生产系统防腐涂料的要求、试验方法、检验规则及标志、包装和贮存。

本标准适用于水下井口、海底管汇终端及跨接管、生产立管等运行温度不超过 50 ℃的海洋工程装备水下生产系统碳钢基材或不锈钢基材用的防腐涂料。

2 规范性引用文件

下列文件对于本文件的应用是必不可少的。凡是注日期的引用文件，仅注日期的版本适用于本文件。凡是不注日期的引用文件，其最新版本(包括所有的修改单)适用于本文件。

GB/T 1725—2007 色漆、清漆和塑料 不挥发物含量的测定

GB/T 1728—1979 漆膜、腻子膜干燥时间测定法

GB/T 1766—2008 色漆和清漆 涂层老化的评级方法

GB/T 3186 色漆、清漆和色漆与清漆用原材料 取样

GB/T 5210—2006 色漆和清漆 拉开法附着力试验

GB/T 6682—2008 分析实验室用水规格和试验方法

GB/T 6750—2007 色漆和清漆 密度的测定 比重瓶法

GB/T 6753.3—1986 涂料贮存稳定性试验方法

GB/T 7790—2008 色漆和清漆 暴露在海水中的涂层耐阴极剥离性能的测定

GB/T 8170—2008 数值修约规则与极限数值的表示和判定

GB/T 8923.1—2011 涂覆涂料前钢材表面处理 表面清洁度的目视评定 第1部分：未涂覆过的钢材表面和全面清除原有涂层后的钢材表面的锈蚀等级和处理等级

GB/T 9271 色漆和清漆 标准试板

GB/T 9278 涂料试样状态调节和试验的温湿度

GB/T 9750 涂料产品包装标志

GB/T 13288.1—2008 涂覆涂料前钢材表面处理 喷射清理后的钢材表面粗糙度特性 第1部分：用于评定喷射清理后钢材表面粗糙度的ISO表面粗糙度比较样块的技术要求和定义

GB/T 13452.2—2008 色漆和清漆 漆膜厚度的测定

GB/T 13491 涂料产品包装通则

GB/T 23985—2009 色漆和清漆 挥发性有机化合物(VOC)含量的测定 差值法

GB/T 30648.2—2015 色漆和清漆 耐液体性的测定 第2部分：浸水法

GB/T 31415—2015 色漆和清漆 海上建筑及相关结构用防护涂料体系性能要求

HG/T 4337—2012 钢质输水管道无溶剂液体环氧涂料

3 要求

产品应符合表1的要求。

表 1 要求

项目				指标
涂膜外观				正常
不挥发物含量/%			≥	75
挥发性有机化合物(VOC)含量[a]/(g/L)			≤	280
适用期(时间商定)				通过
干燥时间/h	≤	表干		按产品技术要求
		实干		24
耐弯曲性				2.5°涂层无裂纹
附着力(拉开法)/MPa			≥	5
耐浸泡性[(40±2)℃天然海水或人造海水,4 200 h]				单边腐蚀蔓延≤8.0 mm,非划线区:不起泡、不生锈、不开裂、不剥落
耐阴极剥离性				试验后非人造漏涂孔区:不起泡、不生锈、不开裂、不剥落;人造漏涂孔处:剥离面积的等效直径≤20 mm
高压保压循环试验 [常压 12 h、高压(6 MPa)12 h 为一个循环周期,10 个周期]				涂层不起泡、不生锈、不开裂、不剥落,附着力≥3 MPa 且降低不超过初始值的 50%
贮存稳定性[(50±2)℃,30 d]/级	≥	沉降性		8
		结皮性		8

[a] 按产品明示的施工配比混合后测定。如稀释剂的使用量为某一范围时,应按照产品施工配比规定的最大稀释剂比例混合后进行测定。

4 试验方法

4.1 取样

产品按 GB/T 3186 的规定取样,也可按商定方法取样。取样量根据检验需要确定。

4.2 试验环境

除非另有规定外,试板的状态调节应符合 GB/T 9278 的规定。

4.3 试验样板制备

4.3.1 底材及底材处理

除另有商定外,按表 2 的规定选用底材。试验用马口铁板、钢板的材质和处理应符合 GB/T 9271 的规定。喷砂钢板经喷砂处理后,表面清洁度应达到 GB/T 8923.1—2011 中规定的 Sa2½级,表面粗糙度达到 GB/T 13288.1—2008 中规定的“中(G)”级。

4.3.2 试样准备

按产品规定的组分配比混合均匀并放置规定的熟化时间后制板。

4.3.3 试验样板的制备

除另有商定外，按表 2 的规定制备试验样板。

涂膜厚度的测量按 GB/T 13452.2—2008 的规定进行。测量喷砂钢板上涂膜厚度时，从试板的上、中、下各取至少两次的读数，测量点距离边缘至少 10 mm，去掉任何异常高或低的读数，取六次读数的平均值。

表 2 试验样板的制备

项目	底材类型	底材尺寸/mm	涂装要求
涂膜外观、干燥时间	马口铁板	120×50×(0.2～0.3)	单一涂料品种喷涂一道，干膜厚度(35±5)μm，涂膜外观项目放置 48 h 后测试
耐弯曲性	钢板	200×25×6	按相应的涂层配套体系进行制板，具体采用的涂料品种、涂装道数、涂装间隔时间、涂层干膜厚度、样板养护时间等要求由涂料供应商提供。除附着力外，测试样板用试验一致的涂料封边封背
附着力、耐浸泡性、耐阴极剥离性、高压保压循环试验	喷砂钢板	150×70×(3～6)	

4.4 测试方法

4.4.1 一般规定

除非另有规定，在试验中仅使用确认为化学纯及以上纯度的试剂和符合 GB/T 6682—2008 中三级水要求的蒸馏水或去离子水。试验溶液在试验前预先调整到试验温度。

4.4.2 涂膜外观

样板在散射日光下目视观察，如果涂膜均匀，无流挂、发花、针孔、开裂和剥落等涂膜病态，则评为“正常”。

4.4.3 不挥发物含量

按 GB/T 1725—2007 的规定进行。将产品各组分(不包括稀释剂)按生产商规定的比例混合均匀后进行测试。烘烤温度为(105±2) ℃，烘烤时间为 1 h，称样量为(1±0.1)g。

4.4.4 挥发性有机化物(VOC)含量

按 GB/T 23985—2009 规定的方法进行。其中，密度的测定按照 GB/T 6750—2007 进行；不挥发物含量测定按 GB/T 1725—2007 进行，烘烤温度为(105±2) ℃，烘烤时间为 1 h，称样量为(1±0.1)g；VOC 含量的计算按照 GB/T 23985—2009 中 8.3 的规定进行。

4.4.5 适用期

将产品各组分的温度预先调整到(23±2) ℃，然后按生产商规定的比例(稀释剂比例为范围时取中间值)混合均匀后，取出 300 mL 装入 500 mL 密封良好的金属容器中，在(23±2) ℃条件下放置商定的时间后,打开容器,用调刀或搅拌棒搅拌,允许容器底部有沉淀,若经搅拌易于混合均匀,同时在制板过程中施涂无障碍,则认为能使用,适用期合格。

4.4.6 干燥时间

按 GB/T 1728—1979 的规定进行,其中表干采用乙法,实干采用甲法。

4.4.7 耐弯曲性

按 HG/T 4337—2012 中附录 A 的规定进行。

4.4.8 附着力(拉开法)

按 GB/T 5210—2006 的规定,采用直径为 20 mm 的试柱,上下两个试柱与试板同轴心对接进行试验。

4.4.9 耐浸泡性

按 GB/T 30648.2—2015 的规定进行。样板试验前按 GB/T 31415—2015 中 8.1.8 的规定进行划线。试验时样板全部浸入(40±2) ℃的人造海水中,开启水槽内的通气系统,人造海水按 GB/T 7790—2008 中表 1 的规定配制。试验结束后取出样板观察,如出现起泡、生锈、开裂和剥落等涂膜病态现象,按 GB/T 1766—2008 进行描述;按 GB/T 31415—2015 中 8.3.2 的规定评定划线处的单向锈蚀。耐浸泡性试验后的样板状态调节 14 d 后,按 4.4.8 规定测试附着力。

4.4.10 耐阴极剥离性

按 GB/T 7790—2008 中方法 A 的规定进行。试验前,按照 GB/T 7790—2008 中方法 A 规定的程序制造一个直径 6 mm 的人造漏涂圆孔(使基材完全暴露)。试验结束后取出样板观察,如出现起泡、生锈、开裂和剥落等涂膜病态现象,按 GB/T 1766—2008 进行描述。在试验结束后 1 h 之内完成如下操作:将样板用水洗净、擦干,用锋利薄刃的小刀划出两条贯穿涂层、于圆孔中心相交且夹角为 45°的放射状切痕,切透涂层至基材,试着用刀尖掀起涂层。记录这样暴露的总面积(包括圆孔的面积),通过总暴露面积和圆孔面积间的差值计算剥离区域的面积,用式(1)计算出相应的等效直径:

$$D = 2 \times \sqrt{r^2 - 9} \qquad \cdots\cdots(1)$$

式中:

D ——剥离面积的等效直径,单位为毫米(mm);

r ——剥离半径,剥离涂层距人造漏涂孔圆心的距离(每块样板取两个等分 45°扇形剥离区域的剥离半径的平均值),单位为毫米(mm)。

4.4.11 高压保压循环试验

按附录 A 的规定进行。

4.4.12 贮存稳定性

将试样搅拌均匀后装入容积为 500 mL 的洁净带有密封盖的大口玻璃瓶或塑料瓶,装入量为容器的 2/3,及时盖好盖子放入(50±2) ℃恒温干燥箱中,30 d 后取出在(23±2) ℃条件下放置 3 h,按 GB/T 6753.3—1986 的规定测定结皮性和沉降性。

5 检验规则

5.1 检验分类

5.1.1 产品检验分为出厂检验和型式检验。

5.1.2 出厂检验项目包括:涂膜外观、不挥发物含量、干燥时间。

5.1.3 型式检验项目包括本标准所列的全部技术要求。在正常生产情况下,耐浸泡性、耐阴极剥离性、高压保压循环试验项目三年检验一次,其余项目一年检验一次。

5.2 检验结果的判定

5.2.1 检验结果的判定按 GB/T 8170—2008 中修约值比较法进行。

5.2.2 所有项目的检验结果均达到本标准要求时,该试验样品为符合本标准要求。

6 标志、包装、运输和贮存

6.1 标志

按 GB/T 9750 的规定进行。对于双组分漆,包装标志上应明确各组分配比。

6.2 包装

按 GB/T 13491 中一级包装要求的规定进行。

6.3 贮存

产品贮存时应保证通风、干燥,防止日光直接照射并应隔绝火源、远离热源。产品应根据类型定出贮存期,并在包装标志上明示。

附 录 A
（规范性附录）
高压保压循环试验测定方法

A.1 范围

本方法适用于测定水下生产系统防腐涂料的高压保压循环试验。

A.2 设备

能以一定的升压速率达到预设的压力，在该压力下保持特定的时间后，再以一定的速率降压至常压状态的设备。设备示意图见图 A.1。

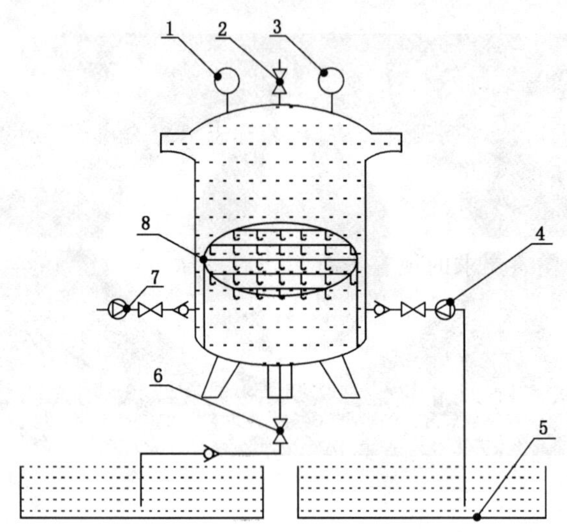

说明：

1——压力表；

2——排气阀；

3——温度计；

4——注水泵；

5——水槽；

6——排水阀；

7——加压阀；

8——试板架。

图 A.1 设备示意图

A.3 高压保压循环

以一定的升压速率达到预设的压力，在该压力下保持特定的时间后，再以一定的速率降压至常压状态，即为一个高压保压循环。

A.4 试验步骤

A.4.1 室温下，将试板固定于试板架上，确保各试板相互之间无接触，并将整个试板架放入压力罐中。开启注水泵进行天然海水或人造海水（符合 GB/T 7790—2008 中 5.1 规定）注入，直至灌顶排气孔排水，然后关闭排气孔。

A.4.2 控制界面设定压力 6 MPa、保压时间 12 h。从 0 MPa 升至 6 MPa 加压时间应小于 5 min，从 6 MPa 降压至 0 MPa 的降压时间应小于 2 min。以常压条件下 12 h、高压 6 MPa 条件下 12 h 为一个循环周期，共进行 10 个循环周期。每个循环周期的高压保压试验结束后，取样进行检查，观察试板外观。

A.4.3 试验结束后取出试板观察，如出现起泡、生锈、开裂和剥落等涂膜病态现象，按 GB/T 1766—2008 进行描述；试验后的样板状态调节 14 d 后，按 4.4.8 规定测试试验后附着力。

第三部分
建筑涂料

ICS 87.040
G 51

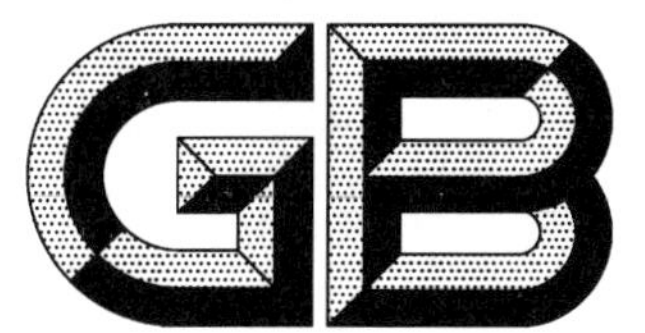

中华人民共和国国家标准

GB/T 9755—2014
代替 GB/T 9755—2001

合成树脂乳液外墙涂料

Synthetic resin emulsion coatings for exterior wall

2014-07-08 发布　　2014-12-01 实施

中华人民共和国国家质量监督检验检疫总局
中国国家标准化管理委员会　发布

前言

本标准按照 GB/T 1.1—2009 给出的规则起草。

本标准代替 GB/T 9755—2001《合成树脂乳液外墙涂料》，与 GB/T 9755—2001 相比，主要技术差异如下：

——增加了产品分类(见第 3 章)；

——增加了底漆和中涂漆的要求(见第 3 章和表 1、表 2)；

——面漆增加了透水性测试项目(见表 3)；

——面漆的耐碱性、耐水性、耐温变性和耐人工气候老化性改为也可评定与底漆或底漆和中涂漆配套后复合涂层的性能(见表 3，2001 版的表 1)；

——改变了耐洗刷性项目的试验方法和底材(见表 6、表 7 和附录 C，2001 版的 5.11)；

——试验底材石棉水泥板改为无石棉水泥平板(见 5.3.2，2001 版的 5.2.2.3)；

——涂层耐沾污性试验方法略有改变(见 5.17，2001 版的附录 A)；

——涂层耐温变性由 5 次循环改为 3 次循环(见 5.18，2001 版的 5.14)；

——提高了其他色涂层的耐人工气候老化性要求(见表 3，2001 版的表 1)。

本标准参考日本工业标准 JIS K5663：2003《合成树脂乳液涂料及封闭底漆》。

本标准由中国石油和化学工业联合会提出。

本标准由全国涂料和颜料标准化技术委员会(SAC/TC 5)归口。

本标准起草单位：中海油常州涂料化工研究院、陶氏化学(中国)投资有限公司、上海建科检验有限公司、立邦涂料(中国)有限公司、南京天祥涂料有限公司、上海市申得欧有限公司、展辰涂料集团股份有限公司、阿克苏诺贝尔太古漆油(上海)有限公司、关西涂料贸易(上海)有限公司、上海市涂料研究所、深圳市广田环保涂料有限公司、富思特新材料科技发展股份有限公司、嘉宝莉化工集团股份有限公司、威士伯涂料(广东)有限公司、江苏大象东亚制漆有限公司、南京龙虎涂料有限公司、三棵树涂料股份有限公司、广东巴德士化工涂料有限公司。

本标准主要起草人：彭菊芳、孔志元、黄新辉、胡晓珍、程金龙、徐凯斌、林宣益、杨奇、王桦、熊必琪、王玫玫、赵雪莲、赵雅文、王代民、胡恒盛、杨少武、方城、周湘玲、罗启涛、严修才。

本标准所代替标准的历次版本发布情况为：

——GB/T 9755—1988、GB/T 9755—1995、GB/T 9755—2001。

合成树脂乳液外墙涂料

1 范围

本标准规定了合成树脂乳液外墙涂料的产品分类、分等、要求、试验方法、检验规则及标志、包装和贮存等内容。

本标准适用于以合成树脂乳液为基料，与颜料、体质颜料(底漆可不添加颜料或体质颜料)及各种助剂配制而成的，且施涂后能形成表面平整的薄质涂层的外墙涂料，包括底漆、中涂漆和面漆。该涂料适用于对建筑物和构筑物的外表面进行装饰和防护。

2 规范性引用文件

下列文件对于本文件的应用是必不可少的。凡是注日期的引用文件，仅注日期的版本适用于本文件。凡是不注日期的引用文件，其最新版本(包括所有的修改单)适用于本文件。

GB/T 1728—1979 漆膜、腻子膜干燥时间测定法

GB/T 1733—1993 漆膜耐水性测定法

GB/T 1766 色漆和清漆 涂层老化的评级方法

GB/T 1865—2009 色漆和清漆 人工气候老化和人工辐射暴露 滤过的氙弧辐射

GB/T 1910 新闻纸

GB/T 3186 色漆、清漆和色漆与清漆用原材料 取样

GB/T 6682—2008 分析实验室用水规格和试验方法

GB/T 6750 色漆和清漆 密度的测定 比重瓶法

GB/T 8170—2008 数值修约规则与极限数值的表示和判定

GB/T 9265 建筑涂料 涂层耐碱性的测定

GB/T 9268—2008 乳胶漆耐冻融性的测定

GB/T 9271—2008 色漆和清漆 标准试板

GB/T 9278 涂料试样状态调节和试验的温湿度

GB/T 9286 色漆和清漆 漆膜的划格试验

GB/T 9750 涂料产品包装标志

GB/T 9780—2013 建筑涂料涂层耐沾污性试验方法

GB/T 13491—1992 涂料产品包装通则

GB/T 15608 中国颜色体系

GB/T 16422.3—1997 塑料实验室光源暴露试验方法 第3部分:荧光紫外灯

GB/T 23981 白色和浅色漆对比率的测定

HG/T 3001—1999 铁蓝颜料

JC/T 412.1—2006 纤维水泥平板 第1部分:无石棉纤维水泥平板

JG/T 25 建筑涂料涂层耐冻融循环性测定法

3 产品分类、分等

本标准将合成树脂乳液外墙涂料产品分为底漆、中涂漆和面漆三类。

面漆按照使用要求分为优等品、一等品和合格品三个等级。底漆按照抗泛盐碱性和不透水性要求的高低分为Ⅰ型和Ⅱ型。

4 要求

4.1 底漆应符合表1的要求。

表1 底漆的要求

项目		指标	
		Ⅰ型	Ⅱ型
容器中状态		无硬块,搅拌后呈均匀状态	
施工性		刷涂无障碍	
低温稳定性		不变质	
涂膜外观		正常	
干燥时间(表干)/h	≤	2	
耐碱性(48 h)		无异常	
耐水性(96 h)		无异常	
抗泛盐碱性		72 h无异常	48 h无异常
透水性/mL	≤	0.3	0.5
与下道涂层的适应性		正常	

4.2 中涂漆应符合表2的要求。

表2 中涂漆的要求

项 目		指 标
容器中状态		无硬块,搅拌后呈均匀状态
施工性		刷涂二道无障碍
低温稳定性		不变质
涂膜外观		正常
干燥时间(表干)/h	≤	2
耐碱性[a](48 h)		无异常
耐水性[a](96 h)		无异常
涂层耐温变性[a](3次循环)		无异常
耐洗刷性(1 000次)		漆膜未损坏
附着力[a]/级	≤	2
与下道涂层的适应性		正常
[a] 也可根据有关方商定测试与底漆配套后的性能。		

4.3 面漆应符合表3的要求。

表3 面漆的要求

项目		指标		
		合格品	一等品	优等品
容器中状态		无硬块，搅拌后呈均匀状态		
施工性		刷涂二道无障碍		
低温稳定性		不变质		
涂膜外观		正常		
干燥时间(表干)/h	≤	2		
对比率(白色和浅色[a])	≥	0.87	0.90	0.93
耐沾污性(白色和浅色[a])/%	≤	20	15	15
耐洗刷性(2 000 次)		漆膜未损坏		
耐碱性[b](48 h)		无异常		
耐水性[b](96 h)		无异常		
涂层耐温变性[b](3 次循环)		无异常		
透水性/mL	≤	1.4	1.0	0.6
耐人工气候老化性[b]		250 h 不起泡、不剥落、无裂纹	400 h 不起泡、不剥落、无裂纹	600 h 不起泡、不剥落、无裂纹
粉化/级	≤	1	1	1
变色(白色和浅色[a])/级	≤	2	2	2
变色(其他色)/级		商定	商定	商定

[a] 浅色是指以白色涂料为主要成分，添加适量色浆后配制成的浅色涂料形成的涂膜所呈现的浅颜色，按 GB/T 15608 中规定明度值为 6～9 之间(三刺激值中的 Y_{D65}≥31.26)。

[b] 也可根据有关方商定测试与底漆配套后或与底漆和中涂漆配套后的性能。

5 试验方法

5.1 取样

产品按 GB/T 3186 的规定进行取样。取样量根据检验需要而定。

5.2 试验环境

试板的状态调节和试验的温湿度应符合 GB/T 9278 的规定。

5.3 试验样板的制备

5.3.1 试样准备

按产品规定搅拌均匀后制板。如果所检产品明示了稀释比例，除对比率外，其余需要制板进行检验的项目，均应按规定的稀释比例加水搅匀后制板，若所检产品规定了稀释比例范围，应取其中间值。

5.3.2 底材的选择和处理方法

除另有商定外，按表4、表6和表7的规定选用底材。即对比率使用聚酯膜(或卡片纸)；耐洗刷性使用PVC材质的塑料片；抗泛盐碱性使用无石棉纤维增强水泥中密度板；其余项目均使用符合JC/T 412.1—2006中NAF H Ⅴ级要求的无石棉水泥平板。水泥板的处理应按GB/T 9271—2008中10.2的规定进行。

5.3.3 试验样板的制备

5.3.3.1 底漆试验样板的制备

5.3.3.1.1 底漆采用刷涂法制板。每个样品按照GB/T 6750的规定先测定密度D，按式(1)计算出刷涂质量：

$$m = D \times S \times \mathrm{k} \qquad (1)$$

式中：

m ——湿膜厚度为80 μm时的一道刷涂质量，单位为千克(kg)；

D ——按规定的稀释比例稀释后的样品密度，单位为千克每立方米(kg/m^3)；

S ——试板面积，单位为平方米(m^2)；

k ——80×10^{-6}，单位为米(m)。

每道刷涂质量：计算刷涂质量$m \pm 0.1$ g。除透水性试板刷涂两道外，其余均刷涂一道。两道刷涂间隔时间不小于6 h。

注：部分底漆由于黏度过低，无法按计算刷涂量一次制板时，可分几次刷涂，保证最终全部涂料均匀地刷涂在底材上，并在报告中注明这一情况；部分底漆由于黏度过高，无法按计算刷涂量制板的，应适当加水稀释，应在报告中注明稀释比例。

5.3.3.1.2 除另有商定外，底漆各检验项目的底材类型、试板尺寸、数量、涂布量及养护期应符合表4的规定。

表4 底漆制板要求

检验项目	底材类型	试板尺寸 mm×mm×mm	试板数量 块	底漆刷涂量 (湿膜厚度)/μm	试板养护期 d
干燥时间	无石棉水泥平板	150×70×4～150×70×6	1	80	—
施工性、涂膜外观		430×150×4～430×150×6	1	1道	—
耐水性、耐碱性		150×70×4～150×70×6	各3	80	7
透水性		200×150×4～200×15×6	2	80+80	7
与下道涂层的适应性		430×150×4～430×150×6	1	80	1
抗泛盐碱性	无石棉纤维增强水泥中密度板	150×70×6	5	80	7
注：无石棉水泥平板的厚度含4 mm和6 mm。					

5.3.3.2 中涂漆和面漆试验样板的制备

5.3.3.2.1 除另有商定外，对于中涂漆和面漆，除施工性、涂膜外观和耐洗刷性项目之外，其余需要制板检验的项目采用由不锈钢材料制成的线棒涂布器制板。线棒涂布器是由几种不同直径的不锈钢丝分别紧密缠绕在不锈钢棒上制成,其规格为 80、100、120 三种,线棒规格与缠绕钢丝之间的关系见表 5。

表 5 线棒

规格	80	100	120
缠绕钢丝直径/mm	0.80	1.00	1.20

注:以其他规格形式表示的线棒涂布器也可使用,但应符合表 5 的技术要求。

5.3.3.2.2 除另有商定外,中涂漆各检验项目选用的底材类型、试板尺寸、数量、采用的涂布器规格、涂布道数和养护时间应符合表 6 的规定。涂布两道时,两道间隔 6 h。需要与底漆配套后检验的项目配套性制板要求见表 8。

表 6 中涂漆制板要求

检验项目	制板要求					
	底材类型	试板尺寸 (mm×mm×mm)	试板数量 块	线棒涂布器规格		试板养护期 d
				第一道	第二道	
干燥时间	无石棉 水泥 平板	150×70×4～150×70×6	1	100	—	—
施工性、涂膜外观		430×150×4～430×70×6	1	2 道		—
耐水性、耐碱性、 耐温变性、附着力		150×70×4～150×70×6	各 3	120	80	7
与下道涂层的适应性		430×150×4～430×150×6	1	120	80	1
耐洗刷性	PVC 材质 的塑料片	432×165×0.25	2	规格为 200 μm 的间隙式湿膜制 备器刮涂一道	—	7
注:无石棉水泥平板的厚度含 4 mm 和 6 mm。						

5.3.3.2.3 除另有商定外,面漆各检验项目选用的底材类型、试板尺寸、数量、采用的涂布器规格、涂布道数和养护时间应符合表 7 的规定。涂布两道时,两道间隔 6 h。需要与底漆配套或与底漆和中涂漆配套后检验的项目配套性制板要求见表 8。

表 7 面漆制板要求

检验项目	制板要求					
	底材类型	试板尺寸 (mm×mm×mm)	试板数量 块	线棒涂布器规格		试板养护 期/d
				第一道	第二道	
干燥时间	无石棉 水泥平板	150×70×4～150×70×6	1	100	—	—
施工性、涂膜外观		430×150×4～430×150×6	1	2 道		—
对比率	聚酯膜(或 卡片纸)	—	2	100		1[a]

表 7（续）

<table>
<tr><td rowspan="3">检验项目</td><td colspan="6">制板要求</td></tr>
<tr><td rowspan="2">底材类型</td><td rowspan="2">试板尺寸
(mm×mm×mm)</td><td rowspan="2">试板数量
块</td><td colspan="2">线棒涂布器规格</td><td rowspan="2">试板养护
期/d</td></tr>
<tr><td>第一道</td><td>第二道</td></tr>
<tr><td>耐碱性、耐水性、耐温变性、耐沾污性、耐人工气候老化性</td><td rowspan="2">无石棉
水泥平板</td><td>150×70×4～150×70×6</td><td>各 3</td><td>120</td><td>80</td><td>7</td></tr>
<tr><td>透水性</td><td>150×200×4～150×200×6</td><td>2</td><td>120</td><td>80</td><td>7</td></tr>
<tr><td>耐洗刷性</td><td>PVC 材质
的塑料片</td><td>432×165×0.25</td><td>2</td><td>规格为 200 μm 的间隙式湿膜制备器刮涂一道</td><td>—</td><td>7</td></tr>
<tr><td colspan="7">注：无石棉水泥平板的厚度含 4 mm 和 6 mm。</td></tr>
<tr><td colspan="7">[a] 根据涂料干燥性能不同，干燥条件和养护时间可以商定，但仲裁检验时为 1 d。出厂检验时也可采用(80±2)℃烘干 2 h 后测试。</td></tr>
</table>

表 8 配套性制板要求

<table>
<tr><td rowspan="3">配套方式</td><td colspan="10">制板要求</td></tr>
<tr><td rowspan="2">底漆</td><td colspan="4">中涂漆(线棒涂布器规格和间隔时间)</td><td colspan="4">面漆(线棒涂布器规格和间隔时间)</td><td rowspan="2">涂覆完成后的养护期/d</td></tr>
<tr><td>第一道</td><td>间隔时间</td><td>第二道</td><td>间隔时间</td><td>第一道</td><td>间隔时间</td><td>第二道</td><td>间隔时间</td></tr>
<tr><td>底漆-中涂漆配套</td><td rowspan="3">刷涂一道，湿膜厚度约为 80 μm，放置 24 h 后涂覆中涂漆或面漆</td><td>120</td><td>6 h</td><td>80</td><td>—</td><td>—</td><td>—</td><td>—</td><td>—</td><td>7</td></tr>
<tr><td>底漆-面漆配套</td><td>—</td><td>—</td><td>—</td><td>—</td><td>120</td><td>6 h</td><td>80</td><td>—</td><td>7</td></tr>
<tr><td>底漆-中涂漆-面漆配套</td><td>120</td><td>24 h</td><td>—</td><td>—</td><td>120</td><td>6 h</td><td>80</td><td>—</td><td>7</td></tr>
</table>

5.4 容器中状态

打开包装容器，搅拌时无硬块，易于混合均匀，则评定为合格。

5.5 施工性

5.5.1 底漆施工性

用刷子在试板平滑面上刷涂试样，刷子运行无困难，则评定为“刷涂无障碍”。

5.5.2 中涂漆和面漆施工性

用刷子在试板平滑面上刷涂试样，涂布量为湿膜厚约 100 μm。使试板的长边呈水平方向，短边与水平面成约 85°角竖放。放置 6 h 后再用同样方法涂刷第二道试样，在第二道涂刷时，刷子运行无困难，则可评定为“刷涂二道无障碍”。

5.6 低温稳定性

按 GB/T 9268—2008 中 A 法进行 3 次循环的试验。

5.7 涂膜外观

将5.5试验结束后的试板放置24 h，目视观察涂膜，若无明显缩孔和流挂，涂膜均匀，则评定为“正常”。

5.8 干燥时间

按GB/T 1728—1979中表干乙法的规定进行。

5.9 耐碱性

按GB/T 9265的规定进行，如3块试板中有2块未出现起泡、掉粉、明显变色等涂膜病态现象，可评定为“无异常”，如出现以上病态现象，按GB/T 1766进行描述。

5.10 耐水性

按GB/T 1733—1993中甲法规定进行。试板投试前除封边外，还需封背。将3块试板浸入GB/T 6682规定的三级水中，如3块试板中有2块未出现起泡、掉粉、明显变色等涂膜病态现象可评定为“无异常”。如出现以上涂膜病态现象，按GB/T 1766进行描述。

5.11 抗泛盐碱性

抗泛盐碱性的测试见附录A。

5.12 透水性

透水性的测试见附录B。

5.13 附着力

按GB/T 9286的规定进行。用单刃刀具沿样板长边的平行和垂直方向各平行切割3道，每道间隔为3 mm，网格数为4格，进行胶带撕离试验。

5.14 对比率

按GB/T 23981规定进行，仲裁检验用聚酯膜法。

5.15 耐洗刷性

按附录C的规定进行。

5.16 耐人工气候老化性

试验按GB/T 1865—2009中循环A的规定进行。结果的评定按GB/T 1766进行。

5.17 耐沾污性

按GB/T 9780—2013中第5章外墙耐沾污试验方法 涂刷法 B法(烘箱快速)的规定进行两次循环的试验。对于部分外墙面漆样品，在测试耐沾污性时，经有关方商定，允许试板在养护7 d后再进行4 h紫外光照射后测试(紫外光照射按GB/T 16422.3—1997进行，暴露方式1，光源采用UV-A340型灯管)。

5.18 涂层耐温变性

按JG/T 25的规定进行，做3次循环[(23±2)℃水中浸泡18 h，(−20±2)℃冷冻3 h，(50±2)℃

热烘 3 h 为一次循环]。3 块试板中至少应有 2 块未出现粉化、开裂、起泡、剥落、明显变色等涂膜病态现象,可评定为“无异常”。如出现以上涂膜病态现象,按 GB/T 1766 进行描述。

5.19 与下道涂层的适应性

分别按表 4 或表 6 规定制备底漆或中涂漆,在 5.2 规定的条件下养护 24 h 后,对于底漆,用规格为 120 的线棒刮涂一道中涂漆或面漆;对于中涂漆,用规格为 120 的线棒刮涂一道面漆;若刮涂下道漆时易施工、不咬起,目视观察涂膜,不渗色、不开裂,无明显缩孔、流挂或其他病态现象,涂膜均匀,则评定为“正常”。

6 检验规则

6.1 检验分类

产品检验分出厂检验和型式检验。

6.1.1 出厂检验项目

外墙底漆和中涂漆包括容器中状态、施工性、涂膜外观、干燥时间。

外墙面漆包括容器中状态、施工性、干燥时间、涂膜外观、对比率。

6.1.2 型式检验项目

本标准的全部技术要求均需进行型式检验。在正常生产情况下,耐人工气候老化性项目两年检验一次,除出厂检验项目和耐人工气候老化性项目之外的其余项目一年检验一次。

有下列情况之一时应随时进行型式检验:

——新产品最初定型时;

——产品异地生产时;

——生产配方、工艺、关键原材料来源及产品施工配比有较大改变时;

——停产三个月后又恢复生产时。

6.2 检验结果的判定

6.2.1 检验结果的判定按 GB/T 8170—2008 中修约值比较法进行。

6.2.2 应检项目的检验结果均达到本标准要求时,该试验样品为符合本标准要求。

7 标志、包装和贮存

7.1 标志

按 GB/T 9750 的规定进行。如需加水稀释,应明确稀释比例。

7.2 包装

按 GB/T 13491—1992 中二级包装要求的规定进行。

7.3 贮存

产品贮存时应保证通风、干燥,防止日光直接照射,冬季时应采取适当防冻措施。产品应根据乳液类型定出贮存期,并在包装标志上明示。

附 录 A
（规范性附录）
抗泛盐碱性试验方法

A.1 主要材料及仪器设备

A.1.1 PVA-铁蓝水分散液的配制

A.1.1.1 配制2%PVA（粉状聚乙烯醇1788）水溶液

按计算量将水加入容器中，在高速搅拌下缓慢加入粉状聚乙烯醇1788，待聚乙烯醇加完后，继续在高速搅拌下充分搅拌（至少搅拌1 h），溶液中无团、块状物存在时可出料，177 μm滤网过滤后，于5.2规定的试验环境下静置备用，贮存期不超过1个月。

A.1.1.2 PVA-铁蓝水分散液的配制

按计算量将2%PVA水溶液（见A.1.1.1）加入容器中，边搅拌边缓慢加入符合HG/T 3001—1999要求的LA09-03铁蓝颜料，2%PVA水溶液（见A.1.1.1）与铁蓝颜料的质量比为4∶1，高速搅拌约10 min～15 min至均匀，出料后于5.2规定的试验环境下静置12 h后使用，贮存期不超过1个月。铁蓝颜料宜统一供应，以确保其质量。

A.1.2 试验溶液的配制

抗泛盐碱性试验溶液：NaOH、$Ca(OH)_2$和$CaCl_2$混合液。

按NaOH∶$Ca(OH)_2$∶$CaCl_2$∶水＝2∶2∶0.012∶96（质量比）的比例在试验前一天配制完成NaOH、$Ca(OH)_2$和$CaCl_2$混合液[$Ca(OH)_2$已达到过饱和，会出现沉淀，混合液无需过滤，可直接用于测试]，放置于密闭容器中，在5.2规定的试验环境下放置过夜，保证溶液温度达到标准条件。

A.1.3 试验用底材

底材采用无石棉纤维增强水泥中密度平板，试板密度$(1.2\pm0.1)\times10^3$ kg/m³，试板厚度为(6 ± 0.5)mm，无石棉纤维增强水泥中密度平板宜统一供应，以确保其质量。清除表面浮灰，试板浸水7 d后取出，在5.2规定的试验环境下至少放置7 d。

A.1.4 试验容器

试验在不加盖的平底箱（塑料或其他耐碱材质）中进行，箱的参考尺寸为(600 ± 50) mm×(400 ± 50) mm×(250 ± 50) mm，箱内底部放置多孔（孔隙率大于50%）隔板（塑料或其他耐碱材质），多孔隔板应垫起，垫起的高度约为10 mm～15 mm。如图A.1所示。

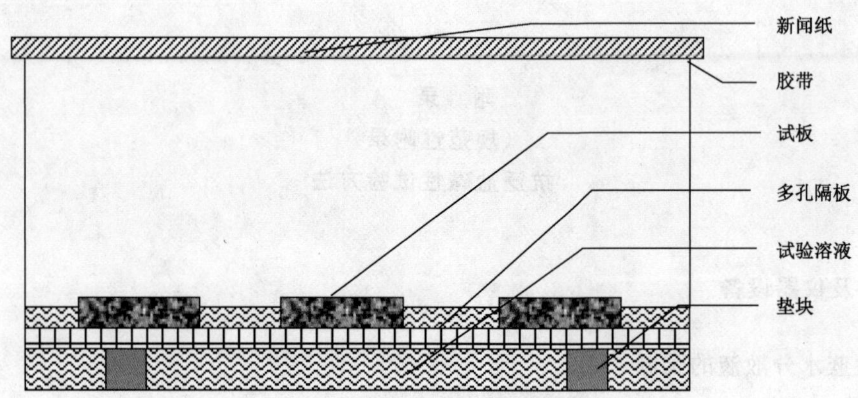

图 A.1 试验容器剖面示意图

A.2 试板的制备

按照5.3.3.1的要求制备试板，制备好的试板应在标准条件下养护7 d，在第6 d采用石蜡封边（两道）并在底漆表面刷涂A.1.1配制的PVA-铁蓝水分散液，刷涂质量为（0.4±0.1）g。

石蜡封边时应注意控制蜡温不要过高，宜采用浸涂方式，但浸涂面积不要过大，且注意石蜡不能沾污试板表面，完成后应仔细检查封闭处是否还有孔洞或缺陷，如果有应再次封闭。

A.3 试验步骤

A.3.1 试验时将试验溶液（见A.1.2）加入试验容器（见A.1.4）中，溶液液面略高于垫起的多孔隔板高度。

A.3.2 将试板（见A.2）小心放入容器中，涂刷有铁蓝的底漆面向上，试验溶液浸没试板的高度应大于试板厚度的二分之一，确保在试验周期内试板底面均被试验溶液充分浸润。用符合GB/T 1910规定的密度为（≥0.045且≤0.051）kg/m^2的新闻纸将箱口覆盖并用胶带沿周边密封好。

A.3.3 每个样品每项试验平行制备5块试板，按表1规定的试验时间进行，试验结束后取出试板，试板应立放，保证试板通风并完全干燥，在5.2规定的试验环境下放置24 h后观察结果。

在试验周期内注意不要触碰试验箱（可置于不易被碰触的位置），一旦溶液漫过试板表面，该次试验作废。放置试板至溶液中时，注意溶液不要沾污试板表面，如果有小面积沾污应及时用记号笔画圈标记，试验完成后该位置不予观察。试验周期内不得揭开封盖的新闻纸。完成试验取出试板时应注意试验溶液不要沾污试板表面，如果有小面积沾污应及时用记号笔画圈标记，试板干燥后该位置不予观察。

A.4 结果判定

判定时观察试板中间区域，观察区域为110 mm×50 mm（以试板的长边向内各扣除10 mm，短边向内各扣除20 mm的面积为准），视铁蓝变色（由蓝色变为棕黄色或表面析出白色结晶物）面积的百分比，5块试板中有3块试板变色面积不大于10%则判定为“无异常”。

附 录 B
（规范性附录）
透水性试验方法

B.1 适用范围

本标准规定的外墙底漆和外墙面漆。

B.2 试验环境

试板的状态调节和试验的温湿度应符合 GB/T 9278 的规定。

B.3 透水性试验装置

为带刻度的漏斗状玻璃装置，容积（95±5）mL，上部玻璃管带有 4 mL 刻度，最小分度值为 0.1 mL，底盘直径约为 65 mm～66 mm，经磨砂处理。如图 B.1 所示。

单位为 mm

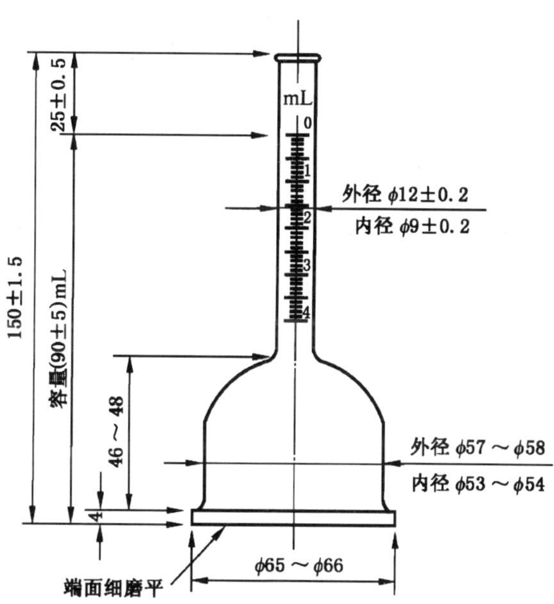

图 B.1 透水性试验装置

B.4 试验方法

B.4.1 制板

按照表 4 和表 7 的要求制板和养护，未涂漆试板 24 h 的初始透水性值不低于 4 mL。

B.4.2 试验步骤

将试板置于水平状态，涂漆面向上，将透水性试验装置放在试板的中部，用不吸水的密封材料密封试板和透水性试验装置的缝隙，确保水不会从缝隙渗出，待密封材料干燥后(干燥时间视密封材料的种类不同而异)，将符合 GB/T 6682—2008 中规定的三级试验用水(应在 5.2 规定的试验环境下至少放置 48 h)缓慢注入玻璃管内，直至试管的 0 mL 刻度，确认容器中无气泡后再次调整试管的 0 mL 刻度，将玻璃管顶端用锡箔纸遮盖包住，在 5.2 规定的试验环境下静置 24 h 后再观察并记录液面下降毫升数，每个样板使用一次。

B.4.3 结果判定

B.4.3.1 取两次测试结果的算术平均值。

B.4.3.2 两次测试结果的差值不应大于 0.2 mL，否则本次试验数据无效。

附 录 C
（规范性附录）
耐洗刷性试验方法

C.1 适用范围

适用于能制成平面状涂层的建筑涂料耐洗刷性的测定。

C.2 试验环境

试板的状态调节和试验的温湿度应符合 GB/T 9278 的规定。

C.3 仪器

C.3.1 耐洗刷试验仪

一种能使刷子在试验样板的涂层表面作直线往复运动并对涂层进行洗刷的仪器。刷子的运动频率为每分钟往复(37±2)次循环，一个往复行程的距离为 300 mm×2，在中间 100 mm 的区域大致为匀速运动。

C.3.2 辅助设备

C.3.2.1 刷子

在 90 mm×38 mm×25 mm 的硬木板(或塑料板)上均匀地打(60±1)个直径约为 3 mm 的小孔，分别在孔内垂直地栽上黑猪鬃，与毛成直角剪平，毛长约为 19 mm。夹具和刷子的总质量为(450±10) g。

使用前，将刷毛浸入(23±2)℃水中 30 min，取出用力甩净水，再将刷毛 12 mm 浸入符合 C.4 规定的洗刷介质中 20 min。刷子经此处理，方可使用。

刷毛磨损至长度小于 16 mm 时，须重新更换刷子。

C.3.2.2 玻璃板，厚约 6 mm，其长度和宽度与耐洗刷试验仪的底盘尺寸匹配。

C.3.2.3 PVC 薄片，宽 12.7 mm，厚 0.25 mm，其长度与 C.3.2.2 的玻璃板的宽度匹配。

C.3.2.4 湿膜制备器，由不锈钢制成，间隙深度为 200 μm，制备的漆膜宽度约为 100 mm。

C.3.2.5 固定框架，尺寸约为 432 mm(长)×165 mm(宽)，用于固定试板。

C.3.2.6 黑色塑料片(PVC 材质)，尺寸为 432 mm×165 mm×0.25 mm。其参数：光泽(60°)不大于 10；反射率不大于 4%；厚度为(0.25±0.02) mm。

C.4 洗刷介质

使用 2.5 g/L 的正十二烷基苯磺酸钠的水溶液，水是符合 GB/T 6682—2008 规定的三级水。使用前将溶液静置直至所有气泡和泡沫消失。

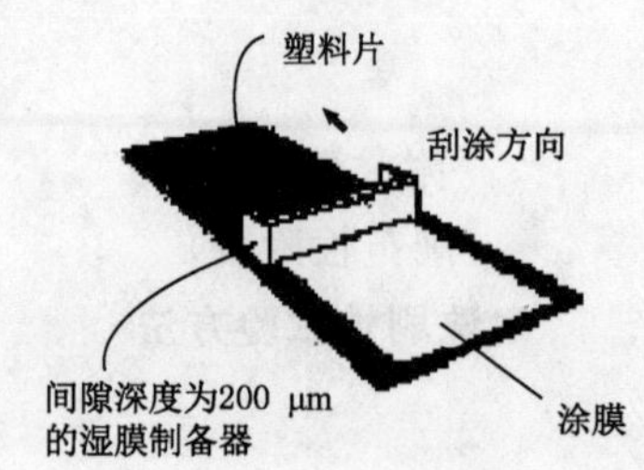

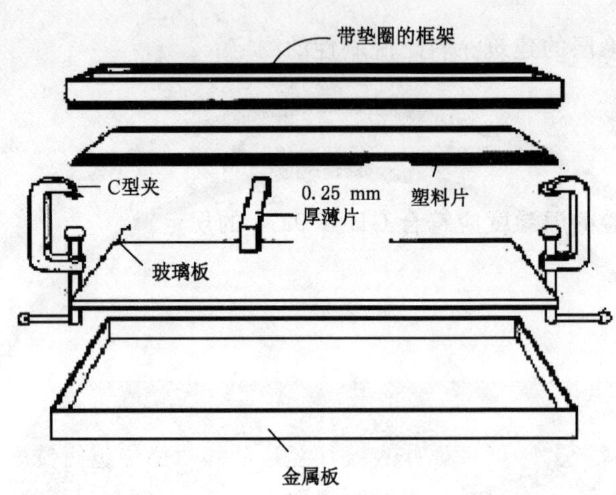

图 C.1 洗刷试验的辅助设备

C.5 操作步骤

C.5.1 试板的制备

按 5.3.1 准备试样，如果需要，过滤试样以除去其中所有的结皮和颗粒。将黑色塑料片(见 C.3.2.6)放在玻璃板或其他平整的板上，用湿膜制备器(见 C.3.2.4)在黑色塑料片(见 C.3.2.6)上刮涂一道，共制备两块试板。刮涂速度应相当慢，从一端至另一端需要 3 s～4 s 的时间，以免在漆膜上形成针孔。将试板水平放置，在 5.2 规定的试验环境下养护 7 d。

C.5.2 测定

C.5.2.1 进行两次平行测定。

C.5.2.2 将清洁的玻璃板(见 C.3.2.2)放在洗刷仪的底盘内。在玻璃板(见 C.3.2.2)上与刷子的运行轨迹垂直的方向放置薄片(见 C.3.2.3)，要确保薄片(见 C.3.2.3)光滑和没有毛刺。将试板(见 C.5.1)放在放有薄片的玻璃板(见 C.3.2.2)上，涂层面向上。薄片应位于试板的中部并确保薄片上方的涂膜没有缺陷且试验区域平整。将固定框架(见 C.3.2.5)放在试板(见 C.5.1)上以固定试板。用洗刷仪两端的夹子夹紧固定框架(见 C.3.2.5)，夹子应足够密封以确保固定框架(见 C.3.2.5)和试板(见 C.5.1)紧密接触，但不能因太紧而造成试板(见 C.5.1)的扭曲。

C.5.2.3 试验前，先用软的漆刷将洗刷介质(见 C.4)均匀涂布在涂层表面，让液体与涂层接触 60 s。将预处理过的刷子置于试验样板的涂层面上，使刷子保持自然下垂。启动仪器，往复洗刷涂层，洗刷时以每秒钟滴加约 0.04 mL 的速度滴加洗刷介质(见 C.4)，使洗刷面保持润湿。

C.5.2.4 进行规定次数(2 000 次或 1 000 次)洗刷循环的测试，观察规定次数洗刷试验后 12.7 mm 宽的薄片上方漆膜被除去的情况。如果薄片上方漆膜以连续的细线被除去且细线长度越过薄片宽度，则判定为漆膜损坏。

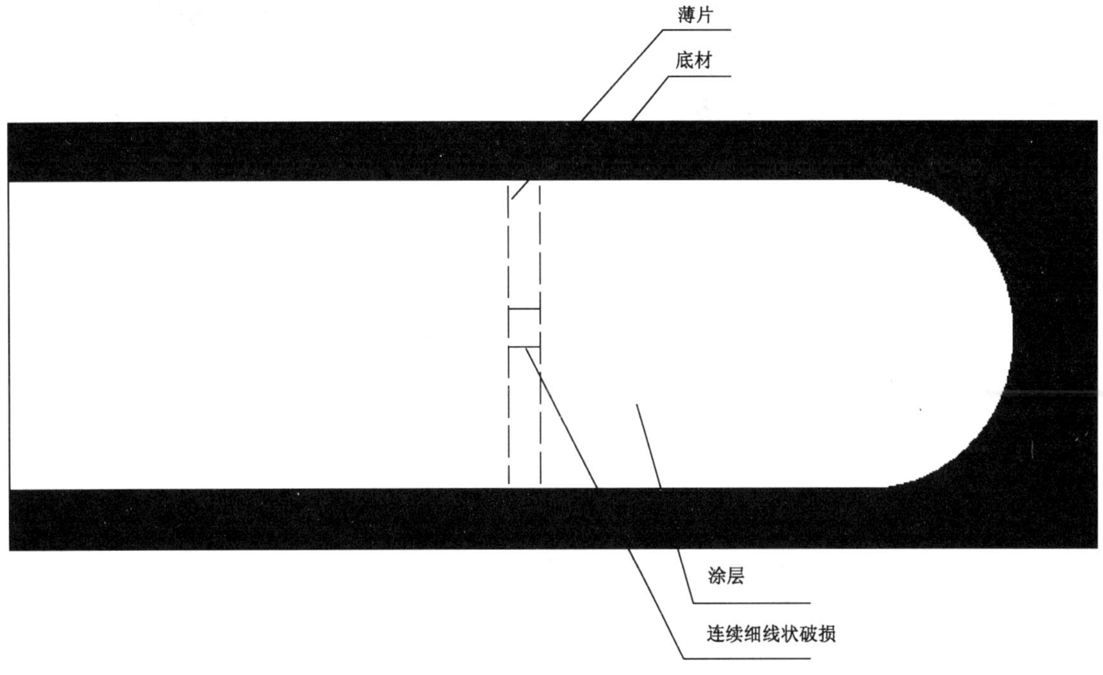

图 C.2 测试涂层洗刷至损坏的示意图

C.6 结果判定

若两块试板均未出现漆膜损坏，就可判定该样品经过 2 000 次或 1 000 次洗刷试验后漆膜未损坏。

ICS 87.040
G 51

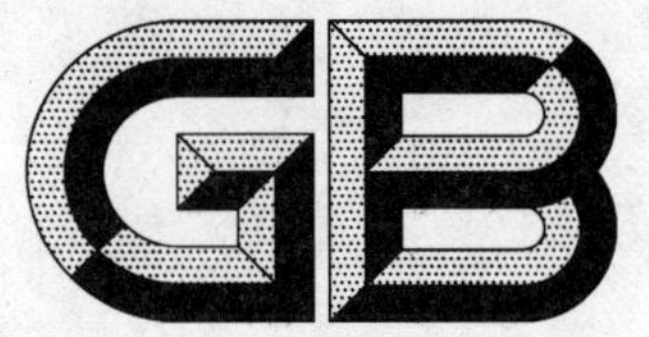

中华人民共和国国家标准

GB/T 9756—2018
代替 GB/T 9756—2009

合成树脂乳液内墙涂料

Synthetic resin emulsion coatings for interior wall

2018-06-07 发布　　　　2019-01-01 实施

国家市场监督管理总局
中国国家标准化管理委员会　发布

前　言

本标准按照 GB/T 1.1—2009 给出的规则起草。

本标准代替 GB/T 9756—2009《合成树脂乳液内墙涂料》,与 GB/T 9756—2009 相比,除编辑性修改外主要技术变化如下:

——修改了标准的范围(见第 1 章,2009 年版的第 1 章);

——删除了规范性引用文件“GB/T 1250、JC/T 412.1—2006”,(见 2009 年版的第 2 章);

——增加了规范性引用文件“GB/T 6682—2008、GB/T 8170—2008、GB/T 23981—2009”(见第 2 章);

——增加了底漆和面漆低温成膜性项目、指标及试验方法(见 4.1、4.2 和 5.5.5);

——修改了面漆耐洗刷性项目的技术指标,面漆耐洗刷性项目合格品指标由“≥300 次”改为“≥350 次”,一等品指标由“≥1 000 次”改为“≥1 500 次”,优等品指标由“≥5 000 次”改为“≥6 000 次”(见 4.2,2009 年版的 4.2);

——增加了耐洗刷性项目底材打磨用水砂纸的规格要求和底材平整度的检查方法(见 5.3);

——修改了底漆刷涂量计算公式中湿膜厚度、样品密度及试板面积的单位等内容(见 5.4.2.1,2009 年版的 5.2.2.4);

——增加了对比率和耐洗刷性项目仲裁检验的制板要求(见 5.4.3.2);

——修改了耐洗刷性项目的试板厚度,由“430 mm×150 mm×(4～6)mm”改为“430 mm×150 mm×6 mm”(见表 5,2009 年版的表 5);

——增加了耐洗刷性项目仲裁检验时对刷子的要求(见 5.5.11);

——增加了抗泛碱性项目 PVA 水溶液在贮存期发生团聚、沉淀等现象时的处理要求(见 A.1.1.1,2009 年版的 A.1.1.1);

——修改了 PVA-铁蓝水分散液的贮存期,由“不超过 1 个月”改为“不超过 15 d”(见 A.1.1.2,2009 年版的 A.1.1.2);

——修改了抗泛碱性项目试验溶液浸没试板的高度,由“应大于试板厚度的二分之一”改为“应大于试板厚度的三分之二”(见 A.3.2,2009 年版的 A.3.2)。

本标准由中国石油和化学工业联合会提出。

本标准由全国涂料和颜料标准化技术委员会(SAC/TC 5)归口。

本标准起草单位:中海油常州涂料化工研究院有限公司、陶氏化学(中国)投资有限公司、阿克苏诺贝尔太古漆油(上海)有限公司、立邦涂料(中国)有限公司、上海市涂料研究所有限公司、广东嘉宝莉科技材料有限公司、佛山市顺德区巴德富实业有限公司、广东华润涂料有限公司、三棵树涂料股份有限公司、广东巴德士化工有限公司、浙江华德新材料有限公司、深圳市广田环保涂料有限公司、德爱威(中国)有限公司、河北天昕建设集团有限公司、富思特新材料科技发展股份有限公司、展辰新材料集团股份有限公司、浙江传化涂料有限公司、中华制漆(深圳)有限公司、河北晨阳工贸集团有限公司、宁波新安涂料有限公司、山东乐化漆业股份有限公司、鳄鱼制漆(上海)有限公司、西北永新涂料有限公司、德美特涂料(北京)有限公司、紫荆花涂料(上海)有限公司、巴斯夫新材料有限公司、江苏大象东亚制漆有限公司、美巢集团股份公司、关西涂料(中国)投资有限公司、安德士化工(中山)有限公司、湘江涂料科技有限公司、上海建科检验有限公司。

本标准主要起草人:刘琳、唐瑛、南璇、王燕、高继东、张卫群、罗志清、梁飘坚、寇辉、林昌庆、李金明、王伟东、徐新祥、熊俊、冯喜杰、詹明佳、叶书庆、吴勇、林庆文、胡中源、胡锦平、沈孝忠、徐海峰、李华明、杨国萍、邢俊、王飞、杨少武、刘凤仙、孟贤凤、杨力文、郑大明、胡晓珍、韩朝政。

本标准所代替标准的历次版本发布情况为：

——GB/T 9756—1988、GB/T 9756—1995、GB/T 9756—2001、GB/T 9756—2009。

合成树脂乳液内墙涂料

1 范围

本标准规定了合成树脂乳液内墙涂料的产品分类和分等、要求、试验方法、检验规则及标志、包装和贮存等内容。

本标准适用于以合成树脂乳液为基料，与颜料、体质颜料及各种助剂配制而成的，施涂后能形成表面平整的薄质涂层的内墙涂料，包括底漆和面漆。

2 规范性引用文件

下列文件对于本文件的应用是必不可少的。凡是注日期的引用文件，仅注日期的版本适用于本文件。凡是不注日期的引用文件，其最新版本(包括所有的修改单)适用于本文件。

GB/T 1728—1979 漆膜、腻子膜干燥时间测定法

GB/T 1766—2008 色漆和清漆 涂层老化的评级方法

GB/T 1910 新闻纸

GB/T 3186 色漆、清漆和色漆与清漆用原材料 取样

GB/T 6682—2008 分析实验室用水规格和试验方法

GB/T 6750—2007 色漆和清漆 密度的测定 比重瓶法

GB/T 8170—2008 数值修约规则与极限数值的表示和判定

GB/T 9265—2009 建筑涂料 涂层耐碱性的测定

GB/T 9266—2009 建筑涂料 涂层耐洗刷性的测定

GB/T 9268—2008 乳胶漆耐冻融性的测定

GB/T 9271—2008 色漆和清漆 标准试板

GB/T 9278 涂料试样状态调节和试验的温湿度

GB/T 9750 涂料产品包装标志

GB/T 13491—1992 涂料产品包装通则

GB/T 15608 中国颜色体系

GB/T 23981—2009 白色和浅色漆对比率的测定

HG/T 3001—1999 铁蓝颜料

3 产品分类和分等

本标准将合成树脂乳液内墙涂料产品分为底漆和面漆。面漆按照使用要求分为合格品、一等品和优等品三个等级。

4 要求

4.1 底漆应符合表1的要求。

表 1　底漆的要求

项目	指标
在容器中状态	无硬块，搅拌后呈均匀状态
施工性	刷涂无障碍
低温稳定性(3 次循环)	不变质
低温成膜性	5 ℃成膜无异常
涂膜外观	正常
干燥时间(表干)/h　　≤	2
耐碱性(24 h)	无异常
抗泛碱性(48 h)	无异常

4.2　面漆应符合表 2 的要求。

表 2　面漆的要求

项目	指标		
	合格品	一等品	优等品
在容器中状态	无硬块，搅拌后呈均匀状态		
施工性	刷涂二道无障碍		
低温稳定性(3 次循环)	不变质		
低温成膜性	5 ℃成膜无异常		
涂膜外观	正常		
干燥时间(表干)/h　　≤	2		
对比率(白色和浅色[a])　　≥	0.90	0.93	0.95
耐碱性(24 h)	无异常		
耐洗刷性/次　　≥	350	1 500	6 000
[a] 浅色是指以白色涂料为主要成分，添加适量色浆后配制成的浅色涂料形成的涂膜所呈现的浅颜色，按 GB/T 15608 中规定明度值为 6 到 9 之间(三刺激值中的 Y_{D65}≥31.26)。			

5　试验方法

5.1　取样

产品按 GB/T 3186 规定取样，也可按商定方法取样。取样量根据检验需要确定。

5.2　试验环境

除另有规定外，试板的状态调节和试验的温湿度应符合 GB/T 9278 的规定。

5.3　试验基材及其处理方法

除另有商定外，按表 3、表 5 的规定选用底材。对比率项目使用符合 GB/T 23981—2009 中 4.4 要求的聚酯膜或卡片纸，抗泛碱性项目使用无石棉纤维增强水泥中密度板(A.1.3)，其余项目均使用无石棉纤维水泥平板，无石棉纤维水泥平板的材质和处理应符合GB/T 9271—2008中的规定。耐洗刷性项目底材打磨采用120号水砂纸，耐洗刷性项目制板前应选择平整的底材，其平整度检查方法：将长度大于430 mm的直尺长边垂直紧贴于无石棉纤维水泥平板的表面，然后分别沿平行于无石棉纤维水泥平板的长边和短边移动，观察直尺和无石棉纤维水泥平板之间的间隙，如目测无明显间隙，则为符合平整度要求。

5.4 试验样板的制备

5.4.1 试样准备

所检产品未明示稀释配比时，搅拌均匀后制板。所检产品明示了稀释配比时，除对比率项目外，其余需要制板进行检验的项目，均应按规定的稀释配比混合均匀后制板，若配比为某一范围时，应取其中间值。

5.4.2 底漆试验样板的制备

5.4.2.1 底漆采用刷涂法制板。每个样品按照GB/T 6750—2007的规定先测定密度 D，刷涂质量 m 按式(1)计算：

$$m = D \times S \times k \qquad (1)$$

式中：

m ——湿膜厚度为80 μm的一道刷涂质量的数值，单位为克(g)；

D ——按规定的稀释比例稀释后的样品密度的数值，单位为克每毫升(g/mL)；

S ——试板面积的数值，单位为平方厘米(cm^2)；

k ——80×10^{-4}，单位为厘米(cm)。

每道刷涂质量：计算刷涂质量±0.1 g。

部分底漆由于黏度过低，无法按计算刷涂量制板的，可适当减少刷涂质量，应在报告中注明实际的刷涂质量；部分底漆由于黏度过高，无法按计算刷涂量制板的，应适当加水稀释，应在报告中注明稀释比例及实际的刷涂质量。

5.4.2.2 除另有商定外，底漆各制板检验项目的底材类型、试板尺寸、试板数量、刷涂量和养护期应符合表3的规定。

表3 底漆制板要求

检验项目	底材类型	试板尺寸/mm	试板数量/块	刷涂量(湿膜厚度)/μm	养护期/d
干燥时间	无石棉纤维水泥平板	150×70×(4～6)	1	80	—
施工性、涂膜外观		430×150×(4～6)	1	见5.5.3.1	—
低温成膜性		200×150×6	1	见5.5.5	—
耐碱性	无石棉纤维水泥平板	150×70×(4～6)	3	80	7
抗泛碱性	无石棉纤维增强水泥中密度板	150×70×6	5	80	7

5.4.3 面漆试验样板的制备

5.4.3.1 除另有商定外,除施工性、低温成膜性、涂膜外观项目之外,面漆其余需要制板检验的项目均采用由不锈钢材料制成的线棒涂布器制板。线棒涂布器是由几种不同直径的不锈钢丝分别紧密缠绕在不锈钢棒上制成,其规格为80、100、120三种,线棒涂布器规格与缠绕钢丝之间的关系见表4。其他规格形式表示的线棒涂布器也可使用,但应符合表4的技术要求。

表4 线棒涂布器

规格	80	100	120
缠绕钢丝直径/mm	0.80	1.00	1.20

5.4.3.2 除另有商定外,面漆各制板检验项目的底材类型、试板尺寸、试板数量、涂布器规格、涂布道数和养护期应符合表5的规定。涂布两道时,两道间隔6 h。对比率、耐洗刷性项目仲裁检验时应采用漆膜自动涂布仪进行制板,其最大涂布行程应不小于375 mm,线棒两端各加载500 g砝码,制板时设置线棒运行速度为100 mm/s,对比率项目制板时应启动漆膜自动涂布仪附带的真空吸附装置,使聚酯膜平整紧贴于涂布台表面。

表5 面漆制板要求

检验项目	制板要求					养护期/d
	底材类型	试板尺寸/mm	试板数量/块	线棒涂布器规格		
				第一道	第二道	
干燥时间	无石棉纤维水泥平板	150×70×(4~6)	1	100	—	—
施工性、涂膜外观		430×150×(4~6)	1	见5.5.3.2		—
低温成膜性		200×150×6	1	见5.5.5		—
对比率	聚酯膜(或卡片纸)	—	2	100	—	1[a]
耐碱性	无石棉纤维水泥平板	150×70×(4~6)	3	120	80	7
耐洗刷性	无石棉纤维水泥平板	430×150×6	2	120	80	7

[a] 根据涂料干燥性能不同,干燥条件和养护时间可以商定,但仲裁检验时为1 d。

5.5 操作方法

5.5.1 一般规定

除非另有规定,在试验中仅使用确认为化学纯及以上纯度的试剂和符合GB/T 6682—2008中三级水要求的蒸馏水或去离子水。试验用溶液在试验前预先调整到试验温度。

5.5.2 在容器中状态

打开容器,用调刀或搅拌棒搅拌,无沉淀、结块现象,易于混合均匀,则评为"无硬块,搅拌后呈均匀状态"。

5.5.3 施工性

5.5.3.1 底漆施工性

用刷子在试板平滑面上刷涂试样,刷子运行无困难,则评为"刷涂无障碍"。

5.5.3.2 面漆施工性

用刷子在试板平滑面上刷涂试样，涂布量控制在湿膜厚度约 100 μm。使试板的长边呈水平方向，短边与水平面成 85°竖放。放置 6 h 后再用同样方法刷涂第二道试样，在第二道刷涂时，刷子运行无困难，则评为“刷涂二道无障碍”。

5.5.4 低温稳定性

按 GB/T 9268—2008 中 A 法进行 3 次循环的试验。

5.5.5 低温成膜性

将 200 g 试样、底材及规格为 200 μm 的间隙式湿膜制备器放置于温度(5±1)℃的环境中，2 h 后取出，在 30 s 内用刚取出的湿膜制备器刮涂一道，立即将试板放回(对于具有强制鼓风功能的低温箱，在测试时应在试板表面覆盖金属罩)，24 h 后取出试板，立即按 GB/T 1728—1979 中表干乙法的方法检查干燥程度并目视检查涂膜外观，如涂膜已干燥、无开裂、发花和显著缩孔现象，则评为“5 ℃成膜无异常”。

5.5.6 涂膜外观

将 5.5.3 试验结束后的试板放置 24 h，目视观察涂膜，若无显著缩孔，涂膜均匀，则评定为“正常”。

5.5.7 干燥时间

按 GB/T 1728—1979 中表干乙法的规定进行。

5.5.8 耐碱性

按 GB/T 9265—2009 的规定进行，如三块试板中至少有两块未出现起泡、掉粉等涂膜病态现象，可评定为“无异常”，如出现以上病态现象，按 GB/T 1766—2008 进行描述。

5.5.9 抗泛碱性

按附录 A 的规定进行。

5.5.10 对比率

按 GB/T 23981—2009 的规定进行，仲裁检验用聚酯膜法。

5.5.11 耐洗刷性

按 GB/T 9266—2009 的规定进行，仲裁检验时应选用刷毛最大承压在(190±40)N 范围内的刷子。刷子最大承压的测试方法：在最大量程不超过 1 000 N、测量偏差小于示值的 0.5%的压力试验机或具有压缩功能的拉力试验机的下试验台上，粘贴 120 号的水砂纸，水砂纸的面积应大于刷毛的面积。将刷子的刷毛全部浸入(23±2)℃的水中 30 min，取出刷子用力甩净水，将刷子的刷毛向下，放置在 120 号的水砂纸上，刷子的中心应在试验机试验台的轴心上，以 1 mm/min 速度，测试最大压力，该最大压力即为刷毛最大承压值。当刷毛最大承压超出(190±40)N 范围时，则应重新选用符合要求的刷子。

6 检验规则

6.1 检验分类

6.1.1 产品检验分为出厂检验和型式检验。

6.1.2 底漆出厂检验项目包括在容器中状态、施工性、干燥时间、涂膜外观。面漆出厂检验项目包括在容器中状态、施工性、干燥时间、涂膜外观、对比率。

6.1.3 型式检验包括本标准所列的全部技术要求。在正常生产情况下,每年至少检验一次。

6.2 检验结果的判定

6.2.1 检验结果的判定按 GB/T 8170—2008 中修约值比较法的规定进行。

6.2.2 应检项目的检验结果均达到本标准要求时,该试验样品为符合本标准要求。

7 标志、包装和贮存

7.1 标志

按 GB/T 9750 的规定进行。如需加水稀释,应明确稀释配比。

7.2 包装

按 GB/T 13491—1992 中二级包装要求的规定进行。

7.3 贮存

产品贮存时应保证通风、干燥、防止日光直接照射,冬季时应采取适当防冻措施。产品应根据乳液类型定出贮存期,并在包装标志上明示。

附 录 A
(规范性附录)
抗泛碱性试验方法

A.1 主要材料及仪器设备

A.1.1 PVA-铁蓝水分散液的配制

A.1.1.1 配制 2%(质量分数)PVA(粉状聚乙烯醇 1788)水溶液

按计算量将水加入容器中,在高速搅拌下缓慢加入粉状聚乙烯醇 1788,待聚乙烯醇加完后,继续在高速搅拌下充分搅拌(至少搅拌 1 h),溶液中如无团、块状物存在时可出料,177 μm 滤网过滤后,于 5.2 规定的试验环境下静置备用,贮存期不超过 1 个月,期间如发生团聚、沉淀等现象,可采用低速机械搅拌均匀后使用。

A.1.1.2 PVA-铁蓝水分散液的配制

按计算量将 2%(质量分数)PVA 水溶液(A.1.1.1)加入容器中,边搅拌边缓慢加入符合 HG/T 3001—1999 要求的 LA09-03 铁蓝颜料,2%(质量分数)PVA 水溶液(A.1.1.1)与铁蓝颜料的质量比为 4∶1,高速搅拌约 10 min～15 min 至均匀,出料后于 5.2 规定的试验环境下静置 12 h 后使用,贮存期不超过 15 d。铁蓝颜料宜统一供应,以确保其质量。

A.1.2 2%(质量分数)氢氧化钠水溶液

试验前一天配制完成并放置于密闭容器中,在 5.2 规定的试验环境下放置过夜,保证溶液温度达到标准条件。

A.1.3 试验用底材

底材采用无石棉纤维增强水泥中密度板,试板干体积密度(1.2±0.1)×10^3 kg/m^3,宜统一供应,以确保其质量。清除表面浮灰,试板浸水 7 d 后取出,在 5.2 规定的试验环境下至少放置 7 d。

A.1.4 试验容器

试验在不加盖的平底箱(塑料或其他耐碱材质)中进行,箱的参考尺寸为(600±50)mm×(400±50)mm×(250±50)mm,箱内底部放置多孔(孔隙率大于 50%)隔板(塑料或其他耐碱材质),多孔隔板应垫起,垫起的高度约为 10 mm～15 mm。如图 A.1 所示。

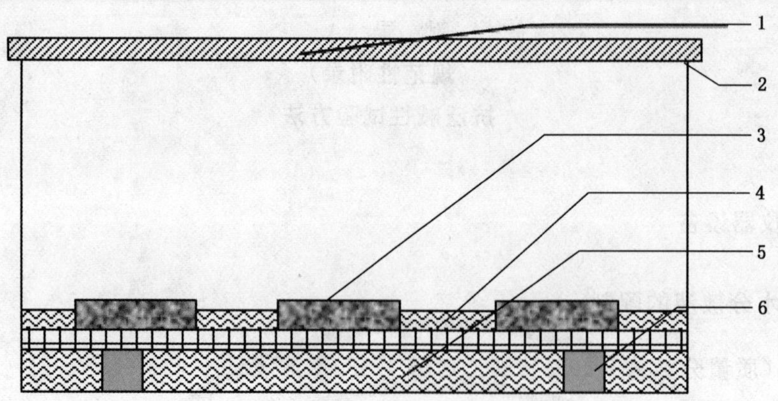

说明：

1——新闻纸；

2——胶带；

3——试板；

4——多空隔板；

5——试验溶液；

6——垫块。

图 A.1 试验容器剖面示意图

A.2 试板的制备

按照 5.4.2.2 的要求制备试板，制备好的试板应在标准条件下养护 7 天，在第 6 天采用石蜡封边（两道且每边宽度均不超过 10 mm）并在底漆表面刷涂 A.1.1 配制的 PVA-铁蓝水分散液，刷涂质量为 (0.4±0.1)g。石蜡封边时应注意控制蜡温不要过高，宜采用浸涂方式，但浸涂面积不要过大，且注意石蜡不能沾污试板表面，完成后应仔细检查封闭处是否还有孔洞或缺陷，如果有应再次封闭。

A.3 试验步骤

A.3.1 试验时将试验溶液（A.1.2）加入试验容器（A.1.4）中，溶液液面略高于垫起的多孔隔板高度。

A.3.2 将试板（A.2）小心放入容器中，涂刷有铁蓝的底漆面向上，试验溶液浸没试板的高度应大于试板厚度的三分之二，确保在试验周期内试板底面均被试验溶液充分浸润。用符合 GB/T 1910 规定的密度为≥0.045 kg/m^2 且≤0.051 kg/m^2 的新闻纸将箱口覆盖并用胶带沿周边密封好。

A.3.3 每个样品平行制备五块，按表 1 规定的试验时间进行，试验结束后取出试板，试板应立放，保证试板通风并完全干燥，在 5.2 规定的试验环境下放置 24 h 后观察结果。

A.3.4 在试验周期内注意不要触碰试验箱（可置于不易被碰触的位置），一旦溶液漫过试板表面，该次试验作废。放置试板至溶液中时，注意溶液不要沾污试板表面，如果有小面积沾污应及时用记号笔画圈标记，试验完成后该位置不予观察。试验周期内不得揭开封盖的报纸。完成试验取出试板时应注意试验溶液不要沾污试板表面，如果有小面积沾污应及时用记号笔画圈标记，试板干燥后该位置不予观察。

A.4 结果判定

判定时观察试板中间区域，观察面积为(110×50)mm^2(以试板的长边向内各扣除 10 mm，短边向内各扣除 20 mm 的面积为准)，视铁蓝变色(由蓝色变为棕黄色)面积的百分比，五块试板中至少有三块试板变色面积不大于 10%则判定为“无异常”。

ICS 87.040
G 51

中华人民共和国国家标准

GB/T 9757—2001

溶剂型外墙涂料

Solvent-thinned coatings for exterior wall

2001-09-06 发布　　　　　　　　2002-04-01 实施

中华人民共和国
国家质量监督检验检疫总局　发布

前　　言

本标准是对推荐性国家标准 GB/T 9757—1988《溶剂型外墙涂料》的修订。

本标准与前版的主要技术差异是：

——本标准中将产品分为"优等品"、"一等品"、"合格品"三个等级，GB/T 9757—1988 中不分等级；

——本标准中取消了"固体含量"项目；

——本标准中取消了"细度"项目；

——本标准中用"对比率"代替了"遮盖力"项目；

——本标准中"耐水性"、"耐碱性"、"耐人工气候老化性"指标均有所提高；

——本标准中"涂层耐温变性"循环次数由 10 次改为 5 次。

本标准的附录 A 为标准的附录。

本标准自实施之日起，同时代替 GB/T 9757—1988。

本标准由国家石油和化学工业局提出。

本标准由全国涂料和颜料标准化技术委员会归口。

本标准主要起草单位：上海华生化工厂、南京华彩特种涂料厂、中国化工建设总公司常州涂料化工研究院。

本标准主要起草人：王建中、李洪金、刘纪元、赵玲、冯世芳。

本标准于 1988 年首次发布。

本标准由全国涂料和颜料标准化技术委员会负责解释。

中华人民共和国国家标准

GB/T 9757—2001

溶剂型外墙涂料

代替 GB/T 9757—1988

Solvent-thinned coatings for exterior wall

1 范围

本标准规定了溶剂型外墙涂料的产品分等、要求、试验方法、检验规则及标志、包装、贮存等要求。

本标准适用于以合成树脂为基料、与颜料、体质颜料及各种助剂配制而成的、施涂后能形成表面平整的薄质涂层的溶剂型外墙涂料。该涂料适用于建筑物和构筑物等外表面的装饰和防护。

2 引用标准

下列标准所包含的条文,通过在本标准中引用而构成为本标准的条文。本标准出版时,所示版本均为有效。所有标准都会被修订,使用本标准的各方应探讨使用下列标准最新版本的可能性。

GB/T 1250—1989 极限数值的表示方法和判定方法

GB/T 1727—1992 漆膜一般制备法

GB/T 1728—1979(1989) 漆膜、腻子膜干燥时间测定法

GB/T 1733—1993 漆膜耐水性测定法

GB/T 1766—1995 色漆和清漆 涂层老化的评级方法

GB/T 1865—1997 色漆和清漆 人工气候老化和人工辐射暴露(滤过的氙弧辐射)(eqv ISO 11341:1994)

GB 3186—1982(1989) 涂料产品的取样(neq ISO 1512:1974)

GB/T 6682—1992 分析实验室用水规格和试验方法(neq ISO 3696:1987)

GB/T 9265—1988 建筑涂料 涂层耐碱性的测定

GB/T 9266—1988 建筑涂料 涂层耐洗刷性的测定

GB/T 9270—1988 浅色漆对比率的测定(聚酯膜法)(eqv ISO 3906:1980)

GB/T 9271—1988 色漆和清漆 标准试板(eqv ISO 1514:1984)

GB 9278—1988 涂料试样状态调节和试验的温湿度(eqv ISO 3270:1984)

GB/T 9750—1998 涂料产品包装标志

GB/T 13491—1992 涂料产品包装通则

GB/T 15608—1995 中国颜色体系

HG/T 2458—1993 涂料产品检验、运输和贮存通则

JC/T 412—1991 建筑用石棉水泥平板

JG/T 25—1999 建筑涂料 涂层耐冻融循环性测定法

3 产品分等

产品分为三个等级:优等品、一等品、合格品。

中华人民共和国国家质量监督检验检疫总局 2001-09-06 批准　　2002-04-01 实施

4 要求

产品应符合表1的技术要求。

表1 技术要求

项目		指标	
	优等品	一等品	合格品
容器中状态	无硬块,搅拌后呈均匀状态		
施工性	刷涂二道无障碍		
干燥时间(表干)/h ≤	2		
涂膜外观	正常		
对比率(白色和浅色[1]) ≥	0.93	0.90	0.87
耐水性	168 h无异常		
耐碱性	48 h无异常		
耐洗刷性/次 ≥	5 000	3 000	2 000
耐人工气候老化性			
白色和浅色[1]	1 000 h不起泡、不剥落、无裂纹	500 h不起泡、不剥落、无裂纹	300 h不起泡、不剥落、无裂纹
粉化/级 ≤	1		
变色/级 ≤	2		
其它色	商定		
耐沾污性(白色和浅色[1])/% ≤	10	10	15
涂层耐温变性(5次循环)	无异常		

1) 浅色是指以白色涂料为主要成分,添加适量色浆后配制成的浅色涂料形成的涂膜所呈现的浅颜色,按GB/T 15608—1995中4.3.2规定明度值为6到9之间(三刺激值中的$Y_{D65}\geqslant 31.26$)。

5 试验方法

5.1 取样

产品按GB 3186规定进行取样。取样量根据检验需要而定。

5.2 试验的一般条件

5.2.1 试验环境

试板的状态调节和试验的温湿度应符合GB 9278的规定。

5.2.2 试验样板的制备

5.2.2.1 所检产品未明示稀释比例时,搅拌均匀后制板。

5.2.2.2 所检产品明示了稀释比例时,除对比率外,其余需要制板进行检验的项目,均应按规定的稀释比例加稀释剂搅匀后制板,若所检产品规定了稀释比例的范围时,应取其中间值。

5.2.2.3 本标准中检验用试板的底材除对比率使用聚酯膜(或卡片纸)外,其余均为符合JC/T 412—1991表2中1类板(加压板,厚度为4 mm～6 mm)技术要求的石棉水泥平板,其表面处理按GB/T 9271—1988中7.3的规定进行。

5.2.2.4 除对比率采用刮涂制板外,其它均采用刷涂制板。刷涂两道间隔时间应不小于24 h。各检验项目(除对比率)的试板尺寸、刷涂量和养护时间应符合表2的规定。

表 2 试板

检验项目	制板要求			
	尺寸 mm×mm×mm	刷涂量[1]/g		养护期/d
		第一道	第二道	
干燥时间	150×70×(4～6)	1.6±0.1	1.0±0.1	
耐水性、耐碱性、耐人工气候老化性、耐沾污性、涂层耐温变性	150×70×(4～6)	1.6±0.1	1.0±0.1	7
耐洗刷性	430×150×(4～6)	9.7±0.1	6.4±0.1	7
施工性、涂膜外观	430×150×(4～6)			

1）刷涂量以第一道 1.5 g/dm²、第二道 1.0 g/dm² 计。

5.3 容器中状态

打开包装容器，用搅棒搅拌时无硬块，易于混合均匀，则可视为合格。

5.4 施工性

用刷子在试板平滑面上刷涂试样，涂布量为湿膜厚约 100 μm，使试板的长边呈水平方向，短边与水平面成约 85°角竖放。放置 24 h 后再用同样方法涂刷第二道试样，在第二道涂刷时，刷子运行无困难，则可视为“刷涂二道无障碍”。

5.5 干燥时间

按 GB/T 1728—1979(1989)中表干乙法规定进行。

5.6 涂膜外观

将 5.4 试验结束后的试板放置 24 h。目视观察涂膜，若无针孔和流挂，涂膜均匀，则认为“正常”。

5.7 对比率

5.7.1 在无色透明聚酯薄膜（厚度为 30 μm～50 μm）上，或者在底色黑白各半的卡片纸上用 100 μm 的间隙式漆膜制备器按 GB/T 1727—1992 中 6.4.2 均匀地涂布被测涂料，在 5.2.1 规定的条件下至少放置 24 h。

注：根据涂料干燥性能不同，干燥条件和养护时间可以商定，但仲裁检验时为 24 h。

5.7.2 用反射率仪（符合 GB/T 9270—1988 中 4.3 规定）测定涂膜在黑白底面上的反射率：

5.7.2.1 如用聚酯薄膜为底材制备涂膜，则将涂漆聚酯膜贴在滴有几滴 200 号溶剂油（或其他适合的溶剂）的仪器所附的黑白工作板上，使之保证无气隙，然后在至少四个位置上测量每张涂漆聚酯膜的反射率，并分别计算平均反射率 R_B（黑板上）和 R_W（白板上）。

5.7.2.2 如用底色为黑白各半的卡片纸制备涂膜，则直接在黑白底色涂膜上各至少四个位置测量反射率，并分别计算平均反射率 R_B（黑纸上）和 R_W（白纸上）。

5.7.3 对比率计算：

$$\text{对比率} = \frac{R_B}{R_W}$$

5.7.4 平行测定两次。如两次测定结果之差不大于 0.02，则取两次测定结果的平均值。

5.7.5 黑白工作板和卡片纸的反射率为：

黑色：不大于 1%；白色：(80±2)%。

5.7.6 仲裁检验用聚酯膜法。

5.8 耐水性

按 GB/T 1733—1993 甲法规定进行。试板投试前除封边外，还需封背。将三块试板浸入 GB/T 6682 规定的三级水中，如三块试板中有二块未出现起泡、掉粉、明显变色等涂膜病态现象，可评定为“无异常”。如出现以上涂膜病态现象，按 GB/T 1766 进行描述。

5.9 耐碱性

按 GB/T 9265 规定进行。如三块试板中有二块未出现起泡、掉粉、明显变色等涂膜病态现象，可评定为“无异常”，如出现以上涂膜病态现象，按 GB/T 1766 进行描述。

5.10 耐洗刷性

除试验样板的制备外，按 GB/T 9266 规定进行。同一试样制备两块试板进行平行试验。洗刷至规定的次数时，两块试板中有一块试板未露出底材，则认为其耐洗刷性合格。

5.11 耐人工气候老化性

试验按 GB/T 1865 规定进行。结果的评定按 GB/T 1766 进行。其中变色等级的评定按 GB/T 1766—1995 中 4.2.2 进行。

5.12 耐沾污性

见附录 A(标准的附录)。

5.13 涂层耐温变性

按 JG/T 25 的规定进行，做 5 次循环[(23±2)℃水中浸泡 18 h，(−20±2)℃冷冻 3 h，(50±2)℃热烘 3 h 为一次循环]。三块试板中至少应有二块未出现粉化、开裂、起泡、剥落、明显变色等涂膜病态现象，可评定为“无异常”。如出现以上涂膜病态现象，按 GB/T 1766 进行描述。

6 检验规则

6.1 检验分类

产品检验分出厂检验和型式检验。

6.1.1 出厂检验项目包括容器中状态、施工性、干燥时间、涂膜外观、对比率。

6.1.2 型式检验项目包括本标准所列的全部技术要求。

6.1.2.1 在正常生产情况下，耐水性、耐碱性、耐洗刷性、耐沾污性、涂层耐温变性为半年检验一次，耐人工气候老化性为一年检验一次。

6.1.2.2 在 HG/T 2458—1993 中 3.2 规定的其它情况下亦应进行型式检验。

6.2 检验结果的判定

6.2.1 单项检验结果的判定按 GB/T 1250 中修约值比较法进行。

6.2.2 产品检验结果的判定按 HG/T 2458—1993 中 3.5 规定进行。

7 标志、包装和贮存

7.1 标志

按 GB/T 9750 的规定进行。如需稀释，应明确稀释剂和稀释比例。

7.2 包装

按 GB/T 13491 中一级包装要求的规定进行。

7.3 贮存

产品贮存时应保证通风、干燥，防止日光直接照射并应隔绝火源，远离热源。产品应根据树脂类型定出贮存期，并在包装标志上明示。

附 录 A
（标准的附录）
涂层耐沾污性试验方法

A1 原理

本方法采用粉煤灰作为污染介质，将其与水掺和在一起涂刷在涂层样板上。干后用水冲洗，经规定的循环后，测定涂层反射系数的下降率，以此表示涂层的耐沾污性。

A2 主要材料、仪器、装置

A2.1 粉煤灰[1)]

A2.2 反射率仪

符合 GB/T 9270—1988 中 4.3 规定。

A2.3 天平

感量 0.1 g。

A2.4 软毛刷

宽度（25～50）mm。

A2.5 冲洗装置

见图 A1。水箱、水管和样板架用防锈硬质材料制成。

A3 试验

A3.1 粉煤灰水的配制

称取适量粉煤灰于混合用容器中，与水以 1∶1（质量）比例混合均匀。

A3.2 操作

在至少三个位置上测定经养护后的涂层试板的原始反射系数，取其平均值，记为 A。用软毛刷将（0.7±0.1）g 粉煤灰水横向纵向交错均匀地涂刷在涂层表面上，在（23±2）℃、相对湿度（50±5）%条件下干燥 2 h 后，放在样板架上。将冲洗装置水箱中加入 15 L 水，打开阀门至最大冲洗样板。冲洗时应不断移动样板，使样板各部位都能经过水流点。冲洗 1 min，关闭阀门，将样板在（23±2）℃、相对湿度（50±5）%条件下干燥至第二天，此为一个循环，约 24 h。按上述涂刷和冲洗方法继续试验至循环 5 次后，在至少三个位置上测定涂层样板的反射系数，取其平均值，记为 B。每次冲洗试板前均应将水箱中的水添加至 15 L。

A4 计算

涂层的耐沾污性由反射系数下降率表示。

$$X = \frac{A - B}{A} \times 100$$

式中：X——涂层反射系数下降率；

A——涂层起始平均反射系数；

B——涂层经沾污试验后的平均反射系数。

结果取三块样板的算术平均值，平行测定之相对误差应不大于 10%。

1）粉煤灰由本标准归口单位统一供应。

除标明的以外，其它尺寸均以 mm 计

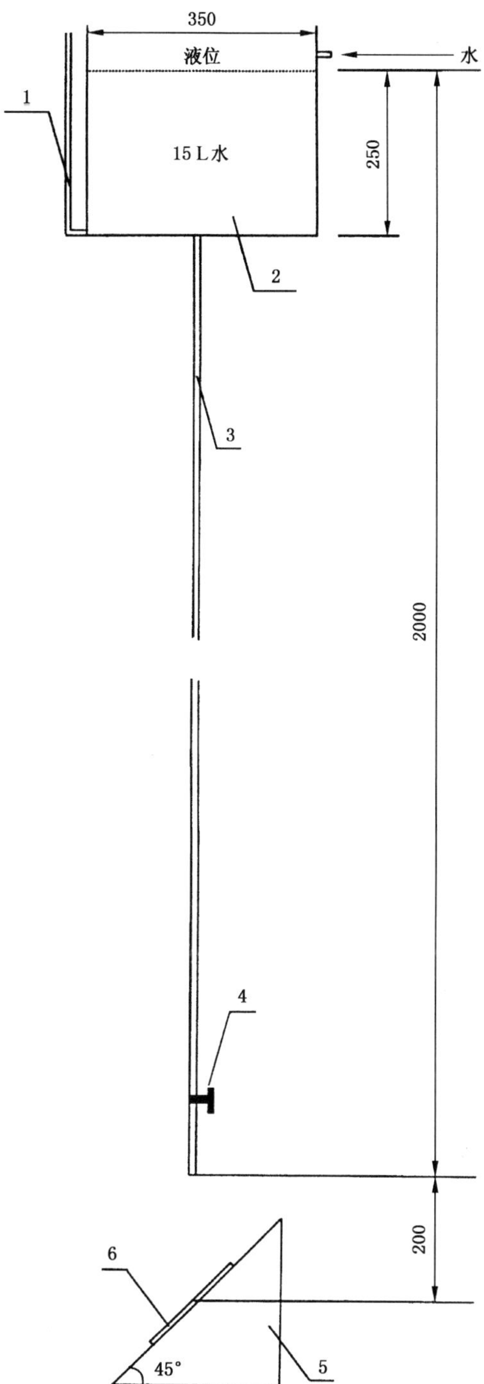

1—液位计；2—水箱；3—内径 8 mm 的水管；4—阀门；5—样板架；6—样板

图 A1 冲洗装置示意图

ICS 87.040
Q 18

中华人民共和国国家标准

GB/T 9779—2015
代替 GB/T 9779—2005

复层建筑涂料

Multi-layer coatings for architecture

2015-09-11 发布　　2016-08-01 实施

中华人民共和国国家质量监督检验检疫总局
中国国家标准化管理委员会　发布

前　言

本标准按照 GB/T 1.1—2009 给出的规则起草。

本标准代替 GB/T 9779—2005《复层建筑涂料》。

本标准与 GB/T 9779—2005 相比，除编辑性修改外主要技术变化如下：

——修改了产品分类(见 4.1，2005 年版的 3.2)；

——增加了术语和定义(见第 3 章)；

——增加了标记(见 4.2)；

——增加了产品施工性、干燥时间、耐碱性、耐水性、耐洗刷性项目(见表 1、表 2)；

——增加了弹性复层建筑涂料断裂伸长率、柔韧性项目(见表 1、表 2)；

——增加了外保温体系用外墙复层建筑涂料水蒸气透过率项目(见表 2)；

——修改了试验底材(见 6.3.1，2005 年版的 5.2.2)；

——增加了底漆、中层漆、面漆的性能指标，作为资料性附录(见附录 A)。

本标准由中国建筑材料联合会提出。

本标准由全国轻质与装饰装修建筑材料标准化技术委员会(SAC/TC 195)归口。

本标准负责起草单位：上海市建筑科学研究院(集团)有限公司、滨州市建设工程质量检测站、四川省建材工业科学研究院、上海保立佳化工有限公司、上海建科检验有限公司。

本标准参加起草单位：立邦涂料(中国)有限公司、亚士漆(上海)有限公司、广东省建筑科学研究院、福建省建筑科学研究院、上海汇丽涂料有限公司、海虹老人涂料(中国)有限公司、深圳市广田环保涂料有限公司、北京莱恩斯涂料有限公司、富思特新材料科技发展股份有限公司、厦门市工程检测中心有限公司、国家化学建筑材料测试中心、阿克苏诺贝尔太古漆油(上海)有限公司、中国建筑科学研究院、上海申得欧有限公司、瓦克化学(中国)有限公司、铃鹿复合建材(上海)有限公司、北京金隅涂料有限责任公司、南京天祥涂料有限公司。

本标准主要起草人：杨勇、胡晓珍、徐宴华、甘路青、姚琪钦、李建业、赵飞、崔建宾、徐志新、王元光、林宣益、宋凯、张健、薛燕波、王连盛、彭洪均、蔡伟、孙国妹、赵雅文、吕萍、李志军、沙圣刚、赵雪莲、张旭、王志生、徐凯斌、孟庆娟。

本标准所代替标准的历次版本发布情况为：

——GB/T 9779—1988、GB/T 9779—2005。

复层建筑涂料

1 范围

本标准规定了复层建筑涂料的术语和定义、分类和标记、要求、试验方法、检验规则、标志、包装、运输和贮存。

本标准适用于建筑物内、外墙面上具有立体或平状等装饰效果的复层涂料。

2 规范性引用文件

下列文件对于本文件的应用是必不可少的。凡是注日期的引用文件，仅注日期的版本适用于本文件。凡是不注日期的引用文件，其最新版本(包括所有的修改单)适用于本文件。

GB 175 通用硅酸盐水泥

GB/T 528 硫化橡胶或热塑性橡胶 拉伸应力应变性能的测定

GB/T 1728—1979 漆膜、腻子膜干燥时间测定法

GB/T 1733—1993 漆膜耐水性测定法

GB/T 1748 腻子膜柔韧性测定法

GB/T 1766 色漆和清漆 涂层老化的评级方法

GB/T 1865—2009 色漆和清漆 人工气候老化和人工辐射曝露 滤过的氙弧辐射

GB/T 3186 色漆、清漆和色漆与清漆用原材料 取样

GB/T 6682 分析实验室用水规格和试验方法

GB/T 8170 数值修约规则与极限数值的表示和判定

GB/T 9265 建筑涂料 涂层耐碱性的测定

GB/T 9266 建筑涂料 涂层耐洗刷性的测定

GB/T 9271—2008 色漆和清漆 标准试板

GB/T 9750 涂料产品包装标志

GB/T 9780—2013 建筑涂料涂层耐沾污性试验方法

GB/T 13491 涂料产品包装通则

GB/T 16777—2008 建筑防水涂料试验方法

GB/T 17671 水泥胶砂强度检验方法(ISO 法)

JC/T 412.1—2006 纤维水泥平板 第1部分:无石棉纤维水泥平板

JG/T 25—1999 建筑涂料涂层耐冻融循环性测定法

JG/T 309 外墙涂料水蒸气透过率的测定及分级

3 术语和定义

下列术语和定义适用于本文件。

3.1

复层建筑涂料 multi-layer coatings for architecture

由底漆、中层漆和面漆组成的具有多种装饰效果的质感涂料。

3.2

底漆 primer

以合成高分子材料为主要成分，用于封闭基层、加固底材及增强主涂层与底材附着能力的涂料。

3.3

渗透型底漆 penetrating primer

能渗透到底材内部的底漆。

3.4

封闭型底漆 sealing primer

能在底材表面连续成膜的底漆。

3.5

中层漆 middle-coat

以水泥系、硅酸盐系或合成树脂乳液系等胶结料及颜料和骨料为主要原料，用于形成立体或平面装饰效果的薄质或厚质涂料。

3.6

面漆 topcoat

用于增加装饰效果、提高涂膜性能的涂料。

3.7

单色型复层建筑涂料 mono-color type of multi-layer architectural coating

以水泥系、硅酸盐系或合成树脂乳液系等胶结料及颜料或骨料为主要原料，通过刷涂、辊涂或喷涂等施工方法，在建筑物表面形成单一色装饰效果的涂料。

3.8

多彩型复层建筑涂料 multi-color type of multi-layer architectural coating

以水性成膜物质(合成树脂乳液等)、水性着色胶颗粒、颜填料、水、助剂等构成的体系制成的多彩涂料，通过喷涂等施工方法，在建筑物表面形成具有仿石等装饰效果的涂料。

3.9

厚浆型复层建筑涂料 texture type of multi-layer architectural coating

以水泥系、硅酸盐系或合成树脂乳液以及各种颜料、体质颜料、助剂为主要原料，通过刮涂、辊涂、喷涂等施工方法，在建筑物表面形成具有立体造型艺术质感效果的质感涂料。

3.10

岩片型复层建筑涂料 stone-chip type of multi-layer architectural coating

以合成树脂乳液为主要成膜物质，由彩色岩片和砂、助剂等配制而成，通过喷涂等施工方法，在建筑物表面上形成具有仿石效果的质感涂料。

3.11

砂粒型复层建筑涂料 stucco type of multi-layer architectural coating

以合成树脂乳液为基料，由颜料、不同色彩和粒径的砂石等填料及助剂配制而成，通过喷涂、刮涂等施工方法，在建筑物表面形成具有仿石等艺术效果的质感涂料。

3.12

复合型复层建筑涂料 composite type of multi-layer architectural coating

由二种或二种以上的中层漆组成，分多道施工，并与底漆和面漆配套使用，形成具有质感效果的涂料。

4 分类和标记

4.1 分类

复层建筑涂料按下列方式分类：

a) 根据使用部位分为：内墙(N)、外墙(W)；
b) 根据功能性分为：普通型(P)、弹性(T)；
c) 根据面漆组成分为：水性(S)、溶剂型(R)；
d) 根据施工厚度和产品类型分为：
- Ⅰ型(薄涂，施工厚度<1 mm)：单色型、多彩型；
- Ⅱ型(厚涂，施工厚度≥1 mm)：厚浆型、岩片型、砂粒型等；
- Ⅲ型(施工厚度≥1 mm)：复合型，任一Ⅰ型和Ⅱ型的配套使用。

4.2 标记

按产品名称、使用部位、功能性、罩面漆组成、施工厚度、产品类型和标准号的顺序标记。

示例：

水性弹性多彩型外墙复层建筑涂料标记为：复层建筑涂料 N T S I GB/T 9779—2015。

5 要求

5.1 内墙复层建筑涂料应符合表1的要求。

表1 内墙复层建筑涂料的要求

项目		指标				
		Ⅰ型		Ⅱ型		Ⅲ型
		单色型	多彩型	厚浆型	岩片型、砂粒型	复合型
容器中状态		搅拌混合后无硬块，呈均匀状态				
施工性		施工无困难				
干燥时间(表干)/h		≤4				
低温稳定性		不变质				
初期干燥抗裂性		—		无裂纹		
断裂伸长率[a]/%	标准状态	—		≥200	—	
	热处理(80 ℃，96 h)	≥80		—		
柔韧性(标准状态)[a]		—			直径50 mm无裂纹	
复合涂层	涂膜外观	正常				
	耐洗刷性/次	≥2 000		—		
	粘结强度(标准状态)/MPa	—		≥0.40		

[a] 仅适用于弹性内墙复层建筑涂料。

5.2 外墙复层建筑涂料应符合表2的要求。

表 2　外墙复层建筑涂料的要求

项　目			指　标				
			Ⅰ型		Ⅱ型		Ⅲ型
			单色型	多彩型	厚浆型	岩片型、砂粒型	复合型
容器中状态			搅拌混合后无硬块，呈均匀状态				
施工性			施工无困难				
干燥时间(表干)/h			≤4				
低温稳定性			不变质				
初期干燥抗裂性			—		无裂纹		
断裂伸长率[a]/%	标准状态		—		≥200	—	
	热处理		≥80		—		
柔韧性[a]	热处理(5 h)		—			直径 50 mm 无裂纹	
	低温处理(2 h)		—			直径 100 mm 无裂纹	
复合涂层	涂膜外观		正常				
	涂层耐温变性(5 次循环)		无异常				
	耐碱性(48 h)		无异常				
	耐水性(96 h)		无异常				
	耐洗刷性/次		≥2 000		—		
	耐沾污性		≤15%	≤2 级	≤15%	≤2 级	
	耐冲击性(500 g,300 mm)		—		无异常		
	透水性/mL	水性	≤2.0			—	
		溶剂型	≤0.5			—	
	粘结强度/MPa	标准状态	—		≥0.60		
		浸水后	—		≥0.40		
	耐人工气候老化性(400 h)		不起泡、不剥落、无裂纹，粉化 0 级，变色≤1 级				
	水蒸气透过率[b]/ V/g(m²·d)		商定				

[a] 仅适用于弹性外墙复层建筑涂料。

[b] 仅适用于外墙外保温体系用复层建筑涂料。

6　试验方法

6.1　取样

产品按 GB/T 3186 的规定进行取样。取样量根据检验需要而定。

6.2　试验环境

6.2.1　试验室标准试验条件为：温度 23 ℃±2 ℃，相对湿度 50%±5%。

6.2.2　所有试验样品及所用试验器具应在标准试验条件下至少放置 24 h 后进行试验。

6.3 试验底材

6.3.1 无石棉纤维水泥平板

采用符合 JC/T 412.1—2006 中厚度为 4 mm～6 mm 的 NAF H V 级板为试验底板，其表面处理按 GB/T 9271—2008 中 10.2 的规定进行。

6.3.2 砂浆块

将水泥(符合 GB 175 要求，强度等级为 42.5 的普通硅酸盐水泥)、砂子(符合 GB/T 17671 要求的 ISO 标准砂)和水按 1∶1∶0.5 的比例(质量比)在搅拌机中搅拌均匀，倒入尺寸为 70 mm×70 mm×20 mm 的模框中，采用振捣方式成型水泥砂浆试件。砂浆试件成型之后在 6.2.1 条件下放置 24 h～48 h 后拆模，浸入 23 ℃±2 ℃的水中 7 d，然后取出在 6.2.1 条件下放置 7 d 以上。用 200 号水砂纸将成型底面打磨平整，清除浮灰，即可供试验使用。

6.3.3 马口铁板

采用符合 GB/T 9271 中厚度为 0.2 mm～0.3 mm 的马口铁板为试验底材，其表面处理按 GB/T 9271—2008 中 4.3 的规定进行。

6.4 试板制备

6.4.1 复层建筑涂料制板的要求

将底漆、中层漆和面漆分别按产品说明书要求配制。所检产品未明示稀释比例时，搅拌均匀后制板。有明示稀释比例时，按明示稀释比例加水或稀释剂搅拌均匀后制板。明示稀释比例为某一范围时，取中间值。

各检验项目的试板类型、尺寸、数量、涂布量及养护期应符合表 3 的规定。除另有商定外，所用施涂工具、施涂工艺(涂装道数、涂装间隔时间、施涂量等)配套体系要求等也可按照产品说明书的要求进行，并在报告中注明各道涂料的施涂工艺。

表 3 复层建筑涂料制板的要求

<table>
<tr><th rowspan="2">检验项目</th><th rowspan="2">试板类型</th><th rowspan="2">试板尺寸/mm</th><th rowspan="2">试板数量/块</th><th colspan="3">涂布量(湿膜厚度)/养护期[a]</th></tr>
<tr><th>底漆</th><th>中层漆</th><th>面漆</th></tr>
<tr><td>干燥时间</td><td rowspan="4">无石棉纤维水泥平板</td><td rowspan="4">150×70×(4～6)</td><td>1</td><td>—</td><td>1 道/—</td><td>—</td></tr>
<tr><td>初期干燥抗裂性</td><td>3</td><td>80 μm /1 h～2 h</td><td>1 道/立刻试验</td><td>—</td></tr>
<tr><td>施工性、涂膜外观</td><td>1</td><td>80 μm/1 h～2 h</td><td>1 道/1 d</td><td>100 μm/1 d</td></tr>
<tr><td>涂层耐温变性、耐碱性、耐水性、耐沾污性、</td><td>各 3</td><td>80 μm/1 h～2 h</td><td>1 道/7 d</td><td>100 μm/7 d</td></tr>
<tr><td>耐人工气候老化性</td><td>无石棉纤维水泥平板</td><td>150×70×(4～6)</td><td>3</td><td>80 μm/1 h ～2 h</td><td>1 道/7 d</td><td>100 μm/7 d</td></tr>
<tr><td>透水性</td><td rowspan="3">无石棉纤维水泥平板</td><td>200×150×(4～6)</td><td>3</td><td>80 μm/1 h～2 h</td><td>1 道/7 d</td><td>100 μm/7 d</td></tr>
<tr><td>耐洗刷性</td><td rowspan="2">430×150×(4～6)</td><td>2</td><td rowspan="2">80 μm/1 h～2 h</td><td>120+80[b] μm/7 d</td><td rowspan="2">100 μm/7 d</td></tr>
<tr><td>耐冲击性</td><td>1</td><td>1 道/7 d</td></tr>
</table>

表 3（续）

检验项目		试板类型	试板尺寸/mm	试板数量/块	涂布量(湿膜厚度)/养护期[a]		
					底漆	中层漆	面漆
粘结强度	标准状态	砂浆块	70×70×20	各 6	80 μm/1 h～2 h	1 mm/7 d	100 μm/7 d
	浸水后						
柔韧性	标准状态	马口铁板	50×120×(0.2～0.3)	各 3	—	1 mm/7 d	—
	热处理						
	低温处理						

[a] 经商定，也可根据产品说明要求养护。仲裁检验按表 3 中规定进行制板并养护。

[b] 耐洗刷性试样制备每道间隔 6 h。

6.4.2 断裂伸长率和柔韧性涂膜的制备和前处理

6.4.2.1 单色型、多彩型复层建筑涂料断裂伸长率(热处理)

将试样在容器中充分搅拌混合均匀，倒入钢质或塑料的涂膜模具(见图 1)中，用不锈钢刮板把表面刮平，在 6.2.1 条件下养护 48 h 后脱膜，放入 80 ℃±2 ℃的烘箱内，试件与烘箱壁间距不小于 50 mm，试件中心与温度计的水银球应在同一水平面上，恒温 96 h 后取出，放置在 6.2.1 条件下 24 h 后进行试验。涂膜表面应光滑平整、无明显气泡，裂纹等缺陷。单色型干膜厚度为 1.0 mm±0.2 mm，多彩型干膜厚度为 0.55 mm±0.15 mm。

单位为毫米

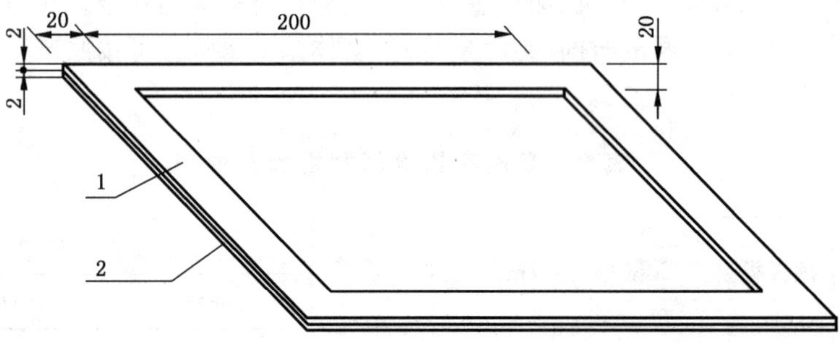

说明：

1——钢质涂膜模具；

2——普通平板玻璃。

图 1 涂膜模具

6.4.2.2 厚浆型复层建筑涂料断裂伸长率(标准状态)

将试样在容器中充分搅拌混合均匀，分三次制膜，每次制膜尽量避免出现气泡且厚度尽量保持一致，每次间隔 24 h，并在标准条件下正反面朝上各养护 7 d 后进行试验。涂膜表面应光滑平整、无明显气泡，裂纹等缺陷。干膜厚度为 1.0 mm±0.2 mm。

6.4.2.3 岩片型、砂粒型、复合型复层建筑涂料柔韧性

在 6.3.3 规定的底材上刮抹试样，湿膜厚度为 1.0 mm±0.2 mm。在 6.2.1 条件下养护 7 d 后进行试验。

6.5 容器中状态

打开包装容器，用搅棒搅拌后无硬块，易于混合，呈均匀状态，则评为“搅拌混合后无硬块，呈均匀状态”。

6.6 施工性

按表3要求进行制样，制样过程中底漆用刷子在试板平滑面上进行刷涂，中层漆在底漆涂层上进行喷涂或刮涂，面漆用刷子在中层漆涂层上进行刷涂，施工过程中均运行无困难，则评为“施工无困难”。

6.7 涂膜外观

将6.6试验结束后的试板放置24 h，目视观察试板表面涂膜，若未出现开裂、明显针孔、气泡等现象，则评为“正常”。

6.8 干燥时间

按GB/T 1728—1979中表面干燥时间乙法：指触法的规定进行。

6.9 低温稳定性

将试样搅拌均匀后装入容积为500 mL洁净的带有密封盖的大口玻璃罐或塑料罐中，装入量为容器的2/3，及时盖好盖子。将样品罐放入−5 ℃±2 ℃的低温箱中，样品罐不得与箱壁或箱底接触(可将样品罐放在架子上)，相邻样品罐之间以及样品罐与箱壁之间至少要留有20 mm的间隙，以利于空气围绕样品自由循环。样品罐在低温箱中放置18 h后取出，在6.2.1条件下放置6 h，为一次循环。如此循环操作三次后，打开容器，充分搅拌试样，试样无结块、分离、凝聚时，则评为“不变质”。

6.10 初期干燥抗裂性

6.10.1 试验仪器如图2所示。装置由风机、风洞和试架组成，风洞截面为正方形。用能够获得3 m/s以上风速的轴流风机送风，配置调压器调节风机转速，使风速控制为3 m/s±0.3 m/s。风洞内气流速度用热球式或其他风速计测量。

单位为毫米

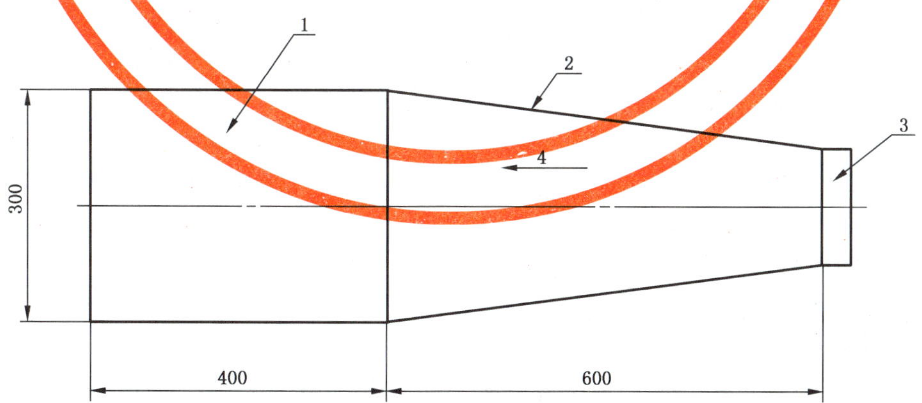

说明：
1——试架位置；
2——风洞；
3——风机；
4——汽流。

图2 初期干燥抗裂性试验用仪器

6.10.2 将产品说明书中规定用量的底漆涂布于无石棉纤维水泥平板表面,经1 h～2 h干燥(指触干),再将产品说明中规定用量的中层漆涂布于底漆上面,立即置于图2所示风洞内的试架上面,试板长度方向与气流方向平行试验,放置3 h取出。以正常视力距离试板0.5 m处目视,垂直观察三块试板表面,如三块试板中有二块试板未出现裂纹,则评为“无裂纹”。

6.11 涂层耐温变性

按JG/T 25—1999中第5章的规定进行,每次循环的试验条件为:23 ℃±2 ℃水中浸泡18 h,−20 ℃±2 ℃冷冻3 h,50 ℃±2 ℃加热3 h,共做五次循环。三块试板中至少有两块试板未出现开裂、起泡、剥落、明显变色等涂膜病态现象,则评为“无异常”。

6.12 耐碱性

按GB/T 9265的规定进行。三块试板中至少有两块试板未出现起泡、开裂、剥落、掉粉、明显变色等涂膜病态现象,则评为“无异常”。

6.13 耐水性

按GB/T 1733—1993中甲法规定进行。试板试验前,应对边和背面进行封蜡处理。将三块试板浸入GB/T 6682规定的三级水中,三块试板中至少有两块试板未出现起泡、开裂、剥落、掉粉、明显变色等涂膜病态现象,则评为“无异常”。

6.14 耐洗刷性

按GB/T 9266的规定进行。

6.15 耐沾污性

按GB/T 9780—2013中5.4.1.3中B法(烘箱快速法)的规定进行。Ⅰ型(单色型)和Ⅱ型(厚浆型)采用涂刷法,Ⅰ型(多彩型)、Ⅱ型(岩片型、砂粒型)、Ⅲ型(复合型)采用浸渍法。

6.16 耐冲击性

将试件置于厚度不小于20 mm的标准砂(GB/T 17671)上面,有涂层的一面朝上,确保试件与标准砂紧密接触,然后把直径50 mm±2 mm,质量为500 g±10 g的钢球,从高度为300 mm处自由落下,用肉眼观察试件表面有无裂纹、剥落以及明显变形。在一个试件上选择各相距50 mm且距边缘不小于50 mm的三个位置进行。三个位置中至少有两个位置未出现开裂、剥落以及明显变形现象,则评为“无异常”。

6.17 透水性

6.17.1 试验仪器如图3所示,装置由直径75 mm玻璃颈漏斗和带刻度玻璃管(采用分度值为0.05 mL的5 mL移液管)组成。

6.17.2 如图3所示,在养护期满前24 h,将试板水平放置,漏斗置于涂层面上,用中性硅酮密封胶密封漏斗和试板间缝隙,放置24 h,往玻璃管内注入GB/T 6682规定的三级水中,直至距离试件表面约250 mm,玻璃管顶端用单层中速滤纸遮盖,记录玻璃管刻度,放置24 h,再记录玻璃管刻度,试验前后玻璃管刻度之差即为透水量。

6.17.3 取三个试件试验结果的算术平均值作为检测结果,结果精确到0.1 mL。三个试验结果和算术平均值的相对误差应不大于20%,否则应重新试验。

单位为毫米

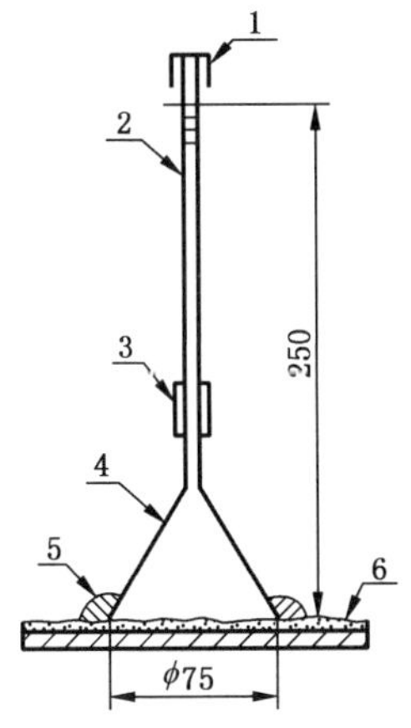

说明：

1——中速滤纸；
2——带刻度玻璃管；
3——橡胶管或 PVC 管；
4——漏斗；
5——中性硅酮密封胶；
6——复层建筑涂料。

图 3 透水性试验用装置

6.18 粘接强度

6.18.1 试验仪器

试验仪器由符合 GB/T 16777—2008 中 7.1.1 要求的拉伸试验机及硬聚氯乙烯或金属型框、抗拉用钢质上夹具、抗拉用钢制下夹具等部分组成。硬聚氯乙烯或金属型框，如图 4 所示。抗拉用钢质上夹具，如图 5 所示。抗拉用钢质下夹具，如图 6 所示。抗拉用钢质上夹具和钢质垫板的装配，如图 7 所示。

单位为毫米

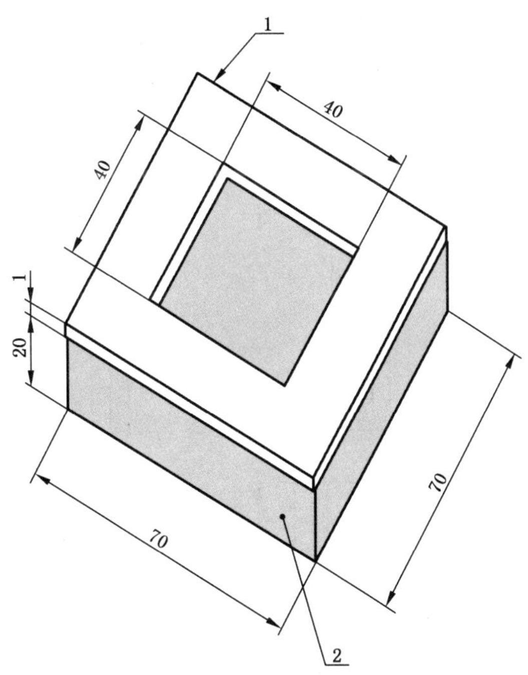

说明：

1——型框(内部尺寸 40×40×1)；
2——砂浆快(70×70×20)。

图 4 硬聚氯乙烯或金属型框

单位为毫米

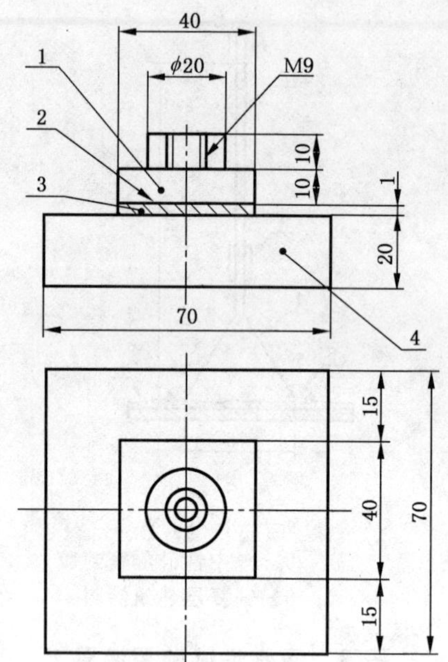

说明：

1——抗拉用钢质上夹具；

2——粘结剂；

3——复层建筑涂料；

4——砂浆块。

图 5　抗拉用钢质上夹具

单位为毫米

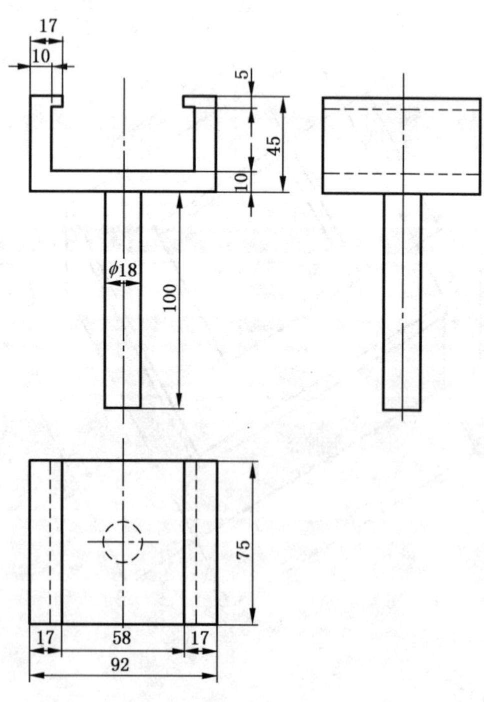

图 6　抗拉用钢质下夹具

单位为毫米

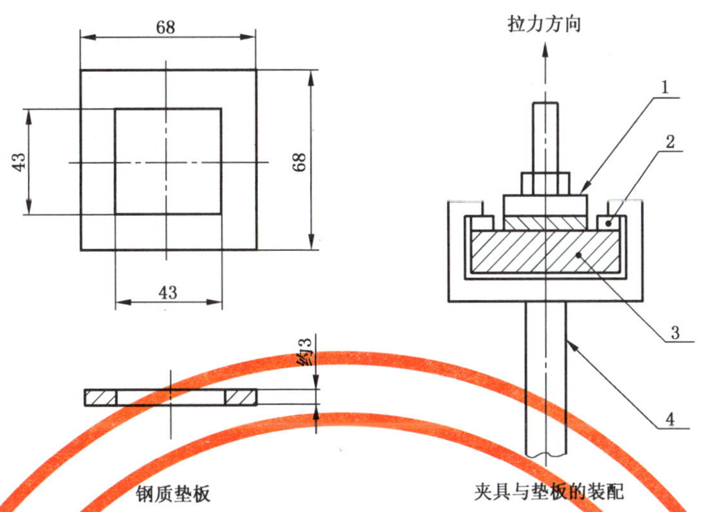

说明：

1——抗拉用钢质上夹具；

2——钢质垫板；

3——砂浆块；

4——抗拉用钢质下夹具。

图 7 钢质下夹具和钢质垫板的装配

6.18.2 标准状态下的粘结强度

6.18.2.1 将产品说明中规定用量的底漆涂布于砂浆块表面，经 1 h～2 h 干燥（指触干），将图 4 所示硬聚氯乙烯或金属型框置于底漆上面，将中层漆填满型框（面积 40 mm×40 mm），用刮刀平整表面，立即除去型框。

对于Ⅱ型复层建筑涂料，将 6.18.2.1 制备的试件放置 7 d，再把产品说明中规定用量的面漆涂布于中层漆上面，在试验条件下养护 7 d，即为试件，同时制备六个试件。

对于Ⅲ型复层建筑涂料，将 6.18.2.1 制备的试件放置 6 h 后，将第二道中层漆涂布于试件上放置 7 d，再把产品说明中规定用量的面漆涂布于中层漆上面，在 6.2.1 条件下养护 7 d，即为试件，同时制备六个试件。

6.18.2.2 在养护期满前 24 h，将试件置于水平状态，用双组分环氧树脂或类似常温固化高强度粘结剂均匀涂布试件表面，并在其上面轻放图 5 所示的钢质上夹具，小心地除去周围溢出粘结剂，放置 24 h。按图 7 所示安装钢质下夹具和钢质垫板，在拉伸试验机上，沿试件表面垂直方向，以 5 mm/min 拉伸速度，测定最大拉伸荷载。

粘结强度按式(1)计算，精确到 0.1 MPa：

$$\sigma = \frac{P}{A} \qquad \cdots\cdots (1)$$

式中：

σ ——粘结强度，单位为兆帕(MPa)；

P——最大拉伸荷载，单位为牛顿(N)；

A——胶接面积 1 600 mm^2。

6.18.3 浸水后的粘结强度

6.18.3.1 按 6.18.2 同时制备六个试件，在养护期满前 2 d，将六个试件的四个侧面用松香和石蜡混合物（质量比为 1∶1）或不影响试验结果的其他材料封边。

6.18.3.2 如图 8 所示，将试件水平置于水槽底部标准砂（GB/T 17671）上面，然后注水到水面距离砂浆块表面约 5 mm 处，在 6.2.1 条件下静置 10 d 后取出。试件侧面朝下，在 50 ℃±2 ℃恒温箱内干燥 24 h，再置于 6.2.1 条件下 24 h，然后按 6.18.2.2 进行试验并计算浸水后粘结强度。

6.18.4 试验结果

将所得结果，分别去掉一个最大值和一个最小值，取剩余四个数据的算术平均值作为试验结果，各试验结果和算术平均值的相对误差应不大于 20%，否则应重新进行试验。

单位为毫米

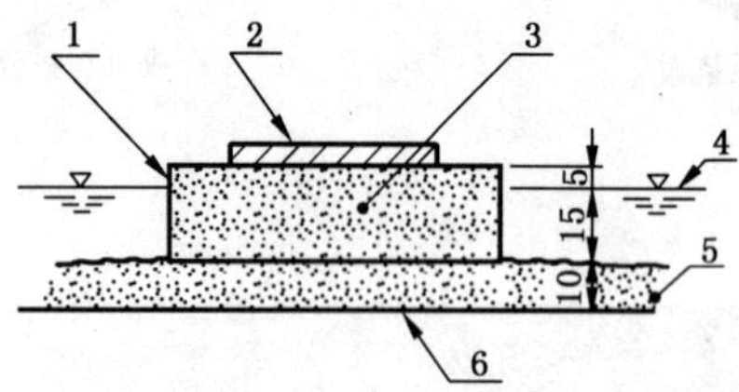

说明：

1——石蜡和松香混合物；

2——复层建筑涂料；

3——砂浆块；

4——水面；

5——标准砂；

6——水槽底部。

图 8 浸水后粘结强度试验用装置

6.19 耐人工气候老化性

按 GB/T 1865—2009 中 9.5 循环 A 的规定进行。结果的评定按 GB/T 1766 进行。

6.20 断裂伸长率

将 6.4.2 制备并养护好的试样按 GB/T 528 规定进行，试件为 GB/T 528 中的 1 型哑铃型，共五个试件。将试件安装在拉力机夹具中，记录拉力机标线间所示数值（L_0），以 200 mm/min 的拉伸速度拉伸试件至出现裂口，记录此时标线间距离数值（L_1），读数精确到 0.05 mm，断裂伸长率试验结果以五个试件的算术平均值表示，计算精确至 1%。

断裂伸长率按式(2)计算：

$$\varepsilon_t = \frac{L_1 - L_0}{L_0} \times 100\% \qquad \cdots\cdots(2)$$

式中：

ε_t——断裂伸长率；

L_1——试件断裂时标线间的距离，单位为毫米(mm)；

L_0——拉伸前标线间的距离，单位为毫米(mm)。

6.21 柔韧性

6.21.1 标准状态下的柔韧性

按6.4.2.3制备并养护好的试件按GB/T 1748中的规定进行试验，试验弯曲直径为50 mm。

6.21.2 热处理后的柔韧性

按6.4.2.3制备并养护好的试件置于温度为80 ℃±2 ℃的恒温箱内，干燥5 h后取出，置于6.2.1条件下24 h后，按GB/T 1748中的规定进行试验，试验弯曲直径为50 mm。

6.21.3 低温处理后的柔韧性

按6.4.2.3制备并养护好的试件置于温度为−5 ℃±1 ℃的低温箱内，2 h后在低温箱内迅速按GB/T 1748中的规定进行试验，试验弯曲直径为100 mm。

6.22 水蒸气透过率

按JG/T 309的规定进行。

7 检验规则

7.1 检验分类

7.1.1 出厂检验项目

复层建筑涂料(Ⅰ型)出厂检验项目包括容器中状态、施工性、涂膜外观、干燥时间。

复层建筑涂料(Ⅱ型、Ⅲ型)出厂检验项目包括容器中状态、施工性、涂膜外观、干燥时间、初期干燥抗裂性。

7.1.2 型式检验项目

本标准所列的全部技术要求。有下列情况之一时应随时进行型式检验：

a) 新产品定型鉴定；

b) 生产配方、工艺、关键原材料来源及产品施工配比有较大改变时；

c) 停产半年或以上又恢复生产时；

d) 正常生产时，每年至少检验一次。

7.2 组批

以每1釜为一批，不足1釜亦按一批计。

7.3 抽样

在每批产品中按GB/T 3186规定抽样，抽样量分别为3 kg。

7.4 检验结果的判定规则

7.4.1 检验结果的判定按GB/T 8170中修约值比较法进行。

7.4.2 所检项目的检验结果均达到本标准要求时，判定该批产品所检项目合格，否则判定该批产品不合格。

8 标志、包装、运输和贮存

8.1 标志

按 GB/T 9750 的规定进行。

8.2 包装

按 GB/T 13491 的包装要求的规定进行。

8.3 运输

8.3.1 水性产品按一般运输方式进行。

8.3.2 溶剂型产品按一级危险品运输方式进行。

8.3.3 产品在运输时应防止雨淋、曝晒。

8.4 贮存

产品贮存时应保证通风、干燥，防止阳光直接照射，冬季时应采取适当防冻措施。溶剂型产品应按危险品贮存。产品应根据产品类型确定贮存期，并在包装标志上明示。

附　录　A
（资料性附录）
底漆、中层漆、面漆的性能和检验方法

A.1　底漆、中层漆、面漆的性能

A.1.1　底漆的性能指标宜符合表A.1。

表 A.1　底漆的性能指标

项　目		指　标	
		内　墙	外　墙
容器中状态		搅拌混合后无硬块，呈均匀状态	
施工性		刷涂无障碍	
干燥时间(表干)/h		≤2	
涂膜外观		正常	
低温稳定性[a]		不变质	
耐水性		—	96 h无异常
耐碱性		24 h无异常	48 h无异常
透水性/mL	封闭型	≤0.5	
	渗透型	—	≤1.2
抗泛盐碱性	封闭型	—	72 h无异常
	渗透型	—	96 h无异常
[a] 仅适用于水性底漆。			

A.1.2　中层漆的性能指标宜符合表A.2、表A.3。

表 A.2　内墙中层漆的性能指标

项　目		指　标				
		Ⅰ型		Ⅱ型		Ⅲ型
		单色型	多彩型	厚浆型	岩片型、砂粒型	复合型
容器中状态		搅拌混合后无硬块，呈均匀状态				
施工性		施工无困难				
干燥时间(表干)/h		≤4				
涂膜外观		正常				
低温稳定性		不变质				
初期干燥抗裂性		—		无裂纹		
断裂伸长率[a]/%	标准状态	—		≥200	—	
	热处理	≥80		—		

表 A.2（续）

项目	指标				
	Ⅰ型		Ⅱ型		Ⅲ型
	单色型	多彩型	厚浆型	岩片型、砂粒型	复合型
柔韧性（标准状态）[a]	—			直径 50 mm 无裂纹	
粘结强度（标准状态）/MPa	—		≥0.40		
[a] 仅适用于弹性内墙中层漆。					

表 A.3 外墙中层漆的性能指标

项目		指标				
		Ⅰ型		Ⅱ型		Ⅲ型
		单色型	多彩型	厚浆型	岩片型、砂粒型	复合型
容器中状态		搅拌混合后无硬块，呈均匀状态				
施工性		施工无困难				
干燥时间（表干）/h		≤4				
涂膜外观		正常				
低温稳定性		不变质				
初期干燥抗裂性		—		无裂纹		
断裂伸长率[a]/%	标准状态	—		≥200	—	
	热处理	≥80		—		
柔韧性[a]	热处理（5 h）	—			直径 50 mm 无裂纹	
	低温处理（2 h）	—			直径 100 mm 无裂纹	
涂层耐温变性（5 次循环）		无异常				
粘结强度/MPa	标准状态	—		≥0.60		
	浸水后	—		≥0.40		
[a] 仅适用于弹性外墙中层漆。						

A.1.3 有色面漆的性能指标宜符合相关标准，透明面漆的性能指标宜符合表 A.4。

表 A.4 透明面漆的性能指标

项目		指标[a]	
		内墙	外墙
容器中状态		搅拌混合后无硬块，呈均匀状态	
施工性		刷涂无障碍	
干燥时间（表干）/h		≤2	
耐沾污性[b]	水性	—	≤15%或≤2 级
	溶剂型	—	≤10%或≤1 级

表 A.4（续）

项　目	指　标[a]	
	内　墙	外　墙
最小接触角(≤72 h)[c]	—	≤15°
耐水白性	48 h 无异常	72 h 无异常

[a] 在报告中给出光泽(60°)实测值。
[b] 根据中层漆类型确定涂刷法或浸渍法。
[c] 仅适用于有自洁性功能面漆。

A.2　试验方法

A.2.1　试验底材

A.2.1.1　无石棉纤维水泥中密度板

采用密度为 1.2×10^3 kg/m^3 $\pm0.1\times10^3$ kg/m^3，厚度为 6 mm±0.5 mm 的中密度板为试验底板，其表面处理按 GB/T 9271—2008 中 10.2 的规定进行。

A.2.1.2　玻璃板

采用符合 GB 11614 中厚度为 4 mm～6 mm 的玻璃板为试验底材，其表面处理按 GB/T 9271—2008 中 7.2 的规定进行。

A.2.1.3　黑色聚烯烃塑料片

采用光泽(60°) ≤10.0，反射率≤4.0%，厚度为 0.25 mm±0.02 mm 的黑色聚烯烃塑料片为试验底材。

A.2.2　试件的制备

A.2.2.1　底漆的制备

除另有商定外，底漆各检验项目的试板类型、尺寸、数量、涂布量及养护期宜符合表 A.5 的规定。

表 A.5　底漆试件的制备

检验项目	试板类型	试板尺寸/mm	试板数量/块	涂布量(湿膜厚度)/μm	养护期/d
干燥时间	无石棉纤维水泥平板	150×70×(4～6)	1	80	—
施工性、涂膜外观		150×70×(4～6)	1	80	—
耐水性、耐碱性		150×70×(4～6)	各 3	80	7
透水性		200×150×(4～6)	3	80+80[a]	7
抗泛盐碱性	无石棉纤维水泥中密度板	150×70×(4～6)	各 3	80	7

[a] 透水性试件制备每道间隔 6 h。

A.2.2.2 中层漆的制备

除另有商定外，中层漆各检验项目的试板类型、尺寸、数量、涂布量及养护期宜符合表 A.6 的规定。

表 A.6 中层漆试件的制备

<table>
<tr><th colspan="2">检验项目</th><th>试板类型</th><th>试板尺寸/mm</th><th>试板数量/块</th><th>涂布量(湿膜厚度)/mm</th><th>养护期[a]/d</th></tr>
<tr><td colspan="2">干燥时间</td><td rowspan="4">无石棉纤维水泥平板</td><td>150×70×(4～6)</td><td>1</td><td>1 道</td><td>—</td></tr>
<tr><td colspan="2">施工性、涂膜外观</td><td>150×70×(4～6)</td><td>1</td><td>1 道</td><td>—</td></tr>
<tr><td colspan="2">初期干燥抗裂性</td><td>200×150×(4～6)</td><td>3</td><td>1 道</td><td>立刻试验</td></tr>
<tr><td colspan="2">涂层耐温变性</td><td>150×70×(4～6)</td><td>3</td><td>1 道</td><td>14</td></tr>
<tr><td rowspan="2">粘结强度</td><td>标准状态</td><td rowspan="2">砂浆块</td><td rowspan="2">70×70×20</td><td rowspan="2">各 6</td><td rowspan="2">1 mm</td><td rowspan="2">14</td></tr>
<tr><td>浸水后</td></tr>
<tr><td rowspan="2">柔韧性</td><td>热处理</td><td rowspan="2">马口铁板</td><td rowspan="2">50×120×(0.2～0.3)</td><td rowspan="2">各 3</td><td rowspan="2">1 mm</td><td rowspan="2">7</td></tr>
<tr><td>低温处理</td></tr>
<tr><td colspan="7">[a] 经商定，也可根据产品说明要求养护。仲裁检验按表 A.6 中规定进行制板并养护。</td></tr>
</table>

A.2.2.3 面漆的制备

除另有商定外，面漆各检验项目的试板类型、尺寸、数量、涂布量及养护期宜符合表 A.7 的规定。

表 A.7 面漆试件的制备

<table>
<tr><th>检验项目</th><th>试板类型</th><th>试板尺寸/mm</th><th>试板数量/块</th><th>涂布量(湿膜厚度)/μm</th><th>养护期[a]/d</th></tr>
<tr><td>干燥时间</td><td rowspan="3">无石棉纤维水泥平板</td><td>150×70×(4～6)</td><td>1</td><td>100</td><td>—</td></tr>
<tr><td>施工性</td><td>150×70×(4～6)</td><td>1</td><td>100</td><td>—</td></tr>
<tr><td>耐沾污性</td><td>150×70×(4～6)</td><td>3</td><td>100</td><td>14[b]</td></tr>
<tr><td>最小接触角</td><td>玻璃板</td><td>与接触角测定仪相匹配</td><td>3</td><td>100</td><td>1</td></tr>
<tr><td>耐水白性</td><td>黑色聚烯烃塑料片</td><td>150×50×(0.25±0.02)</td><td>3</td><td>100</td><td>1</td></tr>
<tr><td>光泽</td><td>玻璃板</td><td>150×70×(4～6)</td><td>3</td><td>100</td><td>1</td></tr>
<tr><td colspan="6">[a] 经商定，也可根据产品说明要求养护。仲裁检验按表 A.7 中规定进行制板并养护。
[b] 耐沾污性养护期：中层漆养护 7 d 后涂刷面漆再养护 7 d。</td></tr>
</table>

A.2.3 断裂伸长率和柔韧性涂膜的制备和前处理

按 6.4.2 规定进行。

A.2.4 容器中状态

按 6.5 规定进行。

A.2.5 施工性

底漆、面漆:用刷子在试板平滑面上刷涂试样,刷子若运行无困难,则评为“刷涂无障碍”。

中层漆:喷涂或刮涂顺畅无困难,则评为“施工无困难”。

A.2.6 涂膜外观

按6.7规定进行。

A.2.7 干燥时间

按6.8规定进行。

A.2.8 低温稳定性

按6.9规定进行。

A.2.9 初期干燥抗裂性

按6.10规定进行。

A.2.10 涂层耐温变性

按6.11规定进行。

A.2.11 耐碱性

按6.12规定进行。

A.2.12 耐水性

按6.13规定进行。

A.2.13 耐沾污性

按GB/T 9780—2013中5.4.1.3中B法(烘箱快速法)的规定进行。配套中层漆为Ⅰ型(单色型)和Ⅱ型(厚浆型)时采用涂刷法,配套中层漆为Ⅰ型(多彩型)、Ⅱ型(岩片型、砂粒型)、Ⅲ型(复合型)时采用浸渍法。

A.2.14 透水性

按JG/T 210规定进行。

A.2.15 粘接强度

按6.18规定进行。

A.2.16 断裂伸长率

按6.20规定进行。

A.2.17 柔韧性

按6.21规定进行。

A.2.18 抗泛盐碱性

按 GB/T 9755—2014 规定进行。

A.2.19 最小接触角(≤72 h)

按 GB/T 30191—2013 中附录 A 的规定进行。

A.2.20 耐水白性

使用规格为 100 μm 的湿膜制备器在 A.2.1.3 规定的底材上制膜。将制备好的试板养护 24 h 后，将试板 2/3 浸入 GB/T 6682 规定的三级水中，至规定时间取出，三块试板中至少有两块试板未出现起泡、变白、剥落等现象，则评为"无异常"。如出现以上涂膜病态现象按 GB/T 1766 进行描述。

A.2.21 光泽(60°)

按 GB/T 9754 的规定进行。

A.2.22 有色面漆

有色面漆按相关标准规定进行。

参 考 文 献

[1] GB/T 9754 色漆和清漆 不含金属颜料的色漆漆膜的20°、60°和85°镜面光泽的测定
[2] GB/T 9755—2014 合成树脂乳液外墙涂料
[3] GB 11614 平板玻璃
[4] GB/T 30191—2013 外墙光催化自洁涂覆材料
[5] JG/T 172 弹性建筑涂料
[6] JG/T 210 建筑内外墙用底漆

ICS 91.120.10
Q 25

中华人民共和国国家标准

GB/T 17371—2008
代替 GB/T 17371—1998

硅酸盐复合绝热涂料

Silicate compound plaster for thermal insulation

2008-06-30 发布　　　　2009-04-01 实施

中华人民共和国国家质量监督检验检疫总局
中国国家标准化管理委员会　发布

前　言

本标准代替 GB/T 17371—1998《硅酸盐复合绝热涂料》。

本标准与 GB/T 17371—1998 相比主要变化如下：

——修改了部分引用文件；

——将分类和标记中优等品、一等品和合格品修改为按产品干密度分为 A、B、C 三个等级；

——修改了 C 等级产品体积收缩率的技术指标；

——将“氯离子含量” 修改为“对奥氏体不锈钢的腐蚀性”；

——删除了其他技术性能指标中的“不燃性”、“放射性”；

——修改了体积收缩率的试验方法。

请注意本标准的某些内容可能涉及专利，本标准的发布机构不应承担识别这些专利的责任。

本标准由中国建筑材料联合会提出。

本标准由全国绝热材料标准化委员会(SAC/TC 191)归口。

本标准负责起草单位：河南建筑材料研究设计院有限责任公司。

本标准参加起草单位：茂名华达新型建材厂有限公司、江苏华伟佳建材科技有限公司、曲阜市天宝保温科技有限公司。

本标准主要起草人：白召军、张利萍、冯德平、马挺、王军生、林维、曹晓润、陈胜强。

本标准所替代标准的历次版本发布情况为：

——GB/T 17371—1998。

硅酸盐复合绝热涂料

1 范围

本标准规定了硅酸盐复合绝热涂料的产品分类和标记、要求、试验方法、检验规则及标志、包装、运输、贮存。

本标准适用于热面温度不大于600 ℃的绝热工程用硅酸盐复合绝热涂料。

2 规范性引用文件

下列文件中的条款通过本标准的引用而成为本标准的条款。凡是注日期的引用文件，其随后所有的修改单(不包括勘误的内容)或修订版均不适用于本标准，然而，鼓励根据本标准达成协议的各方研究是否可使用这些文件的最新版本。凡是不注日期的引用文件，其最新版本适用于本标准。

GB/T 4132 绝热材料及相关术语

GB/T 10294 绝热材料稳态热阻及有关特性的测定 防护热板法

GB/T 10299 保温材料憎水性试验方法

GB/T 16777—1997 建筑防水涂料试验方法

GB/T 17393 覆盖奥氏体不锈钢用绝热材料规范

3 术语和定义

GB/T 4132确立的以及下列术语和定义适用于本标准。

体积收缩率 volume shrinkage

浆体成型时的体积与干燥后体积之差与成型时体积之比。

4 分类和标记

4.1 品种

按产品整体有无憎水剂分为普通型(代号P)和憎水型(代号Z)。

4.2 等级

按产品干密度分为A、B、C三个等级。

4.3 产品标记

4.3.1 标记方法

标记顺序为：产品名称、品种、等级及标准编号。

4.3.2 标记示例

A等级憎水型硅酸盐复合绝热涂料标记为：

硅酸盐复合绝热涂料 ZA GB/T 17371—2008

5 要求

5.1 物理性能要求

应符合表1规定。

5.2 其他性能要求

5.2.1 憎水性

憎水型硅酸盐复合绝热涂料的憎水率应不小于98%。

5.2.2 对奥氏体不锈钢的腐蚀性

用于奥氏体不锈钢材料表面绝热时,应符合 GB/T 17393 的要求。

表 1 物理性能要求

<table>
<tr><td rowspan="2" colspan="2">项　　目</td><td colspan="3">指　　标</td></tr>
<tr><td>A 等级</td><td>B 等级</td><td>C 等级</td></tr>
<tr><td colspan="2">外观质量</td><td colspan="3">色泽均匀一致粘稠状浆体</td></tr>
<tr><td colspan="2">浆体密度/(kg/m³)</td><td colspan="3">≤1 000</td></tr>
<tr><td colspan="2">浆体 pH 值</td><td colspan="3">9～11</td></tr>
<tr><td colspan="2">干密度/(kg/m³)</td><td>≤180</td><td>≤220</td><td>≤280</td></tr>
<tr><td colspan="2">体积收缩率/%</td><td>≤15.0</td><td>≤20.0</td><td>≤20.0</td></tr>
<tr><td colspan="2">抗拉强度/kPa</td><td colspan="3">≥100</td></tr>
<tr><td colspan="2">粘结强度/kPa</td><td colspan="3">≥25</td></tr>
<tr><td rowspan="2">导热系数/
[W/(m·K)]</td><td>平均温度 350 ℃±5 ℃</td><td>≤0.10</td><td>≤0.11</td><td>≤0.12</td></tr>
<tr><td>平均温度 70 ℃±2 ℃</td><td>≤0.06</td><td>≤0.07</td><td>≤0.08</td></tr>
<tr><td colspan="2">高温后抗拉强度/kPa
(600 ℃恒温 4 h)</td><td colspan="3">≥50</td></tr>
</table>

6 试验方法

6.1 外观质量

用目测法检查其外观质量。

6.2 浆体密度

6.2.1 仪器设备

6.2.1.1 容量筒:金属圆柱形,内径 108 mm,净高 109 mm,筒壁厚 2 mm,容积 1 L,筒底厚度 5 mm。

6.2.1.2 天平:分度值不大于 1 g。

6.2.2 试验步骤

称量容量筒质量 m_0,用油灰刀将试样逐层加入容量筒中,填满后用刮刀刮平,清除容量筒外溢出的试样,称量质量 m_1,精确至 1 g。

6.2.3 试验结果

浆体密度按公式(1)计算:

$$\rho_{浆} = \frac{m_1 - m_0}{V} \quad \cdots\cdots(1)$$

式中:

$\rho_{浆}$——浆体密度,单位为千克每立方米(kg/m³);

m_0——容量筒质量,单位为克(g);

m_1——试样加容量筒质量,单位为克(g);

V——容量筒体积,单位为升(L)。

取三次试验结果的算术平均值,按 5 的间隔修约,即末位数是 0 或 5 的整数。

6.3 浆体 pH 值

将精密 pH 试纸在试样上放置 1 s 后与 pH 试纸的标准色相比较,读取 pH 值。试验结果取三次试验的算术平均值。

6.4 干密度

6.4.1 仪器设备

6.4.1.1 电热鼓风干燥箱：精度±2 ℃。

6.4.1.2 天平：分度值不大于 1 g。

6.4.1.3 玻璃干燥器：内径 300 mm 和 500 mm 各一个。

6.4.1.4 游标卡尺：分度值不大于 0.05 mm。

6.4.1.5 钢板尺：分度值为 1 mm。

6.4.1.6 油灰刀。

6.4.1.7 组合式无底试模：300 mm×300 mm×30 mm 三套。

6.4.1.8 玻璃板：400 mm×400 mm×5 mm 三块。

6.4.2 试件制备

将三个空腔尺寸 300 mm×300 mm×30 mm 的无底试模分别放在玻璃板上，用矿物油涂刷试模内壁及玻璃板，用油灰刀逐层将试样加入每个试模，填满后刮平，制备三个试件，将带模试件放入 50 ℃±5 ℃ 电热鼓风干燥箱中，48 h 后取出脱去无底试模，试件仍放入电热鼓风干燥箱中，将温度调至 105 ℃±5 ℃，烘干至恒重。取出放入干燥器中冷却至室温备用。

本标准的恒重判据为恒温 3 h 两次称量试件质量的变化率小于 0.2%。

6.4.3 试验步骤

取按 6.4.2 制备的三块试件分别磨平并称量质量 m_2，精确至 1 g。按顺序用钢板尺在试件两端距边缘 20 mm 处和中间位置分别测量其长度和宽度，精确至 1 mm，取三个测量数据的算术平均值。

用游标卡尺在试件任何一边的两端距边缘 20 mm 处和中间位置分别测量厚度，在相对的另一边重复以上测量，精确至 0.1 mm，取六个测量数据的平均值。算出每个试件的体积。

6.4.4 试验结果

干密度按公式(2)计算：

$$\rho = \frac{m_2}{V} \qquad \cdots\cdots(2)$$

式中：

ρ——干密度，单位为千克每立方米(kg/m^3)；

m_2——试件质量，单位为克(g)；

V——试件体积，单位为升(L)。

取三次试验结果的算术平均值，按 2 的间隔修约，即末位数是为偶数的整数。

6.5 体积收缩率

6.5.1 仪器设备

6.5.1.1 天平：分度值不大于 0.1 g。

6.5.1.2 电热鼓风干燥箱：精度±2 ℃。

6.5.1.3 表面皿。

6.5.2 试验步骤

6.5.2.1 称量已清洗干净并烘干的表面皿的质量 m_3。

6.5.2.2 从搅拌均匀的样品中取试样(100～150)g 放入表面皿内，称量表面皿与试样的质量 m_4。然后放入 105 ℃±5 ℃的电热鼓风干燥箱中烘干至恒重，再次称量表面皿与试样的质量 m_5。

6.5.2.3 试验结果

体积收缩率按公式(3)计算：

$$B = 100\left[1 - \frac{\rho_{浆}(m_5 - m_3)}{\rho(m_4 - m_3)}\right] \qquad \cdots\cdots(3)$$

式中：

B——体积收缩率，%；

ρ——干密度，单位为千克每立方米（kg/m^3）；

$\rho_{浆}$——浆体密度，单位为千克每立方米（kg/m^3）；

m_3——表面皿的质量，单位为克(g)；

m_4——烘干前表面皿与试样的质量，单位为克(g)；

m_5——烘干后表面皿与试样的质量，单位为克(g)。

取三次试验结果的算术平均值，按 0.2 的间隔修约。

6.6 抗拉强度

6.6.1 仪器设备

6.6.1.1 试验机：精度不低于 1%，标称范围为 1 000 N。

6.6.1.2 “8”字形金属模具：应符合 GB/T 16777—1997 第 6.1.2 条的规定。

6.6.1.3 玻璃板：100 mm×120 mm×5 mm。

6.6.1.4 电热鼓风干燥箱：精度±2 ℃。

6.6.2 试件制备

将“8”字形金属模具放在玻璃板上，用矿物油涂刷试模内壁及玻璃板，用油灰刀逐层将试样加入试模内，填满后刮平，制备六个试件，将带模试件放入 50 ℃±5 ℃电热鼓风干燥箱中，48 h 后取出脱去“8”字形金属模具，试件仍放入电热鼓风干燥箱中，将温度调至 105 ℃±5 ℃，烘干至恒重，取出放入干燥器中冷却至室温备用。

6.6.3 试验步骤

将按 6.6.2 制备的三个试件用刮刀刮平腰部，并用游标卡尺分别测量其腰部宽度和厚度，精确至 0.1 mm，然后置于试验机拉伸夹具上，速度为 5 mm/min 拉伸至试件破坏，分别记录试件破坏时的荷载值。

6.6.4 试验结果

抗拉强度按公式(4)计算：

$$R = \frac{P}{b \times d} \times 10^3 \qquad \cdots\cdots(4)$$

式中：

R——抗拉强度，单位为千帕(kPa)；

P——试件破坏时荷载，单位为牛(N)；

b——试件腰部宽度，单位为毫米(mm)；

d——试件腰部厚度，单位为毫米(mm)。

取三次试验结果的算术平均值，修约至整数。

6.7 粘结强度

6.7.1 仪器设备

6.7.1.1 试验机：精度不低于 1%，标称范围为 4 000 N；

6.7.1.2 钢板：120 mm×100 mm×(5～10) mm 6 块。

6.7.2 试验步骤

将试样涂抹于除锈后的两钢板间，制备如图 1 所示三个试件，放入到 50 ℃±5 ℃电热鼓风干燥箱中烘 48 h 后，再将电热鼓风干燥箱温度调至 105 ℃±5 ℃烘干至恒重，将试件取出放入干燥器，冷却至室温。将试件置于试验机加荷台中心，压头以 5 mm/min 速度下降直至试件破坏，记录试件破坏时的荷载值。

单位为毫米

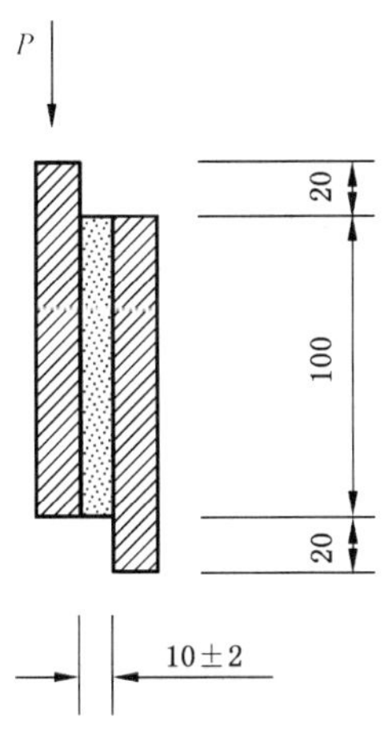

图 1 粘结强度试件及加荷示意图

6.7.3 试验结果

粘结强度按公式(5)计算：

$$R_n = \frac{P}{A} \times 10^3 \qquad \cdots\cdots(5)$$

式中：

R_n——粘结强度，单位为千帕(kPa)；

P——试件破坏时的荷载，单位为牛(N)；

A——粘结面积，单位为平方毫米(mm^2)。

取三次试验结果的算术平均值，修约至整数。

6.8 导热系数

用测定干密度后的试件测定导热系数，按 GB/T 10294 的规定进行。

6.9 高温后抗拉强度

6.9.1 仪器设备

高温炉：灵敏度±10 ℃的电阻式高温炉。

6.9.2 试验步骤

将按 6.6.2 制备的另三个试件放入电阻式高温炉中，以 150 ℃/h 的升温速率升至 600 ℃，恒温 4 h，取出放入干燥器中，冷却至室温，按 6.6.3 及 6.6.4 分别测定及计算其抗拉强度。

6.9.3 试验结果

试验结果取三个试件的算术平均值，精确至 1 kPa。

6.10 憎水性

按 6.4.2 相同的方法制备试件，试件厚度为 35 mm，按 GB/T 10299 的规定进行。

6.11 对奥氏体不锈钢的腐蚀性

取适量样品在 105 ℃±5 ℃烘干至恒重后，按 GB/T 17393 的规定进行。

7 检验规则

7.1 检验分类

检验分出厂检验和型式检验。

7.1.1 出厂检验：检验项目为外观质量、浆体密度、浆体 pH 值、干密度和体积收缩率。

7.1.2 型式检验：型式检验应包括表 1 所有技术性能项目。有下列情况之一时，应进行型式检验：

a) 新产品定型鉴定；

b) 正式生产后，原材料或生产工艺有较大改变，可能影响产品性能时；

c) 正常生产时，每年至少进行一次；

d) 停产半年以上，恢复生产时；

e) 出厂检验结果与上次型式检验结果有较大差异时；

f) 国家质量监督机构提出型式检验要求时。

7.1.3 如用户有特殊要求，尚需对憎水性、对奥氏体不锈钢的腐蚀性项目进行检验。

7.2 抽样

以不大于 30 m^3 产品为一检验批。在该批产品中按 3%的包装桶(袋)随机抽样，从每桶(袋)中各取(1～2) kg，混合均匀后抽取 30 kg 作为检验样品。

7.3 判定规则

7.3.1 将检验样品按 7.1 规定的项目进行检验，若全部项目合格则判该批产品合格。

7.3.2 若有二项或二项以上项目不合格，则判该批产品为不合格。

7.3.3 若有一个项目不符合规定，应从同一批产品中加倍抽样，对不合格项目进行复检，复检合格，判该批产品合格，否则判该批产品不合格。

8 标志、包装、运输、贮存

8.1 标志

每个包装上应标有产品标记，注册商标、重量、制造厂名及地址、生产日期，并注明保质期。

8.2 包装

产品采用塑料桶或内衬塑料薄膜的编织袋包装，应采取封口或扎袋措施，防止浆料溢出，并附有产品质量合格证。

8.3 运输

运输和装卸时应注意轻拿轻放。

8.4 贮存

产品应按品种、等级在室内阴凉处分别存放。

ICS 91.120.30
Q 17

中华人民共和国国家标准

GB/T 19250—2013
代替 GB/T 19250—2003

聚氨酯防水涂料

Polyurethane waterproofing coating

2013-11-27 发布　　　　2014-08-01 实施

中华人民共和国国家质量监督检验检疫总局
中国国家标准化管理委员会　发布

前言

本标准按照GB/T 1.1—2009给出的规则起草。

本标准代替GB/T 19250—2003《聚氨酯防水涂料》。本标准与GB/T 19250—2003相比,除编辑性修改外主要技术变化如下:

——修改了产品分类,将原标准中的Ⅰ类和Ⅱ类产品合并为Ⅰ型;新增了Ⅱ和Ⅲ型产品,Ⅱ型产品参考了高铁桥梁电缆沟防水层的要求,Ⅲ型产品参考了JIS A6021标准中高强度型的要求(见第3章,2003年版的第3章);

——修改了技术要求,将性能分为基本性能和可选性能,基本性能取消了原标准中潮湿基面粘结强度项目,增加了流平性、粘结强度、吸水率和燃烧性能检测项目,修改了技术指标(见表1和表2,2003年版的表1和表2);

——修改了人工气候老化试验的时间,将原标准中720 h延长至1 000 h(见表1,2003年版的表1);

——增加了有害物质限量(见5.3);

——修改和增加了试验方法(见第6章,2003年版的第6章);

——增加了产品的应用领域的资料性附录(见附录A)。

本标准由中国建筑材料联合会提出。

本标准由全国轻质装饰与装修建筑材料标准化技术委员会建筑防水材料分技术委员会(SAC/TC 195/SC 1)归口。

本标准负责起草单位:中国建材检验认证集团苏州有限公司、建材工业技术监督研究中心、北京东方雨虹防水技术股份有限公司、广东科顺化工实业有限公司、深圳市卓宝科技股份有限公司、江苏凯伦建材股份有限公司。

本标准参加起草单位:北京建筑材料科学研究总院有限公司、上海市建筑科学研究院(集团)有限公司、深圳市建筑科学研究院、胜利油田大明新型建筑防水材料有限责任公司、新乡市日月防水技术有限公司、盘锦禹王防水建材集团有限公司、潍坊市宏源防水材料有限公司、大连怿文新材料科技发展有限公司、广州秀珀化工股份有限公司、上海隧道建筑防水材料有限公司、潍坊市宇虹防水材料(集团)有限公司、吴江月星建筑防水材料有限公司、青岛大洋灯塔防水有限公司、辽宁大禹防水科技发展有限公司、北京建海中建国际防水材料有限公司、无锡市新区硕放特种防水建材厂、保定市北方防水工程公司、唐山德生防水材料有限公司、北京普石防水材料有限公司、四川蜀羊防水材料有限公司、北京市建国伟业防水材料有限公司、浙江鲁班建筑防水有限公司、徐州卧牛山新型防水材料有限公司、上海汇丽涂料有限公司、潍坊市正泰防水材料有限公司、潍坊市黄河防水材料有限公司、浙江金汤建筑防水材料有限公司、上海润庭建筑防水工程技术有限公司、湖北永阳防水材料股份有限公司、北京世纪洪雨科技有限公司、杭州金屋防水材料有限公司、海城亿嘉达防水材料有限公司、河北强凌防水材料开发有限公司、北京市大禹王防水工程集团有限公司、湖北蓝盾之星科技股份有限公司。

本标准主要起草人:朱志远、杨斌、朱晓华、陈斌、李文超、蒋勤逸、王莹、段文锋、陈伟忠、管彦民、钱林第、杜奎义、郑宪明、倪贵泉、卫向阳、史立彤、邓海燕、胡冲、姚双华。

本标准所代替标准的历次版本发布情况为:

——GB/T 19250—2003。

聚氨酯防水涂料

1 范围

本标准规定了聚氨酯防水涂料(简称PU防水涂料)的分类、一般要求、技术要求、试验方法、检验规则、标志、包装、运输和贮存。

本标准适用于工程防水用聚氨酯防水涂料。

2 规范性引用文件

下列文件对于本文件的应用是必不可少的。凡是注日期的引用文件,仅注日期的版本适用于本文件。凡是不注日期的引用文件,其最新版本(包括所有的修改单)适用于本文件。

GB/T 528 硫化橡胶或热塑性橡胶 拉伸应力应变性能的测定

GB/T 529—2008 硫化橡胶或热塑性橡胶撕裂强度的测定(裤形、直角形和新月形试样)

GB/T 531.1—2008 硫化橡胶或热塑性橡胶 压入硬度试验方法 第1部分:邵氏硬度计法(邵尔硬度)

GB/T 1768—2006 色漆和清漆 耐磨性的测定 旋转橡胶砂轮法

GB/T 8626—2007 建筑材料可燃性试验方法

GB/T 16777—2008 建筑防水涂料试验方法

GB/T 18244—2000 建筑防水材料老化试验方法

GB 18582 室内装饰装修材料 内墙涂料中有害物质限量

GB/T 20624.2—2006 色漆和清漆 快速变形(耐冲击性)试验 第2部分:落锤试验(小面积冲头)

JC/T 975—2005 道桥用防水涂料

JC 1066—2008 建筑防水涂料中有害物质限量

3 分类

3.1 分类

3.1.1 产品按组分分为单组分(S)和多组分(M)两种。

3.1.2 产品按基本性能分为Ⅰ型、Ⅱ型和Ⅲ型(参见附录A)。

3.1.3 产品按是否曝露使用分为外露(E)和非外露(N)。

3.1.4 产品按有害物质限量分为A类和B类。

3.2 标记

按产品名称、组分、基本性能、是否曝露、有害物质限量和标准号的顺序标记。

示例:

A类Ⅲ型外露单组分聚氨酯防水涂料标记为:PU防水涂料 S Ⅲ E A GB/T 19250—2013。

4 一般要求

产品的生产和应用不应对人体、生物与环境造成有害的影响,所涉及与使用有关的安全与环保要求，应符合我国的相关国家标准和规范的规定。

5 技术要求

5.1 外观

产品为均匀黏稠体，无凝胶、结块。

5.2 物理力学性能

5.2.1 基本性能

聚氨酯防水涂料基本性能应符合表1的规定。

表1 基本性能

序号	项目			技术指标		
				Ⅰ	Ⅱ	Ⅲ
1	固体含量/%	单组分	≥	85.0		
		多组分	≥	92.0		
2	表干时间/h		≤	12		
3	实干时间/h		≤	24		
4	流平性[a]			20 min时，无明显齿痕		
5	拉伸强度/MPa		≥	2.00	6.00	12.0
6	断裂伸长率/%		≥	500	450	250
7	撕裂强度/(N/mm)		≥	15	30	40
8	低温弯折性			−35 ℃，无裂纹		
9	不透水性			0.3 MPa，120 min，不透水		
10	加热伸缩率/%			−4.0～+1.0		
11	粘结强度/MPa		≥	1.0		
12	吸水率/%		≤	5.0		
13	定伸时老化	加热老化		无裂纹及变形		
		人工气候老化[b]		无裂纹及变形		
14	热处理 (80 ℃，168 h)	拉伸强度保持率/%		80～150		
		断裂伸长率/%	≥	450	400	200
		低温弯折性		−30 ℃，无裂纹		
15	碱处理 [0.1% NaOH+饱和 $Ca(OH)_2$ 溶液，168 h]	拉伸强度保持率/%		80～150		
		断裂伸长率/%	≥	450	400	200
		低温弯折性		−30 ℃，无裂纹		
16	酸处理 (2% H_2SO_4 溶液，168 h)	拉伸强度保持率/%		80～150		
		断裂伸长率/%	≥	450	400	200
		低温弯折性		−30 ℃，无裂纹		

表 1(续)

序号	项目		技术指标		
			Ⅰ	Ⅱ	Ⅲ
17	人工气候老化[b] (1 000 h)	拉伸强度保持率/%	80～150		
		断裂伸长率/% ≥	450	400	200
		低温弯折性	−30 ℃,无裂纹		
18	燃烧性能[b]		B_2-E(点火 15 s,燃烧 20 s,Fs≤150 mm,无燃烧滴落物引燃滤纸)		

[a] 该项性能不适用于单组分和喷涂施工的产品。流平性时间也可根据工程要求和施工环境由供需双方商定并在订货合同与产品包装上明示。

[b] 仅外露产品要求测定。

5.2.2 可选性能

聚氨酯防水涂料可选性能应符合表 2 的规定,根据产品应用的工程或环境条件由供需双方商定选用,并在订货合同与产品包装上明示。

表 2 可选性能

序号	项目	技术指标	应用的工程条件
1	硬度(邵 AM) ≥	60	上人屋面、停车场等外露通行部位
2	耐磨性(750 g,500 r)/mg ≤	50	上人屋面、停车场等外露通行部位
3	耐冲击性/kg · m ≥	1.0	上人屋面、停车场等外露通行部位
4	接缝动态变形能力/10 000 次	无裂纹	桥梁、桥面等动态变形部位

5.3 有害物质限量

聚氨酯防水涂料中有害物质含量应符合表 3 的规定。

表 3 有害物质限量

序号	项目	有害物质限量	
		A 类	B 类
1	挥发性有机化合物(VOC)/(g/L) ≤	50	200
2	苯/(mg/kg) ≤	200	
3	甲苯+乙苯+二甲苯/(g/kg) ≤	1.0	5.0
4	苯酚/(mg/kg) ≤	100	100
5	蒽/(mg/kg) ≤	10	10
6	萘/(mg/kg) ≤	200	200
7	游离 TDI/(g/kg) ≤	3	7

表 3（续）

序号	项目		有害物质限量	
			A 类	B 类
8	可溶性重金属/(mg/kg)[a] ≤	铅 Pb	90	
		镉 Cd	75	
		铬 Cr	60	
		汞 Hg	60	
[a] 可选项目，由供需双方商定。				

6 试验方法

6.1 标准试验条件

标准试验条件为：温度 23 ℃±2 ℃，相对湿度(50±10)%。

6.2 试验设备

6.2.1 拉力试验机：测量值在量程 15%～85%之间，示值精度不低于 1%，伸长范围大于 500 mm。
6.2.2 天平：精度 0.1 mg。
6.2.3 梳齿刮刀：见图 1，宽 250 mm，齿深 5 mm、齿宽 5 mm。
6.2.4 低温冰柜：−40 ℃～0 ℃，精度±2 ℃。
6.2.5 电热鼓风干燥箱：不小于 200 ℃，精度±2 ℃。
6.2.6 冲片机及符合 GB/T 528 要求的哑铃 1 型裁刀、符合 GB/T 529—2008 要求的直角撕裂裁刀。
6.2.7 不透水仪：压力 0 MPa～0.4 MPa，精度 2.5 级，三个七孔透水盘，内径 92 mm。
6.2.8 厚度计：接触面直径 6 mm，单位面积压力 0.02 MPa，分度值 0.01 mm。
6.2.9 半导体温度计：量程−40 ℃～30 ℃，精度 0.1 ℃。
6.2.10 定伸保持器：能使试件标线间距离拉伸 100%以上。
6.2.11 氙弧灯老化试验箱：符合 GB/T 18244—2000 要求的氙弧灯老化试验箱。
6.2.12 硬度计：符合 GB/T 531.1—2008 要求的 AM 型硬度计。
6.2.13 磨耗仪：符合 GB/T 1768—2006 要求的旋转磨耗仪。
6.2.14 冲击仪：符合 GB/T 20624.2—2006 要求的落锤冲击仪。
6.2.15 燃烧试验箱：符合 GB/T 8626—2007 要求的燃烧试验箱。

6.3 试件制备

6.3.1 在试件制备前，试样及所用试验器具应在标准试验条件下放置至少 24 h。
6.3.2 在标准试验条件下称取所需的试样量，保证最终涂膜厚度 1.5 mm±0.2 mm。

将放置后的试样混合均匀，不得加入稀释剂。若试样为多组分涂料，则按产品生产企业要求的配合比混合后在不混入气泡的情况下充分搅拌 5 min，静置 2 min，倒入模框中；也可按生产企业要求使用喷涂设备制备涂膜。模框不得翘曲且表面平滑，为便于脱模，涂覆前可用脱模剂。多组分试样一次涂覆到规定厚度，单组分试样分三次涂覆到规定厚度，试样也可按生产企业的要求次数涂覆（最多三次，每次间隔不超过 24 h），涂覆后间隔 5 min，轻轻刮去表面的气泡，最后一次将表面刮平。制备的涂膜在标准试验条件下养护 96 h，然后脱膜，涂膜翻面后继续在标准试验条件下养护 72 h。

6.3.3 试件形状及数量见表4。

表4 试件形状及数量

<table>
<tr><th>序号</th><th colspan="2">项 目</th><th>试件形状</th><th>数量
个</th></tr>
<tr><td>1</td><td colspan="2">拉伸性能</td><td>符合 GB/T 528 规定的哑铃1型</td><td>5</td></tr>
<tr><td>2</td><td colspan="2">撕裂强度</td><td>符合 GB/T 529—2008 规定的无割口直角形</td><td>5</td></tr>
<tr><td>3</td><td colspan="2">低温弯折性</td><td>100 mm×25 mm</td><td>3</td></tr>
<tr><td>4</td><td colspan="2">不透水性</td><td>150 mm×150 mm</td><td>3</td></tr>
<tr><td>5</td><td colspan="2">加热伸缩率</td><td>300 mm×30 mm</td><td>3</td></tr>
<tr><td>6</td><td colspan="2">吸水率</td><td>50 mm×50 mm</td><td>3</td></tr>
<tr><td rowspan="2">7</td><td rowspan="2">定伸时老化</td><td>热处理</td><td rowspan="2">符合 GB/T 528 规定的哑铃1型</td><td>3</td></tr>
<tr><td>人工气候老化</td><td>3</td></tr>
<tr><td rowspan="2">8</td><td rowspan="2">热处理</td><td>拉伸性能</td><td>120 mm×30 mm,处理后取出再裁取符合 GB/T 528 规定的哑铃1型</td><td>5</td></tr>
<tr><td>低温弯折性</td><td>100 mm×25 mm</td><td>3</td></tr>
<tr><td rowspan="2">9</td><td rowspan="2">碱处理</td><td>拉伸性能</td><td>120 mm×30 mm,处理后取出再裁取符合 GB/T 528 规定的哑铃1型</td><td>5</td></tr>
<tr><td>低温弯折性</td><td>100 mm×25 mm</td><td>3</td></tr>
<tr><td rowspan="2">10</td><td rowspan="2">酸处理</td><td>拉伸性能</td><td>120 mm×30 mm,处理后取出再裁取符合 GB/T 528 规定的哑铃1型</td><td>5</td></tr>
<tr><td>低温弯折性</td><td>100 mm×25 mm</td><td>3</td></tr>
<tr><td rowspan="2">11</td><td rowspan="2">人工气候老化</td><td>拉伸性能</td><td>120 mm×30 mm,处理后取出再裁取符合 GB/T 528 规定的哑铃1型</td><td>5</td></tr>
<tr><td>低温弯折性</td><td>100 mm×25 mm</td><td>3</td></tr>
<tr><td>12</td><td colspan="2">燃烧性能</td><td>250 mm×90 mm</td><td>5</td></tr>
<tr><td>13</td><td colspan="2">硬度(邵 AM)</td><td>120 mm×30 mm</td><td>3</td></tr>
<tr><td>14</td><td colspan="2">耐磨性</td><td>100 mm×100 mm 或 ϕ100 mm</td><td>3</td></tr>
<tr><td>15</td><td colspan="2">耐冲击性</td><td>150 mm×150 mm</td><td>1</td></tr>
</table>

6.4 外观

涂料搅拌后目测检查。

6.5 固体含量

6.5.1 试验步骤

将试样充分搅匀后,取10 g±1 g的试样倒入已干燥称量的直径65 mm±5 mm的培养皿(m_0)中刮平,立即称量(m_1),然后在标准试验条件下放置24 h。再放入到120 ℃±2 ℃烘箱中,恒温3 h,取出放入干燥器中冷却 2 h,然后称量(m_2)。

6.5.2 结果计算

固体含量按式(1)计算:

$$X=\frac{m_2-m_0}{m_1-m_0}\times 100\% \qquad \cdots\cdots(1)$$

式中:

X ——固体含量,%;

m_0——培养皿质量,单位为克(g);

m_1——干燥前试样和培养皿质量,单位为克(g);

m_2——干燥后试样和培养皿质量,单位为克(g)。

试验结果取两次平行试验的平均值,计算结果精确到 0.1%。

对于单组分水固化聚氨酯防水涂料,不加水直接试验,试验结果按单组分聚氨酯防水涂料固体含量规定判定。

对于多组分水固化聚氨酯防水涂料,按上述方法得到的 m_1 应减去采用 GB 18582 卡尔费休法或气相色谱法得到的水分计算试验结果。

6.6 表干时间

按 GB/T 16777—2008 第 16 章进行试验。湿膜厚度为 0.5 mm±0.1 mm。对于表面有组分渗出的试件,以实干时间作为表干时间的试验结果。表干时间不超过 2 h 的,精确到 0.5 h,表干时间大于 2 h 的,精确到 1 h。

6.7 实干时间

按 GB/T 16777—2008 第 16 章进行试验。湿膜厚度为 0.5 mm±0.1 mm。实干时间不超过 2 h 的,精确到 0.5 h,实干时间大于 2 h 的,精确到 1 h。

6.8 流平性

在标准试验条件下,将试样在 200 mL 烧杯中混合搅拌 3 min 后,静置,从开始混合计时,在 20 min 时,将静置的试样均匀涂覆在面积约 250 mm×250 mm 水平放置的玻璃板上,用量为约 2.0 kg/m²,用图 1 梳齿刮刀垂直匀速刮过,5 min 后观察有无明显齿痕。

单位为毫米

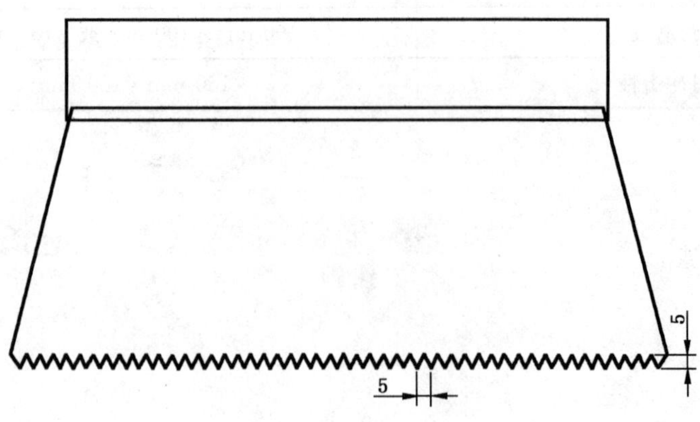

图 1 梳齿刮刀

6.9 拉伸性能

按 GB/T 16777—2008 第 9 章进行试验，拉伸速度为 500 mm/min±50 mm/min。

如果试件在狭窄部分以外断裂则舍弃该试验数据，试验结果取 5 个试件的平均值。若试验数据与平均值的偏差超过 15%，则剔除该数据，以剩下的至少 3 个试件的平均值作为试验结果。若有效试验数据少于 3 个，则需重新试验。

6.10 撕裂强度

按 GB/T 529—2008 中直角形试件进行试验，无割口，拉伸速度为 500 mm/min±50 mm/min。试验 5 个试件，试验结果取 5 个试件的平均值。若试验数据与平均值的偏差超过 15%，则剔除该数据，以剩下的至少 3 个试件的平均值作为试验结果。若有效试验数据少于 3 个，则需重新试验。

6.11 低温弯折性

按 GB/T 16777—2008 第 14 章进行试验。

6.12 不透水性

按 GB/T 16777—2008 第 15 章进行试验，金属网孔径 0.5 mm±0.1 mm。

6.13 加热伸缩率

按 GB/T 16777—2008 第 12 章进行试验。

6.14 粘结强度

按 GB/T 16777—2008 中 7.1 中 A 法进行试验。

6.15 吸水率

将 6.3 中在标准试验条件下放置的涂膜试件，称量试件 m_1。然后将试件浸入 23 ℃±2 ℃的水中 168 h±2 h，取出用滤纸吸干表面的水渍，立即称量 m_2，试件从水中取出到称量完毕应在 1 min 内完成。

吸水率按式(2)计算：

$$W_m = \frac{m_2 - m_1}{m_1} \times 100\% \qquad \cdots\cdots(2)$$

式中：

W_m ——吸水率，%；

m_1 ——浸水前试件质量，单位为克(g)；

m_2 ——浸水后试件质量，单位为克(g)。

试验结果取 3 个试件的算术平均值，结果计算精确到 0.1%。

6.16 定伸时老化

按 GB/T 16777—2008 第 11 章进行试验。

6.17 热处理

按 GB/T 16777—2008 中 9.2.2 进行试验，试验结果按 6.9 处理。

6.18 碱处理

按 GB/T 16777—2008 中 9.2.3 进行试验，试验结果按 6.9 处理。

6.19 酸处理

按 GB/T 16777—2008 中 9.2.4 进行试验,试验结果按 6.9 处理。

6.20 人工气候老化

按 GB/T 16777—2008 中 9.2.6 进行试验,累计辐照能量 2 000 MJ/m^2(暴露时间约 1 000 h),试验结果按 6.9 和 6.11 处理。

6.21 燃烧性能

按 GB/T 8626—2007 进行,采用垂直燃烧试验方法。

6.22 硬度(邵 AM)

按 6.3 制备涂膜试件,并按 GB/T 531.1—2008 规定进行试验。用邵 AM 橡胶硬度计测定,弹簧试验力保持时间为 15 s。

6.23 耐磨性

按 6.3 制备涂膜试件,将其满粘至玻璃基板上,并按 GB/T 1768—2006 规定进行试验。使用 100# 石英砂轮测定。

6.24 耐冲击性

按 6.3 制备涂膜试件,放置在 0.50 mm±0.05 mm 马口铁板上,并按 GB/T 20624.2—2006 规定进行试验。试验时,冲击用的球形冲头直径为 12.7 mm,导管长 1 m～1.2 m,重锤质量为 1 kg。试验结果以 kg·m 表示。

6.25 接缝动态变形能力

按 6.3 制备涂膜试件,并按 JC/T 975—2005 中 6.20 试验。

6.26 有害物质限量

按 JC 1066—2008 中反应型防水涂料进行。对于苯酚、蒽、萘采用单组分或双组分的非预聚体组分直接进样方法检测。

7 检验规则

7.1 检验分类

按检验类型分为出厂检验和型式检验。

7.1.1 出厂检验

出厂检验项目包括:外观、固体含量、表干时间、实干时间、拉伸强度、断裂伸长率、撕裂强度、流平性、低温弯折性、不透水性。

7.1.2 型式检验

型式检验项目包括 5.1、表 1 和表 3,以及按表 2 选定的可选性能。在下列情况下进行型式检验:

a) 新产品投产或产品定型鉴定时；
b) 正常生产时，每年进行一次。人工气候加速老化(外露使用产品)每两年进行一次；
c) 原材料、工艺等发生较大变化，可能影响产品质量时；
d) 出厂检验结果与上次型式检验结果有较大差异时；
e) 产品停产6个月以上恢复生产时。

7.2 组批

以同一类型15 t为一批，不足15 t亦可作为一批(多组分产品按组分配套组批)。

7.3 抽样

在每批产品中随机抽取两组样品，一组样品用于检验，另一组样品封存备用。每组至少5 kg(多组分产品按配比抽取)，抽样前产品应搅拌均匀。若采用喷涂方式取样量根据需要抽取。

7.4 判定规则

7.4.1 单项判定

7.4.1.1 外观

抽取的样品外观符合标准规定时，判该项合格。

7.4.1.2 物理力学性能

固体含量、拉伸强度、断裂伸长率、撕裂强度、处理后拉伸强度保持率、处理后断裂伸长率、加热伸缩率、粘结强度、吸水率、耐磨性以其平均值达到标准规定的指标判为该项合格。

硬度项目以其中值达到标准规定的指标判为该项合格。

不透水性、低温弯折性和定伸时老化项目以三个试件均达到标准规定判为该项合格。

流平性、表干时间、实干时间、燃烧性能、耐冲击性和接缝动态变形能力项目达到标准规定时判为该项合格。

各项试验结果均符合标准规定，则判该批产品性能合格。若有一项指标不符合标准规定，则用备用样对不合格项进行单项复验。若符合标准规定时，则判该批产品性能合格，否则判定为不合格。

7.4.1.3 有害物质限量

按产品标记和表3的A类或B类判定，符合则判相应类别合格。

7.4.2 总判定

外观、基本性能、按表2选定的可选性能和有害物质限量均符合标准规定的要求时，判该批产品合格。

8 标志、包装、运输和贮存

8.1 标志

产品外包装上应包括：
a) 生产厂名、地址；
b) 产品名称；
c) 商标；

d) 产品标记；

e) 产品配比(多组分)；

f) 加水配比(水固化产品)；

g) 产品净质量；

h) 生产日期和批号；

i) 使用说明；

j) 可选性能(若有时)；

k) 运输和贮存注意事项；

l) 贮存期。

8.2 包装

产品用带盖的铁桶密闭包装,多组分产品按组分分别包装,不同组分的包装应有明显区别。

8.3 贮存和运输

贮存与运输时,不同分类的产品应分别堆放。禁止接近火源,避免日晒雨淋,防止碰撞,注意通风。贮存温度 5 ℃～40 ℃。

在正常贮存、运输条件下,贮存期自生产日起至少为 6 个月。

附 录 A
（资料性附录）
产品的应用领域

本次标准修订，产品的分类变化较大，为了便于建设、设计、施工、生产等选择产品，提出了以下建议应用的领域，但不表明该类产品仅限于以下的应用领域：

——Ⅰ型产品可用于工业与民用建筑工程；

——Ⅱ型产品可用于桥梁等非直接通行部位；

——Ⅲ型产品可用于桥梁、停车场、上人屋面等外露通行部位。

室内、隧道等密闭空间宜选用有害物质限量A类的产品，施工与使用时应注意通风。

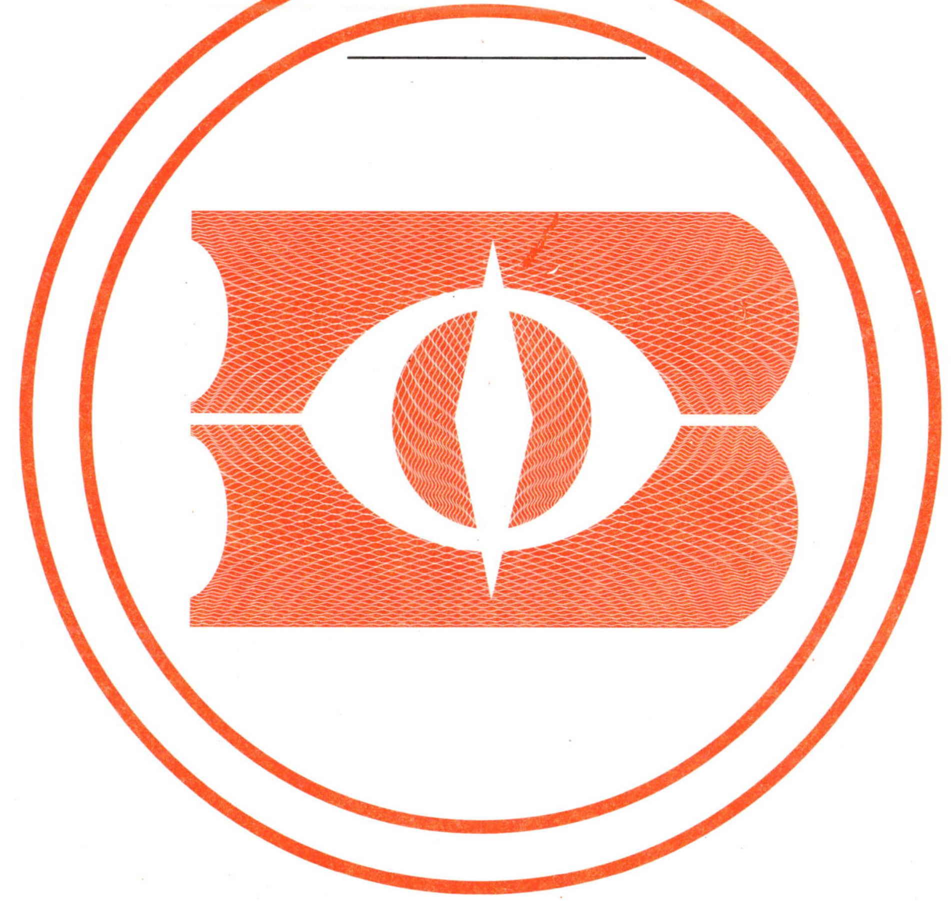

ICS 87.060.20
G 52

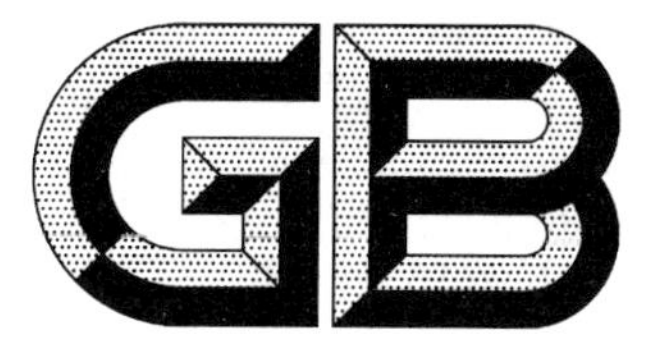

中华人民共和国国家标准

GB/T 20623—2006

建筑涂料用乳液

Emulsions for architectural coatings

2006-09-01 发布　　2007-02-01 实施

中华人民共和国国家质量监督检验检疫总局
中国国家标准化管理委员会　发布

前　言

本标准的附录A为规范性附录。

本标准由中国石油和化学工业协会提出。

本标准由全国涂料和颜料标准化技术委员会归口。

本标准负责起草单位：中国化工建设总公司常州涂料化工研究院。

本标准参加起草单位：罗门哈斯公司、江苏日出集团公司、巴斯夫(中国)有限公司、北京东方亚科力化工科技有限公司、广东顺德市巴德富实业有限公司、长兴化学工业(中国)有限公司、立邦涂料(中国)有限公司、联碳合成胶乳陶氏化学集团子公司、常州光辉化工有限公司、阿帝兰(集团)公司、上海保立佳化工有限公司。

本标准主要起草人：赵玲、冯世芳、苏春海、于滨、彭菊芳、孔志远。

本标准2006年09月首次发布。

建筑涂料用乳液

1 范围

本标准规定了由丙烯酸酯类、甲基丙烯酸酯类、醋酸或其他有机酸的乙烯基酯类、苯乙烯等单体通过乳液聚合而成的以水作为分散介质的各类合成树脂乳液的要求、试验方法、检验规则、标志、包装和贮存。

本标准适用于在建筑内外墙涂料中起成膜粘结作用的通用型合成树脂乳液。

2 规范性引用文件

下列文件中的条款通过本标准的引用而成为本标准的条款。凡是注日期的引用文件，其随后所有的修改单(不包括勘误的内容)或修订版均不适用于本标准，然而，鼓励根据本标准达成协议的各方研究是否可使用这些文件的最新版本。凡是不注日期的引用文件，其最新版本适用于本标准。

GB/T 1250 极限数值的表示方法和判定方法

GB/T 2794—1995 胶黏剂黏度的测定

GB 3186 色漆、清漆和色漆与清漆用原材料取样

GB/T 9267—1988 乳胶漆用乳液最低成膜温度的测定(neq ISO 2115:1976)

GB/T 9750 涂料产品包装标志

GB/T 13491—1992 涂料产品包装通则

GB 18582—2001 室内装饰装修材料 内墙涂料中有害物质限量

HG/T 2458—1993 涂料产品检验、运输和贮存通则

3 要求

产品应符合表1的要求。

表1 要求

项目		指标
容器中状态		乳白色均匀流体，无杂质，无沉淀，不分层
不挥发物的质量分数/%	≥	45或商定
pH值		商定
黏度/(mPa·s)		商定
最低成膜温度/℃		商定
冻融稳定性(3次)		无异常
贮存稳定性		无硬块，无絮凝，无明显分层和结皮
稀释稳定性/%	≤	
	上层清液	5
	下层沉淀	5
机械稳定性		不破乳，无明显絮凝物
钙离子稳定性(0.5% $CaCl_2$ 溶液)		48 h无分层，无沉淀，无絮凝
残余单体总和[a]/%	≤	0.10

表 1(续)

项　　目		指　　标
游离甲醛的质量分数/(g/kg) (限内墙涂料用乳液)	≤	0.08
挥发性有机化合物的含量/(g/L) (限内墙涂料用乳液)	≤	30
a　以乳液中不挥发物质量分数为 50%计。		

4　试验方法

4.1　取样

产品按 GB 3186 的规定进行取样,也可按供需双方商定的方法进行取样。取样量根据检验需要而定。样品分为两份,一份密封保存,另一份作为检验用样品。

4.2　容器中状态

打开包装容器,目视观察有无分层,借助搅棒搅拌观察有无沉淀,用搅棒将混匀后的试样在清洁的玻璃板上涂布成均匀的薄层后观察有无机械杂质。

4.3　不挥发物

在(150±2)℃的鼓风烘箱内焙烘平底圆盘(直径约 75 mm)15 min,在干燥器内使其冷却至室温,称量(m_0),准确至 1 mg。以同样的精度在盘内称入受试产品(m_1)约 1 g,并确保样品均匀地分散在盘面上。如果样品黏度太高,可用水对称量后的样品进行适当稀释并搅匀。将称好试样的圆盘放入已预热到(150±2)℃的鼓风烘箱内,保持 15 min。将盘移入干燥器内,冷却至室温后称量(m_2),精确到 1 mg。

不挥发物含量按式(1)计算:

$$w_{NV} = \frac{m_2 - m_0}{m_1} \times 100 \qquad \cdots\cdots(1)$$

式中:

w_{NV}——乳液中不挥发物的质量分数,(%);

m_2——加热后试样和圆盘的质量,单位为克(g);

m_0——圆盘的质量,单位为克(g);

m_1——加热前试样的质量,单位为克(g)。

平行测定两次,两次试验结果之差应不大于 1%。试验结果以两次测定值的平均值表示,精确到小数点后一位。

4.4　pH 值

将试样充分搅匀后置于容积为 50 mL 的烧杯中,用精度为 0.01 的酸度计测定试样在(23±2)℃时的 pH 值。平行测定 3 次,结果以 3 次测定值的平均值表示,精确到小数点后一位。

注:如样品太稠时,也可用水(符合 GB/T 6682 三级蒸馏水)以 1∶1(体积比)稀释后再进行测定。

4.5　黏度

按 GB/T 2794—1995 中旋转黏度计法进行。

4.6　最低成膜温度

按 GB/T 9267—1988 规定进行。

4.7　冻融稳定性

将 50 g 试样装入约 100 mL 的圆筒状塑料或玻璃容器中,注意不要混入气泡,盖上盖子密封。将其放入(−5±2)℃低温箱中,18 h 后取出,再在(23±2)℃条件下放置 6 h。如此反复 3 次后,打开容器,用玻璃棒搅拌,观察试样有无硬块、凝聚等异常现象,如无则认为“无异常”。可借助玻璃棒将试样在玻璃板上涂布成均匀的薄层后观察有无絮凝物的存在。

4.8 贮存稳定性

将约 0.5 L 的样品装入合适的塑料或玻璃容器中，瓶内留有约 10%的空间，密封后放入(50±2)℃恒温干燥箱中，2 周后取出在(23±2)℃下放置 3 h，打开容器，观察有无分层、结皮、硬块及絮凝现象。可借助玻璃棒将试样在玻璃板上涂布成均匀的薄层后观察有无絮凝物的存在。

4.9 稀释稳定性

将试样用蒸馏水稀释到不挥发物为(3±0.5)%，然后将水分散液置于 100 mL 具塞量筒中，静置 72 h 后，测出上层清液的体积以及底层沉淀部分的体积。稀释稳定性分别以上层清液和底层沉淀在 100 mL 稀释液中所占的体积分数表示，结果取整数。

4.10 机械稳定性

在大约为 1 000 mL 的适宜容器(直径约 100 mm、高度约 180 mm)中称入(400±0.5)g 已过滤[孔径为 177 μm(80 目)的滤网]的乳液，将其放在高速分散机座上，用夹子固定，开动分散机(搅拌头为盘齿形，直径约 40 mm)，调速达 2 500 r/min，分散 0.5 h，再过滤，并用自来水将容器内壁上的残留物冲至滤网中，用自来水冲洗滤网，观察乳液是否破乳及有无明显的絮凝物。

4.11 钙离子稳定性

在小烧杯中加入 30 mL 乳液，然后加入质量分数为 0.5%的 $CaCl_2$ 溶液 6 mL，搅匀后置于 50 mL 具塞量筒中，48 h 后观察有无分层、沉淀、絮凝等现象。可借助玻璃棒将试样在玻璃板上涂布成均匀的薄层后观察有无絮凝物的存在。

4.12 残余单体总和

按附录 A 进行。

4.13 游离甲醛

按 GB 18582—2001 中附录 B 规定进行。

4.14 挥发性有机化合物(VOC)

按 GB 18582—2001 中附录 A 规定进行。

5 检验规则

5.1 检验分类

5.1.1 产品检验分为出厂检验和型式检验。

5.1.2 出厂检验项目包括容器中状态、不挥发物、pH 值、黏度 4 项。

5.1.3 型式检验项目包括本标准所列的全部技术要求。

5.1.3.1 在正常生产情况下，冻融稳定性、贮存稳定性、稀释稳定性、机械稳定性、钙离子稳定性 5 项为 1 季度检验 1 次；残余单体总和为半年检验 1 次；最低成膜温度、游离甲醛、挥发性有机化合物 3 项为 1 年检验 1 次。

5.1.3.2 在 HG/T 2458—1993 中 3.2 规定的其他情况下亦应进行型式检验。

5.2 检验结果的判定

按 GB/T 1250 中修约值比较法进行。

6 标志、包装和贮存

6.1 标志

按 GB/T 9750 的规定进行。

6.2 包装

按 GB/T 13491—1992 中二级包装要求的规定进行。

6.3 贮存

产品贮存时应保证通风、干燥，防止日光直接照射，冬季时应采取适当防冻措施。产品应根据乳液类型定出贮存期，并在包装标志上明示。

附　录　A
（规范性附录）
残余单体总和的测定

A.1　原理

样品稀释后，采用顶空进样技术，把配制好的样品注入到色谱柱中，经汽化使被测醋酸乙烯酯、丙烯腈、丙烯酸乙酯、甲基丙烯酸甲酯、苯乙烯、丙烯酸丁酯、丙烯酸异辛酯单体与其他组份分离，用氢火焰离子化检测器检测，采用内标法定量。

A.2　适用范围

本方法适用于各类合成树脂乳液中未反应残余单体（如醋酸乙烯酯、丙烯腈、丙烯酸乙酯、甲基丙烯酸甲酯、苯乙烯、丙烯酸丁酯、丙烯酸异辛酯）含量的测定，测量范围为0.001%～1.0%，残余单体含量不在此范围的乳液样品经适当稀释和调整后可按此方法测定。

A.3　试剂与材料

A.3.1　除非另有规定，所用试剂至少为分析纯。

A.3.2　载气：高纯氮气，纯度≥99.999%；

A.3.3　燃气：高纯氢气，纯度≥99.999%；

A.3.4　助燃气：空气；

A.3.5　丙酮；

A.3.6　环丙基甲基酮（CPMK）；

A.3.7　蒸馏水（GB/T 6682，三级水）；

A.3.8　醋酸乙烯酯（VAC）；

A.3.9　丙烯腈（AN）；

A.3.10　丙烯酸乙酯（EA）；

A.3.11　甲基丙烯酸甲酯（MMA）；

A.3.12　苯乙烯（ST）；

A.3.13　丙烯酸丁酯（BA）；

A.3.14　丙烯酸异辛酯（2-EHA）；

A.4　仪器

A.4.1　气相色谱仪：能满足分析要求并配有氢火焰离子化检测器的气相色谱仪。

A.4.2　进样器：能满足分析要求的顶空进样装置。

A.4.3　色谱柱：甲基聚硅氧烷（35%三氟丙基）毛细管柱 60 m×0.32 mm×1.5 μm。

A.4.4　分析天平：精度为0.1 mg。

A.4.5　顶空瓶：容积为20 mL。

注：本方法是以顶空进样器和毛细柱及FID检测器为基础的。任何型号的气相色谱仪、顶空进样器及性能相当或性能优越的能排除干扰峰的色谱柱均可使用，前提是一定要有足够的分离度和灵敏度。

A.5 分析条件

A.5.1 顶空条件

A.5.1.1 恒温箱温度:130℃。

A.5.1.2 定量管温度:150℃。

A.5.1.3 传送线温度:170℃。

A.5.1.4 样品平衡时间:10.0 min。

A.5.1.5 瓶压平衡时间:0.20 min。

A.5.1.6 定量管充满时间:0.11 min。

A.5.1.7 定量管平衡时间:0.20 min。

A.5.1.8 进样时间:1 min。

A.5.1.9 定量管:2 mL。

A.5.1.10 样品循环周期:38.0 min。

A.5.2 色谱条件

A.5.2.1 初温 40℃,恒温 2 min,以 10℃/min 升温速率升至 100℃,恒温 2 min,再以 6℃/min 升温速率升至 200℃,保持 5 min。

A.5.2.2 检测器温度:250℃。

A.5.2.3 进样器温度:225℃。

A.5.2.4 载气流速:2.6 mL/min。

A.5.2.5 氢气流速:30 mL/min。

A.5.2.6 空气流速:300 mL/min。

A.5.2.7 分流比:10∶1。

注:以上分析条件仅供参考,可根据所用仪器和色谱柱及样品的实际情况另外选择最佳的色谱测试条件。

A.6 试验步骤

A.6.1 仪器调整

按照 A.5 给出的色谱分析条件进行参数调整,使仪器达到最佳状态。

A.6.2 校正因子测定

A.6.2.1 内标溶液

准确称取 0.05 g(精确至 0.1 mg)环丙基甲基酮(CPMK)于 50 mL 容量瓶中,用水稀释至刻度。配成质量浓度为 0.1 g/100 mL 的溶液。

A.6.2.2 储液

A 液:分别称取醋酸乙烯酯、丙烯腈、丙烯酸乙酯、甲基丙烯酸甲酯、苯乙烯、丙烯酸丁酯、丙烯酸异辛酯试剂各 0.1 g(精确至 0.1 mg)于一个带有密封盖的 20 mL 小瓶中,准确称取 10 g 丙酮(精确至 0.1 mg)加入瓶中混合均匀,此溶液各单体的质量分数约为 1.0%。

B 液:用丙酮将 A 液继续稀释成质量分数为 0.1%的溶液。

注:如果待测样品含量低于测量范围,可将 B 液继续稀释至约 0.01%。

A.6.2.3 标准溶液

按约 1∶1 的比例准确称取内标溶液(A.6.2.1)和储液 B 液混合均匀。

注:此溶液制备后只能储存 2 d。

A.6.2.4 取一滴(约 0.01 g)内标溶液(A.6.2.1)于一顶空瓶中作空白,用以检查和调整仪器的状态是否处于正常。

A.6.2.5 取一滴(约 0.01 g)标准溶液(A.6.2.3)于一顶空瓶中,用盖封好,待仪器稳定后按照 A.5 给出的分析条件操作，记录色谱图（见图 A.1），用式（A.1）计算各单体的相对响应因子。

$$F_i = (m_i \times A_s)/(m_s \times A_i) \quad \cdots\cdots\cdots\cdots (A.1)$$

式中：

F_i——一种残余单体的相对响应因子；

m_i——标准溶液中 B 液所含相应单体的质量，单位为克(g)；

m_s——标准溶液中内标溶液所含内标物的质量，单位为克(g)；

A_i——相应单体的峰面积；

A_s——内标物的峰面积。

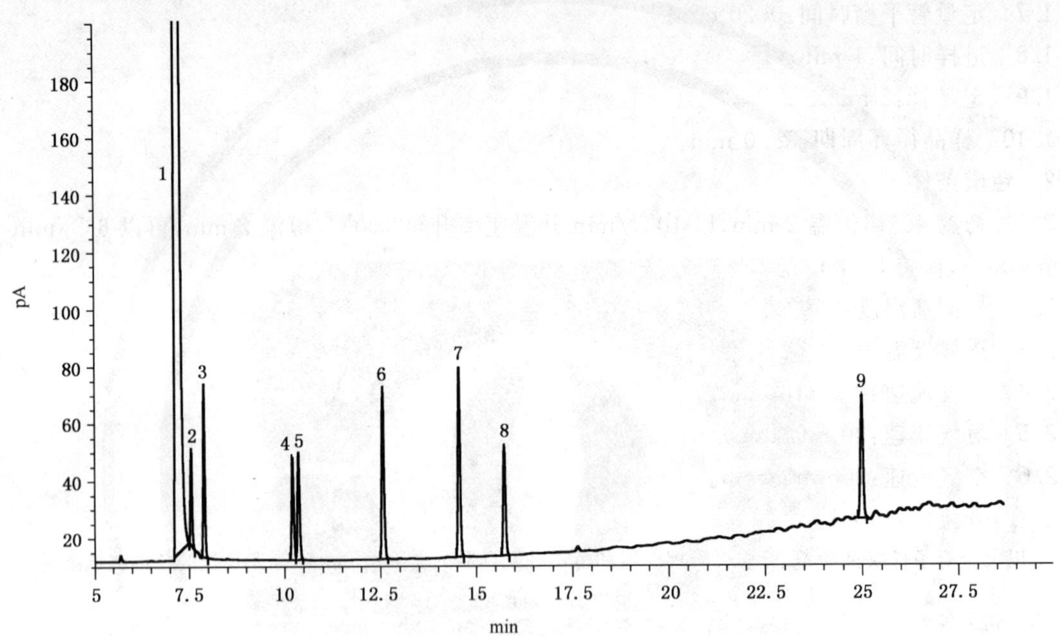

1——丙酮；

2——醋酸乙烯酯；

3——丙烯腈；

4——丙烯酸乙酯；

5——甲基丙烯酸甲酯；

6——环丙基甲基酮；

7——苯乙烯；

8——丙烯酸丁酯；

9——丙烯酸异辛酯。

图 A.1　乳液中各残余单体色谱分离图

A.6.3　样品测定

A.6.3.1　如果样品中的单体组分是未知的，首先要按照 A.5 的分析条件进行定性，记录色谱图，用相对保留时间来鉴别单体的存在。

A.6.3.2　准确称取乳液样品和内标溶液按 1∶1 充分混匀，然后取 1 滴混合液加入顶空瓶中用盖封好，注入色谱柱中，按照 A.5 给出的分析条件进行测试，记录色谱图，按式（A.2）计算乳液中各残余单体的含量。

$$w_i = [(m_s \times A_{ia})F_i/(m_a \times A_s)] \times 100 \quad \cdots\cdots\cdots\cdots (A.2)$$

式中：

w_i——乳液样品中一种残余单体的质量分数，(%)；

F_i——相应单体的相对响应因子；

m_a——乳液样品的质量，单位为克(g)；

m_s——内标溶液中所含内标物的质量，单位为克(g)；

A_{ia}——乳液样品中相应单体的峰面积；

A_s——内标物的峰面积。

A.6.4 结果计算

A.6.4.1 按式(A.3)计算乳液中残余单体质量分数的总和。

$$w_{总} = w_{VAC} + w_{AN} + w_{EA} + w_{MMA} + w_{ST} + w_{BA} + w_{2\text{-}EHA} \qquad (A.3)$$

A.6.4.2 按式(A.4)计算乳液中不挥发物为50%时残余单体质量分数的总和。

$$w = 50\% \times w_{总} / w_{NV} \qquad (A.4)$$

式中：

w——乳液中不挥发物为50%时残余单体质量分数的总和；

$w_{总}$——乳液中残余单体质量分数的总和；

w_{NV}——乳液中不挥发物的质量分数。

A.7 各单体出峰顺序及保留时间

组 份	保留时间/min
醋酸乙烯酯(VAC)	7.56
丙烯腈(AN)	7.89
丙烯酸乙酯(EA)	10.21
甲基丙烯酸甲酯(MMA)	10.37
苯乙烯(ST)	14.56
丙烯酸丁酯(BA)	15.75
丙烯酸异辛酯(2-EHA)	24.99
环丙基甲基酮(CPMK)	12.57

注：以上保留时间仅作为参考，实际操作时可能会出现稍快或稍慢的现象，可根据色谱柱和色谱条件下所用的实际保留时间来定性所要分析的组分。

参 考 文 献

GB/T 6682 分析实验室用水规格和试验方法(GB/T 6682—1992,neq ISO 3696:1987)

ICS 87.040
G 51

中华人民共和国国家标准

GB/T 21090—2007

可调色乳胶基础漆

Emulsion paint tinting base

2007-09-11 发布　　2008-04-01 实施

中华人民共和国国家质量监督检验检疫总局
中国国家标准化管理委员会　发布

前言

本标准附录A、附录B为规范性附录。

本标准由中国石油和化学工业协会提出。

本标准由全国涂料和颜料标准化技术委员会归口。

本标准主要起草单位：深圳市海川实业股份有限公司、深圳海川色彩科技有限公司、中国化工建设总公司常州涂料化工研究院、国家化学建筑材料测试中心（建工测试部）、立邦涂料（中国）有限公司。

本标准参加起草单位：上海市建筑科学院、四川省建材工业科学研究院、紫荆花制漆（深圳）有限公司、南京天祥涂料有限公司、上海申真企业发展有限公司、广东华润涂料有限公司。

本标准主要起草人：何唯平、陈素平、汤惠工、冯世芳、赵玲、马捷、唐磊、宁超峰、曾凡星、熊爱容、徐凯斌、吕兆荣、霍颖仪。

本标准委托全国涂料和颜料标准化技术委员会负责解释。

可调色乳胶基础漆

1 范围

本标准规定了可调色用乳胶漆产品的定义、分类、要求、试验方法、检验规则及标志、包装和贮存。

本标准适用于由合成树脂乳液为基料、加入颜填料、助剂等配制而成的室内、室外用可调色乳胶基础漆。

2 规范性引用文件

下列文件中的条款通过本标准的引用而成为本标准的条款。凡是注日期的引用文件，其随后所有的修改单(不包括勘误的内容)或修订版均不适用于本标准，然而，鼓励根据本标准达成协议的各方研究是否可使用这些文件的最新版本。凡是不注日期的引用文件，其最新版本适用于本标准。

GB/T 1250 极限数值的表示方法和判定方法

GB/T 1725 色漆、清漆和塑料 不挥发物含量的测定(GB/T 1725—2007,ISO 3251:2003,IDT)

GB/T 3186—2006 色漆、清漆和色漆与清漆用原材料 取样(ISO 15528:2000,IDT)

GB/T 9269 建筑涂料粘度的测定 斯托默粘度计法

GB/T 9278 涂料试样状态调节和试验的温湿度(GB 9278—1988,eqv ISO 3270:1984,Paint and varnish and their raw materials—Temperatures and humidities for conditioning and testing)

GB/T 9750 涂料产品包装标志

GB/T 9755—2001 合成树脂乳液外墙涂料

GB/T 9756 合成树脂乳液内墙涂料

GB/T 13491 涂料产品包装通则

GB 18582 室内装饰装修材料 内墙涂料中有害物质限量

HG/T 2458—1993 涂料产品检验、运输和贮存通则

3 定义

3.1

可调色乳胶基础漆 emulsion paint tinting base

与色浆等着色剂混合，具有良好相容性，调色后能满足施工及使用要求的基础乳胶漆。

3.2

颜色稳定性 colour stability

可调色乳胶基础漆在消色力、色相方面的批次稳定性能。

4 产品分类

按产品使用环境分为室内用和室外用可调色乳胶基础漆两类。每一类按对比率又分为用于调浅色漆、中等色漆和深色漆三种可调色乳胶基础漆。

用于调浅色漆的可调色乳胶基础漆：对比率 $x \geqslant 0.87$；

用于调中等色漆的可调色乳胶基础漆：$0.40 <$ 对比率 $x < 0.87$；

用于调深色漆的可调色乳胶基础漆：对比率 $x \leqslant 0.40$。

5 要求

5.1 由可调色乳胶基础漆与配套色浆调配成乳胶色漆后，内墙乳胶色漆应符合GB/T 9756 和

GB 18582的要求，外墙乳胶色漆应符合 GB/T 9755 的要求。

5.2　室内用和室外用可调色乳胶基础漆产品还应符合表1要求。

表1　要求

<table>
<tr><th rowspan="2">项　　目</th><th colspan="3">指　　标</th></tr>
<tr><th>用于调浅色漆的可调色乳胶基础漆</th><th>用于调中等色漆的可调色乳胶基础漆</th><th>用于调深色漆的可调色乳胶基础漆</th></tr>
<tr><td>容器中状态</td><td colspan="3">无硬块，搅拌后呈均匀状态</td></tr>
<tr><td>固体含量/%</td><td colspan="2">≥50</td><td>≥40</td></tr>
<tr><td>黏度/KU</td><td colspan="3">≥75</td></tr>
<tr><td rowspan="2">相容性</td><td colspan="3">目测无浮色、发花</td></tr>
<tr><td>色差 ΔE≤0.5</td><td>色差 ΔE≤0.8</td><td>碳黑、铁红色差 ΔE≤1.0
酞菁蓝色差 ΔE≤1.5</td></tr>
<tr><td>颜色稳定性</td><td colspan="3">色差 ΔE≤1.0</td></tr>
</table>

6　试验方法

6.1　取样

按 GB/T 3186—2006 的规定执行。

6.2　试验环境

按 GB/T 9278 的规定执行。

6.3　容器中状态

打开包装容器，用刮刀或搅棒搅拌，经搅拌易于混合均匀时，可评为“无硬块，搅拌后呈均匀状态”

6.4　不挥发物含量

按 GB /T 1725 的规定进行

6.5　对比率

按 GB/T 9755—2001 中 5.8 的规定进行。

6.6　黏度

按 GB/T 9269 的规定进行。

6.7　相容性

按附录 A 的规定进行。

6.8　颜色稳定性

按照附录 B 的规定进行。

7　检验规则

7.1　检验分类

产品检验分出厂检验和型式检验

7.1.1　出厂检验项目包括容器中状态、黏度、颜色稳定性。

7.1.2　型式检验项目包括本标准所列的全部技术要求。

7.1.2.1　在正常情况下，不挥发物含量、相容性为半年检验一次，5.1 要求的项目分别按照 GB/T 9756、GB 18582及 GB/T 9755 中规定的时间检验。

7.1.2.2　在 HG/T 2458—1993 中 3.2 规定的其他情况下亦应进行型式检验。

7.2　检验结果的判定

7.2.1　单项检验结果的判定按 GB/T 1250 中修约值比较法进行。

7.2.2 产品检验结果的判定按 HG/T 2458—1993 中 3.5 规定进行。

8 标志、包装和贮存

8.1 标志

按 GB/T 9750 的规定进行。

8.2 包装

按 GB/T 13491 中二级包装要求的规定进行。

8.3 贮存

产品存放时应保持通风、干燥、防止日光直接照射，冬季应采取适当的防冻措施。产品应根据乳液类型定出贮存期，并在包装标志上明示。

附　录　A
（规范性附录）
相容性试验方法——指研法

A.1　试验环境

按照 GB/T 9278 的规定执行。

A.2　试验器具

A.2.1　天平：精度 0.1 g。

A.2.2　湿膜制备器：规格 250 μm。

A.2.3　不覆膜、无荧光的黑白各半卡纸，黑白工作板和卡纸的反射率为：黑色：不大于 1%；白色：(80±2)%。

A.2.4　双光束分光光度测色仪：采用 SCI 模式，D65 光源，D8 测试角度。

A.2.5　可调色乳胶基础漆供应商提供的配套用碳黑、铁红、酞菁蓝色。

A.3　试验方法

A.3.1　称取 100 g 的可调色乳胶基础漆于合适的容器中，按表 A.1 给出的色浆添加量加入一定量的某种色浆(精确到 0.1 g)，充分混匀。若乳胶漆明示了稀释比例，按明示的最大稀释比例加水后充分混匀。静置 5 min，用 250 μm 的湿膜制备器在黑白卡纸上制备涂膜；在涂膜表干前，指研能感觉到有明显的阻力时，用食指指腹在漆膜白色区域上匀速研磨(15～30)次，研磨出直径约为 30 mm 无露底区域(如图 A.1)。涂膜于 A.1 试验环境下自然干燥 24 h。

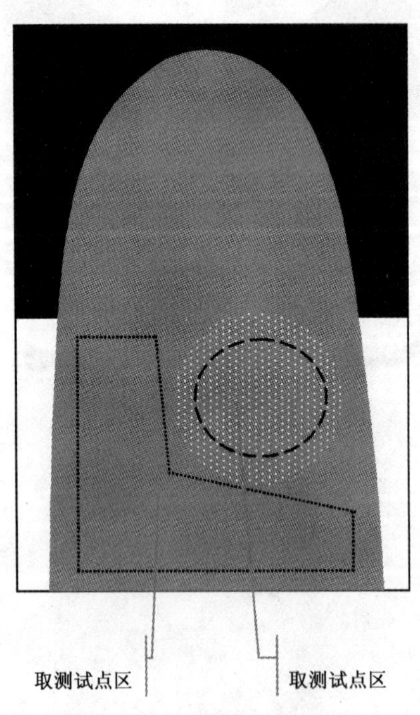

图 A.1　指研示意图

A.3.2　目视观测指研区和未指研区，若颜色均匀，指研区和未指研区无明显色差，则可评为无浮色、发花。

A.3.3 在未研区距离涂膜边界及指研区边界 10 mm 的区域内取一点作为标准，在指研区距指研区边界 10 mm 内区域取另一点，使用测色仪测试该两点间色差。按照同样的方式在未研区和指研区另外再各取一点测试两点间色差，取两次测试色差平均值为一次测试结果。

A.3.4 用 A.3.1 配置好的测试漆样平行刮板试验三次，如两次相近的测试结果之差不大于 0.2 时，以两次相近测试结果的算术平均值作为最终结果。如两次相近的测试结果之差大于 0.2 时，视为试验无效，需重新试验。

A.3.5 重复 A.3.1～A.3.4，测试其他色浆与可调色乳胶基础漆的相容性。

A.4 结果判定

三种色浆测试结果均符合本标准要求时，则判定该产品相容性符合本标准要求；如三种色浆中有一种色浆相容性未达到本标准要求时，则判定该产品相容性不符合本标准要求。

表 A.1 相容性测试可调色乳胶基础漆与该基础漆供应商提供的配套色浆的配比

可调色乳胶基础漆加量/g	碳黑色浆加量/g	铁红色浆加量/g	酞菁蓝色浆加量/g
用于调浅色漆的可调色基础漆，100	3	3	3
用于调中等色漆的可调色基础漆，100	5	5	5
用于调深色漆的可调色基础漆，100	10	10	10

附 录 B
（规范性附录）
颜色稳定性试验方法

B.1 试验环境

按 GB/T 9278 的规定执行。

B.2 试验器具

B.2.1 天平：精度 0.1 g；

B.2.2 湿膜制备器：规格 250 μm；

B.2.3 黑白卡纸；

B.2.4 双光束分光光度测色仪：采用 SCI 模式，D65 光源，D8 测试角度；

B.2.5 配套碳黑色浆：可调色乳胶基础漆供应商提供的配套碳黑色浆；

B.2.6 可调色乳胶基础漆参比样：由有关双方商定的可调色乳胶基础漆。

B.3 试验方法

B.3.1 按表 A.1 规定的可调色乳胶基础漆与色浆添加比例，称取可调色乳胶基础漆参比样和待测可调色乳胶基础漆，分别加入相同量的同一批碳黑色浆，搅拌均匀。各取少量于黑白卡纸上，用 250 μm 的湿膜制备器，在黑白卡纸上制备两条宽度不小于 25 mm，接触边长不小于 40 mm 的均匀不透明涂膜（见图 B.1），于 B.1 试验环境下干燥 24 h 后测试。

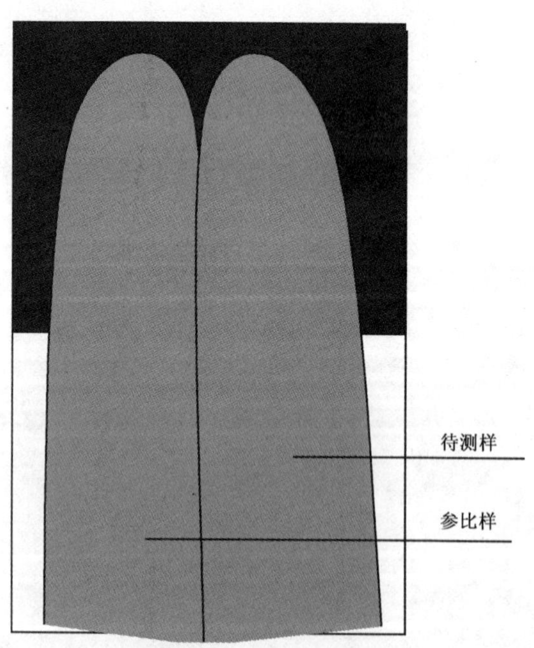

图 B.1 颜色稳定性

B.3.2 同在黑色底板面上或白色底板面上，在距离涂膜边界、参比样和待测样涂膜交界线 10 mm 以内的区域各取两点，用测色仪测试参比样和待测样涂膜间的色差，以两点色差结果的算术平均值作为最终结果。

ICS 87.040
Q 18

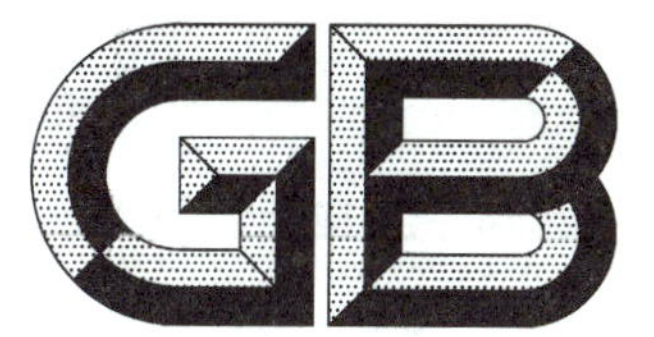

中华人民共和国国家标准

GB/T 22374—2018
代替 GB/T 22374—2008

2018-06-07 发布　　　　2019-05-01 实施

国家市场监督管理总局
中国国家标准化管理委员会　发布

前言

本标准按照 GB/T 1.1—2009 给出的规则起草。

本标准代替 GB/T 22374—2008《地坪涂装材料》。

本标准与 GB/T 22374—2008 相比，除编辑性修改外主要技术变化如下：

——修改了术语和定义(见第 3 章，2008 年版的第 3 章)；

——修改了产品分类(见 4.1，2008 年版的 4.1)；

——增加了“乙二醇醚及醚酯总和、邻苯二甲酸酯类总和、游离 4,4’-二氨基二苯甲烷(MDA)、总挥发性有机化合物(TVOC)释放量、甲醛释放量”项目(见表 1，2008 年版的表 2)；

——底涂中增加“拉伸粘结强度”项目，删除“附着力”项目(见表 2，2008 年版的表 3)；

——增加了地坪涂装材料中涂的技术要求(见表 3)；

——面涂基本性能中对水性、溶剂型地坪增加“拉伸粘结强度”项目；对室外用地坪增加“耐人工气候老化性”项目；对自流平地坪增加“初始流动度”项目；删除“附着力”项目(见表 4，2008 年版的表 4)；

——增加了聚合物水泥复合地坪涂装材料面涂的技术要求(见表 5)；

——面涂特殊性能中增加了“弹性”“涂层耐温变性”“抗划伤性”“抗热胎压痕性”项目，删除“流动度”“拉伸粘结强度”“耐人工气候老化性”(见表 6，2008 年版的表 5)；

——修改了挥发性有机化合物含量(VOC)、游离甲醛的试验方法(见 6.2.3、6.2.4，2008 年版的 6.3.1、6.3.2)；

——试验基材石棉水泥板改为无石棉纤维水泥平板(见 6.3.1.1.1，2008 年版的 6.2.1.1)；

——增加了规范性附录 B(见附录 B)、修改了规范性附录 A(见附录 A，2008 年版的附录 A)。

本标准由中国建筑材料联合会提出。

本标准由全国轻质与装饰装修建筑材料标准化技术委员会(SAC/TC 195)归口。

本标准负责起草单位：上海市建筑科学研究院(集团)有限公司、中国建材检验认证集团股份有限公司、武汉菲凡士建材有限公司、上海阳森精细化工有限公司、广州励宝新材料科技有限公司、青岛瀚生科技有限公司、上海建科检验有限公司。

本标准参加起草单位：立邦涂料(中国)有限公司、科思创聚合物(中国)有限公司、海虹老人涂料(中国)有限公司、阿克苏诺贝尔太古漆油(广州)有限公司、紫荆花涂料(上海)有限公司、西卡(中国)有限公司、福州皇家地坪有限公司、上海景江化工有限公司、厦门哈德新型建材有限公司、富思特新材料科技发展股份有限公司、赢创特种化学(南京)有限公司、阿童木(无锡)涂料有限公司、厦门固克涂料集团有限公司、广州秀珀化工涂料有限公司、中国建筑科学研究院、上海维度化工科技有限公司、巴斯夫化学建材(中国)有限公司、河北晨阳工贸集团有限公司、上海市闵行区腐蚀科学技术学会、苏州工业园区装和技研建材科技有限公司、苏州宇江建材有限公司、上海正欧实业有限公司、上海福轩环保科技有限公司 。

本标准主要起草人：杨勇、胡晓珍、徐宴华、李坚、田坤、夏彦、袁骏、陈辉、黄挺、龚旻罡、张之涵、季龚、王强强、张键、陈文广、蔡伟、张喜强、冯志文、吴泽明、林景秋、王明玉、陈凯、李娅、薛隽、陈遵厚、谢亦富、朱庆坚、吕晓奇、王连盛、于东礼、彭秋柏、沈志聪、周洋、肖良嘉、谢世峰、陈凯、孙惠芬、张福基。

本标准所代替标准的历次版本发布情况为：

——GB/T 22374—2008。

地坪涂装材料

1 范围

本标准规定了地坪涂装材料的术语和定义、分类和标记、要求、试验方法、检验规则、标志、包装、运输和贮存。

本标准适用于涂装在水泥砂浆、混凝土等基面上，对地面起装饰、保护作用以及具有特殊功能(防静电性、防滑性等)要求的合成树脂基和聚合物水泥复合地坪涂装材料。

2 规范性引用文件

下列文件对于本文件的应用是必不可少的。凡是注日期的引用文件，仅注日期的版本适用于本文件。凡是不注日期的引用文件，其最新版本(包括所有的修改单)适用于本文件。

GB/T 250 纺织品 色牢度试验 评定变色用灰色样卡

GB/T 1633—2000 热塑性塑料维卡软化温度(VST)的测定

GB/T 1728—1979 漆膜、腻子膜干燥时间测定法

GB/T 1731 漆膜柔韧性测定法

GB/T 1766 色漆和清漆 涂层老化的评级方法

GB/T 1768 色漆和清漆 耐磨性的测定 旋转橡胶砂轮法

GB/T 1865—2009 色漆和清漆 人工气候老化和人工辐射暴露 滤过的氙弧辐射

GB/T 2411—2008 塑料和硬橡胶 使用硬度计测定压痕硬度(邵氏硬度)

GB/T 2567—2008 树脂浇铸体性能试验方法

GB/T 4100—2015 陶瓷砖

GB/T 6682 分析实验室用水规格和试验方法

GB/T 6739 色漆和清漆 铅笔法测定漆膜硬度

GB/T 8170 数值修约规则与极限数值的表示和判定

GB 8624 建筑材料及制品燃烧性能分级

GB/T 9271 色漆和清漆 标准试板

GB/T 9274—1988 色漆和清漆 耐液体介质的测定

GB 9743 轿车轮胎

GB/T 9754 色漆和清漆 不含金属颜料的色漆漆膜的20°、60°和85°镜面光泽的测定

GB/T 9779—2015 复层建筑涂料

GB/T 9780—2013 建筑涂料涂层耐沾污性试验方法

GB/T 11186.2—1989 漆膜颜色的测量方法 第二部分:颜色测量

GB 11614 平板玻璃

GB/T 13491 涂料产品包装通则

GB/T 17671 水泥胶砂强度检验方法(ISO法)

GB/T 18446 色漆和清漆用漆基 异氰酸酯树脂中二异氰酸酯单体的测定

GB 18581—2009 室内装饰装修材料 溶剂型木器涂料中有害物质限量

GB 18582—2008 室内装饰装修材料 内墙涂料中有害物质限量

GB 18583—2008 室内装饰装修材料 胶粘剂中有害物质限量

GB/T 23985—2009 色漆和清漆 挥发性有机化合物(VOC)含量的测定 差值法

GB/T 23993 水性涂料中甲醛含量的测定 乙酰丙酮分光光度法

GB 24408—2009 建筑用外墙涂料中有害物质限量

GB 24613 玩具用涂料中有害物质限量

JC/T 412.1—2006 纤维水泥平板 第1部分:无石棉纤维水泥平板

JC/T 547 陶瓷砖胶粘剂

JC/T 985—2017 地面用水泥基自流平砂浆

JC/T 2327—2015 水性聚氨酯地坪

JG/T 25 建筑涂料涂层耐温变性试验方法

JG/T 481—2015 低挥发性有机化合物(VOC)水性内墙涂覆材料

SJ/T 11294 防静电地坪涂料通用规范

YB/T 4086—2017 钢棉纤维

3 术语和定义

GB 18582—2008、JG/T 481—2015 界定的以及下列术语和定义适用于本文件。

3.1

挥发性有机化合物(VOC) volatile organic compound

在101.3 kPa标准大气压下,任何初沸点低于或等于250 ℃的有机化合物。

[GB 18582—2008,定义3.1]

3.2

总挥发性有机化合物(TVOC) total volatile organic compound

用非极性色谱柱(极性指数小于10)对采集样品进行分析,保留时间在正己烷和正十六烷之间的挥发性有机化合物总和。

[JG/T 481—2015,定义3.2]

3.3

水性地坪涂装材料 waterborne floor coating

以水为主要分散介质的合成树脂基地面涂装类材料。

3.4

溶剂型地坪涂装材料 solvent-borne floor coating

以具有挥发性的且固化后不能成为涂层组份的有机物为分散介质的地面涂装类材料。

3.5

无溶剂型地坪涂装材料 solvent-free floor coating

以有机物为分散介质且固化后作为成膜物质存在的地面涂装类材料。

3.6

聚合物水泥复合地坪涂装材料 polymer cement floor coating

由水性聚合物和水泥基胶凝材料为主要原料,加入填料、骨料及其他助剂配制而成的地面涂装类材料。

3.7

有机交联反应型聚合物水泥复合地坪涂装材料 organic crosslinking reaction polymer cement floor coating

由多组分反应型聚合物(聚氨酯)和水泥基胶凝材料为主要原料,加入填料、骨料及其他助剂配制而成的地面涂装类材料。

3.8

非有机交联反应型聚合物水泥复合地坪涂装材料 non-organic crosslinking reaction polymer cement floor coating

由单组份聚合物(胶粉或乳液)和水泥基胶凝材料为主要原料,加入填料、骨料及其他助剂配制而成的地面涂装类材料。

3.9

地坪涂装材料涂层体系 floor coating system

由底涂、中涂(可选)和面涂组成的具有功能性和装饰效果的多层地坪体系。

3.10

轻载地坪 light load floor

用于人行交通及非机动车,偶尔有橡胶轮胎的机动车通行的地面涂装类材料。

3.11

重载地坪 heavy load floor

用于叉车及有硬塑轮胎的叉车通行,偶尔有冲击荷载的地面涂装类材料。

4 分类和标记

4.1 分类

地坪涂装材料按下列4种方式分类:

a) 地坪涂装材料按其分散介质分为水性地坪涂装材料(S)、无溶剂型地坪涂装材料(W)、溶剂型地坪涂装材料(R);聚合物水泥复合型地坪涂装材料(J)。根据成膜机理,将聚合物水泥复合型地坪涂装材料又分为:有机交联反应型聚合物水泥复合地坪涂装材料(JJ)和非有机交联反应型聚合物水泥复合地坪涂装材料(FJ)。
b) 地坪涂装材料按涂层结构分为:底涂(D)、中涂(Z)、面涂(M)。
c) 地坪涂装材料按使用场所分为:室内(SN)和室外(SW)。
d) 地坪涂装材料按交通承载量分为:轻载(QZ)、重载(ZZ)。

4.2 标记

按产品名称、标准号、分散介质、涂层结构、使用场所、交通承载量的顺序标记。

示例:

溶剂型室外轻载地坪涂装材料面涂标记为:地坪涂装材料 GB/T 22374—20×× R M SW QZ

5 要求

5.1 有害物质限量要求

地坪涂装材料有害物质限量应符合表1的要求。

表 1　地坪涂装材料有害物质限量的要求

序号	项目		指标			
			S 型	R 型	W 型	J 型
1	挥发性有机化合物含量(VOC)/(g/L)　≤		120	500	60	50
2	游离甲醛/(mg/kg)　≤		100	500	100	100
3	苯/(g/kg)　≤		—	1	0.1	—
4	甲苯、乙苯、二甲苯的总和/(g/kg)　≤		—	200	10	—
5	苯、甲苯、乙苯、二甲苯的总和/(g/kg)　≤		5	—	—	5
6	游离二异氰酸酯(TDI、HDI)[a](限聚氨酯类)/(g/kg)　≤		2			—
7	乙二醇醚及醚酯总和/(mg/kg)　≤		300			
8	邻苯二甲酸酯含量/%　≤	邻苯二甲酸二异辛酯(DEHP)、邻苯二甲酸二丁酯(DBP)和邻苯二甲酸丁苄酯(BBP)总和	—	0.1		—
		邻苯二甲酸二异壬酯(DINP)、邻苯二甲酸二异癸酯(DIDP)和邻苯二甲酸二辛酯(DNOP)总和	—	0.1		—
9	游离 4,4’-二氨基二苯甲烷(MDA)[b](限环氧类)/(g/kg)　≤		10			—
10	可溶性重金属[c]/(mg/kg)　≤	铅(Pb)	30			
		镉(Cd)	30			
		铬(Cr)	30			
		汞(Hg)	10			
11	总挥发性有机化合物(TVOC)释放量[b]/(mg/m³)　≤		10	商定	20	10
12	甲醛释放量[b]/(mg/m³)　≤		0.1			

[a] 单组分水性地坪涂装材料不测。

[b] 仅适用于室内地坪涂装材料。

[c] 仅适用于有色地坪涂装材料。

5.2　物理性能要求

5.2.1　地坪涂装材料底涂

地坪涂装材料底涂应符合表 2 的要求。

表 2　地坪涂装材料底涂的要求

序号	项目		指标		
			S 型	R 型	W 型
1	容器中状态		搅拌混合后均匀，无硬块		
2	干燥时间/h	表干　≤	8	4	6
		实干　≤	48	24	
3	耐碱性(饱和 $Ca(OH)_2$，48 h)		漆膜完整，不起泡，不剥落，允许轻微变色		
4	拉伸粘结强度/MPa	≥	2.0		

5.2.2　地坪涂装材料中涂

地坪涂装材料中涂应符合表 3 的要求。

表 3　地坪涂装材料中涂的要求

序号	项目		指标		
			S 型	R 型	W 型
1	容器中状态		搅拌混合后均匀，无硬块		
2	干燥时间/h	表干　≤	8	4	6
		实干　≤	48	24	
3	耐碱性(饱和 $Ca(OH)_2$，48 h)		漆膜完整，不起泡，不剥落，允许轻微变色		
4	抗压强度/MPa	≥	—		45

5.2.3　地坪涂装材料面涂及涂层体系

5.2.3.1　基本性能

水性、溶剂型、无溶剂型地坪涂装材料面涂的基本性能应符合表 4 的要求，涂层体系的基本性能应符合表 4 中第 8 项～第 13 项的要求。聚合物水泥复合地坪涂装材料面涂的基本性能应符合表 5 的要求。

表 4　水性、溶剂型、无溶剂型地坪涂装材料面涂及涂层体系的基本性能要求

序号	项目		指标		
			S 型	R 型	W 型
1	容器中状态		搅拌后呈均匀状态，无硬块		
2	涂膜外观		表面平整、无明显可见的缩孔、浮色、发花、起皱、针孔、开裂等现象		
3	干燥时间/h	表干　≤	8		
		实干　≤	48		
4	初始流动度[a]/mm	≥	140		

表 4（续）

序号	项目		指标		
			S 型	R 型	W 型
5	硬度	铅笔硬度(擦伤)	商定		—
		邵氏硬度(D 型)	—		商定
6	耐磨性(750 g/500 r)/g ≤		0.050	0.030	
7	抗压强度/MPa ≥		—		45
8	拉伸粘结强度/MPa	标准条件 ≥	2.0		
		浸水后 ≥	2.0		
9	耐冲击性	轻载(500 g 钢球)	涂膜无裂纹、无剥落		
		重载(1 000 g 钢球)			
10	防滑性(干摩擦系数) ≥		0.50		
11	耐水性(168 h)		不起泡，不剥落，允许轻微变色，2 h 后恢复		
12	耐化学性	耐碱性(20% NaOH，72 h)	不起泡，不剥落，允许轻微变色		
		耐酸性(10% H_2SO_4，48 h)	不起泡，不剥落，允许轻微变色		
		耐油性(120#溶剂油，72 h)	不起泡，不剥落，允许轻微变色		
13	耐人工气候老化性[b]		时间商定(不低于 400 h)， 不起泡、不剥落、无裂纹，粉化≤1 级，变色≤2 级		

[a] 仅适用于自流平地坪涂装材料。

[b] 仅适用于室外用地坪涂装材料。

表 5 聚合物水泥复合地坪涂装材料面涂的基本性能要求

序号	项目		指标	
			JJ 型	FJ 型
1	容器中状态		液体组分搅拌后呈均匀状态；粉体组分应无结块	
2	涂膜外观		表面无裂纹，颜色均匀	
3	可操作时间/min		商定	—
4	尺寸变化率/%		—	−0.15～+0.15
5	初始流动度[a]/mm ≥		130	
6	维卡软化点[b]/℃ ≥		140	—
7	抗压强度/MPa ≥	24 h	20.0	6.0
		7 d	40.0	—
		28 d	—	30.0
8	抗折强度/MPa ≥	24 h	5.0	2.0
		7 d	10.0	—
		28 d	—	7.0

表 5（续）

序号	项目		指标	
			JJ 型	FJ 型
9	耐磨性(500 g/100 r)/g ≤		0.15	0.50
10	防滑性(干摩擦系数) ≥		0.6	0.6
11	拉伸粘结强度/MPa ≥		2.0	1.0
12	耐冲击性(1 000 g 钢球)		表面无裂纹、无剥落	
13	耐水性(168 h)		无起泡，无剥落，无裂纹，无变色	无起泡，无剥落，无裂纹，无变色
14	耐化学性	耐碱性(20% NaOH，72 h)	无起泡，无剥落，无裂纹，允许轻微变色	无起泡，无剥落，无裂纹，允许轻微变色
		耐酸性(10% H_2SO_4，48 h)	无起泡，无剥落，无裂纹，允许轻微变色	—
		耐油性(120#溶剂油，72 h)	无起泡，无剥落，无裂纹，允许轻微变色	无起泡，无剥落，无裂纹，允许轻微变色
15	耐盐水性(3% NaCl，168 h)		无起泡，无剥落，无裂纹，允许轻微变色	无起泡，无剥落，无裂纹，允许轻微变色

[a] 仅适用于自流平聚合物水泥复合地坪涂装材料。
[b] 仅适用于温度高的场所。

5.2.3.2 特殊性能

特殊场合使用的地坪涂装材料面涂或涂层体系的性能除应符合表 4、表 5 的要求外，还应符合表 6 的要求。

表 6 地坪涂装材料面涂或涂层体系特殊性能要求

序号	项目		指标
1	高防滑性[a,b]	湿摩擦系数 ≥	0.70
2	防静电性[a,c]	表面电阻(导静电型)/Ω	$\geqslant 5\times10^4 \sim <1\times10^6$
		体积电阻(导静电型)/Ω	
		表面电阻(静电耗散型)/Ω	$\geqslant 1\times10^6 \sim <1\times10^9$
		体积电阻(静电耗散型)/Ω	
3	燃烧性能[a,d]		商定
4	耐特殊化学介质性[a,e]		商定
5	弹性[f]	拉伸强度/MPa ≥	商定
		断裂伸长率/% ≥	商定
		柔韧性/mm	商定

表 6（续）

序号	项目		指标
6	涂层耐温变性[a,g]		漆膜表面无起泡、剥落、变色等现象
7	抗划伤性[h]	≤	商定
8	抗热胎压痕性[a,i]		$\triangle E^*$≤3.0(单色)；变色≤1 级(彩色)

[a] 可根据有关方商定测试配套底涂后或与底涂和中涂后的性能。
[b] 适用于对防滑性有特殊要求的场所。
[c] 适用于需防静电的场所。
[d] 适用于对燃烧性能有要求的场所。
[e] 适用于需接触高浓度酸、碱、盐等化学腐蚀性药品的场所。
[f] 适用于弹性地坪涂装材料。
[g] 适用于冷库或蒸汽消毒，有温度变化差异的使用场所。
[h] 适用于表面光滑地坪涂装材料。
[i] 适用于车库、停车场等场所。

6 试验方法

6.1 试验环境

标准试验条件为温度(23±2)℃，相对湿度(50±5)%。试样应在此条件下放置至少 24 h 后进行试验。

6.2 有害物质限量试验方法

6.2.1 一般规定

按产品规定的配比混合后进行试验。如稀释剂的使用量为某一范围时，应按照最大稀释量稀释后进行试验。

6.2.2 有害物质释放量试板制备

6.2.2.1 试验基材

平板玻璃应符合 GB 11614 的规定。

6.2.2.2 试板制备

有害物质释放量试板应符合表 7 的规定。

表 7 有害物质释放量试板制备

项目	试板类型	试件数量 块	尺寸 mm	一次涂刷量 g		
				S 型、R 型	W 型	J 型
总挥发性有机化合(TVOC)释放量、甲醛释放量	平板玻璃	2	200×300	12.0±0.2	75±2	120±2

6.2.3 挥发性有机化合物含量(VOC)

水性地坪涂装材料的挥发性有机化合物含量(VOC)按 GB 18582—2008 中附录 A 规定进行试验。

溶剂型及无溶剂型地坪涂装材料的挥发性有机化合物含量(VOC)按 GB/T 23985 规定进行试验,并按 GB/T 23985—2009 中 8.3 式(2)计算。将试样搅拌均匀后,称取(1.0±0.1)g 试样置于盘中,溶剂型地坪涂装材料立即放入(105±2)℃高温试验箱中 1 h;无溶剂型地坪涂装材料在(23±2)℃、相对湿度(50±5)%条件下放置 24 h 后放入(105±2)℃高温试验箱中 1h。

聚合物水泥复合地坪涂装材料按 GB/T 23985 规定进行试验,并按 GB/T 23985—2009 中 8.4 式(3) 计算。

6.2.4 游离甲醛

水性地坪涂装材料的游离甲醛按 GB/T 23993 规定进行试验,溶剂型、无溶剂型及聚合物水泥复合地坪涂装材料的游离甲醛按 GB 18583—2008 中附录 A 中溶剂型胶粘剂的规定进行试验。

6.2.5 苯及甲苯、乙苯、二甲苯的总和

水性地坪涂装材料的苯及甲苯、乙苯、二甲苯总和按 GB 18582—2008 中附录 A 进行试验。水性地坪涂装材料不稀释。

溶剂型、无溶剂型和聚合物水泥复合地坪涂装材料的苯及甲苯、乙苯、二甲苯的总和按 GB 18581—2009 中附录 B 规定进行试验。若产品规定了稀释比例或产品由双组分或多组分组成时,应分别测定稀释剂和各组分中的含量,再按产品规定的配比计算混合后地坪涂装材料中的总量。如稀释剂的使用量为某一范围时,应按照推荐的最大稀释量进行计算。固体组分不测含量,仅参与计算。

6.2.6 游离二异氰酸酯(TDI ,HDI)

按 GB/T 18446 规定进行试验。若规定了稀释比例或由双组分或多组分组成时,应先测定固化剂(含有二异氰酸酯化合物)中的含量,再按产品规定的配比计算混合后地坪涂装材料中的含量。如稀释剂的使用量为某一范围时,应按照推荐的最小稀释量进行计算。固体组分不测含量,仅参与计算。

6.2.7 乙二醇醚及醚酯总和

乙二醇醚及醚酯总和为:乙二醇甲醚、乙二醇甲醚醋酸酯、乙二醇乙醚、乙二醇乙醚醋酸酯和二乙二醇丁醚醋酸酯、乙二醇丁醚、乙二醇丁醚醋酸酯的含量总和。

水性地坪涂装材料的乙二醇醚及醚酯总和按 GB 24408—2009 中附录 A 的方法进行试验。水性地坪涂装材料不稀释。

溶剂型、无溶剂型和聚合物水泥复合地坪涂装材料的乙二醇醚及醚酯总和按 GB 24408—2009 中附录 D 的方法进行试验。若产品规定了稀释比例或产品由双组分或多组分组成时,应分别测定稀释剂和各组分中的含量,再按产品规定的配比计算混合后地坪涂装材料中的总量。如稀释剂的使用量为某一范围时,应按照推荐的最大稀释量进行计算。固体组分不测含量,仅参与计算。

6.2.8 邻苯二甲酸酯含量

按 GB 24613 规定进行。

6.2.9 游离 4,4'-二氨基二苯甲烷(MDA)

按附录 A 规定进行试验,以固化剂中的含量报出。

6.2.10 可溶性重金属

按 GB 18582—2008 中附录 D 规定进行。

6.2.11 总挥发性有机化合物(TVOC)释放量、甲醛释放量

按 JG/T 481—2015 中 7.3 规定进行。

6.3 物理性能试验方法

6.3.1 试验样板制备

6.3.1.1 试验基材

6.3.1.1.1 无石棉纤维水泥平板应符合 JC/T 412.1—2006 中厚度为 4 mm～6 mm 的 NAF H V 级板的规定。

6.3.1.1.2 马口铁板、钢板、铝板或玻璃板的材质要求及处理应符合 GB/T 9271 的规定。

6.3.1.1.3 混凝土板应符合 JC/T 547 的规定。

6.3.1.2 试样制备

6.3.1.2.1 地坪涂装材料制板的要求

将地坪涂装材料各组份按产品说明书提供的使用比例混合,若给出一个值域范围,则取中间值。

将试样混合并搅拌均匀,以产品说明书提供的施工方法将试样涂布于符合 6.3.1.1 规定的试验基材表面,如没有特别规定则采用空气喷涂法或刷涂法制板。

需进行多道涂装或涂层体系制备时按产品说明书进行。如没有特别规定按表 8、表 9 的要求进行制备和养护,涂装间隔为 24h。制备好的试板和试件的表面应平整、无裂纹。

表 8 试板要求

<table>
<tr><th rowspan="2">项目</th><th rowspan="2">试板类型</th><th rowspan="2">尺寸
mm</th><th rowspan="2">试板数量
块</th><th colspan="4">干膜厚度</th><th rowspan="2">养护期</th></tr>
<tr><th>R 型
μm</th><th>S 型,W 型
(非自流平)</th><th>S 型,W 型
(自流平)</th><th>J 型
mm</th></tr>
<tr><td>涂膜外观、干燥时间</td><td>无石棉纤维水泥平板</td><td>150×70×(4～6)</td><td>2</td><td>23±3</td><td colspan="2">(23±3)μm</td><td>—</td><td>—</td></tr>
<tr><td>涂膜外观</td><td>混凝土板</td><td>400×110×40</td><td>1</td><td>—</td><td colspan="2">—</td><td>4.0±0.5</td><td>24 h</td></tr>
<tr><td>铅笔硬度</td><td>玻璃板</td><td>200×100</td><td>1</td><td>23±3</td><td colspan="2">(23±3)μm(S 型)</td><td>—</td><td></td></tr>
<tr><td>邵氏硬度</td><td>无石棉纤维水泥平板</td><td>150×70×(4～6)</td><td>3</td><td>—</td><td colspan="2">>4 mm(W 型)</td><td>—</td><td>168 h</td></tr>
<tr><td rowspan="2">耐磨性[a]</td><td rowspan="2">铝板或玻璃板</td><td rowspan="2">100×100</td><td rowspan="2">3</td><td rowspan="2">40±5</td><td rowspan="2">(40±5)μm</td><td rowspan="2">(1.0±0.2)mm</td><td rowspan="2">4.0±0.5</td><td>168 h(S 型、W 型、R 型、JJ 型)</td></tr>
<tr><td>28 d(FJ 型)</td></tr>
<tr><td rowspan="2">耐冲击性</td><td rowspan="2">混凝土板</td><td rowspan="2">400×110×40</td><td rowspan="2">1</td><td rowspan="2">40±5</td><td rowspan="2">(40±5)μm</td><td rowspan="2">(1.0±0.2)mm</td><td rowspan="2">4.0±0.5</td><td>168 h(S 型、W 型、R 型、JJ 型)</td></tr>
<tr><td>28 d(FJ 型)</td></tr>
</table>

表 8（续）

项目		试板类型	尺寸 mm	试板数量 块	干膜厚度				养护期
					R 型 μm	S 型，W 型 （非自流平）	S 型，W 型 （自流平）	J 型 mm	
防滑性、高防滑性		无石棉纤维水泥平板	400×400×（4～6）	3	40±5	（40±5）μm	（1.0±0.2）mm	4.0±0.5	168 h（S 型、W 型、R 型、JJ 型）
									28 d（FJ 型）
耐水性、耐碱性、耐化学性、耐人工气候老化性、耐特殊化学介质性、涂层耐温变性、抗热胎压痕性		无石棉纤维水泥平板	150×70×（4～6）	各 3	40±5	（40±5）μm	（1.0±0.2）mm	4.0±0.5	168 h（S 型、W 型、R 型、JJ 型）
									28 d（FJ 型）
防静电性	表面电阻	绝缘基材	不小于 110×120	3	按产品说明书进行			—	168 h
	体积电阻	金属基材	不小于 110×120	3	按产品说明书进行			—	168 h
柔韧性		马口铁板	120×50×（0.2～0.3）	3	23±3	—		—	168 h
抗划伤性		无石棉纤维水泥平板	430×150×（4～6）	3	40±5	（40±5）μm	（1.0±0.2）mm	—	168 h

[a] 除另有商定外，试样制备时，不添加任何骨料。

表 9　聚合物水泥复合型地坪涂装材料试件制备

项目		试件尺寸 mm	试件数量 块	脱模时间 h	养护期[a]
维卡软化点		10×10×（3.5～4.5）	2	24	168 h
抗压强度、抗折强度	24 h	160×40×40	各 3	24	24 h
	7 d				168 h
	28 d				28 d

[a] 含脱模期。

6.3.1.2.2　W 型抗压强度试件制备

采用聚四氟乙烯或其他耐有机溶剂材料制成的成型模具（见图 1），将地坪涂装材料根据产品说明书提供的配比调配好倒入成型模具中，每组试样成型至少五个试件，在标准试验条件下放置 2 d 后脱模。

单位为毫米

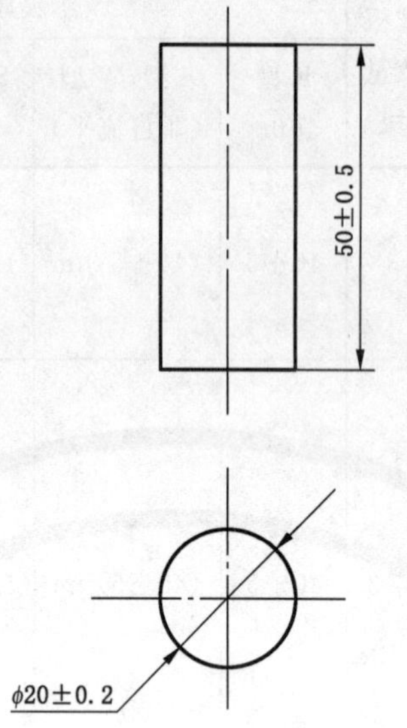

图1 抗压强度试件成型模具

6.3.1.2.3 拉伸粘结强度试件制备

6.3.1.2.3.1 聚合物水泥复合地坪涂装材料试件制备

用符合6.3.1.1.3规定的混凝土板，采用聚四氟乙烯或其他耐有机溶剂材料制成的成型模框(见图2)，模框尺寸为400 mm×110 mm，内部孔径尺寸为40 mm×40 mm，厚度为2 mm或5 mm。把成型框放在混凝土板上，将地坪涂装材料根据产品说明书提供的配比调配好倒入成型模框中，每组试样至少成型十个试件，在标准试验条件下放置2 d后脱模。

单位为毫米

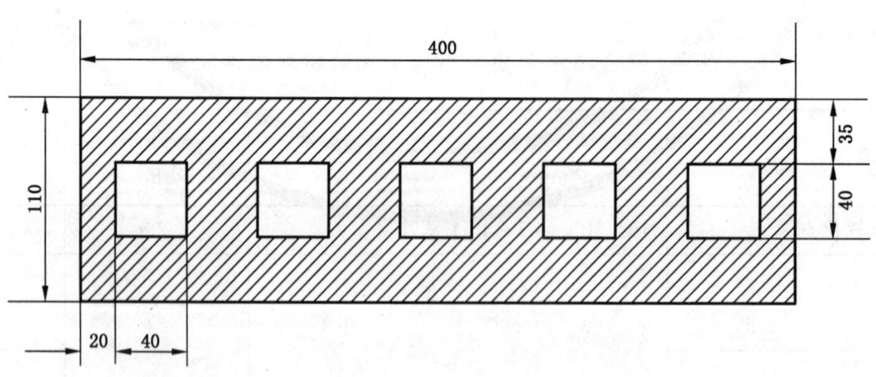

图2 拉伸粘结强度试件成型模框

6.3.1.2.3.2 水性、溶剂型、无溶剂型地坪涂装材料试件制备

单道涂层：用符合6.3.1.1.3规定的混凝土板，把成型框(见图2，厚度为2 mm)放在混凝土板上，将地坪涂装材料根据产品说明书提供的配比调配好，水性、溶剂型用刷涂的方式刷满整个型框底部，干膜

厚度为(40±5)μm。无溶剂型倒入成型模框中,每组试样成型至少十个试件,在标准试验条件下放置2 d后脱模。

涂层体系:用符合6.3.1.1.3规定的混凝土板,把成型框(见图2,厚度为2 mm)放在混凝土板上,将地坪涂装材料根据提供的配比调配好,按提供的涂布量涂刷在成型模框内,每道间隔24 h,每组试样成型至少十个试件,在标准试验条件下放置2 d后脱模。

6.3.1.2.4 拉伸强度、断裂伸长率试样制备

将试样在容器中充分搅拌混合均匀,倒入涂膜模具中,用不锈钢刮板把表面刮平,48 h后脱模,将涂膜反面朝上,并在标准条件下再养护5 d后进行试验。涂膜表面应光滑平整、无明显气泡,裂纹等缺陷。干膜厚度为(1.0±0.2)mm。

6.3.2 容器中状态

S型、R型、W型:打开包装容器,用搅棒搅拌后无硬块,且颜色均匀,无明显分色,则评为"搅拌后呈均匀状态,无硬块"。各组分应分别进行检验。

J型:将液体组分经搅拌后应无硬块,且颜色均匀,则评为"呈均匀状态";将粉体组分取200 g平铺在平板玻璃上,观察有无结块现象。

6.3.3 干燥时间

按GB/T 1728—1979规定,其中表干按乙法,实干按甲法规定进行。

6.3.4 涂膜外观

S型、R型、W型:在试板上涂刷试样,放置2 d后,在散射日光下目视检查涂膜表面状态,观察涂膜是否平整、有无明显可见的缩孔、浮色、发花、起皱、针孔、开裂等现象。

J型:在试板上刮涂试样后,放置24 h后,在散射日光下目视检查涂膜表面状态,观察有无裂纹,颜色是否均匀。

6.3.5 初始流动度

按JC/T 985—2017中7.3规定进行。

6.3.6 硬度

6.3.6.1 铅笔硬度

按GB/T 6739规定进行。

6.3.6.2 邵氏硬度

按GB/T 2411—2008规定进行,采用D型邵氏硬度计。(15±1)s后读取指示装置的数值。

6.3.7 耐磨性

按GB/T 1768规定进行。水性、溶剂型、无溶剂型采用橡胶砂轮的型号为CS-17。聚合物水泥复合型采用粘有P60砂纸的砂轮。

6.3.8 W 型抗压强度

将脱模后的试件继续在 6.1 条件下养护 5 d 后,试验和计算结果按 GB/T 2567—2008 中 5.2 规定进行,当没有出现破坏时,取压缩应变 20%时的压缩载荷进行计算。

6.3.9 拉伸粘结强度

6.3.9.1 标准状态拉伸粘结强度

将脱模后的试件放置在 6.1 条件下养护 4 d(非交联反应型聚合物水泥复合型试件养护 25 d)后,用适宜的高强度胶粘剂将拉拔接头粘在试件上,在 6.1 条件下继续放置 1 d,以 5 mm/min 的拉伸速度,测定拉伸粘结强度。

试件的拉伸粘结强度按式(1)计算,精确到 0.1 MPa。

$$P=\frac{F}{A} \qquad \cdots\cdots(1)$$

式中:

P ——拉伸粘结强度,单位为兆帕(MPa);

F ——拉力,单位为牛顿(N);

A ——粘结面积,单位为平方毫米(mm^2)。

将所得结果去掉一个最大值和一个最小值,取剩余八个数据的算术平均值。各测试数据与平均值的最大相对偏差不应大于 20%,否则本次实验数据无效。

6.3.9.2 浸水后拉伸粘结强度

脱模后的试件放置在 6.1 条件下养护 5 d 后,将试件完全浸没在(23±2)℃水中,6 d 后取出试件并擦干,用适宜的高强度胶粘剂将拉拔接头粘在试件上,在 6.1 条件下放置 24 h,然后把试件放入(23±2)℃水中 24 h,取出试件,立即以 5 mm/min 的拉伸速度,测定拉伸粘结强度,按式(1)计算。

6.3.10 耐冲击性

将试件紧贴于厚度为 20 mm 的符合 GB/T 17671 中规定的标准砂上面,涂膜面向上,然后把规定质量的钢质球形砝码固定在 100 cm 高度处自由落下,在试件上选择各相距不少于 50 mm,且距试件边缘不小于 50 mm 的三个位置进行试验,用肉眼观察试件表面涂层有无裂纹、剥落。

6.3.11 防滑性、高防滑性

按 GB/T 4100—2015 中附录 M 规定进行。

6.3.12 耐水性

按 GB/T 9274—1988 中丙法(点滴法)进行。试液为符合 GB/T 6682 中规定的三级水。观察试板有无出现起泡、剥落、变色等涂膜病态现象,若三块试板中有两块未出现,则判为合格,否则判为不合格。

6.3.13 耐化学性

6.3.13.1 耐碱性

按 6.3.12 规定进行,底涂、中涂耐碱性试液为饱和 $Ca(OH)_2$ 溶液,面涂耐碱性试液为 20%NaOH。

6.3.13.2 耐酸性

按 6.3.12 规定进行,试液为 10% H_2SO_4 溶液。

6.3.13.3 耐油性

按 6.3.12 规定进行,试液为 120#溶剂油。

6.3.14 耐人工气候老化性

按 GB/T 1865—2009 中方法 1 中循环 A 规定进行。结果的评定按 GB/T 1766 规定进行。

6.3.15 可操作时间

按 JC/T 2327—2015 中 6.5.2.3 规定进行。

6.3.16 尺寸变化率

按 JC/T 985—2017 中 7.5 规定进行。

6.3.17 维卡软化点

按 GB/T 1633—2000 中 B120 法进行,采用 50 N 的力,加热速率为 120 ℃/h。

6.3.18 J 型抗压强度、抗折强度

按 GB/T 17671 规定进行。

6.3.19 耐盐水性

按 6.3.12 规定进行。试液为 3%NaCl。

6.3.20 防静电性

按 SJ/T 11294 规定进行。

6.3.21 燃烧性能

按 GB 8624 规定进行。

6.3.22 耐特殊化学介质性

按 6.3.12 规定进行,化学介质和时间由供需双方商定。

6.3.23 弹性

6.3.23.1 拉伸强度、断裂伸长率

按 GB/T 9779—2015 中 6.20 规定进行。

6.3.23.2 柔韧性

按 GB/T 1731 规定进行。

6.3.24 涂层耐温变性

按 JG/T 25 规定进行，温度、循环时间和循环次数由供需双方商定。试验结果按 GB/T 1766 进行描述。

6.3.25 抗划伤性

6.3.25.1 试验区域初始光泽的测定

按 GB/T 9754 规定测量三块试板的初始光泽值，每块试板分别取两端、中间三个位置(距离边缘 50 mm) 进行测试，取其平均值，记为 L_0。测量光泽(60°)如果该值高于 70，则之后所有试验改为测量 20°光泽；如果该值低于 10，则之后所有试验改为测量 85°光泽；如果该值在 10 和 70 之间，则之后所有试验保持测试 60°光泽。

6.3.25.2 划伤试验

将长约 120 mm，宽约 70 mm 符合 YB/T 4086—2017 中规定的 0000 钢棉纤维固定在符合 GB/T 9780—2013 中 6.1.1 规定的磨头上进行试验，在(1500±10)g 的总负荷下，按(37±2)次/min 的速率连续往返划擦 100 次。

6.3.25.3 经抗划伤性后光泽的测定

经划伤后的三块试板用光泽仪测试光泽，光泽角度与 6.3.25.1 中使用角度一致，每块试板取两端、中间三个位置进行测试。取其平均值，记为 L_1。

6.3.25.4 抗划伤性的计算

抗划伤性按式(2)计算：

$$L = | L_0 - L_1 | \qquad \cdots\cdots (2)$$

式中：

L ——抗划伤性；

L_0 ——试验区域初始光泽平均值；

L_1 ——试验区域抗划伤性后光泽平均值。

6.3.26 抗热胎压痕性

按附录 B 规定进行试验。

7 检验规则

7.1 检验分类

7.1.1 出厂检验

地坪涂装材料底涂的出厂检验项目包括表 2 中的容器中状态、干燥时间(表干)。

地坪涂装材料中涂的出厂检验项目包括表 3 中的容器中状态、干燥时间(表干)。

水性、溶剂型、无溶剂型地坪涂装材料面涂的出厂检验项目包括表 4 中的容器中状态、涂膜外观、干燥时间(表干)。

聚合物水泥复合型地坪涂装材料面涂的出厂检验项目包括表5中的容器中状态、涂膜外观、抗压强度(24 h)、抗折强度(24 h)。

7.1.2 型式检验

型式检验包括本标准技术要求的基本性能全部项目。

有下列情况之一时,需进行型式检验:

a) 正常生产条件下,每年至少进行一次;
b) 新产品投产或产品定型鉴定时;
c) 产品主要原料、配比或生产工艺有重大改变时;
d) 停产半年以上恢复生产时;
e) 出厂检验结果与上次型式检验结果有较大差异时。

7.2 组批

以同一类型原料、同一配方、同一工艺连续生产的5 t产品作为一批,不足5 t亦可按一批计。

7.3 抽样

在同一检验批中随机抽取3 kg。抽取样品平均分为两组:一组为试验用样品,一组为备用样品。

7.4 判定规则

7.4.1 检验结果的判定按GB/T 8170中的修约值比较法进行。

7.4.2 所检项目的检验结果均达到本标准要求时,判定该批产品所检项目合格,否则判定该批产品不合格。

8 标志、包装、运输和贮存

8.1 标志

产品包装上应有下列标志:

a) 产品名称、类别、颜色及组分;
b) 制造商及地址;
c) 产品标记;
d) 产品合格证;
e) 产品配比与产品净质量;
f) 使用说明;
g) 安全说明;
h) 生产日期或批号;
i) 贮存与运输注意事项,贮存期限;
j) 化学品分类标签;
k) 必要时标明危险性标志。

8.2 包装

按GB/T 13491中二级包装要求的规定进行。按组分分别包装,不同组分的包装应有明显区别。

产品应用清洁、干燥、密封的容器包装，装量不大于容积的95%，并附有使用说明书。

8.3 运输

产品运输时应防止雨淋、日光暴晒、冻害和包装损坏。

8.4 贮存

产品在存放时，应保持通风，干燥、防止日光直接照射，冬季时应采取防冻措施。产品应根据产品类型分别规定贮存期限，并在包装标志上明示。

附 录 A
（规范性附录）
游离4,4'-二氨基二苯甲烷（MDA）的测定

A.1 原理

用气相色谱法，以邻苯二甲酸二正丁酯或其他可完全分离的物质为内标物，测定环氧类地坪涂装材料固化剂中的游离4,4'-二氨基二苯甲烷（MDA）的含量。

A.2 试剂

A.2.1 校准物：4,4'-二氨基二苯甲烷，纯度为99%以上，或已知纯度。

A.2.2 内标物：试样中不存在的化合物，且该化合物能够与色谱图上其他成分完全分离。纯度为99%以上，或已知纯度。例如：邻苯二甲酸二正丁酯或其他能够完全分离的物质，分析纯。

A.2.3 稀释溶剂：用于稀释试样的有机溶剂，不含有任何干扰测试的物质。纯度为99%以上，或已知纯度。例如：甲醇、乙酸乙酯，分析纯。

A.3 仪器设备

A.3.1 气相色谱仪：配有氢火焰离子化检测器及程序升温控制器。

注：也可选择其他类型的检测器。如：质谱检测器。

A.3.2 色谱柱：固定相为5%苯基95%聚二甲基硅氧烷或其他可完全分离目标物的毛细管色谱柱。

A.3.3 配样瓶：10 mL或其他合适容积的玻璃瓶，具有可密封的瓶盖。

A.3.4 天平：分度值0.1 mg。

A.3.5 进样器：微量注射器，容量至少是进样量的两倍。

A.4 气相色谱测试条件

推荐采用下列色谱测试条件：

色谱柱：柱长30 m，外径0.32 mm，膜厚0.25 μm；

汽化室温度：250 ℃；

检测器：温度280 ℃，氢气流量：40 mL/min，空气流量：300 mL/min；

柱温：程序升温，180 ℃保持3 min，然后以10 ℃/min升至250 ℃保持15 min。

A.5 试验步骤

A.5.1 4,4'-二氨基二苯甲烷的相对校正因子 f

分别称取一定量（精确至0.1 mg）的4,4'-二氨基二苯甲烷（A.2.1）于配样瓶（A.3.3）中，加入适量的稀释溶剂（A.2.3），再称取约0.04g（精确至0.1 mg）内标物（A.2.2）于同一配样瓶中。迅速密封配样瓶并摇匀。用微量注射器（A.3.5）吸取一定量配样瓶中的混合液注入色谱仪中并记录色谱图。按式（A.1）计

算 4,4'-二氨基二苯甲烷的相对校正因子 f：

$$f=\frac{A_i \times m_{\mathrm{MDA}}}{A_{\mathrm{MDA}} \times m_i} \qquad \cdots\cdots (\mathrm{A}.1)$$

式中：

f ——4,4'-二氨基二苯甲烷的相对校正因子；

A_i ——内标物的峰面积；

A_{MDA}——4,4'-二氨基二苯甲烷的峰面积；

m_i ——内标物的质量,单位为克(g)；

m_{MDA}——4,4'-二氨基二苯甲烷的质量,单位为克(g)。

取三次平行测试结果的平均值,其相对偏差应小于 5%,保留三位有效数字。

A.5.2 样品分析

分别称取 1 g(精确至 0.1 mg)搅拌均匀后的试样(如样品中游离 4,4-二氨基二苯甲烷含量超过仪器线性范围,可减少样品称样量)和 0.04 g(精确至 0.1 mg)内标物(A.2.2)于配样瓶(A.3.3)中,加入适量稀释溶剂(A.2.3),密封配样瓶并摇匀。用微量注射器(A.3.5)吸取与校准时同样量的样品溶液注入色谱仪,分析色谱图。按式(A.2)计算试样中的游离 4,4'-二氨基二苯甲烷的含量：

$$X_{\mathrm{MDA}}=f \times \frac{A_{\mathrm{s}} \times m_i}{A_i \times m_{\mathrm{s}}} \times 1\,000 \qquad \cdots\cdots (\mathrm{A}.2)$$

式中：

X_{MDA}——试样中 4,4'-二氨基二苯甲烷的质量分数,单位为克每千克(g/kg)；

f ——4,4'-二氨基二苯甲烷的相对校正因子；

A_{s} ——试样中 4,4'-二氨基二苯甲烷的峰面积；

A_i ——内标物的峰面积；

m_{s} ——试样的质量,单位为克(g)；

m_i ——内标物的质量,单位为克(g)。

取两次平行测试结果的平均值作为最终结果。

A.6 精密度

A.6.1 重复性

同一操作者两次测试结果的相对偏差应小于 10%。

A.6.2 再现性

不同实验室间测试结果的相对偏差应小于 20%。

附　录　B
（规范性附录）
抗热胎压痕性的测定

B.1　原理

通过抗热胎压痕试验仪施加一定负荷的压力在加热后的轮胎块和试板上，测定轮胎污染试板表面产生的颜色变化。

B.2　仪器和材料

B.2.1　高温试验箱：具有通风，温度能控制在(60±2)℃。
B.2.2　轮胎块：符合 GB 9743 的规定，尺寸为 40 mm×40 mm。
B.2.3　色差计：符合 GB/T 11186.2—1989 中第 6 章的规定。
B.2.4　灰色样卡：符合 GB/T 250 的规定。

B.3　试验

将两块待测试板放入已调节到(60±2)℃的高温试验箱中，30 min 后放入符合 B.2.2 规定的轮胎块，5 min 后立即将轮胎块和试板从高温试验箱中取出。将轮胎块压在试板中间区域，通过调节抗胎印试验仪上的压缩弹簧对试板面施以 60 kg 的压力，压合时间 6 h。解除压力后，调节手柄杆，取出试板，与空白试板进行对照。结果的评定按 GB/T 1766 规定进行。

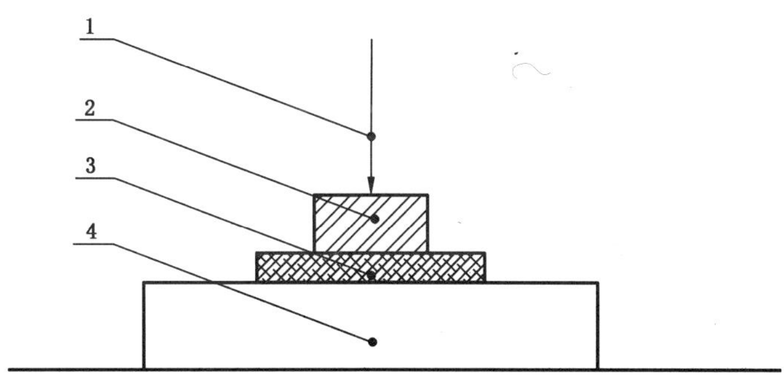

说明：
1——60 kg 压力；
2——轮胎块；
3——试板；
4——底座。

图 B.1　抗热胎压痕示意图

ICS 91.120.30
Q 17

中华人民共和国国家标准

GB/T 23445—2009

聚合物水泥防水涂料

Polymer-modified cement compounds for waterproofing membrane

2009-03-28 发布　　　　2010-01-01 实施

中华人民共和国国家质量监督检验检疫总局
中国国家标准化管理委员会　发布

前 言

本标准对应于日本标准 JIS A 6021—2000《建筑用防水涂料》，本标准与 JIS A 6021—2000 的一致性程度为非等效。本标准还参考了日本建筑学会标准《聚合物水泥系涂膜防水工程施工指南(草案)》(2006)的有关内容。

本标准的附录 A 和附录 B 为规范性附录。

本标准由中国建筑材料联合会提出。

本标准由全国轻质与装饰装修建筑材料标准化技术委员会(SAC/TC 195)归口。

本标准负责起草单位：河南建筑材料研究设计院有限责任公司、北京金汤建筑防水技术开发有限公司。

本标准参加起草单位：北京金泥建筑防水技术开发有限公司、巴斯夫(中国)有限公司、北京中核北研科技发展有限公司、深圳市新黑豹建材有限公司、杭州蓝天建筑防水有限公司、胜利油田大明新型建筑防水材料有限责任公司、大连细扬防水工程集团有限公司、大关化学(上海)有限公司、国民淀粉(上海)有限公司、德高(广州)建材有限公司、浙江鲁班建筑防水有限公司、上海惠邦特种涂料有限公司、福建驰铭防水装饰工程有限公司、福建创益实业有限公司、成都能高共建新型环保建材有限公司、河南同力水泥股份有限公司。

本标准主要起草人：邓超、李谷云、王治、朱炳光、张进、朱艳芳、彭新志、王荣柱、刘又民、杜奎义、樊细杨、余金妹、赵守佳、吴海明。

本标准为首次发布。

本标准自实施之日起，JC/T 894—2001《聚合物水泥防水涂料》废止。

聚合物水泥防水涂料

1 范围

本标准规定了聚合物水泥防水涂料(简称JS防水涂料)的术语和定义、分类和标记、一般要求、技术要求、试验方法、检验规则、标志、包装、运输和贮存。

本标准适用于房屋建筑及土木工程涂膜防水用聚合物水泥防水涂料。

2 规范性引用文件

下列文件中的条款通过本标准的引用而成为本标准的条款。凡是注日期的引用文件,其随后所有的修改单(不包括勘误的内容)或修订版均不适用于本标准,然而,鼓励根据本标准达成协议的各方研究是否可使用这些文件的最新版本。凡是不注日期的引用文件,其最新版本适用于本标准。

GB/T 528—1998 硫化橡胶或热塑性橡胶拉伸应力应变性能的测定(eqv ISO 37:1994)

GB/T 2419—2005 水泥胶砂流动度测定方法

GB/T 3186 色漆、清漆和色漆与清漆涂料用原材料 取样

GB/T 12573—2008 水泥取样方法

GB/T 16777—2008 建筑防水涂料试验方法

GB/T 17671—1999 水泥胶砂强度试验方法(ISO法)

JC 1066—2008 建筑防水涂料中有害物质限量

3 术语和定义

下列术语和定义适用于本标准。

3.1

聚合物水泥防水涂料 polymer-modified cement compounds for waterproofing membrane

以丙烯酸酯、乙烯-乙酸乙烯酯等聚合物乳液和水泥为主要原料,加入填料及其他助剂配制而成,经水分挥发和水泥水化反应固化成膜的双组分水性防水涂料。

3.2

自闭性 self-closing

防水涂膜在水的作用下,经物理和化学反应使涂膜裂缝自行愈合、封闭的性能。以规定条件下涂膜裂缝自封闭的时间表示。

4 分类和标记

4.1 类型

产品按物理力学性能分为Ⅰ型、Ⅱ型和Ⅲ型。

Ⅰ型适用于活动量较大的基层,Ⅱ型和Ⅲ型适用于活动量较小基层。

4.2 标记

产品按下列顺序标记:产品名称、类型、标准号。

示例:Ⅰ型聚合物水泥防水涂料标记为:JS防水涂料Ⅰ GB/T 23445—2009

5 一般要求

产品不应对人体与环境造成有害的影响,所涉及与使用有关的安全和环保要求应符合相关国家标

准和规范的规定。产品中有害物质含量应符合 JC 1066—2008 4.1 中 A 级的要求。

6 技术要求

6.1 外观

产品的两组分经分别搅拌后，其液体组分应为无杂质、无凝胶的均匀乳液；固体组分应为无杂质、无结块的粉末。

6.2 物理力学性能

产品物理力学性能应符合表 1 的要求。

表 1 物理力学性能

序 号	试 验 项 目			技 术 指 标		
				Ⅰ型	Ⅱ 型	Ⅲ型
1	固体含量/%		≥	70	70	70
2	拉伸强度	无处理/MPa	≥	1.2	1.8	1.8
		加热处理后保持率/%	≥	80	80	80
		碱处理后保持率/%	≥	60	70	70
		浸水处理后保持率/%	≥	60	70	70
		紫外线处理后保持率/%	≥	80	—	—
3	断裂伸长率	无处理/%	≥	200	80	30
		加热处理/%	≥	150	65	20
		碱处理/%	≥	150	65	20
		浸水处理/%	≥	150	65	20
		紫外线处理/%	≥	150	—	—
4	低温柔性(ϕ10 mm 棒)			−10 ℃ 无裂纹	—	—
5	粘结强度	无处理/MPa	≥	0.5	0.7	1.0
		潮湿基层,MPa	≥	0.5	0.7	1.0
		碱处理/MPa	≥	0.5	0.7	1.0
		浸水处理/MPa	≥	0.5	0.7	1.0
6	不透水性(0.3 MPa,30 min)			不透水	不透水	不透水
7	抗渗性(砂浆背水面)/MPa		≥	—	0.6	0.8

6.3 自闭性

产品的自闭性为可选项目，指标由供需双方商定。

7 试验方法

7.1 一般要求

7.1.1 标准试验条件

试验室标准试验条件为：温度(23±2)℃，相对湿度(50±10)%。

7.1.2 试验准备

试验前样品及所用器具应在标准试验条件下至少放置 24 h。

7.2 外观

用玻璃棒将液体组分和固体组分分别搅拌后目测。

7.3 固体含量

将样品按生产厂指定的比例(不包括稀释剂)混合均匀后,按 GB/T 16777—2008 第 5 章的规定测定。干燥温度为(105±2)℃。

7.4 拉伸性能

7.4.1 试验器具

同 GB/T 16777—2008 的 4.1 和 9.1。

7.4.2 试样和试件制备

将在标准试验条件下放置后的样品按生产厂指定的比例分别称取适量液体和固体组分,混合后机械搅拌 5 min,静置(1～3)min,以减少气泡,然后倒入 7.4.1 规定的模具中涂覆。为方便脱模,模具表面可用脱模剂进行处理。试样制备时分二次或三次涂覆,后道涂覆应在前道涂层实干后进行,两道间隔时间为(12～24)h,使试样厚度达到(1.5±0.2)mm。将最后一道涂覆试样的表面刮平后,于标准条件下静置 96 h,然后脱模。将脱模后的试样反面向上在(40±2)℃干燥箱中处理 48 h,取出后置于干燥器中冷却至室温。用切片机将试样冲切成试件,拉伸试验所需试件数量和形状见表 2。

表 2 拉伸试验试件数量

试验项目		试件形状	试件数量/个
拉伸强度和断裂伸长率	无处理	GB/T 528—1998 中规定的 I 型哑铃形试件	6
	加热处理		6
	紫外线处理		6
	碱处理	(120×25)mm	6
	浸水处理	(120×25)mm	6
注:每组试件试验五个,一个备用。			

7.4.3 无处理拉伸性能

按 GB/T 16777—2008 中 9.2.1 的规定进行试验,拉伸速度为 200 mm/min。

7.4.4 热处理后拉伸性能

按 GB/T 16777—2008 中 9.2.2 的规定处理试件,热处理温度为(80±2)℃,时间(168±1)h。取出后置于干燥器中冷却至室温,按 7.4.3 规定测定拉伸性能。

7.4.5 碱处理后拉伸性能

按 GB/T 16777—2008 中 9.2.3 的规定处理试件,浸碱时间(168±1)h。取出后用水充分冲洗,擦干后放入(60±2)℃的干燥箱中烘 18 h,取出后置于干燥器中冷却至室温,用切片机冲切成哑铃形试件,按 7.4.3 规定测定拉伸性能。

7.4.6 浸水处理后拉伸性能

将按 7.4.2 制备的试件浸入(23±2)℃的水中,浸水时间(168±1)h。然后放入(60±2)℃的干燥箱中 18 h,取出后置于干燥器中冷却至室温,用切片机冲切成哑铃形试件,按 7.4.3 规定测定拉伸性能。

7.4.7 紫外线处理后拉伸性能

按 GB/T 16777—2008 中 9.2.5 的规定处理试件。灯管与试件的距离为(470～500)mm,距试件表面 50 mm 左右的空间温度为(45±2)℃,照射时间 240 h。取出后置于干燥器中冷却至室温,按7.4.3 测定拉伸性能。

7.4.8 试验结果计算

拉伸强度、断裂伸长率和拉伸强度保持率的试验结果计算按 GB/T 16777—2008 中 9.3 的规定。

拉伸强度试验结果精确至 0.1 MPa。

7.5 低温柔性

按 7.4.2 的规定制备涂膜试样，养护后切取 100 mm×25 mm 的试件三块。按 GB/T 16777—2008 中 13.2.1 的规定进行试验，圆棒直径 10 mm。

7.6 粘结强度

7.6.1 试验器具

a) 拉力试验机：量程 (0～5 000)N，示值精度不低于 1%，拉伸速度可调至(5±1)mm/min。

b) 拉伸试验用夹具：由上夹具、下夹具和垫板组成，形状与尺寸同 GB/T 16777—2008 图 2、图 3 和图 4。

c) 水泥标准养护箱(室)：控温范围(20±1)℃，相对湿度不小于 90%。

7.6.2 试件制备

7.6.2.1 水泥砂浆基板的制备

按 GB/T 17671—1999 的规定配制水泥砂浆，用内部尺寸(70×70×20)mm 的金属模具成型基板，在水泥标准养护箱(室)中静置 24 h 后脱模，然后将基板在(20±2)℃的水中养护 6 d，再用 6 0 号碳化硅砂轮或类似的磨具湿磨基板成型时的下表面，除去浮浆。然后在标准状态下静置 7 d 备用。

7.6.2.2 无处理、碱处理和浸水处理试件的制备

按照 7.4.2 的规定配制试料，分次涂覆在水泥砂浆基板的研磨面上，使涂层厚度为 1.5 mm，然后用刮刀修平表面。于标准试验条件下养护 96 h，然后在(40±2)℃干燥箱中放置 48 h，取出后，在标准试验条件下至少放置 4 h。每种试验条件分别制备五个试件。

7.6.2.3 潮湿基层试件的制备

将基板在(23±2)℃的清水中浸泡 24 h，立即用清洁干布拭去基板粘结面的附着水，按上述方法直接在粘结面上涂覆试料，并按 7.6.2.2 养护。

7.6.2.4 碱处理和浸水处理试件的封边

碱处理和浸水处理的试件应在按 7.6.2.2 养护后，在试件的四个侧面以及涂布面的边缘约 5 mm 部分涂覆环氧树脂(见图 1)。

7.6.3 试验步骤

7.6.3.1 无处理粘结强度

将按 7.6.2.2 制备的试件水平放置，在涂膜面上均匀涂覆高强度胶粘剂，按 GB/T 16777—2008 图 5 所示，将拉伸用上夹具小心放置其上，轻轻滑动，使粘结密实，在上面放置质量为 1 kg 的重物，除去周边溢出的胶粘剂。在标准试验条件下放置 24 h。

沿试件上粘结的上夹具周边用刀切割涂膜至基板，然后按 GB/T 16777—2008 图 6 所示，用下夹具和垫板将试件安装在拉伸试验机上，进行拉伸试验，拉伸速度为(5±1)mm/min，测定最大拉伸荷载 F。

按式(1)计算粘结强度 σ：

$$\sigma = F/1\,600 \quad \cdots\cdots(1)$$

式中：

σ——粘结强度，单位为兆帕(MPa)；

F——最大拉伸荷载，单位为牛顿(N)。

试验结果取五个试件的平均值，精确至 0.1 MPa。

7.6.3.2 潮湿基层粘结强度

将 7.6.2.3 制备的试件按 7.6.3.1 的规定测定粘结强度。

7.6.3.3 碱处理粘结强度

将 7.6.2.4 制备的试件于 GB/T 16777—2008 9.2.3 规定的碱溶液中浸泡 7 d。取出后用水充分冲洗，擦干后放入(60±2)℃的干燥箱中烘 18 h，取出后在标准试验条件下至少放置 2 h。然后按 7.6.3.1 的规定测定粘结强度。

7.6.3.4 浸水处理粘结强度

将按7.6.2.4制备的试件水平放置在图2所示水槽的砂(标准砂或石英砂)上,加入(23±2)℃的水,至水面距试件基板上表面约5 mm,静置7 d后取出试件,以试件的侧面朝下,在(60±2)℃的恒温箱中干燥18 h,取出后在标准试验条件下至少放置2 h。然后按7.6.3.1的规定测定粘结强度。

单位为毫米

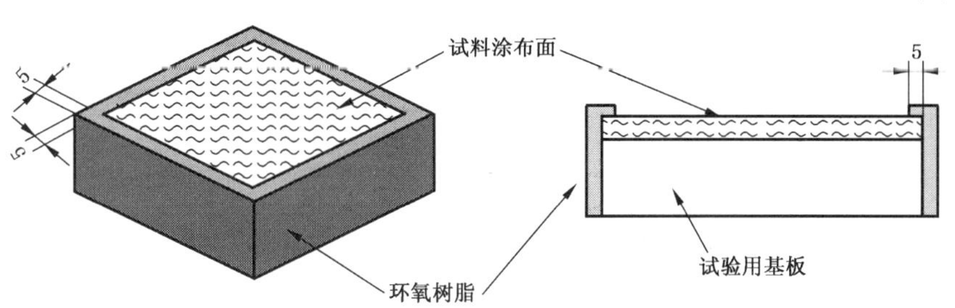

图1 试件涂覆示意图

单位为毫米

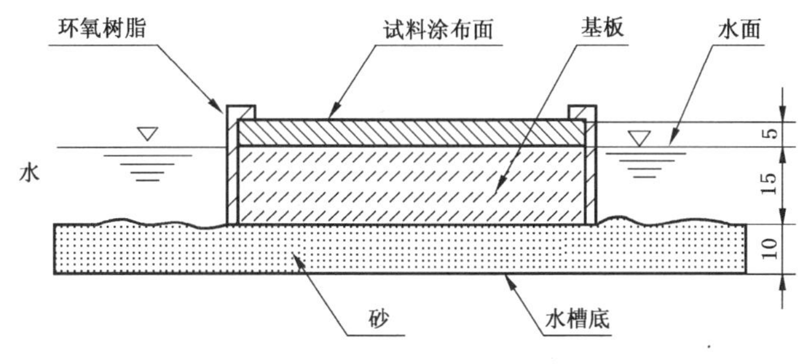

图2 试件浸水示意图

7.7 不透水性

按7.4.2的规定制备涂膜试样,养护后切取150 mm×150 mm的试件三块。按GB/T 16777—2008第15章的规定进行试验。试验压力0.3 MPa,保持压力30 min。

7.8 抗渗性

按附录A的规定进行试验。

7.9 自闭性

按附录B的规定进行试验。

8 检验规则

8.1 检验分类

8.1.1 出厂检验

出厂检验项目为外观、固体含量、拉伸强度(无处理)、断裂伸长率(无处理)、粘结强度(无处理)、低温柔性、不透水性(Ⅰ型)、抗渗性(Ⅱ型、Ⅲ型)、自闭性(需要时)。

8.1.2 型式检验

型式检验项目包括6.1和6.2的全部要求。有下列情况之一时,须进行型式检验:

a) 新产品试制或老产品转厂生产的试制定型鉴定;

b) 正常生产时,每年至少进行一次;

c) 产品的原料、配方、工艺及生产装备有较大改变,可能影响产品质量时;

d) 产品停产一年以上,恢复生产时;

e) 出厂检验结果与上次型式检验有较大差异时。

8.2 组批与抽样规则

8.2.1 组批

以同一类型的 10 t 产品为一批,不足 10 t 也作为一批。

8.2.2 抽样

产品的液体组分抽样按 GB/T 3186 的规定进行,配套固体组分的抽样按 GB/T 12573—2008 中袋装水泥的规定进行,两组分共取 5 kg 样品。

8.3 判定规则

8.3.1 单项判定

外观质量符合 6.1 规定时,则判该项目合格。否则判该批产品不合格。

低温柔性、不透水性试验每个试件均符合 6.2 规定,则判该项目合格。

抗渗性试验结果符合 6.2 规定,则判该项目合格。

其余项目试验结果的算术平均值符合 6.2 规定,则判该项目合格。

8.3.2 综合判定

在出厂检验和型式检验中所有项目的检验结果均符合 6.1 和 6.2 全部要求时,则判该批产品合格。

有两项或两项以上指标不符合规定时,则判该批产品为不合格;若有一项指标不符合标准时,允许在同批产品中加倍抽样进行单项复验,若该项仍不符合标准,则判该批产品为不合格。

9 标志、包装、运输和贮存

9.1 标志

产品包装上应有印刷或粘贴牢固的标志,内容包括:

a) 产品名称;

b) 产品标记;

c) 双组分配比;

d) 生产厂名,厂址;

e) 生产日期,批号和贮存期;

f) 净含量;

g) 商标;

h) 运输与贮存注意事项。

9.2 包装

9.2.1 产品的液体组分应用密闭的容器包装。固体组分包装应密封防潮。

9.2.2 产品包装中应附有产品合格证和使用说明书。

9.3 运输

本产品为非易燃易爆材料,可按一般货物运输。运输时应防止雨淋、曝晒、受冻,避免挤压、碰撞,保持包装完好无损。

9.4 贮存

产品应在干燥、通风、阴凉的场所贮存,液体组分贮存温度不应低于 5 ℃。

产品自生产之日起,在正常运输、贮存条件下贮存期应不少于六个月。

附 录 A
(规范性附录)
抗渗性试验方法

A.1 试验器具

试验器具包括:

a) 砂浆渗透试验仪:SS_{15}型;

b) 水泥标准养护箱(室):同 7.6.1c);

c) 金属试模:截锥带底圆模,上口直径 70 mm,下口直径 80 mm,高 30 mm;

d) 捣棒:直径 10 mm,长 350 mm,端部磨圆;

e) 抹刀。

A.2 试件制备

A.2.1 砂浆试件

按照 GB/T 2419—2005 第 4 章的规定确定砂浆的配比和用量,并以砂浆试件在(0.3~0.4)MPa 压力下透水为准,确定水灰比。脱模后放入(20±2)℃的水中养护 7 d。取出待表面干燥后,用密封材料密封装入渗透仪中进行砂浆试件的抗渗试验。水压从 0.2 MPa 开始,恒压 2 h 后增至 0.3 MPa,以后每隔 1 h 增加 0.1 MPa,直至试件透水。每组选取三个在(0.3~0.4)MPa 压力下透水的试件。

A.2.2 涂膜抗渗试件

从渗透仪上取下已透水的砂浆试件,擦干试件上口表面水渍,并清除试件上口和下口表面密封材料的污染。将待测涂料样品按生产厂指定的比例分别称取适量液体和固体组分,混合后机械搅拌 5 min。在三个试件的上口表面(背水面)均匀涂抹混合好的试样,第一道(0.5~0.6)mm 厚。待涂膜表面干燥后再涂第二道,使涂膜总厚度为(1.0~1.2)mm。待第二道涂膜表干后,将制备好的抗渗试件放入水泥标准养护箱(室)中放置 168 h,养护条件为:温度(20±1)℃,相对湿度不小于 90%。

A.3 试验步骤

将抗渗试件从养护箱中取出,在标准条件下放置 2 h,待表面干燥后装入渗透仪,按 A.2.1 所述加压程序进行涂膜抗渗试件的抗渗试验。当三个抗渗试件中有两个试件上表面出现透水现象时,即可停止该组试验,记录当时水压(MPa)。当抗渗试件加压至 1.5 MPa、恒压 1 h 还未透水,应停止试验。

A.4 试验结果

涂膜抗渗性试验结果应报告三个试件中二个未出现透水时的最大水压力(MPa)。

附 录 B
（规范性附录）
自闭性试验方法

B.1 范围

本附录规定了防水涂膜在水的作用下，经物理和化学反应使涂膜裂缝自行愈合、封闭的性能试验方法。

本附录适用于聚合物水泥防水涂料自闭性的测试。

B.2 原理

在规定试验条件下，用规定的方法使聚合物水泥防水涂膜产生裂缝，使试件裂缝处承受规定的水压，报告自试件裂缝处发生渗水至渗水停止的时间。

注：本附录的试验方法给出的试验结果并非实际工程渗水自闭的时间。

B.3 试验器具

试验器具包括：

a) 90°连通管：用硬质塑料或不锈金属制成，直径 110 mm，两端各具一个压板，其中一个压板中心开有直径 30 mm 的观察孔，另一个压板开直径 50 mm 孔，与玻璃管连接（见图 B.1）；

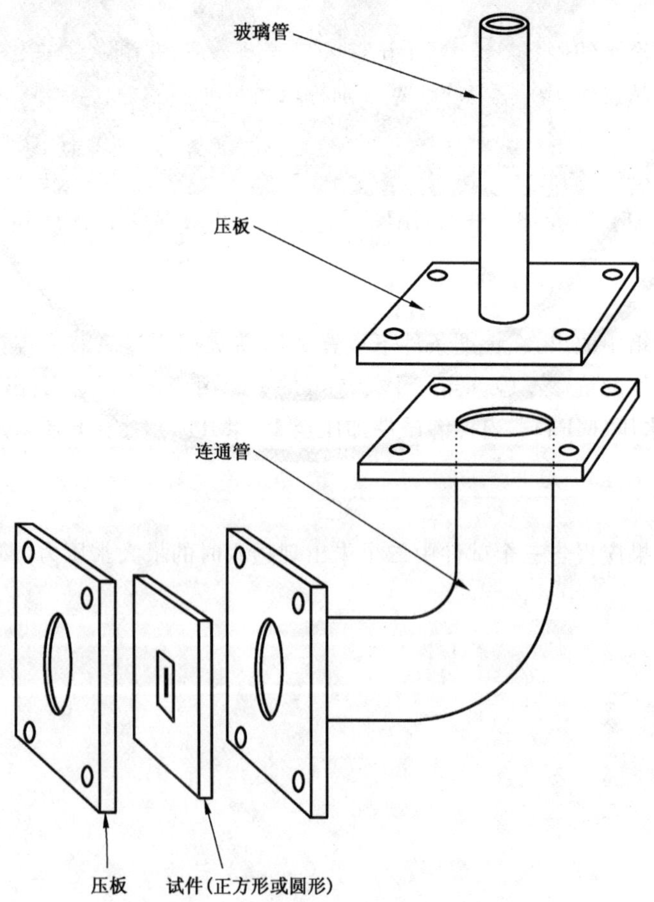

图 B.1 自闭性试验装置示意图

b) 玻璃管，直径 50 mm，长约 300 mm；

c) 聚丙烯(PP)膜片，厚度约 0.6 mm；

d) 密封胶。

B.4 试验条件

试验室试验条件为：温度(23±2)℃。

试验前样品及所用器具应在该温度下至少放置 24 h。

B.5 试验步骤

B.5.1 将 PP 膜片切割成直径 106 mm 的试片，在其中心用刀片切割出 10 mm×4 mm 的 U 形口，再用一小片胶带固定。在 PP 膜片的另一面上分次涂覆按指定配比混合后的聚合物水泥防水涂料试料，使涂层厚度为 1.5～2.0 mm。按 7.4.2 规定的方法养护、干燥。

B.5.2 除去试件背面的固定用胶带，小心揭去事先切割的 10 mm×4 mm PP 膜片，使涂膜暴露。用 0.5 mm 厚壁纸刀在暴露的涂膜中心切割出长 5 mm 的裂缝。

B.5.3 将连通管固定在试验架上。其垂直方向的压板中心连接垂直安装的玻璃管，压板与连通管端部连接处，以及压板与玻璃管端部的连接处均用密封胶密封。在连通管水平方向的压板(具观察孔)与连通管端部间装入养护好的试件，涂层面朝迎水方向，用压板压紧并在连接处用密封胶密封。

B.5.4 在玻璃管中注入(23±2)℃的清洁水，使液面至试件中心的高度为 300 mm，在试验过程中使液面保持同样高度。观察试件裂缝处的渗水情况。记录从注水到试件裂缝处不渗水的时间(h)。

B.5.5 将 B.3.3.4 试验后的试件在标准试验条件下放置 24 h，观察试件裂缝处是否封闭。若裂缝封闭，则试验通过。

B.6 试验结果

B.6.1 进行两次平行试验，报告两次试验结果及平均值，精确至 1 h。

B.6.2 若出现下列情况，则试验无效，应重新试验：

a) 试验开始时，涂膜裂缝处未形成滴渗，出现喷水；

b) 从试验开始到试件裂缝处不渗水的时间小于 2 h。

ICS 91.120.30
Q 17

中华人民共和国国家标准

GB/T 23446—2009

喷涂聚脲防水涂料

Spray polyurea waterproofing coating

2009-03-28 发布　　　　2010-01-01 实施

中华人民共和国国家质量监督检验检疫总局
中国国家标准化管理委员会　发布

前　言

本标准由中国建筑材料联合会提出。

本标准由全国轻质与装饰装修建筑材料标准化技术委员会(SAC/TC 195)归口。

本标准负责起草单位:苏州非金属矿工业设计研究院、建筑材料工业技术监督研究中心、苏州二建建筑集团有限公司。

本标准参加起草单位:中国化学建筑材料公司苏州防水材料研究设计所、北京市建筑材料科学研究总院、青岛佳联化工新材料有限公司、青岛理工大学、中国铁道科学研究院、中国建筑科学研究院、中国建筑材料检验认证中心、北京森聚柯高分子材料有限公司、上海润庭建筑防水工程技术有限公司、上海汇城建筑装饰有限公司、广州秀珀化工有限公司、北京瑞迪明新型建筑材料有限公司、爱蒲聚氨酯(安徽)有限公司、北京大禹王防水工程集团、大连细扬防水工程集团、北京金鲁蒙科技开发有限公司、固瑞克流体设备(上海)有限公司、北京深思融信科技有限公司、北京中通新型建筑材料有限公司、北京东方雨虹防水材料股份有限公司、厦门市富晟防水保温技术开发有限公司、江苏久久防水保温隔热工程有限公司。

本标准主要起草人:沈春林、杨斌、褚建军、干兆和、朱志远、刘凤玫、王宝柱、黄微波、余建平、朱强、傅若梁、颜再荣、史立彤、陈廼昌、郁维铭。

本标准为首次发布。

喷涂聚脲防水涂料

1 范围

本标准规定了喷涂聚脲防水涂料的术语和定义、分类和标记、一般要求、技术要求、试验方法、检验规则、标志、包装、运输与贮存。

本标准适用于建设工程、基础设施防水用喷涂聚脲涂料。

2 规范性引用文件

下列文件中的条款通过本标准的引用而成为本标准的条款。凡是注日期的引用文件，其随后所有的修改单(不包括勘误的内容)或修订版均不适用于本标准，然而，鼓励根据本标准达成协议的各方研究是否可使用这些文件的最新版本。凡是不注日期的引用文件，其最新版本适用于本标准。

GB/T 528 硫化橡胶或热塑性橡胶拉伸应力应变性能的测定(GB/T 528—1998,eqv ISO 37:1994)

GB/T 529—2008 硫化橡胶或热塑性橡胶撕裂强度的测定(裤形、直角形和新月形试样)(ISO 34-1:1994,MOD)

GB/T 531.1—2008 硫化橡胶或热塑性橡胶 压入硬度试验方法 第1部分:邵氏硬度计法(邵尔硬度)

GB/T 1768—2006 色漆和清漆 耐磨性的测定 旋转橡胶砂轮法

GB/T 3186 色漆、清漆和色漆与清漆用原材料 取样

GB/T 16777—2008 建筑防水涂料试验方法

GB/T 18244—2000 建筑防水材料老化试验方法

GB/T 20624.2—2006 色漆和清漆 快速变形(耐冲击性)试验 第2部分:落锤试验(小面积冲头)

JC 1066—2008 建筑防水涂料中有害物质限量

3 术语和定义

下列术语和定义适用于本标准。

喷涂聚脲防水涂料 spray polyurea waterproofing coating

以异氰酸酯类化合物为甲组分、胺类化合物为乙组分，采用喷涂施工工艺使两组分混合、反应生成的弹性体防水涂料。

注1：甲组分是异氰酸酯单体、聚合体、衍生物、预聚物或半预聚物。预聚物或半预聚物是由端氨基或端羟基化合物与异氰酸酯反应制得。异氰酸酯既可以是芳香族的，也可以是脂肪族的。

注2：乙组分是由端氨基树脂和氨基扩链剂等组成的胺类化合物时，通常称为喷涂(纯)聚脲防水涂料；乙组分是由端羟基树脂和氨基扩链剂等组成的含有胺类的化合物时，通常称为喷涂聚氨酯(脲)防水涂料。

4 分类和标记

4.1 分类

4.1.1 产品按组成分为喷涂(纯)聚脲防水涂料(代号 JNC)、喷涂聚氨酯(脲)防水涂料(代号 JNJ)。

4.1.2 产品按物理力学性能分为Ⅰ型、Ⅱ型。

4.2 标记

按产品代号、类别和标准编号顺序标记。

示例：Ⅰ型喷涂聚氨酯(脲)防水涂料标记为:JNJ 防水涂料 Ⅰ GB/T 23446—2009

5 一般要求

产品不应对人体、生物与环境造成有害的影响，所涉及与使用有关的安全与环保要求，应符合我国的相关国家标准和规范的规定。

6 技术要求

6.1 外观

产品各组分为均匀粘稠体，无凝胶、结块。

6.2 物理力学性能

6.2.1 喷涂聚脲防水涂料的基本性能应符合表1的规定。

表1 基本性能

<table>
<tr><th rowspan="2">序 号</th><th colspan="3" rowspan="2">项 目</th><th colspan="2">技术指标</th></tr>
<tr><th>Ⅰ型</th><th>Ⅱ型</th></tr>
<tr><td>1</td><td colspan="2">固体含量/%</td><td>≥</td><td>96</td><td>98</td></tr>
<tr><td>2</td><td colspan="2">凝胶时间/s</td><td>≤</td><td colspan="2">45</td></tr>
<tr><td>3</td><td colspan="2">表干时间/s</td><td>≤</td><td colspan="2">120</td></tr>
<tr><td>4</td><td colspan="2">拉伸强度/MPa</td><td>≥</td><td>10.0</td><td>16.0</td></tr>
<tr><td>5</td><td colspan="2">断裂伸长率/%</td><td>≥</td><td>300</td><td>450</td></tr>
<tr><td>6</td><td colspan="2">撕裂强度/(N/mm)</td><td>≥</td><td>40</td><td>50</td></tr>
<tr><td>7</td><td colspan="2">低温弯折性/℃</td><td>≤</td><td>−35</td><td>−40</td></tr>
<tr><td>8</td><td colspan="3">不透水性</td><td colspan="2">0.4 MPa,2 h 不透水</td></tr>
<tr><td rowspan="2">9</td><td rowspan="2">加热伸缩率/%</td><td>伸长</td><td>≤</td><td colspan="2">1.0</td></tr>
<tr><td>收缩</td><td>≤</td><td colspan="2">1.0</td></tr>
<tr><td>10</td><td colspan="2">粘结强度/MPa</td><td>≥</td><td>2.0</td><td>2.5</td></tr>
<tr><td>11</td><td colspan="2">吸水率/%</td><td>≤</td><td colspan="2">5.0</td></tr>
</table>

6.2.2 喷涂聚脲防水涂料的耐久性能应符合表2的规定。

表2 耐久性能

<table>
<tr><th rowspan="2">序 号</th><th colspan="3" rowspan="2">项 目</th><th colspan="2">技术指标</th></tr>
<tr><th>Ⅰ型</th><th>Ⅱ型</th></tr>
<tr><td rowspan="2">1</td><td rowspan="2">定伸时老化</td><td colspan="2">加热老化</td><td colspan="2">无裂纹及变形</td></tr>
<tr><td colspan="2">人工气候老化</td><td colspan="2">无裂纹及变形</td></tr>
<tr><td rowspan="3">2</td><td rowspan="3">热处理</td><td colspan="2">拉伸强度保持率/%</td><td colspan="2">80～150</td></tr>
<tr><td>断裂伸长率/%</td><td>≥</td><td>250</td><td>400</td></tr>
<tr><td>低温弯折性/℃</td><td>≤</td><td>−30</td><td>−35</td></tr>
<tr><td rowspan="3">3</td><td rowspan="3">碱处理</td><td colspan="2">拉伸强度保持率/%</td><td colspan="2">80～150</td></tr>
<tr><td>断裂伸长率/%</td><td>≥</td><td>250</td><td>400</td></tr>
<tr><td>低温弯折性/℃</td><td>≤</td><td>−30</td><td>−35</td></tr>
</table>

表 2（续）

序号	项目		技术指标	
			Ⅰ型	Ⅱ型
4	酸处理	拉伸强度保持率/%	80～150	
		断裂伸长率/% ≥	250	400
		低温弯折性/℃ ≤	−30	−35
5	盐处理	拉伸强度保持率/%	80～150	
		断裂伸长率/% ≥	250	400
		低温弯折性/℃ ≤	−30	−35
6	人工气候老化	拉伸强度保持率/%	80～150	
		断裂伸长率/% ≥	250	400
		低温弯折性/℃ ≤	−30	−35

6.2.3 喷涂聚脲防水涂料的特殊性能应符合表 3 的规定。特殊性能根据产品特殊用途需要时或供需双方商定需要时测定，指标也可由供需双方另行商定。

表 3 特殊性能

序号	项目		技术指标	
			Ⅰ型	Ⅱ型
1	硬度(邵 A)	≥	70	80
2	耐磨性/[(750 g/500 r)/mg]	≤	40	30
3	耐冲击性/(kg·m)	≥	0.6	1.0

6.3 有害物质含量

产品中有害物质含量应符合 JC 1066—2008 中反应型防水涂料 A 型要求。

7 试验方法

7.1 标准试验条件

标准试验条件为：温度(23±2)℃，相对湿度(60±15)%。

7.2 试验设备

7.2.1 拉力试验机：测量值在量程的(15～85)%。示值精度不低于 1%，伸长范围大于 500 mm。

7.2.2 低温冰柜：能达到−40 ℃，精度±2 ℃。

7.2.3 电热鼓风干燥箱：控温精度±2 ℃。

7.2.4 冲片机，符合 GB/T 528 要求的哑铃Ⅰ型裁刀和符合 GB/T 529—2008 中 5.1.2 要求的直角撕裂裁刀。

7.2.5 不透水仪：压力(0～0.6)MPa，三个 7 孔透水盘，内径 92 mm。

7.2.6 厚度仪：接触面直径 6 mm，单位面积压力 0.02 MPa，分度值 0.01 mm。

7.2.7 半导体温度计：量程(−50～30)℃，分度值 0.1 ℃。

7.2.8 定伸保持器：能使试件标线间距离拉伸 100%以上。

7.2.9 氙弧灯老化试验箱：符合 GB/T 18244—2000 要求的氙弧灯老化试验箱。

7.2.10 游标卡尺：精度±0.02 mm。

7.2.11 秒表：精度 0.01 s。

7.2.12 天平：精度为 0.1 mg。

7.2.13 耐磨仪:符合 GB/T 1768—2006 旋转橡胶砂轮法要求。

7.2.14 邵 A 硬度计:精度 1 级。

7.2.15 耐冲击仪:符合 GB/T 20624.2—2006 要求。

7.3 涂膜制备

7.3.1 按产品生产厂要求的配合比和环境条件,采用专用喷涂设备,将样品喷涂于模板上。专用喷涂设备的温度与动态压力按产品生产厂规定的要求,若无规定则设定温度应不小于 65 ℃,动态压力应大于 13.8 MPa(2 000 psi)。模板平整不得翘曲且表面干净、平滑。为便于脱模,喷涂前可用脱模剂处理。涂膜按生产厂的要求一次或多次成型(最多三次,每次间隔时间以前一道表干为准),成型时应均匀成膜,使涂膜厚度为(1.5±0.2)mm。在标准试验条件下养护 24 h,然后脱模,脱模以后继续在标准试验条件下养护(144±4)h 后进行物理力学性能试验。试件尺寸及数量按表 4 裁剪。

7.3.2 试件尺寸及数量见表 4。

表 4 试件尺寸及数量

<table>
<tr><th colspan="2">项　目</th><th>试件尺寸</th><th>数量/个</th></tr>
<tr><td colspan="2">拉伸性能</td><td>符合 GB/T 528 规定的Ⅰ型哑铃状试件</td><td>6</td></tr>
<tr><td colspan="2">撕裂强度</td><td>符合 GB/T 529—2008 中 5.1.2 规定的无割口直角形</td><td>6</td></tr>
<tr><td colspan="2">低温弯折性</td><td>100 mm×25 mm</td><td>3</td></tr>
<tr><td colspan="2">不透水性</td><td>150 mm×150 mm</td><td>3</td></tr>
<tr><td colspan="2">加热伸缩率</td><td>300 mm×30 mm</td><td>3</td></tr>
<tr><td rowspan="2">定伸时老化</td><td>热处理</td><td rowspan="2">符合 GB/T 528 规定的Ⅰ型哑铃状试件</td><td>3</td></tr>
<tr><td>人工气候老化</td><td>3</td></tr>
<tr><td rowspan="2">热处理</td><td>拉伸性能</td><td>处理前 120 mm×25 mm,处理后裁取符合 GB/T 528 规定的Ⅰ型哑铃状试件</td><td>6</td></tr>
<tr><td>低温弯折性</td><td>100 mm×25 mm</td><td>3</td></tr>
<tr><td rowspan="2">碱处理</td><td>拉伸性能</td><td>处理前 120 mm×25 mm,处理后裁取符合 GB/T 528 规定的Ⅰ型哑铃状试件</td><td>6</td></tr>
<tr><td>低温弯折性</td><td>100 mm×25 mm</td><td>3</td></tr>
<tr><td rowspan="2">盐处理</td><td>拉伸性能</td><td>处理前 120 mm×25 mm,处理后裁取符合 GB/T 528 规定的Ⅰ型哑铃状试件</td><td>6</td></tr>
<tr><td>低温弯折性</td><td>100 mm×25 mm</td><td>3</td></tr>
<tr><td rowspan="2">酸处理</td><td>拉伸性能</td><td>处理前 120 mm×25 mm,处理后裁取符合 GB/T 528 规定的Ⅰ型哑铃状试件</td><td>6</td></tr>
<tr><td>低温弯折性</td><td>处理前 120 mm×25 mm,处理后裁取符合 GB/T 528 规定的Ⅰ型哑铃状试件</td><td>3</td></tr>
<tr><td rowspan="2">人工气候老化</td><td>拉伸性能</td><td>处理前 120 mm×25 mm,处理后裁取符合 GB/T 528 规定的Ⅰ型哑铃状试件</td><td>6</td></tr>
<tr><td>低温弯折性</td><td>100 mm×25 mm</td><td>3</td></tr>
<tr><td colspan="2">硬度</td><td>100 mm×25 mm</td><td>3</td></tr>
<tr><td colspan="2">耐磨性</td><td>ϕ100 mm</td><td>3</td></tr>
<tr><td colspan="2">耐冲击性</td><td>120 mm×50 mm</td><td>3</td></tr>
<tr><td colspan="2">吸水率</td><td>50 mm×50 mm</td><td>3</td></tr>
</table>

7.4 外观

涂料各组分分别搅拌后目测检查。

7.5 固体含量

7.5.1 试验步骤

按生产厂提供的配比,将总质量约 6 g 试样称于已干燥的直径为(65±5)mm 已称量的培养皿(m_0)中,快速混合均匀,立即称量(m_1)。然后在标准试验条件下放置 24 h。再放入到(120±2)℃烘箱中,恒温 3 h±15 min,取出后放入十燥器中,在标准试验条件卜冷却 2 h±10 min,然后称量(m_2)。

7.5.2 结果计算

固体含量按式(1)计算:

$$X=(m_2-m_0)/(m_1-m_0)\times 100 \qquad (1)$$

式中:

X——固体含量(质量分数),%;

m_0——培养皿质量,单位为克(g);

m_1——干燥前试样和培养皿质量,单位为克(g);

m_2——干燥后试样和培养皿质量,单位为克(g)。

试验结果取两次平行试验的平均值。

7.6 凝胶时间

在标准条件下,按生产厂提供的配比称取总质量约 6 g 试样,快速混合均匀,记录从混合到试样不流动的时间,即为凝胶时间。

7.7 表干时间

按 7.6 方法,采用指触法。记录从试样混合到涂膜表面不粘手的时间,即为表干时间。

7.8 拉伸性能

按 GB/T 16777—2008 中 9.2.1 进行试验,拉伸速度为(500±50)mm/min。

7.9 撕裂强度

按 GB/T 529—2008 中 5.1.2 直角形试件进行试验,无割口,拉伸速度为(500±50)mm/min。

7.10 低温弯折性

按 GB/T 16777—2008 中第 14 章进行试验。

7.11 不透水性

按 GB/T 16777—2008 中第 15 章进行试验,试验压力和持续时间为 0.4 MPa×2 h,金属网孔径(0.5±0.1)mm。

7.12 加热伸缩率

按 GB/T 16777—2008 中第 12 章进行试验。

7.13 粘结强度

按 GB/T 16777—2008 中第 7 章 A 法进行试验。水泥砂浆块采用强度等级 42.5 的普通硅酸盐水泥,水泥和中砂的质量配比为 1∶1。

制备试件前,应按生产厂要求在砂浆块的成型面[(70×70)mm]上进行基层处理(涂刷基层处理剂)。随后喷涂聚脲防水涂料,涂膜一次喷涂到(0.5～1.0)mm 厚度。

去除高强度胶粘剂与涂膜界面未被粘住面积超过 20%的试件,粘结强度以剩下的不少于三个试件的算术平均值表示,不足三个试件应重新试验。若最终试验结果全部是砂浆块破坏,在报告结果数值时同时报告基材破坏。

7.14 吸水率

7.14.1 试验步骤

将试件放入温度为(50±2)℃烘箱内干燥 4 h±15 min,然后在干燥器内冷却至室温,称量每个试样

(m_1)，精确至 1 mg，将试样放入盛有蒸馏水的容器中，水温控制在(23±2)℃。浸泡 7 d 后，取出试样，用滤纸迅速擦去表面的水，称量每个试样(m_2)。试样从水中取出到称量完毕应在 1 min 内完成。

7.14.2　结果计算

吸水率按式(2)计算：

$$W_m = (m_2 - m_1)/m_1 \times 100 \quad \cdots\cdots(2)$$

式中：

W_m——吸水率，%；

m_1——浸泡前试样的质量，单位为克(g)；

m_2——浸泡后试样的质量，单位为克(g)。

试验结果取三个试件的算术平均值。

7.15　定伸时老化

7.15.1　试验步骤

7.15.1.1　加热老化

按 GB/T 16777—2008 中 14.2.1 进行试验，试验温度为(80±2)℃。

7.15.1.2　人工气候老化

按 GB/T 16777—2008 中 14.2.2 进行试验。

7.15.2　结果处理

分别记录每个试件有无变形、裂纹。

7.16　热处理

拉伸性能按 GB/T 16777—2008 中 9.2.2 进行试验，结果处理按 GB/T 16777—2008 中 9.3 进行。低温弯折性按 GB/T 16777—2008 中 14.2.2 进行试验。

7.17　碱处理

拉伸性能按 GB/T 16777—2008 中 9.2.3 进行试验，结果处理按 GB/T 16777—2008 中 9.3 进行。低温弯折性按 GB/T 16777—2008 中 14.2.3 进行试验。

7.18　酸处理

拉伸性能按 GB/T 16777—2008 中 9.2.4 进行试验，结果处理按 GB/T 16777—2008 中 9.3 进行。低温弯折性按 GB/T 16777—2008 中 14.2.4 进行试验。

7.19　盐处理

7.19.1　试件处理

在温度为(23±2)℃下，用化学纯氯化钠(NaCl)配制成 3% 的水溶液，将六个试件浸入溶液中，液面应高出试件表面 10 mm 以上，连续浸泡 168 h 后取出，充分用水冲洗，用干布擦干，并在标准条件下放置 4 h 以上。

7.19.2　试验步骤

拉伸性能按 7.8 进行试验。结果处理按 GB/T 16777—2008 中 9.3 进行。

低温弯折性按 7.10 进行试验。

7.20　人工气候老化

拉伸性能按 GB/T 16777—2008 中 9.2.6 进行试验，结果处理按 GB/T 16777—2008 中 9.3 进行。低温弯折性按 GB/T 16777—2008 中 14.2.6 进行试验。

非外露用产品试验累计辐照能量为 1 500 MJ/m^2(约 720 h)。外露用产品试验时累计辐照能量为 3 150 MJ/m^2(约 1 512 h)。

7.21　硬度(邵 A)

按 GB/T 531.1—2008 规定进行试验。采用 7.3 中三层涂膜试件叠加平整后，用邵 A 橡胶硬度计测定。

7.22 **耐磨性**

按 GB/T 1768—2006 规定进行试验。采用 7.3 中的涂膜试件，用型号为 CS-10 橡胶砂轮测定。

7.23 **耐冲击性**

按 GB/T 20624.2—2006 规定进行试验。采用 7.3 中的涂膜试件，用 12.7 mm 的球形冲头，(1～1.2)m 长的导管，1 kg 的重锤。调整重锤降落高度，如超过量程，可加载(0.1～0.9)kg 的副锤，记录试样冲击破坏的终点，试验结果以 kg·m 表示。

7.24 **有害物质含量**

按 JC 1066—2008 中反应型防水涂料 A 型进行试验。

8 检验规则

8.1 检验分类

按检验类型分为出厂检验和型式检验。

8.1.1 **出厂检验**

出厂检验项目包括：外观、固体含量、凝胶时间、表干时间、拉伸强度、断裂伸长率、撕裂强度、不透水性。

8.1.2 **型式检验**

型式检验项目包括第 6 章(表 3 根据产品特殊用途需要时或供需双方商定需要时)中所有规定，在下列情况下进行型式检验：

a) 新产品投产或产品定型鉴定时；

b) 正常生产时，每年进行一次。其中人工气候老化，每两年进行一次；

c) 原材料、工艺等发生较大变化，可能影响产品质量时；

d) 出厂检验结果与上次型式检验结果有较大差异时；

e) 产品停产 6 个月以上恢复生产时。

8.2 组批

以同一类型 15 t 为一批，不足 15 t 也作为一批。

8.3 抽样

在每批产品中按 GB/T 3186 规定取样，按配比总共取不少于 40 kg 样品。分为二组，放入不与涂料发生反应的干燥密闭容器中，密封贮存。

8.4 判定规则

8.4.1 **单项判定**

8.4.1.1 **外观**

抽取的样品外观符合标准规定时，判该项合格。

8.4.1.2 **有害物质含量**

有害物质含量符合 JC 1066—2008 反应型防水涂料 A 型要求时，判该项合格。

8.4.1.3 **物理力学性能**

8.4.1.3.1 拉伸强度、断裂伸长率、撕裂强度、固体含量、加热伸缩率、吸水率、粘结强度、处理后拉伸强度保持率、处理后断裂伸长率、硬度(邵 A)、耐磨性、耐冲击性以其算术平均值达到标准规定的指标判为该项合格。

8.4.1.3.2 不透水性、低温弯折性、定伸时老化以三个试件分别达到标准规定时判为该项合格。

8.4.1.3.3 凝胶时间、表干时间达到标准规定时判为该项合格。

8.4.1.3.4 各项试验结果均符合 6.2 规定，则判该批产品物理力学性能合格。

8.4.1.3.5 若有两项或两项以上不符合标准规定，则判该批产品物理力学性能不合格。

8.4.1.3.6 若仅有一项指标不符合标准规定，允许在该批产品中再抽同样数量的样品，对不合格项进行单项双倍复验。达到标准规定时，则判该批产品物理力学性能合格，否则判为不合格。

8.4.2 总判定

试验结果符合标准第6章(表3根据产品特殊用途需要时或供需双方商定需要时)相关类型规定的全部要求时，则判该批产品合格。

9 标志、包装、运输与贮存

9.1 标志

产品外包装上应包括：

a) 产品名称；

b) 生产厂名、地址；

c) 商标；

d) 产品标记；

e) 产品使用配比与产品净质量；

f) 产品用途(外露或非外露)；

g) 使用说明以及安全使用事项；

h) 生产日期或批号；

i) 运输与贮存注意事项；

j) 贮存期。

9.2 包装

产品用带盖的铁桶或塑料桶密闭包装，不同组分的包装应有明显区别。

9.3 运输与贮存

运输与贮存时，不同类型、规格的产品应分别堆放，不应混杂。避免日晒雨淋，禁止接近火源，防止碰撞，注意通风。贮存温度宜为10 ℃～40 ℃。

在正常贮存、运输条件下，贮存期自生产日起不少于六个月。

ICS 91.100.10
Q 27

中华人民共和国国家标准

GB/T 23455—2009

外墙柔性腻子

Flexible skin plaster for exterior wall

2009-03-28 发布　　2010-01-01 实施

中华人民共和国国家质量监督检验检疫总局
中国国家标准化管理委员会　发布

前言

本标准由中国建筑材料联合会提出。

本标准由全国轻质与装饰装修建筑材料标准化技术委员会(SAC/TC 195)归口。

本标准负责起草单位:中国建筑材料科学研究总院、新蒲建设集团。

本标准参加起草单位:广东自然涂化工有限公司、富思特制漆(北京)有限公司、阿克苏诺贝尔特种化学(上海)有限公司、能高共建(中国)新型环保建材有限公司。

本标准主要起草人:王志新、刘光华、于法典、刘轶、龙江、李伯贤、刘东华、刁桂芝、史淑兰、袁泽辉。

本标准为首次发布。

外墙柔性腻子

1 范围

本标准规定了外墙柔性腻子的分类与标记、要求、试验方法、检验规则、标志、包装、运输与贮存。

本标准适用于建筑外墙找平用柔性抗裂腻子。

2 规范性引用文件

下列文件中的条款通过本标准的引用而成为本标准的条款。凡是注日期的引用文件，其随后所有的修改单(不包括勘误的内容)或修订版均不适用于本标准，然而，鼓励根据本标准达成协议的各方研究是否可使用这些文件的最新版本。凡是不注日期的引用文件，其最新版本适用于本标准。

GB/T 1728—1979 漆膜、腻子膜干燥时间测定法

GB/T 1748 腻子膜柔韧性测定法

GB/T 4100—2006 陶瓷砖

GB/T 9271 色漆和清漆 标准试板

GB/T 9779—2005 复层建筑涂料

JC/T 412.1—2006 纤维水泥平板 第1部分：无石棉纤维水泥平板

JC/T 985—2005 地面用水泥基自流平砂浆

3 分类与标记

3.1 类别

外墙柔性腻子按其组分分为单组分和双组分：

单组分(代号 D)：工厂预制，包括水泥、可再分散聚合物粉末、填料以及其他添加剂等搅拌而成的粉状产品，使用时按生产商提供的配比加水搅拌均匀后使用。

双组分(代号 S)：工厂预制，包括由水泥、填料以及其他添加剂组成的粉状组分和由聚合物乳液组成的液状组分，使用时按生产商提供的配比将两组分按配比搅拌均匀后使用。

3.2 型号

按适用的基面分为两种型号：

Ⅰ型：适用于水泥砂浆、混凝土、外墙外保温基面。

Ⅱ型：适用于外墙陶瓷砖基面。

3.3 标记

产品按下列顺序标记：产品名称、类别、型号和标准编号。

示例：用于陶瓷砖基面的双组分外墙柔性腻子标记为：

外墙柔性腻子 S Ⅱ GB/T 23455—2009

4 要求

外墙柔性腻子的要求应符合表1的规定。

表 1　外墙柔性腻子的要求

序　号	项　　目		技术指标	
			Ⅰ型	Ⅱ型
1	混合后状态		均匀、无结块	
2	施工性		刮涂无障碍，无打卷，涂层平整	
3	干燥时间(表干)/h		≤4	
4	初期干燥抗裂性(6 h)		无裂纹	
5	打磨性(磨耗值)/g		≥0.20	—
6	与砂浆的拉伸粘结强度/MPa	标准状态	≥0.6	—
		碱处理	≥0.3	—
		冻融循环处理	≥0.3	—
7	与陶瓷砖的拉伸粘结强度/MPa	标准状态	—	≥0.5
		浸水处理	—	≥0.2
		冻融循环处理	—	≥0.2
8	柔韧性	标准状态	直径 50 mm，无裂纹	
		冷热循环 5 次	直径 100 mm，无裂纹	

5　试验方法

5.1　标准试验条件

本标准中规定的标准试验条件：环境温度 23 ℃±2 ℃，相对湿度 50%±10%。

5.2　试验前样品的处理

所有试验样品及基材应在标准试验条件下放置至少 24 h。

5.3　试验基材的制备

5.3.1　无石棉纤维水泥平板：符合 JC/T 412.1—2006 中 NAF H V 级的技术要求，厚度为 4 mm～6 mm，表面处理按 GB/T 9271 的规定进行。

5.3.2　砂浆块：符合 GB/T 9779—2005 中 5.2.3 的规定。

5.3.3　陶瓷砖：符合 GB/T 4100—2006 中吸水率不大于 6%的有釉砖的要求。

5.3.4　各检验项目的试验基材尺寸、数量应符合表 2 的规定。

表 2　试验基材的尺寸及数量

试验项目		基　材	尺寸/mm	数　量
施工性		无石棉纤维水泥平板	200×150	1
干燥时间		无石棉纤维水泥平板	150×70	1
初期干燥抗裂性		无石棉纤维水泥平板	200×150	3
打磨性		无石棉纤维水泥平板	ϕ100	2
与砂浆的拉伸粘结强度	标准状态	砂浆块	70×70×20	6
	碱处理			6
	冻融循环处理			6

表 2（续）

试验项目		基 材	尺寸/mm	数 量
与陶瓷砖的拉伸粘结强度	标准状态	陶瓷砖	50×50	6
	浸水处理			6
	冻融循环处理			6
柔韧性	标准状态	马口铁板或镀锌铁板	50×120×(0.2～0.3)	3
	冷热循环		70×150×(0.2～0.3)	3

5.4 试样制备

将样品按生产商提供的配比及说明，采用机械搅拌制得试样，备用。

5.5 混合后状态

目测试样是否均匀、无结块。

5.6 施工性

将试板水平放置，用钢制刮板(刀头宽约 120 mm)刮涂约 1 mm 厚试样，检验刮涂作业是否有障碍，放置 4 h 后再用同样方法刮涂第二遍试样，刮涂厚度约 1 mm，再次检验刮涂作业是否有障碍，有无打卷，表面是否平整。

5.7 干燥时间

按 GB/T 1728—1979 中乙法的规定进行试验，每间隔 1 h 测试 1 次，试样的一次刮涂厚度约为 2 mm。

5.8 初期干燥抗裂性

按 GB/T 9779—2005 中 5.6 的方法进行试验，试样的一次刮涂厚度约为 1 mm。

5.9 打磨性

在 5.3.1 规定的试板上一次刮涂 1 mm 厚试样，试件在标准试验条件下放置 24 h 后，按 JC/T 985—2005 中 6.9 条规定进行耐磨性试验并磨耗值的计算，研磨轮使用 0 号干磨砂纸，每个砂磨轮上加载砝码 500 g，磨耗 30 r。

5.10 与砂浆的拉伸粘结强度

5.10.1 试验器具

硬聚氯乙烯或金属模框：内框尺寸为 40 mm×40 mm，厚 2 mm。

抗拉用钢质上夹具(俗称拉拔头)：符合 GB/T 9779—2005 中 5.7.1.2 的规定。

5.10.2 试件制备

将硬聚氯乙烯或金属模框置于 5.3.2 规定的砂浆块上，在模框内填满试样，用刮刀平整表面，放置 1 d 后，除去模框，即为试件，每组制备六个试件。试件在标准试验条件下养护 12 d 后，用适宜的高强度粘结剂(如环氧类粘结剂)在试样表面粘贴拉拔头，再放置 1 d。

5.10.3 标准状态的拉伸粘结强度

按 GB/T 9779—2005 中 5.7.2.2 规定的方法，测定试件的拉伸粘结强度，去掉两个极值，取中间四个值并计算算术平均值，各测试数据与平均值的最大相对偏差应不大于 20%，否则本次试验数据无效。

5.10.4 碱处理的拉伸粘结强度

将 5.10.2 制备的试件完全浸没于饱和氢氧化钙[$Ca(OH)_2$]溶液中，7d 后取出试件，擦干表面水渍，按 5.10.3 的方法测定拉伸粘结强度。

5.10.5 冻融循环处理的拉伸粘结强度

将 5.10.2 制备的试件完全浸没于 23 ℃±2 ℃的水中 1 d。将试件取出，按如下步骤进行 25 次冻融循环。

a) 将试件从水中取出，用布擦干表面水渍，在－20 ℃±3 ℃保持 2 h±20 min；

b) 将试件浸入 23 ℃±2 ℃的水中 2 h±20 min；

最后一次循环后将试件在标准试验条件下放置 24 h，按 5.10.3 的方法测定拉伸粘结强度。

5.11 与陶瓷砖的拉伸粘结强度

5.11.1 试件制备

在 5.3.2 规定的砂浆块上一次刮涂 2 mm 厚试样，然后在砂浆块的中部放置 5.3.3 中规定的有釉砖，釉面朝下与试样粘结，并在每块陶瓷砖上加载(2.00±0.015)kg 的压块并保持 30 s，取下压块，清除干净陶瓷砖附近的试样，每组制备六个试件。试件养护 13 d 后，用适宜的高强度粘结剂(如环氧类粘结剂)在陶瓷砖背面粘贴拉拔头。

5.11.2 标准状态的拉伸粘结强度

按 5.10.3 的方法测定拉伸粘结强度。

5.11.3 浸水处理的拉伸粘结强度

将 5.11.1 制备的试件完全浸没于 23 ℃±2 ℃的水中，7 d 后取出试件，在 50 ℃±2 ℃恒温箱内干燥 24 h，再置于标准试验条件下放置 4 h，然后按 5.10.3 的方法测定拉伸粘结强度。

5.11.4 冻融循环处理的拉伸粘结强度

将 5.11.1 制备的试件完全浸没于 23 ℃±2 ℃的水中 1 d。将试件取出，按 5.10.5 规定的步骤进行 10 次冻融循环，最后一次循环后将试件放在 50 ℃±2 ℃恒温箱内干燥 24 h，再置于标准试验条件下放置 4 h，然后按 5.10.3 的方法测定拉伸粘结强度。

5.12 柔韧性

5.12.1 试件的制备

在 5.3.4 规定的试板上刮涂约 1 mm 厚的试样，标准状态柔韧性的试样面积为 40 mm×110 mm，冷热循环后的柔韧性的试样面积为 50 mm×130 mm，24 h 后测定试样层的干膜厚度，用 0 号干磨砂纸将试样层的厚度打磨至 0.85 mm±0.05 mm 之间。

5.12.2 标准状态柔韧性

试件在标准试验条件下养护 7 d 后，按 GB/T 1748 中的规定进行试验。

5.12.3 冷热循环后的柔韧性

试件在标准试验条件下养护 1 d 后，用密封胶将试件边缘密封好，继续养护 6 d，然后浸入 23 ℃±2 ℃的水中 18 h，取出后置于－20 ℃±3 ℃冷冻 3 h，再置于 50 ℃±2℃烘箱中干燥 3 h，24 h 为一个循环。试件经 5 个循环后取出，继续在 50 ℃±2 ℃恒温箱内干燥 6 h，再于标准试验条件下放置 6 h，按 GB/T 1748 中的规定进行试验。

6 检验规则

6.1 检验分类

产品检验分出厂检验和型式检验。

6.1.1 出厂检验项目

表 1 中的 1～5 的要求为出厂检验项目。

6.1.2 型式检验

本标准所列的全部要求为型式检验项目。

有下列情况之一时，需进行型式检验：

a) 正常生产条件下，每一年至少进行一次；

b) 新产品投产或产品定型鉴定时；

c) 产品主要原料、配比或生产工艺有重大变更时；

d) 停产半年以上恢复生产时；

e) 出厂检验结果与上次型式检验有较大差异时。

6.2 组批

对同一类别产品，每 10 t 为一批，不足 10 t 亦可按一批计。

6.3 抽样

在每批产品中随机抽取，样品总质量不少于 10 kg。抽取样品分为两份：一份试验，一份备用。

6.4 判定规则

产品按照第 5 章进行试验，试验结果若均符合第 4 章的要求时，即判为合格。若有一项不符合标准规定，允许用备用样品，对不合格项进行复验。若复检符合标准规定，则判该批产品合格；若仍不符合标准规定，则该批产品判为不合格。

7 标志、包装、运输与贮存

7.1 标志

产品外包装上应包括：

a) 生产厂名、地址；

b) 商标；

c) 产品标记；

d) 组分（双组分）

e) 产品配比与产品净质量；

f) 使用说明；

g) 生产日期或批号；

h) 贮存与运输注意事项；

i) 贮存期。

7.2 包装

产品中的粉料宜采用复合包装袋包装，液料宜用罐装。双组分产品按组分分别包装，不同组分的包装应有明显区别。

7.3 运输与贮存

7.3.1 产品按一般运输方式运输，运输途中要防止雨淋、受潮、包装损坏。

7.3.2 产品贮存时应保证通风、干燥，防止阳光直接照射，液体组分冬季时应采取适当防冻措施。不同类型、规格的产品应分别堆放，避免混杂。产品应根据类型定出贮存期。

ICS 87.040
G 51

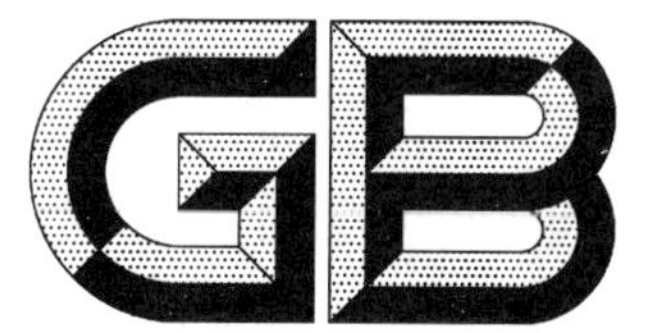

中华人民共和国国家标准

GB/T 23995—2009

室内装饰装修用溶剂型醇酸木器涂料

Indoor decorating and refurbishing solvent-based alkyd coatings for woodenware

2009-06-02 发布　　　　2010-02-01 实施

中华人民共和国国家质量监督检验检疫总局
中国国家标准化管理委员会　发布

前　言

本标准由中国石油和化学工业协会提出。

本标准由全国涂料和颜料标准化技术委员会归口。

本标准起草单位：中海油常州涂料化工研究院、长兴科技（上海）有限公司、浙江环球制漆集团股份有限公司。

本标准主要起草人：黄逸东、于爱华、倪光坚。

室内装饰装修用溶剂型醇酸木器涂料

1 范围

本标准规定了室内装饰装修用溶剂型醇酸木器涂料产品的要求、试验方法、检验规则及标志、包装和贮存等内容。

本标准适用于以醇酸树脂为主要成膜物，通过氧化干燥成膜的溶剂型木器涂料。产品适用于室内木制品表面的保护及装饰。

2 规范性引用文件

下列文件中的条款通过本标准的引用而成为本标准的条款。凡是注日期的引用文件，其随后所有的修改单(不包括勘误的内容)或修订版均不适用于本标准，然而，鼓励根据本标准达成协议的各方研究是否可使用这些文件的最新版本。凡是不注日期的引用文件，其最新版本适用于本标准。

GB/T 1250 极限数值的表示方法和判定方法

GB/T 1728—1979 漆膜、腻子膜干燥时间测定法

GB/T 1766 色漆和清漆 涂层老化的评级方法

GB/T 3186 色漆、清漆和色漆与清漆用原材料 取样(GB/T 3186—2006,ISO 15528:2000,IDT)

GB/T 4893.1—2005 家具表面耐冷液测定法

GB/T 4893.3—2005 家具表面耐干热测定法

GB/T 6682—2008 分析实验室用水规格和试验方法(ISO 3696:1987,MOD)

GB/T 6753.1 色漆、清漆和印刷油墨 研磨细度的测定(GB/T 6753.1—2007,ISO 1524:2000,IDT)

GB/T 9278 涂料试样状态调节和试验的温湿度(GB/T 9278—2008,ISO 3270:1984,Paint and varnish and their raw materials—Temperatures and humidities for conditioning and testing,IDT)

GB/T 9286 色漆和清漆 漆膜的划格试验(GB/T 9286—1998,eqv ISO 2409:1992)

GB/T 9750—1998 涂料产品包装标志

GB/T 9754 色漆和清漆 不含金属颜料的色漆漆膜的 20°、60°和 85°镜面光泽的测定(GB/T 9754—2007,ISO 2813:1994,IDT)

GB/T 13491—1992 涂料产品包装通则

3 要求

产品应符合表 1 的要求。

表 1 要求

项目		指标
在容器中状态		搅拌后均匀无硬块
细度/μm ≤		40
干燥时间 ≤	表干/h	8
	实干/h	24
贮存稳定性	结皮性(24 h)	不结皮
	沉降性(50 ℃,7 d)	无异常

表 1（续）

<table>
<tr><th colspan="2">项　目</th><th>指　标</th></tr>
<tr><td colspan="2">涂膜外观</td><td>正常</td></tr>
<tr><td colspan="2">光泽(60°)/单位值</td><td>商定</td></tr>
<tr><td colspan="2">附着力(划格间距 2 mm)/级　≤</td><td>1</td></tr>
<tr><td colspan="2">耐干热性[(70±2)℃,15 min]/级　≤</td><td>2</td></tr>
<tr><td colspan="2">耐水性(24 h)</td><td>无异常</td></tr>
<tr><td colspan="2">耐碱性(50 g/L 的 $NaHCO_3$,1 h)</td><td>无异常</td></tr>
<tr><td rowspan="2">耐污染性(1 h)</td><td>醋</td><td>无异常</td></tr>
<tr><td>茶</td><td>无异常</td></tr>
</table>

4　试验方法

4.1　取样

产品按 GB/T 3186 的规定取样，也可按商定方法取样。取样量根据检验需要确定。

4.2　试验环境

试板的状态调节和试验的温湿度应符合 GB/T 9278 的规定。

4.3　试验样板的制备

各项目检验用底材及涂装要求见表 2。也可采用喷涂或商定的其他方式进行涂装。若使用与本标准规定不同的样板制备条件，应在试验报告中注明。

表 2　制板说明

<table>
<tr><th>项　目</th><th>底　材</th><th>尺寸
mm</th><th>涂装要求</th></tr>
<tr><td>涂膜外观、附着力、耐水性、耐碱性、耐污染性</td><td rowspan="2">浅色贴面胶合板[a]（符合 GB/T 15104—2006），使用前在 4.2 环境条件下放置 7 d 以上</td><td>150×70</td><td rowspan="2">刷涂两道。第一道刷涂量为 (0.8±0.1)g/dm^2；间隔 24 h 后刷涂第二道；第二道刷涂量为(0.7±0.1)g/dm^2，放置 7 d 后测试</td></tr>
<tr><td>耐干热性</td><td>150×150</td></tr>
<tr><td>干燥时间</td><td>马口铁板</td><td>50×120×0.2～0.3</td><td rowspan="2">刷涂一道，干膜厚度为(23±3)μm，光泽项目放置 72 h 后测试</td></tr>
<tr><td>光泽</td><td>玻璃板（清漆测光泽时采用喷有无光黑漆的玻璃板）</td><td>150×100×3</td></tr>
<tr><td colspan="4">[a] 推荐采用白榉、白枫木、白橡木等浅色品种。</td></tr>
</table>

4.4　操作方法

所用试剂均为化学纯以上，所用水均为符合 GB/T 6682—2008 规定的三级水，试验用溶液在试验前预先调整到试验温度。

4.4.1　在容器中状态

打开容器，用调刀或搅棒搅拌，允许容器底部有沉淀，若经搅拌易于混合均匀，则评为“搅拌后均匀无硬块”。

4.4.2　细度

按 GB/T 6753.1 规定进行。

4.4.3　干燥时间

表干和实干分别按 GB/T 1728—1979 表干中乙法和实干中甲法规定进行。

4.4.4 贮存稳定性

4.4.4.1 结皮性

将试样约 90 mL 倒入 120 mL 带盖广口瓶中，立即盖好瓶盖并密封好。将瓶放在(23±2)℃的环境条件下的暗处 24 h 后，取出瓶，打开瓶盖目视检查。

检查方法：将瓶倾斜，并用玻璃棒触及试样的表面，检查表层的流动性。如表层保持液态时，可评定为“不结皮”。

4.4.4.2 沉降性

将约 0.5 L 的样品装入密封良好的铁罐中，罐内留有约 10%的空间，密封后放入(50±2)℃恒温干燥箱中，7 天后取出在(23±2)℃下放置 3 h，如有结皮，应小心地去除结皮，然后按照 4.4.1 方法考查“在容器中状态”，如果搅拌后均匀无硬块，则认为“无异常”。

4.4.5 涂膜外观

样板在散射日光下目视观察，如果涂膜均匀，无流挂、发花、针孔、开裂和剥落等涂膜病态，则评为“正常”。

4.4.6 光泽(60°)

按 GB/T 9754 规定进行。

4.4.7 附着力

按 GB/T 9286 规定进行。划格间距为 2 mm。

4.4.8 耐干热性

按 GB/T 4893.3—2005 规定进行。试验温度为(70±2)℃，试验时间 15 min。

4.4.9 耐水性

按 GB/T 4893.1—2005 规定进行。试液为蒸馏水，试验区域取每块板的中间部位，在每个试验区域上分别放上 5 层滤纸片，试验过程中需保持滤纸湿润，必要时在玻璃罩和试板接触部位涂上凡士林加以密封。24 h 后取掉滤纸，吸干，放置 2 h 后在散射日光下目视观察，如 3 块试板中有 2 块未出现起泡、开裂、剥落等涂膜病态现象，但允许出现轻微变色和轻微光泽变化，则评为“无异常”。如出现以上涂膜病态现象按 GB/T 1766 进行描述。

4.4.10 耐碱性

测试及结果评定方法同耐水性，试液为 50 g/L 的 $NaHCO_3$ 溶液，试验时间为 1 h，试验后放置 1 h 后观察。

4.4.11 耐污染性

测试及结果评定方法同耐水性，试验时间均为 1 h，试验后放置 1 h 后观察。

耐醋：试液为酿造食醋。

注：推荐使用符合 GB 18187—2000 的酿造食醋。

耐茶：试液为绿茶水，在 2 g 绿茶中加入 250 mL 沸水，室温放置 5 min 后立即用茶水进行试验。

注：推荐使用袋装立顿绿茶。

5 检验规则

5.1 检验分类

5.1.1 产品检验分出厂检验和型式检验。

5.1.2 出厂检验项目包括在容器中状态、细度、干燥时间、涂膜外观、光泽。

5.1.3 型式检验项目包括本标准所列的全部技术要求。在正常生产情况下每年至少检验一次。

5.2 检验结果的判定

5.2.1 检验结果的判定按 GB/T 1250 中修约值比较法进行。

5.2.2 应检项目的检验结果均达到本标准要求时，该试验样品为符合本标准要求。

6 标志、包装和贮存

6.1 标志

按 GB/T 9750—1998 的规定进行。

6.2 包装

按 GB/T 13491—1992 中一级包装要求的规定进行。

6.3 贮存

产品贮存时应保证通风、干燥，防止日光直接照射并应隔绝火源，远离热源。产品应根据类型定出贮存期，并在包装标志上明示。

参 考 文 献

[1] GB/T 15104—2006 装饰单板贴面人造板
[2] GB 18187—2000 酿造食醋

ICS 87.040
G 51

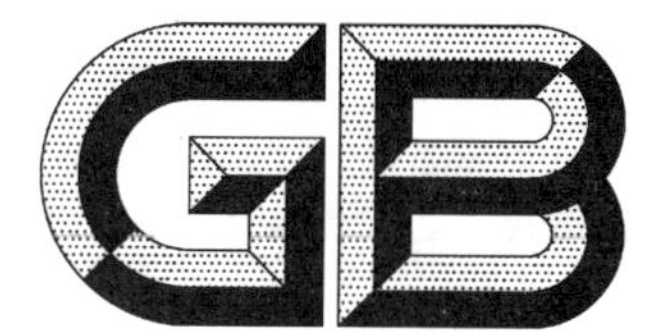

中华人民共和国国家标准

GB/T 23996—2009

室内装饰装修用溶剂型金属板涂料

Solvent metal panel coatings for indoor decorating and refurbishing

2009-06-02 发布　　2010-02-01 实施

中华人民共和国国家质量监督检验检疫总局
中国国家标准化管理委员会　发布

前　言

本标准由中国石油和化学工业协会提出。

本标准由全国涂料和颜料标准化技术委员会归口。

本标准起草单位：中海油常州涂料化工研究院、长兴科技（上海）有限公司、中华制漆（深圳）有限公司、深圳市广田环保涂料有限公司、泉州市信和涂料有限公司。

本标准主要起草人：周文沛、朱东、吴兼昇、王智、胡基如、李跃武。

室内装饰装修用溶剂型金属板涂料

1 范围

本标准规定了室内装饰装修用溶剂型金属板涂料的要求、试验方法、检验规则及标志、包装、贮存等要求。

本标准适用于室内装饰装修用金属板工厂预涂装溶剂型涂料，该涂料主要用于天花板、墙面、装饰板、橱柜等表面装饰和保护。

2 规范性引用文件

下列文件中的条款通过本标准的引用而成为本标准的条款。凡是注日期的引用文件，其随后所有的修改单(不包括勘误的内容)或修订版均不适用于本标准，然而，鼓励根据本标准达成协议的各方研究是否可使用这些文件的最新版本。凡是不注日期的引用文件，其最新版本适用于本标准。

GB/T 1250 极限数值的表示方法和判定方法

GB/T 1731—1993 漆膜柔韧性测定法

GB/T 1732—1993 漆膜耐冲击测定法

GB/T 1740—2007 漆膜耐湿热测定法

GB/T 1766 色漆和清漆 涂层老化的评级方法

GB/T 3186 色漆、清漆和色漆与清漆用原材料 取样(GB/T 3186—2006,ISO 15528:2000,IDT)

GB/T 4893.1—2005 家具表面耐冷液测定法

GB/T 6682 分析实验室用水规格和试验方法(GB/T 6682—2008,ISO 3696:1987,MOD)

GB/T 6739—2006 色漆和清漆 铅笔法测定漆膜硬度(ISO 15184:1998,IDT)

GB/T 9274—1988 色漆和清漆 耐液体介质的测定(eqv ISO 2812:1974)

GB/T 9278 涂料试样状态调节和试验的温湿度(GB/T 9278—2008,ISO 3270:1984,Paints and varnishes and their raw materials—Temperatures and humidities for conditioning and testing,IDT)

GB/T 9286—1998 色漆和清漆 漆膜的划格试验(eqv ISO 2409:1992)

GB/T 9750 涂料产品包装标志

GB/T 9754—2007 色漆和清漆 不含金属颜料的色漆漆膜的20°、60°和85°镜面光泽的测定(ISO 2813:1994,IDT)

GB/T 13491—1992 涂料产品包装通则

GB 18582—2008 室内装饰装修材料 内墙涂料中有害物质限量

SB/T 10292 食用调和油

3 要求

产品应符合表1要求。

表1 要求

项目	指标
涂膜外观	正常
耐冲击性/cm	50
柔韧性/mm	1

表1(续)

<table>
<tr><th colspan="3">项　　目</th><th>指　　标</th></tr>
<tr><td colspan="3">光泽(60°)</td><td>商定</td></tr>
<tr><td colspan="2">硬度(擦伤)</td><td>≥</td><td>B</td></tr>
<tr><td rowspan="2">附着力</td><td>干附着力/级</td><td>≤</td><td>1</td></tr>
<tr><td>湿附着力/级</td><td>≤</td><td>1;试验区域无起泡等涂膜病态现象</td></tr>
<tr><td colspan="3">耐沸水性(30 min)</td><td>无异常</td></tr>
<tr><td colspan="3">耐洗涤剂性(24 h)</td><td>无异常</td></tr>
<tr><td colspan="3">耐油污性(24 h)</td><td>无异常</td></tr>
<tr><td colspan="3">耐污染性</td><td>通过</td></tr>
<tr><td colspan="3">耐湿热性(120 h)</td><td>无异常</td></tr>
<tr><td rowspan="4">重金属含量(限色漆)/(mg/kg)</td><td>可溶性铅</td><td>≤</td><td>90</td></tr>
<tr><td>可溶性镉</td><td>≤</td><td>75</td></tr>
<tr><td>可溶性铬</td><td>≤</td><td>60</td></tr>
<tr><td>可溶性汞</td><td>≤</td><td>60</td></tr>
</table>

4　试验方法

4.1　取样

产品按 GB/T 3186 规定取样,也可按商定方法取样。取样量根据检验需要确定。

4.2　试验环境

试板的状态调节和试验的温湿度应符合 GB/T 9278 的规定。

4.3　试验样板的制备

所有制板项目均以单一涂料类型制板。底材为金属板,材质及处理方式由供需双方商定。制板方式采用喷涂或双方商定的方式进行,干燥条件、涂膜厚度由涂料供应商提供。

4.4　操作方法

所用试剂均为化学纯以上,所用水均为符合 GB/T 6682 规定的三级水,试验用溶液在试验前预先调整到试验温度。

4.4.1　涂膜外观

样板在散射日光下目视观察,如果涂膜均匀,无流挂、发花、针孔、开裂和剥落等涂膜病态,则评为"正常"。

4.4.2　耐冲击性

按 GB/T 1732—1993 规定进行,除另有商定外,底材为厚度不超过 0.5 mm 的软铝板。

4.4.3　柔韧性

按 GB/T 1731—1993 规定进行,除另有商定外,底材为厚度不超过 0.5 mm 的软铝板。

4.4.4　光泽(60°)

按 GB/T 9754—2007 规定进行。

4.4.5　硬度(擦伤)

按 GB/T 6739—2006 规定进行。铅笔为中华牌 101 绘图铅笔。

4.4.6　附着力

4.4.6.1　干附着力

按 GB/T 9286—1998 规定进行。

4.4.6.2 湿附着力

样板按4.4.6.1中规定切割后，浸入(38±2)℃符合GB/T 6682中三级水要求的水中24 h，取出后用滤纸擦干，在散射日光下目视观察，如3块试板中有2块未出现起泡、开裂、剥落等涂膜病态现象，但允许出现轻微变色和轻微光泽变化，则评为“试验区域无起泡等涂膜病态现象”；同时在5 min内按GB/T 9286—1998中规定方法完成胶带撕离试验。

4.4.7 耐沸水性

浸入沸水(试验用水符合GB/T 6682中三级水的要求，温度为95 ℃～100 ℃)中30 min，取出后用滤纸擦干，在散射日光下目视观察，如3块试板中有2块未出现起泡、开裂、剥落等涂膜病态现象，但允许出现轻微变色和轻微光泽变化，则评为“无异常”。如出现以上涂膜病态现象按GB/T 1766进行描述。

4.4.8 耐洗涤剂性

按GB/T 9274—1988中甲法进行。将试板浸入温度为(38±2)℃的3%洗涤剂溶液(洗涤剂组成：53%的焦磷酸钠、19%无水硫酸钠、7%硅酸钠、1%无水碳酸钠、20%十二烷基苯磺酸钠)中24 h，取出后用滤纸擦干，在散射日光下目视观察，如3块试板中有2块未出现起泡、开裂、剥落等涂膜病态现象，但允许出现轻微变色和轻微光泽变化，则评为“无异常”。如出现以上涂膜病态按GB/T 1766进行描述。

4.4.9 耐油污性

按GB/T 4893.1—2005规定进行。试液为符合SB/T 10292标准的食用调和油，试验区域取每块试板的中间部位，在每个试验区域上分别放上五层滤纸片，试验过程中需保持滤纸湿润，24 h后取掉滤纸，擦净，放置2 h后在散射日光下目视观察，如3块试板中有2块未出现起泡、剥落等涂膜病态现象，但允许出现轻微变色和轻微光泽变化，则评为“无异常”。如出现以上涂膜病态现象按GB/T 1766进行描述。

4.4.10 耐污染性

用红色油性记号笔在试板涂膜表面涂3条面积约3 mm×30 mm的痕迹，放置24 h后，用脱脂棉蘸适量95%的乙醇连续擦拭痕迹处5次往复，2块试板中如有1块试板涂膜表面不留明显痕迹，则认为“通过”。

红色油性记号笔由供需双方商定。

4.4.11 耐湿热性

按GB/T 1740—2007规定进行。试验至规定时间，取出放置2 h后在散射日光下目视观察，如3块试板中有2块未出现起泡、开裂、剥落等涂膜病态现象，但允许出现轻微变色和轻微光泽变化，则评为“无异常”。如出现以上涂膜病态现象按GB/T 1766进行描述。

4.4.12 重金属(可溶性铅、可溶性镉、可溶性铬、可溶性汞)

按GB 18582—2008中附录D的规定进行。

5 检验规则

5.1 检验分类

5.1.1 产品检验分出厂检验和型式检验。

5.1.2 出厂检验项目包括涂膜外观、耐冲击性、柔韧性、光泽、硬度、附着力。

5.1.3 型式检验项目包括本标准所列的全部技术要求。在正常情况下，耐沸水性、耐洗涤剂性、耐油污性、耐污染性、耐湿热性、重金属含量每年至少检验一次。

5.2 检验结果的判定

5.2.1 检验结果的判定按GB/T 1250中修约值比较法进行。

5.2.2 应检项目的检验结果均达到本标准要求时，该试验样品为符合本标准要求。

6 标志、包装和贮存

6.1 标志

按 GB/T 9750 的规定进行。

6.2 包装

按 GB/T 13491—1992 中一级包装要求的规定进行。

6.3 贮存

产品存放时应保持通风、干燥、防止日光直接照射，冬季应采取适当的防冻措施。产品应定出贮存期，并在包装标志上明示。

ICS 87.040
G 51

中华人民共和国国家标准

GB/T 23997—2009

室内装饰装修用溶剂型聚氨酯木器涂料

Solvent-thinned polyurethane wood coatings for indoor decorating and refurbishing

2009-06-02 发布

2010-02-01 实施

中华人民共和国国家质量监督检验检疫总局
中国国家标准化管理委员会 发布

前　言

本标准由中国石油和化学工业协会提出。

本标准由全国涂料和颜料标准化技术委员会归口。

本标准负责起草单位：中海油常州涂料化工研究院。

本标准参加起草单位：廊坊立邦涂料有限公司、广东华润涂料有限公司、常州光辉化工有限公司、山西摩天新技术开发有限公司、广东神洲化学工业有限公司、拜耳(中国)有限公司、广东美涂士化工有限公司、南京天祥涂料有限公司、上海华生化工有限公司、上海造漆厂、广东巴德士化工有限公司、广东嘉宝莉化工有限公司、江苏丰彩漆业技术有限公司、上海阿帝兰实业发展有限公司、佛山市顺德区华隆涂料实业有限公司、佛山市顺德区汇龙涂料实业有限公司、翁开尔公司。

本标准主要起草人：唐瑛、牛志强、王庆生、吴竞、罗晓京、苏振祥、刘经梅、李锋、李洪金、王建中、孙红芳、严修才、曹树潮、朱殿奎、王莉雯、麦宗毅、王嘉明、张恒。

室内装饰装修用溶剂型聚氨酯木器涂料

1 范围

本标准规定了室内装饰装修用溶剂型聚氨酯木器涂料产品的分类、要求、试验方法、检验规则、标志、包装和贮存等内容。

本标准适用于以含反应性官能团的聚酯树脂、醇酸树脂、丙烯酸树脂等为主要成膜物，以多异氰酸酯树脂为固化剂的双组分常温固化型室内用木器涂料。

2 规范性引用文件

下列文件中的条款通过本标准的引用而成为本标准的条款。凡是注日期的引用文件，其随后所有的修改单（不包括勘误的内容）或修订版均不适用于本标准，然而，鼓励根据本标准达成协议的各方研究是否可使用这些文件的最新版本。凡是不注日期的引用文件，其最新版本适用于本标准。

GB/T 1250 极限数值的表示方法和判定方法

GB/T 1728—1979 漆膜、腻子膜干燥时间测定法

GB/T 1766 色漆和清漆 涂层老化的评级方法

GB/T 1768—2006 色漆和清漆 耐磨性的测定 旋转橡胶砂轮法(ISO 7784-2:1997,IDT)

GB/T 3186—2006 色漆、清漆和色漆与清漆用原材料 取样(ISO 15528:2000,IDT)

GB/T 4893.1—2005 家具表面耐冷液测定法

GB/T 4893.3—2005 家具表面耐干热测定法

GB/T 6682—2008 分析试验室用水规格和试验方法(ISO 3696:1987,MOD)

GB/T 6739—2006 色漆和清漆 铅笔法测定漆膜硬度(ISO 15184:1998,IDT)

GB/T 9271 色漆和清漆 标准试板(GB/T 9271—2008,ISO 1514:2004,MOD)

GB/T 9278 涂料试样状态调节和试验的温湿度(GB/T 9278—2008,ISO 3270:1984,Paints and varnishes and their raw materials—Temperatures and humidities for conditioning and testing,IDT)

GB/T 9286—1998 色漆和清漆 漆膜的划格试验(eqv ISO 2409:1992)

GB/T 9750 涂料产品包装标志

GB/T 9754—2007 色漆和清漆 不含金属颜料的色漆漆膜的20°、60°和85°镜面光泽的测定(ISO 2813:1994,IDT)

GB/T 9757—2001 溶剂型外墙涂料

GB/T 13491 涂料产品包装通则

GB/T 20624.2—2006 色漆和清漆 快速变形(耐冲击性)试验 第2部分：落锤试验（小面积冲头）(ISO 6272-2:2002,IDT)

GB/T 23987—2009 色漆和清漆 涂层的人工气候老化曝露 曝露于荧光紫外线和水(ISO 11507:2007,IDT)

3 产品分类

本标准根据室内装饰装修用溶剂型聚氨酯木器涂料的主要使用功能，分为家具厂和装修用面漆、地板用面漆和通用底漆。

4 要求

产品性能应符合表1的技术要求。

表 1 要求

<table>
<tr><td colspan="4" rowspan="2">项　　目</td><td colspan="3">指　标</td></tr>
<tr><td>家具厂和装修用面漆</td><td>地板用面漆</td><td>通用底漆</td></tr>
<tr><td colspan="4">在容器中状态</td><td colspan="3">搅拌后均匀无硬块</td></tr>
<tr><td colspan="4">施工性</td><td colspan="3">施涂无障碍</td></tr>
<tr><td colspan="3">遮盖率(色漆)</td><td>≥</td><td colspan="2">商定</td><td>—</td></tr>
<tr><td rowspan="2">干燥时间　≤</td><td colspan="3">表干/h</td><td colspan="3">1</td></tr>
<tr><td colspan="3">实干/h</td><td colspan="3">24</td></tr>
<tr><td colspan="4">涂膜外观</td><td colspan="2">正常</td><td>—</td></tr>
<tr><td colspan="4">贮存稳定性(50 ℃,7 d)</td><td colspan="3">无异常</td></tr>
<tr><td colspan="4">打磨性</td><td colspan="2">—</td><td>易打磨</td></tr>
<tr><td colspan="4">光泽(60°)</td><td colspan="2">商定</td><td>—</td></tr>
<tr><td colspan="3">铅笔硬度(擦伤)</td><td>≥</td><td>HB</td><td>F</td><td>—</td></tr>
<tr><td colspan="3">附着力(划格间距 2 mm)/级</td><td>≤</td><td colspan="3">1</td></tr>
<tr><td colspan="3">耐干热性[(90±2)℃,15 min]/级</td><td>≤</td><td colspan="2">2</td><td>—</td></tr>
<tr><td colspan="3">耐磨性(750 g,500 r)/g</td><td>≤</td><td>0.050</td><td>0.040</td><td>—</td></tr>
<tr><td colspan="4">耐冲击性</td><td>—</td><td>涂膜无脱落、无开裂</td><td>—</td></tr>
<tr><td colspan="4">耐水性(24 h)</td><td colspan="2">无异常</td><td>—</td></tr>
<tr><td colspan="4">耐碱性(2 h)</td><td colspan="2">无异常</td><td>—</td></tr>
<tr><td colspan="4">耐醇性(8 h)</td><td colspan="2">无异常</td><td>—</td></tr>
<tr><td rowspan="2">耐污染性
(1 h)</td><td colspan="3">醋</td><td colspan="2">无异常</td><td>—</td></tr>
<tr><td colspan="3">茶</td><td colspan="2">无异常</td><td>—</td></tr>
<tr><td rowspan="3">耐黄变性[a](168 h)
ΔE^*</td><td rowspan="2">清漆</td><td colspan="2">一级</td><td colspan="3">≤3.0</td></tr>
<tr><td colspan="2">二级</td><td colspan="3">3.1～6.0</td></tr>
<tr><td colspan="3">色漆</td><td colspan="3">≤3.0</td></tr>
<tr><td colspan="7">注：清漆产品必须在产品外包装上注明所达到的等级。</td></tr>
<tr><td colspan="7">[a] 该项目仅限于标称具有耐黄变等类似功能的产品。</td></tr>
</table>

5 试验方法

5.1 取样

产品按 GB/T 3186—2006 规定取样，也可按商定方法取样。取样量根据检验需要确定。

5.2 试验环境

试板的状态调节和试验的温湿度应符合 GB/T 9278 的规定。

5.3 试验样板的制备

5.3.1 底材及底材处理

遮盖率项目用聚酯膜，光泽、铅笔硬度项目用玻璃板，耐磨性项目用铝板或玻璃板，耐冲击性项目用实木地板(符合 GB/T 15036.1—2001 技术要求)，耐黄变性项目用白色外用瓷质砖，其余项目均用浅色贴面胶合板(符合 GB/T 15104—2006 技术要求)。玻璃板、铝板的要求及处理应符合 GB/T 9271 中规定，白色外用瓷质砖要求经 UVA(340)灯照射 168 h 后 ΔE^* 应不大于 0.5(按 5.4.18 耐黄变性方法)，浅色贴面胶合板使用前在5.2条件下放置7 d以上。

注：实木地板可采用水青冈(山毛榉)实木地板，也可用其他品种。浅色贴面胶合板可采用白桦、白枫木、白橡木等浅色品种。耐黄变性项目也可采用经168 h UVA(340)灯照射 ΔE^* 不大于0.5的其他材质的白色底材。仲裁检验耐冲击性项目应采用水青冈(山毛榉)实木地板，耐黄变性项目应采用白色外用瓷质砖。

5.3.2 试样准备

按产品规定的组分配比混合均匀并放置规定的熟化时间后制板，遮盖率项目不加稀释剂。

5.3.3 制板要求

如没有特别规定则采用刷涂法制板(遮盖率项目采用刮涂法制板)，试板材质、刷涂量等可参考表2。

注：对于家具厂用涂料，也可采用喷涂法施工，涂装要求商定。

打磨性项目刷涂1道；其余项目刷涂2道，间隔24 h，底材为浅色贴面胶合板和山毛榉实木地板的试验项目刷涂第2道前需用400号水砂纸轻轻打磨一遍并擦去样板表面的浮灰。附着力项目为底面配套体系时(底漆由涂料供应商提供)，刷涂1道底漆和1道面漆，每道刷涂量同表2中清漆或色漆(如底漆为清漆刷涂量同表2中清漆第1道，面漆为色漆刷涂量同表2中色漆第2道)。

遮盖率、打磨性项目试板养护期为1 d，光泽项目试板养护期为2 d，其余项目试板养护期为7 d。

表2 制板要求

<table>
<tr><th rowspan="2">项　目</th><th rowspan="2">试板材质</th><th rowspan="2">底材尺寸
mm</th><th colspan="2">清漆(含透明色漆)</th><th colspan="2">色　漆</th></tr>
<tr><th>刷涂量
(第1道)
g</th><th>刷涂量
(第2道)
g</th><th>刷涂量
(第1道)
g</th><th>刷涂量
(第2道)
g</th></tr>
<tr><td>施工性</td><td>浅色贴面胶合板</td><td>150×70</td><td>0.8±0.1</td><td>0.7±0.1</td><td>0.9±0.1</td><td>0.8±0.1</td></tr>
<tr><td>遮盖率</td><td>聚酯膜
(厚度30 μm～50 μm)</td><td>—</td><td>—</td><td>—</td><td>用100 μm间隙式漆膜制备器刮涂一道</td><td>—</td></tr>
<tr><td>干燥时间</td><td rowspan="3">浅色贴面胶合板</td><td rowspan="3">150×70</td><td rowspan="3">0.8±0.1</td><td rowspan="2">0.7±0.1</td><td rowspan="3">0.9±0.1</td><td rowspan="2">0.8±0.1</td></tr>
<tr><td>涂膜外观</td></tr>
<tr><td>打磨性</td><td>—</td><td>—</td></tr>
<tr><td>光泽</td><td rowspan="2">玻璃板</td><td rowspan="2">150×100×3</td><td rowspan="3">0.8±0.1</td><td rowspan="3">0.7±0.1</td><td rowspan="3">0.9±0.1</td><td rowspan="3">0.8±0.1</td></tr>
<tr><td>铅笔硬度</td></tr>
<tr><td>附着力</td><td>浅色贴面胶合板</td><td>150×70</td></tr>
<tr><td>耐干热性</td><td>浅色贴面胶合板</td><td>150×150</td><td>1.7±0.2</td><td>1.5±0.2</td><td>1.9±0.2</td><td>1.7±0.2</td></tr>
<tr><td>耐磨性</td><td>铝板或玻璃板</td><td>直径100</td><td>1.0±0.1</td><td>1.0±0.1</td><td>1.1±0.1</td><td>1.1±0.1</td></tr>
<tr><td>耐冲击性</td><td>水青冈(山毛榉)
实木地板</td><td>150×100×
(10～20)</td><td>1.5±0.2</td><td>1.3±0.2</td><td>—</td><td>—</td></tr>
<tr><td>耐水性</td><td rowspan="4">浅色贴面
胶合板</td><td rowspan="4">150×70</td><td rowspan="4">0.8±0.1</td><td rowspan="4">0.7±0.1</td><td rowspan="4">0.9±0.1</td><td rowspan="4">0.8±0.1</td></tr>
<tr><td>耐碱性</td></tr>
<tr><td>耐醇性</td></tr>
<tr><td>耐污染性</td></tr>
<tr><td>耐黄变性</td><td>白色外用瓷质砖</td><td>95×45</td><td>0.40±0.05</td><td>0.40±0.05</td><td>0.45±0.05</td><td>0.45±0.05</td></tr>
</table>

注：在出厂检验时，为方便操作，养护期较长的制板项目可自选试板底材和烘烤条件进行加速固化后试验。

5.4 操作方法

所用试剂均为化学纯以上，所用水均为符合 GB/T 6682—2008 规定的三级水，试验用溶液在试验前预先调整到试验温度。

5.4.1 在容器中状态

打开容器，用调刀或搅棒搅拌，允许容器底部有沉淀，若经搅拌易于混合均匀，则评为“搅拌后均匀无硬块”。

注：主剂和固化剂应分别进行检验。

5.4.2 施工性

除另有规定外，试验用底材、施涂要求等按 5.3 中相关规定进行，如施涂过程中未感觉有明显困难，则评为“施涂无障碍”。

5.4.3 遮盖率

按 GB/T 9757—2001 中 5.7 对比率测试方法（聚酯膜法）进行。

5.4.4 干燥时间

按 GB/T 1728—1979 规定进行，其中表干按乙法，实干按甲法进行。

5.4.5 涂膜外观

样板在散射日光下目视观察，如果涂膜均匀，无流挂、发花、针孔、开裂和剥落等涂膜病态，则评为“正常”。

5.4.6 贮存稳定性

将约 0.5 L 的样品装入密封良好的铁罐中，罐内留有约 10% 的空间，密封后放入(50±2)℃恒温干燥箱中，7 天后取出在(23±2)℃下放置 3 h，按 5.4.1 检查“在容器中状态”，如果贮存后试验结果与贮存前相比无明显差异（主剂允许变色），则评为“无异常”。

注：主剂和固化剂应分别进行检验。

5.4.7 打磨性

用 400# 水砂纸手工打磨(10～15)次，如涂膜易打磨成平整光滑表面，则评为“易打磨”。

5.4.8 光泽(60°)

按 GB/T 9754—2007 规定进行。

5.4.9 铅笔硬度

按 GB/T 6739—2006 规定进行。铅笔为中华牌 101 绘图铅笔。

5.4.10 附着力

按 GB/T 9286—1998 规定进行，划格间距为 2 mm。

5.4.11 耐干热性

按 GB/T 4893.3—2005 规定进行。试验温度为(90±2)℃，试验时间 15 min，试板应为平整不变形的浅色贴面胶合板(150 mm×150 mm)。

5.4.12 耐磨性

按 GB/T 1768—2006 规定进行。所用橡胶砂轮的型号为 CS-10。

注：也可使用与 CS-10 磨耗作用相当的其他橡胶砂轮。

5.4.13 耐冲击性

按 GB/T 20624.2—2006 规定进行。采用 12.7 mm 的球形冲头，重锤质量 300 g。调整重锤降落的高度，使样板表面的冲击印痕直径在 3.6 mm～4.0 mm 范围内（印痕测量方法可按 GB/T 4893.9—1992 标准中附录 A 进行）。如在冲击的变形区域内涂膜无脱落和开裂（必要时可用彩色记号笔涂抹变形区域，稍置片刻后擦去表面残留的颜色，再进行检查），则该冲击点为通过。试验两块试板，每块板上冲击 5 个点，如其中有一块试板上至少有 3 个点涂膜无脱落和开裂，则该试验项目评为“涂膜无脱落、无开裂”。

5.4.14 耐水性

按 GB/T 4893.1—2005 规定进行。试液为蒸馏水，试验区域取每块板的中间部位，试验过程中需保持滤纸湿润，必要时在玻璃罩和试板接触部分涂上凡士林加以密封。试验 24 h 后取掉滤纸，吸干，放置 1 h 后，在散射日光下目视观察，如 3 块试板中有 2 块未出现起泡、开裂、剥落、明显变色、明显光泽变化(允许轻微变色和轻微光泽变化)等涂膜病态现象，则评为“无异常”。如出现以上涂膜病态现象按 GB/T 1766 进行描述。

5.4.15 耐碱性

同 5.4.14，试液为 50 g/L Na_2CO_3 溶液，试验 2 h 后取掉滤纸，用水冲洗后吸干，放置 1 h 后观察。测试方法和评判方法同 5.4.14。

5.4.16 耐醇性

同 5.4.14，试液为 70%(体积百分数)乙醇水溶液，试验 8h 后取掉滤纸，用水冲洗后吸干，放置 1 h 后观察。测试方法和评判方法同 5.4.14。

5.4.17 耐污染性

同 5.4.14，试液为醋和茶，试验 1 h 后取掉滤纸，水冲洗后吸干，放置 1 h 后观察。茶为袋装红茶，2 g 红茶加入 250 mL 沸水，室温放置 5 min 后，立即进行试验。测试方法和评判方法同 5.4.14。

注 1：推荐采用符合 GB 18187—2000 标准的酿造食醋。

注 2：推荐采用立顿红茶。

5.4.18 耐黄变性

按 GB/T 23987—2009 中规定进行。用 UVA(340)灯作为光源，将试板置于试验条件能满足黑板温度为(60±3)℃、辐照度为 0.68 W/m^2、干相(无凝露)的荧光紫外老化机中，全过程保持连续光照 168 h。试验结束后取出，与未经光照的试板对照，用色差仪测量颜色变化(ΔE^*)。

6 检验规则

6.1 检验分类

6.1.1 产品检验分为出厂检验和型式检验。

6.1.2 出厂检验项目包括在容器中状态、干燥时间、涂膜外观、光泽。

6.1.3 型式检验项目包括本标准所列的全部技术要求。在正常生产情况下，耐黄变性可根据需要进行检验；施工性、遮盖率、铅笔硬度、附着力每半年至少检验一次；其余项目每年至少检验一次。

6.2 检验结果的判定

6.2.1 检验结果的判定按 GB/T 1250 中修约值比较法进行。

6.2.2 应检项目的检验结果均达到本标准要求时，该试验样品为符合本标准要求。

7 标志、包装和贮存

7.1 标志

按 GB/T 9750 的规定进行。包装标志上应明确组分配比。标称具有耐黄变等类似功能的清漆产品(含透明色漆)应在外包装上注明所达到的耐黄变等级。

7.2 包装

按 GB/T 13491 中一级包装要求的规定进行。

7.3 贮存

产品贮存时应保证通风、干燥，防止日光直接照射并应隔绝火源，远离热源。产品应根据类型定出贮存期，并在包装标志上明示。

参 考 文 献

［1］ GB/T 4893.9—1992 家具表面漆膜抗冲击测定法
［2］ GB/T 15036.1—2001 实木地板 技术条件
［3］ GB/T 15104—2006 装饰单板饰面人造板
［4］ GB 18187—2000 酿造食醋

ICS 87.040
G 51

中华人民共和国国家标准

GB/T 23998—2009

室内装饰装修用溶剂型硝基木器涂料

Indoor decorating and refurbishing solvent-based nitrocellulose coatings for woodenware

2009-06-02 发布　　2010-02-01 实施

中华人民共和国国家质量监督检验检疫总局
中国国家标准化管理委员会　发布

前　言

本标准由中国石油和化学工业协会提出。

本标准由全国涂料和颜料标准化技术委员会归口。

本标准起草单位：中海油常州涂料化工研究院、北京展辰化工有限公司、广州珠江化工集团有限公司、紫荆花制漆(大中华)有限公司、江苏大象东亚制漆有限公司、广东嘉宝莉化工有限公司、广东巴德士化工有限公司、中华制漆(深圳)有限公司、长兴科技(上海)有限公司、新欧宝化工(上海)有限公司、广东华隆涂料实业有限公司。

本标准主要起草人：黄逸东、陈寿生、蔡敏钊、周罕、杨少武、许有为、严修才、王文彪、于爱华、曾一文、麦全旺。

室内装饰装修用溶剂型硝基木器涂料

1 范围

本标准规定了室内装饰装修用溶剂型硝基木器涂料产品的分类、要求、试验方法、检验规则及标志、包装和贮存等内容。

本标准适用于以硝酸纤维素为主要成膜物，加入醇酸树脂、改性松香树脂、丙烯酸树脂等改性而成的木器涂料。产品适用于室内装饰装修(包括工厂化涂装)用木制品表面的保护及装饰。

2 规范性引用文件

下列文件中的条款通过本标准的引用而成为本标准的条款。凡是注日期的引用文件，其随后所有的修改单(不包括勘误的内容)或修订版均不适用于本标准，然而，鼓励根据本标准达成协议的各方研究是否可使用这些文件的最新版本。凡是不注日期的引用文件，其最新版本适用于本标准。

GB/T 1250　极限数值的表示方法和判定方法

GB/T 1728—1979　漆膜、腻子膜干燥时间测定法

GB/T 1762　漆膜回粘性测定法

GB/T 1766　色漆和清漆　涂层老化的评级方法

GB/T 3186　色漆、清漆和色漆与清漆用原材料　取样(GB/T 3186—2006,ISO 15528:2000,IDT)

GB/T 4893.1—2005　家具表面耐冷液测定法

GB/T 4893.3—2005　家具表面耐干热测定法

GB/T 6682—2008　分析实验室用水规格和试验方法(ISO 3696:1987,MOD)

GB/T 6739　色漆和清漆　铅笔法测定漆膜硬度(GB/T 6739—2006,ISO 15184:1998,IDT)

GB/T 6753.1　色漆、清漆和印刷油墨　研磨细度的测定(GB/T 6753.1—2007,ISO 1524:2000,IDT)

GB/T 9278　涂料试样状态调节和试验的温湿度(GB/T 9278—2008,ISO 3270:1984,Paints and varnishes and their raw materials—Temperatures and humidities for conditioning and testing,IDT)

GB/T 9286　色漆和清漆　漆膜的划格试验(GB/T 9286—1998,eqv ISO 2409:1992)

GB/T 9750　涂料产品包装标志

GB/T 9754　色漆和清漆　不含金属颜料的色漆漆膜的20°、60°和85°镜面光泽的测定(GB/T 9754—2007,ISO 2813:1994,IDT)

GB/T 13491—1992　涂料产品包装通则

3 分类

本标准将溶剂型硝基木器涂料分为面漆和底漆。

4 要求

产品应符合表1的要求。

表1　要求

项　目	指　标	
	面漆	底漆
在容器中状态	搅拌后均匀无硬块	
细度/μm　≤	40	60

表 1（续）

项　　目		指　　标	
		面漆	底漆
干燥时间　　≤	表干/min	20	
	实干/h	2	
涂膜外观		正常	—
回粘性/级　　≤		2	—
打磨性		—	易打磨
光泽(60°)/单位值		商定	—
铅笔硬度(擦伤)　　≥		B	—
附着力(划格间距 2 mm)/级　　≤		2	
耐干热性[(90±2)℃,15 min]/级　　≤		2	—
耐水性(24 h)		无异常	—
耐碱性(50 g/L 的 $NaHCO_3$,1 h)		无异常	—
耐污染性(1 h)	醋	无异常	—
	茶	无异常	—

5　试验方法

5.1　取样

产品按 GB/T 3186 的规定取样,也可按商定方法取样。取样量根据检验需要确定。

5.2　试验环境

试板的状态调节和试验的温湿度应符合 GB/T 9278 的规定。

5.3　试验样板的制备

所有制板项目均以单一涂料类型制板,即分别以各类面漆或底漆制板。各项目检验用底材及涂装要求见表 2,浅色贴面胶合板上的干膜厚度以同时喷涂在钢板上的漆膜厚度计。也可采用刷涂或商定的其他方式进行涂装。若使用与本标准规定不同的样板制备条件,应在试验报告中注明。

表 2　制板说明

项　　目	底　　材	尺寸 mm	涂装要求
涂膜外观、附着力、耐水性、耐碱性、耐污染性	浅色贴面胶合板[a]（符合 GB/T 15104—2006),使用前在 5.2 环境条件下放置 7 d 以上	150×70	喷涂 4 道,每道干膜厚度为(10～15)μm,每道间隔 1 h,放置 48 h 后测试
耐干热性		150×150	
回粘性、铅笔硬度	马口铁板[b]	50×120×0.2～0.3	喷涂两道,每道干膜厚度为(10～15)μm,每道间隔 1 h,铅笔硬度项目放置 48 h 后测试
打磨性	浅色贴面胶合板[a]（符合 GB/T 15104—2006)	150×70	喷涂两道,每道干膜厚度为(10～15)μm,每道间隔 1 h,放置 4 h 后测试

表 2（续）

项　　目	底　　材	尺寸 mm	涂装要求
干燥时间	玻璃板（清漆测光泽时采用喷有无光黑漆的玻璃板）	150×100×3	喷涂一道，干膜厚度为(10～15)μm
光泽			喷涂两道，每道干膜厚度为(10～15)μm，每道间隔 1 h，放置 48 h 后测试
[a] 推荐采用白桦、白枫木、白橡木等浅色品种。 [b] 马口铁板需彻底打磨掉镀锡层。			

5.4 操作方法

所用试剂均为化学纯以上，所用水均为符合 GB/T 6682—2008 规定的三级水，试验用溶液在试验前预先调整到试验温度。

5.4.1 在容器中状态

打开容器，用调刀或搅棒搅拌，允许容器底部有沉淀，若经搅拌易于混合均匀，则评为"搅拌后均匀无硬块"。

5.4.2 细度

按 GB/T 6753.1 规定进行。

5.4.3 干燥时间

表干和实干分别按 GB/T 1728—1979 表干中乙法和实干中甲法规定进行。

5.4.4 涂膜外观

样板在散射日光下目视观察，如果涂膜均匀，无流挂、发花、针孔、开裂和剥落等涂膜病态，则评为"正常"。

5.4.5 回粘性

按表 2 规定制完板后，在恒温恒湿条件下干燥 1 h，然后进入(80±2)℃的恒温箱中加热 30 min，取出试板在恒温恒湿条件下放置 1 h，作为试验用样板。按 GB/T 1762 的规定进行。

5.4.6 打磨性

用 400＃水砂纸手工干磨 10 次（往复 1 次算 1 次），如涂膜易打磨成平整光滑表面，则评为"易打磨"。

5.4.7 光泽(60°)

按 GB/T 9754 规定进行。

5.4.8 铅笔硬度

按 GB/T 6739 规定进行。铅笔为中华牌 101 绘图铅笔。

5.4.9 附着力

按 GB/T 9286 规定进行。划格间距为 2 mm。

5.4.10 耐干热性

按 GB/T 4893.3—2005 规定进行。试验温度为(90±2)℃，试验时间 15 min。

5.4.11 耐水性

按 GB/T 4893.1—2005 规定进行。试液为蒸馏水，试验区域取每块板的中间部位，在每个试验区域上分别放上五层滤纸片，试验过程中需保持滤纸湿润，必要时在玻璃罩和试板接触部位涂上凡士林加以密封。24 h 后取掉滤纸，吸干，放置 2 h 后在散射日光下目视观察，如 3 块试板中有 2 块未出现起泡、开裂、剥落等涂膜病态现象，但允许出现轻微变色和轻微光泽变化，则评为"无异常"。如出现以上涂膜病态现象按 GB/T 1766 进行描述。

5.4.12 耐碱性

测试及结果评定方法同耐水性，试液为 50 g/L 的 $NaHCO_3$ 溶液，试验时间为 1 h，试验后放置 1 h 后观察。

5.4.13 耐污染性

测试及结果评定方法同耐水性，试验时间均为 1 h，试验后放置 1 h 后观察。

耐醋：试液为酿造食醋。

注：推荐使用符合 GB 18187—2000 的酿造食醋。

耐茶：试液为绿茶水，在 2 g 绿茶中加入 250 mL 沸水，室温放置 5 min 后立即用茶水进行试验。

注：推荐使用袋装立顿绿茶。

6 检验规则

6.1 检验分类

6.1.1 产品检验分出厂检验和型式检验。

6.1.2 出厂检验项目包括在容器中状态、细度、干燥时间、打磨性、涂膜外观、光泽。

6.1.3 型式检验项目包括本标准所列的全部技术要求。在正常生产情况下，每年至少检验一次。

6.2 检验结果的判定

6.2.1 检验结果的判定按 GB/T 1250 中修约值比较法进行。

6.2.2 应检项目的检验结果均达到本标准要求时，该试验样品为符合本标准要求。

7 标志、包装和贮存

7.1 标志

按 GB/T 9750 的规定进行。

7.2 包装

按 GB/T 13491—1992 中一级包装要求的规定进行。

7.3 贮存

产品贮存时应保证通风、干燥，防止日光直接照射并应隔绝火源，远离热源。产品应根据类型定出贮存期，并在包装标志上明示。

参 考 文 献

［1］ GB/T 15104—2006 装饰单板贴面人造板
［2］ GB 18187—2000 酿造食醋

ICS 87.040
G 51

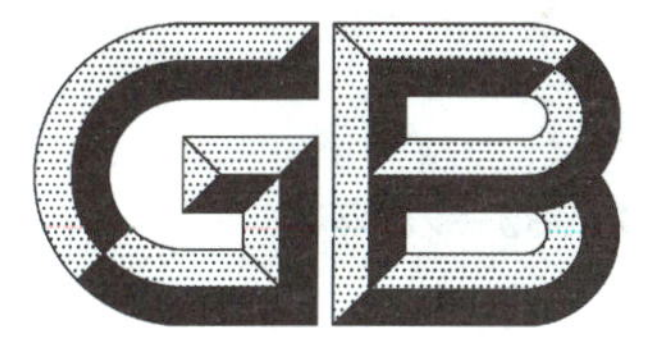

中华人民共和国国家标准

GB/T 23999—2009

室内装饰装修用水性木器涂料

Water based coatings for woodenware for indoor decorating and refurbishing

2009-06-02 发布　　　　2010-02-01 实施

中华人民共和国国家质量监督检验检疫总局
中国国家标准化管理委员会　发布

前　言

本标准由中国石油和化学工业协会提出。

本标准由全国涂料和颜料标准化技术委员会归口。

本标准负责起草单位：中海油常州涂料化工研究院。

本标准参加起草单位：广东华润涂料有限公司、廊坊立邦涂料有限公司、广东巴德士化工有限公司、常州光辉化工有限公司、广东神洲化学工业有限公司、山西摩天新技术开发有限公司、广东中山市爱普诗涂料有限公司、广东嘉宝莉化工有限公司、拜耳（中国）有限公司、罗门哈斯（中国）公司、奥科特化（上海）国际贸易有限公司、卜内门太古漆油（中国）有限公司、新欧宝化工（上海）有限公司、翁开尔公司、广东华隆涂料实业有限公司、天津天寰聚氨酯有限公司、东莞市鼎源实业有限公司、深圳市展辰达化工有限公司。

本标准主要起草人：赵玲、黄逸东、孔志元、石成芬、刘凤仙、方学军、曹震、苏振祥、罗晓京、陈绍球、曹树潮、陈珀丽、吴俊、林幼琼、赵雪怡、曾一文、刘斌、张恒、麦宗毅、孙连东、翟润和、陈寿生。

室内装饰装修用水性木器涂料

1 范围

本标准规定了用于室内木质基材表面装饰与保护的水性涂料的定义、分类、要求、试验方法、检验规则、包装标志等。

本标准适用于聚氨酯类、丙烯酸酯类、丙烯酸-聚氨酯类以及其他类型的常温干燥型单组分或双组分水性木器涂料。

2 规范性引用文件

下列文件中的条款通过本标准的引用而成为本标准的条款。凡是注日期的引用文件，其随后所有的修改单(不包括勘误的内容)或修订版均不适用于本标准，然而，鼓励根据本标准达成协议的各方研究是否可使用这些文件的最新版本。凡是不注日期的引用文件，其最新版本适用于本标准。

GB/T 1250 极限数值的表示方法和判定方法

GB/T 1724 涂料细度测定法

GB/T 1725 色漆、清漆和塑料 不挥发物含量的测定(GB/T 1725—2007,ISO 3251:2003,IDT)

GB/T 1728—1979 漆膜、腻子膜干燥时间测定法

GB/T 1766 色漆和清漆 涂层老化的评级方法

GB/T 1768 色漆和清漆 耐磨性的测定 旋转橡胶砂轮法(GB/T 1768—2006,ISO 7784-2:1997,IDT)

GB/T 3186 色漆、清漆和色漆与清漆用原材料 取样(GB/T 3186—2006,ISO 15528:2000,IDT)

GB/T 4893.1—2005 家具表面耐冷液测定法

GB/T 4893.3—2005 家具表面耐干热测定法

GB/T 6682—2008 分析实验室用水规格和试验方法(ISO 3696:1987,MOD)

GB/T 6739 色漆和清漆 铅笔法测定漆膜硬度(GB/T 6739—2006,ISO 15184:1998,IDT)

GB/T 9278 涂料试样状态调节和试验的温湿度(GB/T 9278—2008,ISO 3270:1984, Paint and varnish and their raw materials—Temperatures and humidities for conditioning and testing, IDT)

GB/T 9279 色漆和清漆 划痕试验(GB/T 9279—2007,ISO 1518:1992,IDT)

GB/T 9286—1998 色漆和清漆 漆膜的划格试验(eqv ISO 2409:1992)

GB/T 9750 涂料产品包装标志

GB/T 9754 色漆和清漆 不含金属颜料的色漆漆膜的20°、60°和85°镜面光泽的测定(GB/T 9754—2007,ISO 2813:1994,IDT)

GB/T 9755—2001 合成树脂乳液外墙涂料

GB/T 13491 涂料产品包装通则

GB/T 20624.2 色漆和清漆 快速变形(耐冲击性)试验 第2部分:落锤试验(小面积冲头)(GB/T 20624.2—2006,ISO 6272-2:2002,IDT)

GB/T 23982 木器涂料抗粘连性测定法

GB/T 23987 色漆和清漆 涂层的人工气候老化曝露 曝露于荧光紫外线和水(GB/T 23987—2009,ISO 11507:2007,IDT)

3 术语和定义

下列术语和定义适用于本标准。

3.1

水性木器涂料 water based coatings for woodenware

以水作为分散介质、用于木质基材表面起装饰与保护作用的涂料。

4 产品分类

水性木器涂料按实际用途及使用功能分为A、B、C、D四类，分别代表：

A类：地板用面漆——工厂涂装和家庭涂装等所有木质地板用面漆；

B类：家具用面漆——工厂涂装木质家具用面漆；

C类：装修用面漆——除A、B类以外的木质表面用面漆，主要用于门套、窗套、护墙板等的涂装；

D类：底漆、中涂漆——所有可与各类面漆配套使用的木器用底漆、中涂漆。

5 要求

产品应符合表1的要求。

表1 要求

项目			指标			
			A类	B类	C类	D类
在容器中状态			搅拌后均匀无硬块			
细度/μm		≤	35	清漆和透明色漆：35 色漆：40		60
不挥发物/%		≥	30	30		清漆和透明色漆：30 色漆：40
干燥时间 ≤	表干/min		单组分：30；　双组分：60			
	实干/h		单组分：6；　双组分：24			
贮存稳定性〔(50±2)℃,7 d〕			无异常			
耐冻融性[a]			不变质			
涂膜外观			正常			—
光泽(60°)			商定			—
打磨性			—			易打磨
硬度(擦伤)		≥	B			—
附着力(划格间距2 mm)/级		≤	1			
耐冲击性			涂膜无脱落、无开裂	—	—	—
抗粘连性〔500 g,(50±2)℃/4 h〕			MM：A-0；　MB：A-0		—	
耐磨性(750 g/500 r)/g		≤	0.030	—	—	—
耐划伤性(100 g)			未划伤		—	—
耐水性	耐水性(24 h)		无异常			—
	耐沸水性(15 min)		无异常			—
耐碱性(50 g/L $NaHCO_3$,1 h)			无异常			—
耐醇性(50%,1 h)			无异常			—
耐污染性(1 h)	醋		无异常			—
	绿茶		无异常			—

表 1（续）

<table>
<tr><th rowspan="2">项　　目</th><th colspan="4">指　　标</th></tr>
<tr><th>A 类</th><th>B 类</th><th>C 类</th><th>D 类</th></tr>
<tr><td>耐干热性[(70±2)℃,15 min]/级　　≤</td><td colspan="3">2</td><td>—</td></tr>
<tr><td>耐黄变性[b](168 h)ΔE*　　≤</td><td colspan="4">3.0</td></tr>
<tr><td colspan="5">[a] 用于工厂涂装且对此项无要求的产品可不做该项。
[b] 该项目仅限标称具有耐黄变等类似功能的产品。</td></tr>
</table>

6 试验方法

6.1 取样

产品按 GB/T 3186 规定取样，也可按商定方法取样。取样量根据检验需要确定。

6.2 试验环境

试板的状态调节应符合 GB/T 9278 的规定。干燥时间、光泽、硬度、附着力、耐冲击性、耐磨性、耐划伤性、耐水性、耐碱性、耐醇性、耐污染性项目的试验环境应符合 GB/T 9278，其他项目的试验环境按照相关方法标准规定进行。

6.3 试验样板的制备

除非另有规定，所有制板项目均以单一涂料类型制板，即分别以面漆或底漆制板。各项目检验用底材及涂装要求见表 2。对于家俱用面漆，也可采用喷涂方式进行涂装，涂装要求商定。若采用与本标准规定不同的样板制备条件，应在试验报告中注明。

表 2　制板说明

<table>
<tr><th>项目</th><th>底材</th><th>尺寸/mm</th><th>涂装要求</th></tr>
<tr><td>涂膜外观[a]、附着力、耐划伤性、抗粘连性、耐水性、耐碱性、耐醇性、耐污染性</td><td rowspan="2">浅色贴面胶合板[b]（符合 GB/T 15104—2006）使用前在 6.2 环境条件下放置 7 d 以上</td><td>150×70</td><td rowspan="5">刷涂两道。第一道刷涂量为(1.0±0.1)g/dm²，间隔 24 h 后刷涂第二道；第二道刷涂量为(0.8±0.1)g/dm²，放置 7 d 后测试。
贴面胶合板和实木地板在刷涂第二道前用 400＃水砂纸轻轻打磨一遍并擦去表面的浮灰</td></tr>
<tr><td>耐干热性</td><td>150×150</td></tr>
<tr><td>耐冲击性</td><td>水青冈(山毛榉)实木地板或其他品种(符合GB/T 15036.1—2001)</td><td>150×100×(10～20)</td></tr>
<tr><td>耐磨性</td><td>铝板或玻璃板</td><td>直径 100</td></tr>
<tr><td>耐黄变性</td><td>白色外用瓷质砖或其他材质的白色底材[c]</td><td>95×45</td></tr>
<tr><td>打磨性</td><td>浅色贴面胶合板[b]（符合 GB/T 15104—2006）</td><td>150×70</td><td>刷涂一道，刷涂量为(1.8±0.1)g/dm²，单组分放置 6 h 后测试，双组分放置 24 h 后测试</td></tr>
</table>

表 2（续）

项目	底材	尺寸/mm	涂装要求
干燥时间	玻璃板（清漆测光泽时采用已喷有无光黑漆的玻璃板）	150×100×3	刷涂一道，刷涂量为(1.0±0.1) g/dm^2
硬度			刮涂一道，湿膜厚 100 μm，放置 7 d 后测试
光泽[a]			刮涂一道，湿膜厚 150 μm，放置 48 h 后测试

[a] 涂膜外观、光泽项目出厂检验时可用商定的加速涂装方法制板后进行检验。

[b] 浅色贴面胶合板可采用白榉、水曲柳、白枫木、白橡木等浅色品种。

[c] “耐黄变性”项目所采用的白色外用瓷质砖或其他材质的白色底材要求经 UVA(340)灯照射 168 h 后 ΔE^* 应不大于 0.5。

6.4 操作方法

所用试剂均为化学纯以上，所用水均为符合 GB/T 6682—2008 规定的三级水，试验用溶液在试验前预先调整到试验温度。

6.4.1 在容器中状态

打开容器，用调刀或搅棒搅拌，允许容器底部有沉淀，若经搅拌易于混合均匀，则评为“搅拌后均匀无硬块”，双组分涂料应分别检验各组分。

6.4.2 细度

按 GB/T 1724 规定进行，双组分需混合均匀后测试。

6.4.3 不挥发物

按 GB/T 1725 规定进行，双组分涂料仅检验主剂。

6.4.4 干燥时间

表干和实干分别按 GB/T 1728—1979 表干中乙法和实干中甲法规定进行。

6.4.5 贮存稳定性

将约 0.5L 的样品装入合适的塑料或玻璃容器中，瓶内留有约 10%的空间，密封后放入(50±2)℃恒温干燥箱中，7 天后取出在(23±2)℃下放置 3 h，按照 6.4.1 方法考查“在容器中状态”，如果搅拌后均匀无硬块，则认为“无异常”。双组分涂料应分别检验各组分。

6.4.6 耐冻融性

按 GB/T 9755—2001 中 5.5 规定进行。双组分涂料仅检验主剂。

6.4.7 涂膜外观

样板在散射日光下目视观察，如果涂膜均匀，无流挂、发花、针孔、开裂和剥落等涂膜病态，则评为“正常”。

6.4.8 光泽(60°)

按 GB/T 9754 规定进行。

6.4.9 打磨性

用 400＃水砂纸手工打磨 20 次，如涂膜易打磨成平整光滑表面，则评为“易打磨”。

6.4.10 硬度(擦伤)

按 GB/T 6739 规定进行。铅笔为中华牌 101 绘图铅笔。

6.4.11 附着力

按 GB/T 9286—1998 规定进行。划格间距为 2 mm。

6.4.12 耐冲击性

按 GB/T 20624.2 规定进行。采用 12.7 mm 的球形冲头，重锤质量 300 g。调整重锤降落的高度，使样板表面的冲击印痕直径在(5.0±0.2)mm 范围内(印痕测量方法可按 GB/T 4893.9—1992 标准中附录 A 进行)。如在冲击的变形区域内无涂膜脱落和开裂(必要时可用彩色记号笔涂抹变形区域，稍置片刻后擦去表面残留的颜色，再进行检查)，则该冲击点为通过。试验两块试板，每块板上冲击 5 个点，如其中一块试板上至少有 3 个点无涂膜脱落和开裂，则该试验项目评为“涂膜无脱落、无开裂”。

6.4.13 抗粘连性

按 GB/T 23982 规定进行。试验条件：负荷：质量为 500 g、直径约 70 mm 的砝码；温度：(50±2)℃；时间：4 h。

6.4.14 耐磨性

按 GB/T 1768 规定进行。使用型号为 CS-10 的橡胶砂轮。

注：也可使用与 CS-10 磨耗作用相当的其他橡胶砂轮。

6.4.15 耐划伤性

操作按 GB/T 9279 规定进行。在划针上给定负荷 100 g 进行划伤试验，试验后对着垂直于划过的方向与试验样板成 45°角进行目视观察，辨别不出伤痕则评为“未划伤”。

6.4.16 耐水性

常温耐水性：按 GB/T 4893.1—2005 规定进行。试液为蒸馏水，试验区域取每块板的中间部位，在每个试验区域上分别放上 5 层纸片，试验过程中需保持滤纸湿润，必要时在玻璃罩和试板接触部位涂上凡士林加以密封。24 h 后取掉滤纸，吸干，放置 2 h 后在散射日光下目视观察，如 3 块试板中有 2 块未出现起泡、开裂、剥落等涂膜病态现象，但允许出现轻微变色和轻微光泽变化，则评为“无异常”。如出现以上涂膜病态现象按 GB/T 1766 进行描述。

耐沸水性：按常温耐水性测试及评价方法进行，试液为沸水，试验过程任其自然冷却，试验时间为 15 min，试验后放置 15 min 后观察。

6.4.17 耐碱性

测试及结果评定方法同常温耐水性，试液为 50 g/L 的 $NaHCO_3$，试验时间为 1 h，试验后放置 1 h 后观察。

6.4.18 耐醇性

测试及结果评定方法同常温耐水性，试液为 50%(体积分数)的乙醇溶液，试验时间为 1 h，试验后放置 1 h 后观察。

6.4.19 耐污染性

测试及结果评定方法同常温耐水性，试验时间均为 1 h，试验后放置 1 h 后观察。

耐醋：试液为酿造食醋。

注：酿造食醋应符合 GB 18187—2000，推荐使用江苏恒顺醋业股份有限公司生产的产品。

耐茶：试液为绿茶水：在 2 g 绿茶中加入 250 mL 沸水，室温放置 5 min 后立即用茶水进行试验。

注：推荐使用立顿绿茶。

6.4.20 耐干热性

按 GB/T 4893.3—2005 规定进行。试验温度为(70±2)℃，试验时间 15 min。

6.4.21 耐黄变性

按 GB/T 23987 规定进行。用 UVA(340)灯作为光源，将试板置于试验条件能满足黑板温度为(60±3)℃、辐照度为 0.68 W/m^2、干相(无凝露)的荧光紫外老化机中，全过程保持连续光照 168 h。试验结束后取出，与未经光照的试板对照，用色差仪测定颜色变化(ΔE^*)。

7 检验规则

7.1 检验分类

7.1.1 产品检验分为出厂检验和型式检验。

7.1.2 出厂检验项目包括在容器中状态、细度、不挥发物、干燥时间、涂膜外观、光泽。

7.1.3 型式检验项目包括本标准所列的全部技术要求。在正常生产情况下，贮存稳定性、耐冻融性、打磨性、硬度、附着力、耐冲击性、抗粘连性、耐磨性、耐划伤性、耐水性、耐碱性、耐醇性、耐污染性、耐干热性每半年至少检验一次；耐黄变性每年至少检验一次。

7.2 检验结果的判定

7.2.1 检验结果的判定按 GB/T 1250 中修约值比较法进行。

7.2.2 应检项目的检验结果均达到本标准要求时，该试验样品为符合本标准要求。

8 标志、包装和贮存

8.1 标志

按 GB/T 9750 的规定进行。对于由双组分配套组成的涂料，应明确各组分配比。如需加水稀释，应明确稀释比例。

8.2 包装

按 GB/T 13491 中二级包装要求的规定进行。

8.3 贮存

产品贮存时应保证通风、干燥、防止日光直接照射，冬季时应采取适当防冻措施。产品应根据类型定出贮存期，并在包装标志上明示。

参 考 文 献

[1] GB/T 4893.9—1992 家具表面漆膜抗冲击测定法
[2] GB/T 15036.1—2001 实木地板技术条件
[3] GB/T 15104—2006 装饰单板贴面人造板
[4] GB 18187—2000 酿造食醋

ICS 87.040
G 51

中华人民共和国国家标准

GB/T 25261—2018
代替 GB/T 25261—2010

建筑用反射隔热涂料

Solar heat reflecting insulation coatings for buildings

2018-07-13 发布 2019-02-01 实施

国家市场监督管理总局
中国国家标准化管理委员会 发布

前 言

本标准按照 GB/T 1.1—2009 给出的规则起草。

本标准代替 GB/T 25261—2010《建筑用反射隔热涂料》，与 GB/T 25261—2010 相比，除编辑性修改外主要技术变化如下：

——修改了标准的范围(见第 1 章，2010 年版的第 1 章)；

——规范性引用文件中“GB/T 9271、GB/T 13491”分别改为“GB/T 9271—2008、GB/T 13491—1992”；增加了规范性引用文件“GB/T 1728—1979、GB/T 1733—1993、GB/T 1766—2008、GB/T 3181—2008、GB/T 3880.1—2012、GB/T 6682—2008、GB/T 9265—2009、GB/T 9268—2008、GB/T 9755、GB/T 9757、GB/T 9779、GB/T 9780—2013、GB/T 10295—2008、GB/T 11186.2—1989、GB/T 17683.1—1999、GB/T 23987—2009、HG/T 3792、HG/T 4104、HG/T 4567—2013、JC/T 412.1—2006、JC/T 2079、JG/T 24、JG/T 25—2017、JG/T 172、JG/T 235—2014”；删除了规范性引用文件“GJB 2502—1996”(见第 2 章，2010 年版的第 2 章)；

——增加了分类(见第 4 章)；

——增加了隔热中涂漆的功能性要求和试验方法(见 5.1.1、6.4.2 和附录 A)；

——增加了反射隔热平涂面漆的明度范围的划分(见 5.1.2)；

——修改了反射隔热平涂面漆的太阳光反射比、半球反射率指标和试验方法(见 5.1.2、6.4.3、6.4.5，2010 年版的 4.1、5.4、5.5)；

——增加了反射隔热平涂面漆的近红外反射比、污染后太阳光反射比变化率、与参比黑板的隔热温差试验项目、指标和试验方法(见 5.1.2、6.4.4、6.4.6、6.4.7、附录 B)；

——增加了反射隔热质感面漆的功能性要求、基本性能要求和试验方法(见 5.1.3、6.3.4、6.4.3、6.4.4、6.4.5、6.4.6、6.4.7、附录 B)；

——增加了隔热中涂漆的基本性能要求和试验方法(见 5.2.1、6.4.8、6.4.9、6.4.10、6.4.11、6.4.12、6.4.13、6.4.14、6.4.15、6.4.16、6.4.17、6.4.18、6.4.19)；

——增加了反射隔热平涂面漆的基本性能要求(见 5.2.2)；

——删除了附录 A“等效涂料热阻计算方法”(见 2010 年版的附录 A)。

本标准由中国石油和化学工业联合会提出。

本标准由全国涂料和颜料标准化技术委员会(SAC/TC 5)归口。

本标准起草单位：江苏晨光涂料有限公司、中海油常州涂料化工研究院有限公司、上海三银涂料科技股份有限公司、天津中航百慕新材料技术有限公司、佛山市顺德区巴德富实业有限公司、四川嘉宝莉涂料有限公司、立邦涂料(中国)有限公司、陶氏化学(中国)投资有限公司、广东华润涂料有限公司、三棵树涂料股份有限公司、浙江纳美新材料股份有限公司、河北晨阳工贸集团有限公司、江苏金陵特种涂料有限公司、北京红狮科技发展有限公司、湖南邦弗特新材料技术有限公司、德爱威(中国)有限公司、富思特新材料科技发展股份有限公司、浙江华德新材料有限公司、阿克苏诺贝尔太古漆油(上海)有限公司、湖北邱氏节能建材高新技术股份有限公司、宁波新安涂料有限公司、亚士漆(上海)有限公司、南通市乐佳涂料有限公司、常州市君悦建筑节能科技有限公司、海虹老人(中国)管理有限公司、广东美隔粒新材料科技有限公司、山东华德隆建材科技有限公司、合众(佛山)化工有限公司、广东自然涂化工有限公司、上海大通会幕新型节能材料股份有限公司、湖南富亿帕杰建筑节能涂料有限公司、大金氟化工(中国)有限公司、浙江时进节能环保涂料有限公司、江苏特丰新材料科技有限公司、英德科迪颜料技术有限公司。

本标准主要起草人：张雷、蔡青青、薛亚波、唐瑛、孔志元、马安荣、师华、文熊坤、谭振华、程金龙、钱亦萍、郭茜、林金斌、何贵平、胡中源、林蛟、李运德、李时珍、熊俊、张仁哲、王伟东、归诚祺、邱杰儒、徐金宝、余先明、邢小健、徐建凤、蔡伟、肖汝斌、王希安、康伦国、史国圣、顾勤英、刘懿锋、郑辉、郑茂巍、廖向阳、陆明、周磊。

本标准所代替标准的历次版本发布情况为：

——GB/T 25261—2010。

建筑用反射隔热涂料

1 范围

本标准规定了建筑用反射隔热涂料的术语和定义、分类、要求、试验方法、检验规则及标志、包装和贮存等内容。

本标准适用于由树脂、颜填料、助剂、功能材料等制成的呈均一颜色、具有隔热作用的涂料，包括隔热中涂漆、反射隔热平涂面漆和反射隔热质感面漆。

注：反射隔热面漆可与隔热中涂漆配套使用，也可单独作为功能性涂料使用。

2 规范性引用文件

下列文件对于本文件的应用是必不可少的。凡是注日期的引用文件，仅注日期的版本适用于本文件。凡是不注日期的引用文件，其最新版本(包括所有的修改单)适用于本文件。

GB/T 1728—1979 漆膜、腻子膜干燥时间测定法

GB/T 1733—1993 漆膜耐水性测定法

GB/T 1766—2008 色漆和清漆 涂层老化的评级方法

GB/T 3186 色漆、清漆和色漆与清漆用原材料 取样

GB/T 3880.1—2012 一般工业用铝及铝合金板、带材 第1部分：一般要求

GB/T 6682—2008 分析实验室用水规格和试验方法

GB/T 8170—2008 数值修约规则与极限数值的表示和判定

GB/T 9265—2009 建筑涂料 涂层耐碱性的测定

GB/T 9268—2008 乳胶漆耐冻融性的测定

GB/T 9271—2008 色漆和清漆 标准试板

GB/T 9278 涂料试样状态调节和试验的温湿度

GB/T 9750 涂料产品包装标志

GB/T 9755 合成树脂乳液外墙涂料

GB/T 9757 溶剂型外墙涂料

GB/T 9779 复层建筑涂料

GB/T 9780—2013 建筑涂料涂层耐沾污性试验方法

GB/T 10295—2008 绝热材料稳态热阻及有关特性的测定 热流计法

GB/T 13491—1992 涂料产品包装通则

GB/T 17683.1—1999 太阳能 在地面不同接收条件下的太阳光谱辐射照度标准 第1部分：大气质量1.5的法向直接日射辐射照度和半球向日射辐射照度

GB/T 23987—2009 色漆和清漆 涂层的人工气候老化曝露 曝露于荧光紫外线和水

HG/T 3792 交联型氟树脂涂料

HG/T 4104 建筑用水性氟涂料

HG/T 4567—2013 建筑用弹性中涂漆

JC/T 412.1—2006 纤维水泥平板 第1部分：无石棉纤维水泥平板

JC/T 2079 建筑用弹性质感涂层材料

JG/T 24　合成树脂乳液砂壁状建筑涂料

JG/T 25—2017　建筑涂料涂层耐温变性试验方法

JG/T 172　弹性建筑涂料

JG/T 235—2014　建筑反射隔热涂料

3　术语和定义

下列术语和定义适用于本文件。

3.1

隔热中涂漆　thermal insulation intermediate coat

具有较低的导热系数,可以达到隔热保温效果的中间层涂料。

3.2

反射隔热平涂面漆　solar heat reflecting insulation flat top coat

具有较高太阳光反射比和半球发射率,可以达到隔热效果的涂料,其施涂后,涂层表面呈现平整且颜色均匀一致的装饰效果。

3.3

反射隔热质感面漆　solar heat reflecting insulation textured top coat

以合成树脂乳液为基料,具有较高太阳光反射比和半球发射率,可以达到隔热效果的质感涂料,其施涂后,涂层表面呈立体造型等装饰效果。

3.4

明度　lightness

L^*

表示物体表面颜色明亮程度的视知觉特性值,以绝对白色和绝对黑色为基准给予分度,以 L^* 表示(颜色的三属性之一)。

[GB/T 3181—2008,定义 3.14]

3.5

导热系数　thermal conductivity

在稳定传热条件下,1 m 厚的材料,两侧表面的温差为 1 K,在 1 s 内,通过 1 m^2 面积传递的热量。

3.6

太阳光反射比　solar reflectance

在 300 nm～2 500 nm 可见光和近红外波段反射的与入射的太阳辐射能通量之比值。

3.7

近红外反射比　near infrared reflectance

在 780nm～2 500 nm 近红外波段反射的与入射的太阳辐射能通量之比值。

3.8

半球发射率　hemispherical emittance

热辐射体在半球方向上的辐射出射度与处于相同温度的全辐射体(黑体)的辐射出射度之比值。

3.9

隔热温差　heat insulation temperature difference

在辐射光源的照射下,参比黑板与测试试板背向热源一侧金属表面温度的差值。

3.10

人工模拟光源　artificial light source

模拟太阳光辐射能量的人工辐射光源，其光谱与大气质量(air mass)1.5 的太阳光谱 300 nm～2 500 nm 波段相似。

4　分类

本标准将建筑用反射隔热涂料产品分为隔热中涂漆、反射隔热平涂面漆和反射隔热质感面漆三类。

隔热中涂漆按隔热效果分为 1 级、2 级，按基本性能分为普通型(P 型)、弹性型(T 型)。

5　要求

5.1　涂料功能性要求

5.1.1　隔热中涂漆的功能性要求

隔热中涂漆的功能性应符合表 1 的要求。

表 1　隔热中涂漆的功能性要求

项目	指标	
	1 级	2 级
导热系数/[W/(m·K)]	≤0.08	>0.08,≤0.15

5.1.2　反射隔热平涂面漆的功能性要求

反射隔热平涂面漆的功能性应符合表 2 的要求。

表 2　反射隔热平涂面漆的功能性要求

项目		指标			
		明度值 L^* 范围			
		$L^* \leqslant 40$	$40 < L^* \leqslant 80$	$80 < L^* \leqslant 95$	$L^* > 95$
太阳光反射比	≥	0.25	$L^*/100-0.15$		0.85
近红外反射比	≥	0.40	$L^*/100$	0.80	
半球发射率	≥	0.85			
污染后太阳光反射比变化率[a]/%	≤	—	15	20	
与参比黑板的隔热温差/℃	≥	11.2	$L^* \times 0.28$		
[a] 该项仅限于三刺激值中的 $Y_{D65} \geqslant 31.26(L^* \geqslant 62.7)$ 的产品。					

5.1.3　反射隔热质感面漆的功能性要求

反射隔热质感面漆的功能性应符合表 3 的要求。

表 3　反射隔热质感面漆的功能性要求

项目		指标			
		明度值 L^* 范围			
		$L^*\leqslant 40$	$40<L^*\leqslant 50$	$50<L^*\leqslant 85$	$L^*>85$
太阳光反射比[a]	≥	0.25	$L^*/100-0.15$		
近红外反射比[a]	≥	0.40		$L^*/100-0.10$	0.75
半球发射率[a]	≥	0.85			
污染后太阳光反射比变化率[a,b]/%	≤	—		15	20
与参比黑板的隔热温差[a]/℃	≥	10.0	$L^*\times 0.25$		

[a] 当产品设计有罩光漆时，可将反射隔热质感面漆与罩光漆配套后进行测试。

[b] 该项仅限于三刺激值中的 $Y_{D65}\geqslant 31.26(L^*\geqslant 62.7)$ 的产品。

5.2 涂料基本性能要求

5.2.1 隔热中涂漆的基本性能要求

隔热中涂漆的基本性能应符合表 4 的要求。

表 4　隔热中涂漆的基本性能要求

项目		指标	
		普通型(P 型)	弹性型(T 型)
在容器中状态		搅拌后无硬块，呈均匀状态	
低温稳定性(3 次循环)		不变质	
施工性		施涂无障碍	
干燥时间(表干)/h	≤	2	
涂膜外观		正常	
耐碱性(48 h)		无异常	
耐水性(96 h)		无异常	
涂层耐温变性(3 次循环)		无异常	
粘结强度(标准状态下)/MPa	≥	0.4	
拉伸强度/MPa	≥	—	1.0
断裂伸长率/%	≥	—	80
低温柔性		—	0 ℃，直径 4 mm 无裂纹

5.2.2 反射隔热平涂面漆的基本性能要求

反射隔热平涂面漆除应符合表2的要求外,还应符合GB/T 9755、GB/T 9757、JG/T 172、HG/T 3792或HG/T 4104等相应产品标准规定的最高等级要求。

5.2.3 反射隔热质感面漆的基本性能要求

反射隔热质感面漆除应符合表3的要求外,还应符合GB/T 9779、JG/T 24或JC/T 2079等相应产品标准规定的最高等级要求。

6 试验方法

6.1 取样

产品按GB/T 3186的规定进行取样。取样量根据检验需要而定。

6.2 试验环境

除另有规定外,试板的状态调节和试验的温湿度应符合GB/T 9278的规定。

6.3 试板与试件的制备

6.3.1 试样准备

按产品规定搅拌均匀后制板。如果所检产品明示了稀释比例,需要制板进行检验的项目,均应按规定的稀释比例加水或溶剂搅匀后制板,若所检产品规定了稀释比例范围,应取其中间值。

6.3.2 底材的选择和处理方法

除非另有商定,按表5和表6的规定选用底材,使用符合GB/T 3880.1—2012中要求的铝板,表面不应有阳极氧化层或着色层;试验用铝板的处理应符合GB/T 9271—2008中6.2或6.3的规定;无石棉纤维水泥平板应符合JC/T 412.1—2006中NAF H Ⅴ级要求的无石棉纤维水泥平板的规定,基材厚度宜为4 mm~6 mm,其表面处理应符合GB/T 9271—2008中10.2的规定;商定的底材材质类型和底材处理方法应在检验报告中注明。

6.3.3 隔热中涂漆试件的制备

6.3.3.1 导热系数、拉伸强度、断裂伸长率、低温柔性试件的制备

将涂料在容器中充分搅拌混合均匀,倒入钢制或塑料的涂膜模框中(见图1),采用单道或多道制膜(每道制膜的厚度尽量保持一致),每道间隔24 h,导热系数测试试件干膜总厚度为1.0 mm~2.0 mm,拉伸强度、断裂伸长率、低温柔性测试试件干膜总厚度为0.8 mm~1.2 mm。制膜后,在恒温恒湿条件下养护168 h,揭膜后反面向上,在恒温恒湿条件下继续养护168 h后测试。

单位为毫米

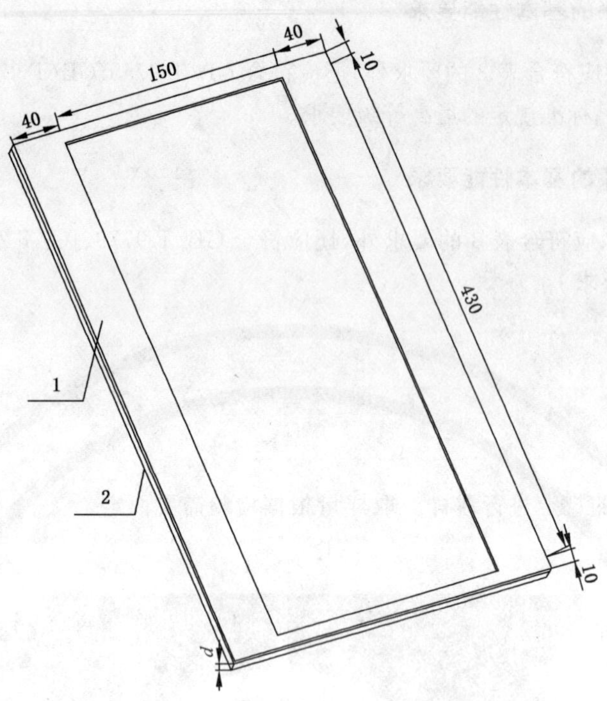

说明：

1 ——材质为不锈钢或塑料的模框；

2 ——普通平板玻璃或聚四氟乙烯板；

d ——模具厚度(由 0.5 或 1 的多个模具组合而成)。

图 1 涂膜模具

6.3.3.2 粘结强度试件的制备

按 HG/T 4567—2013 中 5.3.4 的规定准备砂浆块。按 HG/T 4567—2013 中 5.3.6 的规定制备粘结强度试件。

6.3.3.3 隔热中涂漆试板的制备

除非另有商定，按表 5 的规定制备隔热中涂漆的试板。

表 5 隔热中涂漆的制板要求

检验项目	底材类型	试板尺寸/mm	试板数量/块	湿膜厚度/mm	试板养护期/d
施工性、涂膜外观	无石棉纤维水泥平板	430×150×(4～6)	1	1	—
干燥时间		150×70×(4～6)	1		—
耐碱性、耐水性、涂层耐温变性			各 3		7

6.3.4 反射隔热平涂面漆和反射隔热质感面漆功能性项目试板的制备

除非另有商定，按表 6 的规定制备功能性项目试板。

表 6 功能性项目试板的制板要求

<table>
<tr><th>检验项目</th><th>底材类型</th><th>试板尺寸/mm</th><th>试板数量/块</th><th>涂装要求</th></tr>
<tr><td>太阳光反射比、近红外反射比、半球发射率、污染后太阳光反射比变化率</td><td>铝板</td><td>150×70×(0.8～1.2)</td><td>各 3</td><td rowspan="2">反射隔热平涂面漆：喷涂或刮涂[a]，溶剂型产品干膜总厚度≥0.10 mm，≤0.50 mm；水性产品干膜总厚度≥0.15 mm，≤0.50 mm；放置 168 h 后测试。
反射隔热质感面漆：刮涂一道，湿膜厚度约 2 mm，放置 168 h 后测试；当产品设计有罩光漆时，先刮涂一道反射隔热质感面漆，湿膜厚度约 2 mm，48 h 后施涂罩光漆(施涂量由涂料供应商提供)，放置 168 h 后测试。
参比黑板用涂料：喷涂或刮涂[a]，干膜总厚度≥0.15 mm，≤0.50 mm；放置 168 h 后测试。</td></tr>
<tr><td>与参比黑板的隔热温差</td><td>铝板</td><td>300×300×(1～2)</td><td>测试试板：2；参比黑板：1</td></tr>
<tr><td colspan="5">[a] 非弹性涂料建议使用多道喷涂方式进行制板，防止单道涂层干膜太厚造成开裂；弹性涂料可使用多道喷涂制板或使用模具进行刮涂制板。当采用多道喷涂方式进行制板时，每道间隔 6 h。</td></tr>
</table>

6.4 操作方法

6.4.1 一般规定

除非另有规定，在试验中仅使用确认为化学纯及以上纯度的试剂和符合 GB/T 6682—2008 中三级水要求的蒸馏水或去离子水。试验用溶液在试验前预先调整到试验温度。

6.4.2 导热系数

按附录 A 的规定进行。

6.4.3 太阳光反射比

按 JG/T 235—2014 中 6.4 的规定进行。

6.4.4 近红外反射比

按 JG/T 235—2014 中 6.4 的规定进行。

6.4.5 半球发射率

按 JG/T 235—2014 中 6.5 的规定进行。

6.4.6 污染后太阳光反射比变化率

按 6.4.3 的规定测定初始太阳光反射比，反射隔热平涂面漆按照 GB/T 9780—2013 中 5.4.1.3 B 法(烘箱快速法)的规定进行耐沾污性处理，反射隔热质感面漆按照 GB/T 9780—2013 中 5.5.1.3 B 法(烘箱快速法)的规定进行耐沾污性处理，再按 6.4.3 的规定测定污染后太阳光反射比。对于部分样品，在测试耐沾污性时，经有关方商定，允许试板在养护 7 d 后再进行 4 h 紫外光连续照射后测试(紫外光照射按 GB/T 23987—2009 中方法 A 的规定进行，辐射照度 0.68 W/m^2，光源采用 UVA-340 型灯管)。

污染后太阳光反射比变化率 c_1 按式(1)计算：

$$c_1 = \frac{\rho_0 - \rho_1}{\rho_0} \times 100 \quad \cdots\cdots(1)$$

式中：

c_1——污染后太阳光反射比变化率，%；

ρ_0——初始太阳光反射比；

ρ_1——污染后太阳光反射比。

结果取3块试板的算术平均值，精确至1%。

6.4.7 与参比黑板的隔热温差

按附录B的规定进行。

6.4.8 在容器中状态

打开包装容器，搅拌时无硬块，易于混合均匀，则评定为“搅拌后无硬块，呈均匀状态”。

6.4.9 低温稳定性

按GB/T 9268—2008中A法的规定进行，共3次循环。

6.4.10 施工性

刷涂或辊涂、刮涂无困难则可评定为“施涂无障碍”。

6.4.11 干燥时间

按GB/T 1728—1979中表干乙法的规定进行。

6.4.12 涂膜外观

将6.4.10试验结束后的试板放置24 h，目视观察涂膜，若无明显缩孔、流挂和开裂，涂膜均匀，则评定为“正常”。

6.4.13 耐碱性

按GB/T 9265—2009的规定进行。3块试板中至少应有2块未出现起泡、掉粉、明显变色等涂膜病态现象，可评定为“无异常”。如出现以上病态现象，按GB/T 1766—2008进行描述。

6.4.14 耐水性

按GB/T 1733—1993中甲法的规定进行。将3块试板浸入GB/T 6682—2008规定的三级水中。试板投试前除封边外，还需封背。取出后在散射日光下目视观察，3块试板中至少应有2块未出现起泡、掉粉、明显变色等涂膜病态现象，可评定为“无异常”。如出现以上涂膜病态现象，按GB/T 1766—2008进行描述。

6.4.15 涂层耐温变性

按JG/T 25—2017的规定进行，共3次循环[(23±2)℃水中浸泡18 h，(−20±2)℃冷冻3 h，(50±2)℃热烘3 h为一次循环]。3次循环结束后，放至室温，在散射日光下目视观察，3块试板中至少应有2块未出现粉化、开裂、起泡、剥落、明显变色等涂膜病态现象，可评定为“无异常”。如出现以上涂膜病态现象，按GB/T 1766—2008进行描述。

6.4.16 粘结强度

按 HG/T 4567—2013 中 5.12 的规定进行。

6.4.17 拉伸强度

按 HG/T 4567—2013 中 5.13 的规定进行。

6.4.18 断裂伸长率

按 HG/T 4567—2013 中 5.14 的规定进行。

6.4.19 低温柔性

按 HG/T 4567—2013 中 5.15 的规定进行。

7 检验规则

7.1 检验分类

7.1.1 产品检验分出厂检验和型式检验。

7.1.2 出厂检验项目包括 5.2.1 中在容器中状态、施工性、干燥时间、涂膜外观以及 5.2.2、5.2.3 所列相应标准规定的出厂检验项目。

7.1.3 型式检验项目包括 5.1 所列的全部技术要求以及 5.2 所列相应标准规定的全部技术要求。在正常生产情况下，表 1、表 2、表 3、表 4 所列项目一年检验一次，5.2.2、5.2.3 按相应标准规定的型式检验要求进行。

7.2 检验结果的判定

7.2.1 检验结果的判定按 GB/T 8170—2008 中修约值比较法的规定进行。

7.2.2 应检项目的检验结果均达到本标准要求时，该试验样品为符合本标准要求。

8 标志、包装和贮存

8.1 标志

按 GB/T 9750 的规定进行。在包装标志或说明书上注明产品类别。如需加水或溶剂稀释，应明确稀释比例。

8.2 包装

溶剂型涂料按 GB/T 13491—1992 中一级包装要求的规定进行；水性涂料按 GB/T 13491—1992 中二级包装要求的规定进行。

8.3 贮存

产品贮存时应保证通风、干燥，防止日光直接照射，冬季时应采取适当防冻措施。产品应根据树脂类型定出贮存期，并在包装标志上明示。

附 录 A
（规范性附录）
导热系数的测定

A.1 范围

本方法适用于隔热中涂漆导热系数的测定。

A.2 仪器设备

该设备符合 GB/T 10295—2008 的要求。在试样一面加入稳定的热面温度，热量通过试件传递到冷面，测量传递的热流来计算导热系数。设备导热系数测量范围为 0.001 W/(m·K)～3.000 W/(m·K)，精度不低于 1 mW/(m·K)，导热系数测定仪示意图见图 A.1。相关部件要求：

a) 热面温度控制器：
——温度范围为室温～100 ℃；
——热面与试件接触面为平板式，热面直径≥5 cm；
——控温精度为 0.1 ℃。

b) 冷面温度控制器：
——温度范围为 0 ℃～70 ℃；
——冷面与试件接触面为平板式，冷面直径≥5 cm；
——低温恒温槽，控温精度为 0.1 ℃。

c) 热流计：
——紧贴于冷面上；
——热流值波动偏差为 0.005 mV～0.05 mV。

d) 压力加载器：
——自动或手动加压；
——压力范围为 0 N～400 N；
——控压精度为 0.1 N。

e) 厚度测量仪：
——手动或自动测量；
——测量范围为 0 mm～50 mm；
——测量精度为 1 μm。

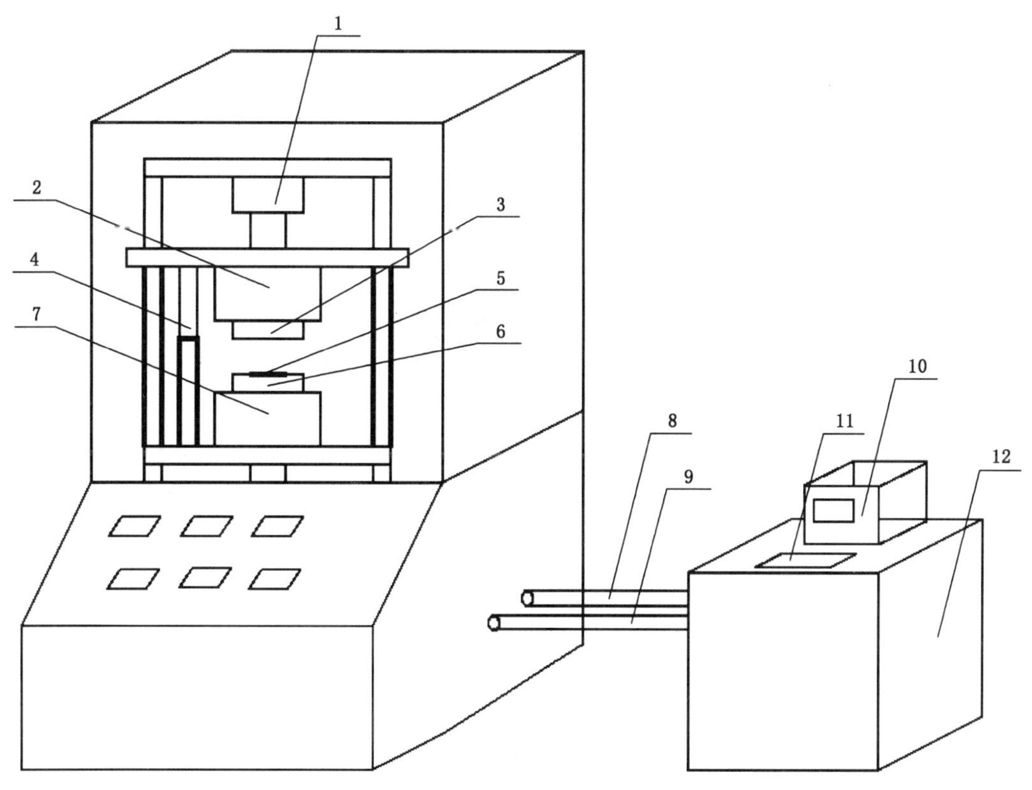

说明：

1——压力传感器；	7 ——冷端保温套；
2——热端保温套；	8 ——进水管；
3——热面；	9 ——出水管；
4——厚度测量仪；	10——低温恒温槽控制器；
5——热流计；	11——注水口；
6——冷面；	12——低温恒温槽槽体。

图 A.1 导热系数测定仪示意图

A.3 试件准备

将 6.3.3.1 制备完成后的涂膜裁成不小于热/冷面面积的试件。

A.4 试验步骤

A.4.1 开启电源，连接软件，将低温恒温槽水温设为约 14 ℃(此时冷面温度约 15 ℃)，启动制冷及循环；将热端温度设为 35 ℃，开启加热。

A.4.2 待冷端和热端温度稳定后，按仪器说明书要求对设备进行校准，所用已知导热系数结果的试件厚度应与待测试件尽量一致，压力值(200±20)N，硬质试件可适当提高压力。

A.4.3 将待测试件放置在冷面和热面中间，将冷面、试件、热面压紧，压力值(200±20)N，由于施加压力后涂膜厚度会有变化，以厚度测量仪测出的厚度参与计算。结果计算按 GB/T 10295—2008 中 3.5.2 中单试件布置的不对称布置进行。整个实验过程中不需要使用导热硅脂。

A.5 结果处理

取 3 块试件测量结果的算术平均值作为最终结果，表示至小数点后两位。

附 录 B
（规范性附录）
与参比黑板的隔热温差的测定

警示——本试验含高辐射光源，为防止晒伤皮肤及眼睛，需穿戴好防护衣及防护墨镜进行操作。

B.1 原理

基于稳态传热原理，采用人工光源模拟太阳光辐射，分别对参比黑板和测试试板进行均匀照射，达到一定时间后，热量传导稳定，用热电偶测温仪分别测量出参比黑板和测试试板背向热源的金属表面温度，计算出参比黑板与测试试板的隔热温差。

B.2 仪器设备

B.2.1 构成

隔热温差测定仪主要包括人工模拟光源、试板固定及旋转装置、热电偶测温系统、辐射计等，示意图见图 B.1。

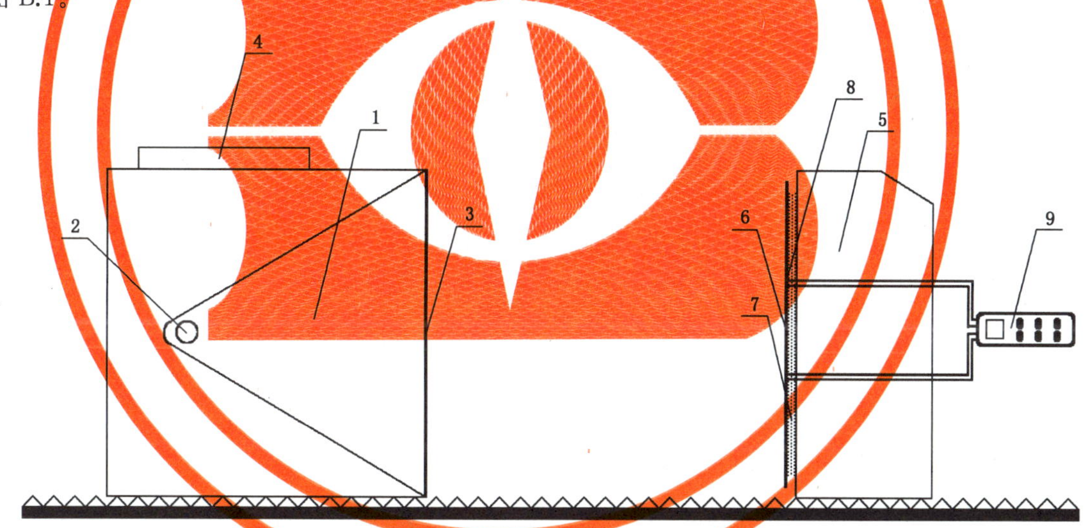

说明：

1——人工模拟光源箱体；

2——短弧氙灯、长弧氙灯或镝灯；

3——滤光片；

4——排热系统；

5——样板固定及旋转装置；

6——试板；

7——旋转支架；

8——测温探头(热电偶)；

9——测温仪。

图 B.1 隔热温差测定仪示意图

B.2.2 人工模拟光源

B.2.2.1 人工模拟光源由光源系统、排热系统及移动支架组成，其有效照射范围应大于试板。

B.2.2.2 光源系统由短弧氙灯、长弧氙灯或镝灯与滤光片等组成，模拟太阳光应满足 GB/T 17683.1—1999 中规定的 AM 1.5 的光谱分布要求。

B.2.2.3 光源应垂直试板表面，通过调节光源系统电流改变光源辐射照度。

B.2.2.4 试板表面接受到的辐射照度应均匀分布。辐射照度不均匀度应满足±5%以内的要求。

B.2.2.5 人工模拟光源设置排热系统。该系统应满足及时排除光源热量的需要。

B.2.3 样板固定及旋转装置

B.2.3.1 样板固定及旋转装置与人工模拟光源一起安装在移动支架上，其应能前后方向移动。

B.2.3.2 为更好的保证试板接受的辐射照度均匀分布，试板在光源的垂直面上匀速转动。

B.2.3.3 试板应能固定在装置的旋转台上，开启电源后试板随旋转台转动。

B.2.3.4 旋转台的旋转速度为 5 r/min。

B.2.4 热电偶测温系统

B.2.4.1 测温系统包含四个测温探头、测温仪以及固定台架。

B.2.4.2 测温探头能与试板背面紧密贴合，以试板中心点为圆心的半径为 50 mm 圆周上均匀取四个测温点。

B.2.4.3 测温仪精度不低于 0.1 ℃。

B.2.4.4 测温仪具备数据记录及导出功能，数据记录间隔不高于 30 s。

B.2.4.5 固定台架与旋转装置相连，可以与旋转装置一起转动。

B.2.5 辐射计

B.2.5.1 辐射计测试范围为 300 nm～2 500 nm。

B.2.5.2 测试辐射照度时辐射计探头与试板的最终放置位置贴合。

B.3 试板制备

B.3.1 参比黑板用涂料要求和参比黑板的制备

参比黑板用涂料按表 B.1 参考配方配制，制备工艺同普通黑色外墙涂料。参比黑板的制备按 6.3.4 的规定进行，参比黑板的技术参数应符合表 B.2 的要求。

表 B.1 参比黑板用涂料参考配方

原材料	加量 g
水	224
分散剂	7
杀菌剂	1
消泡剂	1.5
纤维素增稠剂	1.5

表 B.1（续）

原材料	加量 g
丙二醇	15
沉淀硫酸钡	75
重质碳酸钙	175
滑石粉	75
外墙用丙烯酸乳液	310
成膜助剂	15
增稠剂	9
pH 调节剂	1
铁黑色浆(60%颜料粉)	90
总计	1 000

注：参比黑板用涂料也可从全国涂料和颜料标准化技术委员会秘书处获取。

表 B.2 参比黑板的技术参数

项目	技术参数
明度值	$23.0 \leqslant L^* \leqslant 27.0$
太阳光反射比	0.04～0.05

B.3.2 测试试板的制板要求

按 6.3.4 的规定进行。

B.4 试验步骤

B.4.1 试验在(26±2)℃的环境条件下进行，开机预热约 30 min。

B.4.2 将参比黑板安装在旋转装置上，有涂膜的一面正对光源。将热电偶与试板背面紧密贴合，打开测温仪记录数据，数据记录间隔不高于 30 s，开启旋转装置，旋转速度为 5 r/min。

B.4.3 1 h 后，关闭旋转装置，停止数据记录并将数据导出。以时间为横坐标，记录的温度为纵坐标，得到一条温度随时间变化的曲线，去除升温段的数据，选取从温度达到平衡开始到实验结束的所有四个测温点的数据，计算其平均值，记为 T_0，通常情况下，可选取 0.5 h 至 1 h 之间的所有四个测温点的数据进行计算。

B.4.4 控制参比黑板的背面温度为(90±1)℃，当背面温度不在此范围时，可通过调整光源系统电流或光源与样板固定及旋转装置的距离调整参比黑板的背面温度。

B.4.5 使用辐射计测量人工模拟光源的辐射照度，除另有商定外，辐射照度范围应在(800±50)W/m^{2}范围内，当辐射照度超出此范围时，应检查参比黑板的磨损、光源的衰减等。

B.4.6 将参比黑板换为测试试板，重复 B.4.2～B.4.3 步骤，测得的数据记为 T_s。

B.5 结果处理

与参比黑板的隔热温差 ΔT 按式(B.1)计算：

$$\Delta T = T_0 - T_s \quad \cdots\cdots(B.1)$$

式中：

ΔT ——与参比黑板的隔热温差的数值，单位为摄氏度(℃)；

T_0 ——黑板背板的平均温度的数值，单位为摄氏度(℃)；

T_s ——试板背板的平均温度的数值，单位为摄氏度(℃)。

参比黑板用一块进行测试，测试试板应进行平行测试，计算结果取两次平行测定结果的算术平均值，表示至小数点后一位。

参 考 文 献

[1] GB/T 3181—2008 漆膜颜色标准

ICS 87.040
G 51

中华人民共和国国家标准

GB/T 31815—2015

建筑外表面用自清洁涂料

Self-cleaning coatings for building exteriors

2015-07-03 发布

2016-02-01 实施

中华人民共和国国家质量监督检验检疫总局
中国国家标准化管理委员会 发布

前言

本标准按照 GB/T 1.1—2009 给出的规则起草。

本标准由中国石油和化学工业联合会提出。

本标准由全国涂料和颜料标准化技术委员会(SAC/TC 5)归口。

本标准起草单位:福州大学国家环境光催化工程技术研究中心、中海油常州涂料化工研究院有限公司、浙江和谐光催化科技有限公司、立邦涂料(中国)有限公司、三棵树涂料股份有限公司、杭州潮头建材有限公司、展辰涂料集团股份有限公司、富思特新材料科技发展股份有限公司、江苏大象东亚制漆有限公司、关西涂料贸易(上海)有限公司、河北晨阳工贸集团有限公司、浙江传化涂料有限公司、上海三银涂料科技股份有限公司、浙江志强涂料有限公司、叶氏化工集团有限公司、福州桑莱思科技开发有限公司、浙江博星化工涂料有限公司、福州名谷纳米科技有限公司、陶氏化学(中国)投资有限公司、广东巴德士化工有限公司。

本标准主要起草人:戴文新、唐瑛、孔志元、付贤智、陈纳新、刘平、陈旬、林惠赐、付绍祥、胡建钢、胡中源、张仁哲、杨少武、孟贤凤、刘洪亮、王亚红、池钟慷、卢志强、陈松旭、王君瑞、余晓伟、王毓江、严修才。

建筑外表面用自清洁涂料

1 范围

本标准规定了建筑外表面用自清洁涂料产品的术语和定义、要求、试验方法、检验规则、标志、包装和贮存等。

本标准适用于通过利用亲水、疏水、微粉化、光催化等机理改变涂层的表面特性，在雨水、阳光等自然因素的作用下，无需人工擦洗，就能将涂层表面灰尘、油污等污染物去除的一类功能性涂料，涂料类型包括水性、溶剂型以及其他适用的类型。该涂料主要用于建筑物外表面的装饰和保护。

桥梁、贮罐等表面用自清洁涂料也可参考本标准。

2 规范性引用文件

下列文件对于本文件的应用是必不可少的。凡是注日期的引用文件，仅注日期的版本适用于本文件。凡是不注日期的引用文件，其最新版本(包括所有的修改单)适用于本文件。

GB/T 1728—1979 漆膜、腻子膜干燥时间测定法

GB/T 1733—1993 漆膜耐水性测定法

GB/T 1766—2008 色漆和清漆 涂层老化的评级方法

GB/T 1865—2009 色漆和清漆 人工气候老化和人工辐射曝露 滤过的氙弧辐射

GB/T 3186 色漆、清漆和色漆与清漆用原材料 取样

GB/T 6682—2008 分析实验室用水规格和试验方法

GB/T 8170—2008 数值修约规则与极限数值的表示和判定

GB/T 9265—2009 建筑涂料 涂层耐碱性的测定

GB/T 9268—2008 乳胶漆耐冻融性的测定

GB/T 9271 色漆和清漆 标准试板

GB/T 9278 涂料试样状态调节和试验的温湿度

GB/T 9286—1998 色漆和清漆 漆膜的划格试验

GB/T 9750 涂料产品包装标志

GB/T 9755—2014 合成树脂乳液外墙涂料

GB/T 9780—2013 建筑涂料涂层耐沾污性试验方法

GB/T 13491 涂料产品包装通则

GB/T 15608 中国颜色体系

GB/T 23764—2009 光催化自清洁材料性能测试方法

GB/T 23981—2009 白色和浅色漆对比率的测定

GB/T 23987—2009 色漆和清漆 涂层的人工气候老化曝露 曝露于荧光紫外线和水

GB/T 23997—2009 室内装饰装修用溶剂型聚氨酯木器涂料

GB 24408 建筑用外墙涂料中有害物质限量

JG/T 25—1999 建筑涂料 涂层耐冻融循环性测定法

3 术语和定义

下列术语和定义适用于本文件。

3.1

平涂效果 flat coating effect

涂料经施涂后,涂层表面呈现平整且颜色均匀一致的装饰效果。

3.2

质感效果 textured coating effect

涂料经施涂后,涂层表面呈现花纹、图案和/或立体造型等形态的装饰效果。

4 要求

4.1 产品的特性要求

4.1.1 产品的自清洁特性应符合表1的要求。

表1 产品的自清洁特性要求

项 目		指 标
户外雨水污痕试验(90 d)	平涂效果	涂层为白色和浅色[a]:无起泡、无开裂、无剥落等现象,耐沾污性≤10%,无明显雨水污痕;涂层为其他色:无起泡、无开裂、无剥落等现象,耐沾污性≤2级,无明显雨水污痕
	质感效果	无起泡、无开裂、无剥落等现象,耐沾污性≤2级,无明显雨水污痕

[a] 浅色是指以白色涂料为主要成分,添加适量色浆后配制成的浅色涂料形成的涂膜所呈现的浅颜色,按GB/T 15608规定明度值为6/～9/之间(三刺激值中的$Y_{D65} \geqslant 31.26$)。

4.1.2 标称具有光催化功能的自清洁涂料除了应符合表1的要求外,还应符合表2的要求。

表2 具有光催化功能的产品的特性要求

项 目	指 标
接触角[a](紫外光照24 h)/(°)	≤20
分解有机物试验(甲基红)	$\Delta E^* \leqslant 3.0$

[a] 通过光催化产生亲水性的自清洁涂料测试该项目。

4.2 产品的基本性能要求

产品的基本性能可按照表3的要求,也可由产品相关方商定。

表 3 产品的基本性能要求

<table>
<tr><td colspan="3" rowspan="2">项 目</td><td colspan="2">指标</td></tr>
<tr><td>清漆</td><td>色漆</td></tr>
<tr><td colspan="3">在容器中状态</td><td colspan="2">正常</td></tr>
<tr><td colspan="3">低温稳定性[a]</td><td colspan="2">不变质</td></tr>
<tr><td colspan="2" rowspan="2">干燥时间(表干)/h</td><td>平涂效果</td><td colspan="2">≤2</td></tr>
<tr><td>质感效果</td><td colspan="2">≤4</td></tr>
<tr><td colspan="3">对比率(白色和浅色[b])
(含骨料、粒子、铝粉或珠光颜料的涂料除外)</td><td>—</td><td>≥0.88</td></tr>
<tr><td rowspan="9">复合涂层</td><td colspan="2">涂膜外观</td><td colspan="2">涂膜外观正常</td></tr>
<tr><td rowspan="2">附着力[c]</td><td>平涂效果</td><td colspan="2">≤1 级</td></tr>
<tr><td>质感效果</td><td colspan="2">涂膜无脱落</td></tr>
<tr><td colspan="2">耐水性(96 h)</td><td colspan="2">无异常</td></tr>
<tr><td colspan="2">耐碱性(48 h)</td><td colspan="2">无异常</td></tr>
<tr><td colspan="2">耐湿冷热循环性(5 次)</td><td colspan="2">无异常</td></tr>
<tr><td rowspan="2">耐人工气候老化[d](600 h)</td><td>平涂效果</td><td colspan="2">涂层为白色:无起泡、无剥落、无裂纹,变色≤2 级、粉化≤2 级;涂层为其他色:无起泡、无剥落、无裂纹,变色商定、粉化≤2 级</td></tr>
<tr><td>质感效果</td><td colspan="2">涂层为白色:无起泡、无剥落、无裂纹,无明显变色、无明显粉化;涂层为其他色:无起泡、无剥落、无裂纹,变色商定、无明显粉化</td></tr>
<tr><td colspan="5">[a] 水性涂料的以水为分散介质的组分测试该项目。
[b] 浅色是指以白色涂料为主要成分,添加适量色浆后配制成的浅色涂料形成的涂膜所呈现的浅颜色,按 GB/T 15608 规定明度值为 6/～9/之间(三刺激值中的 Y_{D65}≥31.26)。
[c] 光催化型涂料不测该项目。
[d] 经有关方商定,也可用单涂层进行耐人工气候老化试验,对于清漆产品底材采用白色外用瓷质砖。</td></tr>
</table>

4.3 产品中有害物质限量要求

用于外墙的产品中有害物质应符合 GB 24408 的限量要求。

5 试验方法

5.1 取样

产品按 GB/T 3186 规定取样,也可按商定方法取样。取样量根据检验需要确定。

5.2 试验环境

试板的状态调节和试验的温湿度应符合 GB/T 9278 的规定。

5.3 试验样板的制备

5.3.1 底材及底材处理

除另有规定外，户外雨水污痕试验采用铝板，接触角采用载玻片，分解有机物试验采用白色外用瓷质砖，对比率采用聚酯膜，其余项目采用无石棉纤维水泥平板。铝板、无石棉纤维水泥平板的材质和处理应符合 GB/T 9271 的规定。载玻片的清洁度应满足表面洁净，无雾状物、水迹和指印等要求（对着暗黑背景检查）；目测检查无可见的凹坑、颗粒状物、结石、划痕、断裂等缺陷，在 35 mm×20 mm 中心区域内无起泡、条纹、夹杂物、麻点、擦痕等疵病（单层铺放在印有黑字的白纸上检查）；对一组约为 50 片载玻片的长边缘进行目视观察，在轻压的情况下，载玻片之间应观察不到间隙，随机选取 15 片载玻片作反向安置，载玻片之间也应观察不到间隙；用准确度为 0.01 mm 的量具，对载玻片的左右上下四个部位共测四个点，相互之间最大差值不超过 0.05 mm。白色外用瓷质砖应符合 GB/T 23997—2009 中 5.3.1 的规定。

5.3.2 试样准备

按产品规定的要求配漆和搅拌均匀后制板。如果所检产品明示了稀释比例，除对比率外，其余需要制板进行检验的项目，均应按规定的稀释比例稀释后制板，若所检产品规定了稀释比例范围，应取其中间值。

5.3.3 制板要求

除另有规定外，检验项目的底材材质、底材尺寸、施涂要求和养护期等制板要求应符合表 4 的规定。

表 4　清漆和色漆制板说明

项目	制板要求			
	底材材质	底材尺寸 mm×mm×mm	施涂要求	养护期
户外雨水污痕试验	铝板	见 5.4.2.1	用自清洁涂料及相关配套涂料制板。相关配套涂料、涂装道数、涂装间隔时间、施涂量等施工条件由涂料供应商提供。对于平涂效果的产品，试板的弯折区域需要施涂；对于质感效果的产品，试板的弯折区域不需施涂	平涂效果：7 d； 质感效果：14 d
接触角	载玻片	25.4×76.2×1.2 或按仪器对尺寸的要求	用自清洁涂料制板。自清洁涂料的涂装道数、涂装间隔时间、施涂量等施工条件由涂料供应商提供	7 d
分解有机物试验	白色外用瓷质砖[a]	95×45 或按设备对尺寸的要求	用自清洁涂料制板。自清洁涂料的涂装道数、涂装间隔时间、施涂量等施工条件由涂料供应商提供	7 d

表 4(续)

项目	制板要求			
	底材材质	底材尺寸 mm×mm×mm	施涂要求	养护期
干燥时间	无石棉纤维水泥平板	150×70×3～150×70×6	用自清洁涂料制板。光催化型涂料:喷涂一道,施涂量由涂料供应商提供;除光催化型以外的水性涂料:用规格为100的线棒[b]刮涂一道;溶剂型涂料:喷涂一道,干膜厚度为15 μm～20 μm(用同时喷涂的钢板控制)	—
对比率	聚酯膜	厚度 30 μm～50 μm	用自清洁涂料制板。水性涂料:用规格为100的线棒[b]刮涂一道;溶剂型涂料:用规格为100 μm的间隙式湿膜制备器刮涂一道	1 d
涂膜外观	无石棉纤维水泥平板	150×70×3～150×70×6	用自清洁涂料及相关配套涂料制板。相关配套涂料、涂装道数、涂装间隔时间、施涂量等施工条件由涂料供应商提供	2 d
附着力[c]、耐水性、耐碱性、耐湿冷热循环性、耐人工气候老化	无石棉纤维水泥平板	150×70×3～150×70×6	用自清洁涂料及相关配套涂料制板。相关配套涂料、涂装道数、涂装间隔时间、施涂量等施工条件由涂料供应商提供	平涂效果:7 d; 质感效果:14 d

注1:制板要求和养护期也可由有关方进行商定。

注2:无石棉纤维水泥平板的厚度尺寸包括3 mm和6 mm,聚酯膜的厚度尺寸包括30 μm和50 μm。

[a] 在白色外用瓷质砖上制板时,如出现无法成膜、涂层剥落等情况,底材可改用150 mm×70 mm×3 mm～150 mm×70 mm×6 mm的无石棉纤维水泥平板。自清洁涂料为清漆时,应在无石棉纤维水泥平板上配套耐候性较好的白色涂料,白色涂料和制板条件由双方商定。

[b] 线棒规格与缠绕钢丝之间的关系见GB/T 9755—2014的表5。

[c] 对于质感效果涂料的附着力项目制板,可按照涂料供应商提供的方法制备表面平整效果的涂膜。

5.4 操作方法

5.4.1 试剂

除另有规定外,所用试剂为化学纯及化学纯以上,所用水为符合GB/T 6682—2008规定的三级水,试验用溶液在试验前预先调整到试验温度。

5.4.2 户外雨水污痕试验

5.4.2.1 试板的规格和涂装

试验板底材采用铝板,尺寸为300 mm×600 mm×1 mm,将试板一端300 mm×200 mm区域向试板背面方向弯折60°(见图1),按照5.3.3的规定进行施涂和养护3块试板。

对比板底材采用铝板,尺寸为70 mm×150 mm×1 mm,按照5.3.3的规定进行施涂和养护1块试板。

5.4.2.2 户外雨水污痕试验的时间阶段和地点

试验时间阶段为4月到10月之间(包括4月和10月)。可接受的试验地点应满足下列条件:地级及地级以上工业城市;道路(日平均通车量不应少于4 000辆)两侧50 m之内;试验期间的月平均降水量应不小于40 mm;试板架放置在不积水、草高不超过0.3 m的地面;试板前方应平坦、空旷,没有遮挡日光的物体;附近应无工场烟囱和散发腐蚀性化学气体的设施。

注:试验结果与试验地点和试验时间相关,报告中应注明试验地点、试验时间和月平均降水量。

5.4.2.3 试验方法

将3块试验板涂层面朝正南面牢固固定在试板架上(最下层的试验板的下端离地约1 m),使试板的300 mm×400 mm平面区域垂直于地面,弯折面与水平面夹角为30°。在其中2块试验板的弯折线的上沿,贴上由单个锯齿状雨水导流齿组成的导流条。每个齿的底边为20 mm,形状为等边三角形,一个齿尖向上,相邻的导流齿之间齿尖紧靠(但相互间不重叠)。导流齿用可粘贴的厚度为90 μm～110 μm(包括90 μm和110 μm)的铝箔条制作。贴导流条的试验板的示意图见图1。

单位为毫米

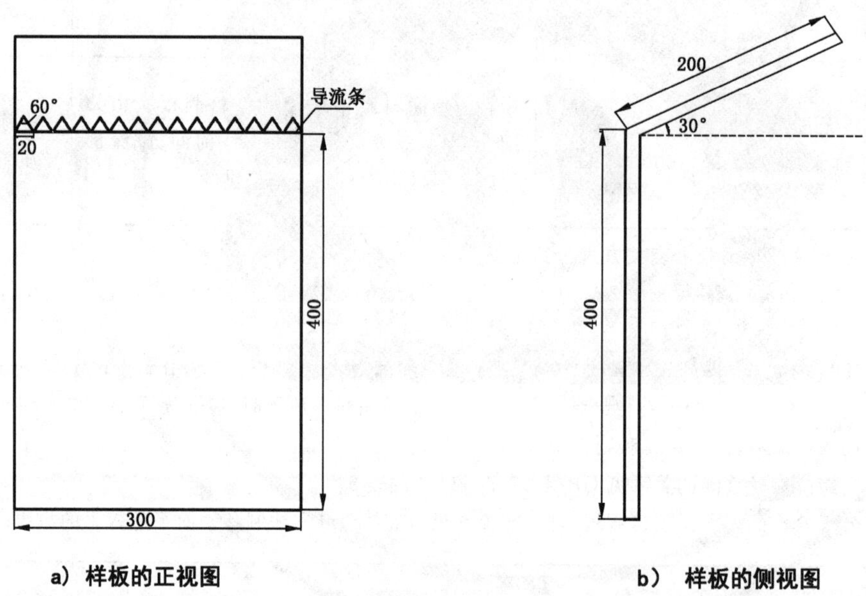

图1 试验板示意图

将对比板放在稍大于对比板尺寸的2 mm厚的透明玻璃板上(试验涂层面向玻璃),在对比板四边用胶带等合适的密封材料进行密封固定,以防止试验期间雨水、灰尘进入玻璃板和涂层之间。将透明玻璃板牢固固定在试板架上(透明玻璃板平面应垂直于地面),使对比板涂层面向正南面。试验期间每3天清洁一次玻璃表面灰尘,保证玻璃良好的透光性。

注:贴导流条和安装试板过程中应戴手套,避免手上污渍污染样板表面;安装时应注意上下两层试板之间应前后错开,避免上层试板对下层试板的干扰。

5.4.2.4 结果评定

完成规定的试验后,取下3块试验板和1块对比板。将3块试验板用自来水(出水口内径8 mm～12 mm,流量4.8 L/ min～5.2 L/ min;试验板平面与水平面夹角约45°,出水口到试验板上冲洗点的距离约 20 cm)均匀冲洗 300 mm×400 mm 的平面区域 3 min,然后放置 24 h 后按表 5 进行结果评定。

表 5　户外雨水污痕试验结果评定

涂层	颜色	耐沾污性评定	雨水污痕等级评定
平涂效果涂层	白色和浅色	按 GB/T 9780—2013 的规定测试和计算对比板和 1 块未贴导流条的试验板之间的反射系数下降率	将对比板和 2 块贴导流条的试验板进行比对,观察涂层表面雨水污痕的颜色深浅与密度,比对雨水污痕试验等级对照图片[a](见附录 A),目测评定试验板的雨水污痕等级。以 2 块试验板中雨水污痕试验结果较好的一块板的结果报出
	其他色	按 GB/T 9780—2013 的规定用基本灰卡目测评定对比板和 1 块未贴导流条的试验板的耐沾污等级	
质感效果涂层	—	按 GB/T 9780—2013 的规定用基本灰卡或目测评定对比板和 1 块未贴导流条的试验板的耐沾污等级	将对比板和 2 块贴导流条的试验板进行比对,观察涂层表面雨水污痕的颜色深浅与密度,比对雨水污痕试验等级对照图片[a](见附录 A),目测评定试验板的雨水污痕等级。以 2 块试验板中雨水污痕试验结果较好的一块板的结果报出
试板的 300 mm×400 mm 平面区域的上端和下端各 300 mm×80 mm 的区域不作评定,报告中应附试验前后的照片。			
[a] 比对雨水污痕试验等级对照图片时,应观察雨水污痕的颜色深浅和密度,忽略底色和纹理等涂层原始状况。			

5.4.3　接触角

按 GB/T 23764—2009 规定进行。紫外光照的光源为 UVA-340,辐照度为 0.68 W/m^2,黑板温度(60±3)℃,不涂油酸,紫外光照 24 h 后立即进行接触角测试。测定接触角时,水滴接触试片形成液滴后,立即在 3 s～5 s 内测定。试验条件也可由双方商定。

5.4.4　分解有机物试验(甲基红)

配制甲基红(分析纯)的饱和乙醇溶液,用刷子沾上溶液后轻轻在试板上刷涂一道,共制备 3 块试板,避光养护 4 h。按照 GB/T 23987—2009 的规定进行紫外光照试验,光源 UVA-340,辐照度为 0.68 W/m^2,黑板温度(60±3)℃。紫外光照 24 h 后,与未涂甲基红饱和乙醇溶液的空白试板进行比较,按 GB/T 1766—2008 中 4.2.1 测定色差值。

5.4.5　在容器中状态

打开容器,用玻璃棒或调刀进行搅拌,允许容器底部有沉淀,若经搅拌易于混合均匀,则评为“正常”。如为双组分涂料,主剂和固化剂分别测试。

5.4.6　低温稳定性

按 GB/T 9268—2008 中 A 法的规定进行,循环试验 3 次。

5.4.7　干燥时间

按 GB/T 1728—1979 表干乙法规定进行。

5.4.8 对比率

按 GB/T 23981—2009 进行。如为双组分涂料，主剂和固化剂混合后测试。

5.4.9 涂膜外观

样板在散射日光下目视观察，如涂膜均匀，无流挂、针孔、开裂和剥落等涂膜病态，则评为“涂膜外观正常”。

5.4.10 附着力

平涂效果的涂层按 GB/T 9286—1998 的规定进行，用单刃刀具沿样板长边的平行和垂直方向各平行切割 3 道，划透自清洁涂层至下层涂层，每道间隔 5 mm，网格数为 4 格。然后进行胶带撕离试验。

质感效果的涂层不划格，直接用符合 GB/T 9286—1998 中 4.4 规定的胶带粘贴后，按 GB/T 9286—1998中 7.2.6 进行胶带撕离试验。对于粗糙涂层表面，胶带与涂层难以完全紧贴，贴胶带时用橡皮在胶带表面用力蹭 3 次～5 次，尽量使胶带与涂层粘附牢固。

5.4.11 耐水性

按 GB/T 1733—1993 中甲法进行，试板投试前除封边外，还需封背。浸泡结束后，取出，用滤纸吸干后立即观察，如 3 块试板中有 2 块未出现起泡、开裂、剥落、掉粉、明显变色、明显失光等涂膜病态现象，则评为“无异常”。如出现以上涂膜病态现象按 GB/T 1766—2008 进行描述。

5.4.12 耐碱性

按 GB/T 9265—2009 规定进行，如 3 块试板中有 2 块未出现起泡、开裂、剥落、掉粉、明显变色、明显失光等涂膜病态现象，则评为“无异常”。如出现以上涂膜病态现象按 GB/T 1766—2008 进行描述。

5.4.13 耐湿冷热循环性

按 JG/T 25—1999 的规定进行。共 5 次循环[(23±2)℃水中浸泡 18 h，(−20±2)℃冷冻 3 h，(50±2)℃热烘 3 h 为一次循环]。循环完成后，立即在散射日光下目视观察，如 3 块试板中有 2 块未出现起泡、开裂、剥落、掉粉、明显变色、明显失光等涂膜病态现象，则评为“无异常”。如出现以上涂膜病态现象按 GB/T 1766—2008 进行描述。

5.4.14 耐人工气候老化

按 GB/T 1865—2009 中循环 A 的规定进行。结果的评定按 GB/T 1766—2008 进行。

6 检验规则

6.1 检验分类

6.1.1 产品检验分为出厂检验和型式检验。

6.1.2 出厂检验项目包括在容器中状态、干燥时间、涂膜外观、对比率项目。

6.1.3 型式检验项目包括本标准所列的全部技术要求。在正常生产情况下户外雨水污痕试验每 3 年检验一次，耐人工气候老化每 2 年检验一次，其余项目每年至少检验一次。

6.2 检验结果的判定

6.2.1 检验结果的判定按 GB/T 8170—2008 中修约值比较法进行。

6.2.2 应检项目的检验结果均达到本标准要求时,该试验样品为合格。

7 标志、包装和贮存

7.1 标志

按 GB/T 9750 的规定进行。在包装标志或说明书上注明产品类别。

7.2 包装

水性涂料按 GB/T 13491 中二级包装要求的规定进行;溶剂型涂料按 GB/T 13491 中一级包装要求的规定进行。

7.3 贮存

产品贮存时应保证通风、干燥,防止日光直接照射并应隔绝火源,远离热源。产品应根据类型定出贮存期,并在包装标志上明示。

附　录　A
（规范性附录）
雨水污痕试验等级对照图片

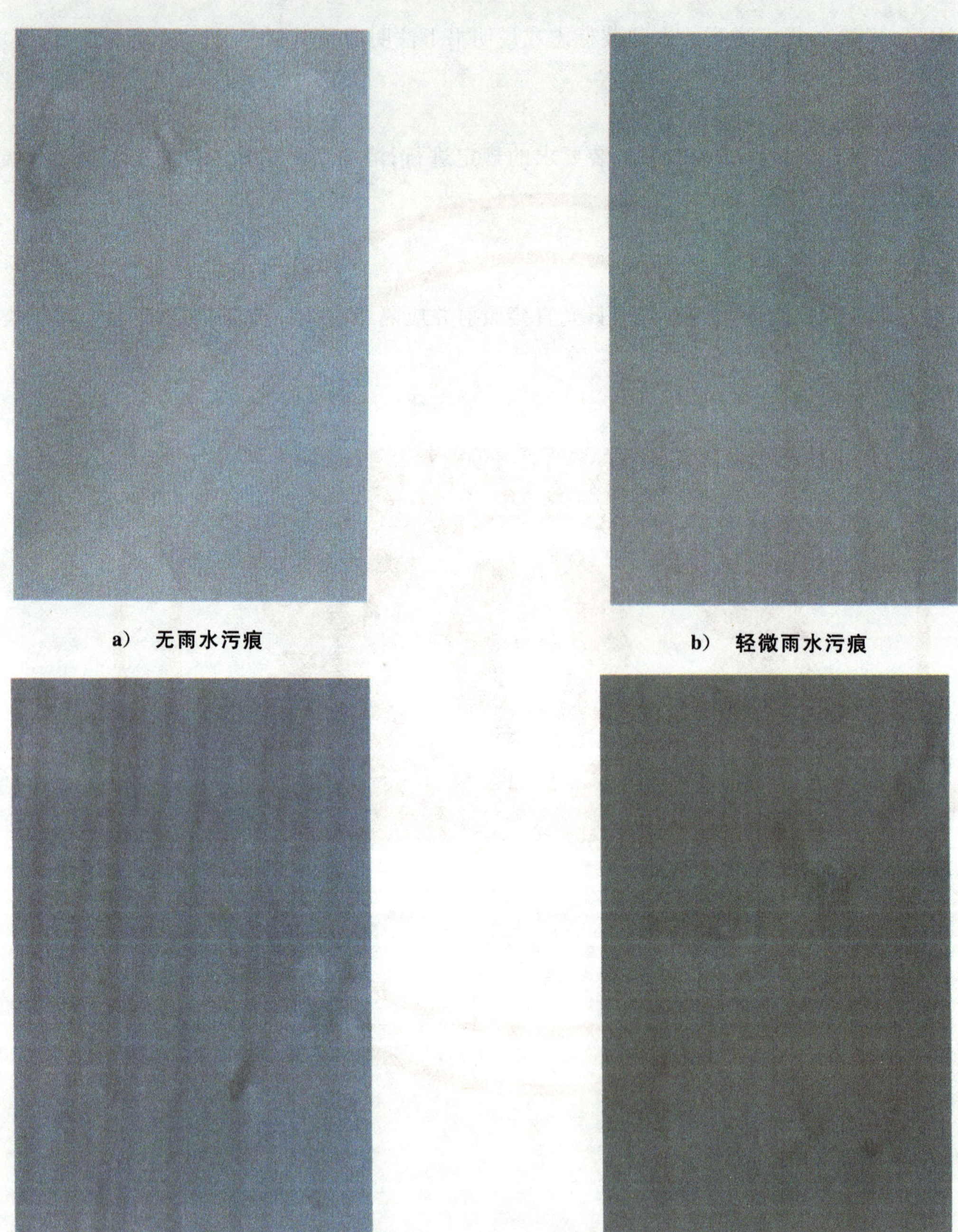

a）　无雨水污痕

b）　轻微雨水污痕

c）　明显雨水污痕

d）　严重雨水污痕

图 A.1　雨水污痕试验等级对照图片

ICS 87.040
G 50

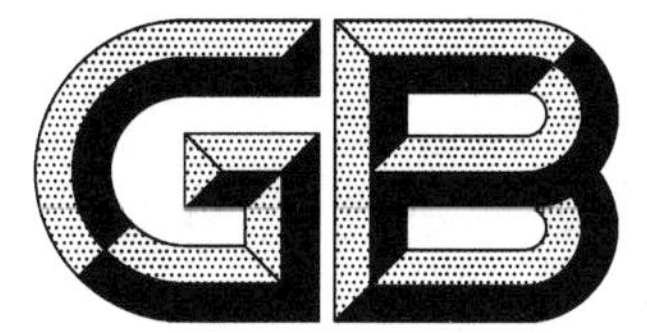

中华人民共和国国家标准

GB/T 33394—2016

儿童房装饰用水性木器涂料

Water-based woodenware coatings for children's room decorating

2016-12-30 发布　　2017-07-01 实施

中华人民共和国国家质量监督检验检疫总局
中国国家标准化管理委员会　发布

前言

本标准按照 GB/T 1.1—2009 给出的规则起草。

本标准由中国石油和化学工业联合会提出。

本标准由全国涂料和颜料标准化技术委员会(SAC/TC 5)归口。

本标准起草单位:嘉宝莉化工集团股份有限公司、中海油常州涂料化工研究院有限公司、广东巴德士化工有限公司、上海建科检验有限公司、河北晨阳工贸集团有限公司、展辰新材料集团股份有限公司、阿克苏诺贝尔太古漆油(上海)有限公司、陶氏化学(中国)投资有限公司、三棵树涂料股份有限公司、江苏大象东亚制漆有限公司、科思创(上海)管理有限公司、立邦涂料(中国)有限公司、广东美涂士建材股份有限公司、中国化工学会涂料涂装专业委员会水性涂料分专业委员会、澳达树熊涂料(惠州)有限公司、巴德富实业有限公司、浙江纳美新材料股份有限公司、紫荆花涂料(上海)有限公司。

本标准主要起草人:陈伟权、季军宏、张永刚、严修才、胡晓珍、宋利强、叶书庆、王伟、周莉、林伟、杨少武、施国萍、龙世喆、郭伟叶、杨乃红、罗充华、杨文涛、何贵平、杨晓萍、陈肖博。

儿童房装饰用水性木器涂料

1 范围

本标准规定了儿童房装饰用水性木器涂料的术语与定义、产品分类、要求、试验方法、检验规则、标志、包装和贮存等内容。

本标准适用于常温干燥型单组分或双组分儿童房装饰用水性木器涂料，该产品主要用于儿童房木质装修材料表面和木质家具表面的装饰和保护。

2 规范性引用文件

下列文件对于本文件的应用是必不可少的。凡是注日期的引用文件，仅注日期的版本适用于本文件。凡是不注日期的引用文件，其最新版本(包括所有的修改单)适用于本文件。

GB/T 1725—2007 色漆、清漆和塑料 不挥发物含量的测定

GB/T 1728—1979 漆膜、腻子膜干燥时间测定法

GB/T 1766 色漆和清漆 涂层老化的评级方法

GB/T 1768—2006 色漆和清漆 耐磨性的测定 旋转橡胶砂轮法

GB/T 3186 色漆、清漆和色漆与清漆用原材料 取样

GB/T 4893.1—2005 家具表面耐冷液测定法

GB/T 4893.3—2005 家具表面耐干热测定法

GB/T 6682 分析实验室用水规格和试验方法

GB/T 6739—2006 色漆和清漆 铅笔法测定漆膜硬度

GB/T 6750 色漆和清漆 密度的测定 比重瓶法

GB/T 6753.1—2007 色漆、清漆和印刷油墨 研磨细度的测定

GB/T 8170 数值修约规则与极限数值的表示和判定

GB/T 9268—2008 乳胶漆耐冻融性的测定

GB/T 9278 涂料试样状态调节和试验的温湿度

GB/T 9279.1—2015 色漆和清漆 耐划痕性的测定 第1部分:负荷恒定法

GB/T 9286—1998 色漆和清漆 漆膜的划格试验

GB/T 9750 涂料产品包装标志

GB/T 9754—2007 色漆和清漆 不含金属颜料的色漆漆膜的20°、60°和85°镜面光泽的测定

GB/T 13171.2—2009 洗衣粉(无磷型)

GB/T 13491 涂料产品包装通则

GB/T 15036.1—2009 实木地板 第1部分:技术要求

GB/T 15104—2006 装饰单板贴面人造板

GB 18187—2000 酿造食醋

GB 18582—2008 室内装饰装修材料 内墙涂料中有害物质限量

GB 18583—2008 室内装饰装修材料 胶粘剂中有害物质限量

GB/T 23982—2009 木器涂料抗粘连性测定法

GB/T 23986—2009 色漆和清漆 挥发性有机化合物VOC含量的测定 气相色谱法

GB/T 23987—2009　涂层的人工气候老化曝露　曝露于荧光紫外线和水
GB/T 23999—2009　室内装饰装修用水性木器涂料
GB 24409—2009　汽车涂料中有害物质限量
GB 24613—2009　玩具用涂料中有害物质限量
GB/T 26704—2011　铅笔
GB/T 31414—2015　水性涂料　表面活性剂的测定　烷基酚聚氧乙烯醚
QB/T 2860—2007　墨汁

3 术语和定义

下列术语和定义适用于本文件。

3.1

水性木器涂料　water-based woodenware coatings

以水作为分散介质，用于木质基材表面起装饰与保护作用的涂料。

4 产品分类

4.1 本标准根据产品用途的不同，将产品分为：

——地板用面漆：工厂涂装和家庭涂装等所有木质地板用面漆；
——家具用面漆：工厂涂装木质家具用面漆；
——装修用面漆：门套、窗套、护墙板等装修用木质表面用面漆；
——底漆和中涂漆：与面漆配套使用的底漆、中涂漆。

4.2 本标准根据产品类型的不同，将产品分为：

——清漆(含透明色漆)；
——色漆；
——腻子。

5 要求

5.1 性能要求

产品的性能应符合表1的要求。

表1　性能要求

项目		指标			
		地板用面漆	家具用面漆	装修用面漆	底漆和中涂漆
在容器中状态		搅拌后均匀无硬块			
细度/μm	≤	30	清漆和透明色漆:35 色漆:40		60
不挥发物含量/%	≥	30			清漆和透明色漆:25 色漆:40

表 1（续）

<table>
<tr><th colspan="3" rowspan="2">项目</th><th colspan="4">指标</th></tr>
<tr><th>地板用面漆</th><th>家具用面漆</th><th>装修用面漆</th><th>底漆和中涂漆</th></tr>
<tr><td rowspan="2">干燥时间</td><td>表干/min</td><td>≤</td><td colspan="4">单组分：30；双组分：60</td></tr>
<tr><td>实干/h</td><td>≤</td><td colspan="4">单组分：6；双组分：24</td></tr>
<tr><td colspan="3">涂膜外观</td><td colspan="3">正常</td><td>—</td></tr>
<tr><td colspan="3">光泽(60°)</td><td colspan="3">商定</td><td>—</td></tr>
<tr><td colspan="3">贮存稳定性[(50±2)℃,7 d]</td><td colspan="4">无异常</td></tr>
<tr><td colspan="3">耐冻融性[a](三次循环)</td><td colspan="4">不变质</td></tr>
<tr><td colspan="3">打磨性[b]</td><td colspan="2">—</td><td>—</td><td>易打磨</td></tr>
<tr><td colspan="2">铅笔硬度(擦伤)</td><td>≥</td><td colspan="3">B</td><td>—</td></tr>
<tr><td colspan="2">附着力(划格间距 2 mm)/级</td><td>≤</td><td colspan="4">1</td></tr>
<tr><td colspan="3">耐冲击性</td><td>涂膜无脱落，
无开裂</td><td>—</td><td>—</td><td>—</td></tr>
<tr><td colspan="3">抗粘连性[500 g,(50±2)℃/4 h]</td><td colspan="2">MM：A-0；MB：A-0</td><td>—</td><td>—</td></tr>
<tr><td colspan="2">耐磨性(750 g/500 r)/g</td><td>≤</td><td>0.030</td><td>—</td><td>—</td><td>—</td></tr>
<tr><td colspan="3">耐划伤性(100 g)</td><td colspan="2">未划伤</td><td>—</td><td>—</td></tr>
<tr><td rowspan="2">耐水性</td><td colspan="2">耐水性(24 h)</td><td colspan="3">无异常</td><td>—</td></tr>
<tr><td colspan="2">耐沸水性(15 min)</td><td colspan="3">无异常</td><td>—</td></tr>
<tr><td colspan="3">耐碱性(50 g/L $NaHCO_3$,1 h)</td><td colspan="3">无异常</td><td>—</td></tr>
<tr><td colspan="3">耐醇性(50%,1 h)</td><td colspan="3">无异常</td><td>—</td></tr>
<tr><td rowspan="4">耐污染性</td><td colspan="2">醋(1 h)</td><td colspan="3">无异常</td><td>—</td></tr>
<tr><td colspan="2">绿茶(1 h)</td><td colspan="3">无异常</td><td>—</td></tr>
<tr><td colspan="2">汗渍[c](2 h)</td><td colspan="3">通过</td><td>—</td></tr>
<tr><td colspan="2">唾沫[c](2 h)</td><td colspan="3">通过</td><td>—</td></tr>
<tr><td rowspan="5">防涂鸦性</td><td>黑色墨水/级</td><td>≤</td><td colspan="3">3</td><td>—</td></tr>
<tr><td>蓝色白板笔/级</td><td>≤</td><td colspan="3">3</td><td>—</td></tr>
<tr><td>红色水彩笔/级</td><td>≤</td><td colspan="3">3</td><td>—</td></tr>
<tr><td>绿色水彩笔/级</td><td>≤</td><td colspan="3">3</td><td>—</td></tr>
<tr><td>紫色水彩笔/级</td><td>≤</td><td colspan="3">3</td><td>—</td></tr>
<tr><td colspan="2">耐干热性[(70±2)℃,15 min]/级</td><td>≤</td><td colspan="3">2</td><td>—</td></tr>
<tr><td colspan="2">耐黄变性[d](168 h)ΔE^*</td><td>≤</td><td colspan="4">3.0</td></tr>
<tr><td colspan="7">[a] 用于工厂涂装且对此项无要求的产品不测试该项目。
[b] 标称为“封闭底漆”的产品不测试该项目。
[c] 该项目仅适用于色漆。
[d] 该项目仅限标称具有耐黄变等类似功能的产品。</td></tr>
</table>

5.2 有害物质限量要求

产品中有害物质限量应符合表 2 的要求。

表 2 有害物质限量的要求

<table>
<tr><th colspan="2">项目</th><th colspan="3">指标</th></tr>
<tr><td colspan="2" rowspan="2">挥发性有机化合物(VOC)含量 ≤</td><td>清漆</td><td>色漆</td><td>腻子(粉状、膏状)</td></tr>
<tr><td>80 g/L</td><td>70 g/L</td><td>10 g/kg</td></tr>
<tr><td colspan="2">甲醛含量/(mg/kg) ≤</td><td colspan="3">100</td></tr>
<tr><td colspan="2">苯、甲苯、二甲苯、乙苯的总量/(mg/kg) ≤</td><td colspan="3">100</td></tr>
<tr><td colspan="2">卤代烃(以二氯甲烷计)/(mg/kg) ≤</td><td colspan="3">500</td></tr>
<tr><td colspan="2">乙二醇醚及其酯类的总量/(mg/kg) ≤</td><td colspan="3">100</td></tr>
<tr><td rowspan="8">可溶性元素含量/(mg/kg) ≤</td><td>锑 (Sb)</td><td>—</td><td colspan="2">60</td></tr>
<tr><td>砷 (As)</td><td>—</td><td colspan="2">25</td></tr>
<tr><td>钡 (Ba)</td><td>—</td><td colspan="2">1 000</td></tr>
<tr><td>镉 (Cd)</td><td>—</td><td colspan="2">75</td></tr>
<tr><td>铬 (Cr)</td><td>—</td><td colspan="2">60</td></tr>
<tr><td>铅 (Pb)</td><td>—</td><td colspan="2">90</td></tr>
<tr><td>汞 (Hg)</td><td>—</td><td colspan="2">60</td></tr>
<tr><td>硒 (Se)</td><td>—</td><td colspan="2">500</td></tr>
<tr><td rowspan="2">邻苯二甲酸酯含量/% ≤</td><td>邻苯二甲酸二异辛酯 (DEHP)、邻苯二甲酸二丁酯 (DBP)、邻苯二甲酸丁苄酯 (BBP)含量总和</td><td colspan="3">0.1</td></tr>
<tr><td>邻苯二甲酸二异壬酯 (DINP)、邻苯二甲酸二异癸酯 (DIDP)、邻苯二甲酸二正辛酯 (DNOP)含量总和</td><td colspan="3">0.1</td></tr>
<tr><td colspan="2">烷基酚聚氧乙烯醚(APEO)含量/% ≤</td><td colspan="3">0.1</td></tr>
<tr><td colspan="5">注 1：对于双组分或多组分组成的涂料，应按产品规定的配比混合后测定，如配比的使用量为某一范围时，应按照产品施工配比规定的最大比例混合后进行测定，水不作为一个组分，检验时不考虑稀释配比。
注 2：粉状腻子除可溶性重金属项目直接测定粉体外，其余项目按产品规定的配比将粉体与水或胶黏剂等其他液体混合后测定。如配比为某一范围时，水按用量最小的配比量混合后测定，胶黏剂等其他液体按用量最大的配比量混合后测定。</td></tr>
</table>

6 试验方法

6.1 取样

产品按 GB/T 3186 规定取样，也可按商定方法取样。取样量根据检验需要确定。

6.2 试验环境

试板的状态调节和试样的试验环境应符合 GB/T 9278 的规定。

6.3 试验样板的制备

6.3.1 所检产品未明示稀释配比时，搅拌均匀后制板。

6.3.2 所检产品明示了稀释配比时，需要制板进行检验的项目，均应按规定的稀释配比混合均匀后制板，若配比为某一范围时，应取其中间值。

6.3.3 除另有规定外，所有制板项目均以单一涂料类型制板，即分别以面漆、底漆、中涂漆制板。各项目检验用底材及涂装要求见表 3。对于家具用面漆，也可采用喷涂方式进行涂装，涂装要求商定。若采用与本标准规定不同的样板制备条件，应在试验报告中注明。

表 3 制板说明

<table>
<tr><th>项目</th><th>底材</th><th>尺寸/mm</th><th>涂装要求</th></tr>
<tr><td>涂膜外观、附着力、抗粘连性、耐划伤性、耐水性、耐碱性、耐醇性、耐污染性、防涂鸦性[b]</td><td rowspan="2">浅色贴面胶合板[a]（符合 GB/T 15104—2006，使用前在 6.2 环境条件下放置 7 d 以上）</td><td>150×70</td><td rowspan="5">刷涂两道，第一道刷涂量为(1.0±0.1)g/dm²，两道间隔 24 h；贴面胶合板和实木地板在刷涂第二道前用 400# 水砂纸轻轻打磨一遍并擦去表面浮灰，第二道刷涂量为(0.8±0.1)g/dm²，放置 7 d 后测试</td></tr>
<tr><td>耐干热性</td><td>150×150</td></tr>
<tr><td>耐冲击性</td><td>水青冈（山毛榉）实木地板或其他品种（符合 GB/T 15036.1—2009）</td><td>150×100×(10～20)</td></tr>
<tr><td>耐磨性</td><td>铝板或玻璃板</td><td>直径 100</td></tr>
<tr><td>耐黄变性</td><td>白色外用瓷质砖或其他材质的白色底材[c]</td><td>95×45 或按设备对尺寸的要求</td></tr>
<tr><td>打磨性</td><td>浅色贴面胶合板（符合 GB/T 15104—2006，使用前在 6.2 环境条件下放置 7 d 以上）</td><td>150×70</td><td>刷涂一道，刷涂量为(1.8±0.1)g/dm²，单组分放置 6 h后测试，双组分放置 24 h 后测试</td></tr>
<tr><td>干燥时间</td><td rowspan="3">玻璃板</td><td rowspan="3">150×100×3</td><td>刷涂一道，刷涂量为(1.0±0.1)g/dm²</td></tr>
<tr><td>光泽</td><td>刮涂一道，湿膜厚150 μm，放置 2 d 后测试</td></tr>
<tr><td>铅笔硬度</td><td>刮涂一道，湿膜厚100 μm，放置 7 d 后测试</td></tr>
<tr><td colspan="4">a 浅色贴面胶合板可采用白榉、水曲柳、白枫木、白橡木等浅色品种。
b 防涂鸦性项目采用的底材为浅色白榉贴面胶合板。
c 耐黄变性项目采用的底材要求经 UVA-340 灯照射 168 h 后 ΔE^* 应不大于 0.5（按 6.4.23 耐黄变性方法）。</td></tr>
</table>

6.4 操作方法

6.4.1 一般规定

除另有规定外,所用试剂均为化学纯及以上,所用水均为符合 GB/T 6682 规定的三级水,试验用溶液在试验前预先调整到试验温度。

6.4.2 在容器中状态

打开容器,用调刀或搅拌棒搅拌,允许容器底部有沉淀,若经搅拌易于混合均匀,则评为“搅拌后均匀无硬块”。双组分涂料应分别检验各组分。

6.4.3 细度

按 GB/T 6753.1—2007 规定进行。双组分涂料需混合均匀后测试。

6.4.4 不挥发物

按 GB/T 1725—2007 规定进行。双组分涂料仅检验主剂。称取试样量(1±0.1)g,试验条件:(105±2)℃烘 1 h。

6.4.5 干燥时间

按 GB/T 1728—1979 规定进行。表干按乙法,实干按甲法。

6.4.6 涂膜外观

样板在散射日光下目视观察,如果涂膜均匀,无流挂、发花、针孔、开裂和剥落等漆膜病态,则评为“正常”。

6.4.7 光泽(60°)

按 GB/T 9754—2007 规定进行。

6.4.8 贮存稳定性

将试样搅拌均匀后装入容积为 0.5 L 的洁净的塑料或玻璃容器中,装入量为 2/3,密封后放入(50±2)℃的恒温干燥箱中,7 d 后取出在(23±2)℃下放置 3 h,按 6.4.2 方法测试“在容器中状态”,若搅拌后均匀无硬块,则认为“无异常”。双组分涂料应分别检验各组分。

6.4.9 耐冻融性

按 GB/T 9268—2008 中 A 法规定进行。双组分涂料仅检验主剂。

6.4.10 打磨性

用 400# 水砂纸手工打磨 20 次,若涂膜易打磨成平整光滑表面,则评为“易打磨”。

6.4.11 铅笔硬度(擦伤)

按 GB/T 6739—2006 规定进行。铅笔应符合 GB/T 26704—2011 中石墨铅笔的高级品的要求。

6.4.12 附着力

按 GB/T 9286—1998 规定进行。划格间距为 2 mm。

6.4.13 耐冲击性

按 GB/T 23999—2009 中 6.4.12 规定进行。

6.4.14 抗粘连性

按 GB/T 23982—2009 规定进行。试验条件：负荷：质量为 500 g、直径约 70 mm 的砝码；温度：(50±2)℃；试验时间：4 h。

6.4.15 耐磨性

按 GB/T 1768—2006 的规定进行。所用砂轮型号为 CS-10。

注：也可使用与 CS-10 磨耗作用相当的其他橡胶砂轮。

6.4.16 耐划伤性

按 GB/T 9279.1—2015 规定进行。在划针上给定负荷 100 g 进行试验，试验后对着垂直于划针划过的方向与试板成 45°角进行目视观察，辨别不出伤痕则评为“未划伤”。

6.4.17 耐水性

按 GB/T 4893.1—2005 规定进行。

常温耐水性：试验区域取每块试板的中间部位，在每个试验区域上分别放上 5 层滤纸片，试验过程中保持滤纸湿润，必要时在玻璃罩和试板接触部位涂上凡士林加以密封。24 h 后去掉滤纸，吸干，放置 2 h 后在散射日光下目视观察，若 3 块试板中有 2 块未出现起泡、开裂、剥落等涂膜病态现象，但允许出现轻微变色和轻微光泽变化，则评为“无异常”。若出现以上涂膜病态现象按 GB/T 1766 进行描述。

耐沸水性：按常温耐水性进行，试液为沸水，试验过程任其自然冷却，试验时间为 15 min，试验后放置 15 min 后观察。

6.4.18 耐碱性

试验及结果评定方法同 6.4.17 常温耐水性，试液为 50 g/L 的 $NaHCO_3$，试验时间为 1 h，试验后放置 1 h 后观察。

6.4.19 耐醇性

试验及结果评定方法同 6.4.17 常温耐水性，试液为 50%(体积分数)的乙醇溶液，试验时间为 1 h，试验后放置 1 h 后观察。

6.4.20 耐污染性

耐醋性和耐绿茶性：试验及结果评定方法同 6.4.17 常温耐水性，试液分别为酿造食醋和绿茶水，试验时间为 1 h，试验后放置 1 h 后观察。酿造食醋应符合 GB 18187—2000。

注 1：食醋生产企业及品种由供需双方商定。

注 2：绿茶生产企业及品种由供需双方商定。在 2 g 绿茶中加入 250 mL 沸水，室温放置 5 min 后立即用茶水进行试验。

耐汗渍性和耐唾沫性：均按附录 A 规定进行。

6.4.21 防涂鸦性

按附录 B 规定进行。

6.4.22 耐干热性

按 GB/T 4893.3—2005 规定进行。试验温度为(70±2)℃,试验时间为 15 min。

6.4.23 耐黄变性

按 GB/T 23987—2009 规定进行。用 UVA-340 灯作为灯源;试验条件为黑板温度(60±3)℃、辐照度为 0.68 W/m^2、干相(无凝露);试验时间:连续光照 168 h。试验结束后取出试板,与未经光照的试板对照,使用色差仪测定颜色变化(ΔE^*)。

6.4.24 挥发性有机化合物(VOC)含量

按 GB/T 23986—2009 规定进行。其中密度的测定按 GB/T 6750 规定进行;清漆和色漆的挥发性有机化合物(VOC)含量的计算按 GB/T 23986—2009 中 10.3 进行;腻子的挥发性有机化合物(VOC)含量的计算按 GB/T 23986—2009 中 10.2 进行。

6.4.25 甲醛含量

按 GB 18582—2008 中附录 C 规定进行。

6.4.26 苯、甲苯、二甲苯、乙苯的总量

按 GB 18582—2008 中附录 A 规定进行。

6.4.27 卤代烃

按 GB 18583—2008 中附录 E 规定进行。

6.4.28 乙二醇醚及其酯类的总量

按 GB 24409—2009 中附录 C 规定进行。

6.4.29 可溶性元素含量

按 GB 24613—2009 中附录 B 规定进行。测试干漆膜中的可溶性重金属含量,结果以干漆膜质量计算。

6.4.30 邻苯二甲酸酯含量

按 GB 24613—2009 中附录 C 规定进行。

6.4.31 烷基酚聚氧乙烯醚(APEO)含量

按 GB/T 31414—2015 规定进行。

7 检验规则

7.1 检验分类

7.1.1 产品检验分为出厂检验和型式检验。

7.1.2 出厂检验包括在容器中状态、细度、不挥发物、干燥时间、涂膜外观、光泽。

7.1.3 型式检验项目包括本标准所列的全部技术要求。在正常生产情况下,每年至少检验一次。

7.2 检验结果的判定

7.2.1 检验结果的判定按 GB/T 8170 中修约值比较法的规定进行。

7.2.2 应检项目的检验结果均达到本标准要求时，该试验样品为符合本标准要求。

8 标志、包装和贮存

8.1 标志

按 GB/T 9750 的规定进行。对于由双组分配套组成的涂料，包装标志上应明确各组分配比。如需加水稀释，应明确稀释配比。

8.2 包装

按 GB/T 13491 中二级包装要求的规定进行。

8.3 贮存

产品贮存时应保证通风、干燥、防止日光直接照射，冬季时应采取适当防冻措施。产品应根据类型定出贮存期，并在包装标志上明示。

附 录 A
（规范性附录）
耐汗渍性和耐唾沫性测试

A.1 范围

适用于儿童房装饰用水性木器涂料的耐汗渍性和耐唾沫性的测试。

A.2 测试材料、测试溶液和设备

A.2.1 滤纸：长 60 mm、宽 15 mm 的定性滤纸。

A.2.2 干燥器：器皿内不放干燥剂。

A.2.3 水浴锅：温控精度±1 ℃。

A.2.4 天平：精度 0.01 g。

A.2.5 人造汗液：按表 A.1 进行配制。

表 A.1 人造汗液

试剂[a]	添加量
氯化钠（NaCl）	4.5 g
氯化钾（KCl）	0.3 g
硫酸钠（Na_2SO_4）	0.3 g
氯化铵（NH_4Cl）	0.4 g
乳酸（$C_3H_6O_3$）	3.0 g
尿素（H_2NCONH_2）	0.2 g
水	1 000 mL
[a] 除水外所用试剂均为分析纯试剂。	

A.2.6 人造唾沫：按表 A.2 进行配制。

表 A.2 人造唾沫

试剂[a]	添加量
碳酸氢钠（$NaHCO_3$）	4.2 g
氯化钠（NaCl）	0.5 g
碳酸钾（K_2CO_3）	0.2 g
水	1 000 mL
[a] 除水外所用试剂均为分析纯试剂。	

A.3 测试方法

A.3.1 按表 3 要求制备试板，耐汗渍性和耐唾沫性各 3 块试板，并养护 7 d。

A.3.2 将一张长 60 mm、宽 15 mm 的滤纸浸入人造汗液或人造唾沫中，使其完全浸透。

A.3.3 将滤纸取出放置在试板涂层的表面，并用透明胶带完全封住滤纸，以使涂层与滤纸尽可能紧贴。

A.3.4 将粘附有滤纸的试板放入干燥器中的搁板上，并将干燥器放入水浴锅[水温为(37±2)℃]中恒温 2 h。

注 1：干燥器在试验前放入水浴锅[水温为(37±2)℃]中恒温。

注 2：也可采用在滤纸上加盖后连同试板一起放入烘箱[温度为(37±2)℃]中恒温 2 h 的方法进行。

注 3：水浴锅法为仲裁法。

A.3.5 取出干燥器中的试板，将滤纸从试板上取下，并立即观察滤纸上是否着色。

注：如果发现滤纸已干燥(无试液润湿)，则需重新测试。

A.4 结果判定

如 3 块试板中有 2 块试板上的滤纸上没有任何着色，则评为“通过”。

附　录　B
（规范性附录）
防涂鸦性能测试

B.1　范围

适用于儿童房装饰用水性木器涂料的防涂鸦性的测试。

B.2　原理

涂鸦材料施涂于涂层表面，放置规定的时间后，按规定的清洗方法清洗涂鸦表面，用涂鸦材料可清洗的级别来表示涂层的防涂鸦性。

B.3　测试材料

B.3.1　涂鸦材料

B.3.1.1　黑色墨汁，符合 QB/T 2860—2007，其生产企业及品种由供需双方商定。

B.3.1.2　蓝色白板笔，其生产企业及品种由供需双方商定。

B.3.1.3　水彩笔（红色、绿色、紫色），其生产企业及品种由供需双方商定。红色推荐大红，绿色推荐梅绿。

B.3.2　清洗材料

B.3.2.1　脱脂棉。

B.3.2.2　水。

B.3.2.3　1%（质量分数）洗衣粉溶液，洗衣粉符合 GB/T 13171.2—2009 中普通类性能要求。

B.3.2.4　75%（体积分数）乙醇水溶液。

B.4　测试方法

B.4.1　涂鸦

分别用黑色墨汁、蓝色白板笔、水彩笔（红色、绿色、紫色）在试板涂层的层面中心涂上面积为 20 mm×20 mm 的印记，每种涂鸦材料涂三组试板，每组 9 块。在 6.2 条件下放置 24 h 后待测。

B.4.2　清洗及检查

按清洗能力由弱至强的顺序，分别用蘸满水的脱脂棉、蘸满 1%（质量分数）洗衣粉溶液的脱脂棉、蘸满 75%（体积分数）乙醇水溶液的脱脂棉在一组试板的涂鸦印记上以同一方向轻轻擦拭 10 次。目视检查涂层，若 3 块试板中有 2 块不留明显的涂鸦痕迹，允许涂层出现轻微失光和轻微变色，则代表该清洗材料能清洗干净涂鸦印记。否则更换一组试板，用更强一级的清洗材料清洗。

注：采用水、洗衣粉溶液清洗时，可先让液体在漆膜表面的污渍处浸润停留一段时间后再擦拭；采用 75%（体积分数）乙醇水溶液清洗后，迅速擦干涂层表面；若清洗后涂层出现明显失光、明显变色等涂膜病态现象，按 GB/T 1766进行描述。

B.5 防涂鸦性级别的判定

可清洗级别的评定见表B.1。

表B.1 防涂鸦性级别的判定

级别	涂鸦清除情况
1级	用水可清除
2级	用1%(质量分数)洗衣粉溶液可清除
3级	用75%(体积分数)乙醇水溶液可清除
4级	三种清洗材料均不能清除或清洗后涂层出现明显失光、明显变色或其他损伤

ICS 87.040
G 50

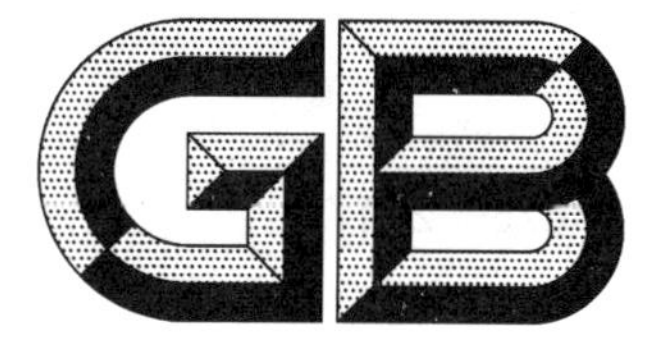

中华人民共和国国家标准

GB/T 34676—2017

儿童房装饰用内墙涂料

Interior wall coatings for children's room decorating

2017-11-01 发布 2018-05-01 实施

中华人民共和国国家质量监督检验检疫总局
中国国家标准化管理委员会 发布

前言

本标准按照GB/T 1.1—2009给出的规则起草。

本标准由中国石油和化学工业联合会提出。

本标准由全国涂料和颜料标准化技术委员会(SAC/TC 5)归口。

本标准起草单位:嘉宝莉化工集团股份有限公司、中海油常州涂料化工研究院有限公司、陶氏化学(中国)投资有限公司、立邦涂料(中国)有限公司、阿克苏诺贝尔太古漆油(上海)有限公司、三棵树涂料股份有限公司、巴斯夫(中国)有限公司、中国建材检验认证集团股份有限公司、广东巴德士化工有限公司、紫荆花涂料(上海)有限公司、中华制漆(深圳)有限公司、佛山市顺德区巴德富实业有限公司、广东华润涂料有限公司、深圳市广田环保涂料有限公司、合众(佛山)化工有限公司、河北晨阳工贸集团有限公司、浙江纳美新材料股份有限公司、浙江志强涂料有限公司、万华化学集团股份有限公司、广东华隆涂料实业有限公司、肇庆千江高新材料科技股份公司、上海建科检验有限公司、江苏冠军涂料科技集团股份有限公司、浙江华特实业集团华特化工有限公司、瓦克化学(中国)有限公司。

本标准主要起草人:陈荣华、张永刚、季军宏、南璇、高继东、王燕、林昌庆、朱利光、乔亚玲、李金明、邢俊、黎冬辉、杨文涛、寇辉、徐新祥、康伦国、胡中源、何贵平、屈道军、孙家宽、麦宗毅、李会宁、胡晓珍、谢海、王伟东、李芸、蒋芸、李广东。

儿童房装饰用内墙涂料

1 范围

本标准规定了儿童房装饰用内墙涂料的术语和定义、产品分类、要求、试验方法、检验规则及标志、包装和贮存。

本标准适用于以合成树脂乳液为基料，与颜料、体质颜料及各种助剂配制而成的，施涂后能形成表面平整的薄质涂层的内墙涂料，包括面漆和底漆，该产品主要用于儿童房、幼儿园等儿童活动场所内墙墙面装饰。

2 规范性引用文件

下列文件对于本文件的应用是必不可少的。凡是注日期的引用文件，仅注日期的版本适用于本文件。凡是不注日期的引用文件，其最新版本(包括所有的修改单)适用于本文件。

GB/T 1728—1979 漆膜、腻子膜干燥时间测定法

GB/T 1766—2008 色漆和清漆 涂层老化的评级方法

GB/T 3186 色漆、清漆和色漆与清漆用原材料 取样

GB/T 6682—2008 分析实验室用水规格和试验方法

GB/T 6750—2007 色漆和清漆 密度的测定 比重瓶法

GB/T 8170—2008 数值修约规则与极限数值的表示和判定

GB/T 9265—2009 建筑涂料 涂层耐碱性的测定

GB/T 9268—2008 乳胶漆耐冻融性的测定

GB/T 9271 色漆和清漆 标准试板

GB/T 9278 涂料试样状态调节和试验的温湿度

GB/T 9750 涂料产品包装标志

GB/T 9755—2014 合成树脂乳液外墙涂料

GB/T 9756—2009 合成树脂乳液内墙涂料

GB/T 9780—2013 建筑涂料涂层耐沾污性试验方法

GB/T 13491 涂料产品包装通则

GB/T 15608 中国颜色体系

GB 18582—2008 室内装饰装修材料 内墙涂料中有害物质限量

GB/T 23981—2009 白色和浅色漆对比率的测定

GB 24408—2009 建筑用外墙涂料中有害物质限量

GB 24613—2009 玩具用涂料中有害物质限量

GB/T 31414—2015 水性涂料 表面活性剂的测定 烷基酚聚氧乙烯醚

GB/T 33395—2016 涂料中石棉的测定

GB/T 34683—2017 水性涂料中甲醛含量的测定 高效液相色谱法

JC/T 412.1—2006 纤维水泥平板 第1部分：无石棉纤维水泥平板

3 术语和定义

下列术语和定义适用于本文件。

3.1

挥发性有机化合物 volatile organic compounds;VOC

在所处大气环境的正常温度和压力下,可以自然蒸发的任何有机液体和/或固体。

[GB/T 5206—2015,定义 2.270]

3.2

挥发性有机化合物含量 volatile organic compounds content

在规定的条件下测得的涂料中存在的挥发性有机化合物的质量。

[GB/T 5206—2015,定义 2.271]

4 产品分类

本标准根据产品用途的不同,将产品分为内墙底漆、内墙面漆。

5 要求

5.1 质量性能要求

产品的质量性能应符合表 1 的要求。

表 1 质量性能要求

项目		指标	
		内墙底漆	内墙面漆
在容器中状态		无硬块,搅拌后呈均匀状态	
干燥时间(表干)/h	≤	2	
施工性		刷涂无障碍	刷涂二道无障碍
涂膜外观		正常	
耐冻融性(3 次循环)		不变质	
对比率(白色和浅色[a])	≥	—	0.95
耐洗刷性(2 000 次)		—	漆膜未损坏
耐碱性(24 h)		无异常	
抗泛碱性(48 h)		无异常	—
耐沾污综合能力(白色和浅色[a])	≥	—	45

[a] 浅色是指以白色涂料为主要成分,添加适量色浆后配制成的浅色涂料形成的涂膜所呈现的浅颜色,按 GB/T 15608 中规定明度值为 6～9 之间(三刺激值中的 Y_{D65}≥31.26)。

5.2 有害物质限量要求

产品的有害物质限量应符合表 2 的要求。

表 2　有害物质限量要求

项目[a]		指标
挥发性有机化合物(VOC)含量/(g/L)　≤		10
游离甲醛含量/(mg/kg)　≤		5
苯、甲苯、乙苯、二甲苯的总量/(mg/kg)　≤		60
乙二醇醚及其酯类的总量[b]/(mg/kg)　≤		100
可溶性元素含量/(mg/kg)　≤	锑 (Sb)	60
	砷 (As)	25
	钡 (Ba)	1 000
	镉 (Cd)	75
	铬 (Cr)	60
	铅 (Pb)	90
	汞 (Hg)	60
	硒 (Se)	500
烷基酚聚氧乙烯醚(APEO)含量[c]/(mg/kg)　≤		100
石棉含量		无阈值[d]

[a] 涂料产品所有项目均不考虑稀释配比。

[b] 乙二醇甲醚、乙二醇甲醚醋酸酯、乙二醇乙醚、乙二醇乙醚醋酸酯、二乙二醇丁醚醋酸酯的总量。

[c] 烷基酚聚氧乙烯醚(APEO)含量为壬基酚(NP)、壬基酚聚氧乙烯醚(NP$_n$EO)、辛基酚(OP)、辛基酚聚氧乙烯醚(OP$_n$EO)的总和。

[d] 无阈值是指产品不得含有，按照 GB/T 33395—2016 方法检测到的石棉含量≤0.1%，可认为未检出石棉。

6　试验方法

6.1　取样

产品按 GB/T 3186 规定取样，也可按商定方法取样。取样量根据检验需要确定。

6.2　试验环境

试板的状态调节和试样的试验环境应符合 GB/T 9278 的规定。

6.3　试验基材及其处理方法

除另有商定外，按表 3、表 5 的规定选用底材。对比率项目使用符合 GB/T 23981—2009 中 4.4 要求的聚酯膜或卡片纸；耐洗刷性和耐沾污综合能力项目使用符合 GB/T 9755—2014 中 C.3.2.6 要求的 PVC 材质的塑料片；抗泛碱性项目使用符合 GB/T 9756—2009 中 A.1.3 要求的无石棉纤维增强水泥中密度板；其余项目均使用符合 JC/T 412.1—2006 中 NAF H Ⅴ级要求的无石棉水泥平板。无石棉水泥平板的处理应按 GB/T 9271 中的规定进行。

6.4 试验样板的制备

6.4.1 试样准备

所检产品未明示稀释配比时,搅拌均匀后制板。所检产品明示了稀释配比时,除对比率项目外,其余需要制板进行检验的项目,均应按规定的稀释配比混合均匀后制板,若配比为某一范围时,应取其中间值。

6.4.2 底漆试验样板的制备

6.4.2.1 底漆采用刷涂法制板。每个样品按照 GB/T 6750—2007 的规定先测定密度 D,刷涂质量按式(1)计算:

$$m = D \times S \times 80 \times 10^{-4} \quad \cdots\cdots (1)$$

式中:

m ——湿膜厚度为 80 μm 的一道刷涂质量的数值,单位为克(g);

D ——按规定的稀释比例稀释后的样品密度的数值,单位为克每毫升(g/mL);

S ——试板面积的数值,单位为平方厘米(cm^2)。

每道刷涂质量:计算刷涂质量±0.1 g。

部分底漆由于黏度过低,无法按计算刷涂量制板的,可适当减少刷涂质量,应在报告中注明;部分底漆由于黏度过高,无法按计算刷涂量制板的,应适当加水稀释,应在报告中注明稀释比例及实际的刷涂质量。

6.4.2.2 除另有商定外,底漆各检验项目的底材类型、试板尺寸、试板数量、刷涂量和养护期应符合表 3 的规定。

表 3 底漆制板要求

检验项目	底材类型	试板尺寸 mm×mm×mm	试板数量 块	刷涂量(湿膜厚度) μm	养护期 d
干燥时间	无石棉水泥板	150×70×(4~6)	1	80	—
施工性、涂膜外观		430×150×(4~6)	1	1 道	—
耐碱性		150×70×(4~6)	3	80	7
抗泛碱性	无石棉纤维增强水泥中密度板	150×70×6	5	80	7

6.4.3 面漆试验样板的制备

6.4.3.1 除另有商定外,除施工性、涂膜外观、耐洗刷性和耐沾污综合能力项目之外,面漆其余需要制板检验的项目均采用由不锈钢材料制成的线棒涂布器制板。线棒涂布器是由几种不同直径的不锈钢丝分别紧密缠绕在不锈钢棒上制成,其规格为 80、100、120 三种,线棒涂布器规格与缠绕钢丝之间的关系见表 4。其他规格形式表示的线棒涂布器也可使用,但应符合表 4 的技术要求。

表 4 线棒涂布器

规格	80	100	120
缠绕钢丝直径/mm	0.80	1.00	1.20

6.4.3.2 除另有商定外，面漆各检验项目的底材类型、试板尺寸、试板数量、涂布器规格、涂布道数和养护期应符合表5的规定。涂布两道时，两道间隔6 h。

表5 面漆制板要求

检验项目	制板要求					养护期 d
	底材类型	试板尺寸 mm×mm×mm	试板数量 块	线棒涂布器规格		
				第一道	第二道	
干燥时间	无石棉水泥板	150×70×(4～6)	1	100	—	—
施工性、涂膜外观		430×150×(4～6)	1	刷涂，湿膜厚度为100 μm	刷涂，湿膜厚度为100 μm	—
对比率	聚酯膜(或卡片纸)	—	2	100	—	1[a]
耐碱性	无石棉水泥板	150×70×(4～6)	3	120	80	7
耐洗刷性	PVC材质的塑料片	432×165×0.25	2	规格为200 μm的间隙式湿膜制备器刮涂一道	—	7
耐沾污综合能力		432×165×0.25	7	规格为150 μm的间隙式湿膜制备器刮涂一道	—	7

[a] 根据涂料干燥性能不同，干燥条件和养护时间可以商定，但仲裁检验时为1 d。

6.5 操作方法

6.5.1 一般规定

除非另有规定，在试验中仅使用确认为化学纯及以上纯度的试剂和符合GB/T 6682—2008中三级水要求的蒸馏水或去离子水。试验用溶液在试验前预先调整到试验温度。

6.5.2 在容器中状态

打开容器，用调刀或搅拌棒搅拌，无沉淀、结块现象，易于混合均匀，则评为“无硬块，搅拌后呈均匀状态”。

6.5.3 施工性

6.5.3.1 底漆施工性

用刷子在试板平滑面上刷涂试样，刷子运行无困难，则评为“刷涂无障碍”。

6.5.3.2 面漆施工性

用刷子在试板平滑面上刷涂试样，涂布量控制在湿膜厚约100 μm。使试板的长边呈水平方向，短边与水平面成85°竖放。放置6 h后再用同样方法涂刷第二道试样，在第二道涂刷时，刷子运行无困难，则评为“刷涂二道无障碍”。

6.5.4 干燥时间

按 GB/T 1728—1979 中表干乙法的规定进行。

6.5.5 涂膜外观

将 6.5.3 试验结束后的试板放置 24 h，目视观察涂膜，若无显著缩孔，涂膜均匀，则评定为“正常”。

6.5.6 耐冻融性

按 GB/T 9268—2008 中 A 法进行。

6.5.7 耐碱性

按 GB/T 9265—2009 的规定进行，如三块试板中有两块未出现起泡、掉粉等涂膜病态现象，可评定为“无异常”，如出现以上病态现象，按 GB/T 1766—2008 进行描述。

6.5.8 抗泛碱性

按 GB/T 9756—2009 中附录 A 的规定进行。

6.5.9 对比率

按 GB/T 23981—2009 规定进行，仲裁检验采用聚酯膜法。

6.5.10 耐洗刷性

按 GB/T 9755—2014 中附录 C 的规定进行。

6.5.11 耐沾污综合能力

按 GB/T 9780—2013 中内墙涂料涂层耐沾污性试验方法的规定进行。

6.5.12 挥发性有机化合物(VOC)含量

按 GB 18582—2008 中附录 A 和附录 B 的规定进行，测试结果的计算按 GB 18582—2008 中 A.7.2 进行。

6.5.13 游离甲醛含量

按 GB/T 34683—2017 的规定进行。

6.5.14 苯、甲苯、二甲苯、乙苯的总量

按 GB 18582—2008 中附录 A 的规定进行。

6.5.15 乙二醇醚及其酯类的总量

按 GB 24408—2009 中附录 A 的规定进行，测试结果的计算按 GB 24408—2009 中 A.7.3 进行。

6.5.16 可溶性元素含量

按 GB 24613—2009 中附录 B 的规定进行。测试干漆膜中的可溶性重金属含量，结果以干漆膜质量计算。

6.5.17 烷基酚聚氧乙烯醚(APEO)含量

按 GB/T 31414—2015 的规定进行。

6.5.18 石棉含量

按 GB/T 33395—2016 的规定进行。

7 检验规则

7.1 检验分类

7.1.1 产品检验分为出厂检验和型式检验。

7.1.2 底漆出场检验项目包括在容器中状态、施工性、干燥时间、涂膜外观。面漆出厂检验项目包括在容器中状态、施工性、干燥时间、涂膜外观、对比率。

7.1.3 型式检验包括本标准所列的全部技术要求。在正常生产情况下,每年至少检验一次。

7.2 检验结果的判定

7.2.1 检验结果的判定按 GB/T 8170—2008 中修约值比较法的规定进行。

7.2.2 所有项目的检验结果均达到本标准要求时,该试验样品为符合本标准要求。

8 标志、包装和贮存

8.1 标志

按 GB/T 9750 的规定进行。如需加水稀释,应明确稀释配比。

8.2 包装

按 GB/T 13491 中二级包装要求的规定进行。

8.3 贮存

产品贮存时应保证通风、干燥、防止日光直接照射,冬季时应采取适当防冻措施。产品应根据乳液类型定出贮存期,并在包装标志上明示。

第四部分
有害物质限量要求

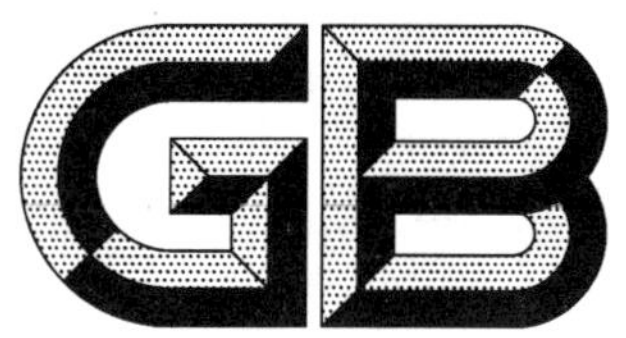

中华人民共和国国家标准

GB 4806.10—2016

食品安全国家标准
食品接触用涂料及涂层

2016-10-19 发布　　　　2017-04-19 实施

中华人民共和国国家卫生和计划生育委员会　发布

前　言

本标准代替 GB 4805—1994《食品罐头内壁环氧酚醛涂料卫生标准》、GB 7105—1986《食品容器过氯乙烯内壁涂料卫生标准》、GB 9680—1988《食品容器漆酚涂料卫生标准》、GB 9682—1988《食品罐头内壁脱模涂料卫生标准》、GB 9686—2012《食品安全国家标准　内壁环氧聚酰胺树脂涂料》、GB 11676—2012《食品安全国家标准　有机硅防粘涂料》、GB 11677—2012《食品安全国家标准　易拉罐内壁水基改性环氧树脂涂料》、GB 11678—1989《食品容器内壁聚四氟乙烯涂料卫生标准》和《关于公布聚己二酰丁二胺等 107 种可用于食品包装材料的树脂名单的公告》(原卫生部 2011 年第 23 号公告)中涂料用树脂的相关内容。

本标准与上述标准和公告相比，主要变化如下：

——标准名称修改为“食品安全国家标准　食品接触用涂料及涂层”；

——修改了范围；

——增加了术语和定义；

——增加了基本要求；

——增加了原料要求；

——修改了理化指标；

——增加了迁移试验通用要求；

——增加了标签标识要求；

——增加了附录 A。

食品安全国家标准
食品接触用涂料及涂层

1 范围

本标准适用于食品接触用涂料及涂层。
本标准不适用于纸涂料及涂层。

2 术语和定义

2.1 食品接触用涂料和涂层

涂覆在食品接触材料及制品与食品直接接触面上的涂料，及其形成的涂层(膜)。

3 基本要求

食品接触用涂料及涂层应符合 GB 4806.1 的规定。

4 技术要求

4.1 原料要求

允许使用的树脂名单应符合附录 A 及相关公告的规定。

4.2 涂层感官要求

涂层感官要求应符合表 1 的规定。

表 1 感官要求

项目	要求
感官	表面平整、色泽均匀、无气孔；浸泡后，应无龟裂、不起泡、不脱落
浸泡液	迁移试验所得浸泡液不应有着色、浑浊、沉淀、异臭等感官性的劣变

4.3 理化指标

4.3.1 理化指标应符合表 2 的规定。

表 2　理化指标

项目		指标	检验方法
总迁移量/(mg/dm^2)[a]	≤	10	GB 31604.8
高锰酸钾消耗量/(mg/kg) 蒸馏水(60 ℃,2 h 或煮沸 0.5 h,再室温放置 24 h)[b]	≤	10	GB 31604.2
重金属(以 Pb 计)/(mg/kg) 4%乙酸(体积分数)(60 ℃,2 h 或煮沸 0.5 h,再室温放置 24 h)[b]	≤	1	GB 31604.9

[a] 接触婴幼儿食品的涂料及涂层应根据实际使用中的面积体积比将结果换算为 mg/kg,且限量为≤60 mg/kg。

[b] 炊饮具用涂层的试验条件采用“煮沸 0.5 h,再室温放置 24 h”,其他涂层的试验条件采用“60 ℃,2 h”。

4.3.2　单体及其他起始物的特定迁移限量、特定迁移总量限量、最大残留量等理化指标应符合附录 A 及相关公告的规定。

4.4　添加剂

添加剂应符合 GB 9685 和相关公告的规定。

5　其他

5.1　迁移试验

迁移试验应按 GB 31604.1 和 GB 5009.156 的规定执行。

5.2　标签标识

标签标识除应符合 GB 4806.1 规定外,涂层材料及制品还应分别标示基材和涂层的材质名称。

附 录 A
食品接触用涂料及涂层允许使用的基础树脂及使用要求

A.1 表 A.1 规定了食品接触用涂料及涂层允许使用的基础树脂名单及使用要求。

A.2 GB 9685—2016 附录 B 中特定迁移总量限量[SML(*T*)]及 SML(*T*)分组编号适用于本标准。

表 A.1 食品接触用涂料及涂层允许使用的基础树脂及使用要求

序号	中文名称	CAS 号	SML/QM mg/kg	SML(*T*) mg/kg	SML(*T*) 分组编号	其他要求
1	(1,1′-联苯基)-4,4′-二醇与1,1′-磺酰双(4-氯苯)的聚合物	25608-64-4; 25839-81-0	6[(1,1′-联苯基)-4,4′-二醇:SML];0.05[1,1′-磺酰基二(4-氯苯):SML]			
2	(3R)-3-羟基丁酸与4-羟基丁酸共聚物	125495-90-1		5(以1,4-丁二醇计)	30	不得用于接触含乙醇食品;使用温度不得高于100 ℃
3	(氧化-1,4-苯烯基硫化-1,4-苯烯基)聚合物、4,4′-磺酰基二苯酚与1,1′-磺酰基二(4-氯苯)的聚合物	25667-42-9; 25608-63-3	0.05(双酚S:SML);0.05(4,4′-二氯二苯砜:SML)			
4	[1,4-苯二羧酸与1,6-己二胺(1:1)]的化合物与六氢-2*H*-氮杂卓-2-酮的聚合物	51025-80-0	2.4(己二胺:SML)	15(以己内酰胺计);7.5(以对苯二甲酸计)	4;28	
5	1,1,1,2,2,3,3-七氟-3-[(三氟乙烯基)氧]丙烷与四氟乙烯的聚合物	26655-00-5	0.05(1,1,1,2,2,3,3-七氟-3-[(三氟乙烯基)氧]丙烷:SML)0.05(四氟乙烯:SML);0.2(氟:SML);0.01(六价铬:SML)			
6	1,12-十二烷二酸与对苯二甲酸和1,4-丁二醇的聚合物	61778-68-5		5(以1,4-丁二醇计)	30	
7	1,1-二氯乙烯与丙烯酸甲酯的聚合物	25038-72-6	5(1,1-二氯乙烯:QM)或ND(1,1-二氯乙烯:SML,DL=0.01 mg/kg)	6(以丙烯酸计)	22	

表 A.1（续）

序号	中文名称	CAS 号	SML/QM mg/kg	SML(*T*) mg/kg	SML(*T*) 分组编号	其他要求
8	1,3,5-三氧环己烷与1,3-二氧环戊烷的聚合物	24969-26-4；24969-25-3	5（三聚甲醛：SML)；5 (1,3-二氧戊烷:SML)；1[1,4-双(2,3-环氧丙氧基)丁烷:QM,以环氧基团计]；ND[1,4-双(2,3-环氧丙氧基)丁烷:SML,DL=0.01 mg/kg]			使用温度不得高于 121 ℃
9	1,3-苯二甲酸二甲酯与1,4-丁二醇、1,4-苯二甲酸和聚(1,4-丁二醇)的聚合物	9086-55-9		7.5(以对苯二甲酸计)；5(以 1,4-丁二醇计)	28;30	使用温度不得高于 121 ℃
10	1,3-苯二甲酸与1,4-苯二甲酸、2,2-二甲基-1,3-丙二醇、1,2-乙二醇和 1,6-己二醇的聚合物	40471-06-5	0.05（1,6-己二醇：SML)；0.05 (2,2-二甲基-1,3-丙二醇:SML)	30(以乙二醇计)；5(以间苯二甲酸计)；7.5(以对苯二甲酸计)	2;27;28	
11	1,3-苯二甲酸与1,4-苯二甲酸、2,2-二甲基-1,3-丙二醇和1,2-己二醇的聚合物	27923-68-8	0.05 (2,2-二甲基-1,3-丙二醇:SML)	30(以乙二醇计)；5(以间苯二甲酸计)；7.5(以对苯二甲酸计)	2;27;28	不得用于接触含乙醇食品
12	1,3-苯二甲酸与1,4-苯二甲酸和 1,6-己二胺的聚合物	25750-23-6	2.4 (1,6-己二胺:SML)	5(以间苯二甲酸计)；7.5(以对苯二甲酸计)	27;28	
13	1,3-苯二甲酸与1,4-丁二醇、1,4-二甲基 1,4-苯二羟酸、己二酸和 1,3-丙二醇的聚合物	1082203-23-3	0.05 (1,3-丙二醇:SML)	5(以间苯二甲酸计)；5(以 1,4-丁二醇计)	27;30	不得用于接触乙醇含量高于8%的食品
14	1,3-丙二醇与对苯二甲酸的聚合物	26590-75-0	0.05 (1,3-丙二醇:SML)	7.5(以对苯二甲酸计)	28	
15	1,3-丁二烯低聚的均聚物	68441-52-1	1(丁二烯：QM)或 ND(丁二烯：SML,DL=0.01mg/kg)			

表 A.1（续）

序号	中文名称	CAS 号	SML/QM mg/kg	SML(*T*) mg/kg	SML(*T*) 分组编号	其他要求
16	1,3-二氧杂环庚烷与1,3,5-三氧杂环己烷的聚合物	25214-85-1	ND(1,3-二氧杂环庚烷:SML,DL=0.01 mg/kg);0.05 mg/6 dm^2(1,3-二氧杂环庚烷:QM);5（三聚甲醛:SML)	15（以甲醛计）	15	使用温度不得高于 121 ℃
17	1,4-苯二甲酸(二甲酯)与1,4-丁二醇,癸二酸和六亚甲基二异氰酸酯的聚合物	—	1(1,6-二异氰酰己烷:QM,以异氰酸根计)	7.5(以对苯二甲酸计);5(以 1,4-丁二醇计)	28;30	使用温度不得高于 100 ℃
18	1,4-苯二甲酸(二甲酯)与1,4-丁二醇、己二酸和六亚甲基二异氰酸酯的聚合物	—	1(1,6-二异氰酰己烷:QM,以异氰酸根计)	7.5(以对苯二甲酸计);5(以 1,4-丁二醇计)	28;30	使用温度不得高于 100 ℃
19	1,4-苯二甲酸二甲酯和1,4-环己烷二甲醇,2,2,4,4-四甲基-1,3-环丁二醇的聚合物	261716-94-3	5(2,2,4,4-四甲基-1,3-环丁二醇:SML)			使用温度不得高于 100℃
20	1,4-苯二甲酸二甲酯与1,3-丙二醇的聚合物	36619-23-5	0. 05 (1, 3-丙二醇:SML)	7.5(以对苯二甲酸计)	28	使用温度不得高于 100 ℃
21	1,4-苯二甲酸二甲酯与1,4-丁二醇的聚合物;1,4-苯二甲酸、1,4-丁二醇的聚合物	30965-26-5;26062-94-2		7.5(以对苯二甲酸计);5(以 1,4-丁二醇计)	28;30	使用温度不得高于 121℃
22	1,4-苯二甲酸与(1,1′-联苯)-4,4′-二醇、4-羟基苯甲酸、6-羟基-2-萘甲酸和 *N*-(4-羟基苯基)乙酰胺的聚合物	147310-94-9	0. 05 (6-羟基-2-萘甲酸:SML);6(4,4′-二羟基联苯:SML);0. 05 [*N*-(4-羟基苯基)乙酰胺:SML]	7.5(以对苯二甲酸计)	28	不得用于接触乙醇含量高于8%的食品,及含油脂固态食品
23	1,6-己二酸与1,6-己二醇和新戊二醇的聚合物	25214-14-6	0.05 (2,2-二甲基-1,3-丙二醇:SML);0. 05 (1,6-己烷:SML)			用于片状结构时,不得用于接触乙醇含量高于8%的食品

表 A.1（续）

序号	中文名称	CAS 号	SML/QM mg/kg	SML(*T*) mg/kg	SML(*T*) 分组编号	其他要求
24	2,6-二甲基苯酚与 2,3,6-三甲基苯酚的聚合物	58295-79-7	0.05（2,6-二甲基苯酚：SML）；0.05(2,3,6-三甲基苯酚：SML)			
25	2-丙烯腈与 1,3-丁二烯的聚合物；丁腈橡胶(170 型)	9003-18-3	1(1,3-丁二烯：QM)或 ND(1,3-丁二烯：SML，DL＝0.01 mg/kg)；ND(丙烯腈：SML，DL＝0.01 mg/kg)			不得用于生产饮料容器
26	2-丙烯酸丁基酯与 2-甲基-2-丙烯酸丁酯、甲基丙烯酸-2-(二甲氨基)乙酯和甲基丙烯酸甲酯的聚合物	127573-73-3	ND[甲基丙烯酸-2-(二甲氨基)乙酯：SML，DL＝0.01 mg/kg]	6(以丙烯酸计)； 6(以甲基丙烯酸计)	22;23	
27	2-甲基-2-丙烯酸、2-丙烯酸乙酯、2-甲基-2-丙烯酸甲酯的共聚物	25133-97-5		6(以丙烯酸计)； 6(以甲基丙烯酸计)	22;23	
28	2-甲基-2-丙烯酸-2-(二甲氨基)乙酯与 2-甲基-2-丙烯酸甲酯的聚合物	26222-42-4	ND(甲基丙烯酸-2-(二甲氨基)乙酯：SML，DL＝0.01 mg/kg)	6(以甲基丙烯酸计)	23	
29	2-甲基-2-丙烯酸甲酯与苯乙烯和顺丁烯二酸酐的聚合物	26809-51-8		30(以马来酸计)； 6(以甲基丙烯酸计)	3;23	
30	2-甲基-2-丙烯酸乙酯与 2-丙烯酸甲酯的聚合物	26572-20-3		6(以丙烯酸计)；6(以甲基丙烯酸计)	22;23	
31	2-甲基-2-丙烯酸与 2-甲基-2-丙烯酸丁酯和 2-甲基-2-丙烯酸甲酯的聚合物	28262-63-7		6(以甲基丙烯酸计)	23	
32	2-甲基-2-丙烯酸与 2-甲基-2-丙烯酸甲酯的聚合物	25608-33-7		6(以甲基丙烯酸计)	23	
33	2-甲基-2-丙烯酸与 2-甲基-2-丙烯酸甲酯和 2-丙烯酸甲酯的聚合物	26936-24-3		6(以丙烯酸计)； 6(以甲基丙烯酸计)	22;23	使用温度应低于 100 ℃

表 A.1（续）

序号	中文名称	CAS 号	SML/QM mg/kg	SML(*T*) mg/kg	SML(*T*) 分组编号	其他要求
34	2-甲基-2-丙烯酸正丁酯与 2-甲基-2-丙烯酸甲酯和 2-甲基-2-丙烯酸-2-羟丙基酯的聚合物	67874-31-1		6(以甲基内烯酸计)	23	
35	3,3,4,4,5,5,6,6,6-九氟-1-己烯、乙烯、四氟乙烯的共聚物	68258-85-5	0.05 (四氟乙烯:SML);0.2(氟:SML);0.01(六价铬:SML)			
36	4,4′-(1-甲基亚乙基)双苯酚和(氯甲基)环氧乙烷的聚合物与 2-甲基-2-丙烯酸、顺丁烯二酸酐和 1,3-二异氰酸基甲苯的聚合物	—	1[4,4′-(1-甲基亚乙基)双苯酚和(氯甲基)环氧乙烷的聚合物:QM]或 ND[4,4′-(1-甲基亚乙基)双苯酚与(氯甲基)环氧乙烷的聚合物:SML];1[甲苯二异氰酸酯(2,4-位与2,6-位的混合物):QM](以异氰酸根计);0.6(双酚 A:SML);1(环氧氯丙烷:QM);ND(环氧氯丙烷:SML:DL=0.01 mg/kg)	30(以马来酸计);ND (DL=0.01 mg/kg)(以异氰酸根计);6(以甲基丙烯酸计)	3;17;23	不得用于生产婴幼儿专用食品接触材料及制品
37	4,4′-(1-甲基亚乙基)双苯酚与 1,1′-磺酰基-双(4-氯苯)的聚合物	25154-01-2	0.6 (双酚 A:SML);0.05 (1,1′-磺酰基二(4-氯苯):SML)			使用温度不得高于 121 ℃。不得用于生产婴幼儿专用食品接触材料及制品
38	4,4′-[5,5′-[(1-甲基亚乙基)双(4,1-亚苯氧基)双-1,3-异苯并顺丁烯二酸酐与 4,4′-磺酰基双苯胺的聚合物	77699-82-2	0.05 (SML,以双酚 A 二酐计);5 (SML,以 4,4′-磺酰基双苯胺计)			
39	4-甲基-1-戊烯与乙烯的聚合物	25213-96-1	0.05 (4-甲基-1-戊烯:SML)			

表 A.1(续)

序号	中文名称	CAS 号	SML/QM mg/kg	SML(T) mg/kg	SML(T)分组编号	其他要求
40	4-氯-1,3-异苯并顺丁烯二酸酐与1,3-苯二胺、5-氯-1,3-异苯并顺丁烯二酸酐、1,3-异苯并顺丁烯二酸酐和4,4′-(1-甲基亚乙基)双酚的聚合物	536741-00-1	0.6(双酚 A:SML);0.05(1,3-苯二胺:SML);0.05(5-氯-1,3-异苯并顺丁烯二酸酐:SML,以4-氯代苯甲酸计);0.05(4-氯-1,3-异苯并顺丁烯二酸酐:SML,以3-氯代苯甲酸计)			不得用于生产婴幼儿专用食品接触材料及制品
41	4-氯-1,3-异苯并顺丁烯二酸酐与间苯二胺、5-氯-1,3-异苯并顺丁烯二酸酐和4,4′-(1-甲基乙基缩醛)双酚的聚合物,以4-(1-甲基-1-苯乙基)苯酚为封端剂	911701-92-3	0.6(双酚 A:SML);0.05(1,3-苯二胺:SML);0.05(5-氯-1,3-异苯并顺丁烯二酸酐:SML);0.05(4-氯-1,3-异苯并顺丁烯二酸酐:SML);0.05[4-(1-甲基-1-苯乙基)苯酚:SML]			不得用于生产婴幼儿专用食品接触材料及制品
42	5,5′-[(1-甲基亚乙基)双(4,1-亚苯氧基)]双-1,3-异苯并顺丁烯二酸酐与1,3-亚苯二胺的聚合物	61128-46-9	0.6(双酚 A:SML);0.05(1,3-苯二胺:SML)			不得用于生产婴幼儿专用食品接触材料及制品
43	6-(乙酰氧基)-2-萘甲酸与4-(乙酰氧基)苯甲酸的聚合物	70679-92-4	0.05(6-羟基-2-萘甲酸:SML);6(4,4′-二羟基联苯:SML);0.05[*N*-(4-羟基苯基)乙酰胺:SML]			不得用于接触乙醇含量高于8%的食品,及含油脂固态食品
44	e-己内酰胺与亚胺基六次甲基亚胺基己二酰的聚合物	24993-04-2	2.4(1,6-己二胺:SML)	15(以己内酰胺计)	4	
45	苯乙烯改性的环氧树脂	—	1(环氧氯丙烷:QM);ND(环氧氯丙烷:SML,DL=0.01 mg/kg);0.6(双酚 A:SML);3.0(游离酚:SML,以苯酚计)			仅用于生产水基改性环氧树脂涂料。涂料涂覆于全铝或钢的两片罐内壁,用于直接接触啤酒、碳酸型饮料、茶饮料、咖啡及能量运动饮料。不得用于生产婴幼儿专用食品接触材料及制品

表 A.1（续）

序号	中文名称	CAS 号	SML/QM mg/kg	SML(*T*) mg/kg	SML(*T*) 分组编号	其他要求
46	苯乙烯与以下单体的聚合物：2-甲基-1，3-丁二烯、1，3-丁二烯	25038-32-8；9003-55-8	ND（异戊二烯：SML，DL＝0.01 mg/kg）；1（异戊二烯：QM）；ND（1，3-丁二烯：SML，DL＝0.01 mg/kg）或 1（1，3-丁二烯：QM）			
47	丙烯酸改性的环氧树脂	—	1（环氧氯丙烷：QM）；ND（环氧氯丙烷：SML，DL＝0.01 mg/kg）；0.6（双酚 A：SML）；3.0（游离酚：SML，以苯酚计）	6（以丙烯酸计）	22	仅用于生产水基改性环氧树脂涂料。涂料涂覆于全铝或钢的两片罐内壁，用于直接接触啤酒、碳酸型饮料、茶饮料、咖啡及能量运动饮料。不得用于生产婴幼儿专用食品接触材料及制品
48	丙烯酸甲酯与丁二烯和丙烯腈的聚合物	27012-62-0	ND（丙烯腈：SML，DL＝0.01 mg/kg）；1（丁二烯：QM）或 ND（丁二烯：SML，DL＝0.01 mg/kg）	6（以丙烯酸计）	22	用于接触水性、含油脂和干燥食品，不得用于生产饮料容器，使用温度不得高于 66 ℃
49	丙烯与以下一种或多种单体的聚合物：顺丁烯二酸酐、乙烯、1-丁烯、其他 α-烯烃，可含 5-亚乙基-2-降冰片烯作改性单体，其中丙烯占最大质量分数	25722-45-6；107001-49-0；25895-47-0；29160-13-2；9010-79-1	0.05（5-亚乙基-2-降冰片烯：SML）	30（以马来酸计）	3	无 5-亚乙基-2-降冰片烯的迁移量检测方法时可使用 0.05 mg/6 dm^2（QM）作为其限量值。含有 5-亚乙基-2-降冰片烯的材料及制品接触食品的面积与食品质量比不得高于 2 dm^2/kg

表 A.1（续）

序号	中文名称	CAS 号	SML/QM mg/kg	SML(T) mg/kg	SML(T) 分组编号	其他要求
50	丙烯酸甲酯与 1,1-二氯乙烯和丙烯腈的聚合物	24968-80-7	5(1,1-二氯乙烯:QM)或 ND(1,1-二氯乙烯:SML,DL=0.01 mg/kg)	6(以丙烯酸计)	22	
51	醋酸丙酸纤维素	9004-39-1				
52	醋酸丁酸纤维素	9004-36-8				
53	醋酸纤维素	9004-35-7				
54	对苯二甲酸二甲酯和 2,2,4(或 2,4,4)-三甲基-1,6-己二胺的聚合物	9069-93-6;26246-77-5	5 mg/6 dm^2（青霉胺:QM）			
55	对叔丁基苯酚封端的聚(碳酸-4,4′-亚异丙基二苯酯)	103598-77-2	0.6（4,4′-亚异丙基二苯酚:SML）;0.05（对叔丁基苯酚:SML）;1（碳酰二氯:QM）;ND（碳酰二氯:SML,DL=0.01 mg/kg）			不得用于生产婴幼儿专用食品接触材料及制品
56	二甘醇-间苯二甲酸改性的聚对苯二甲酸乙二醇酯共聚物;由对苯二甲酸二甲酯或对苯二甲酸和乙二醇与以下物质缩合:间苯二甲酸二甲酯、间苯二甲酸和二甘醇	25038-59-9;25052-77-1;24938-04-3;27027-87-8		30(以乙二醇计);5(以间苯二甲酸计);7.5(以对苯二甲酸计)	2;27;28	
57	二甲苯甲醛聚合物	26139-75-3	3.0(游离酚:SML,以苯酚计)	15（以甲醛计）	15	仅用于生产以乙二撑硬脂酸胺为脱模剂的食品罐头内壁涂料。涂料涂印在镀锡薄板上,经高温烘烤成涂膜
58	反式-1,4-环己二甲酸二甲酯与 1,4-环己二甲醇的聚合物	219566-57-1				

表 A.1（续）

序号	中文名称	CAS 号	SML/QM mg/kg	SML(T) mg/kg	SML(T) 分组编号	其他要求
59	癸二酸与 2,2′-氧双乙醇、1,2-乙二醇、1,3-苯二甲酸、2,2-二甲基-1,3-丙二醇和 1,4-苯二甲酸的聚合物	38497-35-7	0.05（2,2-二甲基-1,3-丙二醇：SML）	30（以乙二醇计）；5(以间苯二甲酸计)；7.5(以对苯二甲酸计)	2；27；28	不得用于接触含乙醇食品
60	过氯乙烯聚合物	—	1(氯乙烯：QM)或 ND（氯乙烯：SML，DL＝0.01 mg/kg)			仅用于生产以其为主要原料，配以颜料及助剂组成的涂料。经喷、刷工艺而制成的涂层，可用于接触酒类的贮存池、槽车等容器内壁，作为防腐蚀用
61	含 1-甲基-1-丙基的 2-甲基-1，3-丁二烯的聚合物	9010-85-9				
62	环己酮与甲醛的聚合物	25054-06-2		15（以甲醛计）	15	不得用于接触乙醇含量高于 10％ 的食品或脂肪性食品
63	环氧聚酰胺树脂	—	1（环氧氯丙烷：QM)；ND(环氧氯丙烷：SML，DL＝0.01 mg/kg)；0.6（双酚 A：SML）	15(以己内酰胺计)	4	仅用于生产用于食品容器(包括用具、输送管道、贮存池、贮存罐、槽车等）内壁作为防腐蚀用的环氧聚酰胺树脂涂层。不得用于生产婴幼儿专用食品接触材料及制品

表 A.1（续）

序号	中文名称	CAS 号	SML/QM mg/kg	SML(T) mg/kg	SML(T) 分组编号	其他要求
64	己二酸与 1,3-苯二甲胺的聚合物	25718-70-1	0.05（1,3-苯二甲胺：SML）			
65	己二酸与 1,4-丁二醇、六亚甲基二异氰酸酯、1,6-己二醇和 2,2-二甲基-1,3-丙二醇(<2%)的聚合物	29891-05-2	0.05(2,2-二甲基-1,3-丙二醇：SML)；0.05(1,6-己二醇：SML)；1(六亚甲基二异氰酸酯：QM，以异氰酸根计)	ND(以异氰酸根计：DL=0.01 mg/kg)；5(以 1,4-丁二醇计)	17;30	使用温度不得高于 200 ℃
66	己二酸与 1,4-丁二醇和 1,6-二异氰酸根合己烷的聚合物	28476-49-5	1(六亚甲基二异氰酸酯：QM，以异氰酸根计)	ND(以异氰酸根计：DL=0.01 mg/kg)；5(以 1,4-丁二醇计)	17;30	使用温度不得高于 200 ℃
67	己二酸与六氢-2H-氮杂卓-2-酮、1,6-己二胺和 4,4′-亚甲基二(环己胺)的聚合物	25053-13-8	2.4(1,6-己二胺：SML)；0.05(4,4′-亚基双环己胺：SML)	15(以己内酰胺计)	4	
68	甲基丙烯酸丁酯与甲基丙烯酸羟乙酯，甲基丙烯酸甲酯和甲基丙烯酰胺的聚合物	394249-05-9	6(2-羟基乙基-2-甲基-2-丙烯酸酯：SML)；ND(甲基丙烯酰胺：SML，DL=0.01 mg/kg)	6(以甲基丙烯酸计)	23	
69	甲基丙烯酸丁酯与乙烯、甲基丙烯酸甲酯和丙烯的聚合物	127104-68-1		6(以甲基丙烯酸计)	23	
70	甲基丙烯酸甲酯与丙烯酸乙酯的共聚物	9010-88-2		6(以丙烯酸计)；6(以甲基丙烯酸计)	22;23	
71	甲基丙烯酸甲酯与丁二烯、苯乙烯和丙烯腈的共聚物	9010-94-0	1(丁二烯：QM)或 ND(丁二烯：SML，DL=0.01 mg/kg)；ND(丙烯腈：SML，DL=0.01 mg/kg)	6(以甲基丙烯酸计)	23	

表 A.1（续）

序号	中文名称	CAS 号	SML/QM mg/kg	SML(*T*) mg/kg	SML(*T*) 分组编号	其他要求
72	甲醛与(氯甲基)环氧乙烷和苯酚的聚合物	9003-36-5	1(环氧氯丙烷:QM);ND(环氧氯丙烷:SML,DL=0.01 mg/kg);3.0(游离酚:SML,以苯酚计)	15(以甲醛计)	15	与酚醛树脂共聚用于生产食品罐头内壁环氧酚醛涂料。涂料经印铁高温成膜
73	间苯二甲酰氯与对苯二甲酰氯、间苯二酚、碳酰二氯、4,4′-亚异丙基二苯酚(双酚A)和4-(1-甲基-1-苯基乙基)苯基酯的聚合物	235420-85-6	0.6(双酚A:SML);1(碳酰二氯:QM);ND(碳酰二氯:SML,DL=0.01 mg/kg);0.05(对枯基苯酚:SML);2.4(1,3-苯二酚:SML)	5(以间苯二甲酸计);7.5(以对苯二甲酸计)	27;28	不得用于生产婴幼儿专用食品接触材料及制品
74	间苯二甲酰氯与对苯二甲酰氯、碳酰二氯、4,4′-亚异丙基二苯酚(双酚A)、4-(1-甲基-1-苯乙基)苯酚(对枯基苯酚)和二[4-(1-甲基)-1-苯基乙基)苯基]酯的聚合物	114096-64-9	0.6(双酚A,SML);1(碳酰二氯,QM);ND(碳酰二氯:SML,DL=0.01 mg/kg);0.05(对枯基苯酚:SML)	5(以间苯二甲酸计);7.5(以对苯二甲酸计)	27;28	不得用于生产婴幼儿专用食品接触材料及制品
75	间苯二甲酰氯与对苯二甲酰氯、碳酰二氯和4,4′-亚异丙基二苯酚(双酚A)的聚合物	71519-80-7	0.6(双酚A,SML);1(QM,以碳酰二氯计);ND(碳酰二氯:SML,DL=0.01 mg/kg)	5(以间苯二甲酸计);7.5(以对苯二甲酸计)	27;28	不得用于生产婴幼儿专用食品接触材料及制品
76	聚(硫-1,4-亚苯基);聚苯硫醚	26125-40-6;25212-74-2	12(1,4-二氯苯:SML)			使用温度不得高于121 ℃
77	聚丁二酸丁二醇酯	25777-14-4		5(以1,4-丁二醇计)	30	使用温度不得高于100 ℃
78	聚丁烯-1	9003-28-5				
79	聚对苯二甲酸丁二醇酯;聚(氧代-1,4-亚丁基氧基羰基-1,4-亚苯基羰基)	24968-12-5		7.5(以对苯二甲酸计);5(以1,4-丁二醇计)	28;30	

表 A.1（续）

序号	中文名称	CAS 号	SML/QM mg/kg	SML(*T*) mg/kg	SML(*T*) 分组编号	其他要求
80	聚对苯二甲酸丁二醇酯-聚四氢呋喃醚的嵌段共聚物与马来酸酐的聚合物	1224447-95-3	0.6（四氢呋喃：SML）	30（以马来酸计）； 5（以 1，4-丁二醇计）	3；30	使用温度不得高于 121 ℃
81	聚对苯二甲酸-己二酸丁二醇酯	55231-08-8		7.5（以对苯二甲酸计）； 5（以 1，4-丁二醇计）	28；30	仅用作单一薄膜或厚度小于等于 120 μm 的涂层。使用温度不得高于 100 ℃，不可用于冷冻食品或冷藏食品
82	聚己二酰丁二胺	50327-22-5； 50327-77-0				
83	聚甲基苯基硅氧烷	—				仅用于生产以其为主要原料，配以一定添加剂制成的有机硅涂料，涂料涂覆于铝板、镀锡铁板等金属表面，经自然挥干、高温烘烤固化成膜
84	聚甲基丙烯酸甲酯	9011-14-7		6（以甲基丙烯酸计）	23	
85	聚甲基硅氧烷	—				仅用于生产以其为主要原料，配以一定添加剂制成的有机硅涂料，涂料涂覆于铝板、镀锡铁板等金属表面，经自然挥干、高温烘烤固化成膜

表 A.1（续）

序号	中文名称	CAS 号	SML/QM mg/kg	SML(*T*) mg/kg	SML(*T*) 分组编号	其他要求
86	聚甲醛	25231-38-3； 9002-81-7		15（以甲醛计）	15	使用温度不得高于 121 ℃
87	聚全氟乙烯-丙烯树脂；四氟乙烯六氟丙烯共聚物	25067-11-2	0.05（四氟乙烯：SML)；0.01（六氟丙烯：SML)；0.2(氟：SML)；0.01(六价铬：SML)			
88	聚乳酸	9051-89-2				使用温度不得高于 100 ℃
89	聚四氟乙烯	9002-84-0	0.05（四氟乙烯：SML)；0.2(氟：SML)；0.01(六价铬：SML)			涂覆于铝板、铁板、不锈钢等金属表面，经高温烧结，使用温度不得高于 250 ℃
90	聚酰胺 12	25038-74-8	5(氮杂环十三烷-2-酮：SML)			
91	聚酰胺 610	9008-66-6； 9011-52-3； 6422-99-7	2.4（1,6-己二胺：SML)			
92	聚酰胺 66T	25776-72-1	2.4（1,6-己二胺：SML)	7.5（以对苯二甲酸计）	28	
93	聚氧化(2,6-二甲基-1,4-亚苯基)树脂	25134-01-4	0.05（2,6-二甲基苯酚：SML)			

表 A.1（续）

序号	中文名称	CAS 号	SML/QM mg/kg	SML(T) mg/kg	SML(T) 分组编号	其他要求
94	氢化的芳香族石油碳氢树脂	88526-47-0				由沸程不高于220 ℃的裂化石油馏分中的脂肪族、脂环族和/或单苯环芳香基链烯的二烯类和烯烃类，以及馏分中的单体经催化或热聚合及蒸馏、加氢和其他工艺加工而成。性质：高于 120 ℃时，黏度＞3 Pa·s；软化温度＞95 ℃；溴值＜40；该物质 50％的甲苯溶液颜色应＜11（加德纳色标）；芳香族单体残留量≤50 mg/kg
95	十二烷二酸与 1,6-己二胺的聚合物	26098-55-5	2.4（1,6-己二胺：SML）			
96	双(4-氟苯基)甲酮与 1,4-苯二酚的聚合物	29658-26-2	0.05（4,4′-二氟二苯甲酮：SML）；0.6（氢醌：SML）；0.2（氟：SML）			
97	缩水甘油封端双酚 A 环氧氯丙烷共聚物	25036-25-3	0.6（双酚 A：SML）；1（环氧氯丙烷：QM）；ND（环氧氯丙烷：SML，DL＝0.01 mg/kg）；3.0（游离酚：SML，以苯酚计）			与酚醛树脂共聚用于生产食品罐头内壁环氧酚醛涂料。涂料经印铁高温成膜。不得用于生产婴幼儿专用食品接触材料及制品

表 A.1（续）

序号	中文名称	CAS 号	SML/QM mg/kg	SML(*T*) mg/kg	SML(*T*) 分组编号	其他要求
98	碳酰二氯与 4,4′-环己亚基双(2-甲基苯酚)、4,4′-亚异丙基二苯酚(双酚 A)和二[4-(1-甲基-1-苯基乙基)苯基]酯的聚合物	411234-34-9	0.6（双酚 A:SML)；1（碳酰二氯:QM)；ND（碳酰二氯:SML，DL=0.01 mg/kg)			不得用于生产婴幼儿专用食品接触材料及制品
99	五氟乙基三氟乙烯基醚与四氟乙烯的聚合物	31784-04-0	0.05（四氟乙烯:SML)；0.2(氟:SML)；0.01(六价铬:SML)			
100	乙烯醇均聚物	9002-89-5	12（乙酸乙烯酯:SML)			仅用于接触水分含量低的油脂和干燥固态食品，使用温度不得高于100 ℃
101	乙烯-乙酸乙烯酯共聚物	24937-78-8	12（乙酸乙烯酯:SML)			
102	乙烯-乙烯醇共聚物	26221-27-2	12（乙酸乙烯酯:SML)			不得用于接触乙醇含量高于8%的食品
103	乙烯与二环(2,2,1)庚-2-烯共聚物	26007-43-2	0.05［二环（2，2，1）庚-2-烯:SML］			

表 A.1（续）

序号	中文名称	CAS 号	SML/QM mg/kg	SML(*T*) mg/kg	SML(*T*) 分组编号	其他要求
104	乙烯与以下一种或多种单体的聚合物：1-丁烯、丙烯、5-亚乙基-2-降冰片烯、甲基丙烯酸、1-己烯、2-丙烯酸、甲基丙烯酸环氧甲酯、1-辛烯、乙酸乙烯酯、一氧化碳、顺丁烯二酸酐、丙烯酸异丁酯、丙烯酸丁酯、2-丙烯酸乙基酯、乙酸锌、氢氧化钠、氢氧化钾（其中乙烯占最大质量分数）	25038-36-2； 25053-53-6； 25087-34-7； 25103-74-6； 25213-02-9； 25608-26-8； 25702-94-7； 25750-82-7； 25750-84-9； 24937-78-8； 25895-46-9； 26061-90-5； 26221-73-8； 26337-35-9； 26375-31-5； 26376-80-7； 28064-24-6； 28208-80-2； 28516-43-0； 31069-12-2； 106177-14-4； 37433-35-5； 52255-42-2； 60785-11-7； 61843-70-7； 61843-71-8； 63625-36-5； 107137-84-8； 64652-60-4； 86286-09-1； 108388-93-8； 85023-55-8； 85244-45-7； 114571-44-7； 88450-35-5； 9006-26-2； 106343-08-2； 9010-77-9； 9010-79-1； 9010-86-0； 9019-29-8； 93228-27-4	0.05(5-亚乙基-2-降冰片烯:SML)；0.02(甲基丙烯酸环氧甲酯:SML)；3(己烯:SML)；15(辛烯:SML)；12(乙酸乙烯酯:SML)；25(乙酸锌:SML,以锌计)	30(以马来酸计)； 6(以丙烯酸计)； 6(以甲基丙烯酸计)	3;22;23	无5-亚乙基-2-降冰片烯的迁移量检测方法时可使用0.05 mg/6 dm^2(QM)作为其限量值。含有5-亚乙基-2-降冰片烯的材料及制品接触食品的面积与食品质量比不得高于2 dm^2/kg

表 A.1（续）

序号	中文名称	CAS 号	SML/QM mg/kg	SML(*T*) mg/kg	SML(*T*) 分组编号	其他要求
105	以 3-(4-羟基-3-甲氧基苯基)丙基封端的聚二甲基硅氧烷和硅树脂与 4,4′-亚异丙基二苯酚(双酚 A),碳酰二氯和 4-(1-甲基-1-苯乙基)苯酚的共聚物	202483-49-6	0.6（双酚 A:SML); 1（碳酰二氯:QM);ND（碳酰二氯:SML,DL=0.01 mg/kg)			不得用于生产婴幼儿专用食品接触材料及制品

ICS 87.040
G 51

中华人民共和国国家标准

GB 5369—2008
代替 GB 5369—1985

船用饮水舱涂料通用技术条件

Gerneral-specification for drinking water tank coating of shipbuilding

2008-12-30 发布　　2009-12-01 实施

中华人民共和国国家质量监督检验检疫总局
中国国家标准化管理委员会　发布

前　言

本标准3.2、4.9中的附录A.4和附录A.5为强制性条款，其他条款为推荐性条款。

本标准代替GB 5369—1985《船用饮水舱涂料通用技术条件》。

本标准与GB 5369—1985《船用饮水舱涂料通用技术条件》相比主要变化如下：

a) 取消原标准1.1“一般要求”；

b) 饮水舱涂料理化指标中的耐介质性时间单位统一为“h”；

c) 涂层浸泡水的浸泡时间由原标准“30至90 d”改为浸泡时间“30 d”；

d) 饮水舱涂料的理化指标增加细度、固体含量、干燥时间及贮存稳定性诸项；

e) 饮水舱涂料卫生要求增加“浸泡水的水质还应进行LD_{50}、Ames和哺乳动物细胞染色体畸变的毒理学试验”。

本标准的附录A为规范性附录，附录B和附录C为资料性附录。

本标准由中国石油和化学工业协会提出。

本标准由全国涂料和颜料标准化技术委员会归口。

本标准起草单位：中国船舶重工集团公司第七二五研究所、中国船舶重工集团公司渤海造船厂、海军医学研究所。

本标准主要起草人：孙祖信、苏春海、汪南平、张东亚、庄焱、许春生、徐喜生。

船用饮水舱涂料通用技术条件

1 范围

本标准规定了船用饮水舱涂料的要求、试验方法、检验规则、标志、包装、运输和贮存等。

本标准适用于涂敷在船舶饮水舱内表面的涂料系统。

2 规范性引用文件

下列文件中的条款通过本标准的引用而成为本标准的条款。凡是注日期的引用文件，其随后所有的修改单(不包括勘误的内容)或修订版均不适用于本标准，然而，鼓励根据本标准达成协议的各方研究是否可使用这些文件的最新版本。凡是不注日期的引用文件，其最新版本适用于本标准。

GB/T 1724 涂料细度测定法

GB/T 1725 色漆、清漆和塑料 不挥发物含量的测定

GB/T 1728 漆膜、腻子膜干燥时间测定法

GB/T 1731 漆膜柔韧性测定法

GB/T 1733 漆膜耐水性测定法

GB/T 1771 色漆和清漆 耐中性盐雾性能的测定

GB/T 3186 色漆、清漆和色漆与清漆用原材料 取样

GB/T 5210 色漆和清漆 拉开法附着力试验

GB/T 5749 生活饮用水卫生标准

GB/T 6753.3 涂料贮存稳定性试验方法

GB/T 9750 涂料产品包装标志

GB/T 13491 涂料产品包装通则

3 要求

3.1 理化指标

饮水舱涂料应符合表1的理化指标。

表1 饮水舱涂料理化指标

序号	项 目	指 标
1	细度/μm	≤70
2	固体含量/%	≥70
3	干燥时间/h 表干 实干	≤4 ≤24
4	柔韧性/mm	≤5
5	附着力/MPa	≥3.0
6	耐盐雾性，600 h	无起泡、无脱落、无生锈
7	耐水性，720 h	无起泡、无脱落、无生锈

表 1（续）

序号	项 目	指 标
8	贮存稳定性/a	≥1
注：细度、固体含量、干燥时间及贮存稳定性等项目指标的检测对象为单一涂料，柔韧性、附着力、耐盐雾性、耐水性等项目指标的检测对象为复合涂层。		

3.2 卫生要求

3.2.1 饮水舱涂料应按国家管理有关规定进行卫生安全检定。

3.2.2 涂层浸泡水的水质除按《生活饮用水卫生标准》中规定的基本项目检测外，还应按涂料的种类及性质检测其他增测项目，并应符合 A.4.1、A.4.2 和 A.4.3 的要求。

3.2.3 涂层浸泡水的水质还应进行 LD_{50}，Ames 和哺乳动物细胞染色体畸变的毒理学试验，应符合 A.4.4 要求。

3.2.4 当用新材料生产饮水舱涂料时，还应测定其在水中的溶出物及其浓度，并应符合 A.4.5 的要求。

4 试验方法

4.1 细度

按 GB/T 1724 的规定进行。

4.2 固体含量

按 GB/T 1725 的规定进行。

4.3 干燥时间

按 GB/T 1728 的规定进行。

4.4 柔韧性

按 GB/T 1731 的规定进行。

4.5 附着力

按 GB/T 5210 的规定进行。

4.6 耐盐雾性

按 GB/T 1771 的规定进行。

4.7 耐水性

按 GB/T 1733 的规定进行。

4.8 贮存稳定性

按 GB/T 6753.3 的规定进行。

4.9 卫生要求

按附录 A 中 A.4、A.5、附录 B 和附录 C 进行卫生要求试验。

5 检验规则

5.1 抽样

饮水舱涂料应按 GB/T 3186 的规定进行抽样，样品分为两份，一份密封贮存备查，另一份作检验。

5.2 检验分类

5.2.1 饮水舱涂料检验分为型式检验和出厂检验。

5.2.2 型式检验为周期检验，出厂检验为每批次检验。

5.3 型式检验

5.3.1 检验条件

有下列情况之一时，应进行型式检验：

a) 正常生产时，每三年应进行一次型式检验；

b) 当产品新投产时；

c) 当材料、工艺有改变足以影响产品性能时；

d) 产品停产半年重新恢复生产时。

5.3.2 检验项目

按表2的规定进行型式检验。

5.4 出厂检验

5.4.1 检验条件

每批涂料均应进行出厂检验。

5.4.2 组批

出厂检验以批为单位，按每一贮漆槽为一批。

5.4.3 检验项目

按表2的规定进行出厂检验。

5.5 合格判定

检验项目不符合规定时，应按GB/T 3186的规定重新取双倍试样进行复验，如仍有项目不符合规定，产品即为不合格品。

表2 检验项目

序 号	检验项目名称	出厂检验	型式检验	要求章节	试验方法
1	细度	●	●	3.1	4.1
2	固体含量	●	●	3.1	4.2
3	干燥时间	●	●	3.1	4.3
4	柔韧性	●	●	3.1	4.4
5	附着力	●	●	3.1	4.5
6	耐盐雾性	—	●	3.1	4.6
7	耐水性	—	●	3.1	4.7
8	贮存稳定性	—	●	3.1	4.8
9	卫生要求	—	●	3.2	4.9
注：● 应检项目；— 不检项目。					

6 标志、标签、包装、运输、贮存

6.1 标志

饮水舱涂料产品的标志应符合GB/T 9750的要求。

6.2 标签

饮水舱涂料产品应附有标签，标明产品的标准号、型号、名称、数量、质量合格标记、生产厂名、生产日期及批号。

6.3 包装

饮水舱涂料产品的包装应符合GB/T 13491的要求。

6.4 运输

饮水舱涂料产品在运输中应防止雨淋、日光曝晒。

6.5 贮存

饮水舱涂料产品应贮存在通风、干燥的库房内，防止日光直接照射，并应隔绝火源。产品在原包装封闭的条件下，超过一年贮存期可按本标准规定的出厂检验项目进行检验，如检验合格，仍可使用。

附 录 A
（规范性附录）
生活饮用水输配水设备及防护材料卫生安全评价

A.1 范围

本附录规定了生活饮用水输配水设备及防护材料卫生安全评价。

本附录适用于生活饮用水输配水设备及防护材料的卫生安全评价，也适用于与生活饮用水接触的水处理材料（如水质处理器滤芯、膜组件、活性炭等）的卫生安全评价。

A.2 规范性引用文件

下列文件中的条款通过本标准的引用而成为本标准的条款。凡是注日期的引用文件，其随后所有的修改单（不包括勘误的内容）或修订版均不适用于本标准，然而，鼓励根据本标准达成协议的各方研究是否可使用这些文件的最新版本。凡是不注日期的引用文件，其最新版本适用于本标准。

生活饮用水水质卫生规范（2001）

生活饮用水检验规范（2001）

A.3 术语和定义

下列术语和定义适用于本附录：

A.3.1 生活饮用水输配水设备（equipment in driking water）

指与生活饮用水接触的输配水管、蓄水容器、供水设备、机械部件（如阀门、水泵、水处理剂加入器等）。

A.3.2 防护材料（protective materials in drinking water）

指与生活饮用水接触的涂料、内衬等。

A.3.3 水处理材料（treatment materials in drinking water）

指与生活饮用水接触的水质处理器滤芯、膜组件、活性炭等。

A.4 卫生要求

A.4.1 凡与生活饮用水接触的输配水设备、水处理材料和防护材料不得污染水质，出水水质应符合《生活饮用水质卫生规范》的要求。

A.4.2 生活饮用水输配水设备、水处理材料和防护材料应按本附录和附录B的规定进行浸泡试验。

A.4.3 浸泡水应按本附录和附录B的方法处理。检测结果应分别符合表A.1和表A.2的要求。

表 A.1 浸泡试验基本项目的卫生要求

序 号	项 目	卫 生 要 求
1	色/度	增加量≤5
2	浑浊度/度	增加量≤0.2
3	臭和味/度(NTU)	浸泡后水无异臭、异味
4	肉眼可见物	浸泡后水不产生任何肉眼可见的碎片杂物等
5	pH	改变量≤0.5
6	溶解性总固体/(mg/L)	增加量≤10

表 A.1（续）

序　号	项　　目	卫　生　要　求
7	耗氧量/(mg/L)	增加量≤1(以 O_2 计)
8	砷/(mg/L)	增加量≤0.005
9	镉/(mg/L)	增加量≤0.000 5
10	铬/(mg/L)	增加量≤0.005
11	铝/(mg/L)	增加量≤0.02
12	铅/(mg/L)	增加量≤0.001
13	汞/(mg/L)	增加量≤0.000 2
14	三氯甲烷/(mg/L)	增加量≤0.006
15	挥发酚类/(mg/L)	增加量≤0.002

表 A.2　浸泡试验增测项目的卫生要求

序号	项　　目	卫生要求
1	铁/(mg/L)	增加量≤0.06
2	锰/(mg/L)	增加量≤0.02
3	铜/(mg/L)	增加量≤0.2
4	锌/(mg/L)	增加量≤0.2
5	钡/(mg/L)	增加量≤0.05
6	镍/(mg/L)	增加量≤0.002
7	锑/(g/L)	增加量≤0.000 5
8	四氯化碳/(mg/L)	增加量≤0.000 2
9	邻苯二甲酸酯类/(mg/L)	增加量≤0.01
10	银/(mg/L)	增加量≤0.005
11	锡/(mg/L)	增加量≤0.002
12	氯乙烯/(mg/kg)	材料中含量≤1.0
13	苯乙烯/(mg/L)	增加量≤0.002
14	环氧氯丙烷/(mg/L)	增加量≤0.002
15	甲醛/(mg/L)	增加量≤0.05
16	丙烯腈/(mg/kg)	材料中含量≤11
17	总 α 放射性	不得增加(不超过测量偏差的 3 个标准差)
18	总 β 放射性	不得增加(不超过测量偏差的 3 个标准差)
19	苯/(mg/L)	增加量≤0.001
20	总有机碳(TOC)/(mg/L)	增加量≤1
21	受试产品在水中可能溶出的其他成分	根据国内外相关标准判定项目及限值，无相关标准可依的，按附录 C 进行毒理学试验确定限值。毒理学指标应不大于限值的十分之一。

A.4.4 防护材料的浸泡水应进行毒理学试验，满足下列要求：

a) 急性经口毒性(LD_{50})不得小于 10 g/kg(体重)。

b) Ames 和哺乳动物细胞染色体畸变致突变试验结果均应为阴性。

A.4.5 当用新材料制备输配水设备、水处理材料和防护材料时,应测定在水中的溶出物及其浓度,并评价其安全性。无标准可依的,按附录 C 进行毒理学试验确定限值。

A.5 检验

A.5.1 所有样品应检验表 A.1 的全部项目,并根据样品的种类、性质按表 A.3 确定防护材料浸泡试验增测检验项目。

表 A.3 与饮用水接触的防护材料浸泡试验增测检验项目

防护材料	检测项目											
	铁	锌	氟化物	四氯化碳	甲醛	环氧氯丙烷	苯乙烯	苯	总有机碳	GC/MS鉴定	ICP鉴定	其他
漆酚	●	●	—	●	●	—	—	●	○	○	○	根据具体条件和需要确定
聚酰胺环氧树脂	—	—	—	●	—	●	●	—	○	○	○	
有机硅	—	—	●	●	—	—	—	—	○	○	○	
聚四氟乙烯	—	—	●	●	—	—	—	—	○	○	○	
环氧酚醛	—	—	—	●	●	●	●	●	○	○	○	
水基改性环氧树脂	—	—	—	●	●	●	●	—	○	○	○	
脱模涂料	—	—	—	●	●	—	—	●	○	○	○	
其他	—	—	—	●	—	—	—	—	○	○	○	
新化学物质	●	●	●	●	●	●	●	●	○	○	○	
注:● 必检项目;○ 选检项目;— 不检项目。												

A.5.2 与生活饮用水接触的防护材料应进行 30 d 浸泡试验。第 1 次(浸泡第 1 d)和第 6 次(浸泡第 30 d)的浸泡水检验项目为《生活饮用水水质卫生规范》表 A.1 中全部项目以及 A.5.1 中规定项目。其余5 次检验的项目为《生活饮用水水质卫生规范》中的表 A.1 所列全部项目和第 1 次检验中的超标项目。

A.5.3 检验方法按《生活饮用水检验规范》执行。

附　录　B
（资料性附录）
与饮用水接触的防护材料检验方法

B.1　规范性引用文件

下列文件中的条款通过本标准的引用而成为本标准的条款。凡是注日期的引用文件，其随后所有的修改单（不包括勘误的内容）或修订版均不适用于本标准，然而，鼓励根据本标准达成协议的各方研究是否可使用这些文件的最新版本。凡是不注日期的引用文件，其最新版本适用于本标准。

《生活饮用水卫生标准》

B.2　样品预处理

B.2.1　试样的制备

B.2.1.1　按产品的使用条件（如涂层厚度，涂后干燥时间等）制备试样，可将涂层涂在玻璃片上，如玻璃片不合适，可另选用。

B.2.1.2　取 100 mm×100 mm 玻璃片，洗净烘干。在玻璃片两面按实际使用厚度涂以涂料。在干燥处自然干燥，制成涂料片。

B.2.2　试剂的制备

试剂制备要求如下：

a)　纯水：

——应为电导率小于 2 μS/cm 的蒸馏水或去离子水。

b)　贮备液：

——0.025 mol/L 氯贮备液：取 7.3 mL 试剂级次氯酸钠（5%NaOCl），用纯水稀释至 200 mL，贮于密闭具塞的棕色瓶中，于 20 ℃避光保存，每周新鲜配制。

——测定氯含量：取 1.0 mL 氯贮备液，用水稀释至 1.0 L，立即分析总余氯，将此值定为“A”。

——测定所需的余氯：为了获得 2.0 mg/L 余氯，需要向浸泡水中加入氯贮备液的量，按式（B.1）计算：

$$V=\frac{2.0\times B}{A} \qquad \text{(B.1)}$$

式中：

V——需加入氯贮备液的体积，单位为毫升（mL）；

B——标准浸泡水的体积，单位为升（L）；

A——氯贮备液的浓度，单位为毫克每毫升（mg/mL）。

——0.04 mol/L 钙硬度贮备液：称取 4.44 g 无水氯化钙（$CaCl_2$）溶于纯水中，并用纯水稀释至 1.0 L，充分混匀。每周新鲜配制。

——0.04 mol/L 碳酸氢钠缓冲液：将 3.36 g 无水碳酸氢钠（$NaHCO_3$）溶于纯水中，并用纯水稀释至 1.0 L，充分混匀。每周新鲜配制。

B.2.3　试样水的制备

配制 pH 为 8、硬度为 100 mg/L、有效氯为 2 mg/L 的试样水方法如下：取 25 mL 碳酸氢钠的缓冲液、25 mL 钙硬度贮备液以及所需的氯贮备液，用纯水稀释至 1.0 L。按此比例配制实际所需要的试样水。

B.2.4 浸泡条件

浸泡条件应包括：

a) 试样的表面积与试样水容积比应为 50 cm^2/L(用于毒理学试验的涂层表面积和试样水容积比应为 1 000 cm^2/L)。如为多层涂料，则将各层涂料分别涂在玻璃片(或另选用合适的基材)上，同时固定在试样水中。每种涂料试样与试样水容积比均按 50 cm^2/L 计算。

b) 在密闭、避光、温度为(25±5)℃条件下进行浸泡。

B.2.5 浸泡方法

浸泡方法如下：

a) 将实干的试样涂料片用自来水清洗干净后，浸泡于盛有 B.2.3 所述试样水的玻璃容器中，加盖密封。并在相同条件下，保留同期试样水作为空白对照水。

b) 将试样片分别插入放于玻璃容器中的玻璃固定架上，使试样片保持垂直，互不接触，或者将试样片悬挂于玻璃器中；

c) 于浸泡后 1 d,3 d,5 d,10 d,20 d,30 d 分别收集浸泡水，供检测分析用，以观察溶出污染物浓度的衰减情况；

d) 在收集浸泡水的同时，全部换入新的浸泡水；

e) 制备空白对照时，除玻璃片上不涂防护材料外，其他一切试验条件相同。

B.2.6 浸泡水收集和保存

当达到预定的浸泡时间时，应立即将浸泡水放入预先洗净的样品瓶内。收集至分析间隔的时间应不得超过 8 h 小时。某些项目需尽快的测定。需加入保存剂的浸泡水应先把保存剂加入瓶中，或直接低温保存。浸泡水的收集和保存方法按表 B.1 执行。

表 B.1 浸泡水的收集和保存

序号	项　目	保存剂	容　器	贮　藏
1	色、臭、味	无	玻璃瓶	4 ℃,24 h 内测定
2	浑浊度	无	玻璃瓶	4 ℃
3	金属(汞除外)	加浓硝酸至 pH<2	聚乙烯瓶	室温
4	汞	加浓硝酸至 pH<2，每 100 mL 水样加入 5%重铬酸钾液 1 mL。	聚乙烯瓶	室温
5	砷	无	玻璃瓶	室温
6	苯酚、氰化物	加氢氧化钠至 pH>12	棕色玻璃瓶	4 ℃,24 h 内测定
7	多环芳烃	无	棕色玻璃瓶	4 ℃
8	混合有机物	无	棕色玻璃瓶	4 ℃
9	溶剂	无	玻璃瓶	4 ℃
10	挥发性有机物	少量硫代硫酸钠	玻璃瓶	4 ℃

B.3 检验方法

浸泡试验方法按《生活饮用水检验规范》执行。

附　录　C
（资料性附录）
生活饮用水输配水设备及防护材料的卫生毒理学评价程序和方法

C.1　范围

本附录规定了生活饮用水输配水设备（包括一切与饮用水接触的设备）、水处理材料和防护材料的卫生毒理学评价。本附录适用于生活饮用水输配水设备、水处理材料和防护材料在水中溶出的有害物质未规定最大容许浓度时毒理学试验在水中的限值。

C.2　规范性引用文件

下列文件中的条款通过本标准的引用而成为本标准的条款。凡是注日期的引用文件，其随后所有的修改单（不包括勘误的内容）或修订版均不适用于本标准，然而，鼓励根据本标准达成协议的各方研究是否可使用这些文件的最新版本。凡是不注日期的引用文件，其最新版本适用于本标准。

《化妆品卫生规范》(1999)

C.3　毒理学评价要求

毒理学评价应提供下列材料：

a）产品应用条件、应用范围、理化性质；

b）配方、生产方法；

c）配方各成分的化学结构式、杂质成分和含量；

d）在饮用水浸泡过程中可能溶出的物质及估计浓度；

e）根据使用情况制备试样和提供试验样品。

C.4　毒理学评价程序

C.4.1　水平划分

毒理学试验根据生活饮用水输配水设备、水处理材料和防护材料在水中溶出物质的浓度，分水平Ⅰ至水平Ⅳ进行，以确定其在水中的最大容许浓度。

C.4.2　水平Ⅰ

当溶出物质在水中的浓度不大于 10 μg/L 时选用水平Ⅰ。

C.4.2.1　试验项目

a）基因突变试验：Ames 试验；

b）哺乳动物染色体畸变试验：体外哺乳动物细胞染色体畸变，或小鼠骨髓细胞染色体畸变试验，或小鼠骨髓细胞微核试验任选一项。

C.4.2.2　结果评价

a）如果上述两项试验均为阴性，则可以通过；

b）如果上述两项试验均为阳性，则该产品不能通过，或进行慢性试验以便进一步评价；

c）如果上述两项试验中有一项为阳性，则需选用另外两种遗传毒性试验作为补充，包括一种基因突变试验和一种哺乳动物细胞染色体畸变试验。如果均为阴性，则产品可通过，如有一项阳性则不能通过，或进行慢性试验，以便进一步评价。

C.4.3　水平Ⅱ

当溶出物质在水中的浓度为不小于 10 μg/L 至不大于 50 μg/L 时选用水平Ⅱ。

C.4.3.1 试验项目

a) 水平Ⅰ试验；

b) 大鼠 90 d 经口毒性试验。

C.4.3.2 结果评价

a) 对遗传毒理学试验结果的评价同水平Ⅰ；

b) 通过大鼠 90 d 经口毒性试验，确定溶出物质在水中的最大容许浓度（安全系数一般选用 1 000）；

c) 当溶出物质在水中的实际浓度超过最大容许浓度时，不能通过。

C.4.4 水平Ⅲ

当溶出物质在水中浓度为不小于 50 μg/L 至不大于 1 000 μg/L 时选用水平Ⅲ。

C.4.4.1 试验项目：

a) 水平Ⅱ试验；

b) 大鼠致畸变试验。

C.4.4.2 结果评价：

a) 对遗传毒理学试验结果的评价同水平Ⅰ；

b) 当致畸试验结果为阳性时该产品不通过；

c) 综合全部试验结果，确定溶出物质在水中的最大容许浓度；

d) 当溶出物质在水中实际浓度超过最大容许浓度时，不能通过。

C.4.5 水平Ⅳ

当溶出物质在水中浓度大于 1 000 μg/L 时选用水平Ⅳ。

C.4.5.1 试验项目：

a) 水平Ⅲ试验；

b) 大鼠慢性毒性试验。

C.4.5.2 结果评价：

a) 当致畸试验结果为阳性时，该产品不能通过；

b) 当致癌试验和遗传毒理学试验结果综合评价，溶出物质有致癌性时，不能投入使用；

c) 根据慢性试验结果确定溶出物质在水中的最大容许浓度；

d) 当溶出物质在水中的实际浓度超过最大容许浓度时，不能通过。

C.5 试验方法

毒理试验方法按《化妆品卫生规范》执行。

ICS 13.100
C 56

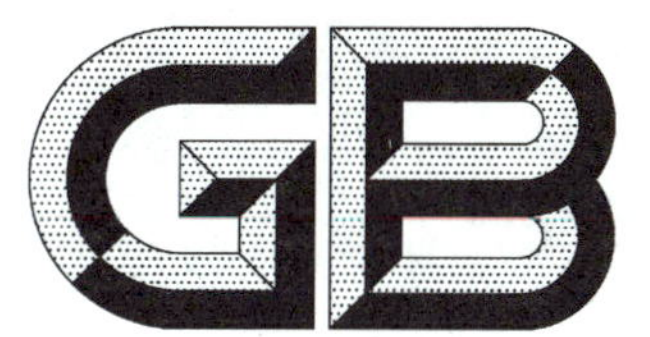

中华人民共和国国家标准

GB 8771—2007
代替 GB 8771—1988

铅笔涂层中可溶性元素最大限量

Maximum limits for soluble elements content of pencil coating

2007-06-26 发布　　2008-01-01 实施

中华人民共和国国家质量监督检验检疫总局
中国国家标准化管理委员会　发布

前　言

本标准代替 GB 8771—1988《铅笔涂漆层中含铅量卫生标准》。

本标准与 GB 8771—1988 相比主要变化如下：

——标准的中文名称改为《铅笔涂层中可溶性元素最大限量》；

——增加并修改了有关术语和定义(本版的 3.1;3.2;3.3)；

——删除了铅笔涂漆层中总铅的最高允许含量、测定方法及定义(1988 年版的 2.1;3.1;5.1)；

——修订了铅笔涂层中可溶性铅的限量要求，增加了铅笔涂层中七种可溶性元素(锑、砷、钡、镉、铬、汞、硒)的限量要求(1988 年版的 2.2;本版的第 4 章)；

——修改了铅笔涂层中可溶性元素的测定方法(1988 年版的 3.2;本版的第 5 章)；

——删除了验收规则，增加了质量保证(1988 年版的第 4 章;本版的第 6 章)。

本标准由中华人民共和国卫生部提出并归口。

本标准由上海市疾病预防控制中心负责起草，国家玩具产品质量监督检验中心、中国制笔协会铅笔委员会等参加起草。

本标准主要起草人:周月芳、彭宁宁、汪国权、卜达、桂炳春。

本标准所代替标准的历次版本发布情况为:GB 8771—1988。

铅笔涂层中可溶性元素最大限量

1 范围

本标准规定了铅笔涂层中可溶性元素(锑、砷、钡、镉、铬、铅、汞、硒)的最大限量、测试方法和质量保证。

本标准适用于各种有涂层的石墨铅笔和彩色铅笔。

2 规范性引用文件

下列文件中的条款通过本标准的引用而成为本标准的条款。凡是注日期的引用文件,其随后所有的修改单(不包括勘误的内容)或修订版均不适用于本标准,然而,鼓励根据本标准达成协议的各方研究是否可使用这些文件的最新版本。凡是不注日期的引用文件,其最新版本适用于本标准。

GB 6675 国家玩具安全技术规范

3 术语和定义

GB 6675 中确立的以及下列术语和定义适用于本标准。

3.1

基体材料 base material

可以在其上形成或附着涂层的材料。

3.2

涂层 coating

在铅笔的基体材料上形成或附着的所有材料层,包括油漆、清漆、生漆、油墨、聚合物或其他类似性质的物质,不管是否含金属微粒,也不管是通过何种方法附着在铅笔上的,且可用锋利的刀刃移取。

注:改写 GB 6675—2003,定义 C.3.2。

3.3

测试方法的检出限 detection limit of a method

空白值标准偏差的 3 倍。

3.4

可溶性元素含量 soluble elements content

相当于人体胃液酸度的溶液所提取的铅笔涂层中的锑、砷、钡、镉、铬、铅、汞、硒八种元素含量。

3.5

最大限量 maximum limit

根据铅笔涂层中锑、砷、钡、镉、铬、铅、汞、硒等元素的生物利用率(bioavailability),将目前可接受的各种铅笔涂层平均每天的摄入量与上述各元素的生物利用率数值结合起来而得到铅笔涂层中各种有害元素的上限,以减少儿童与铅笔涂层中有害元素接触的最大可接受限。

4 要求

4.1 铅笔涂层中可溶性元素的最大限量

铅笔涂层中可溶性元素的含量应符合表 1 规定。

表 1 铅笔涂层中可溶性元素的最大限量 单位为毫克每千克

元　　素	限　　量
锑(Sb)	≤60
砷(As)	≤25
钡(Ba)	≤1 000
镉(Cd)	≤75
铬(Cr)	≤60
铅(Pb)	≤90
汞(Hg)	≤60
硒(Se)	≤500

4.2 结果说明

由于本标准规定的测试方法的精确度的原因，在考虑实验室之间测试结果时需要一个经校正的分析结果。第 5 章规定的测试方法分析结果应减去表 2 中分析校正系数计算出的校正值，以得到校正后的分析结果。

凡铅笔涂层材料的校正分析结果低于或等于表 1 中最大限量，则被认为符合本标准。

表 2 各元素分析校正系数

元　　素	分析校正系数/(%)
锑(Sb)	60
砷(As)	60
钡(Ba)	30
镉(Cd)	30
铬(Cr)	30
铅(Pb)	30
汞(Hg)	50
硒(Se)	60

示例：

铅的分析结果为 120 mg/kg，表 2 中铅的分析校正系数为 30%，则

铅的校正分析结果＝120－120×30%＝120－36＝84(mg/kg)。

这个数字被认为符合本标准的要求(表 1 中可溶性元素铅的最大限量为 90 mg/kg)。

5 测试方法

5.1 试剂和仪器

试剂和仪器应符合 GB 6675 的规定。

5.2 测试试样的取样

从铅笔样品的基体材料上取下涂层作为测试试样，同一型号多枝铅笔样品的涂层可结合起来作为同一测试试样。测试试样不应含一种以上材料或一种以上颜色，除非采用物理方法不能有效分离的样品。

每份测试试样应不少于 10 mg。

5.3 测试试样的制备和提取

测试试样的制备和提取程序应符合 GB 6675 的规定。

5.4 可溶性元素含量的分析测定方法

按照 GB 6675 的要求选择检出限适当的分析方法（非特定）定量测定铅笔涂层中可溶性元素的含量。

5.5 测试报告

应符合 GB 6675 有关测试报告的规定。

6 质量保证

生产厂家所有出厂产品均应符合本标准的规定，每批出厂产品都应有质量证明书。

参 考 文 献

［1］ ISO 8124-3:1997 Safety of toys—Part 3:Migration of certain elements.

ICS 87.040
G 51

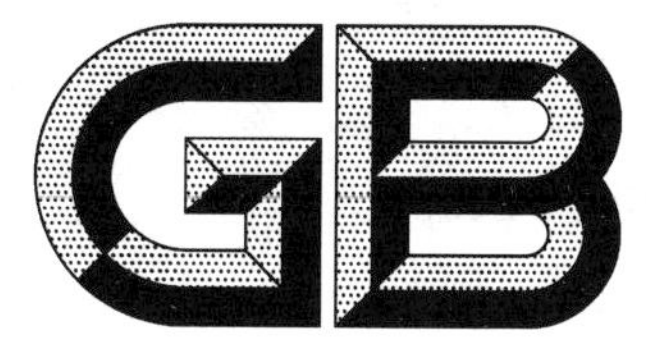

中华人民共和国国家标准

GB 18581—2020
代替 GB 18581—2009,GB 24410—2009

木器涂料中有害物质限量

Limit of harmful substances of woodenware coatings

2020-03-04 发布　　2020-12-01 实施

国家市场监督管理总局
国家标准化管理委员会　发布

前言

本标准的全部技术内容为强制性。

本标准按照GB/T 1.1—2009给出的规则起草。

本标准代替GB 18581—2009《室内装饰装修材料　溶剂型木器涂料中有害物质限量》和GB 24410—2009《室内装饰装修材料　水性木器涂料中有害物质限量》。本标准以GB 18581—2009为主，整合了GB 24410—2009的内容，与GB 18581—2009相比，除编辑性修改外主要技术变化如下：

——修改了标准的范围(见第1章，GB 18581—2009的第1章)；

——删除了规范性引用文件“GB/T 1250、GB 18582—2008”；增加了规范性引用文件“GB/T 6682—2008、GB/T 8170—2008、GB/T 23985—2009、GB/T 23986—2009、GB/T 23990—2009、GB/T 23991—2009、GB/T 23992—2009、GB/T 23993—2009、GB/T 30646—2014、GB/T 30647—2014、GB/T 31414—2015、GB/T 34675—2017、GB/T 34682—2017、GB/T 36488—2018”(见第2章，GB 18581—2009的第2章)；

——修改了“挥发性有机化合物”和“挥发性有机化合物含量”的定义；增加了“不饱和聚酯类涂料”“施工状态”的术语和定义(见第3章，GB 18581—2009的第3章)；

——增加了产品分类(见第4章)；

——溶剂型木器涂料的“硝基类”改为“硝基类(限工厂化涂装使用)”；增加了溶剂型木器涂料的“不饱和聚酯类”以及项目和指标；增加了“水性涂料”“辐射固化涂料”“粉末涂料”以及项目和指标；增加了“甲醛含量”“总铅(Pb)含量”“乙二醇醚及醚酯总和含量”“苯系物总和含量”“多环芳烃总和含量”“邻苯二甲酸酯总和含量”“烷基酚聚氧乙烯醚总和含量”项目及指标(见表1，GB 18581—2009的表1)；

——“甲苯、二甲苯、乙苯含量总和”改为“甲苯与二甲苯(含乙苯)总和含量”；“卤代烃含量”改为“卤代烃总和含量”；删除了“可溶性重金属”中“铅Pb”项目及指标；修改了“VOC含量”“苯含量”“聚氨酯类”和“硝基类”的“甲苯与二甲苯(含乙苯)总和含量”“游离二异氰酸酯总和含量”项目的指标；修改了卤代烃的控制品种(见表1，GB 18581—2009的表1)；

——修改了“VOC含量”“可溶性重金属含量”“苯含量”“甲苯与二甲苯(含乙苯)总和含量”“甲醇含量”“卤代烃总和含量”项目的试验方法(见6.2，GB 18581—2009的5.2)；

——增加了“甲醛含量”“总铅(Pb)含量”“乙二醇醚及醚酯总和含量”“苯系物总和含量”“多环芳烃总和含量”“邻苯二甲酸酯总和含量”“烷基酚聚氧乙烯醚总和含量”项目的试验方法(见6.2)；

——修改了检验结果的判定的内容(见7.2，GB 18581—2009的6.2)；

——修改了包装标志的内容(见第8章，GB 18581—2009的第7章)；

——删除了涂装安全及防护(见GB 18581—2009的第8章)；

——增加了标准的实施(见第9章)。

本标准由中华人民共和国工业和信息化部提出并归口。

本标准所代替标准的历次版本发布情况为：

——GB 18581—2001、GB 18581—2009；

——GB 24410—2009。

木器涂料中有害物质限量

1 范围

本标准规定了木器涂料中对人体和环境有害的物质容许限量所涉及的产品分类、要求、测试方法、检验规则、包装标志、标准的实施。

本标准适用于除拉色漆、架桥漆、木材着色剂、开放效果漆等特殊功能性涂料以外的现场涂装和工厂化涂装用各类木器涂料，包括腻子、底漆和面漆。

2 规范性引用文件

下列文件对于本文件的应用是必不可少的。凡是注日期的引用文件，仅注日期的版本适用于本文件。凡是不注日期的引用文件，其最新版本(包括所有的修改单)适用于本文件。

GB/T 1725—2007 色漆、清漆和塑料 不挥发物含量的测定

GB/T 3186 色漆、清漆和色漆与清漆用原材料 取样

GB/T 6682—2008 分析实验室用水规格和试验方法

GB/T 6750—2007 色漆和清漆 密度的测定 比重瓶法

GB/T 8170—2008 数值修约规则与极限数值的表示和判定

GB/T 9750 涂料产品包装标志

GB/T 9754—2007 色漆和清漆 不含金属颜料的色漆漆膜的20°、60°和85°镜面光泽的测定

GB/T 18446—2009 色漆和清漆用漆基 异氰酸酯树脂中二异氰酸酯单体的测定

GB/T 23985—2009 色漆和清漆 挥发性有机化合物(VOC)含量的测定 差值法

GB/T 23986—2009 色漆和清漆 挥发性有机化合物(VOC)含量的测定 气相色谱法

GB/T 23990—2009 涂料中苯、甲苯、乙苯和二甲苯含量的测定 气相色谱法

GB/T 23991—2009 涂料中可溶性有害元素含量的测定

GB/T 23992—2009 涂料中氯代烃含量的测定 气相色谱法

GB/T 23993—2009 水性涂料中甲醛含量的测定 乙酰丙酮分光光度法

GB/T 30646—2014 涂料中邻苯二甲酸酯含量的测定 气相色谱/质谱联用法

GB/T 30647—2014 涂料中有害元素总含量的测定

GB/T 31414—2015 水性涂料 表面活性剂的测定 烷基酚聚氧乙烯醚

GB/T 34675—2017 辐射固化涂料中挥发性有机化合物(VOC)含量的测定

GB/T 34682—2017 含有活性稀释剂的涂料中挥发性有机化合物(VOC)含量的测定

GB/T 36488—2018 涂料中多环芳烃的测定

3 术语和定义

下列术语和定义适用于本文件。

3.1

聚氨酯类涂料 polyurethane coatings

以由多异氰酸酯与含活泼氢的化合物反应而成的聚氨(基甲酸)酯树脂为主要成膜物质的一类

涂料。

3.2

硝基类涂料 nitrocellulose coatings

以由硝酸和硫酸的混合物与纤维素酯化反应制得的硝基纤维素为主要成膜物质的一类涂料。

3.3

醇酸类涂料 alkyd coatings

以由多元酸、脂肪酸(或植物油)与多元醇缩聚制得的醇酸树脂为主要成膜物质的一类涂料。

3.4

不饱和聚酯类涂料 unsaturated polyester coatings

以聚合物链上含有易与活性稀释剂发生交联反应的碳-碳双键的不饱和聚酯树脂为主要成膜物质的一类涂料。

3.5

挥发性有机化合物 volatile organic compound

VOC

参与大气光化学反应的有机化合物,或者根据有关规定确定的有机化合物。

3.6

挥发性有机化合物含量 volatile organic compound content

VOC 含量

在规定的条件下测得的涂料中存在的挥发性有机化合物的质量。

[GB/T 5206—2015,定义 2.271]

3.7

施工状态 application condition

在施工方式和施工条件满足相应产品技术说明书中的要求时,产品所有组分混合后,可以进行施工的状态。

4 产品分类

本标准将木器涂料分为:溶剂型涂料(含腻子)、水性涂料(含腻子)、辐射固化涂料(含腻子)、粉末涂料。其中,溶剂型涂料(含腻子)分为聚氨酯类、硝基类(限工厂化涂装使用)、醇酸类、不饱和聚酯类;水性涂料(含腻子)分为色漆、清漆;辐射固化涂料(含腻子)分为水性、非水性。

5 要求

木器涂料中有害物质限量的限量值应符合表 1 的要求。

表 1 有害物质限量的限量值要求

<table>
<tr><th colspan="2" rowspan="3">项 目</th><th colspan="9">限 量 值</th></tr>
<tr><th colspan="4">溶剂型涂料(含腻子)[a]</th><th colspan="2">水性涂料(含腻子)[b]</th><th colspan="2">辐射固化涂料(含腻子)</th><th rowspan="2">粉末涂料</th></tr>
<tr><th>聚氨酯类</th><th>硝基类(限工厂化涂装使用)</th><th>醇酸类</th><th>不饱和聚酯类</th><th>色漆</th><th>清漆</th><th>水性[b]</th><th>非水性[a]</th></tr>
<tr><td rowspan="5">VOC含量</td><td rowspan="3">涂料/(g/L) ≤</td><td>面漆[光泽(60°)≥80 单位值]:550</td><td rowspan="3">700</td><td rowspan="3">450</td><td rowspan="3">420</td><td rowspan="3">250</td><td rowspan="3">300</td><td rowspan="3">250</td><td rowspan="3">420</td><td rowspan="5">—</td></tr>
<tr><td>面漆[光泽(60°)<80 单位值]:650</td></tr>
<tr><td>底漆:600</td></tr>
<tr><td>溶剂型腻子/(g/L) ≤</td><td colspan="3">400</td><td>300</td><td colspan="2">—</td><td colspan="2">—</td></tr>
<tr><td>水性和辐射固化腻子/(g/kg) ≤</td><td colspan="4">—</td><td colspan="2">60</td><td colspan="2">60</td></tr>
<tr><td colspan="2">甲醛含量/(mg/kg) ≤</td><td colspan="4">—</td><td colspan="2">100</td><td>100</td><td>—</td><td>—</td></tr>
<tr><td colspan="2">总铅(Pb)含量/(mg/kg) ≤
(限色漆[c]、腻子和醇酸清漆)</td><td colspan="9">90</td></tr>
<tr><td rowspan="3">可溶性重金属含量/(mg/kg) ≤
(限色漆[c]、腻子和醇酸清漆)</td><td>镉(Cd)含量</td><td colspan="9">75</td></tr>
<tr><td>铬(Cr)含量</td><td colspan="9">60</td></tr>
<tr><td>汞(Hg)含量</td><td colspan="9">60</td></tr>
<tr><td colspan="2">乙二醇醚及醚酯总和含量/(mg/kg) ≤
(限乙二醇甲醚、乙二醇甲醚醋酸酯、乙二醇乙醚、乙二醇乙醚醋酸酯、乙二醇二甲醚、乙二醇二乙醚、二乙二醇二甲醚、三乙二醇二甲醚)</td><td colspan="8">300</td><td>—</td></tr>
<tr><td colspan="2">苯含量/% ≤</td><td colspan="4">0.1</td><td colspan="2">—</td><td>—</td><td>0.1</td><td>—</td></tr>
<tr><td colspan="2">甲苯与二甲苯(含乙苯)总和含量/% ≤</td><td>20</td><td>20</td><td>5</td><td>10</td><td colspan="2">—</td><td>—</td><td>5</td><td>—</td></tr>
<tr><td colspan="2">苯系物总和含量/(mg/kg) ≤
[限苯、甲苯、二甲苯(含乙苯)]</td><td colspan="4">—</td><td colspan="2">250</td><td>250</td><td>—</td><td>—</td></tr>
<tr><td colspan="2">多环芳烃总和含量/(mg/kg) ≤
(限萘、蒽)</td><td colspan="4">200</td><td colspan="2">—</td><td>—</td><td>200</td><td>—</td></tr>
<tr><td colspan="2" rowspan="2">游离二异氰酸酯总和含量[d]/% ≤
[限甲苯二异氰酸酯(TDI)、六亚甲基二异氰酸酯(HDI)]</td><td>潮(湿)气固化型:0.4</td><td colspan="3" rowspan="2">—</td><td colspan="2" rowspan="2">—</td><td colspan="2" rowspan="2">—</td><td rowspan="2">—</td></tr>
<tr><td>其他:0.2</td></tr>
<tr><td colspan="2">甲醇含量/% ≤</td><td>—</td><td>0.3</td><td>—</td><td>—</td><td colspan="2">—</td><td>—</td><td>0.3</td><td>—</td></tr>
</table>

表 1（续）

项目	限量值								
	溶剂型涂料（含腻子）[a]				水性涂料（含腻子）[b]		辐射固化涂料（含腻子）		粉末涂料
	聚氨酯类	硝基类（限工厂化涂装使用）	醇酸类	不饱和聚酯类	色漆	清漆	水性[b]	非水性[a]	
卤代烃总和含量/% ≤ （限二氯甲烷、三氯甲烷、四氯化碳、1,1-二氯乙烷、1,2-二氯乙烷、1,1,1-三氯乙烷、1,1,2-三氯乙烷、1,2-二氯丙烷、1,2,3-三氯丙烷、三氯乙烯、四氯乙烯）	0.1				—		—	0.1	—
邻苯二甲酸酯总和含量/% ≤ ［限邻苯二甲酸二丁酯(DBP)、邻苯二甲酸丁苄酯(BBP)、邻苯二甲酸二异辛酯(DEHP)、邻苯二甲酸二辛酯(DNOP)、邻苯二甲酸二异壬酯(DINP)、邻苯二甲酸二异癸酯(DIDP)］	—	0.2	—	—	—		—		—
烷基酚聚氧乙烯醚总和含量/(mg/kg) ≤ ｛限辛基酚聚氧乙烯醚［$C_8H_{17}—C_6H_4—(OC_2H_4)_nOH$，简称 OP_nEO］和壬基酚聚氧乙烯醚［$C_9H_{19}—C_6H_4—(OC_2H_4)_nOH$，简称 NP_nEO］，$n=2\sim16$｝	—				1 000		1 000	—	—

[a] 按产品明示的施工状态下的施工配比混合后测定，如多组分的某组分的使用量为某一范围时，应按照产品施工状态下的施工配比规定的最大比例混合后进行测定。

[b] 涂料产品所有项目均不考虑水的稀释比例。膏状腻子和仅以水稀释的粉状腻子所有项目均不考虑水的稀释配比；粉状腻子（除仅以水稀释的粉状腻子外）除总铅、可溶性重金属项目直接测试粉体外，其余项目按产品明示的施工状态下的施工配比将粉体与水、胶粘剂等其他液体混合后测试。如施工状态下的施工配比为某一范围时，应按照水用量最小、胶粘剂等其他液体用量最大的配比混合后测试。

[c] 指含有颜料、体质颜料、染料的一类涂料。

[d] 如聚氨酯类涂料和腻子规定了稀释比例或由双组分或多组分组成时，应先测定固化剂（含游离二异氰酸酯预聚物）中的含量，再按产品明示的施工状态下的施工配比计算混合后涂料中的含量。如稀释剂的使用量为某一范围时，应按照产品施工状态下的施工配比规定的最小稀释比例进行计算；如固化剂的使用量为某一范围时，应按照产品施工状态下的施工配比规定的最大比例进行计算。

6 测试方法

6.1 取样

按 GB/T 3186 的规定取样，也可按商定方法取样。取样量根据检验需要确定。

6.2 试验方法

6.2.1 VOC 含量

6.2.1.1 密度

按 GB/T 6750—2007 的规定进行，试验温度为(23±0.5)℃。

6.2.1.2 光泽

按 GB/T 9754—2007 的规定进行。用槽深(100±2)μm 的湿膜制备器在平板玻璃板上制备样板，清漆应使用黑玻璃或背面预涂无光黑漆的平板玻璃作底材。在温度为(23±2)℃和相对湿度为(50±5)%的条件下干燥样板 48 h 后，用 60°镜面光泽计测试。

6.2.1.3 水分含量

按附录 A 的规定进行。

6.2.1.4 溶剂型涂料(聚氨酯类、硝基类、醇酸类及各自对应腻子)中 VOC 含量

不含水的溶剂型涂料按 GB/T 23985—2009 的规定进行。不挥发物含量按 GB/T 1725—2007 的规定进行，称取试样约 1 g，烘烤条件为(105±2)℃/1 h。不测水分，水分含量设为零。VOC 含量的计算，按 GB/T 23985—2009 中 8.3 进行。

有意添加水的溶剂型涂料按 GB/T 23985—2009 的规定进行。不挥发物含量按 GB/T 1725—2007 的规定进行，称取试样约 1 g，烘烤条件为(105±2)℃/1 h。VOC 含量的计算，按 GB/T 23985—2009 中 8.4 进行。

6.2.1.5 溶剂型涂料(不饱和聚酯类及其腻子)中 VOC 含量

按 GB/T 34682—2017 的规定进行。不测水分，水分含量设为零。

VOC 含量的计算，按 GB/T 34682—2017 中 8.3 进行。

6.2.1.6 水性涂料(含腻子)中 VOC 含量

按 GB/T 23986—2009 的规定进行，色谱柱采用中等极性色谱柱(6%氰丙苯基/94%聚二甲基硅氧烷毛细管柱)，标记物为己二酸二乙酯。称取试样约 1 g；校准化合物包括但不限于丙酮、乙醇、异丙醇、三乙胺、异丁醇、正丁醇、丙二醇单甲醚、二丙二醇单甲醚、乙酸正丁酯、二甲基乙醇胺、甲基异戊基酮、丙二醇正丁醚、乙二醇单丁醚、1,2-丙二醇、乙二醇、*N*-甲基吡咯烷酮、二丙二醇正丁醚、二乙二醇单丁醚、丙二醇苯醚、二乙二醇、乙二醇苯醚等。腻子样品不做水分含量和密度的测试。

涂料中 VOC 含量的计算，按 GB/T 23986—2009 中 10.4 进行，检出限为 2 g/L。腻子中 VOC 含量的计算，按 GB/T 23986—2009 中 10.2 进行，并换算成克每千克(g/kg)表示，检出限为 1 g/kg。

6.2.1.7 辐射固化涂料(含腻子)中 VOC 含量

按 GB/T 34675—2017 的规定进行。腻子样品不做水分含量(水分含量设为零)和密度的测试。

水性辐射固化涂料产品中 VOC 含量的计算，按 GB/T 34675—2017 中 8.4 进行。非水性辐射固化涂料中 VOC 含量的计算，按 GB/T 34675—2017 中 8.3 进行；不测水分，水分含量设为零。腻子中 VOC 含量的计算，按 GB/T 34675—2017 中 8.2 进行，并换算成克每千克(g/kg)表示。

6.2.2 甲醛含量

按 GB/T 23993—2009 的规定进行。

6.2.3 总铅(Pb)含量

按 GB/T 30647—2014 的规定进行。

6.2.4 可溶性重金属含量

按 GB/T 23991—2009 的规定进行。

6.2.5 乙二醇醚及醚酯总和含量

按 GB/T 23986—2009 的规定进行。乙二醇醚及醚酯含量的计算,按 GB/T 23986—2009 中 10.2 进行,并换算成毫克每千克(mg/kg)表示。

6.2.6 苯含量、甲苯与二甲苯(含乙苯)总和含量

按 GB/T 23990—2009 中 A 法的规定进行。苯含量、甲苯与二甲苯(含乙苯)含量的计算,按 GB/T 23990—2009 中 8.4.3 进行。

6.2.7 苯系物总和含量

按 GB/T 23990—2009 中 B 法的规定进行。苯系物含量的计算,按 GB/T 23990—2009 中 9.4.3 进行。

6.2.8 多环芳烃总和含量

按 GB/T 36488—2018 的规定进行。

6.2.9 游离二异氰酸酯总和含量

按 GB/T 18446—2009 的规定进行。

6.2.10 甲醇含量

按 GB/T 23986—2009 的规定进行。甲醇含量的计算,按 GB/T 23986—2009 中 10.2 进行。

6.2.11 卤代烃总和含量

按 GB/T 23992—2009 的规定进行。卤代烃含量的计算,按 GB/T 23992—2009 中 8.5.2 进行。

6.2.12 邻苯二甲酸酯总和含量

按 GB/T 30646—2014 的规定进行。

6.2.13 烷基酚聚氧乙烯醚总和含量

按 GB/T 31414—2015 的规定进行。

7 检验规则

7.1 型式检验

7.1.1 在正常生产情况下,每年至少进行一次型式检验,型式检验项目包括本标准所列的全部要求。

7.1.2 有下列情况之一时应随时进行型式检验:

——新产品最初定型时;

——产品异地生产时；
——生产配方、工艺、关键原材料来源及产品施工状态下的施工配比有较大改变时；
——停产三个月后又恢复生产时。

7.2 检验结果的判定

7.2.1 检验结果的判定，按 GB/T 8170—2008 中修约值比较法进行。

7.2.2 报出检验结果时，应同时注明产品明示的施工状态下的施工配比。

7.2.3 所有项目的检验结果均达到本标准的要求时，产品为符合本标准要求。

8 包装标志

8.1 产品包装标志除应符合 GB/T 9750 的规定外，按本标准检验合格的产品可在包装标志上明示。

8.2 包装标志上或产品说明书中应明确施工状态下的施工配比。

8.3 包装标志上或产品说明书中应标明符合本标准的分类和产品类型。

8.4 有意添加水的溶剂型涂料应在包装标志上或产品说明书中明示。

8.5 对于聚氨酯类、不饱和聚酯类等多组分固化的涂料应在包装标志上或产品说明书中标明适用期。

9 标准的实施

9.1 硝基类溶剂型木器涂料自本标准实施之日起不得在室内装饰装修中使用。

9.2 涂装现场对施工状态下的涂料产品抽查时，对于聚氨酯类、不饱和聚酯类等多组分固化的涂料品种抽样检验，应在产品适用期内进行检验。

附 录 A
（规范性附录）
水分含量的测定 气相色谱法

A.1 试剂和材料

A.1.1 蒸馏水：符合 GB/T 6682—2008 中三级水的要求。

A.1.2 稀释溶剂：用于稀释试样的并经分子筛干燥的有机溶剂，不含有任何干扰测试的物质。纯度至少为 99%（质量分数），或已知纯度。例如，二甲基甲酰胺等。

A.1.3 内标物：试样中不存在的并经分子筛干燥的化合物，且该化合物能够与色谱图上其他成分完全分离。纯度至少为 99%（质量分数），或已知纯度。例如，异丙醇等。

A.1.4 分子筛：孔径为 0.2 nm～0.3 nm，粒径为 1.7 mm～5.0 mm。分子筛应再生后使用。

A.1.5 载气：氢气或氦气，纯度≥99.995%。

A.2 仪器设备

A.2.1 气相色谱仪：配有热导检测器及程序升温控制器。

A.2.2 色谱柱：苯乙烯-二乙烯基苯多孔聚合物的毛细管柱。

注：其他满足检验要求的色谱柱也可使用。

A.2.3 进样器：微量注射器，10 μL。

A.2.4 配样瓶：约 10 mL 的玻璃瓶，具有可密封的瓶盖。

A.2.5 天平：实际分度值 $d=0.1$ mg。

A.3 气相色谱测试条件

A.3.1 色谱柱：苯乙烯-二乙烯基苯多孔聚合物的毛细管柱，25 m×0.53 mm×10 μm。

A.3.2 进样口温度：250 ℃。

A.3.3 检测器温度：300 ℃。

A.3.4 分流比：5∶1。

A.3.5 柱温：程序升温，100 ℃保持 2 min，然后以 20 ℃/min 升至 130 ℃并保持 3 min；再以 30 ℃/min 升至 200℃保持 5 min。

A.3.6 载气：氢气，流速 6.5 mL/min。

注：也可根据所用气相色谱仪的性能、色谱柱类型及待测试样的实际情况选择最佳的气相色谱测试条件。

A.4 测试步骤

A.4.1 测试水的相对响应因子 *R*

在同一配样瓶（A.2.4）中称取约 0.2 g 的蒸馏水（A.1.1）和约 0.2 g 的内标物（A.1.3），精确至 0.1 mg，记录水的质量 m_w 和内标物的质量 m_i，再加入 5 mL 稀释溶剂（A.1.2），密封配样瓶（A.2.4）并摇匀。用微量注射器（A.2.3）吸取配样瓶（A.2.4）中的 1 μL 混合液注入色谱仪中，记录色谱图。按公式（A.1）计算水的相对响应因子 R：

$$R=\frac{m_i \times A_w}{m_w \times A_i} \tag{A.1}$$

式中：

R ——水的相对响应因子；

m_i ——内标物的质量，单位为克(g)；

A_w——水的峰面积；

m_w——水的质量，单位为克(g)；

A_i ——内标物的峰面积。

若内标物和稀释溶剂不是无水试剂，则以同样量的内标物和稀释溶剂(混合液)，但不加水作为空白样，记录空白样中水的峰面积 A_0。按公式(A.2)计算水的相对响应因子 R：

$$R=\frac{m_i \times (A_w - A_0)}{m_w \times A_i} \tag{A.2}$$

式中：

R ——水的相对响应因子；

m_i ——内标物的质量，单位为克(g)；

A_w——水的峰面积；

A_0 ——空白样中水的峰面积；

m_w——水的质量，单位为克(g)；

A_i ——内标物的峰面积。

平行测试两次，取两次测试结果的平均值，其相对偏差应小于5%。

A.4.2 样品分析

称取搅拌均匀后的试样约 0.6 g 以及与水含量近似相等的内标物(A.1.3)于配样瓶(A.2.4)中，精确至 0.1 mg，记录试样的质量 m_s 和内标物的质量 m_i，再加入 5 mL 稀释溶剂(A.1.2)(稀释溶剂体积可根据样品状态调整)，密封配样瓶(A.2.4)并摇匀。同时准备一个不加试样的内标物和稀释溶剂混合液做为空白样。用力摇动或超声装有试样的配样瓶(A.2.4)15 min，放置 5 min，使其沉淀[为使试样尽快沉淀，可在装有试样的配样瓶(A.2.4)内加入几粒小玻璃珠，然后用力摇动；也可使用低速离心机使其沉淀]。用微量注射器(A.2.3)吸取配样瓶(A.2.4)中的 1 μL 上层清液，注入色谱仪中，记录色谱图。

A.4.3 计算

按公式(A.3)计算试样中的水分含量 w_w：

$$w_w=\frac{m_i \times (A_w - A_0)}{m_s \times A_i \times R} \times 100\% \tag{A.3}$$

式中：

w_w ——试样中的水分含量，以质量分数计；

m_i ——内标物的质量，单位为克(g)；

A_w ——试样中水的峰面积；

A_0 ——空白样中水的峰面积；

m_s ——试样的质量，单位为克(g)；

A_i ——内标物的峰面积；

R ——水的相对响应因子。

平行测试两次，取两次测试结果的平均值，保留至小数点后两位。

A.5 精密度

A.5.1 重复性：水分含量大于或等于15%，同一操作者两次测试结果的相对偏差小于1.6%。

A.5.2 再现性：水分含量大于或等于15%，不同实验室间测试结果的相对偏差小于5%。

参 考 文 献

[1] GB/T 2705—2003 涂料产品分类和命名

[2] GB/T 5206—2015 色漆和清漆 术语和定义

[3] GB/T 33394—2016 儿童房装饰用水性木器涂料

[4] GB/T 33761—2017 绿色产品评价通则

[5] GB 37822—2019 挥发性有机物无组织排放控制标准

[6] HG/T 2240—2012 潮(湿)气固化聚氨酯涂料(单组分)

[7] HJ/T 414—2007 环境标志产品技术要求 室内装饰装修用溶剂型木器涂料

[8] HJ 2537—2014 环境标志产品技术要求 水性涂料

[9] HJ 2547—2016 环境标志产品技术要求 家具

[10] LY/T 1740—2008 木器用不饱和聚酯漆

[11] IKEA of Sweden AB IOS-MAT-0066 Surface coatings and coverings-general requirements (Version AA-163938-10).

[12] EPA method 24 Determination Of Volatile Matter Content, Water Content, Density, Volume Solids, And Weight Solids Of Surface Coatings.

ICS 87.040
G 51

中华人民共和国国家标准

GB 18582—2020
代替 GB 18582—2008,GB 24408—2009

建筑用墙面涂料中有害物质限量

Limit of harmful substances of architectural wall coatings

2020-03-04 发布　　2020-12-01 实施

国家市场监督管理总局
国家标准化管理委员会 发布

前言

本标准的全部技术内容为强制性。

本标准按照GB/T 1.1—2009给出的规则起草。

本标准代替GB 18582—2008《室内装饰装修材料　内墙涂料中有害物质限量》和GB 24408—2009《建筑用外墙涂料中有害物质限量》。本标准以GB 18582—2008为主，整合了GB 24408—2009的内容，与GB 18582—2008相比，除编辑性修改外主要技术变化如下：

——修改了标准的范围（见第1章，GB 18582—2008的第1章）；

——删除了规范性引用文件“GB/T 601、GB/T 1250”；“GB/T 3186—2006”改为“GB/T 3186”、“GB/T 6682”改为“GB/T 6682—2008”；增加了规范性引用文件“GB/T 1725—2007、GB/T 8170—2008、GB 15258、GB/T 23985—2009、GB/T 23986—2009、GB/T 23990—2009、GB/T 23991—2009、GB/T 23992—2009、GB/T 23993—2009、GB/T 30647—2014、GB/T 31414—2015”（见第2章，GB 18582—2008的第2章）；

——增加了“建筑物”“建筑用墙面涂料”“装饰板涂料”“效应颜料”“施工状态”的术语和定义（见第3章）；

——修改了“挥发性有机化合物”“挥发性有机化合物含量”的定义（见第3章，GB 18582—2008的第3章）；

——增加了产品分类（见第4章）；

——“水性墙面涂料”改为“内墙涂料”，“水性墙面腻子”改为“腻子”，“游离甲醛”改为“甲醛含量”，“苯、甲苯、乙苯、二甲苯总和”改为“苯系物总和含量”；修改了“VOC含量”“甲醛含量”“苯系物总和含量”项目的指标；删除了“可溶性重金属”中“铅Pb”项目及指标；增加了“总铅(Pb)含量”“烷基酚聚氧乙烯醚总和含量”项目及指标（见表1，GB 18582—2008的表1）；

——增加了“外墙涂料”及其项目和指标（见表1）；

——增加了“装饰板涂料”及其项目和指标（见5.2）；

——修改了“VOC含量”“甲醛含量”“苯系物总和含量”“可溶性重金属含量”项目的试验方法（见6.2，GB 18582—2008的5.2）；

——增加了“总铅(Pb)含量”“烷基酚聚氧乙烯醚总和含量”“乙二醇醚及醚酯总和含量”“卤代烃总和含量”项目的试验方法（见6.2）；

——修改了检验结果的判定的内容（见7.2，GB 18582—2008的6.2）；

——修改了包装标志的内容（见第8章，GB 18582—2008的第7章）；

——删除了涂装安全及防护（见GB 18582—2008的第8章）；

——增加了标准的实施（见第9章）。

本标准由中华人民共和国工业和信息化部提出并归口。

本标准所代替标准的历次版本发布情况为：

——GB 18582—2001、GB 18582—2008；

——GB 24408—2009。

建筑用墙面涂料中有害物质限量

1 范围

本标准规定了建筑用墙面涂料中对人体和环境有害的物质容许限量所涉及的产品分类、要求、测试方法、检验规则、包装标志、标准的实施。

本标准适用于直接在现场涂装、工厂化涂装，对以水泥基及其他非金属材料(木质材料除外)为基材的建筑物内表面和外表面进行装饰和保护的各类建筑用墙面涂料。

2 规范性引用文件

下列文件对于本文件的应用是必不可少的。凡是注日期的引用文件，仅注日期的版本适用于本文件。凡是不注日期的引用文件，其最新版本(包括所有的修改单)适用于本文件。

GB/T 1725—2007 色漆、清漆和塑料 不挥发物含量的测定

GB/T 3186 色漆、清漆和色漆与清漆用原材料 取样

GB/T 6682—2008 分析实验室用水规格和试验方法

GB/T 6750—2007 色漆和清漆 密度的测定 比重瓶法

GB/T 8170—2008 数值修约规则与极限数值的表示和判定

GB/T 9750 涂料产品包装标志

GB 15258 化学品安全标签编写规定

GB/T 23985—2009 色漆和清漆 挥发性有机化合物(VOC)含量的测定 差值法

GB/T 23986—2009 色漆和清漆 挥发性有机化合物(VOC)含量的测定 气相色谱法

GB/T 23990—2009 涂料中苯、甲苯、乙苯和二甲苯含量的测定 气相色谱法

GB/T 23991—2009 涂料中可溶性有害元素含量的测定

GB/T 23992—2009 涂料中氯代烃含量的测定 气相色谱法

GB/T 23993—2009 水性涂料中甲醛含量的测定 乙酰丙酮分光光度法

GB/T 30647—2014 涂料中有害元素总含量的测定

GB/T 31414—2015 水性涂料 表面活性剂的测定 烷基酚聚氧乙烯醚

3 术语和定义

下列术语和定义适用于本文件。

3.1

建筑物 building

用建筑材料构筑的空间和实体，供人们居住和进行各种活动的场所。

[GB/T 50504—2009，定义 2.1.4]

注：例如，住宅、办公大楼、厂房、仓库、商场、体育馆、展览馆、图书馆、医院、学校、机场、车站、剧院、教堂等。

3.2

建筑用墙面涂料 architectural wall coatings

涂覆在以水泥基及其他非金属材料(木质材料除外)为基材的建筑物内表面和外表面的墙面涂料。

3.3

装饰板涂料　decorative panel coatings

涂覆在建筑物墙体表面用具有保温、装饰等功能的板状制品(金属材质除外)上的一类涂料。

注：装饰板主要有无石棉硅酸钙板、无石棉纤维水泥板、天然花岗岩薄石材、玻璃、瓷板、陶板等。

3.4

效应颜料　effect pigment

通常为片状颜料,除提供颜色外还能提供一些其他性能,如彩虹色(光在薄层上发生干涉而形成),随角异色(颜色变换,颜色跳跃、颜色明暗变化)或纹理。

[GB/T 5206—2015,定义 2.91]

3.5

挥发性有机化合物　volatile organic compound

VOC

参与大气光化学反应的有机化合物,或者根据有关规定确定的有机化合物。

3.6

挥发性有机化合物含量　volatile organic compound content

VOC 含量

在规定的条件下测得的涂料中存在的挥发性有机化合物的质量。

[GB/T 5206—2015,定义 2.271]

3.7

施工状态　application condition

在施工方式和施工条件满足相应产品技术说明书中的要求时,产品所有组分混合后,可以进行施工的状态。

4　产品分类

本标准将建筑用墙面涂料分为:水性墙面涂料、装饰板涂料。其中,水性墙面涂料分为:内墙涂料、外墙涂料、腻子;外墙涂料又分为含效应颜料类和其他类。装饰板涂料分为:水性装饰板涂料、溶剂型装饰板涂料;水性装饰板涂料又分为合成树脂乳液类和其他类,溶剂型装饰板涂料又分为含效应颜料类和其他类。

5　要求

5.1　水性墙面涂料中有害物质限量的限量值应符合表 1 的要求。

表 1　水性墙面涂料中有害物质限量的限量值要求

项目		限量值			
		内墙涂料[a]	外墙涂料[a]		腻子[b]
			含效应颜料类	其他类	
VOC 含量	≤	80(g/L)	120(g/L)	100(g/L)	10(g/kg)
甲醛含量/(mg/kg)	≤	50			
苯系物总和含量/(mg/kg) [限苯、甲苯、二甲苯(含乙苯)]	≤	100			

表 1（续）

项目		限量值			
		内墙涂料[a]	外墙涂料[a]		腻子[b]
			含效应颜料类	其他类	
总铅(Pb)含量/(mg/kg) ≤ (限色漆和腻子)		90			
可溶性重金属含量/(mg/kg) ≤ (限色漆和腻子)	镉(Cd)含量	75			
	铬(Cr)含量	60			
	汞(Hg)含量	60			
烷基酚聚氧乙烯醚总和含量/(mg/kg) ≤ {限辛基酚聚氧乙烯醚[$C_8H_{17}—C_6H_4—(OC_2H_4)_nOH$，简称 OP_nEO]和壬基酚聚氧乙烯醚[$C_9H_{19}—C_6H_4—(OC_2H_4)_nOH$，简称 NP_nEO]，n=2～16}		1 000			—

a 涂料产品所有项目均不考虑水的稀释配比。

b 膏状腻子及仅以水稀释的粉状腻子所有项目均不考虑水的稀释配比；粉状腻子(除仅以水稀释的粉状腻子外)除总铅、可溶性重金属项目直接测试粉体外，其余项目按产品明示的施工状态下的施工配比将粉体与水、胶粘剂等其他液体混合后测试。如施工状态下的施工配比为某一范围时，应按照水用量最小、胶粘剂等其他液体用量最大的配比混合后测试。

5.2 装饰板涂料中有害物质限量的限量值应符合表 2 的要求。

表 2 装饰板涂料中有害物质限量的限量值要求

项目		限量值			
		水性装饰板涂料[a]		溶剂型装饰板涂料[b]	
		合成树脂乳液类	其他类	含效应颜料类	其他类
VOC 含量/(g/L) ≤		120	250	760	580
甲醛含量/(mg/kg) ≤		50		—	
总铅(Pb)含量/(mg/kg) ≤ (限色漆)		90			
可溶性重金属含量/(mg/kg) ≤ (限色漆)	镉(Cd)含量	75			
	铬(Cr)含量	60			
	汞(Hg)含量	60			
乙二醇醚及醚酯总和含量/(mg/kg) ≤ (限乙二醇甲醚、乙二醇甲醚醋酸酯、乙二醇乙醚、乙二醇乙醚醋酸酯、乙二醇二甲醚、乙二醇二乙醚、二乙二醇二甲醚、三乙二醇二甲醚)		300			
卤代烃总和含量/% ≤ (限二氯甲烷、三氯甲烷、四氯化碳、1,1-二氯乙烷、1,2-二氯乙烷、1,1,1-三氯乙烷、1,1,2-三氯乙烷、1,2-二氯丙烷、1,2,3-三氯丙烷、三氯乙烯、四氯乙烯)		—		0.1	

表 2（续）

项目		限量值			
		水性装饰板涂料[a]		溶剂型装饰板涂料[b]	
		合成树脂乳液类	其他类	含效应颜料类	其他类
苯含量/%	≤	—		0.3	
甲苯与二甲苯(含乙苯)总和含量/%	≤	—		20	

[a] 水性装饰板涂料产品所有项目均不考虑水的稀释配比。

[b] 溶剂型装饰板涂料所有项目按产品明示的施工状态下的施工配比混合后测定。如多组分的某组分使用量为某一范围时，应按照产品施工状态下的施工配比规定的最大比例混合后进行测定。

6 测试方法

6.1 取样

按 GB/T 3186 的规定取样，也可按商定方法取样。取样量根据检验需要确定。

6.2 试验方法

6.2.1 VOC 含量

6.2.1.1 密度

按 GB/T 6750—2007 的规定进行，试验温度为(23±0.5)℃。

6.2.1.2 水性墙面涂料和水性装饰板涂料中 VOC 含量

按 GB/T 23986—2009 的规定进行。色谱柱采用中等极性色谱柱(6%氰丙苯基/94%聚二甲基硅氧烷毛细管柱)，标记物为己二酸二乙酯。称取试样约 1 g；校准化合物包括但不限于甲醇、乙醇、正丙醇、异丙醇、正丁醇、异丁醇、三乙胺、二甲基乙醇胺、2-氨基-2-甲基-1-丙醇、乙二醇、1，2-丙二醇、二乙二醇、2，2，4-三甲基-1，3-戊二醇等。水分含量的测定，按附录 A 的规定进行。腻子样品不做水分含量和密度的测试。

涂料中 VOC 含量的计算，按 GB/T 23986—2009 中 10.4 进行，检出限为 2 g/L；腻子中 VOC 含量的计算，按 GB/T 23986—2009 中 10.2 进行，并换算成克每千克(g/kg)表示，检出限为 1 g/kg。

6.2.1.3 溶剂型装饰板涂料中 VOC 含量

按 GB/T 23985—2009 的规定进行。不挥发物含量按 GB/T 1725—2007 的规定进行，称取试样约 1 g，烘烤条件为(105±2)℃/1 h。不测水分，水分含量设为零。

VOC 含量的计算，按 GB/T 23985—2009 中 8.3 进行。

6.2.2 甲醛含量

按 GB/T 23993—2009 的规定进行。

6.2.3 苯系物总和含量、苯含量、甲苯与二甲苯(含乙苯)总和含量

水性墙面涂料中苯系物含量的测定，按 GB/T 23990—2009 中 B 法的规定进行；水性墙面涂料中苯

系物含量的计算，按 GB/T 23990—2009 中 9.4.3 进行。

溶剂型装饰板涂料中苯含量、甲苯与二甲苯(含乙苯)含量的测定，按 GB/T 23990—2009 中 A 法的规定进行；溶剂型装饰板涂料中苯含量、甲苯与二甲苯(含乙苯)含量的计算，按 GB/T 23990—2009 中 8.4.3 进行。

6.2.4 总铅(Pb)含量

按 GB/T 30647—2014 的规定进行。

6.2.5 可溶性重金属含量

按 GB/T 23991—2009 的规定进行。

6.2.6 烷基酚聚氧乙烯醚总和含量

按 GB/T 31414—2015 的规定进行。

6.2.7 乙二醇醚及醚酯总和含量

按 GB/T 23986—2009 的规定进行。乙二醇醚及醚酯含量的计算，按 GB/T 23986—2009 中 10.2 进行，并换算成毫克每千克(mg/kg)表示。

6.2.8 卤代烃总和含量

按 GB/T 23992—2009 的规定进行。卤代烃含量的计算，按 GB/T 23992—2009 中 8.5.2 进行。

7 检验规则

7.1 型式检验

7.1.1 在正常生产情况下，每年至少进行一次型式检验，型式检验项目包括本标准所列的全部要求。

7.1.2 有下列情况之一时应随时进行型式检验：

——新产品最初定型时；

——产品异地生产时；

——生产配方、工艺及原材料有较大改变时；

——停产三个月后又恢复生产时。

7.2 检验结果的判定

7.2.1 检验结果的判定，按 GB/T 8170—2008 中修约值比较法进行。

7.2.2 粉状腻子(除仅以水稀释的粉状腻子外)、装饰板涂料报出检验结果时，应同时注明产品的施工状态下的施工配比。

7.2.3 所有项目的检验结果均达到本标准的要求时，产品为符合本标准要求。

8 包装标志

8.1 产品包装标志除应符合 GB/T 9750 的规定外，按本标准检验合格的产品可在包装标志上明示。

8.2 产品中生物杀伤剂应按 GB 15258 的规定进行危害性标识。

8.3 包装标志上或产品说明书中应明确施工状态下的施工配比。

8.4 包装标志上或产品说明书中应标明符合本标准的分类和产品类型。

8.5 对于聚氨酯类、环氧类等多组分固化的涂料应在包装标志上或产品说明书中标明适用期。

9 标准的实施

9.1 溶剂型建筑用墙面涂料自本标准实施之日起不得在现场涂装中使用。

9.2 涂装现场对施工状态下的涂料产品抽查时，对于聚氨酯类、环氧类等多组分固化的涂料品种抽样检验，应在产品适用期内进行检验。

附 录 A
（规范性附录）
水分含量的测定 气相色谱法

A.1 试剂和材料

A.1.1 蒸馏水：符合 GB/T 6682—2008 中三级水的要求。

A.1.2 稀释溶剂：用于稀释试样的并经分子筛干燥的有机溶剂，不含有任何干扰测试的物质。纯度至少为 99%（质量分数），或已知纯度。例如，二甲基甲酰胺等。

A.1.3 内标物：试样中不存在的并经分子筛干燥的化合物，且该化合物能够与色谱图上其他成分完全分离。纯度至少为 99%（质量分数），或已知纯度。例如，异丙醇等。

A.1.4 分子筛：孔径为 0.2 nm～0.3 nm，粒径为 1.7 mm～5.0 mm。分子筛应再生后使用。

A.1.5 载气：氢气或氦气，纯度≥99.995%。

A.2 仪器设备

A.2.1 气相色谱仪：配有热导检测器及程序升温控制器。

A.2.2 色谱柱：苯乙烯－二乙烯基苯多孔聚合物的毛细管柱。

注：其他满足检验要求的色谱柱也可使用。

A.2.3 进样器：微量注射器，10 μL。

A.2.4 配样瓶：约 10 mL 的玻璃瓶，具有可密封的瓶盖。

A.2.5 天平：实际分度值 d＝0.1 mg。

A.3 气相色谱测试条件

A.3.1 色谱柱：苯乙烯-二乙烯基苯多孔聚合物的毛细管柱，25 m×0.53 mm×10 μm。

A.3.2 进样口温度：250 ℃。

A.3.3 检测器温度：300 ℃。

A.3.4 分流比：5∶1。

A.3.5 柱温：程序升温，100 ℃保持 2 min，然后以 20 ℃/min 升至 130 ℃并保持 3 min；再以 30 ℃/min 升至 200 ℃保持 5 min。

A.3.6 载气：氢气，流速 6.5 mL/min。

注：也可根据所用气相色谱仪的性能、色谱柱类型及待测试样的实际情况选择最佳的气相色谱测试条件。

A.4 测试步骤

A.4.1 测试水的相对响应因子 *R*

在同一配样瓶（A.2.4）中称取约 0.2 g 的蒸馏水（A.1.1）和约 0.2 g 的内标物（A.1.3），精确至 0.1 mg，记录水的质量 m_w 和内标物的质量 m_i，再加入 5 mL 稀释溶剂（A.1.2），密封配样瓶（A.2.4）并摇匀。用微量注射器（A.2.3）吸取配样瓶（A.2.4）中的 1 μL 混合液注入色谱仪中，记录色谱图。按公式（A.1）计算

水的相对响应因子 R：

$$R=\frac{m_{i}\times A_{w}}{m_{w}\times A_{i}} \qquad \text{(A.1)}$$

式中：

R ——水的相对响应因子；

m_{i} ——内标物的质量，单位为克(g)；

A_{w}——水的峰面积；

m_{w}——水的质量，单位为克(g)；

A_{i} ——内标物的峰面积。

若内标物和稀释溶剂不是无水试剂，则以同样量的内标物和稀释溶剂(混合液)，但不加水作为空白样，记录空白样中水的峰面积 A_{0}。按公式(A.2)计算水的相对响应因子 R：

$$R=\frac{m_{i}\times (A_{w}-A_{0})}{m_{w}\times A_{i}} \qquad \text{(A.2)}$$

式中：

R ——水的相对响应因子；

m_{i} ——内标物的质量，单位为克(g)；

A_{w}——水的峰面积；

A_{0} ——空白样中水的峰面积；

m_{w}——水的质量，单位为克(g)；

A_{i} ——内标物的峰面积。

平行测试两次，取两次测试结果的平均值，其相对偏差应小于5％。

A.4.2 样品分析

称取搅拌均匀后的试样约0.6 g以及与水含量近似相等的内标物(A.1.3)于配样瓶(A.2.4)中，精确至0.1 mg，记录试样的质量 m_{s} 和内标物的质量 m_{i}，再加入5 mL稀释溶剂(A.1.2)(稀释溶剂体积可根据样品状态调整)，密封配样瓶(A.2.4)并摇匀。同时准备一个不加试样的内标物和稀释溶剂混合液做为空白样。用力摇动或超声装有试样的配样瓶(A.2.4)15 min，放置5 min，使其沉淀[为使试样尽快沉淀，可在装有试样的配样瓶(A.2.4)内加入几粒小玻璃珠，然后用力摇动；也可使用低速离心机使其沉淀]。用微量注射器(A.2.3)吸取配样瓶(A.2.4)中的1 μL上层清液，注入色谱仪中，记录色谱图。

A.4.3 计算

按公式(A.3)计算试样中的水分含量 w_{w}：

$$w_{w}=\frac{m_{i}\times (A_{w}-A_{0})}{m_{s}\times A_{i}\times R}\times 100 \qquad \text{(A.3)}$$

式中：

w_{w} ——试样中的水分含量，以质量分数计；

m_{i} ——内标物的质量，单位为克(g)；

A_{w} ——试样中水的峰面积；

A_{0} ——空白样中水的峰面积；

m_{s} ——试样的质量，单位为克(g)；

A_{i} ——内标物的峰面积；

R ——水的相对响应因子。

平行测试两次,取两次测试结果的平均值,保留至小数点后两位。

A.5 精密度

A.5.1 重复性:水分含量大于或等于15%,同一操作者两次测试结果的相对偏差小于1.6%。

A.5.2 再现性:水分含量大于或等于15%,不同实验室间测试结果的相对偏差小于5%。

参 考 文 献

[1] GB/T 2705—2003 涂料产品分类和命名

[2] GB/T 5206—2015 色漆和清漆 术语和定义

[3] GB/T 33761—2017 绿色产品评价通则

[4] GB/T 34676—2017 儿童房装饰用内墙涂料

[5] GB 37822—2019 挥发性有机物无组织排放控制标准

[6] GB/T 50504—2009 民用建筑设计术语标准

[7] HG/T 5172—2017 水性液态内墙硅藻涂料

[8] HJ 2537—2014 环境标志产品技术要求 水性涂料

[9] JG/T 287—2013 保温装饰板外墙外保温系统材料

[10] JG/T 481—2015 低挥发性有机化合物(VOC)水性内墙涂覆材料

[11] RISN-TG 028-2017 保温装饰板外墙外保温工程技术导则

[12] Basic Criteria for Award of The Blue Angel Environmental Label RAL-UZ 102 Low-emission Interior Wall Paints(Edition January 2015).

[13] Commission Decision (EU) 2015/886 Amending Decision 2014/312/EU establishing the ecological criteria for the award of the EU Ecolabel for indoor and outdoor paints and varnishes.

[14] Commission Decision (EU) 2014/312 Establishing the ecological criteria for the award of the EU Ecolabel for indoor and outdoor paints and varnishes.

ICS 87.040
G 51

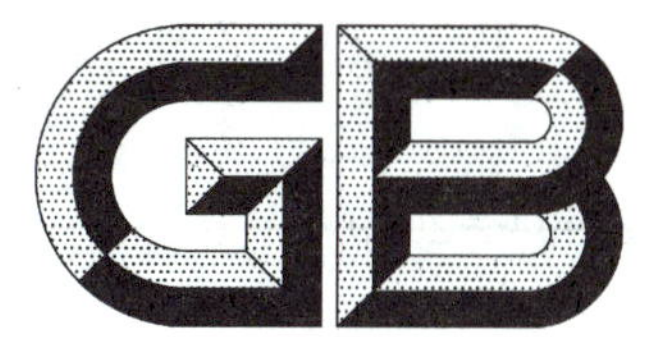

中华人民共和国国家标准

GB/T 23994—2009

与人体接触的消费产品用涂料中特定有害元素限量

Limit of certain harmful elements of coatings for consumer products contacting with human body

2009-06-02 发布　　2010-02-01 实施

中华人民共和国国家质量监督检验检疫总局
中国国家标准化管理委员会　发布

前　言

本标准的附录 A、附录 B 为规范性附录。

本标准由中国石油和化学工业协会提出。

本标准由全国涂料和颜料标准化技术委员会归口。

本标准起草单位：中海油常州涂料化工研究院、恒昌石油化工有限公司、三棵树涂料股份有限公司、金鱼涂料集团石家庄油漆厂、泉州市信和涂料有限公司、常州市苏磊涂料有限公司。

本标准主要起草人：黄宁、杨忠锋、罗启涛、栾冬梅、李跃武、韦素琴。

与人体接触的消费产品用涂料中特定有害元素限量

1 范围

本标准规定了与人体接触的消费产品用涂料中特定有害元素限量的要求、试验方法和检验规则等内容。

本标准适用于与人体接触的消费产品所使用的各种涂料。

2 规范性引用文件

下列文件中的条款通过本标准的引用而成为本标准的条款。凡是注日期的引用文件，其随后所有的修改单(不包括勘误的内容)或修订版均不适用于本标准，然而，鼓励根据本标准达成协议的各方研究是否可使用这些文件的最新版本。凡是不注日期的引用文件，其最新版本适用于本标准。

GB/T 1250 极限数值的表示方法和判定方法

GB/T 3186 色漆、清漆和色漆与清漆用原材料 取样(GB/T 3186—2006,ISO 15528:2000,IDT)

GB/T 6682 分析实验室用水规格和试验方法(GB/T 6682—2008,ISO 3696:1987,MOD)

GB/T 9750 涂料产品包装标志

3 术语和定义

下列术语和定义适用于本标准。

3.1

消费产品 consumer product

消费者在固定或临时住所内外、居住区、学校、医院、运动场、娱乐场所及其他场合内使用或享用的物品或其部件。

3.2

与人体接触的消费产品 consumer product contacting with human body

消费者在使用或享用消费产品时，通过裸露的皮肤以及身体的其他部位能直接与之接触的消费产品。

3.3

与人体接触的消费产品用涂料 coatings for consumer product contacting with human body

涂覆在与人体直接接触的消费产品表面能形成涂膜的液体或固体涂料的总称。

4 产品分类

本标准按涂料所涂覆的消费产品的用途分为A类涂料和B类涂料。

A类涂料：直接与食品接触的消费产品用涂料。如直接与食品接触的包装容器(包括瓶、罐、袋、纸张、输送管道、贮存池、贮存罐、槽车等)内壁、饮水舱内壁、炊具、餐具等消费产品用涂料。

B类涂料：其他能与人体直接接触的消费产品用涂料。如家、文具、运动器械、医疗器械、佩带的饰品、室内家用电器、手机和数码产品、自行车、摩托车、载客用交通工具的内饰件等消费产品用涂料。

5 要求

产品中特定有害元素限量应符合表1的要求。

表 1 特定有害元素限量的要求

项目			限量值	
			A类涂料	B类涂料
可溶性元素[a]/(mg/kg)	≤	铅(Pb)	90	90
		镉(Cd)	75	75
		铬(Cr)	60	60
		汞(Hg)	60	60
		锑(Sb)	60	—
		砷(As)	25	—
		钡(Ba)	1 000	—
		硒(Se)	500	—
铅含量[a]/(mg/kg)		≤	600	—

a 按产品明示的施工配比(稀释剂无须加入)制备混合试样,并制备厚度适宜的涂膜。在产品说明书规定的干燥条件下,待涂膜完全干燥后,对干涂膜进行测定。粉末状涂料直接进行测定。

6 试验方法

6.1 取样

产品取样应按 GB/T 3186 的规定进行。

6.2 检验方法

可溶性元素的测定按本标准中附录 A 的规定进行。

铅含量的测定按本标准中附录 B 的规定进行。

7 检验规则

7.1 本标准所列的全部要求均为型式检验项目。

7.1.1 在正常生产情况下,每年至少进行一次型式检验。

7.1.2 有下列情况之一时应随时进行型式检验:

——新产品最初定型时;

——产品异地生产时;

——生产配方、工艺、关键原材料来源及产品施工配比有较大改变时;

——停产三个月后又恢复生产时。

7.2 检验结果的判定

7.2.1 检验结果的判定按 GB/T 1250 中修约值比较法进行。当修约后检验结果为 0 时,结果以一位有效数字报出。

7.2.2 所有项目的检验结果均达到本标准的要求时,产品为符合本标准要求。

8 包装标志

产品包装标志除应符合 GB/T 9750 的规定外,按本标准检验合格的产品可在包装标志上明示。

附 录 A
(规范性附录)
可溶性元素含量的测定

A.1 原理

用0.07 mol/L盐酸溶液处理干燥后的涂膜,采用检出限适当的分析仪器定量测定试验溶液中可溶性元素的含量。

A.2 试剂

分析测试中仅使用确认为分析纯的试剂,所用水符合GB/T 6682中三级水的要求。

A.2.1 盐酸:约为37%(质量分数),密度约为1.18 g/mL。

A.2.2 盐酸溶液:0.07 mol/L。

A.2.3 盐酸溶液:约为2 mol/L。

A.2.4 硝酸溶液:1∶1(体积比)。

A.2.5 锑、砷、钡、镉、铬、铅、汞、硒标准贮备溶液:浓度为100 mg/L或1 000 mg/L。

A.3 仪器和设备

普通实验室仪器设备以及下列一些仪器设备。

A.3.1 检出限适当(见A.6)的分析仪器:如原子吸收光谱仪、电感耦合等离子体原子发射光谱仪等。

A.3.2 粉碎设备:粉碎机、剪刀等。

A.3.3 不锈钢金属筛:孔径0.5 mm。

A.3.4 天平:精度0.1 mg。

A.3.5 加热搅拌装置:该装置应能恒温在(37±2)℃并连续自动搅拌,搅拌子外层应为聚四氟乙烯或玻璃。也可使用能恒温在(37±2)℃的振荡水浴锅。

A.3.6 酸度计:精度为±0.2 pH单位。

A.3.7 滤膜(适用于水溶液):孔径0.45 μm。

A.3.8 容量瓶:25 mL、50 mL、100 mL等。

A.3.9 移液管:1 mL、2 mL、5 mL、10 mL、25 mL、50 mL等。

A.3.10 系列化学容器:总容量为盐酸溶液(A.2.2)提取剂体积的1.6倍~5.0倍。

A.3.11 玻璃板或聚四氟乙烯板。

所有的玻璃器皿、样品容器、搅拌子、玻璃板或聚四氟乙烯板等在使用前都需用硝酸溶液(A.2.4)浸泡24 h,然后用水清洗并干燥。

A.4 试验步骤

A.4.1 涂膜的制备

将待测样品搅拌均匀。按产品明示的施工配比(稀释剂无须加入)制备混合试样,搅拌均匀后,在玻璃板或聚四氟乙烯板(A.3.11)上制备厚度适宜的涂膜。在产品说明书规定的干燥条件下,待涂膜完全干燥(自干漆若烘干,温度不得超过(60±2)℃)后,取下涂膜,在室温下用粉碎设备(A.3.2)将其粉碎,并用不锈钢金属筛(A.3.3)过筛后待处理。

注1:对不能被粉碎的涂膜(如弹性或塑性涂膜),可用干净的剪刀(A.3.2)将涂膜尽可能剪碎,无须过筛直接进行样品处理。

注2:粉末状样品,直接进行样品处理。

A.4.2 样品处理

对制备的试样进行二次平行测试。

使用合适的化学容器(A.3.10),用合适的移液管(A.3.9)将相当于测试试样质量50倍、温度为(37±2)℃的盐酸溶液(A.2.2)与测试试样混合。在搅拌装置(A.3.5)上搅拌1 min后,用酸度计(A.3.6)测其酸度。如果pH值>1.5,一边搅拌混合液,一边逐滴加入盐酸溶液(A.2.3)[如果测试试样含有大量碳酸盐类碱性化合物,可采用逐滴加入盐酸(A.2.1)]调节pH值在1.0～1.5之间。将混合物避光,再在(37±2)℃下连续搅拌1 h,然后在(37±2)℃下放置1 h,接着立即用滤膜(A.3.7)过滤。过滤后的滤液应避光保存并应在24 h内完成元素分析测试。若滤液在进行元素分析测试前的保存时间超过24 h,应使用盐酸(A.2.1)加以稳定,使保存的溶液浓度 c(HCL)约为1 mol/L。

注:在整个提取期间,应调节搅拌器的速度,以保持试样始终处于悬浮状态,同时应尽量避免溅出。

A.4.3 测试

按A.4.2制备的试验溶液采用检出限适当(见A.6)的分析仪器(A.3.1)测定可溶性有害元素的含量。

使用任一种分析仪器进行测定时,分析者都应按照仪器说明书或操作手册的规定对其进行操作和测试,并在试验报告中注明采用的分析仪器。

A.5 结果的计算

A.5.1 按式(A.1)分别计算试样中各种可溶性元素的含量:

$$\omega = \frac{(\rho - \rho_0)V \times F}{m} \qquad \cdots\cdots\cdots\cdots (A.1)$$

式中:

ω——试样中可溶性元素的含量,单位为毫克每千克(mg/kg);

ρ——试验溶液的测定浓度,单位为毫克每升(mg/L);

ρ_0——空白溶液(A.2.2)的测定浓度,单位为毫克每升(mg/L);

V——试验溶液的定容体积,单位为毫升(mL);

F——试验溶液的稀释倍数;

m——试样质量,单位为克(g)。

A.5.2 结果的校正

由于本测试方法精确度的原因,在考虑实验室之间测试结果时,需经校正得出最终的分析结果。即式(A.1)中的计算结果应减去该结果乘以表A.1中相应元素的分析校正系数的值,作为该元素最终的分析结果报出。

表 A.1 各元素分析校正系数

元素	锑(Sb)	砷(As)	钡(Ba)	镉(Cd)	铬(Cr)	铅(Pb)	汞(Hg)	硒(Se)
分析校正系数 %	60	60	30	30	30	30	50	60

示例:铅的计算结果为120 mg/kg,表1中铅的分析校正系数为30%,则最终分析结果=120－120×30%=84 mg/kg。

A.6 测试方法的检出限

按上述分析方法测定可溶性元素的含量,其检出限不应大于该元素限量的十分之一。分析测试方法的检出限一般被认为是空白样测试值标准偏差的3倍。上述空白样测试值由实验室测定。

A.7 精密度

A.7.1 重复性

同一操作者二次测试结果的相对偏差应小于20%。

A.7.2 再现性

不同试验室间测试结果的相对偏差应小于33%。

附 录 B
（规范性附录）
铅含量的测定

B.1 原理

干燥后的涂膜，采用适宜的方法除去所有的有机物质，然后采用合适的分析仪器测定试验溶液中的铅含量。

B.2 试剂

分析测试中仅使用确认为分析纯的试剂，所用水符合 GB/T 6682 中三级水的要求。

B.2.1 硝酸：约为 65%（质量分数），密度约为 1.40 g/mL，不应使用已经变黄的硝酸。

B.2.2 过氧化氢：约为 30%（质量分数），密度约为 1.10 g/mL。

B.2.3 碳酸镁。

B.2.4 硝酸溶液：1∶1（体积比）。

B.2.5 硝酸溶液：2∶98（体积比）。

B.2.6 铅标准贮备溶液：浓度为 100 mg/L 或 1 000 mg/L。

B.3 仪器和设备

普通实验室仪器设备以及下列一些仪器设备。

B.3.1 合适的分析仪器：如火焰原子吸收光谱仪、电感耦合等离子体原子发射光谱仪等。

B.3.2 粉碎设备：粉碎机，剪刀或其他合适的粉碎设备。

B.3.3 电热板：温度可控。

B.3.4 马弗炉：温度能控制在（475±25）℃。

B.3.5 微波消解仪。

B.3.6 天平：精度 0.1 mg。

B.3.7 坩埚：50 mL。

B.3.8 烧杯：50 mL。

B.3.9 滤膜（适用于水溶液）：孔径 0.45 μm。

B.3.10 容量瓶：50 mL、100 mL 等。

B.3.11 移液管：1 mL、2 mL、5 mL、10 mL、25 mL 等。

B.3.12 玻璃板或聚四氟乙烯板。

所有的玻璃器皿、样品容器、玻璃板或聚四氟乙烯板等在使用前都需用硝酸溶液（B.2.4）浸泡24 h，然后用水彻底清洗并干燥。

B.4 试验步骤

B.4.1 涂膜的制备

将待测样品搅拌均匀。按产品明示的施工配比（稀释剂无须加入）制备混合试样，搅拌均匀后，在玻璃板或聚四氟乙烯板（B.3.12）上制备厚度适宜的涂膜。在产品说明书规定的干燥条件下，待涂膜完全干燥[自干漆若烘干，温度不得超过（60±2）℃]后，取下涂膜，在室温下用粉碎设备（B.3.2）将其粉碎，使涂膜的尺寸小于 5 mm。

注 1：对不能被粉碎的涂膜（如弹性或塑性涂膜），可用干净的剪刀或合适的粉碎设备（B.3.2）将涂膜剪碎，使涂膜的尺寸小于 5 mm。

注 2：粉末状样品，直接进行样品处理。

B.4.2 样品处理

对制备的试样进行二次平行测试。

本标准提供了下列三种消解样品的方法，实验室可根据条件选用其中一种。

B.4.2.1 干灰化法

称取粉碎后的试样约 0.2 g～0.3 g（精确至 0.1 mg）放入坩埚（B.3.7）内，将约 0.5 g 碳酸镁（B.2.3）覆盖在坩埚内的试样上。将坩埚置于通风橱内的电热板（B.3.3）上，逐渐升高电热板的温度（不超过 475 ℃）至样品被消解成一个焦块，且挥发的消解产物已被充分排出，只留下干的碳质残渣。然后将坩埚放入（475±25）℃的马弗炉（B.3.4）内，保温直至完全灰化。

在灰化期间应供给足够的空气氧化，但不允许坩埚内的物质在任何阶段发生燃烧。

待盛有灰化物的坩埚冷却至室温后，加入 5 mL 硝酸（B.2.1），然后将坩埚内的溶液用滤膜（B.3.9）过滤并转移至 50 mL 容量瓶（B.3.10）中，用水冲洗坩埚和滤膜，所得到的溶液全部收集于同一容量瓶内，然后用水稀释至刻度。同时做试剂空白试验。

注：本方法不适用于氟碳涂料。

B.4.2.2 湿酸消解法

称取粉碎后的试样约 0.1 g～0.3 g（精确至 0.1 mg）置于 50 mL 烧杯（B.3.8）中，加入 7 mL 硝酸（B.2.1），在烧杯口上加盖一块表面皿，在电热板（B.3.3）上加热使溶液保持微沸 15 min 左右，继续加热直到产生白烟。将烧杯从电热板上取下，冷却约 5 min，缓慢滴加 1 mL～2 mL 过氧化氢（B.2.2）3 次。每次加入后均需等反应平静后再加入。再次将烧杯放置在电热板上加热，至样品消解完全。如样品消解不完全，取下稍冷，再加入适量浓硝酸（B.2.1）和过氧化氢（B.2.2）一到二次，继续加热使样品消解完全。至残余溶液约 1 mL 左右时，取下烧杯冷却至室温。用约 10 mL 水稀释，然后用滤膜（B.3.9）将溶液过滤并转移至 50 mL 容量瓶（B.3.10）中。用水冲洗烧杯和滤膜，所得到的溶液全部收集于同一容量瓶中，然后用水稀释至刻度。同时做试剂空白试验。

B.4.2.3 微波消解法

称取粉碎后的试样约 0.1 g～0.2 g（精确至 0.1 mg）置于微波消解罐中，分别加入 5 mL 硝酸（B.2.1）和 2 mL 过氧化氢（B.2.2），然后将消解罐封闭。按以下温度程序进行消解：约 10 min 内升至（180±5）℃，维持该温度 30 min 后降温。消解罐冷却至室温后，打开消解罐，将消解溶液用滤膜（B.3.9）过滤并转移至 50 mL 的容量瓶（B.3.10）中。用水冲洗消解内罐和内盖，将洗涤液收集于同一容量瓶中，同时用水冲洗滤膜，所得到的溶液全部收集于同一容量瓶中，然后用水稀释至刻度。同时做试剂空白试验。

采用上述各种方法消解样品时，可根据样品的实际状况确定适宜的消解条件，确保试样中的有机化合物全部被除去，而被测元素全部溶出。如果处理后的样品有残渣，残渣应用合适的测量手段［例如 X 射线荧光光谱仪（XRF）］测定，确保无被测元素存在。否则应改变消解条件使被测元素完全溶出。

所得到的消解溶液应在 24 h 内完成测试，否则应用硝酸（B.2.1）加以稳定，使保存的溶液浓度 $c(HNO_3)$ 约为 1 mol/L。

B.4.3 测试

按 B.4.2 制备的试验溶液采用合适的分析仪器（B.3.1）测定铅含量。

使用任一种分析仪器进行测定时，分析者都应按照仪器说明书或操作手册的规定对其进行操作和测试，并在试验报告中注明采用的分析仪器。

B.5 结果的计算

按式（B.1）计算试样中的铅含量：

$$\omega = \frac{(\rho - \rho_0)V \times F}{m} \qquad \cdots\cdots\cdots\cdots(B.1)$$

式中：

ω——试样中的铅含量，单位为毫克每千克(mg/kg)；

ρ——试验溶液中的铅浓度，单位为毫克每升(mg/L)；

ρ_0——空白溶液中的铅浓度，单位为毫克每升(mg/L)；

V——试验溶液的体积，单位为毫升(mL)；

F——试验溶液的稀释倍数；

m——称取的试样量，单位为克(g)。

B.6 精密度

B.6.1 重复性

同一操作者二次测试结果的相对偏差应小于10%。

B.6.2 再现性

不同试验室间测试结果的相对偏差应小于20%。

ICS 87.040
G 51

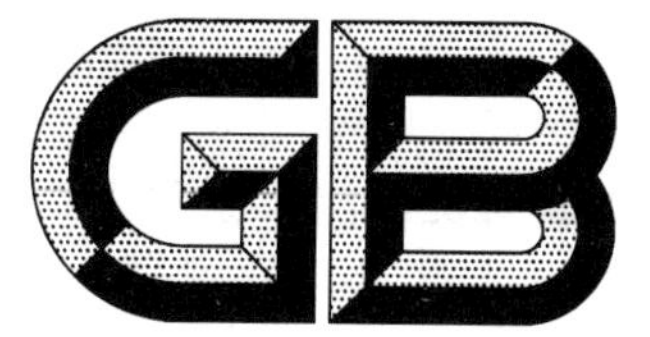

中华人民共和国国家标准

GB 24409—2020
代替 GB 24409—2009

车辆涂料中有害物质限量

Limit of harmful substances of vehicle coatings

2020-03-04 发布　　2020-12-01 实施

国家市场监督管理总局
国家标准化管理委员会　发布

前言

本标准全部技术内容为强制性。

本标准按照GB/T 1.1—2009给出的规则起草。

本标准代替GB 24409—2009《汽车涂料中有害物质限量》，与GB 24409—2009相比，除编辑性修改外主要技术变化如下：

——修改了标准的范围(见第1章，2009年版的第1章)；

——删除了规范性引用文件“GB/T 1250”；增加了规范性引用文件“GB/T 8170—2008、GB/T 9754—2007、GB/T 9758.5—1988、GB/T 9760—1988、GB/T 23985—2009、GB/T 23986—2009、GB/T 23990—2009、GB/T 23992—2009、GB/T 30647—2014、GB/T 34675—2017”(见第2章，2009年版的第2章)；

——修改了“挥发性有机化合物”“挥发性有机化合物含量”的定义；增加了“道路车辆”“轨道交通车辆”“机动车”“乘用车”“客车(机动车)”“载货汽车”“动车组”“铁道车辆”“客车(铁道车辆)”“城市轨道交通车辆”“货车”“专项作业车”“低速汽车”“挂车”“底漆”“中涂”“清漆”“效应颜料”“高装饰效应颜料漆”“施工状态”的术语和定义(见第3章，2009年版的第3章)；

——修改了产品分类(见第4章，2009年版的第4章)；

——修改了溶剂型涂料的“涂料品种”；修改了VOC含量的限量值(见表2，2009年版的表1)；

——增加了水性涂料和辐射固化涂料的VOC含量的限量值(见表1和表3)；

——修改了溶剂型涂料的甲苯与二甲苯(含乙苯)总和含量的限量值；增加了溶剂型涂料中卤代烃总和含量的控制项目(见表4，2009年版的表1)；

——增加了水性涂料和水性辐射固化涂料的苯系物总和含量的控制项目(见表4)；

——增加了非水性辐射固化涂料的苯含量、甲苯与二甲苯(含乙苯)总和含量、卤代烃总和含量、乙二醇醚及醚酯总和含量的控制项目(见表4)；

——修改了乙二醇醚及醚酯的控制品种(见第5章，2009年版的第5章)；

——修改了“VOC含量”“苯含量”“甲苯与二甲苯(含乙苯)总和含量”“乙二醇醚及醚酯总和含量”“重金属含量”项目的试验方法；增加了“苯系物总和含量”“卤代烃总和含量”项目的试验方法(见6.2，2009年版的6.2)；

——增加了标准的实施(见第9章)。

本标准由中华人民共和国工业和信息化部提出并归口。

本标准所代替标准的历次版本发布情况为：

——GB 24409—2009。

车辆涂料中有害物质限量

1 范围

本标准规定了各类车辆涂料中对人体和环境有害的物质容许限量所涉及的产品分类、要求、测试方法、检验规则、包装标志、标准的实施。

本标准适用于除腻子以外的各类汽车原厂涂料、汽车修补用涂料、轨道交通车辆涂料、摩托车(含电动摩托车)涂料、自行车(含电动自行车)涂料、其他车辆(专项作业车、低速汽车、挂车等)涂料、车辆用零部件涂料。

本标准不适用于拖拉机运输机组用涂料、轮式专用机械车用涂料、军用车辆涂料。

2 规范性引用文件

下列文件对于本文件的应用是必不可少的。凡是注日期的引用文件,仅注日期的版本适用于本文件。凡是不注日期的引用文件,其最新版本(包括所有的修改单)适用于本文件。

GB/T 1725—2007 色漆、清漆和塑料 不挥发物含量的测定

GB/T 3186 色漆、清漆和色漆与清漆用原材料 取样

GB/T 6682—2008 分析实验室用水规格和试验方法

GB/T 6750—2007 色漆和清漆 密度的测定 比重瓶法

GB/T 8170—2008 数值修约规则与极限数值的表示和判定

GB/T 9750 涂料产品包装标志

GB/T 9754—2007 色漆和清漆 不含金属颜料的色漆漆膜的20°、60°和85°镜面光泽的测定

GB/T 9758.5—1988 色漆和清漆 "可溶性"金属含量的测定 第5部分:液体色漆的颜料部分或粉末状色漆中六价铬含量的测定 二苯卡巴肼分光光度法

GB/T 9760—1988 色漆和清漆 液体或粉末状色漆中酸萃取物的制备

GB/T 23985—2009 色漆和清漆 挥发性有机化合物(VOC)含量的测定 差值法

GB/T 23986—2009 色漆和清漆 挥发性有机化合物(VOC)含量的测定 气相色谱法

GB/T 23990—2009 涂料中苯、甲苯、乙苯和二甲苯含量的测定 气相色谱法

GB/T 23992—2009 涂料中氯代烃含量的测定 气相色谱法

GB/T 30647—2014 涂料中有害元素总含量的测定

GB/T 34675—2017 辐射固化涂料中挥发性有机化合物(VOC)含量的测定

3 术语和定义

下列术语和定义适用于本文件。

3.1

道路车辆 road vehicle

设计和制造上用于在道路上载运人员、运送物品或进行专项作业,法律上允许道路行驶的车辆,包括机动车和非机动车。

[GA 802—2014,定义 3.1]

3.2

轨道交通车辆　rail transit vehicle

需要在特定轨道上行驶的一类交通工具,包括动车组、客车(铁道车辆)、城市轨道交通车辆、货车等。

3.3

机动车　power-driven vehicle

由动力装置驱动或牵引,上道路行驶的供人员乘用或用于运送物品以及进行工程专项作业的轮式车辆,包括汽车及汽车列车、摩托车、拖拉机运输机组、轮式专用机械车、挂车。

[GB 7258—2017,定义 3.1]

3.4

乘用车　passenger car

设计和制造上主要用于载运乘客及其随身行李和/或临时物品的汽车,包括驾驶人座位在内最多不超过 9 个座位。它可以装置一定的专用设备或器具,也可以牵引一辆中置轴挂车。

[GB 7258—2017,定义 3.2.1.1]

3.5

客车(机动车)　bus(vehicle)

设计和制造上主要用于载运乘客及其随身行李的汽车,包括驾驶人座位在内座位数超过 9 个。根据是否设置有站立乘客区,分为未设置乘客站立区的客车和设有乘客站立区的客车。

[GB 7258—2017,定义 3.2.1.3]

3.6

载货汽车　goods vehicle

设计和制造上主要用于载运货物或牵引挂车的汽车,也包括:

a) 装置有专用设备或器具但以载运货物为主要目的的汽车;

b) 由非封闭式货车改装的,虽装置有专用设备或器具,但不属于专项作业车的汽车。

注:封闭式货车是指载货部位的结构为封闭厢体且与驾驶室联成一体,车身结构为一厢式或两厢式的载货汽车。

[GB 7258—2017,定义 3.2.2]

3.7

动车组　powered car train-set

由动车与拖车(有时还有控制车)组成固定编组使用的车组。

[GB/T 4549.1—2004,定义 2.94]

3.8

铁道车辆　railway vehicle; railway car

在铁路轨道上用于运送旅客、货物和为此服务或原则上编组在旅客列车、货物列车中使用的单元载运工具。

[GB/T 4549.1—2004,定义 2.1]

3.9

客车　carriage; passenger car; coach

铁道车辆　railway vehicle

供运送旅客和为此服务的或原则上编组在旅客列车中使用的车辆。

[GB/T 4549.1—2004,定义 2.2]

3.10

城市轨道交通车辆　urban rail transit vehicle

采用轨道结构进行承重和导向的车辆运输系统，依据城市交通总体规划的要求，设置全封闭或部分封闭的专用轨道线路，以列车或单车形式，运送相当规模客流量的公共交通方式。包括地铁系统、轻轨系统、单轨系统、有轨电车、磁浮系统、自动导向轨道系统和市域快速轨道系统。

3.11

货车　wagon; freight car

供运送货物和为此服务的或原则上编组在货物列车中使用的车辆。按用途可分为通用火车和专用货车。

[GB/T 4549.1—2004，定义 2.37]

3.12

专项作业车　specical motor vehicle

装置有专用设备或器具，在设计和制造上用于工程专项(包括卫生医疗)作业的汽车，如汽车起重机、消防车、混凝土泵车、清障车、高空作业车、扫路车、吸污车、钻机车、仪器车、检测车、监测车、电源车、通信车、电视车、采血车、医疗车、体检医疗车等，但不包括装置有专用设备或器具而座位数(包括驾驶人座位)超过 9 个的汽车(消防车除外)。

[GB 7258—2017，定义 3.2.3]

3.13

低速汽车　low-speed vehicle

三轮汽车和低速货车的总称。

注：三轮汽车指最大设计车速小于或等于 50 km/h 的，具有 3 个车轮的载货汽车；低速货车指最大设计车速小于 70 km/h的，具有 4 个车轮的载货汽车。

[GB 7258—2017，定义 3.2.2.2]

3.14

挂车　trailer

设计和制造上需由汽车或拖拉机牵引，才能在道路上正常使用的无动力道路车辆，包括牵引杆挂车、中置轴挂车和半挂车，用于载运货物或特殊用途。

[GB 7258—2017，定义 3.3]

3.15

底漆　primer

多层涂装时，直接涂到底材上的涂料。

3.16

中涂　primer surfacer

多层涂装时，施涂于底涂层(或腻子层)与面涂层之间的涂料。

3.17

底色漆　base coat

表面需涂装清漆的色漆。

3.18

实色漆　solid color paint

不含金属、珠光等效应颜料的色漆。

3.19

本色面漆　solid color paint without clear coat

表面不需涂装清漆的实色漆。

3.20

清漆　varnish；clear coat

不含着色物质的一类涂料。

3.21

效应颜料　effect pigment

通常为片状颜料，除提供颜色外还能提供一些其他性能，如彩虹色(光在薄层上发生干涉而形成)，随角异色(颜色变换、颜色跳跃、颜色明暗变化)或纹理。

[GB/T 5206—2015，定义 2.91]

3.22

高装饰效应颜料漆　high decorative coatings including effect pigment

含有效应颜料，且涂层橘皮值中长波≤15、短波≤25 的一类涂料。

3.23

挥发性有机化合物　volatile organic compound

VOC

参与大气光化学反应的有机化合物，或者根据有关规定确定的有机化合物。

3.24

挥发性有机化合物含量　volatile organic compound content

VOC 含量

在规定的条件下测得的涂料中存在的挥发性有机化合物的质量。

[GB/T 5206—2015，定义 2.271]

3.25

施工状态　application condition

在施工方式和施工条件满足相应产品技术说明书中的要求时，产品所有组分混合后，可以进行施工的状态。

4　产品分类

本标准将车辆涂料分为：水性涂料、溶剂型涂料、辐射固化涂料、粉末涂料。

5　要求

5.1　除特殊功能性涂料以外的各类车辆涂料中 VOC 含量的限量值应符合表 1、表 2 和表 3 的要求。

注：特殊功能性涂料是指聚丙烯底材用底漆(含 PP 水)、侵蚀底漆、消除新旧涂膜结合处痕迹的辅助材料(接驳扣水)、打穿电泳层时用的修补中涂、防(抗)石击性的涂料[不含辅助防(抗)石击功能的涂料]、汽车发动机和排气管等部位使用的耐高温涂料、150 ℃以上高温烧结成膜的聚四氟乙烯类涂料(耐化学介质、耐磨、润滑、不粘等特殊功能)、弹性体用润滑涂料、电镀银效果漆、自喷罐修补漆、标志漆等。

水性涂料中 VOC 含量的限量值应符合表 1 的要求；溶剂型涂料中 VOC 含量的限量值应符合表 2 的要求；辐射固化涂料中 VOC 含量的限量值应符合表 3 的要求。

当涂料产品明示适用于多种用途时，应符合各要求中最严格的限量值要求。与车身同步原厂涂装的零部件涂料中 VOC 含量的限量值，按相应的原厂涂料产品的要求执行。

水性涂料和水性辐射固化涂料 VOC 含量项目测试时均不考虑水的稀释比例。其他类型涂料按产品明示的施工状态下的施工配比混合后测定，如多组分的某组分使用量为某一范围时，应按照产品施工状态下的施工配比规定的最大比例混合后进行测定。

表 1　水性涂料中 VOC 含量的限量值要求

产品类别	产品类型		限量值/(g/L)
汽车原厂涂料(乘用车、载货汽车)	电泳底漆		≤250
	中涂		≤350
	底色漆		≤530
	本色面漆		≤420
汽车原厂涂料[客车(机动车)]	电泳底漆		≤250
	其他底漆		≤420
	中涂		≤300
	底色漆		≤420
	本色面漆		≤420
	清漆		≤420
汽车修补用涂料	底色漆		≤420
	本色面漆		≤420
轨道交通车辆涂料[动车组、客车(铁道车辆)、城市轨道交通车辆、牵引机车]	底漆		≤250
	中涂		≤300
	底色漆		≤420
	本色面漆		≤420
	清漆		≤420
轨道交通车辆涂料(货车)	底漆		≤250
	面漆		≤420
摩托车(含电动摩托车)和自行车(含电动自行车)涂料、车辆用零部件涂料	外饰塑胶件用涂料	底漆	≤450
		色漆	≤530
	金属件用涂料	底漆	≤350
		色漆	≤480
		清漆	≤420
	内饰件用涂料	底漆	≤450
		底色漆	≤530
		本色面漆	≤420
		清漆	≤420
其他车辆(专项作业车、低速汽车、挂车等)涂料	底漆		≤420
	底色漆		≤420
	本色面漆		≤420
	清漆		≤420

表 2　溶剂型涂料中 VOC 含量的限量值要求

<table>
<tr><th>产品类别</th><th colspan="3">产品类型</th><th>限量值/(g/L)</th></tr>
<tr><td rowspan="7">汽车原厂涂料(乘用车)</td><td colspan="3">中涂</td><td>≤530</td></tr>
<tr><td colspan="3">底色漆</td><td>≤750</td></tr>
<tr><td colspan="3">本色面漆</td><td>≤550</td></tr>
<tr><td rowspan="3">清漆</td><td colspan="2">哑光清漆[光泽(60°)≤60 单位值]</td><td>≤600</td></tr>
<tr><td rowspan="2">其他</td><td>单组分</td><td>≤550</td></tr>
<tr><td>双组分</td><td>≤500</td></tr>
<tr><td rowspan="9">载货汽车原厂涂料及零部件涂料</td><td rowspan="2">底漆</td><td colspan="2">单组分</td><td>≤700</td></tr>
<tr><td colspan="2">双组分</td><td>≤540</td></tr>
<tr><td colspan="3">中涂</td><td>≤500</td></tr>
<tr><td rowspan="3">底色漆</td><td colspan="2">实色漆</td><td>≤680</td></tr>
<tr><td rowspan="2">效应颜料漆</td><td>高装饰</td><td>≤840</td></tr>
<tr><td>其他</td><td>≤750</td></tr>
<tr><td colspan="3">本色面漆</td><td>≤550</td></tr>
<tr><td colspan="3">清漆</td><td>≤500</td></tr>
<tr><td rowspan="5">汽车原厂涂料[客车(机动车)]</td><td colspan="3">底漆</td><td>≤540</td></tr>
<tr><td colspan="3">中涂</td><td>≤540</td></tr>
<tr><td colspan="3">底色漆</td><td>≤770</td></tr>
<tr><td colspan="3">本色面漆</td><td>≤550</td></tr>
<tr><td colspan="3">清漆</td><td>≤480</td></tr>
<tr><td rowspan="6">汽车修补用涂料</td><td colspan="3">底漆</td><td>≤580</td></tr>
<tr><td colspan="3">中涂</td><td>≤560</td></tr>
<tr><td colspan="3">底色漆</td><td>≤770</td></tr>
<tr><td colspan="3">本色面漆</td><td>≤580</td></tr>
<tr><td rowspan="2">清漆</td><td colspan="2">哑光清漆[光泽(60°)≤60 单位值]</td><td>≤630</td></tr>
<tr><td colspan="2">其他</td><td>≤480</td></tr>
<tr><td rowspan="5">轨道交通车辆涂料[动车组、客车(铁道车辆)、城市轨道交通车辆、牵引机车]</td><td colspan="3">底漆</td><td>≤540</td></tr>
<tr><td colspan="3">中涂</td><td>≤540</td></tr>
<tr><td colspan="3">底色漆</td><td>≤770</td></tr>
<tr><td colspan="3">本色面漆</td><td>≤550</td></tr>
<tr><td colspan="3">清漆</td><td>≤560</td></tr>
<tr><td rowspan="2">轨道交通车辆涂料(货车)</td><td colspan="3">底漆</td><td>≤540</td></tr>
<tr><td colspan="3">面漆</td><td>≤550</td></tr>
</table>

表 2（续）

<table>
<tr><th>产品类别</th><th colspan="4">产品类型</th><th>限量值/(g/L)</th></tr>
<tr><td rowspan="14">摩托车(含电动摩托车)和自行车(含电动自行车)涂料、车辆用零部件涂料(载货汽车除外)</td><td rowspan="4">外饰塑胶件用涂料</td><td colspan="3">底漆</td><td>≤700</td></tr>
<tr><td colspan="3">色漆</td><td>≤770</td></tr>
<tr><td rowspan="2">清漆</td><td colspan="2">哑光清漆[光泽(60°)≤60 单位值]</td><td>≤650</td></tr>
<tr><td colspan="2">其他</td><td>≤560</td></tr>
<tr><td rowspan="6">金属件用涂料</td><td colspan="3">底漆</td><td>≤670</td></tr>
<tr><td colspan="3">色漆</td><td>≤680</td></tr>
<tr><td colspan="3">效应颜料漆</td><td>≤750</td></tr>
<tr><td rowspan="3">清漆</td><td colspan="2">哑光清漆[光泽(60°)≤60 单位值]</td><td>≤600</td></tr>
<tr><td rowspan="2">其他</td><td>单组分</td><td>≤580</td></tr>
<tr><td>双组分</td><td>≤480</td></tr>
<tr><td rowspan="4">内饰件用涂料</td><td colspan="3">底漆</td><td>≤670</td></tr>
<tr><td colspan="3">色漆</td><td>≤770</td></tr>
<tr><td rowspan="2">清漆</td><td colspan="2">哑光清漆[光泽(60°)≤60 单位值]</td><td>≤630</td></tr>
<tr><td colspan="2">其他</td><td>≤560</td></tr>
<tr><td rowspan="5">其他车辆(专项作业车、低速汽车、挂车等)涂料</td><td colspan="4">底漆</td><td>≤540</td></tr>
<tr><td colspan="4">中涂</td><td>≤540</td></tr>
<tr><td colspan="4">底色漆</td><td>≤770</td></tr>
<tr><td colspan="4">本色面漆</td><td>≤580</td></tr>
<tr><td colspan="4">清漆</td><td>≤560</td></tr>
</table>

表 3　辐射固化涂料中 VOC 含量的限量值要求

<table>
<tr><th>产品类别</th><th>产品类型</th><th>限量值/(g/L)</th></tr>
<tr><td rowspan="2">水性</td><td>喷涂</td><td>≤400</td></tr>
<tr><td>其他</td><td>≤150</td></tr>
<tr><td rowspan="2">非水性</td><td>喷涂</td><td>≤550</td></tr>
<tr><td>其他</td><td>≤200</td></tr>
</table>

5.2　各类车辆涂料中除 VOC 含量以外其他有害物质含量的限量值应符合表 4 的要求。

表 4 其他有害物质含量的限量值要求

<table>
<tr><th rowspan="3" colspan="2">项目</th><th colspan="5">限量值</th></tr>
<tr><th rowspan="2">水性涂料</th><th rowspan="2">溶剂型涂料</th><th colspan="2">辐射固化涂料</th><th rowspan="2">粉末涂料</th></tr>
<tr><th>水性</th><th>非水性</th></tr>
<tr><td colspan="2">苯含量[a]/% ⩽</td><td>—</td><td>0.3</td><td>—</td><td>0.1</td><td>—</td></tr>
<tr><td colspan="2">甲苯与二甲苯(含乙苯)总和含量[a]/% ⩽</td><td>—</td><td>30</td><td>—</td><td>1</td><td>—</td></tr>
<tr><td colspan="2">苯系物总和含量[a]/% ⩽
[限苯、甲苯、二甲苯(含乙苯)]</td><td>1</td><td>—</td><td>1</td><td>—</td><td>—</td></tr>
<tr><td colspan="2">卤代烃总和含量[a]/% ⩽
(限二氯甲烷、三氯甲烷、四氯化碳、1,1-二氯乙烷、1,2-二氯乙烷、1,1,1-三氯乙烷、1,1,2-三氯乙烷、1,2- 二氯丙烷、1,2,3-三氯丙烷、三氯乙烯、四氯乙烯)</td><td>—</td><td>0.1</td><td>—</td><td>0.1</td><td>—</td></tr>
<tr><td colspan="2">乙二醇醚及醚酯总和含量[a]/(mg/kg) ⩽
(限乙二醇甲醚、乙二醇甲醚醋酸酯、乙二醇乙醚、乙二醇乙醚醋酸酯、乙二醇二甲醚、乙二醇二乙醚、二乙二醇二甲醚、三乙二醇二甲醚)</td><td colspan="4">300</td><td>—</td></tr>
<tr><td rowspan="4">重金属含量/(mg/kg) ⩽
(限色漆[b])</td><td>铅(Pb)含量</td><td colspan="5">1 000</td></tr>
<tr><td>镉(Cd)含量</td><td colspan="5">100</td></tr>
<tr><td>六价铬(Cr^{6+})含量</td><td colspan="5">1 000</td></tr>
<tr><td>汞(Hg)含量</td><td colspan="5">1 000</td></tr>
<tr><td colspan="7">[a] 按产品明示的施工状态下的施工配比混合后测定,如多组分的某组分的使用量为某一范围时,应按照产品施工状态下的施工配比规定的最大比例混合后进行测定,水性涂料和水性辐射固化涂料所有项目均不考虑水的稀释比例。
[b] 含有颜料、体质颜料、染料的一类涂料。</td></tr>
</table>

6 测试方法

6.1 取样

产品按 GB/T 3186 的规定取样,也可按商定方法取样。取样量根据检验需要确定。

6.2 试验方法

6.2.1 VOC 含量

6.2.1.1 密度

按 GB/T 6750—2007 的规定进行,试验温度为(23±0.5)℃。

6.2.1.2 光泽

按 GB/T 9754—2007 的规定进行。用槽深(100±2)μm 的湿膜制备器在黑玻璃或背面预涂无光黑漆的平板玻璃板上制备样板，烘烤条件为(105±2)℃/1 h，用60°镜面光泽计测试。

6.2.1.3 水性涂料中VOC含量

先按附录A的规定，测试水性涂料中水分含量。

如涂料中水分含量大于或等于70%(质量分数)，按GB/T 23986—2009的规定进行。称取试样约1 g；色谱柱采用中等极性色谱柱(6%氰丙苯基/94%聚二甲基硅氧烷毛细管柱)，标记物为己二酸二乙酯。VOC含量按GB/T 23986—2009中10.4计算。

如涂料中水分含量小于70%(质量分数)，按GB/T 23985—2009的规定进行。不挥发物含量按GB/T 1725—2007的规定进行，称取试样约1 g，烘烤条件为(105±2)℃/1 h。VOC含量按GB/T 23985—2009中8.4计算。

6.2.1.4 溶剂型涂料中VOC含量

按GB/T 23985—2009的规定进行。不挥发物含量按GB/T 1725—2007的规定进行，称取试样约1 g，烘烤条件为(105±2)℃/1 h。不测水分，水分含量设为零。

VOC含量的计算，按GB/T 23985—2009中8.3进行。

6.2.1.5 辐射固化涂料中VOC含量

按GB/T 34675—2017的规定进行。

水性辐射固化涂料中VOC含量的计算，按GB/T 34675—2017中8.4进行；水分含量的测定，按附录A的规定进行。非水性辐射固化涂料中VOC含量的计算，按GB/T 34675—2017中8.3进行；不测水分，水分含量设为零。

6.2.2 苯含量、甲苯和二甲苯(含乙苯)总和含量

按GB/T 23990—2009中A法的规定进行。苯含量、甲苯和二甲苯(含乙苯)含量的计算，按GB/T 23990—2009中8.4.3进行。

6.2.3 苯系物总和含量

按GB/T 23990—2009中B法的规定进行。苯系物含量的计算，按GB/T 23990—2009中9.4.3进行，并换算成质量分数(%)表示。

6.2.4 卤代烃总和含量

按GB/T 23992—2009的规定进行。卤代烃含量的计算，按GB/T 23992—2009中8.5.2进行。

6.2.5 乙二醇醚及醚酯总和含量

按GB/T 23986—2009的规定进行。乙二醇醚及醚酯含量的计算，按GB/T 23986—2009中10.2进行，并换算成毫克每千克(mg/kg)表示。

6.2.6 重金属含量

铅(Pb)含量、镉(Cd)含量、汞(Hg)含量的测定，按GB/T 30647—2014的规定进行。

六价铬(Cr^{6+})含量的测定，先按GB/T 30647—2014的规定，测定试样中的总铬含量，再按附录B的规定进行。

7 检验规则

7.1 型式检验

7.1.1 在正常生产情况下，每年至少进行一次型式检验，型式检验项目包括本标准所列的全部要求。

7.1.2 有下列情况之一时应随时进行型式检验：

——新产品最初定型时；

——产品异地生产时；

——生产配方、工艺、关键原材料来源及产品施工状态下的施工配比有较大改变时；

——停产三个月后又恢复生产时。

7.2 检验结果的判定

7.2.1 检验结果的判定，按 GB/T 8170—2008 中修约值比较法进行。

7.2.2 报出检验结果时，应同时注明产品明示的施工状态下的施工配比。

7.2.3 所有项目的检验结果均达到本标准的要求时，产品为符合本标准要求。

8 包装标志

8.1 产品包装标志除应符合 GB/T 9750 的规定外，按本标准检验合格的产品可在包装标志上明示。

8.2 包装标志上或产品说明书中应明确施工状态下的施工配比。

8.3 包装标志上或产品说明书中应标明符合本标准的分类、产品类别和产品类型(或施工方式)。

8.4 对于聚氨酯类、环氧类等多组分固化的涂料应在包装标志上或产品说明书中标明适用期。

9 标准的实施

涂装现场对施工状态下的涂料产品抽查时，对于聚氨酯类、环氧类等多组分固化的涂料品种抽样检验，应在产品适用期内进行检验。

附　录　A
（规范性附录）
水分含量的测定　气相色谱法

A.1　试剂和材料

A.1.1　蒸馏水：符合 GB/T 6682—2008 中三级水的要求。

A.1.2　稀释溶剂：用于稀释试样的并经分子筛干燥的有机溶剂，不含有任何干扰测试的物质。纯度至少为 99%（质量分数），或已知纯度。例如：二甲基甲酰胺等。

A.1.3　内标物：试样中不存在的并经分子筛干燥的化合物，且该化合物能够与色谱图上其他成分完全分离。纯度至少为 99%（质量分数），或已知纯度。例如：异丙醇等。

A.1.4　分子筛：孔径为 0.2 nm～0.3 nm，粒径为 1.7 mm～5.0 mm。分子筛应再生后使用。

A.1.5　载气：氢气或氦气，纯度≥99.995%。

A.2　仪器设备

A.2.1　气相色谱仪：配有热导检测器及程序升温控制器。

A.2.2　色谱柱：苯乙烯-二乙烯基苯多孔聚合物的毛细管柱。

注：其他满足检验要求的色谱柱也可使用。

A.2.3　进样器：微量注射器，10 μL。

A.2.4　配样瓶：约 10 mL 的玻璃瓶，具有可密封的瓶盖。

A.2.5　天平：实际分度值 d=0.1 mg。

A.3　气相色谱测试条件

A.3.1　色谱柱：苯乙烯-二乙烯基苯多孔聚合物的毛细管柱，25 m×0.53 mm×10 μm。

A.3.2　进样口温度：250 ℃。

A.3.3　检测器温度：300 ℃。

A.3.4　分流比：5∶1。

A.3.5　柱温：程序升温，100 ℃保持 2 min，然后以 20 ℃/min 升至 130 ℃并保持 3 min；再以30 ℃/min 升至 200 ℃保持 5 min。

A.3.6　载气：氢气，流速 6.5 mL/min。

注：也可根据所用气相色谱仪的性能、色谱柱类型及待测试样的实际情况选择最佳的气相色谱测试条件。

A.4　测试步骤

A.4.1　测试水的相对响应因子 *R*

在同一配样瓶（A.2.4）中称取约 0.2 g 的蒸馏水（A.1.1）和约 0.2 g 的内标物（A.1.3），精确至 0.1 mg，记录水的质量 m_w 和内标物的质量 m_i，再加入 5 mL 稀释溶剂（A.1.2），密封配样瓶（A.2.4）并摇匀。用微量注射器（A.2.3）吸取配样瓶（A.2.4）中的 1 μL 混合液注入色谱仪中，记录色谱图。按式（A.1）计算水的相对响应因子 R：

$$R=\frac{m_i \times A_w}{m_w \times A_i} \quad \cdots\cdots(A.1)$$

式中：

R ——水的相对响应因子；

m_i ——内标物的质量，单位为克(g)；

A_w ——水的峰面积；

m_w ——水的质量，单位为克(g)；

A_i ——内标物的峰面积。

若内标物和稀释溶剂不是无水试剂，则以同样量的内标物和稀释溶剂(混合液)，但不加水作为空白样，记录空白样中水的峰面积 A_0。按式(A.2)计算水的相对响应因子 R：

$$R=\frac{m_i \times (A_w - A_0)}{m_w \times A_i} \quad \cdots\cdots(A.2)$$

式中：

R ——水的相对响应因子；

m_i ——内标物的质量，单位为克(g)；

A_w ——水的峰面积；

A_0 ——空白样中水的峰面积；

m_w ——水的质量，单位为克(g)；

A_i ——内标物的峰面积。

平行测试两次，取两次测试结果的平均值，其相对偏差应小于 5%。

A.4.2 样品分析

称取搅拌均匀后的试样约 0.6 g 以及与水含量近似相等的内标物(A.1.3)于配样瓶(A.2.4)中，精确至 0.1 mg，记录试样的质量 m_s 和内标物的质量 m_i，再加入 5 mL 稀释溶剂(A.1.2)(稀释溶剂体积可根据样品状态调整)，密封配样瓶(A.2.4)并摇匀。同时准备一个不加试样的内标物和稀释溶剂混合液做为空白样。用力摇动或超声装有试样的配样瓶(A.2.4)15 min，放置 5 min，使其沉淀[为使试样尽快沉淀，可在装有试样的配样瓶(A.2.4)内加入几粒小玻璃珠，然后用力摇动；也可使用低速离心机使其沉淀]。用微量注射器(A.2.3)吸取配样瓶(A.2.4)中的 1 μL 上层清液，注入色谱仪中，记录色谱图。

A.4.3 计算

按式(A.3)计算试样中的水分含量 w_w：

$$w_w=\frac{m_i \times (A_w - A_0)}{m_s \times A_i \times R} \times 100\% \quad \cdots\cdots(A.3)$$

式中：

w_w ——试样中的水分含量，以质量分数计；

m_i ——内标物的质量，单位为克(g)；

A_w ——试样中水的峰面积；

A_0 ——空白样中水的峰面积；

m_s ——试样的质量，单位为克(g)；

A_i ——内标物的峰面积；

R ——水的相对响应因子。

平行测试两次，取两次测试结果的平均值，保留至小数点后两位。

A.5 精密度

A.5.1 重复性:水分含量大于或等于15%,同一操作者两次测试结果的相对偏差小于1.6%。

A.5.2 再现性:水分含量大于或等于15%,不同实验室间测试结果的相对偏差小于5%。

附 录 B
（规范性附录）
六价铬（Cr^{6+}）含量的测定 分光光度法

警示——对测试方法中使用所有潜在包含六价铬（Cr^{6+}）的样品和试剂应采用适当的措施进行预防。含六价铬（Cr^{6+}）的溶液和废料应进行妥善处理。

B.1 原理

若试样中总铬含量小于 8 mg/kg，则六价铬（Cr^{6+}）含量的结果以“未检出”报出，检出限为 8 mg/kg。若试样中总铬含量≥8 mg/kg，则试样（同时进行基体加标）在超声分散后，使用碱性消解液从试样中提取六价铬（Cr^{6+}）化合物。提取液中的六价铬（Cr^{6+}）在酸性溶液中与二苯碳酰二肼反应生成紫红色络合物，用分光光度法测定试验溶液中的六价铬（Cr^{6+}）含量（波长 540 nm 处）；同时测定试样的不挥发物含量，最终结果以干膜中的六价铬（Cr^{6+}）含量报出。

B.2 试剂和材料

分析测试中仅使用确认为分析纯的试剂，所用水符合 GB/T 6682—2008 中三级水的要求。

B.2.1 *N*-甲基吡咯烷酮（NMP）：试剂存放在 20 ℃～25 ℃的棕色瓶中，避免阳光直射。使用前应在每 100 mL 的试剂中添加 10 g 活性分子筛，保存 12 h 以上。容器打开后，储存期为一个月。

B.2.2 硝酸：约为 65%（质量分数），密度约为 1.40 g/mL；不应使用已变黄的硝酸。

B.2.3 硫酸：约为 98%（质量分数），密度约为 1.84 g/mL。

B.2.4 氢氧化钠。

B.2.5 无水碳酸钠。

B.2.6 磷酸氢二钾。

B.2.7 磷酸二氢钾。

B.2.8 二苯碳酰二肼。

B.2.9 无水氯化镁。

B.2.10 丙酮。

B.2.11 硝酸溶液：硝酸＋水＝1＋1（体积比），将 1 体积浓硝酸（B.2.2）加入到 1 体积的水中。

B.2.12 硫酸溶液：硫酸＋水＝1＋9（体积比），小心地将 1 体积浓硫酸（B.2.3）加入到 9 体积的水中。

B.2.13 消解液：称取 20.0 g 氢氧化钠（B.2.4）和 30.0 g 无水碳酸钠（B.2.5），用水溶解后移入 1 000 mL 的容量瓶中并稀释至刻度，摇匀，转移至塑料瓶中保存。此消解液应在 20 ℃～25 ℃下密封保存，且每月要重新制备。使用前应检测其 pH 值，且 pH 值应在 11.5 以上（含 11.5），否则应重新制备。

B.2.14 缓冲液：溶解 87.09 g 磷酸氢二钾（B.2.6）和 68.04 g 磷酸二氢钾（B.2.7）于水中，移入 1 000 mL 的容量瓶中并稀释至刻度。此缓冲液 pH＝7。

B.2.15 二苯碳酰二肼显色剂：称取 0.5 g 二苯碳酰二肼（B.2.8）溶于 100 mL 丙酮（B.2.10）中，保存于棕色瓶中。溶液退色时，应重新配制。

B.2.16 六价铬（Cr^{6+}）标准贮备溶液：质量浓度为 100 mg/L。

B.2.17 六价铬（Cr^{6+}）标准溶液：质量浓度为 5 mg/L。用移液管（B.3.7）移取 5 mL 六价铬（Cr^{6+}）标准贮备溶液（B.2.16）于 100 mL 容量瓶（B.3.6）中，用水稀释至刻度。此溶液应在使用的当天配制。

B.3 仪器和设备

B.3.1 天平:实际分度值 $d=0.1$ mg。
B.3.2 分光光度计:适合于在波长 540 nm 处测量,配有光程为 10 mm 的比色池。
B.3.3 超声水浴锅:能维持温度 60 ℃～65 ℃。
B.3.4 酸度计:精度为±0.2pH 单位。
B.3.5 消解器:50 mL 具塞锥形瓶。
B.3.6 容量瓶:25 mL、50 mL、100 mL、1 000 mL 等。
B.3.7 移液管:1 mL、2 mL、5 mL、10 mL、25 mL 等。
B.3.8 量筒:5 mL、10 mL、25 mL、50 mL 等。
B.3.9 烧杯:150 mL。
B.3.10 注射器式过滤器:0.45 μm 滤膜。
B.3.11 普通实验室仪器设备。
B.3.12 所有的玻璃器皿、样品容器、玻璃板或聚四氟乙烯板在使用前都需用硝酸溶液(B.2.11)浸泡24 h,然后用水清洗并干燥。

B.4 试验步骤

B.4.1 平行试验和空白试验

平行做两份试验。空白试验与测试平行进行,不加样品,测试一次。

B.4.2 试样制备

试样平行测试的称样量和基体加标回收率平行测试的称样量应近似相等。

称取试样约 0.1 g(精确至 0.1 mg)和移取 10 mL 的 NMP(B.2.1)置于消解器(B.3.5)中,记录试样量 m,盖上塞子,然后放置于超声水浴锅(B.3.3)中,在 60 ℃～65 ℃温度下超声 1 h。

同时进行基体加标回收率的测试,称取试样约 0.1 g(精确至 0.1 mg)和移取 10 mL 的 NMP(B.2.1)和 0.5 mL 的六价铬(Cr^{6+})标准贮备溶液(B.2.16)置于消解器(B.3.5)中,盖上塞子,然后放置于超声水浴锅(B.3.3)中,在 60 ℃～65 ℃温度下超声 1 h。

在每个消解器(B.3.5)中加入约 200 mg 无水氯化镁(B.2.9)和 0.5 mL 缓冲液(B.2.14),摇匀。用量筒(B.3.8)量取 20 mL 消解液(B.2.13)缓慢加入到每个消解器(B.3.5)内,摇匀。消解液(B.2.13)应完全浸没试样,可加入 1 滴～2 滴润湿剂(无水乙醇),以增加试样的润湿性。将消解器(B.3.5)盖上塞子,置于超声水浴锅(B.3.3)中,在 60 ℃～65 ℃温度下超声 1 h。

从超声水浴锅(B.3.3)中取出消解器(B.3.5),逐渐冷却至室温,将消解器(B.3.5)中溶液(即使溶液浑浊或者存在絮状沉淀物,也不要过滤溶液)转移至干净的烧杯(B.3.9)中,在搅拌状态下将硝酸(B.2.11)滴加于烧杯中,用酸度计(B.3.4)测试,调节溶液的 pH 至 7.5±0.5,得到提取液。提取液应尽快显色测定。

B.4.3 测试

B.4.3.1 显色溶液的制备

在每个烧杯(B.3.9)中的提取液中缓慢滴加硫酸溶液(B.2.12),用酸度计(B.3.4)测试,调节溶液的pH 至 2.0±0.5,混合均匀。然后用移液管(B.3.7)准确移入 2.0 mL 二苯碳酰二肼显色剂(B.2.15),混合均匀。然后将其全部转移至100 mL容量瓶(B.3.6)中,用水稀释至刻度,得到试验溶液。试验溶液静置5 min～10 min后尽快测定,30 min内完成上机测试。

B.4.3.2 系列标准工作溶液的配制

用移液管(B.3.7)分别移取0.0 mL、2.0 mL、4.0 mL、6.0 mL、8.0 mL、10.0 mL和20 mL六价铬(Cr^{6+})标准溶液(B.2.17)至100 mL容量瓶中,用量筒(B.3.8)分别加水50 mL,分别滴加硫酸溶液(B.2.12),用酸度计(B.3.4)测试,调节溶液的pH至2.0±0.5,用移液管(B.3.7)分别移入2.0 mL显色剂(B.2.15),分别用水稀释至刻度,混合均匀。静置5 min～10 min后,在30 min内尽快完成测定。此系列标准工作溶液中含六价铬(Cr^{6+})的质量浓度分别为0.0 mg/L、0.1 mg/L、0.2 mg/L、0.3 mg/L、0.4 mg/L、0.5 mg/L和1.0 mg/L。

B.4.3.3 试样中六价铬(Cr^{6+})含量的测定

分别将适量的系列标准工作溶液移入10 mm比色池内,在分光光度计(B.3.2)上于540 nm波长处测定其吸光度,以吸光度值对应质量浓度值绘制校正曲线。校正曲线的校正系数应≥0.99。否则应重新制作新的校正曲线。

在同样条件下,测试经0.45 μm的注射器式过滤器(B.3.10)过滤后的试验溶液(B.4.3.1)的吸光度,根据校正曲线计算试验溶液中六价铬(Cr^{6+})的质量浓度。如试验溶液中吸光度值超出校正曲线最高点,则应对加显色剂前的提取液适当稀释后再测试,加标溶液量根据实际进行调整。

B.4.3.4 不挥发物含量的测定

水性涂料和溶剂型涂料的不挥发物含量,按GB/T 1725—2007的规定进行,称取试样约1 g,烘烤条件为(105±2)℃/1 h;辐射固化涂料的不挥发物含量,按GB/T 34675—2017的规定进行;粉末涂料的不挥发物含量以1计。

B.4.4 结果的计算

B.4.4.1 试样(以干膜计)中六价铬(Cr^{6+})含量

按式(B.1)计算试样(以干膜计)中六价铬(Cr^{6+})含量:

$$\omega = \frac{(\rho - \rho_0) \times V \times F}{m \times \omega(\mathrm{NV})} \qquad \cdots\cdots(\mathrm{B.1})$$

式中:

ω ——试样(以干膜计)中六价铬(Cr^{6+})的含量,单位为毫克每千克(mg/kg);
ρ ——试验溶液的质量浓度,单位为毫克每升(mg/L);
ρ_0 ——空白溶液的质量浓度,单位为毫克每升(mg/L);
V ——试验溶液的定容体积,单位为毫升(mL);
F ——试验溶液的稀释倍数;
m ——称取的试样量,单位为克(g);
$\omega(\mathrm{NV})$ ——不挥发物含量,以质量分数计,单位为克每克(g/g)。

结果取两次平行试验的平均值。

B.4.4.2 基体加标回收率

按式(B.2)计算基体加标回收率:

$$\mathrm{SR} = \frac{\mathrm{SS} - \mathrm{US}}{\mathrm{SA}} \times 100 \qquad \cdots\cdots(\mathrm{B.2})$$

式中：

SR ——基体加标回收率，%；

SS ——加标后试样（以干膜计）中六价铬（Cr^{6+}）含量，单位为毫克每千克（mg/kg）；

US——未加标试样（以干膜计）中六价铬（Cr^{6+}）含量，单位为毫克每千克（mg/kg）；

SA ——加标溶液中六价铬（Cr^{6+}）含量折算成以试样干膜计的六价铬（Cr^{6+}）含量，单位为毫克每千克（mg/kg）。

示例：

如加入 0.5 mL 的六价铬（Cr^{6+}）标准贮备溶液（100 mg/L），试样的不挥发物含量为 0.50 g/g，称取的试样量约0.1 g，则 SA=0.5 mL×(100 mg/L)/(0.1 g×0.50 g/g)=1 000 mg/kg。

根据被测样品的六价铬（Cr^{6+}）含量，可以选择其他合适的加标溶液量，保证加标后的质量浓度在合适的曲线范围内。

B.4.4.3 结果和检出限的校正

基体加标回收率的可接受范围应为≥50%且≤125%。

基体加标回收率<50%时，应重新加入两倍量的加标溶液量进行测试；基体加标回收率>125%时，应重新加入等量的加标溶液量进行测试。如重复测试的基体加标回收率仍在≥50%且≤125%的范围之外，碱性消解法不适用所测试的样品，则试样中六价铬（Cr^{6+}）含量按 GB/T 9760—1988 中第 6 章、8.1、8.2.3、8.4 的规定进行酸萃取液的制备（制备的颜料的称样量约 0.5 g），再按 GB/T 9758.5—1988 进行六价铬（Cr^{6+}）含量测试。结果除以不挥发物含量后，以干膜中六价铬（Cr^{6+}）含量报出。

如基体加标回收率>75%且≤125%，则无需校正结果，检出限为 8 mg/kg。

如基体加标回收率在≥50%且≤75%范围内，应根据基体加标回收率校正结果和检出限，即为：结果乘以 100%加标回收率与实际基体加标回收率的比值，检出限按同样方法进行校正。

示例：

如样品的测试结果为 100 mg/kg，基体加标回收率为 50%，则该测试样品的校正检出限=8 mg/kg×(100%/50%)=16 mg/kg，该测试样品的校正测试结果=100 mg/kg×(100%/50%)=200 mg/kg。最终报出结果为 200 mg/kg，检出限为 16 mg/kg。

B.5 精密度

B.5.1 重复性：同一操作者两次测试结果的相对偏差小于 20%。

B.5.2 再现性：不同试验室间测试结果的相对偏差小于 33%。

参 考 文 献

[1] GB/T 4549.1—2004 铁道车辆词汇 第1部分:基本词汇

[2] GB/T 5206—2015 色漆和清漆 术语和定义

[3] GB 7258—2017 机动车运行安全技术条件

[4] GB/T 35602—2017 绿色产品评价 涂料

[5] GB 37822—2019 挥发性有机物无组织排放控制标准

[6] CJJ/T 114—2007 城市公共交通分类标准

[7] GA 802—2014 机动车类型 术语和定义

[8] HG/T 4570—2013 汽车用水性涂料

[9] HG/T 5061—2016 汽车修补用涂料

[10] HG/T 5180—2017 汽车塑料件用水性涂料

[11] HG/T 5367.1—2018 轨道交通车辆用涂料 第1部分:水性涂料

[12] HG/T 5370—2018 自行车用水性涂料

[13] HJ 2537—2014 环境标志产品技术要求 水性涂料

[14] TJ/CL 252.1—2012 铁路货车用水溶性油漆技术条件(暂行)

[15] Directive 2004/42/CE of the European Parliament and of the Council of 21 April 2004 on the limitation of emissions of volatile organic compounds due to the use of organic solvents in certain paints and varnishes and vehicle refinishing products and amending Directive 1999/13/EC.

[16] EPA method 24 Determination Of Volatile Matter Content, Water Content, Density, VolumeSolids, And Weight Solids Of Surface Coatings.

ICS 87.040
G 51

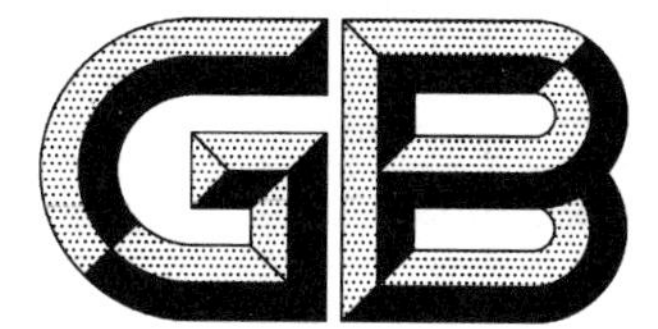

中华人民共和国国家标准

GB 24613—2009

玩具用涂料中有害物质限量

Limit of harmful substances of coatings for toys

2009-11-15 发布　　2010-10-01 实施

中华人民共和国国家质量监督检验检疫总局
中国国家标准化管理委员会　发布

前言

本标准全部技术内容为强制性。

本标准的附录A、附录B、附录C、附录D、附录E为规范性附录。

本标准由中国石油和化学工业协会提出。

本标准由全国涂料和颜料标准化技术委员会归口。

本标准起草单位：中海油常州涂料化工研究院、中华制漆(深圳)有限公司、深圳松辉化工有限公司、恒昌石油化工有限公司、浙江环达漆业集团有限公司、广东嘉宝莉化工有限公司、杭州油漆有限公司、江苏长江涂料有限公司、上海富臣化工有限公司、巴斯夫(中国)有限公司、昆山市世名科技开发有限公司、常州市苏磊涂料有限公司。

本标准主要起草人：黄宁、季军宏、王智、张定德、胡光辉、邱玉清、许有为、姜方群、张浩君、陈寿生、俞云表、吕仕铭、韦素琴。

玩具用涂料中有害物质限量

1 范围

本标准规定了玩具用涂料中对人体和环境有害的物质容许限量的要求、试验方法、检验规则和包装标志等内容。

本标准适用于各类玩具用涂料。

2 规范性引用文件

下列文件中的条款通过本标准的引用而成为本标准的条款。凡是注日期的引用文件，其随后所有的修改单(不包括勘误的内容)或修订版均不适用于本标准，然而，鼓励根据本标准达成协议的各方研究是否可使用这些文件的最新版本。凡是不注日期的引用文件，其最新版本适用于本标准。

GB/T 1250 极限数值的表示方法和判定方法

GB/T 1725—2007 色漆、清漆和塑料 不挥发物含量的测定(ISO 3251:2003,IDT)

GB/T 3186 色漆、清漆和色漆与清漆用原材料 取样(GB/T 3186—2006,ISO 15528:2000,IDT)

GB/T 6682 分析实验室用水规格和试验方法(GB/T 6682—2008,ISO 3696:1987,MOD)

GB/T 6750—2007 色漆和清漆 密度的测定 比重瓶法(ISO 2811-1:1997,Paints and varnishes—Determination of density—Part 1:Pyknometer method,IDT)

GB/T 9750 涂料产品包装标志

3 术语和定义

下列术语和定义适用于本标准。

3.1

玩具用涂料 coatings for toys

涂覆在玩具表面能形成涂膜的液体或固体涂料的总称。

3.2

挥发性有机化合物 volatile organic compound;VOC

在 101.3 kPa 标准大气压下，任何初沸点低于或等于 250 ℃的有机化合物。

3.3

挥发性有机化合物含量 volatile organic compound content;VOC content

按规定的测试方法测试产品所得到的挥发性有机化合物的含量。

4 要求

产品中有害物质限量应符合表 1 的要求。

表 1 有害物质限量的要求

项目		要求
铅含量[a]/(mg/kg) ≤		600
可溶性元素含量[a]/(mg/kg) ≤	锑(Sb)	60
	砷(As)	25
	钡(Ba)	1 000

表 1(续)

<table>
<tr><th colspan="2">项　　目</th><th>要　　求</th></tr>
<tr><td rowspan="5">可溶性元素含量[a]/(mg/kg)　≤</td><td>镉(Cd)</td><td>75</td></tr>
<tr><td>铬(Cr)</td><td>60</td></tr>
<tr><td>铅(Pb)</td><td>90</td></tr>
<tr><td>汞(Hg)</td><td>60</td></tr>
<tr><td>硒(Se)</td><td>500</td></tr>
<tr><td rowspan="2">邻苯二甲酸酯含量[b]/%　≤</td><td>邻苯二甲酸二异辛酯(DEHP)、
邻苯二甲酸二丁酯(DBP)和
邻苯二甲酸丁苄酯(BBP)总和</td><td>0.1</td></tr>
<tr><td>邻苯二甲酸二异壬酯(DINP)、
邻苯二甲酸二异癸酯(DIDP)和
邻苯二甲酸二辛酯(DNOP)总和</td><td>0.1</td></tr>
<tr><td colspan="2">挥发性有机化合物(VOC)含量[c]/(g/L)　≤</td><td>720</td></tr>
<tr><td colspan="2">苯含量[c]/%　≤</td><td>0.3</td></tr>
<tr><td colspan="2">甲苯、乙苯和二甲苯含量总和[c]/%　≤</td><td>30</td></tr>
<tr><td colspan="3">a 按产品明示的施工配比(稀释剂无须加入)制备混合试样,并制备厚度适宜的涂膜。在产品说明书规定的干燥条件下,待涂膜完全干燥后,对干涂膜进行测定。粉末状涂料直接进行测定。
b 液体样品,按产品明示的施工配比制备混合试样,先按规定的方法测定其含量,再折算至干涂膜中的含量。粉末状样品或干涂膜样品,按规定的方法测定其含量。
c 仅适用于溶剂型涂料。按产品明示的施工配比混合后测定。如稀释剂的使用量为某一范围时,应按照推荐的最大稀释量稀释后进行测定。</td></tr>
</table>

5 试验方法

5.1 取样

产品取样应按 GB/T 3186 的规定进行。

5.2 检验方法

5.2.1 铅含量的测定按本标准中附录 A 的规定进行。

5.2.2 可溶性元素的测定按本标准中附录 B 的规定进行。

5.2.3 邻苯二甲酸酯类的测定按本标准中附录 C 的规定进行。

5.2.4 挥发性有机化合物的测定按本标准中附录 D 的规定进行。

5.2.5 苯及甲苯、乙苯和二甲苯总和的测定按本标准中附录 E 的规定进行。

6 检验规则

6.1 本标准所列的全部要求均为型式检验项目。

6.1.1 在正常生产情况下,每年至少进行一次型式检验。

6.1.2 有下列情况之一时应随时进行型式检验:

——新产品最初定型时;

——产品异地生产时;

——生产配方、工艺、关键原材料来源及产品施工配比有较大改变时;

——停产三个月后又恢复生产时。

6.2 检验结果的判定

6.2.1 检验结果的判定按 GB/T 1250 中修约值比较法进行。当修约后检验结果为 0、0.0 时，结果以一位有效数字报出。

6.2.2 报出检验结果时应同时注明产品明示的施工配比。

6.2.3 所有项目的检验结果均达到本标准的要求时，产品为符合本标准要求。

7 包装标志

7.1 产品包装标志除应符合 GB/T 9750 的规定外，按本标准检验合格的产品可在包装标志上明示。

7.2 对于由双组分或多组分配套组成的涂料，包装标志上或产品说明书中应明确各组分的施工配比。对于施工时需要稀释的涂料，包装标志上或产品说明书中应明确稀释比例。

附 录 A
（规范性附录）
铅含量的测定

A.1 原理

干燥后的涂膜，采用适宜的方法除去所有的有机物质，然后采用合适的分析仪器测定试验溶液中的铅含量。

A.2 试剂

分析测试中仅使用确认为分析纯的试剂，所用水符合 GB/T 6682 中三级水的要求。

A.2.1 硝酸：约为 65%（质量分数），密度约为 1.40 g/mL，不应使用已经变黄的硝酸。

A.2.2 过氧化氢：约为 30%（质量分数），密度约为 1.10 g/mL。

A.2.3 碳酸镁。

A.2.4 硝酸溶液：1∶1（体积比）。

A.2.5 硝酸溶液：2∶98（体积比）。

A.2.6 铅标准贮备溶液：浓度为 100 mg/L 或 1 000 mg/L。

A.3 仪器和设备

普通实验室仪器设备以及下列一些仪器设备：

A.3.1 合适的分析仪器：如火焰原子吸收光谱仪、电感耦合等离子体原子发射光谱仪等。

A.3.2 粉碎设备：粉碎机，剪刀或其他合适的粉碎设备。

A.3.3 电热板。温度可控。

A.3.4 马弗炉：温度能控制在（475±25）℃。

A.3.5 微波消解仪。

A.3.6 天平：精度 0.1 mg。

A.3.7 坩埚：50 mL。

A.3.8 烧杯：50 mL。

A.3.9 滤膜（适用于水溶液）：孔径 0.45 μm。

A.3.10 容量瓶：50 mL、100 mL 等。

A.3.11 移液管：1 mL、2 mL、5 mL、10 mL、25 mL 等。

A.3.12 玻璃板或聚四氟乙烯板。

所有的玻璃器皿、样品容器、玻璃板或聚四氟乙烯板等在使用前都需用硝酸溶液（A.2.4）浸泡 24 h，然后用水彻底清洗并干燥。

A.4 试验步骤

A.4.1 涂膜的制备

将待测样品搅拌均匀。按产品明示的施工配比（稀释剂无须加入）制备混合试样，搅拌均匀后，在玻璃板或聚四氟乙烯板（A.3.12）上制备厚度适宜的涂膜。在产品说明书规定的干燥条件下，待涂膜完全干燥[自干漆若烘干，温度不得超过（60±2）℃]后，取下涂膜，在室温下用粉碎设备（A.3.2）将其粉碎，使涂膜的尺寸小于 5 mm。

注 1：对不能被粉碎的涂膜（如弹性或塑性涂膜），可用干净的剪刀（A.3.2）将涂膜剪碎，使涂膜的尺寸小于 5 mm。

注 2：粉末状样品，直接进行样品处理。

A.4.2 样品处理

对制备的试样进行二次平行测试。

本标准提供了下列三种消解样品的方法，实验室可根据条件选用其中一种。

A.4.2.1 干灰化法

称取粉碎后的试样约 0.2 g～0.3 g（精确至 0.1 mg）放入坩埚（A.3.7）内，将约 0.5 g 碳酸镁（A.2.3）覆盖在坩埚内的试样上。将坩埚置于通风橱内的电热板（A.3.3）上，逐渐升高电热板的温度（不超过 475 ℃）至样品被消解成一个焦块，且挥发的消解产物已被充分排出，只留下干的碳质残渣。然后将坩埚放入（475±25）℃的马弗炉（A.3.4）内，保温直至完全灰化。

在灰化期间应供给足够的空气氧化，但不允许坩埚内的物质在任何阶段发生燃烧。

待盛有灰化物的坩埚冷却至室温后，加入 5 mL 硝酸（A.2.1），然后将坩埚内的溶液用滤膜（A.3.9）过滤并转移至 50 mL 容量瓶（A.3.10）中，用水冲洗坩埚和滤膜，所得到的溶液全部收集于同一容量瓶内，然后用水稀释至刻度。同时做试剂空白试验。

注：本方法不适用于氟碳涂料。

A.4.2.2 湿酸消解法

称取粉碎后的试样约 0.1 g～0.3 g（精确至 0.1 mg）置于 50 mL 烧杯（A.3.8）中，加入 7 mL 硝酸（A.2.1），在烧杯口上加盖一块表面皿，在电热板（A.3.3）上加热使溶液保持微沸 15 min 左右，继续加热直到产生白烟。将烧杯从电热板上取下，冷却约 5 min，缓慢滴加 1 mL～2 mL 过氧化氢（A.2.2）三次。每次加入后均需等反应平静后再加入。再次将烧杯放置在电热板上加热，至样品消解完全。如样品消解不完全，取下稍冷，再加入适量浓硝酸（A.2.1）和过氧化氢（A.2.2）1～2 次，继续加热使样品消解完全。至残余溶液约 1 mL 左右时，取下烧杯冷却至室温。用约 10 mL 水稀释，然后用滤膜（A.3.9）将溶液过滤并转移至 50 mL 容量瓶（A.3.10）中。用水冲洗烧杯和滤膜，所得到的溶液全部收集于同一容量瓶中，然后用水稀释至刻度。同时做试剂空白试验。

A.4.2.3 微波消解法

称取粉碎后的试样约 0.1 g～0.2 g（精确至 0.1 mg）置于微波消解罐中，分别加入 5 mL 硝酸（A.2.1）和 2 mL 过氧化氢（A.2.2），然后将消解罐封闭。按以下温度程序进行消解：约 10 min 内升至（180±5）℃，维持该温度 30 min 后降温。消解罐冷却至室温后，打开消解罐，将消解溶液用滤膜（A.3.9）过滤并转移至 50 mL 的容量瓶（A.3.10）中。用水冲洗消解内罐和内盖，将洗涤液收集于同一容量瓶中，同时用水冲洗滤膜，所得到的溶液全部收集于同一容量瓶中，然后用水稀释至刻度。同时做试剂空白试验。

采用上述各种方法消解样品时，可根据样品的实际状况确定适宜的消解条件，确保试样中的有机化合物全部被除去，而被测元素全部溶出。如果处理后的样品有残渣，残渣应用合适的测量手段[例如 X 射线荧光光谱仪（XRF）]测定，确保无被测元素存在。否则应改变消解条件使被测元素完全溶出。

所得到的消解溶液应在 24 h 内完成测试，否则应用硝酸（A.2.1）加以稳定，使保存的溶液浓度 $c(HNO_3)$ 约为 1 mol/L。

A.4.3 测试

按 A.4.2 制备的试验溶液采用合适的分析仪器（A.3.1）测定铅含量。

使用任一种分析仪器进行测定时，分析者都应按照仪器说明书或操作手册的规定对其进行操作和测试，并在试验报告中注明采用的分析仪器。

A.5 结果的计算

按式（A.1）计算试样中的铅含量：

$$w = \frac{(\rho - \rho_0)V \times F}{m} \quad \cdots\cdots\cdots\cdots (A.1)$$

式中：

w——试样中的铅含量，单位为毫克每千克(mg/kg)；

ρ——试验溶液中的铅浓度，单位为毫克每升(mg/L)；

ρ_0——空白溶液中的铅浓度，单位为毫克每升(mg/L)；

V——试验溶液的体积，单位为毫升(mL)；

F——试验溶液的稀释倍数；

m——称取的试样质量，单位为克(g)。

A.6 精密度

A.6.1 重复性

同一操作者二次测试结果的相对偏差应小于10%。

A.6.2 再现性

不同实验室间测试结果的相对偏差应小于20%。

附　录　B
（规范性附录）
可溶性元素含量的测定

B.1　原理

用0.07 mol/L盐酸溶液处理干燥后的涂膜，采用检出限适当的分析仪器测定试验溶液中可溶性元素的含量。

B.2　试剂

分析测试中仅使用确认为分析纯的试剂，所用水符合GB/T 6682中三级水的要求。

B.2.1　盐酸：约为37%（质量分数），密度约为1.18 g/mL。

B.2.2　盐酸溶液：0.07 mol/L。

B.2.3　盐酸溶液：约为2 mol/L。

B.2.4　硝酸溶液：1∶1（体积比）。

B.2.5　锑、砷、钡、镉、铬、铅、汞、硒标准贮备溶液：浓度为100 mg/L或1 000 mg/L。

B.3　仪器和设备

普通实验室仪器设备以及下列一些仪器设备：

B.3.1　检出限适当（见B.6）的分析仪器（如原子吸收光谱仪、电感耦合等离子体原子发射光谱仪等）。

B.3.2　粉碎设备：粉碎机，剪刀等。

B.3.3　不锈钢金属筛：孔径0.5 mm。

B.3.4　天平：精度0.1 mg。

B.3.5　加热搅拌装置：该装置应能恒温在（37±2）℃并连续自动搅拌，搅拌子外层应为聚四氟乙烯或玻璃。也可使用能恒温在（37±2）℃的振荡水浴锅。

B.3.6　酸度计：精度为±0.2pH单位。

B.3.7　滤膜（适用于水溶液）：孔径0.45 μm。

B.3.8　容量瓶：25 mL 、50 mL、100 mL等。

B.3.9　移液管：1 mL、2 mL、5 mL、10 mL、25 mL、50 mL等。

B.3.10　系列化学容器：总容量为盐酸溶液（B.2.2）提取剂体积的1.6倍～5.0倍。

B.3.11　玻璃板或聚四氟乙烯板。

所有的玻璃器皿、样品容器、搅拌子、玻璃板或聚四氟乙烯板等在使用前都需用硝酸溶液（B.2.4）浸泡24 h，然后用水清洗并干燥。

B.4　试验步骤

B.4.1　涂膜的制备

将待测样品搅拌均匀。按产品明示的施工配比（稀释剂无须加入）制备混合试样，搅拌均匀后，在玻璃板或聚四氟乙烯板（B.3.11）上制备厚度适宜的涂膜。在产品说明书规定的干燥条件下，待涂膜完全干燥[自干漆若烘干，温度不得超过（60±2）℃]后，取下涂膜，在室温下用粉碎设备（B.3.2）将其粉碎，并用不锈钢金属筛（B.3.3）过筛后待处理。

注1：对不能被粉碎的涂膜（如弹性或塑性涂膜），可用干净的剪刀（B.3.2）将涂膜尽可能剪碎，无须过筛直接进行样品处理。

注2：粉末状样品，直接进行样品处理。

B.4.2 样品处理

对制备的试样进行二次平行测试。

使用合适的化学容器(B.3.10),用合适的移液管(B.3.9)将相当于测试试样质量50倍、温度为(37±2)℃的盐酸溶液(B.2.2)与测试试样混合。在搅拌装置(B.3.5)上搅拌1 min后,用酸度计(B.3.6)测其酸度。如果pH值>1.5,一边搅拌混合液,一边逐滴加入盐酸溶液(B.2.3)[如果测试试样含有大量碳酸盐类碱性化合物,可采用逐滴加入盐酸(B.2.1)]调节pH值在1.0~1.5之间。将混合物避光,再在(37±2)℃下连续搅拌1 h,然后在(37±2)℃下放置1 h,接着立即用滤膜(B.3.7)过滤。过滤后的滤液应避光保存并应在24 h内完成元素分析测试。若滤液在进行元素分析测试前的保存时间超过24 h,应使用盐酸(B.2.1)加以稳定,使保存的溶液浓度$c(HCl)$约为1 mol/L。

注:在整个提取期间,应调节搅拌器的速度,以保持试样始终处于悬浮状态,同时应尽量避免溅出。

B.4.3 测试

按B.4.2制备的试验溶液采用检出限适当(见B.6)的分析仪器(B.3.1)测定可溶性有害元素的含量。

使用任一种分析仪器进行测定时,分析者都应按照仪器说明书或操作手册的规定对其进行操作和测试,并在试验报告中注明采用的分析仪器。

B.5 结果的计算

B.5.1 按式(B.1)分别计算试样中各种可溶性元素的含量:

$$w = \frac{(\rho - \rho_0)V \times F}{m} \qquad \cdots\cdots(B.1)$$

式中:

w——试样中可溶性元素的含量,单位为毫克每千克(mg/kg);

ρ——试验溶液的测定浓度,单位为毫克每升(mg/L);

ρ_0——空白溶液(A.2.2)的测定浓度,单位为毫克每升(mg/L);

V——试验溶液的定容体积,单位为毫升(mL);

F——试验溶液的稀释倍数;

m——试样质量,单位为克(g)。

B.5.2 结果的校正

由于本测试方法精确度的原因,在考虑实验室之间测试结果时,需经校正得出最终的分析结果。即式(B.1)中的计算结果应减去该结果乘以表B.1中相应元素的分析校正系数的值,作为该元素最终的分析结果报出。

表B.1 各元素分析校正系数

元素	锑(Sb)	砷(As)	钡(Ba)	镉(Cd)	铬(Cr)	铅(Pb)	汞(Hg)	硒(Se)
分析校正系数/%	60	60	30	30	30	30	50	60

示例:铅的计算结果为120 mg/kg,表1中铅的分析校正系数为30%,则最终分析结果=(120-120×30%)mg/kg=84 mg/kg。

B.6 测试方法的检出限

按上述分析方法测定可溶性元素的含量,其检出限不应大于该元素限量的十分之一。分析测试方法的检出限一般被认为是空白样测试值标准偏差的3倍。上述空白样测试值由实验室测定。

B.7 精密度

B.7.1 重复性

同一操作者 2 次测试结果的相对偏差应小于 20%。

B.7.2 再现性

不同实验室间测试结果的相对偏差应小于 33%。

附 录 C
（规范性附录）
邻苯二甲酸酯类的测定——气质联用法

C.1 原理

用丁酮溶剂对试样中的邻苯二甲酸酯类进行超声波提取。对提取液定容后，用气相色谱/质谱联用仪(GC-MS)测定。采用全扫描的总离子流色谱图(TIC)和质谱图(MS)进行定性，选择离子检测(SIM)和外标法进行定量。

C.2 材料和试剂

C.2.1 载气：氦气，纯度≥99.999%。

C.2.2 稀释溶剂：丁酮，纯度(质量分数)≥99%或已知纯度。

C.2.3 校准化合物：邻苯二甲酸二丁酯(DBP)、邻苯二甲酸丁苄酯(BBP)、邻苯二甲酸二异辛酯(DEHP)、邻苯二甲酸二辛酯(DNOP)、邻苯二甲酸二异壬酯(DINP)、邻苯二甲酸二异癸酯(DIDP)，纯度(质量分数)≥98%或已知纯度。

C.2.4 标准储备溶液：分别准确称取适量的邻苯二甲酸酯类校准化合物(C.2.3)，用丁酮(C.2.2)配制成浓度为 5 000 mg/L 的标准储备溶液。

注：标准储备溶液在(0～4)℃冰箱中保存，有效期 6 个月。

C.2.5 混合标准工作溶液：采用逐级稀释的方法，用丁酮(C.2.2)稀释标准储备溶液(C.2.4)成适用浓度的混合标准工作溶液。

注：标准工作溶液在(0～4)℃冰箱中保存，有效期 3 个月。

C.3 仪器和设备

C.3.1 气相色谱/质谱联用仪(GC-MS)。

C.3.2 进样器：容量至少应为进样量的二倍。

C.3.3 样品瓶：约 10 mL 的玻璃瓶，具有可密封的瓶盖。

C.3.4 离心机：离心力约为(5 000±500)g(g=9.806 65 m/s^2)。

C.3.5 容量瓶：50 mL，100 mL 等。

C.3.6 具塞锥形瓶：50 mL 等。

C.3.7 粉碎设备：粉碎机、剪刀或其他合适的粉碎设备。

C.3.8 超声波发生器：功率 500 W。

C.3.9 滤膜(适用于有机溶剂)：孔径 0.45 μm。

C.3.10 天平：精度 0.1 mg。

注：邻苯二甲酸酯类是实验室内常见的污染物，试剂、溶剂和玻璃器皿等均可能被邻苯二甲酸酯类污染，而造成干扰。因此分析过程中，避免使用塑料器皿。此外，玻璃器皿于使用前，必须放在高温炉中以 400 ℃烘烤 2 h～4 h，或以分析纯溶剂冲洗。

C.4 气相色谱-质谱测试条件

色谱柱：5%二苯基/95%二甲基聚硅氧烷毛细管柱，30 m×0.25 mm×0.25 μm，例如：DB-5MS 毛细管柱。

柱温：起始温度 60 ℃保持 0.75 min，然后以 30 ℃/min 升至 180 ℃，保持 1 min，再以 15 ℃/min 升至 280 ℃，保持 7 min；

进样口温度:280 ℃;

色谱-质谱接口温度:280 ℃;

离子源温度:230 ℃;

载气流速:1.0 mL/min;

进样方式:不分流进样,0.75 min 后开阀;

进样量:1.0 μL;

电离方式:EI;

电离能量:70 eV;

测定方式:全扫描的总离子流色谱图(TIC)和质谱图(MS)进行定性,选择离子检测(SIM)和外标法进行定量。

注 1:在 C.4 的气相色谱-质谱测试条件下,6 种邻苯二甲酸酯类的参考保留时间和选择离子及其丰度比参见表 C.1;总离子流色谱图和选择离子色谱图参见图 C.1、C.2、C.3、C.4、C.5。

注 2:也可根据所用气相色谱-质谱联用仪的性能及待测试样的实际情况选择最佳的气相色谱-质谱测试条件。

C.5 测试步骤

C.5.1 气相色谱-质谱联用仪的参数优化

参照 C.4 的气相色谱-质谱测试条件,每次都应该使用已知的校准化合物对仪器进行最优化处理,使仪器的灵敏度、稳定性和分离效果处于最佳状态。

C.5.2 定性分析

C.5.2.1 将待测样品搅拌均匀。按产品明示的施工配比制备混合试样,搅拌均匀后,称取约 1 g 试样置于样品瓶(C.3.3)中,加入适量的丁酮(C.2.2)稀释试样,于超声波发生器(C.3.8)中提取 10 min。放置 5 min 左右,使不溶物沉淀。也可使用离心机(C.3.4)离心分离,使不溶物沉淀,供 GC-MS 分析。

C.5.2.2 用进样器(C.3.2)取 1.0 μL 经 C.5.2.1 处理后的试验溶液的上层清液注入 GC-MS(C.3.1)中,记录总离子流质谱图和选择离子色谱图,定性鉴定试样中有无 C.2.3 中的校准化合物。如果试样中无 C.2.3 中的校准化合物,就无需进行下列步骤的测试。若待测试验溶液和标准工作溶液的总离子流质谱图或选择离子色谱图中,在相同的保留时间有色谱峰出现,则根据每种邻苯二甲酸酯类的种类和丰度比进行确证。

注:粉末状样品、固态样品[应先用粉碎设备(C.3.7)将其粉碎,使颗粒尺寸的直径小于 5 mm]直接加入 20 mL 丁酮(C.2.2)进行超声提取处理。

C.5.3 试验溶液的制备

所有的试验进行二次平行测试。

C.5.3.1 液态样品的制备

将待测样品搅拌均匀。按产品明示的施工配比制备混合试样,搅拌均匀后,称取试样约 1 g(精确至 0.1 mg)置于 50 mL 具塞锥形瓶(C.3.6)中,加入 20 mL 丁酮(C.2.2)稀释试样,于超声波发生器(C.3.8)中提取 10 min,冷却后,用滤膜(C.3.9)过滤提取液置于 50 mL 容量瓶(C.3.5)中。残渣再用 20 mL 丁酮(C.2.2)超声提取 5 min,合并滤液于同一容量瓶中,然后用丁酮稀释至刻度,供 GC-MS 分析。

C.5.3.2 固态样品的制备

在室温下用粉碎设备(C.3.7)将其粉碎,使颗粒尺寸的直径小于 5 mm。称取粉碎后的试样约 1 g(精确至 0.1 mg),置于 50 mL 具塞锥形瓶(C.3.6)中,加入 20 mL 丁酮(C.2.2),于超声波发生器(C.3.8)中提取 20 min,冷却后,用滤膜(C.3.9)过滤提取液置于 50 mL 容量瓶(C.3.5)中。残渣再用 20 mL 丁酮(C.2.2)超声提取 5 min,合并滤液于同一容量瓶中,然后用丁酮稀释至刻度,供 GC-MS 分析。

注:粉末状样品,直接进行样品处理。

C.5.4 标准工作曲线的绘制

C.5.4.1 系列标准工作溶液峰面积的测定

在与测试试样相同的气相色谱-质谱测试条件下，按 C.5.1 的规定优化仪器参数。用进样器(C.3.2)分别取 1.0 μL 系列标准工作溶液(C.2.5)注入 GC-MS 中，对定量选择离子(参见表 C.1)进行峰面积积分，DINP 和 DIDP 应分别将其所有同分异构体的色谱峰组的基线拉平后积分，计算其峰面积的总和。

每一种标准工作溶液进样 2 次，取平均值，其相对偏差应≤5%。

C.5.4.2 绘制标准工作曲线

以峰面积 A 为纵坐标，相应浓度 c(mg/L)为横坐标，绘制标准工作曲线。标准工作曲线应至少包括一个空白样品和三个标准工作溶液，其相关系数应≥0.995，否则应重新制作新的标准工作曲线。

C.5.5 定量测定

按测试标准工作溶液时的最优化条件设置仪器参数。用进样器(C.3.2)取经 C.5.3.1 或 C.5.3.2 处理后的滤液 1.0 μL 注入 GC-MS(C.3.1)中，记录总离子流质谱图和选择离子色谱图。根据待测试验溶液中被测化合物含量情况，对待测试验溶液的定量选择离子(参见表 C.1)进行峰面积积分，按式(C.1)采用外标法定量。

标准工作溶液和待测试验溶液中每种邻苯二甲酸酯类的响应值均应在仪器检测的线性范围内。若待测试验溶液中被测化合物的含量超出线性范围，应适当稀释后再测定。

C.5.6 结果计算

直接从标准工作曲线上读取待测试验溶液中每种邻苯二甲酸酯类的浓度。

按式(C.1)分别计算试样中每种邻苯二甲酸酯的含量：

$$w_i = \frac{\rho_i \times V \times F}{m \times S \times 10\ 000} \qquad \cdots\cdots(\text{C.1})$$

式中：

w_i——试样中邻苯二甲酸酯 i 的含量，%；

ρ_i——从标准工作曲线上读取的邻苯二甲酸酯 i 的浓度，单位为毫克每升(mg/L)；

V——试验溶液的定容体积，单位为毫升(mL)；

F——试验溶液的稀释因子；

m——试样的质量，单位为克(g)；

S——试样的不挥发物含量，以质量分数表示，单位为克每克(g/g)；

10 000——转换因子。

注 1：试样的不挥发物含量按 GB/T 1725—2007 中的规定进行测定。测试时按产品明示的配比混合各组分样品，搅拌均匀后，称取试样量(1±0.1)g，试验条件：(105±2)℃/1 h。

注 2：粉末状样品和固态样品的不挥发物含量按质量分数为 1[单位为克每克(g/g)]计算。

C.5.7 测试方法检出限

DBP、BBP、DEHP、DNOP：0.002%；

DINP、DIDP：0.01%。

C.6 精密度

C.6.1 重复性

同一操作者二次测试结果的相对偏差应小于 20%。

C.6.2 再现性

不同实验室间测试结果的相对偏差应小于 33%。

表 C.1　6种邻苯二甲酸酯的测定参数

组　别	邻苯二甲酸酯名称	保留时间/min	定量离子(m/z)	定性离子(m/z)
1	邻苯二甲酸二丁酯(DBP)	9.6	149	150、205、223
	邻苯二甲酸丁苄酯(BBP)	12.0	149	150、206、238
	邻苯二甲酸二异辛酯(DEHP)	13.0	149	150、167、279
2	邻苯二甲酸二辛酯(DNOP)	14.4	279	261、390
	邻苯二甲酸二异壬酯(DINP)	13.2～17.0	293	347、418
	邻苯二甲酸二异癸酯(DIDP)	13.8～18.0	307	321、446

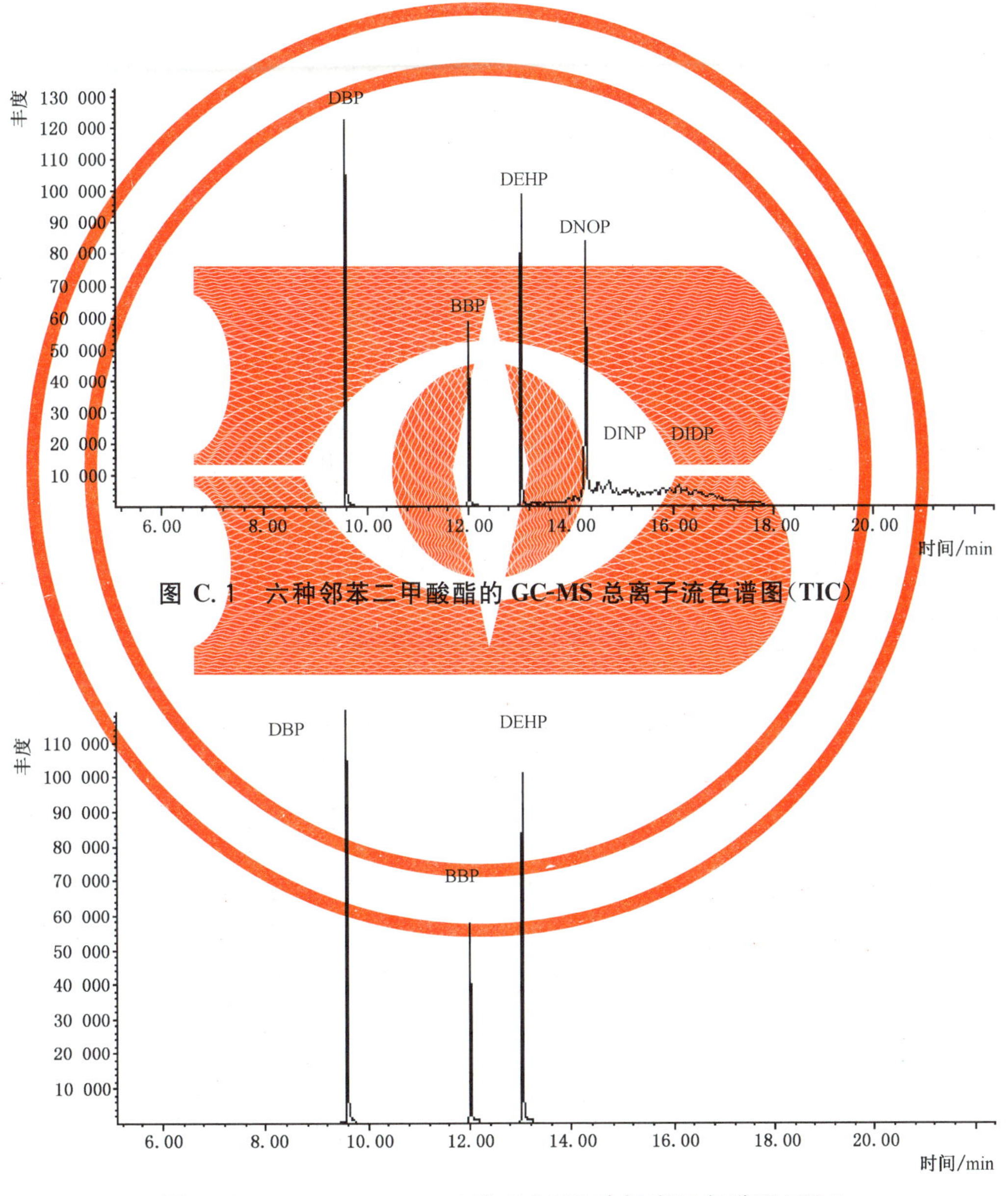

图 C.1　六种邻苯二甲酸酯的 GC-MS 总离子流色谱图(TIC)

图 C.2　DBP、BBP、DEHP 的 GC-MS 选择离子色谱图(SIM)

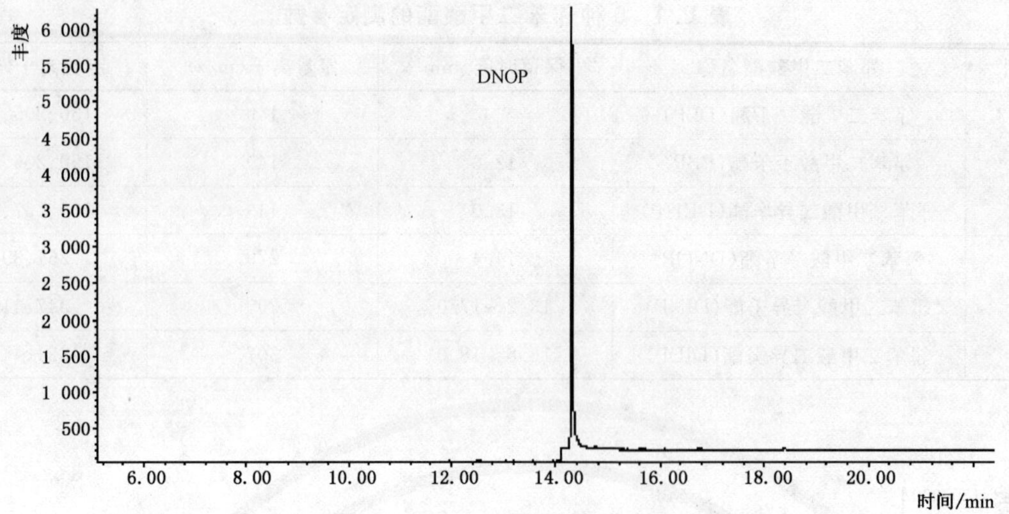

图 C.3　DNOP 的 GC-MS 选择离子色谱图(SIM)

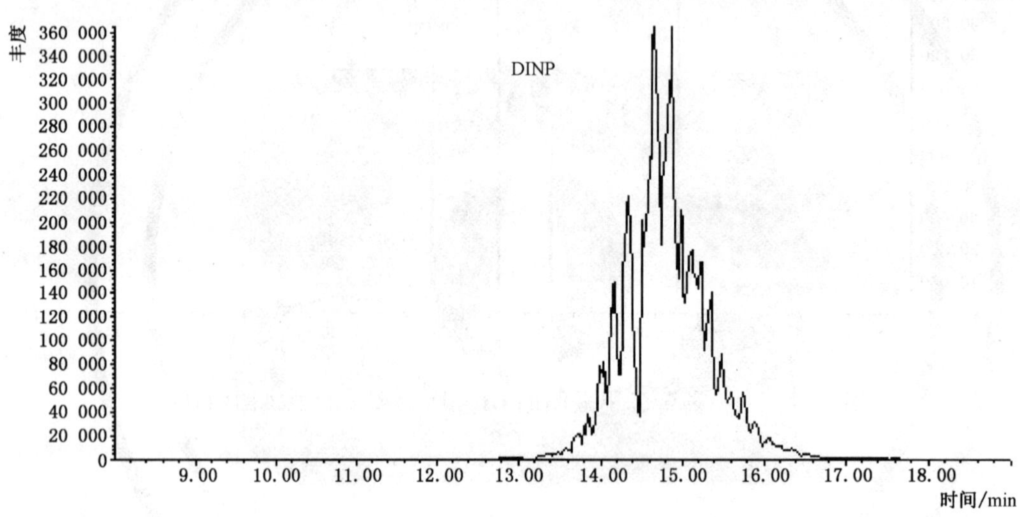

图 C.4　DINP 的 GC-MS 选择离子色谱图(SIM)

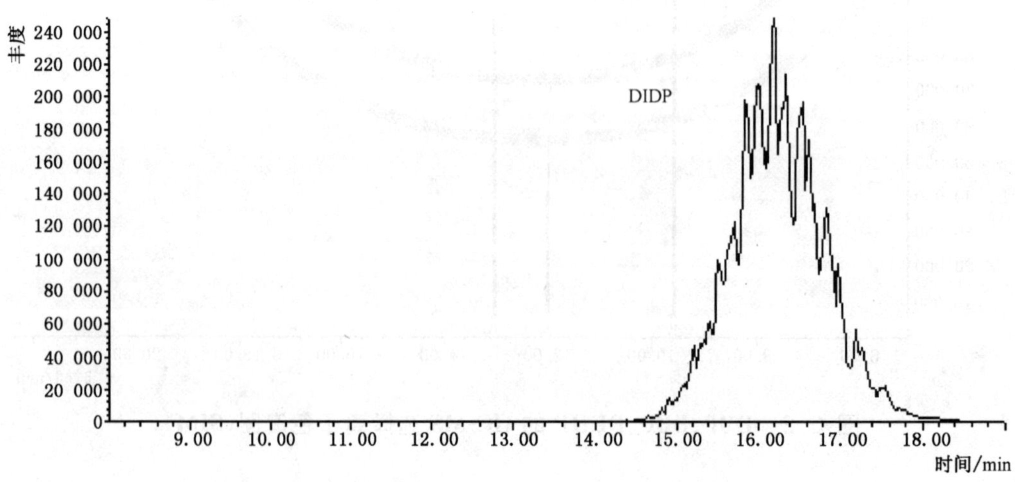

图 C.5　DIDP 的 GC-MS 选择离子色谱图(SIM)

附 录 D
（规范性附录）
挥发性有机化合物(VOC)含量的测定

D.1 原理

试样经气相色谱法测试，如未检测出沸点大于250 ℃的有机化合物，所测试的挥发物含量即为产品的VOC含量；如检测出沸点大于250 ℃的有机化合物，则对试样中沸点大于250 ℃的有机化合物进行定性鉴定和定量分析。从挥发物含量中扣除试样中沸点大于250 ℃有机化合物的含量即为产品的VOC含量。

D.2 材料和试剂

D.2.1 载气：氮气，纯度≥99.995%。

D.2.2 燃气：氢气，纯度≥99.995%。

D.2.3 助燃气：空气。

D.2.4 辅助气体（隔垫吹扫和尾吹气）：与载气具有相同性质的氮气。

D.2.5 内标物：试样中不存在的化合物，且该化合物能够与色谱图上其他成分完全分离，纯度至少为99%（质量分数）或已知纯度。例如：邻苯二甲酸二甲酯、邻苯二甲酸二乙酯等。

D.2.6 校准化合物：用于校准的化合物，其纯度至少为99%（质量分数）或已知纯度。

D.2.7 稀释溶剂：用于稀释试样的有机溶剂，不含有任何干扰测试的物质，纯度至少为99%（质量分数）或已知纯度。例如：乙酸乙酯等。

D.2.8 标记物：用于按VOC定义区分VOC组分与非VOC组分的化合物。本标准规定为己二酸二乙酯（沸点251 ℃）。

D.3 仪器设备

D.3.1 气相色谱仪，具有以下配置：

D.3.1.1 分流装置的进样口，并且汽化室内衬可更换。

D.3.1.2 程序升温控制器。

D.3.1.3 检测器

可以使用下列三种检测器中的任意一种：

D.3.1.3.1 火焰离子化检测器(FID)。

D.3.1.3.2 已校准并调谐过的质谱仪或其他质量选择检测器。

D.3.1.3.3 已校准过的傅立叶变换红外光谱仪(FT-IR光谱仪)。

注：如果选用D.3.1.3.2或D.3.1.3.3检测器对沸点大于250 ℃的有机化合物进行定性鉴定，仪器应与气相色谱仪相连并根据仪器制造商的相关说明进行操作。

D.3.1.4 色谱柱：应能使被测化合物足够分离，如聚二甲基硅氧烷毛细管柱或相当型号。

D.3.2 进样器：容量至少应为进样量的2倍。

D.3.3 配样瓶：约10 mL的玻璃瓶，具有可密封的瓶盖。

D.3.4 天平：精度0.1 mg。

D.4 气相色谱测试条件

色谱柱：聚二甲基硅氧烷毛细管柱，30 m×0.25 mm×0.25 μm；

进样口温度:300 ℃;

检测器:FID,温度:300 ℃;

柱温:起始温度 160 ℃保持 1 min,然后以 10 ℃/min 升至 290 ℃保持 15 min;

载气流速:1.2 mL/min;

分流比:分流进样,分流比可调;

进样量:1.0 μL。

注:也可根据所用仪器的性能及待测试样的实际情况选择最佳的气相色谱测试条件。

D.5 测试步骤

所有试验进行二次平行测定。

D.5.1 密度

将待测样品搅拌均匀。按产品明示的施工配比制备混合试样,搅拌均匀后,按 GB/T 6750—2007 的规定测定试样的密度。试验温度:(23±2)℃。

D.5.2 挥发物含量

将待测样品搅拌均匀。按产品明示的施工配比制备混合试样,搅拌均匀后,按 GB/T 1725—2007 的规定测定试样的不挥发物含量,单位为克每克(g/g),以 1 减去不挥发物含量得出试样的挥发物含量,单位为克每克(g/g)。称取试样量(1±0.1)g,试验条件:(105±2)℃/1 h。

D.5.3 挥发性有机化合物(VOC)含量

D.5.3.1 试样中不含沸点大于 250 ℃有机化合物的 VOC 含量的测定

如果试样经 D.5.3.2.2 定性分析未发现沸点大于 250 ℃的有机化合物,按式(D.1)计算试样的 VOC 含量。

$$\rho(\mathrm{VOC}) = w \times \rho_s \times 1\,000 \qquad \cdots\cdots\cdots\cdots (\mathrm{D.1})$$

式中:

$\rho(\mathrm{VOC})$——试样的 VOC 含量,单位为克每升(g/L);

w——试样中挥发物含量的质量分数,单位为克每克(g/g);

ρ_s——试样的密度,单位为克每毫升(g/mL);

1 000——转换因子。

D.5.3.2 试样中含沸点大于 250 ℃有机化合物的 VOC 含量的测定

D.5.3.2.1 色谱仪参数优化

按 D.4 中的色谱测试条件,每次都应该使用已知的校准化合物对仪器进行最优化处理,使仪器的灵敏度、稳定性和分离效果处于最佳状态。

进样量和分流比应相匹配,以免超出色谱柱的容量,并在仪器检测器的线性范围内。

D.5.3.2.2 定性分析

将标记物(D.2.8)注入色谱仪中,测定其在聚二甲基硅氧烷毛细柱上的保留时间,以便按 3.1 给出的 VOC 定义确定色谱图中的积分起点。

将待测样品搅拌均匀。按产品明示的施工配比制备混合试样,搅拌均匀后,称取约 2 g 的样品,用适量的稀释溶剂(D.2.7)稀释试样,用进样器(D.3.2)取 1.0 μL 混合均匀的试样注入色谱仪,记录色谱图,并对每种保留时间高于标记物的化合物进行定性鉴定。优先选用的方法是气相色谱仪与质量选择检测器(D.3.1.3.2)或 FT-IR 光谱仪(D.3.1.3.3)联用,并使用 D.4 中给出的气相色谱测试条件。

D.5.3.2.3 校准

D.5.3.2.3.1 如果校准中用到的化合物都可以购买到,应使用下列方法测定其相对校正因子。

D.5.3.2.3.1.1 校准样品的配制:分别称取一定量(精确至 0.1 mg)经 D.5.3.2.2 鉴定出的各种校准化合物(D.2.6)于配样瓶(D.3.3)中,称取的质量与待测试样中所含的各种化合物的含量应在同一数量级。再称取与待测化合物相同数量级的内标物(D.2.5)于同一配样瓶中,用适量稀释溶剂(D.2.7)稀释混合物,密封配样瓶并摇匀。

D.5.3.2.3.1.2 相对校正因子的测试:在与测试试样相同的气相色谱测试条件下按D.5.3.2.1的规定优化仪器参数。将适量的校准混合物注入气相色谱仪中,记录色谱图,按式(D.2)分别计算每种化合物的相对校正因子:

$$R_i = \frac{m_{ci} \times A_{is}}{m_{is} \times A_{ci}} \qquad \cdots\cdots(D.2)$$

式中:

R_i——化合物 i 的相对校正因子;

m_{ci}——校准混合物中化合物 i 的质量,单位为克(g);

m_{is}——校准混合物中内标物的质量,单位为克(g);

A_{is}——内标物的峰面积;

A_{ci}——化合物 i 的峰面积。

测定结果保留三位有效数字。

D.5.3.2.3.2 若出现未能定性的色谱峰或者校准用的有机化合物未商品化,则假设其相对于邻苯二甲酸二甲酯的校正因子为1.0。

D.5.3.2.4 试样的测试

D.5.3.2.4.1 试样的制备:将待测样品搅拌均匀。按产品明示的施工配比制备混合试样,搅拌均匀后,称取试样约2 g(精确至0.1 mg)以及与被测化合物相同数量级的内标物(D.2.5)于配样瓶(D.3.3)中,加入适量稀释溶剂(D.2.7)于同一配样瓶中稀释试样,密封配样瓶并摇匀。

D.5.3.2.4.2 按校准时的最优化条件设定仪器参数。

D.5.3.2.4.3 将标记物(D.2.8)注入气相色谱仪中,记录其在聚二甲基硅氧烷毛细管柱上的保留时间,以便按3.1给出的VOC定义确定色谱图中的积分起点。

D.5.3.2.4.4 将1.0 μL按D.5.3.2.4.1制备的试样注入气相色谱仪,记录色谱图,并计算各种保留时间高于标记物的化合物峰面积,然后按式(D.3)分别计算试样中所含的各种沸点大于250℃有机化合物含量的质量分数:

$$w_{漆i} = \frac{m_{is} \times A_i \times R_i}{m_s \times A_{is}} \qquad \cdots\cdots(D.3)$$

式中:

$w_{漆i}$——试样中沸点大于250 ℃有机化合物 i 含量的质量分数,单位为克每克(g/g);

R_i——被测化合物 i 的相对校正因子;

m_{is}——内标物的质量,单位为克(g);

m_s——试样的质量,单位为克(g);

A_i——被测化合物 i 的峰面积;

A_{is}——内标物的峰面积。

D.5.3.2.4.5 试样中沸点大于250 ℃有机化合物的含量按式(D.4)计算:

$$w_{漆} = \sum_{i=1}^{n} w_{漆i} \qquad \cdots\cdots(D.4)$$

式中:

$w_{漆}$——试样中沸点大于250 ℃有机化合物含量的质量分数,单位为克每克(g/g)。

D.5.3.2.5 试样中沸点小于或等于250 ℃ VOC的含量按式(D.5)计算:

$$\rho(VOC) = (w - w_{漆}) \times \rho_s \times 1\,000 \qquad \cdots\cdots(D.5)$$

式中：

$\rho(VOC)$——试样中沸点小于或等于 250 ℃的 VOC 含量，单位为克每升(g/L)；

w——试样中挥发物含量的质量分数，单位为克每克(g/g)；

$w_{漆}$——试样中沸点大于 250 ℃有机化合物含量的质量分数，单位为克每克(g/g)；

ρ_s——试样的密度，单位为克每毫升(g/mL)；

1 000——转换因子。

D.6 精密度

D.6.1 重复性

同一操作者二次测试结果的相对偏差应小于 5%。

D.6.2 再现性

不同的实验室间测试结果的相对偏差应小于 10%。

附 录 E
（规范性附录）
苯、甲苯、乙苯和二甲苯含量的测定

E.1 原理

试样经稀释后注入气相色谱仪中，经色谱柱分离后，用氢火焰离子化检测器检测，以内标法定量。

E.2 材料和试剂

E.2.1 载气：氮气，纯度≥99.995%。

E.2.2 燃气：氢气，纯度≥99.995%。

E.2.3 助燃气：空气。

E.2.4 辅助气体（隔垫吹扫和尾吹气）：与载气具有相同性质的氮气。

E.2.5 内标物：试样中不存在的化合物，且该化合物能够与色谱图上其他成分完全分离，纯度至少为99%（质量分数）或已知纯度。例如：正庚烷、正戊烷等。

E.2.6 校准化合物：苯、甲苯、乙苯和二甲苯，纯度至少为99%（质量分数）或已知纯度。

E.2.7 稀释溶剂：用于稀释试样的有机溶剂，不含有任何干扰测试的物质，纯度至少为99%（质量分数）或已知纯度。例如：乙酸乙酯、正己烷等。

E.3 仪器设备

E.3.1 气相色谱仪，具有以下配置：

E.3.1.1 分流装置的进样口，并且汽化室内衬可更换。

E.3.1.2 程序升温控制器。

E.3.1.3 检测器：火焰离子化检测器（FID）。

E.3.1.4 色谱柱：应能使被测物足够分离，如聚二甲基硅氧烷毛细管柱、6%腈丙苯基/94%聚二甲基硅氧烷毛细管柱、聚乙二醇毛细管柱或相当型号。

E.3.2 进样器：容量至少应为进样量的2倍。

E.3.3 配样瓶：约10 mL的玻璃瓶，具有可密封的瓶盖。

E.3.4 天平：精度0.1mg。

E.4 气相色谱测试条件

色谱柱：聚二甲基硅氧烷毛细管柱，30 m×0.25 mm×0.25 μm；

进样口温度：240 ℃；

检测器温度：280 ℃；

柱温：初始温度50 ℃保持5 min，然后以10 ℃/min升至280 ℃保持5 min；

载气流速：1.0 mL/min；

分流比：分流进样，分流比可调；

进样量：0.2 μL。

注：也可根据所用仪器的性能及待测试样的实际情况选择最佳的气相色谱测试条件。

E.5 测试步骤

所有试验进行二次平行测定。

E.5.1　色谱仪参数优化

按 E.4 中的色谱测试条件，每次都应该使用已知的校准化合物对仪器进行最优化处理，使仪器的灵敏度、稳定性和分离效果处于最佳状态。

进样量和分流比应相匹配，以免超出色谱柱的容量，并在仪器检测器的线性范围内。

E.5.2　定性分析

E.5.2.1　按 E.5.1 的规定使仪器参数最优化。

E.5.2.2　被测化合物保留时间的测定

将 0.2 μL 含 E.2.6 所示被测化合物的标准混合溶液注入色谱仪，记录各被测化合物的保留时间。

E.5.2.3　定性分析

将待测样品搅拌均匀。按产品明示的施工配比制备混合试样，搅拌均匀后，称取约 2 g 的样品，用适量的稀释剂(E.2.7)稀释试样，用进样器(E.3.2)取 0.2 μL 混合均匀的试样注入色谱仪，记录色谱图，并与经 E.5.2.2 测定的标准被测化合物的保留时间对比确定是否存在被测化合物。

E.5.3　校准

E.5.3.1　校准样品的配制：分别称取一定量(精确至 0.1 mg)E.2.6 中的各种校准化合物于配样瓶(E.3.3)中，称取的质量与待测试样中所含的各种化合物的含量应在同一数量级；再称取与待测化合物相同数量级的内标物(E.2.5)于同一配样瓶中，用适量稀释溶剂(E.2.7)稀释混合物，密封配样瓶并摇匀。

E.5.3.2　相对校正因子的测试：在与测试试样相同的色谱测试条件下按 E.5.1 的规定优化仪器参数。将适量的校准混合物注入气相色谱仪中，记录色谱图，按式(E.1)分别计算每种化合物的相对校正因子：

$$R_i = \frac{m_{ci} \times A_{is}}{m_{is} \times A_{ci}} \qquad \cdots\cdots\cdots\cdots\cdots\cdots\cdots\cdots\cdots\cdots (E.1)$$

式中：

R_i——化合物 i 的相对校正因子；

m_{ci}——校准混合物中化合物 i 的质量，单位为克(g)；

m_{is}——校准混合物中内标物的质量，单位为克(g)；

A_{is}——内标物的峰面积；

A_{ci}——化合物 i 的峰面积。

测定结果保留三位有效数字。

E.5.4　试样的测试

E.5.4.1　试样的配制：将待测样品搅拌均匀。按产品明示的施工配比制备混合试样，搅拌均匀后称取试样约 2 g(精确至 0.1 mg)以及与被测化合物相同数量级的内标物(E.2.5)于配样瓶(E.3.3)中，加入适量稀释溶剂(E.2.7)于同一配样瓶中稀释试样，密封配样瓶并摇匀。

E.5.4.2　按校准时的最优化条件设定仪器参数。

E.5.4.3　将 0.2 μL 按 E.5.4.1 配制的试样注入气相色谱仪中，记录色谱图，然后按式(E.2)分别计算试样中所含被测化合物(苯、甲苯、乙苯、二甲苯)的含量：

$$w_i = \frac{m_{is} \times A_i \times R_i}{m_s \times A_{is}} \times 100 \qquad \cdots\cdots\cdots\cdots\cdots\cdots\cdots\cdots\cdots\cdots (E.2)$$

式中：

w_i——试样中被测化合物 i 含量的质量分数，%；

R_i——被测化合物 i 的相对校正因子；

m_{is}——内标物的质量，单位为克(g)；

m_s——试样的质量，单位为克(g)；

A_i——被测化合物 i 的峰面积；

A_{is}——内标物的峰面积。

注：如遇到采用 E.4 中的色谱测试条件不能有效分离被测化合物而难以准确定量测定时，可换用其他类型的色谱柱（见 E.3.1.4 所列）或色谱测试条件，使被测化合物有效分离后再定量测定。

E.6 精密度

E.6.1 重复性

同一操作者 2 次测试结果的相对偏差应小于 5%。

E.6.2 再现性

不同实验室间测试结果的相对偏差应小于 10%。

ICS 87.040
G 51

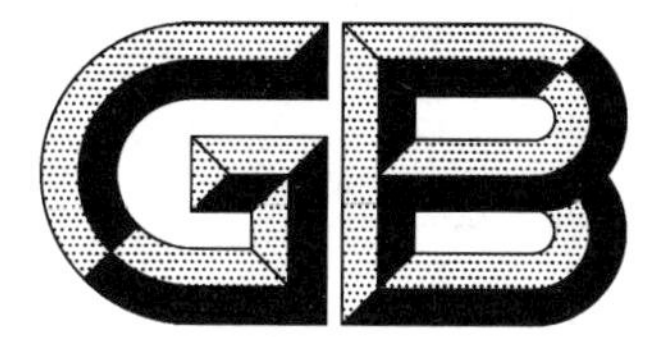

中华人民共和国国家标准

GB 30981—2020
代替 GB 30981—2014

工业防护涂料中有害物质限量

Limit of harmful substances of industrial protective coatings

2020-03-04 发布 2020-12-01 实施

国家市场监督管理总局
国家标准化管理委员会 发布

前　言

本标准的全部技术内容为强制性。

本标准按照 GB/T 1.1—2009 给出的规则起草。

本标准代替 GB 30981—2014《建筑钢结构防腐涂料中有害物质限量》。与 GB 30981—2014 相比，除编辑性修改外主要技术变化如下：

——修改了标准的范围(见第 1 章,2014 年版的第 1 章)；

——删除了规范性引用文件“GB 24408—2009”；增加了规范性引用文件“GB/T 6682—2008、GB/T 9758.5—1988、GB/T 9760—1988、GB/T 23985—2009、GB/T 23986—2009、GB/T 23990—2009、GB/T 23992—2009、GB/T 30647—2014、GB/T 34675—2017、GB/T 34682—2017、GB/T 36488—2018”(见第 2 章,2014 年版的第 2 章)；

——修改了“挥发性有机化合物”的定义；增加了“工程机械”“农业机械”“港口机械”“化工机械”“集装箱”“包装”“型材”“电子电器”“预涂卷材”“车间底漆”“效应颜料”“施工状态”的术语和定义；删除了“建筑钢结构”“建筑钢结构防腐涂料”的术语和定义(见第 3 章,2014 年版的第 3 章)；

——修改了产品分类(见第 4 章,2014 年版的第 4 章)；

——修改了溶剂型涂料的“涂料类型”；修改了 VOC 含量的限量值(见表 2,2014 年版的表 1)；

——增加了水性涂料、无溶剂涂料、辐射固化涂料的 VOC 含量的限量值(见表 1、表 3、表 4)；

——增加了“甲苯与二甲苯(含乙苯)总和含量”和“多环芳烃总和含量”项目及指标(见表 5)；

——“乙二醇醚(乙二醇醚甲醚、乙二醇乙醚)总和含量”改为“乙二醇醚及醚酯总和含量”；修改了“苯含量”项目的指标；修改了“卤代烃总和含量”和“乙二醇醚及醚酯总和含量”的控制品种(见表 5,2014 年版的表 2)；

——“有害重金属含量”要求由“推荐性”改为“强制性”(见表 5,2014 年版的 5.3)；

——修改了“VOC 含量”“苯含量”“卤代烃总和含量”“甲醇含量”“乙二醇醚及醚酯总和含量”“重金属含量”项目的试验方法(见 6.2,2014 年版的 6.2)；

——增加了“甲苯与二甲苯(含乙苯)总和含量”“多环芳烃总和含量”项目的试验方法(见 6.2)；

——增加了标准的实施(见第 9 章)。

本标准由中华人民共和国工业和信息化部提出并归口。

本标准所代替标准的历次版本发布情况为：

——GB 30981—2014。

工业防护涂料中有害物质限量

1 范围

本标准规定了工业防护涂料中对人体和环境有害的物质容许限量所涉及的产品分类、要求、测试方法、检验规则、包装标志、标准的实施。

本标准适用于除腻子以外的对金属、混凝土、塑胶等表面进行防护的各类工业防护涂料(船舶涂料除外)。

本标准不适用于航空航天涂料、核电涂料、军事装备和设施用涂料。

2 规范性引用文件

下列文件对于本文件的应用是必不可少的。凡是注日期的引用文件,仅注日期的版本适用于本文件。凡是不注日期的引用文件,其最新版本(包括所有的修改单)适用于本文件。

GB/T 1725—2007 色漆、清漆和塑料 不挥发物含量的测定

GB/T 3186 色漆、清漆和色漆与清漆用原材料 取样

GB/T 6682—2008 分析实验室用水规格和试验方法

GB/T 6750—2007 色漆和清漆 密度的测定 比重瓶法

GB/T 8170—2008 数值修约规则与极限数值的表示和判定

GB/T 9750 涂料产品包装标志

GB/T 9758.5—1988 色漆和清漆 “可溶性”金属含量的测定 第5部分:液体色漆的颜料部分或粉末状色漆中六价铬含量的测定 二苯卡巴肼分光光度法

GB/T 9760—1988 色漆和清漆 液体或粉末状色漆中酸萃取物的制备

GB/T 23985—2009 色漆和清漆 挥发性有机化合物(VOC)含量的测定 差值法

GB/T 23986—2009 色漆和清漆 挥发性有机化合物(VOC)含量的测定 气相色谱法

GB/T 23990—2009 涂料中苯、甲苯、乙苯和二甲苯含量的测定 气相色谱法

GB/T 23992—2009 涂料中氯代烃含量的测定 气相色谱法

GB/T 30647—2014 涂料中有害元素总含量的测定

GB/T 34675—2017 辐射固化涂料中挥发性有机化合物(VOC)含量的测定

GB/T 34682—2017 含有活性稀释剂的涂料中挥发性有机化合物(VOC)含量的测定

GB/T 36488—2018 涂料中多环芳烃的测定

3 术语和定义

下列术语和定义适用于本文件。

3.1

工程机械 engineering machinery

土方工程、石方工程、混凝土工程及各类建筑安装工程在综合机械化施工过程中所使用的作业机械设备。

注:例如,工业车辆、建筑机械、线路机械、市政环卫机械、电梯及扶梯、气动工具等。

3.2

农业机械　agricultural machinery

在作物种植业和畜牧业生产过程中，以及农、畜产品初加工和处理过程中所使用的各种机械。

注：例如，农用动力机械、农田建设机械、土壤耕作机械、种植和施肥机械、植物保护机械、农田排灌机械、作物收获机械、农产品加工机械、畜牧业机械和农业运输机械等。

3.3

港口机械　port machinery

在港口从事船舶的货物装卸，库场进行货物堆码、拆垛和转运，以及船舱内、车厢内、仓库内货物搬运等作业的机械设备。

注：例如，起重机械、装卸车辆、输送机械、搬运机械等。

3.4

化工机械　chemical machinery

在化学工业生产中所用的机器和设备的总称。

注：例如，各种过滤机、破碎机、离心分离机、旋转窑、搅拌机、旋转干燥机以及流体输送机械等化工机器，各种容器（槽、罐、釜等）、普通窑、塔器、反应器、换热器、普通干燥器、蒸发器，反应炉、电解槽、结晶设备、传质设备、吸附设备、流态化设备、普通分离设备以及离子交换设备等化工设备。

3.5

建筑物　building

用建筑材料构筑的空间和实体，供人们居住和进行各种活动的场所。

［GB/T 50504—2009，定义 2.1.4］

注：例如，住宅、办公大楼、厂房、仓库、商场、体育馆、展览馆、图书馆、医院、学校、机场、车站、剧院、教堂等。

3.6

构筑物　construction

为某种使用目的而建造的、人们一般不直接在其内部进行生产和生活活动的工程实体或附属建筑设施。

［GB/T 50504—2009，定义 2.1.5］

注：例如，桥梁、铁塔、碑塔、电视塔、护栏、电力设施、石化设施、近海设施等结构。

3.7

集装箱　container

一种供货物运输的设备，应满足以下条件：

a）具有足够的强度和刚度，可长期反复使用；

b）适于一种或多种运输方式载运，在途中转运时，箱内货物不需换装；

c）具有便于快捷装卸和搬运的装置，特别是从一种运输方式转移到另一种运输方式；

d）便于货物的装满或卸空；

e）具有 1 m^3 及其以上的容积；

f）是一种按照确保安全的要求进行设计，并具有防御无关人员轻易进入的货运工具。

［GB/T 1992—2006，定义 3.1］

3.8

包装　package

为在流通过程中保护产品、方便贮运、促进销售，按一定技术方法而采用的容器、材料及辅助物等的总体名称。

注：例如，饮料罐、食品罐、化工桶、钢桶、不粘锅等。

3.9

型材　profiles

以铝、铁或钢以及具有一定强度和韧性的材料通过轧制、挤出、铸造等工艺制成的具有一定几何形状的物体。

注：例如，铝型材、塑料型材等。

3.10

电子电器　electrical and electronic product

依靠电流或电磁场工作或者以产生、传输和测量电流和电磁场为目的，额定工作电压为直流电不超过1 500 V、交流电不超过1 000 V的设备及配套产品。其中涉及电能生产、传输和分配的设备除外。

3.11

预涂卷材　pre-coated coil

在成卷的金属薄板上涂覆涂料或层压塑料薄膜后，以成卷或单张形式出售的有机材料/金属复合板材。

注：例如，建筑板、家电板等。

3.12

车间底漆　shop primer

〈通用〉一种保护涂料，在车间施涂于工件，随后在现场施涂面漆。

[GB/T 5206—2015，定义2.232.1]

3.13

效应颜料　effect pigment

通常为片状颜料，除提供颜色外还能提供一些其他性能，如彩虹色(光在薄层上发生干涉而形成)，随角异色(颜色变换，颜色跳跃、颜色明暗变化)或纹理。

[GB/T 5206—2015，定义2.91]

3.14

挥发性有机化合物　volatile organic compound

VOC

参与大气光化学反应的有机化合物，或者根据有关规定确定的有机化合物。

3.15

挥发性有机化合物含量　volatile organic compound content

VOC含量

在规定的条件下测得的涂料中存在的挥发性有机化合物的质量。

[GB/T 5206—2015，定义2.271]

3.16

施工状态　application condition

在施工方式和施工条件满足相应产品技术说明书中的要求时，产品所有组分混合后，可以进行施工的状态。

4　产品分类

本标准将工业防护涂料分为水性涂料、溶剂型涂料、无溶剂涂料、辐射固化涂料、粉末涂料。其中，水性涂料分为机械设备涂料、建筑物和构筑物防护涂料(建筑用墙面涂料除外)、集装箱涂料、包装涂料、型材涂料(含金属底材幕墙板涂料)、电子电器涂料；溶剂型涂料分为机械设备涂料、建筑物和构筑物防护涂料、集装箱涂料、预涂卷材涂料、包装涂料、型材涂料(含金属底材幕墙板涂料)、电子电器涂料；辐射固化涂料分为水性和非水性。

5 要求

5.1 除特殊功能性涂料以外的各类工业防护涂料中 VOC 含量的限量值应符合表 1、表 2、表 3、表 4 的要求。

注：特殊功能性涂料是指绝缘涂料、触摸屏和光学塑料片用耐指纹涂料、150 ℃以上高温烧结成膜的聚四氟乙烯类涂料(耐化学介质、耐磨、润滑、不粘等特殊功能)、弹性体用氟硅涂料、电镀银效果漆(辐射固化型)、标志漆、电子元器件用保护涂料(防酸雾、防尘、防湿等特殊功能)等。

水性涂料中 VOC 含量的限量值应符合表 1 的要求；溶剂型涂料中 VOC 含量的限量值应符合表 2 的要求；无溶剂涂料中 VOC 含量的限量值应符合表 3 的要求；辐射固化涂料中 VOC 含量的限量值应符合表 4 的要求。当涂料产品明示适用于多种用途时，应符合各要求中最严格的限量值要求。

水性涂料和水性辐射固化涂料所有项目均不考虑水的稀释比例；其他类型涂料按产品明示的施工状态下的施工配比混合后测定，如多组分的某组分使用量为某一范围时，应按照产品施工状态下的施工配比规定的最大比例混合后进行测定。

表 1 水性涂料中 VOC 含量的限量值要求

<table>
<tr><th colspan="3">产品类别</th><th colspan="2">主要产品类型</th><th>限量值/(g/L)</th></tr>
<tr><td rowspan="13">机械设备涂料</td><td colspan="2" rowspan="4">工程机械和农业机械涂料
(含零部件涂料)</td><td colspan="2">底漆</td><td>≤300</td></tr>
<tr><td colspan="2">中涂</td><td>≤300</td></tr>
<tr><td colspan="2">面漆</td><td>≤420</td></tr>
<tr><td colspan="2">清漆</td><td>≤420</td></tr>
<tr><td colspan="2" rowspan="5">港口机械和化工机械涂料
(含零部件涂料)</td><td colspan="2">车间底漆</td><td>≤300</td></tr>
<tr><td colspan="2">底漆</td><td>≤300</td></tr>
<tr><td colspan="2">中涂</td><td>≤250</td></tr>
<tr><td colspan="2">面漆</td><td>≤300</td></tr>
<tr><td colspan="2">清漆</td><td>≤300</td></tr>
<tr><td colspan="2" rowspan="4">其他</td><td colspan="2">底漆</td><td>≤250</td></tr>
<tr><td colspan="2">中涂</td><td>≤200</td></tr>
<tr><td colspan="2">面漆</td><td>≤300</td></tr>
<tr><td colspan="2">清漆</td><td>≤300</td></tr>
<tr><td rowspan="9">建筑物和构筑物
防护涂料(建筑用
墙面涂料除外)</td><td rowspan="9">金属基材
防腐涂料</td><td rowspan="4">单组分</td><td colspan="2">醇酸树脂涂料</td><td>≤350</td></tr>
<tr><td rowspan="3">其他</td><td>底漆</td><td>≤300</td></tr>
<tr><td>面漆</td><td>≤300</td></tr>
<tr><td>效应颜料漆</td><td>≤420</td></tr>
<tr><td rowspan="5">双组分</td><td colspan="2">车间底漆</td><td>≤300</td></tr>
<tr><td colspan="2">底漆</td><td>≤300</td></tr>
<tr><td colspan="2">中涂</td><td>≤250</td></tr>
<tr><td colspan="2">面漆</td><td>≤300</td></tr>
<tr><td colspan="2">效应颜料漆</td><td>≤420</td></tr>
</table>

表 1（续）

产品类别		主要产品类型	限量值/(g/L)
建筑物和构筑物防护涂料(建筑用墙面涂料除外)	混凝土防护涂料	封闭底漆	≤300
		底漆	≤250
		中涂	≤250
		面漆	≤300
	其他	—	≤300
集装箱涂料		底漆	≤350
		中涂	≤250
		面漆	≤300
包装涂料	不粘涂料	底漆	≤480
		中涂	≤350
		面漆	≤300
	其他	辊涂(片材)	≤480
		喷涂	≤400
型材涂料(含金属底材幕墙板涂料)		电泳涂料	≤250
		氟树脂涂料	≤350
		其他	≤300
电子电器涂料		底漆	≤420
		色漆	≤420
		清漆	≤420

表 2　溶剂型涂料中 VOC 含量的限量值要求

产品类别		主要产品类型		限量值/(g/L)
机械设备涂料	工程机械和农业机械涂料(含零部件涂料)	底漆		≤540
		中涂		≤540
		面漆		≤550
		清漆		≤550
	港口机械和化工机械涂料(含零部件涂料)	车间底漆		≤680
		底漆	无机	≤600
			其他	≤550
		中涂		≤500
		面漆		≤500
		清漆		≤500
		特种涂料(耐高温涂料等)		≤650

表 2（续）

产品类别		主要产品类型		限量值/(g/L)
机械设备涂料	其他	底漆		≤500
		中涂		≤480
		面漆		≤550
		清漆		≤550
建筑物和构筑物防护涂料	金属基材防腐涂料	车间底漆	无机	≤720
			有机	≤650
		无机锌底漆		≤600
		单组分涂料		≤630
		双组分涂料	底漆	≤500
			中涂	≤500
			面漆	≤550
			清漆	≤580
	混凝土防护涂料（含铁路混凝土桥面用薄涂型防水涂料）	封闭底漆		≤700
		底漆		≤540
		中涂		≤540
		面漆		≤550
	特种涂料（耐高温涂料、耐化学品涂料、联接漆等）	—		≤650
	其他	—		≤550
集装箱涂料		车间底漆	喷涂	≤700
			辊涂	≤650
		底漆		≤550
		中涂		≤500
		面漆		≤550
预涂卷材涂料	氟树脂涂料	—		≤780
	其他	底漆		≤650
		背漆		≤700
		面漆		≤600
		清漆		≤600
包装涂料	不粘涂料	—		≤420
	其他	辊涂	卷材	≤780
			片材	≤680
		喷涂		≤750

表 2（续）

产品类别		主要产品类型	限量值/(g/L)
型材涂料（含金属底材幕墙板涂料）	氟树脂涂料	—	≤780
	其他	底漆	≤520
		面漆	≤600
		清漆	≤550
电子电器涂料		底漆	≤600
		色漆	≤700
		清漆	≤650

表 3　无溶剂涂料中 VOC 含量的限量值要求

项目	限量值/(g/L)
VOC 含量	≤100

表 4　辐射固化涂料中 VOC 含量的限量值要求

产品类别	施涂方式	限量值/(g/L)
水性	喷涂	≤400
水性	其他	≤150
非水性	喷涂	≤550
	其他	≤200

5.2　各类工业防护涂料中除 VOC 含量以外其他有害物质含量的限量值应符合表 5 的要求。

表 5　其他有害物质含量的限量值要求

项目	限量值
苯含量[a]（限溶剂型涂料、非水性辐射固化涂料）/%	≤0.3
甲苯与二甲苯（含乙苯）总和含量[a]（限溶剂型涂料、非水性辐射固化涂料）/%	≤35
卤代烃总和含量[a]（限溶剂型涂料、非水性辐射固化涂料）/% （限二氯甲烷、三氯甲烷、四氯化碳、1,1-二氯乙烷、1,2-二氯乙烷、1,1,1-三氯乙烷、1,1,2-三氯乙烷、1,2-二氯丙烷、1,2,3-三氯丙烷、三氯乙烯、四氯乙烯）	≤1
多环芳烃总和含量[a]（限溶剂型涂料、非水性辐射固化涂料）/(mg/kg) （限萘、蒽）	≤500
甲醇含量[a]（限无机类涂料）/%	≤1
乙二醇醚及醚酯总和含量[a]（限水性涂料、溶剂型涂料、辐射固化涂料）/% （限乙二醇甲醚、乙二醇甲醚醋酸酯、乙二醇乙醚、乙二醇乙醚醋酸酯、乙二醇二甲醚、乙二醇二乙醚、二乙二醇二甲醚、三乙二醇二甲醚）	≤1

表 5（续）

项目		限量值
重金属含量（限色漆[b]、粉末涂料、醇酸清漆）/(mg/kg)	铅(Pb)含量	≤1 000
	镉(Cd)含量	≤100
	六价铬(Cr^{6+})含量	≤1 000
	汞(Hg)含量	≤1 000

[a] 按产品明示的施工状态下的施工配比混合后测定，如多组分的某组分的使用量为某一范围时，应按照产品施工状态下的施工配比规定的最大比例混合后进行测定，水性涂料和水性辐射固化涂料所有项目均不考虑水的稀释比例。

[b] 指含有颜料、体质颜料、染料的一类涂料。

6 测试方法

6.1 取样

按 GB/T 3186 的规定取样，也可按商定方法取样。取样量根据检验需要确定。

6.2 试验方法

6.2.1 VOC 含量

6.2.1.1 密度

按 GB/T 6750—2007 的规定进行，试验温度为(23±0.5)℃。

6.2.1.2 水性涂料中 VOC 含量

先按附录 A 的规定，测定水性涂料中水分含量。

如涂料中水分含量大于或等于 70%（质量分数），按 GB/T 23986—2009 的规定进行。称取试样约 1 g；色谱柱采用中等极性色谱柱（6%氰丙苯基/94%聚二甲基硅氧烷毛细管柱），标记物为己二酸二乙酯。VOC 含量按 GB/T 23986—2009 中 10.4 计算。

如涂料中水分含量小于 70%（质量分数），按 GB/T 23985—2009 的规定进行。不挥发物含量按 GB/T 1725—2007 的规定进行，称取试样约 1 g，烘烤条件为(105±2)℃/1 h。VOC 含量按 GB/T 23985—2009 中 8.4 计算。

6.2.1.3 溶剂型涂料中 VOC 含量

不含活性稀释剂和水的溶剂型涂料按 GB/T 23985—2009 的规定进行。不挥发物含量按 GB/T 1725—2007 的规定进行，称取试样约 1 g，烘烤条件为(105±2)℃/1 h；不测水分，水分含量设为零。不含活性稀释剂和水的溶剂型涂料中 VOC 含量的计算，按 GB/T 23985—2009 中 8.3 进行。

含活性稀释剂的溶剂型涂料按 6.2.1.4 的规定进行。

有意添加水的溶剂型涂料按 GB/T 23985—2009 的规定进行。不挥发物含量按 GB/T 1725—2007 的规定进行，称取试样约 1 g，烘烤条件为(105±2)℃/1 h；水分含量的测定，按附录 A 的规定进行。VOC 含量的计算，按 GB/T 23985—2009 中 8.4 进行。

6.2.1.4 无溶剂涂料中 VOC 含量

按 GB/T 34682—2017 的规定进行。不挥发物含量测定时的放置时间为标准试验环境[温度(23±2)℃;相对湿度(50±5)%]下放置 24 h,或按产品说明书要求时间放置,但放置时间不大于 7 d。不测水分,水分含量设为零。

VOC 含量的计算,按 GB/T 34682—2017 中 8.3 进行。

6.2.1.5 辐射固化涂料中 VOC 含量

按 GB/T 34675—2017 的规定进行。

水性辐射固化涂料中 VOC 含量的计算,按 GB/T 34675—2017 中 8.4 进行;水分含量的测定,按附录 A 的规定进行。非水性辐射固化涂料中 VOC 含量的计算,按 GB/T 34675—2017 中 8.3 进行;不测水分,水分含量设为零。

6.2.2 苯含量、甲苯与二甲苯(含乙苯)总和含量

按 GB/T 23990—2009 中 A 法的规定进行。苯含量、甲苯与二甲苯(含乙苯)含量的计算,按 GB/T 23990—2009 中 8.4.3 进行。

6.2.3 卤代烃总和含量

按 GB/T 23992—2009 的规定进行。卤代烃含量的计算,按 GB/T 23992—2009 中 8.5.2 进行。

6.2.4 多环芳烃总和含量

按 GB/T 36488—2018 的规定进行。

6.2.5 甲醇含量

按 GB/T 23986—2009 的规定进行。甲醇含量的计算,按 GB/T 23986—2009 中 10.2 进行。

6.2.6 乙二醇醚及醚酯总和含量

按 GB/T 23986—2009 的规定进行。乙二醇醚及醚酯含量的计算,按 GB/T 23986—2009 中 10.2 进行。

6.2.7 重金属含量

铅(Pb)含量、镉(Cd)含量、汞(Hg)含量的测定,按 GB/T 30647—2014 的规定进行。

六价铬(Cr^{6+})含量的测定,先按 GB/T 30647—2014 的规定,测定试样中的总铬含量,再按附录 B 的规定进行。

7 检验规则

7.1 型式检验

7.1.1 在正常生产情况下,每年至少进行一次型式检验,型式检验项目包括本标准所列的全部要求。

7.1.2 有下列情况之一时,应进行型式检验:

——新产品最初定型时;

——产品异地生产时;

——生产配方、工艺、关键原材料来源及产品施工状态下的施工配比有较大改变时;

——停产三个月后又恢复生产时。

7.2 检验结果的判定

7.2.1 检验结果的判定，按 GB/T 8170—2008 中修约值比较法进行。

7.2.2 报出检验结果时，应同时注明产品明示的施工状态下的施工配比。

7.2.3 所有项目的检验结果均达到本标准的要求时，产品为符合本标准要求。

8 包装标志

8.1 产品包装标志除应符合 GB/T 9750 的规定外，按本标准检验合格的产品可在包装标志上明示。

8.2 包装标志上或产品说明书中应明确施工状态下的施工配比。

8.3 包装标志上或产品说明书中应标明符合本标准的分类、产品类别和产品类型(或施涂方式)。

8.4 含有活性稀释剂的溶剂型涂料应在包装标志上或产品说明书中明示。

8.5 有意添加水的溶剂型涂料应在包装标志上或产品说明书中明示。

8.6 对于聚氨酯类、环氧类等多组分固化的涂料应在包装标志上或产品说明书中标明适用期。

9 标准的实施

9.1 对预涂卷材涂料的重金属含量的限量值实行过渡期要求，其过渡期为本标准发布之日起至2021年12月31日。自2022年1月1日起，预涂卷材涂料应执行表5中重金属含量的限量值要求。

9.2 涂装现场对施工状态下的涂料产品抽查时，对于聚氨酯类、环氧类等多组分固化的涂料品种抽样检验，应在产品适用期内进行检验。

附 录 A
（规范性附录）
水分含量的测定　气相色谱法

A.1 试剂和材料

A.1.1 蒸馏水：符合 GB/T 6682—2008 中三级水的要求。

A.1.2 稀释溶剂：用于稀释试样的并经分子筛干燥的有机溶剂，不含有任何干扰测试的物质。纯度至少为 99%（质量分数），或已知纯度。例如：二甲基甲酰胺等。

A.1.3 内标物：试样中不存在的并经分子筛干燥的化合物，且该化合物能够与色谱图上其他成分完全分离。纯度至少为 99%（质量分数），或已知纯度。例如：异丙醇等。

A.1.4 分子筛：孔径为 0.2 nm～0.3 nm，粒径为 1.7 mm～5.0 mm。分子筛应再生后使用。

A.1.5 载气：氢气或氦气，纯度≥99.995%。

A.2 仪器设备

A.2.1 气相色谱仪：配有热导检测器及程序升温控制器。

A.2.2 色谱柱：苯乙烯-二乙烯基苯多孔聚合物的毛细管柱。

注：其他满足检验要求的色谱柱也可使用。

A.2.3 进样器：微量注射器，10 μL。

A.2.4 配样瓶：约 10 mL 的玻璃瓶，具有可密封的瓶盖。

A.2.5 天平：实际分度值 $d=0.1$ mg。

A.3 气相色谱测试条件

A.3.1 色谱柱：苯乙烯-二乙烯基苯多孔聚合物的毛细管柱，25 m×0.53 mm×10 μm。

A.3.2 进样口温度：250 ℃。

A.3.3 检测器温度：300 ℃。

A.3.4 分流比：5∶1。

A.3.5 柱温：程序升温，100 ℃保持 2 min，然后以 20 ℃/min 升至 130 ℃并保持 3 min，再以30 ℃/min 升至 200 ℃保持 5 min。

A.3.6 载气：氢气，流速 6.5 mL/min。

注：也可根据所用气相色谱仪的性能、色谱柱类型及待测试样的实际情况选择最佳的气相色谱测试条件。

A.4 测试步骤

A.4.1 测试水的相对响应因子 *R*

在同一配样瓶（A.2.4）中称取约 0.2 g 的蒸馏水（A.1.1）和约 0.2 g 的内标物（A.1.3），精确至 0.1 mg，记录水的质量 m_w 和内标物的质量 m_i，再加入 5 mL 稀释溶剂（A.1.2），密封配样瓶（A.2.4）并摇匀。用微量注射器（A.2.3）吸取配样瓶（A.2.4）中的 1 μL 混合液注入色谱仪中，记录色谱图。按式（A.1）计算水的相对响应因子 R：

$$R=\frac{m_i \times A_w}{m_w \times A_i} \qquad \text{(A.1)}$$

式中：

R ——水的相对响应因子；

m_i ——内标物的质量，单位为克(g)；

A_w ——水的峰面积；

m_w ——水的质量，单位为克(g)；

A_i ——内标物的峰面积。

若内标物和稀释溶剂不是无水试剂，则以同样量的内标物和稀释溶剂(混合液)，但不加水作为空白样，记录空白样中水的峰面积 A_0。按式(A.2)计算水的相对响应因子 R：

$$R=\frac{m_i \times (A_w - A_0)}{m_w \times A_i} \qquad \text{(A.2)}$$

式中：

R ——水的相对响应因子；

m_i ——内标物的质量，单位为克(g)；

A_w ——水的峰面积；

A_0 ——空白样中水的峰面积；

m_w ——水的质量，单位为克(g)；

A_i ——内标物的峰面积。

平行测试两次，取两次测试结果的平均值，其相对偏差应小于 5%。

A.4.2 样品分析

称取搅拌均匀后的试样约 0.6 g 以及与水含量近似相等的内标物(A.1.3)于配样瓶(A.2.4)中，精确至 0.1 mg，记录试样的质量 m_s 和内标物的质量 m_i，再加入 5 mL 稀释溶剂(A.1.2)(稀释溶剂体积可根据样品状态调整)，密封配样瓶(A.2.4)并摇匀。同时准备一个不加试样的内标物和稀释溶剂混合液作为空白样。用力摇动或超声装有试样的配样瓶(A.2.4)15 min，放置 5 min，使其沉淀[为使试样尽快沉淀，可在装有试样的配样瓶(A.2.4)内加入几粒小玻璃珠，然后用力摇动；也可使用低速离心机使其沉淀]。用微量注射器(A.2.3)吸取配样瓶(A.2.4)中的 1 μL 上层清液，注入色谱仪中，记录色谱图。

A.4.3 计算

按式(A.3)计算试样中的水分含量 w_w：

$$w_w=\frac{m_i \times (A_w - A_0)}{m_s \times A_i \times R} \times 100\% \qquad \text{(A.3)}$$

式中：

w_w ——试样中的水分含量，以质量分数计；

m_i ——内标物的质量，单位为克(g)；

A_w ——试样中水的峰面积；

A_0 ——空白样中水的峰面积；

m_s ——试样的质量，单位为克(g)；

A_i ——内标物的峰面积；

R ——水的相对响应因子。

平行测试两次，取两次测试结果的平均值，保留至小数点后两位。

A.5 精密度

A.5.1 重复性:水分含量大于或等于15%,同一操作者两次测试结果的相对偏差小于1.6%。

A.5.2 再现性:水分含量大于或等于15%,不同实验室间测试结果的相对偏差小于5%。

附 录 B
（规范性附录）
六价铬（Cr^{6+}）含量的测定 分光光度法

警示——对测试方法中使用所有潜在包含六价铬（Cr^{6+}）的样品和试剂应采用适当的措施进行预防。含六价铬（Cr^{6+}）的溶液和废料应进行妥善处理。

B.1 原理

若试样中总铬含量小于 8 mg/kg，则六价铬（Cr^{6+}）含量的结果以“未检出”报出，检出限为 8 mg/kg。若试样中总铬含量≥8 mg/kg，则试样（同时进行基体加标）在超声分散后，使用碱性消解液从试样中提取六价铬（Cr^{6+}）化合物。提取液中的六价铬（Cr^{6+}）在酸性溶液中与二苯碳酰二肼反应生成紫红色络合物，用分光光度法测定试验溶液中的六价铬（Cr^{6+}）含量（波长 540 nm 处）；同时测定试样的不挥发物含量，最终结果以干膜中的六价铬（Cr^{6+}）含量报出。

B.2 试剂和材料

分析测试中仅使用确认为分析纯的试剂，所用水符合 GB/T 6682—2008 中三级水的要求。

B.2.1 *N*-甲基吡咯烷酮（NMP）：试剂存放在 20 ℃～25 ℃的棕色瓶中，避免阳光直射。使用前应在每 100 mL 的试剂中添加 10 g 活性分子筛，保存 12 h 以上。容器打开后，储存期为一个月。

B.2.2 硝酸：约为 65%（质量分数），密度约为 1.40 g/mL；不应使用已变黄的硝酸。

B.2.3 硫酸：约为 98%（质量分数），密度约为 1.84 g/mL。

B.2.4 氢氧化钠。

B.2.5 无水碳酸钠。

B.2.6 磷酸氢二钾。

B.2.7 磷酸二氢钾。

B.2.8 二苯碳酰二肼。

B.2.9 无水氯化镁。

B.2.10 丙酮。

B.2.11 硝酸溶液：硝酸＋水＝1＋1（体积比），将 1 体积浓硝酸（B.2.2）加入到 1 体积的水中。

B.2.12 硫酸溶液：硫酸＋水＝1＋9（体积比），小心地将 1 体积浓硫酸（B.2.3）加入到 9 体积的水中。

B.2.13 消解液：称取 20.0 g 氢氧化钠（B.2.4）和 30.0 g 无水碳酸钠（B.2.5），用水溶解后移入 1 000 mL 的容量瓶中并稀释至刻度，摇匀，转移至塑料瓶中保存。此消解液应在 20 ℃～25 ℃下密封保存，且每月要重新制备。使用前应检测其 pH 值，且 pH 值应在 11.5 以上（含 11.5），否则应重新制备。

B.2.14 缓冲液：溶解 87.09 g 磷酸氢二钾（B.2.6）和 68.04 g 磷酸二氢钾（B.2.7）于水中，移入 1 000 mL 的容量瓶中并稀释至刻度。此缓冲液 pH＝7。

B.2.15 二苯碳酰二肼显色剂：称取 0.5 g 二苯碳酰二肼（B.2.8）溶于 100 mL 丙酮（B.2.10）中，保存于棕色瓶中。溶液退色时，应重新配制。

B.2.16 六价铬（Cr^{6+}）标准贮备溶液：质量浓度为 100 mg/L。

B.2.17 六价铬（Cr^{6+}）标准溶液：质量浓度为 5 mg/L。用移液管（B.3.7）移取 5 mL 六价铬（Cr^{6+}）标准贮备溶液（B.2.16）于 100 mL 容量瓶（B.3.6）中，用水稀释至刻度。此溶液应在使用的当天配制。

B.3 仪器和设备

B.3.1 天平:实际分度值 d=0.1 mg。

B.3.2 分光光度计:适合于在波长 540 nm 处测量,配有光程为 10 mm 的比色池。

B.3.3 超声水浴锅:能维持温度 60 ℃～65 ℃。

B.3.4 酸度计:精度为±0.2pH 单位。

B.3.5 消解器:50 mL 具塞锥形瓶。

B.3.6 容量瓶:25 mL、50 mL、100 mL、1 000 mL 等。

B.3.7 移液管:1 mL、2 mL、5 mL、10 mL、25 mL 等。

B.3.8 量筒:5 mL、10 mL、25 mL、50 mL 等。

B.3.9 烧杯:150 mL。

B.3.10 注射器式过滤器:0.45 μm 滤膜。

B.3.11 普通实验室仪器设备。

B.3.12 所有的玻璃器皿、样品容器、玻璃板或聚四氟乙烯板在使用前都需用硝酸溶液(B.2.11)浸泡 24 h,然后用水清洗并干燥。

B.4 试验步骤

B.4.1 平行试验和空白试验

平行做两份试验。空白试验与测试平行进行,不加样品,测试一次。

B.4.2 试样制备

试样平行测试的称样量和基体加标回收率平行测试的称样量应近似相等。

称取试样约 0.1 g(精确至 0.1 mg)和移取 10 mL 的 NMP(B.2.1)置于消解器(B.3.5)中,记录试样量 m,盖上塞子,然后放置于超声水浴锅(B.3.3)中,在 60 ℃～65 ℃温度下超声 1 h。

同时进行基体加标回收率的测试,称取试样约 0.1 g(精确至 0.1 mg)和移取 10 mL 的 NMP(B.2.1)和 0.5 mL 的六价铬(Cr^{6+})标准贮备溶液(B.2.16)置于消解器(B.3.5)中,盖上塞子,然后放置于超声水浴锅(B.3.3)中,在 60 ℃～65 ℃温度下超声 1 h。

在每个消解器(B.3.5)中加入约 200 mg 无水氯化镁(B.2.9)和 0.5 mL 缓冲液(B.2.14),摇匀。用量筒(B.3.8)量取 20 mL 消解液(B.2.13)缓慢加入每个消解器(B.3.5)内,摇匀。消解液(B.2.13)应完全浸没试样,可加入 1 滴～2 滴润湿剂(无水乙醇),以增加试样的润湿性。将消解器(B.3.5)盖上塞子,置于超声水浴锅(B.3.3)中,在 60 ℃～65 ℃温度下超声 1 h。

从超声水浴锅(B.3.3)中取出消解器(B.3.5),逐渐冷却至室温,将消解器(B.3.5)中溶液(即使溶液浑浊或者存在絮状沉淀物,也不要过滤溶液)转移至干净的烧杯(B.3.9)中,在搅拌状态下将硝酸(B.2.11)滴加于烧杯中,用酸度计(B.3.4)测试,调节溶液的 pH 值至 7.5±0.5,得到提取液。提取液应尽快显色测定。

B.4.3 测试

B.4.3.1 显色溶液的制备

在每个烧杯(B.3.9)中的提取液中缓慢滴加硫酸溶液(B.2.12),用酸度计(B.3.4)测试,调节溶液的 pH 值至 2.0±0.5,混合均匀。然后用移液管(B.3.7)准确移入 2.0 mL 二苯碳酰二肼显色剂(B.2.15),混合均匀。然后将其全部转移至100 mL容量瓶(B.3.6)中,用水稀释至刻度,得试验溶液。试验溶液静置5 min至10 min后尽快测定,30 min内完成上机测试。

B.4.3.2 系列标准工作溶液的配制

用移液管(B.3.7)分别移取0.0 mL、2.0 mL、4.0 mL、6.0 mL、8.0 mL、10.0 mL、20 mL六价铬(Cr^{6+})标准溶液(B.2.17)至100 mL容量瓶中,用量筒(B.3.8)分别加水50 mL,分别滴加硫酸溶液(B.2.12),用酸度计(B.3.4)测试,调节溶液的pH值至2.0±0.5,用移液管(B.3.7)分别移入2.0 mL二苯碳酰二肼显色剂(B.2.15),分别用水稀释至刻度,混合均匀。静置5 min~10 min后,在30 min内尽快完成测定。此系列标准工作溶液中含六价铬(Cr^{6+})的质量浓度分别为0.0 mg/L、0.1 mg/L、0.2 mg/L、0.3 mg/L、0.4 mg/L、0.5 mg/L、1.0 mg/L。

B.4.3.3 试样中六价铬(Cr^{6+})含量的测定

分别将适量的系列标准工作溶液移入10 mm比色池内,在分光光度计(B.3.2)上于540 nm波长处测定其吸光度,以吸光度值对应质量浓度值绘制校正曲线。校正曲线的校正系数应≥0.99。否则应重新制作新的校正曲线。

在同样条件下,测试经0.45 μm的注射器式过滤器(B.3.10)过滤后的试验溶液(B.4.3.1)的吸光度,根据校正曲线计算试验溶液中六价铬(Cr^{6+})的质量浓度。如试验溶液中吸光度值超出校正曲线最高点,则应对加显色剂前的提取液适当稀释后再测试,加标溶液量根据实际进行调整。

B.4.3.4 不挥发物含量的测定

水性涂料和溶剂型涂料的不挥发物含量,按GB/T 1725—2007的规定进行,称取试样约1 g,烘烤条件为(105±2)℃/1 h;辐射固化涂料的不挥发物含量,按GB/T 34675—2017的规定进行;粉末涂料的不挥发物含量以1计。

B.4.4 结果的计算

B.4.4.1 试样(以干膜计)中六价铬(Cr^{6+})含量

按式(B.1)计算试样(以干膜计)中六价铬(Cr^{6+})含量:

$$w=\frac{(\rho-\rho_0)\times V\times F}{m\times w\,(\mathrm{NV})} \qquad \cdots\cdots(\mathrm{B.1})$$

式中:

w ——试样(以干膜计)中六价铬(Cr^{6+})的含量,单位为毫克每千克(mg/kg);
ρ ——试验溶液的质量浓度,单位为毫克每升(mg/L);
ρ_0 ——空白溶液的质量浓度,单位为毫克每升(mg/L);
V ——试验溶液的定容体积,单位为毫升(mL);
F ——试验溶液的稀释倍数;
m ——称取的试样量,单位为克(g);
$w(\mathrm{NV})$ ——不挥发物含量,以质量分数计,单位为克每克(g/g)。

结果取两次平行试验的平均值。

B.4.4.2 基体加标回收率

按式(B.2)计算基体加标回收率:

$$\mathrm{SR}=\frac{\mathrm{SS}-\mathrm{US}}{\mathrm{SA}}\times 100 \qquad \cdots\cdots(\mathrm{B.2})$$

式中

SR ——基体加标回收率，%；

SS ——加标后试样（以干膜计）中六价铬（Cr^{6+}）含量，单位为毫克每千克（mg/kg）；

US——未加标试样（以干膜计）中六价铬（Cr^{6+}）含量，单位为毫克每千克（mg/kg）；

SA ——加标溶液中六价铬（Cr^{6+}）含量折算成以试样干膜计的六价铬（Cr^{6+}）含量，单位为毫克每千克（mg/kg）。

示例：

如加入 0.5 mL 的六价铬（Cr^{6+}）标准贮备溶液（100 mg/L），试样的不挥发物含量为 0.50 g/g，称取的试样量约0.1 g，则 SA=0.5 mL×（100 mg/L）/（0.1 g×0.50 g/g）=1 000 mg/kg。

根据被测样品的六价铬（Cr^{6+}）含量，可以选择其他合适的加标溶液量，保证加标后的质量浓度在合适的曲线范围内。

B.4.4.3 结果和检出限的校正

基体加标回收率的可接受范围应为≥50%且≤125%。

基体加标回收率<50%时，应重新加入两倍量的加标溶液量进行测试；基体加标回收率>125%时，应重新加入等量的加标溶液量进行测试。如重复测试的基体加标回收率仍在≥50%且≤125%的范围之外，碱性消解法不适用所测试的样品，则试样中六价铬（Cr^{6+}）含量按 GB/T 9760—1988 中第 6 章、8.1、8.2.3、8.4 的规定进行酸萃取液的制备（制备的颜料的称样量约 0.5 g），再按 GB/T 9758.5—1988 进行六价铬（Cr^{6+}）含量测试。结果除以不挥发物含量后，以干膜中六价铬（Cr^{6+}）含量报出。

如基体加标回收率>75%且≤125%，则无需校正结果，检出限为 8 mg/kg。

如基体加标回收率在≥50%且≤75%范围内，应根据基体加标回收率校正结果和检出限，即为：结果乘以 100%加标回收率与实际基体加标回收率的比值，检出限按同样方法进行校正。

示例：

如样品的测试结果为 100 mg/kg，基体加标回收率为 50%，则该测试样品的校正检出限=8 mg/kg×（100%/50%）=16 mg/kg，该测试样品的校正测试结果=100 mg/kg×（100%/50%）=200 mg/kg。最终报出结果为 200 mg/kg，检出限为 16 mg/kg。

B.5 精密度

B.5.1 重复性：同一操作者两次测试结果的相对偏差小于 20%。

B.5.2 再现性：不同实验室间测试结果的相对偏差小于 33%。

参 考 文 献

［1］ GB/T 1992—2006 集装箱术语

［2］ GB/T 2705—2003 涂料产品分类和命名

［3］ GB/T 4122.1—2008 包装术语 第1部分:基础

［4］ GB 4806.10—2016 食品安全国家标准 食品接触用涂料及涂层

［5］ GB/T 5206—2015 色漆和清漆 术语和定义

［6］ GB/T 5237.5—2017 铝合金建筑型材 第5部分:喷漆型材

［7］ GB/T 17748—2016 建筑幕墙用铝塑复合板

［8］ GB/T 30790.2—2014 色漆和清漆 防护涂料体系对钢结构的防腐蚀保护 第2部分:环境分类

［9］ GB/T 33761—2017 绿色产品评价通则

［10］ GB 37822—2019 挥发性有机物无组织排放控制标准

［11］ GB 37824—2019 涂料、油墨及胶粘剂工业大气污染物排放标准

［12］ GB/T 50504—2009 民用建筑设计术语标准

［13］ HG/T 3830—2006 卷材涂料

［14］ HJ 2537—2014 环境标志产品技术要求 水性涂料

［15］ IEC 62321-7-2:2017 Determination of certain substances in electrotechnical products—Part 7-2: Hexavalent chromium—Determination of hexavalent chromium [Cr(Ⅵ)]in polymers and electronics by the colorimetric method

［16］ Basic Criteria for Award of The Blue Angel Environmental Label RAL-UZ 12a Low-Emission and Low-Pollutant Paints and Varnishes(Edition August 2011)

［17］ EPA method 24 Determination Of Volatile Matter Content, Water Content, Density, Volume Solids, And Weight Solids Of Surface Coatings

［18］ Good Environmental Choice Australia Environmental Performance Standard Paints and Coatings (PCv2.2ii-2012)

［19］ GS-11 Green Seal Standard For Paints Coatings Stains and Sealers(Edition 3.2)

［20］ Hong Kong Green Label Scheme Product Environmental Criteria for Paint (GL-008-010)

［21］ Japan Eco-mark Product Category No.126 “Paints”(Version 2.5)

［22］ Korea Eco-label Standards EL241:2014 Paints

［23］ Nordic Ecolabelling of Chemical building products (Version 2.7)

ICS 87.040
G 51

中华人民共和国国家标准

GB 38468—2019

室内地坪涂料中有害物质限量

Limit of harmful substances of interior floor coatings

2019-12-31 发布 2020-07-01 实施

国家市场监督管理总局
国家标准化管理委员会 发布

前　言

本标准的全部技术内容为强制性。

本标准按照 GB/T 1.1—2009 给出的规则起草。

本标准由中华人民共和国工业和信息化部提出并归口。

本标准起草单位：中海油常州涂料化工研究院有限公司、中国建材检验认证集团股份有限公司、上海建科检验有限公司、中航百慕新材料技术工程股份有限公司、信和新材料股份有限公司、北京碧海舟腐蚀防护工业股份有限公司、河北晨阳工贸集团有限公司、中远关西涂料化工（天津）有限公司、宁波新安涂料有限公司、杭州潮头建材有限公司、广州秀珀化工涂料有限公司、西北永新涂料有限公司、科思创（上海）管理有限公司、陕西宝塔山油漆股份有限公司、苏州德达特种涂料有限公司、海虹老人涂料（中国）有限公司、四川嘉宝莉涂料有限公司、立邦涂料（中国）有限公司、上海阳森精细化工有限公司、西卡（中国）有限公司、深圳广田装饰集团股份有限公司、阿克苏诺贝尔太古漆油（广州）有限公司、苏州宇江建材有限公司、三棵树涂料股份有限公司。

本标准主要起草人：彭菊芳、刘实华、胡晓珍、冯淋畅、李跃武、李依璇、孔志元、李进颖、程璐、杜景怡、徐金宝、胡建钢、刘身凯、文立新、沈剑平、王小刚、党文生、林丹、蔡伟、程俊、黄挺、马敏生、张洪国、李少强、王桦、谢世峰、罗启涛。

室内地坪涂料中有害物质限量

1 范围

本标准规定了室内地坪涂料中对人体和环境有害的物质容许限量涉及的术语和定义、产品分类、要求、测试方法、检验规则和包装标志等内容。

注：室内是指在顶部有遮挡或顶部和四周都有遮挡的场所内部，如工业厂房、地下停车场、医院、学校、体育馆等场所，是相对于顶部和四周都无遮挡的场所而言。

本标准适用于涂装在水泥砂浆、混凝土、石材、塑胶或钢材等地坪基面上、对地面起装饰和防护作用，以及其他特殊功能作用(如抗静电、耐腐蚀、防滑等)的以有机聚合物作为主要粘接剂的各类室内用地坪涂料，包括底漆、中涂漆、面漆和罩面漆。

2 规范性引用文件

下列文件对于本文件的应用是必不可少的。凡是注日期的引用文件，仅注日期的版本适用于本文件。凡是不注日期的引用文件，其最新版本(包括所有的修改单)适用于本文件。

GB/T 1725—2007 色漆、清漆和塑料 不挥发物含量的测定

GB/T 3186 色漆、清漆和色漆与清漆用原材料 取样

GB/T 6682 分析实验室用水规格和试验方法

GB/T 6750—2007 色漆和清漆 密度的测定 比重瓶法

GB/T 8170—2008 数值修约规则与极限数值的表示和判定

GB/T 9750 涂料产品包装标志

GB/T 18446—2009 色漆和清漆用漆基 异氰酸酯树脂中二异氰酸酯单体的测定

GB/T 23991—2009 涂料中可溶性有害元素含量的测定

GB/T 23993—2009 水性涂料中甲醛含量的测定 乙酰丙酮分光光度法

GB 24613—2009 玩具用涂料中有害物质限量

3 术语和定义

下列术语和定义适用于本文件。

3.1

挥发性有机化合物 volatile organic compounds；VOC

在所处大气环境的正常温度和压力下，可以自然蒸发的任何有机液体和/或固体。

[GB/T 5206—2015，定义 2.270]

3.2

挥发性有机化合物含量 volatile organic compounds content

VOC 含量 VOC content

在规定的条件下测得的涂料中存在的挥发性有机化合物的质量。

[GB/T 5206—2015，定义 2.271]

注：水性地坪涂料以扣除水分后的挥发性有机化合物含量计，以克每升(g/L)表示；溶剂型和无溶剂型地坪涂料挥

发性有机化合物的含量(如含水,扣除水分含量),以克每升(g/L)表示。

3.3

水性地坪涂料　water-based floor coatings

以水作为主要分散介质的地坪涂料。

3.4

溶剂型地坪涂料　solvent-based floor coatings

以非活性有机溶剂作为主要分散介质的地坪涂料。

3.5

无溶剂型地坪涂料　solvent-free floor coatings

不使用挥发性非活性有机溶剂的地坪涂料。

4　产品分类

本标准将室内地坪涂料产品分为三类:水性地坪涂料、溶剂型地坪涂料和无溶剂型地坪涂料。

5　要求

室内地坪涂料产品中有害物质限量应符合表1的要求。

表1　室内地坪涂料产品中有害物质限量要求

项　　目		限量值		
		水性地坪涂料[a,e]	溶剂型地坪涂料[e]	无溶剂型地坪涂料[e]
挥发性有机化合物(VOC)含量[a,b]/(g/L)　≤		120	色漆:500; 清漆:550	60
苯、甲苯、乙苯和二甲苯总和[a]/(mg/kg)　≤		300	—	
苯[b]/%　≤		—	0.1	0.1
甲苯、乙苯和二甲苯总和[b]/%　≤		—	20	1.0
乙二醇醚及醚酯总和[a,b](限乙二醇甲醚、乙二醇甲醚醋酸酯、乙二醇乙醚、乙二醇乙醚醋酸酯和二乙二醇丁醚醋酸酯)/(mg/kg)　≤		300		
甲醛[a]/(mg/kg)　≤		100	—	
游离二异氰酸酯(TDI和HDI)总和[c](限以异氰酸酯作为固化剂的地坪涂料)/%　≤		0.2		
邻苯二甲酸酯类总和[b,d](以干膜计)/%　≤	邻苯二甲酸二异辛酯(DEHP)、邻苯二甲酸二丁酯(DBP)和邻苯二甲酸丁苄酯(BBP)总和	—	0.1	
	邻苯二甲酸二异壬酯(DINP)、邻苯二甲酸二异癸酯(DIDP)和邻苯二甲酸二辛酯(DNOP)总和	—	0.1	

表 1（续）

项目		限量值		
		水性地坪涂料[a,e]	溶剂型地坪涂料[e]	无溶剂型地坪涂料[e]
可溶性重金属(限色漆)/(mg/kg) ≤	铅(Pb)	90		
	镉(Cd)	75		
	铬(Cr)	60		
	汞(Hg)	60		

[a] 水性地坪涂料所有项目均不考虑水的稀释比例，除游离二异氰酸酯总和项目外，将除水之外的组分按比例混合后测试。

[b] 溶剂型和无溶剂型地坪涂料按产品明示的施工配比混合后测定。如稀释剂的使用量为某一范围时，应按照产品施工配比规定的最大稀释比例混合后进行测定。

[c] 如果产品规定了稀释比例或由双组分或多组分组成时，应先测定固化剂(含二异氰酸酯预聚物)中的二异氰酸酯含量，再按产品明示的施工配比计算混合后涂料中的含量。如稀释剂的使用量为某一范围时，应按照产品施工配比规定的最小稀释比例进行计算，水性地坪涂料不考虑水的稀释比例。

[d] 按产品明示的施工配比制备混合试样，再按 GB 24613—2009 中附录 C 的规定进行测试，折算至干涂膜中的含量。

[e] 施工时加砂子的地坪涂料，所有项目测试时均不考虑砂子组分。

6 测试方法

6.1 取样

产品按 GB/T 3186 规定取样，也可按商定方法取样。取样量根据检验需要确定。

6.2 试验方法

6.2.1 水性地坪涂料中挥发性有机化合物含量的测试按附录 A 和附录 B 的规定进行，测试结果的计算按 A.7.1 进行。其中附录 B 中水分含量的测试可采用气相色谱法或卡尔·费休法，其中气相色谱法为仲裁方法。

6.2.2 水性地坪涂料中苯、甲苯、乙苯和二甲苯总和含量以及乙二醇醚及醚酯总和含量的测试按附录 A 的规定进行。测试结果的计算按 A.7.2 进行。

6.2.3 溶剂和无溶剂型地坪涂料中挥发性有机化合物(VOC)含量的测试按附录 C 的规定进行。

6.2.4 溶剂和无溶剂型地坪涂料中苯含量、甲苯、乙苯和二甲苯总和含量以及乙二醇醚及醚酯总和含量的测试按附录 D 的规定进行。

6.2.5 水性地坪涂料中甲醛的测试按 GB/T 23993—2009 的规定进行。

6.2.6 游离二异氰酸酯(TDI 和 HDI)总和含量的测试按 GB/T 18446—2009 的规定进行。

6.2.7 邻苯二甲酸酯类总和项目，按产品明示的施工配比制备混合试样，再按 GB 24613—2009 中附录 C 的规定进行测试，折算至干涂膜中的含量。

6.2.8 可溶性重金属(铅、镉、铬、汞)含量的测试按 GB/T 23991—2009 中的规定进行，采用电感耦合等离子体原子发射光谱仪(ICP-OES)或其他合适的分析仪器进行测试。

7 检验规则

7.1 型式检验项目

7.1.1 本标准所列的全部要求均为型式检验项目。在正常生产情况下，每年至少进行一次型式检验。

7.1.2 有下列情况之一时应随时进行型式检验：

——新产品最初定型时；

——产品异地生产时；

——生产配方、工艺、关键原材料来源及产品施工配比有较大改变时；

——停产三个月后又恢复生产时。

7.2 检验结果的判定

7.2.1 检验结果的判定按 GB/T 8170—2008 中修约值比较法进行，当检验结果修约为 0、0.0、0.00 等时，结果以一位有效数字报出。

7.2.2 地坪涂料产品报出检验结果时应同时注明产品明示的施工配比。

7.2.3 所有项目的检验结果均达到本标准的要求时，产品为符合本标准要求。

8 包装标志

8.1 产品包装标志除应符合 GB/T 9750 的规定外，按本标准检验合格的产品可在包装标志上明示。

8.2 对于由双组分或多组分配套组成的地坪涂料产品，包装标志上或产品说明书中应明确各组分施工配比。对于施工时需要稀释的溶剂和无溶剂型地坪涂料产品，包装标志上或产品说明书中应明确稀释比例。

附 录 A
（规范性附录）
水性地坪涂料中挥发性有机化合物含量，苯、甲苯、乙苯和二甲苯总和含量以及乙二醇醚及醚酯总和含量的测试——气相色谱法

A.1 范围

本附录规定了水性地坪涂料中挥发性有机化合物(VOC)含量、苯、甲苯、乙苯和二甲苯总和含量以及乙二醇醚及醚酯总和含量的测试方法。

本方法适用于 VOC 含量(质量分数)大于或等于 0.1%、且小于或等于 15%的涂料及其原料的测试。

A.2 原理

试样经稀释后，通过气相色谱分析技术使样品中各种挥发性有机化合物分离，定性鉴定被测化合物后，用内标法测试其含量。

A.3 材料和试剂

A.3.1 载气：氮气或氦气，纯度≥99.995%。

A.3.2 燃气：氢气，纯度≥99.995%。

A.3.3 助燃气：空气。

A.3.4 辅助气体(隔垫吹扫和尾吹气)：与载气具有相同性质的氮气。

A.3.5 内标物：试样中不存在的化合物，且该化合物能够与色谱图上其他成分完全分离。纯度至少为99%(质量分数)，或已知纯度。例如异丁醇、乙二醇单丁醚、乙二醇二甲醚、二乙二醇二甲醚等。

A.3.6 校准化合物：包括甲醇、乙醇、正丙醇、异丙醇、正丁醇、异丁醇、苯、甲苯、乙苯、二甲苯、三乙胺、二甲基乙醇胺、2-氨基-2-甲基-1-丙醇、乙二醇、1,2-丙二醇、1,3-丙二醇、二乙二醇、乙二醇甲醚、乙二醇甲醚醋酸酯、乙二醇乙醚、乙二醇乙醚醋酸酯、乙二醇单丁醚、乙二醇丁醚醋酸酯、二乙二醇单丁醚、二乙二醇乙醚醋酸酯、二乙二醇丁醚醋酸酯、2,2,4-三甲基-1,3-戊二醇。纯度至少为 99%(质量分数)，或已知纯度。

A.3.7 稀释溶剂：用于稀释试样的有机溶剂，不含有任何干扰测试的物质。纯度至少为 99%(质量分数)，或已知纯度。例如乙腈、甲醇或四氢呋喃等溶剂。

A.3.8 标记物：用于按 VOC 定义区分 VOC 组分与非 VOC 组分的化合物。本标准中为己二酸二乙酯(沸点 251 ℃)。

A.4 仪器设备

A.4.1 气相色谱仪，具有以下配置：

a) 分流装置的进样口，并且汽化室内衬可更换；

b) 程序升温控制器；

c) 色谱柱：6%腈丙苯基/94%聚二甲基硅氧烷毛细管柱、聚乙二醇毛细管柱；

d) 检测器,可以使用下列三种检测器中的任意一种:

1) 火焰离子化检测器(FID);

2) 已校准并调谐的质谱仪或其他质量选择检测器;

3) 已校准的傅里叶变换红外光谱仪(FT-IR 光谱仪)。

如果选用后面两种检测器对分离出的组分进行定性鉴定,仪器应与气相色谱仪相连并根据仪器制造商的相关说明进行操作。

A.4.2 进样器:微量注射器,容量至少是进样量的 2 倍。

A.4.3 配样瓶:约 20 mL 的玻璃瓶,具有可密封的瓶盖。

A.4.4 天平:精度 0.1 mg。

A.5 气相色谱测试条件

A.5.1 气相色谱条件 1:

——色谱柱(基本柱):6%腈丙苯基/94%聚二甲基硅氧烷毛细管柱,60 m×0.32 mm×1.0 μm;

——进样口温度:250 ℃;

——检测器:FID,温度:260 ℃;

——柱温:程序升温,80 ℃保持 1 min,然后以 10 ℃/min 升至 230 ℃保持 15 min;

——分流比:分流进样,分流比可调;

——进样量:1.0 μL。

A.5.2 气相色谱条件 2:

——色谱柱(确认柱):聚乙二醇毛细管柱,30 m×0.25 mm×0.25 μm;

——进样口温度:240 ℃;

——检测器:FID,温度:250 ℃;

——柱温:程序升温,60 ℃保持 1 min,然后以 20 ℃/min 升至 240 ℃保持 20 min;

——分流比:分流进样,分流比可调;

——进样量:1.0 μL。

A.6 测试步骤

A.6.1 通则

所有试验进行两次平行测定。

A.6.2 密度

密度的测试按 GB/T 6750—2007 的规定进行,试验温度(23±2)℃。

A.6.3 水分含量

水分含量的测试按附录 B 进行。

A.6.4 挥发性有机化合物含量,苯、甲苯、乙苯和二甲苯总和含量以及乙二醇醚及醚酯总和含量

A.6.4.1 色谱仪参数优化

按 A.5 中的色谱条件,每次都应该使用已知的校准化合物对其进行最优化处理,使仪器的灵敏度、稳定性和分离效果处于最佳状态。

A.6.4.2 定性分析

将标记物(A.3.8)注入气相色谱仪中,记录其在6%腈丙苯基/94%聚二甲基硅氧烷毛细管柱上的保留时间,以便按3.1给出的VOC定义确定色谱图中的积分终点。

定性鉴定试样中有无A.3.6中的校准化合物。优先选用的方法是气相色谱仪与质量选择检测器或FT-IR光谱仪联用,并使用A.5中给出的气相色谱测试条件。也可利用气相色谱仪,采用火焰离子化检测器(FID)和A.4.1中的色谱柱,并使用A.5中给出的气相色谱测试条件,分别记录A.3.6中校准化合物在两根色谱柱(所选择的两根柱子的极性差别应尽可能大,例如6%腈丙苯基/94%聚二甲基硅氧烷毛细管柱和聚乙二醇毛细管柱)上的色谱图;在相同的色谱测试条件下,对被测试样做出色谱图后对比定性。

A.6.4.3 校准

A.6.4.3.1 校准样品的配制:分别称取一定量(精确至0.1 mg)A.6.4.2鉴定出的各种校准化合物于配样瓶(A.4.3)中,称取的质量与待测试样中各自的含量应在同一数量级;再称取与待测化合物相同数量级的内标物(A.3.5)于同一配样瓶(A.4.3)中,用稀释溶剂(A.3.7)稀释混合物,密封配样瓶(A.4.3)并摇匀。

A.6.4.3.2 相对校正因子的测试:在与测试试样相同的色谱测试条件下按A.6.4.1的规定优化仪器参数。将适当数量的校准化合物注入气相色谱仪中,记录色谱图。按式(A.1)分别计算每种化合物的相对校正因子:

$$R_i = \frac{m_{ci} \times A_{is}}{m_{is} \times A_{ci}} \quad \cdots\cdots (A.1)$$

式中:

R_i ——化合物 i 的相对校正因子;

m_{ci} ——校准混合物中化合物 i 的质量,单位为克(g);

A_{is} ——内标物的峰面积;

m_{is} ——校准混合物中内标物的质量,单位为克(g);

A_{ci} ——化合物 i 的峰面积。

R_i 值取两次测试结果的平均值,其相对偏差应小于5%,结果保留3位有效数字。

A.6.4.3.3 若出现A.3.6中校准化合物之外的未知化合物色谱峰,则假设其相对于异丁醇的校正因子为1.0。

A.6.4.4 试样的测试

A.6.4.4.1 试样的配制:称取搅拌均匀后的试样约1 g(精确至0.1 mg)以及与被测物质量近似相等的内标物(A.3.5)于配样瓶(A.4.3)中,加入10 mL稀释溶剂(A.3.7)稀释试样,密封配样瓶(A.4.3)并摇匀。

A.6.4.4.2 按校准时的最优化条件设定仪器参数。

A.6.4.4.3 将标记物(A.3.8)注入气相色谱仪中,记录其在6%腈丙苯基/94%聚二甲基硅氧烷毛细管柱上的保留时间,以便按3.1给出的VOC定义确定色谱图中的积分终点。

A.6.4.4.4 将1 μL按A.6.4.4.1配制的试样注入气相色谱仪中,记录色谱图和各种保留时间低于标记物的化合物峰面积(稀释溶剂除外),然后按式(A.2)分别计算试样中所含的各种化合物的含量:

$$w_i = \frac{m_{is} \times A_i \times R_i}{m_s \times A_{is}} \quad \cdots\cdots (A.2)$$

式中:

w_i ——测试试样中被测化合物 i 的含量,单位为克每克(g/g);

m_{is} ——内标物的质量,单位为克(g);

A_i ——被测化合物 i 的峰面积;

R_i ——被测化合物 i 的相对校正因子；
m_s ——测试试样的质量，单位为克(g)；
A_{is} ——内标物的峰面积。

A.7 计算

A.7.1 涂料产品中 VOC 含量的计算

按式(A.3)计算涂料产品中的 VOC 含量：

$$\rho(\text{VOC})=\frac{\sum_{i=1}^{n} w_i}{1-\rho_s \times w_w/\rho_w} \times \rho_s \times 1\,000 \qquad \text{(A.3)}$$

式中：
$\rho(\text{VOC})$——涂料产品中的 VOC 含量，单位为克每升(g/L)；
w_i ——试样中被测化合物 i 的含量，单位为克每克(g/g)；
ρ_s ——试样的密度，单位为克每毫升(g/mL)；
w_w ——试样中水的含量，单位为克每克(g/g)；
ρ_w ——温度为(23±2)℃时水的密度，单位为克每毫升(g/mL)；
1 000 ——转换因子。
测试方法检出限：2 g/L。

A.7.2 涂料产品中苯、甲苯、乙苯和二甲苯总和含量以及乙二醇醚及醚酯总和含量的计算

A.7.2.1 先按式(A.2)分别计算苯、甲苯、乙苯和二甲苯各自的含量 w_i，然后按式(A.4)计算产品中苯、甲苯、乙苯和二甲苯总和含量：

$$w_e=\sum_{i=1}^{n} w_i \times 10^6 \qquad \text{(A.4)}$$

式中：
w_e ——产品中苯、甲苯、乙苯和二甲苯总和含量或乙二醇醚及醚酯总和含量，单位为毫克每千克(mg/kg)；
w_i ——试样中被测组分 i(苯、甲苯、乙苯、二甲苯、乙二醇甲醚、乙二醇甲醚醋酸酯、乙二醇乙醚、乙二醇乙醚醋酸酯或二乙二醇丁醚醋酸酯)的含量，单位为克每克(g/g)；
10^6 ——转换因子。

A.7.2.2 先按式(A.2)分别计算乙二醇甲醚、乙二醇甲醚醋酸酯、乙二醇乙醚、乙二醇乙醚醋酸酯和二乙二醇丁醚醋酸酯各自的含量 w_i，然后按式(A.4)计算产品中五种乙二醇醚及醚酯总和含量。

A.7.2.3 测试方法检出限：苯、甲苯、乙苯、二甲苯、乙二醇甲醚、乙二醇甲醚醋酸酯、乙二醇乙醚、乙二醇乙醚醋酸酯和二乙二醇丁醚醋酸酯的检出限均为 10 mg/kg。

A.8 精密度

A.8.1 重复性

同一操作者两次测试结果的相对偏差应小于 10%。

A.8.2 再现性

不同实验室间测试结果的相对偏差应小于 20%。

附 录 B
（规范性附录）
水分含量的测试

B.1 气相色谱法

B.1.1 试剂和材料

B.1.1.1 蒸馏水：符合 GB/T 6682 中三级水的要求。

B.1.1.2 稀释溶剂：无水二甲基甲酰胺（DMF），分析纯。

B.1.1.3 内标物：无水异丙醇，分析纯。

B.1.1.4 载气：氢气或氮气，纯度≥99.995％。

B.1.2 仪器设备

B.1.2.1 气相色谱仪，具有以下配置：

——热导检测器；

——程序升温控制器；

——色谱柱：填装高分子多孔微球的不锈钢柱、CP7354 苯乙烯-二乙烯基苯多孔高聚物柱或等效色谱柱。

B.1.2.2 进样器：微量注射器，容量至少是进样量的两倍。

B.1.2.3 配样瓶：约 10 mL 的玻璃瓶，具有可密封的瓶盖。

B.1.2.4 天平：精度 0.1 mg。

B.1.3 气相色谱测试条件

B.1.3.1 气相色谱条件 1：

——色谱柱：柱长 1 m，外径 3.2 mm，填装 177 μm～250 μm 高分子多孔微球的不锈钢柱；

——汽化室温度：200 ℃；

——检测器：温度 240 ℃，电流 150 mA；

——进样量：1.0 μL；

——柱温：对于程序升温，80 ℃保持 5 min，然后以 30 ℃/min 升至 170 ℃保持 5 min；对于恒温，柱温为 90 ℃，在异丙醇完全流出后，将柱温升至 170 ℃，待 DMF 出完。若继续测试，再把柱温降到 90 ℃。

B.1.3.2 气相色谱条件 2：

——色谱柱：CP7354 苯乙烯-二乙烯基苯多孔高聚物柱，25 m×0.53 mm×10 μm；

——进样口温度：250 ℃；

——检测器：热导检测器，温度：300 ℃；

——进样量：1.0 μL；

——载气：H_2，初流速 6.5 mL/min；

——分流比：分流进样，分流比 5∶1；

——柱温：程序升温，100 ℃保持 2 min；然后以 20 ℃/min 升至 130 ℃保持 3 min；再以 30 ℃/min 升至 200 ℃保持 5 min。

注：也可根据所用气相色谱仪的性能及待测试样的实际情况选择最佳的气相色谱测试条件。

B.1.4 测试步骤

B.1.4.1 总则

所有试验进行两次平行测定。

B.1.4.2 测试水的相对响应因子 *R*

在同一配样瓶(B.1.2.3)中称取 0.2 g 左右的蒸馏水(B.1.1.1)和 0.2 g 左右的异丙醇(B.1.1.3)，精确至 0.1 mg，再加入 2 mL 二甲基甲酰胺(B.1.1.2)，密封配样瓶(B.1.2.3)并摇匀。用微量注射器(B.1.2.2)吸取 1 μL 配样瓶(B.1.2.3)中的混合液注入色谱仪中，记录色谱图。按式(B.1)计算水的相对响应因子 R：

$$R=\frac{m_i \times A_w}{m_w \times A_i} \qquad \text{(B.1)}$$

式中：

R ——水的相对响应因子；

m_i ——异丙醇质量，单位为克(g)；

A_w ——水的峰面积；

m_w ——水的质量，单位为克(g)；

A_i ——异丙醇的峰面积。

若异丙醇和二甲基甲酰胺不是无水试剂，则以同样量的异丙醇和二甲基甲酰胺(混合液)，但不加水作为空白样，记录空白样中水的峰面积 A_0。按式(B.2)计算水的相对响应因子 R：

$$R=\frac{m_i \times (A_w - A_0)}{m_w \times A_i} \qquad \text{(B.2)}$$

式中：

R ——水的相对响应因子；

m_i ——异丙醇质量，单位为克(g)；

A_w ——水的峰面积；

A_0 ——空白样中水的峰面积；

m_w ——水的质量，单位为克(g)；

A_i ——异丙醇的峰面积。

R 值取两次测试结果的平均值，其相对偏差应小于 5%，结果保留 3 位有效数字。

B.1.4.3 样品分析

称取搅拌均匀后的试样约 0.6 g 以及与水含量近似相等的异丙醇(B.1.1.3)于配样瓶(B.1.2.3)中，精确至 0.1 mg，再加入 2 mL 二甲基甲酰胺(B.1.1.2)，密封配样瓶(B.1.2.3)并摇匀。同时准备一个不加试样的异丙醇和二甲基甲酰胺混合液作为空白样。用力摇动装有试样的配样瓶(B.1.2.3)15 min，放置 5 min，使其沉淀[为使试样尽快沉淀，可在装有试样的配样瓶(B.1.2.3)内加入几粒小玻璃珠，然后用力摇动；也可使用低速离心机使其沉淀]。用微量注射器(B.1.2.2)吸取 1 μL 配样瓶(B.1.2.3)中的上层清液，注入色谱仪中，记录色谱图。按式(B.3)计算试样中的水分含量：

$$w_w=\frac{m_i \times (A_w - A_0)}{m_s \times A_i \times R} \times 100\% \qquad \text{(B.3)}$$

式中：

w_w ——试样中水分含量的质量分数，%；

m_i ——异丙醇质量,单位为克(g);
A_w ——试样中水的峰面积;
A_0 ——空白样中水的峰面积;
m_s ——试样的质量,单位为克(g);
A_i ——异丙醇的峰面积;
R ——水的相对响应因子。

测定结果保留 3 位有效数字。

B.1.5 精密度

B.1.5.1 重复性

同一操作者两次测试结果的相对偏差应小于 1.6%。

B.1.5.2 再现性

不同实验室间测试结果的相对偏差应小于 5%。

B.2 卡尔·费休法

B.2.1 仪器设备

B.2.1.1 卡尔·费休水分滴定仪。
B.2.1.2 天平:精度 0.1 mg,1 mg。
B.2.1.3 微量注射器:10 μL。
B.2.1.4 滴瓶:30 mL。
B.2.1.5 磁力搅拌器。
B.2.1.6 烧杯:100 mL。
B.2.1.7 培养皿。

B.2.2 试剂

B.2.2.1 蒸馏水:符合 GB/T 6682 中三级水的要求。
B.2.2.2 卡尔·费休试剂:选用合适的试剂(对于不含醛酮化合物的试样,试剂主要成分为碘、二氧化硫、甲醇、有机碱。对于含有醛酮化合物的试样,应使用醛酮专用试剂,试剂主要成分为碘、咪唑、二氧化硫、2-甲氧基乙醇、2-氯乙醇和三氯甲烷)。

B.2.3 实验步骤

B.2.3.1 卡尔·费休滴定剂浓度的标定

在滴定仪(B.2.1.1)的滴定杯中加入新鲜卡尔·费休溶剂(B.2.2.2)至液面覆盖电极端头,以卡尔·费休滴定剂(B.2.2.2)滴定至终点(漂移值<10 μg/min)。用微量注射器(B.2.1.3)将 10 μL 蒸馏水(B.2.2.1)注入滴定杯中,采用减量法称得水的质量(精确至 0.1 mg),并将该质量输入到滴定仪(B.2.1.1)中,用卡尔·费休滴定剂(B.2.2.2)滴定至终点,记录仪器显示的标定结果。

进行重复标定,直至相邻两次的标定值相差小于 0.01 mg/mL,求出两次标定的平均值,将标定结果输入到滴定仪(B.2.1.1)中。

当检测环境的相对湿度小于 70%时,应每周标定一次;相对湿度大于 70%时,应每周标定两次;必要时,随时标定。

B.2.3.2 样品处理

若待测样品黏度较大,在卡尔·费休溶剂中不能很好分散,则需要将样品进行适量稀释。在烧杯(B.2.1.6)中称取经搅拌均匀后的样品 20 g(精确至 1 mg),然后向烧杯(B.2.1.6)内加入约 20%的蒸馏水(B.2.2.1),准确记录称样量及加水量。将烧杯盖上培养皿(B.2.1.7),在磁力搅拌器(B.2.1.5)上搅拌 10 min~15 min。然后将稀释样品倒入滴瓶(B.2.1.4)中备用。

注:对于在卡尔·费休溶剂中能很好分散的样品,可直接测试样品中的水分含量。对于加水 20%后,在卡尔·费休溶剂中仍不能很好分散的样品,可逐步增加稀释水量。

B.2.3.3 水分含量的测试

在滴定仪(B.2.1.1)的滴定杯中加入新鲜卡尔·费休溶剂(B.2.2.2)至液面覆盖电极端头,以卡尔·费休滴定剂(B.2.2.2)滴定至终点。向滴定杯中加入 1 滴按 B.2.3.2 处理后的样品,采用减量法称得加入的样品质量(精确至 0.1 mg),并将该样品质量输入到滴定仪(B.2.1.1)中。用卡尔·费休滴定剂(B.2.2.2)滴定至终点,记录仪器显示的测试结果。

平行测试两次,测试结果取平均值。两次测试结果的相对偏差小于 1.5%。

测试 3 次~6 次后应及时更换滴定杯中的卡尔·费休溶剂。

B.2.3.4 数据处理

样品经稀释处理后测得的水分含量按式(B.4)计算:

$$w_w = \frac{w'_w \times (m_s + m_w) - m_w \times 100}{m_s} \quad \cdots\cdots\cdots\cdots (B.4)$$

式中:

w_w ——样品中实际水分含量(质量分数),%;

w'_w——测得的稀释样品的水分含量(质量分数)的平均值,%;

m_s ——稀释时所称样品的质量,单位为克(g);

m_w ——稀释时所加水的质量,单位为克(g)。

计算结果保留 3 位有效数字。

附　录　C
(规范性附录)
溶剂型和无溶剂型地坪涂料中挥发性有机化合物(VOC)含量的测试

C.1　原理

溶剂型和无溶剂型地坪涂料测试的挥发物含量(如含水,扣除水分含量)即为其VOC含量。

C.2　测试步骤

C.2.1　总则

所有试验进行两次平行测定。

C.2.2　密度

按产品明示的施工配比制备混合试样,搅拌均匀后,按GB/T 6750—2007的规定测定试样的密度。试验温度:(23±2)℃。

C.2.3　挥发物含量

按产品明示的施工配比制备混合试样,搅拌均匀后,按GB/T 1725—2007规定测定试样的不挥发物含量,以质量分数(%)表示。以100减去不挥发物含量得出试样的挥发物含量,以质量分数(%)表示。溶剂型地坪涂料试验条件:称样量为(1±0.1)g,烘烤条件为(105±2)℃/1 h;无溶剂型地坪涂料试验条件:称样量为(1±0.1)g,烘烤条件为先在(23±2)℃、相对湿度(50±5)%条件下放置24 h,再在(105±2)℃条件下烘1 h。

C.2.4　水分含量

若试样中含有水分,按附录B的方法测试水分含量w_w。

C.2.5　挥发性有机化合物(VOC)含量

若试样中不含水分,按式(C.1)计算试样的VOC含量:

$$\rho(\mathrm{VOC}) = w \times \rho_s \times 10 \qquad \text{(C.1)}$$

式中:

$\rho(\mathrm{VOC})$——试样的VOC含量,单位为克每升(g/L);

w——试样中挥发物含量的质量分数,%;

ρ_s——试样的密度,单位为克每毫升(g/mL);

10——转换因子。

若样品中含有水分,按式(C.2)计算试样的VOC含量:

$$\rho(\mathrm{VOC}) = (w - w_w) \times \rho_s \times 10 \qquad \text{(C.2)}$$

式中:

$\rho(\mathrm{VOC})$——试样的VOC含量,单位为克每升(g/L);

w——试样中挥发物含量的质量分数,%;

w_w ——试样中水分含量的质量分数，%；

ρ_s ——试样的密度，单位为克每毫升(g/mL)；

10 ——转换因子。

附 录 D
(规范性附录)
溶剂型和无溶剂型地坪涂料中苯含量,甲苯、乙苯和二甲苯含量以及乙二醇醚及醚酯含量的测试——气相色谱分析法

D.1 原理

试样经稀释后直接注入气相色谱仪中,经色谱柱分离后,用氢火焰离子化检测器检测,以内标法定量。

D.2 材料和试剂

D.2.1 载气:氮气,纯度≥99.995%。
D.2.2 燃气:氢气,纯度≥99.995%。
D.2.3 助燃气:空气。
D.2.4 辅助气体(隔垫吹扫和尾吹气):与载气具有相同性质的氮气。
D.2.5 内标物:试样中不存在的化合物,且该化合物能够与色谱图上其他成分完全分离。纯度至少为99%(质量分数),或已知纯度。例如正庚烷、正戊烷等。
D.2.6 校准化合物:苯、甲苯、乙苯、二甲苯、乙二醇甲醚、乙二醇甲醚醋酸酯、乙二醇乙醚、乙二醇乙醚醋酸酯和二乙二醇丁醚醋酸酯,纯度至少为99%(质量分数),或已知纯度。
D.2.7 稀释溶剂:用于稀释试样的有机溶剂,不含有任何干扰测试的物质。纯度至少为99%(质量分数),或已知纯度。例如乙酸乙酯、乙酸丁酯、正己烷等。

D.3 仪器设备

D.3.1 气相色谱仪,具有以下配置:
——分流装置的进样口,并且汽化室内衬可更换;
——程序升温控制器;
——检测器:火焰离子化检测器(FID);
——色谱柱:应能使被测物足够分离,如聚二甲基硅氧烷毛细管柱、6%腈丙苯基/94%聚二甲基硅氧烷毛细管柱、聚乙二醇毛细管柱,或相当型号。
D.3.2 进样器:微量注射器,容量至少是进样量的2倍。
D.3.3 配样瓶:约10 mL的玻璃瓶,具有可密封的瓶盖。
D.3.4 天平:精度0.1 mg。

D.4 气相色谱测试条件

气相色谱条件如下:
——色谱柱:聚二甲基硅氧烷毛细管柱,30 m×0.25 mm×0.25 μm;
——进样口温度:240 ℃;
——检测器温度:280 ℃;

——载气流速:1.0 mL/min;
——分流比:分流进样,分流比可调;
——进样量:1.0 μL;
——柱温:初始温度 50 ℃保持 5 min,然后以 10 ℃/min 升至 280 ℃保持 5 min。

注:也可根据所用仪器的性能及待测试样的实际情况选择最佳的气相色谱测试条件。

D.5 测试步骤

D.5.1 总则

所有试验进行两次平行测定。

D.5.2 色谱仪参数优化

按 D.4 中的色谱测试条件,每次都应该使用已知的校准化合物对仪器进行最优化处理,使仪器的灵敏度、稳定性和分离效果处于最佳状态。

进样量和分流比应相匹配,以免超出色谱柱的容量,并在仪器检测器的线性范围内。

D.5.3 定性分析

D.5.3.1 仪器参数优化

按 D.5.2 的规定使仪器参数最优化。

D.5.3.2 被测化合物保留时间的测定

将 1.0 μL 含 D.2.6 所示被测化合物的标准混合溶液注入色谱仪,记录各被测化合物的保留时间。

D.5.3.3 定性分析

按产品明示的施工配比制备混合试样,搅拌均匀后称取约 1 g 样品并用适量稀释溶剂(D.2.7)稀释试样,用进样器(D.3.2)取 1.0 μL 混合均匀的试样注入色谱仪,记录色谱图,并与经 D.5.3.2 测定的被测化合物的标准保留时间对比确定是否存在被测化合物。

注:对以异氰酸酯作为固化剂的溶剂型和无溶剂型涂料以及反应较快的涂料,制备好混合试样后应尽快分析。对于反应较快的涂料,每次混合的样品不宜低于 200 g,搅拌时间约为 3 min。

D.5.4 校准

D.5.4.1 校准样品的配制

分别称取一定量(精确至 0.1 mg)D.2.6 中的各种校准化合物于配样瓶(D.3.3)中,称取的质量与待测试样中所含的各种化合物的含量应在同一数量级;再称取与待测化合物相同数量级的内标物(D.2.5)于同一配样瓶中,用适量稀释溶剂(D.2.7)稀释混合物,密封配样瓶并摇匀。

D.5.4.2 相对校正因子的测试

在与测试试样相同的色谱测试条件下按 D.5.2 的规定优化仪器参数。将适量的校准化合物注入气相色谱仪中,记录色谱图。按式(D.1)分别计算每种化合物的相对校正因子:

$$R_i=\frac{m_{ci}\times A_{is}}{m_{is}\times A_{ci}} \qquad \cdots\cdots(D.1)$$

式中：

R_i ——化合物 i 的相对校正因子；

m_{ci} ——校准混合物中化合物 i 的质量，单位为克(g)；

A_{is} ——内标物的峰面积；

m_{is} ——校准混合物中内标物的质量，单位为克(g)；

A_{ci} ——被测化合物 i 的峰面积。

测定结果保留3位有效数字。

D.5.5 试样的测试

D.5.5.1 试样的配制：按产品明示的施工配比制备混合试样，搅拌均匀后称取试样约1 g(精确至0.1 mg)以及与被测化合物相同数量级的内标物(D.2.5)于配样瓶(D.3.3)中，加入适量稀释溶剂(D.2.7)于同一配样瓶中稀释试样，密封配样瓶并摇匀。

注：对以异氰酸酯作为固化剂的溶剂型地坪涂料，制备好混合试样后尽快分析。

D.5.5.2 按校准时的最优化条件设定仪器参数。

D.5.5.3 将1.0 μL按D.5.5.1配制的试样注入气相色谱仪中，记录色谱图，然后按式(D.2)分别计算试样中所含被测化合物(苯、甲苯、乙苯、二甲苯、乙二醇甲醚、乙二醇甲醚醋酸酯、乙二醇乙醚、乙二醇乙醚醋酸酯和二乙二醇丁醚醋酸酯)的含量：

$$w_i = \frac{m_{is} \times A_i \times R_i}{m_s \times A_{is}} \times 100\% \qquad \cdots\cdots(\text{D.2})$$

式中：

w_i ——试样中被测化合物 i 的质量分数，%；

m_{is} ——内标物的质量，单位为克(g)；

A_i ——被测化合物 i 的峰面积；

R_i ——被测化合物 i 的相对校正因子；

m_s ——试样的质量，单位为克(g)；

A_{is} ——内标物的峰面积。

注：如遇到采用D.4中的色谱测试条件不能有效分离被测物而难以准确定量时，可换用其他类型的色谱柱(D.3.1)或色谱测试条件，使被测物有效分离后再定量测定。

D.6 计算

D.6.1 溶剂型和无溶剂型地坪涂料中甲苯、乙苯和二甲苯总和含量的计算

先按式(D.2)分别计算甲苯、乙苯和二甲苯各自的质量分数 w_i，然后按式(D.3)计算产品中甲苯、乙苯和二甲苯总和含量：

$$w_b = \sum_{i=1}^{n} w_i \qquad \cdots\cdots(\text{D.3})$$

式中：

w_b ——产品中甲苯、乙苯和二甲苯总和的质量分数，%；

w_i ——试样中被测组分 i(甲苯、乙苯和二甲苯)的质量分数，%。

D.6.2 溶剂型和无溶剂型地坪涂料中乙二醇醚及醚酯总和含量的计算

先按式(D.2)分别计算乙二醇甲醚、乙二醇甲醚醋酸酯、乙二醇乙醚、乙二醇乙醚醋酸酯和二乙二醇丁醚醋酸酯各自的质量分数 w_i，然后按式(D.4)计算产品中乙二醇醚及醚酯总和含量：

$$w_e = \sum_{i=1}^{n} w_i \times 10^4 \qquad \cdots\cdots\cdots\cdots\cdots\cdots(\text{D.4})$$

式中：

w_e ——产品中乙二醇醚及醚酯总和含量，单位为毫克每千克(mg/kg)；

w_i ——试样中被测组分 i(乙二醇甲醚、乙二醇甲醚醋酸酯、乙二醇乙醚、乙二醇乙醚醋酸酯和二乙二醇丁醚醋酸酯)的质量分数，%；

10^4 ——转换因子。

D.6.3 测试方法的检出限

乙二醇甲醚、乙二醇甲醚醋酸酯、乙二醇乙醚、乙二醇乙醚醋酸酯、二乙二醇丁醚醋酸酯的检出限均为 10 mg/kg；苯、甲苯、乙苯和二甲苯的检出限均为 0.001%。

D.7 精密度

D.7.1 重复性

当测试结果≥1%时，同一操作者两次测试结果的相对偏差应小于 5%；当测试结果＜1%时，同一操作者两次测试结果的相对偏差应小于 10%。

D.7.2 再现性

当测试结果≥1%时，不同实验室间测试结果的相对偏差应小于 10%；当测试结果＜1%时，不同实验室间测试结果的相对偏差应小于 20%。

ICS 87.040
G 51

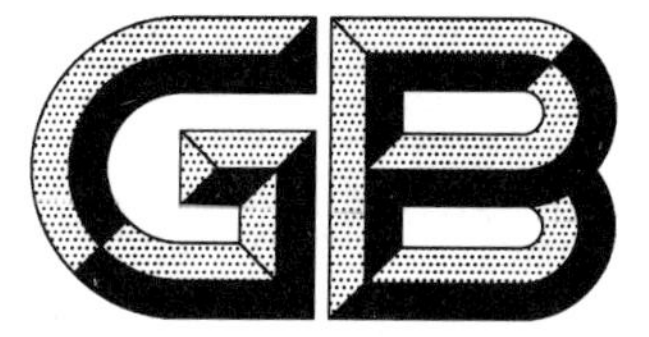

中华人民共和国国家标准

GB 38469—2019

船舶涂料中有害物质限量

Limit of harmful substances of marine coatings

2019-12-31 发布　　2020-07-01 实施

国家市场监督管理总局
国家标准化管理委员会　发布

前　言

本标准的全部技术内容为强制性。

本标准按照 GB/T 1.1—2009 给出的规则起草。

本标准由中华人民共和国工业和信息化部提出并归口。

本标准起草单位:中海油常州涂料化工研究院有限公司、信和新材料股份有限公司、冶建新材料股份有限公司、海虹老人涂料(中国)有限公司、广东省珠海市质量计量监督检测所、上海一品颜料有限公司、珠海市氟特科技有限公司、上海国际油漆有限公司、中涂化工(上海)有限公司、浙江飞鲸新材料科技股份有限公司、常州市天安特种涂料有限公司、永记造漆工业(昆山)有限公司、浙江明泉工业涂装有限公司、中国船级社。

本标准主要起草人:苏春海、季军宏、龚暄威、张永刚、李跃武、史优良、危春阳、童惠荣、王丹英、侯汉亭、张辉、熊喜竹、王磊、严杰、王素琴、王海洋、卫国英。

船舶涂料中有害物质限量

1 范围

本标准规定了船舶涂料对人体和环境有害的物质容许限量的术语和定义、产品分类、要求、测试方法、检验规则和包装标志等内容。

本标准适用于钢材、轻合金、玻璃钢等作为船体主要材料制造的船舶用各类船舶涂料。

本标准不适用于船舶用防火涂料。

2 规范性引用文件

下列文件对于本文件的应用是必不可少的。凡是注日期的引用文件，仅注日期的版本适用于本文件。凡是不注日期的引用文件，其最新版本(包括所有的修改单)适用于本文件。

GB/T 3186 色漆、清漆和色漆与清漆用原材料 取样

GB/T 8170—2008 数值修约规则与极限数值的表示和判定

GB/T 9750 涂料产品包装标志

GB 24408—2009 建筑用外墙涂料中有害物质限量

GB/T 25011—2010 船舶防污漆中滴滴涕含量的测试及判定

GB/T 26085—2010 船舶防污漆锡总量的测试及判定

GB 30981—2014 建筑钢结构防腐涂料中有害物质限量

GB/T 33395—2016 涂料中石棉的测定

3 术语和定义

下列术语和定义适用于本文件。

3.1

船[舶] ship;vessel

能航行、停泊于水域，从事运载、作战、作业、科研等的构造物。

[GB/T 7727.1—2008，定义 2.1]

3.2

钢质船 steel ship

用钢材作为船体结构主要材料的船。

[GB/T 7727.1—2008，定义 9.1]

3.3

船舶涂料 marine coatings

涂于船舶各部位，能防止海水、海洋大气腐蚀和海生物附着及满足船舶特种要求的各种涂料的统称。

[GB 12900—1991，定义 2.4.2]

3.4

挥发性有机化合物 volatile organic compound;VOC

在所处大气环境的正常温度和压力下，可以自然蒸发的任何有机液体和/或固体。

[GB/T 5206—2015，定义 2.270]

3.5

挥发性有机化合物含量　volatile organic compound content

VOC 含量　VOC content

在规定的条件下测得的涂料中存在的挥发性有机化合物的质量。

[GB/T 5206—2015,定义 2.271]

3.6

防污漆　anti-fouling paint

施涂于船体水下部分或其他水下结构以防止生物生长的一类涂料。

[GB/T 5206—2015,定义 2.19]

3.7

生物杀伤剂　biocide

加入涂料中,防止生物体通过微生物降解作用侵蚀底材、涂料或其漆膜的一类添加剂。

[GB/T 5206—2015,定义 2.27]

4　产品分类

本标准中船舶涂料分为车间底漆、底漆、面漆、通用底漆、防污漆、维修漆、其他涂料。

防污漆又分为:

——Ⅰ型指含生物杀伤剂的自抛光型或磨蚀型防污漆;

——Ⅱ型指含生物杀伤剂的非自抛光型或非磨蚀型防污漆;

——Ⅲ型指不含生物杀伤剂的非自抛光型或非磨蚀型的防污漆。

5　要求

5.1　溶剂型涂料产品中挥发性有机化合物(VOC)含量应符合表 1 的限量要求。该限量要求仅限于钢质船用船舶涂料,不包括船舶制造中各类零部件用涂料。

表 1　挥发性有机化合物(VOC)的限量要求

产品类型			限量值/(g/L)
车间底漆	无机类	≤	700
	有机类	≤	680
底漆[a]		≤	550
面漆[b]		≤	500
通用底漆[c]		≤	400
防污漆	Ⅰ型和Ⅱ型	≤	500
	Ⅲ型	≤	450
维修漆[d]		≤	600
其他涂料[e]		≤	500
按产品明示的配比和稀释比例混合后测定。如稀释剂的使用量为某一范围时,应按照推荐的最大稀释量稀释后进行测定。			
[a] 应用于舱室之外的船舶目标区域(包括但不限于栏杆、外部船体、甲板)底材的防腐涂料。 [b] 应用于非浸水区域起美化作用的表面涂料。 [c] 应用于包括压载舱在内的各种舱室部位的底材的防腐涂料。 [d] 应用于船舶修补涂装时所使用的各类涂料。 [e] 不属于上述产品类型的船舶涂料,不包括船舶涂装时的特种涂料品种,如标志漆、防锈油等。			

5.2 各类船舶涂料产品中限用溶剂、重金属、生物杀伤剂、石棉有害物质含量应符合表2的限量要求。船舶制造中各类零部件用涂料应符合表2中重金属、石棉有害物质的限量要求(不测试限用溶剂、生物杀伤剂)。

表2 限用溶剂、重金属、生物杀伤剂、石棉有害物质的限量要求

项目			限量值
限用溶剂含量[a]/%	甲苯(限溶剂型涂料)	≤	15
	苯	≤	1
	甲醇(限无机类涂料)	≤	1
	卤代烃总和[b]	≤	1
	乙二醇醚及醚酯总和[c]	≤	1
重金属含量[d](限色漆)/(mg/kg)	铅(Pb)	≤	1 000
	镉(Cd)	≤	100
	六价铬(Cr^{6+})	≤	1 000
	汞(Hg)	≤	1 000
生物杀伤剂含量(限Ⅰ型和Ⅱ型防污漆)/(mg/kg)	有机锡[d]		不得使用[e]
	滴滴涕[a](DDT)		不得使用[f]
石棉含量			无阈值[g]

[a] 溶剂型涂料按产品明示的配比和稀释比例混合后测定,如稀释剂的使用量为某一范围时,应按照推荐的最大稀释量稀释后进行测定。水性涂料不考虑稀释配比。

[b] 包括二氯甲烷、三氯甲烷、二氯乙烷、三氯乙烷、1,2-二氯丙烷、三氯乙烯、四氯化碳。

[c] 包括乙二醇甲醚、乙二醇乙醚、乙二醇甲醚醋酸酯、乙二醇乙醚醋酸酯、二乙二醇丁醚醋酸酯。

[d] 按产品明示的配比(稀释剂无须加入)混合各组分样品,并制备厚度适宜的涂膜。在产品说明书规定的干燥条件下,待涂膜完全干燥后,对干涂膜进行测定。

[e] 按照GB/T 26085—2010方法检测到的锡总量≤2 500 mg/kg,可认为没有使用有机锡。

[f] 按照GB/T 25011—2010方法检测到的滴滴涕含量≤1 000 mg/kg,可认为没有使用滴滴涕。

[g] 无阈值是指产品不得检出石棉。按照GB/T 33395—2016中方法检测到的石棉含量≤0.1%,可认为未检出石棉。

6 测试方法

6.1 取样

产品按GB/T 3186的规定取样,也可按商定方法取样。取样量根据检验需要确定。

6.2 试验方法

6.2.1 挥发性有机化合物(VOC)含量的测定按GB 30981—2014中附录A的规定进行。

6.2.2 甲苯含量的测定按GB 24408—2009中附录D的规定进行。

6.2.3 苯含量、甲醇含量的测定按GB 30981—2014中附录B的规定进行。

6.2.4 卤代烃含量的测定按GB 30981—2014中附录C的规定进行。

6.2.5 水性涂料中乙二醇醚及醚酯含量的测定按GB 24408—2009中附录A的规定进行;溶剂型涂料

中乙二醇醚和醚酯含量的测定按 GB 24408—2009 中附录 D 的规定进行。

6.2.6 重金属含量的测定按 GB 24408—2009 中附录 E 和附录 F 的规定进行。

6.2.7 有机锡含量的测定按 GB/T 26085—2010 的规定进行。

6.2.8 滴滴涕含量的测定按 GB/T 25011—2010 的规定进行。

6.2.9 石棉含量的测定按 GB/T 33395—2016 的规定进行。

7 检验规则

7.1 型式检验项目

7.1.1 本标准所列的全部要求均为型式检验项目。在正常生产情况下，每两年至少进行一次型式检验。

7.1.2 有下列情况之一时应随时进行型式检验：

——新产品最初定型时；

——产品异地生产时；

——生产配方、工艺、关键原材料来源及产品施工配比有较大改变时；

——停产三个月后又恢复生产时。

7.2 检验结果的判定

7.2.1 检验结果的判定按 GB/T 8170—2008 中修约值比较法进行。当修约后检验结果为 0、0.0、0.00、0.000 时，结果以一位有效数字报出。

7.2.2 报出检验结果时应同时注明组分配比和稀释比例。

7.2.3 所有项目的检验结果均达到本标准的要求时，产品为符合本标准要求。

8 包装标志

8.1 产品包装标志除应符合 GB/T 9750 的规定外，按本标准检验合格的产品可在包装标志上明示。

8.2 对于由双组分或多组分配套组成的涂料产品，包装标志上或产品说明书中应明确各组分的配比，对于施工时需要稀释的涂料，应在包装标志上或产品说明书中明确稀释比例。

参 考 文 献

[1] GB/T 5206—2015 色漆和清漆 术语和定义
[2] GB/T 7727.1—2008 船舶通用术语 第1部分:综合
[3] GB/T 12900—1991 船舶通用术语 船用材料

ICS 87.040
G 51

中华人民共和国国家标准

GB/T 38597—2020

低挥发性有机化合物含量涂料产品技术要求

Technical requirement for low-volatile-organic-compound-content coatings product

2020-03-31 发布 2021-02-01 实施

国家市场监督管理总局
国家标准化管理委员会 发布

前　言

本标准按照 GB/T 1.1—2009 给出的规则起草。

本标准由中国石油和化学工业联合会提出。

本标准由全国涂料和颜料标准化技术委员会(SAC/TC 5)归口。

本标准起草单位:生态环境部环境规划院、中国涂料工业协会、中国石油和化学工业联合会、中海油常州涂料化工研究院有限公司。

本标准主要起草人:王宁、季军宏、李力、杨建海、薛岩、唐瑛、苏春海、宁淼、王臻。

引　言

本标准是为了贯彻落实《中华人民共和国大气污染防治法》《"十三五"节能减排综合工作方案》《"十三五"挥发性有机物污染防治工作方案》以及《国务院关于印发打赢蓝天保卫战三年行动计划的通知》的相关要求制定的。本标准的编制原则如下：

a) 积极借鉴国内外先进标准和规范，体现"科学性、先进性、可行性、规范性"的原则。

b) 遵循与强制性国家标准协调一致的原则，在分类上与强制性国家标准基本保持一致，技术要求高于强制性国家标准的相关技术要求。

c) 兼顾环境保护要求以及行业发展需要，做到技术上先进、经济上合理。

近年来，水性涂料、高固体分涂料、无溶剂涂料、辐射固化涂料、粉末涂料等环境友好型涂料在环境保护工作要求和产业政策引导下，得到了长足的发展。如：建筑用墙面涂料、集装箱涂料、汽车原厂涂料等涂料品种的水性化已经很成功，并得到了广泛的运用；粉末涂料、无溶剂涂料以及辐射固化涂料尽管受到涂装方式的限制，应用范围仍逐渐扩大；高固体分涂料的技术与应用越加成熟。这些都有力地推动了我国涂料行业向低挥发性有机化合物含量涂料的绿色转型。

涂料用途极其广泛，不同类型、不同领域的涂料产品技术发展和用户要求也有较大的差别，因此低挥发性有机化合物(VOC)含量的概念主要是指在现有的技术水平下，VOC 含量的相对降低，从而实现源头上减排 VOC 的目的。

涂料产品的 VOC 排放，除了与涂料产品的罐内 VOC、涂装 VOC 有关外，还与涂料产品涂装后的涂层维修次数相关。质量性能好、耐久性好的涂料维修间隔时间长，其服役生命周期内的 VOC 排放也少。

本标准无意于低挥发性有机化合物含量涂料的选择，每类涂料品种都有其特定的应用需求。

低挥发性有机化合物含量涂料产品
技术要求

1 范围

本标准规定了低挥发性有机化合物含量涂料产品的要求、测试方法、判定规则、包装标志、标准的实施。

本标准适用于低挥发性有机化合物含量涂料产品的判定。

2 规范性引用文件

下列文件对于本文件的应用是必不可少的。凡是注日期的引用文件，仅注日期的版本适用于本文件。凡是不注日期的引用文件，其最新版本(包括所有的修改单)适用于本文件。

GB/T 1725—2007 色漆、清漆和塑料 不挥发物含量的测定

GB/T 3186 色漆、清漆和色漆与清漆用原材料 取样

GB/T 5206—2015 色漆和清漆 术语和定义

GB/T 6682—2008 分析实验室用水规格和试验方法

GB/T 6750—2007 色漆和清漆 密度的测定 比重瓶法

GB/T 8170—2008 数值修约规则与极限数值的表示和判定

GB/T 9750 涂料产品包装标志

GB/T 23985—2009 色漆和清漆 挥发性有机化合物(VOC)含量的测定 差值法

GB/T 23986—2009 色漆和清漆 挥发性有机化合物(VOC)含量的测定 气相色谱法

GB/T 34675—2017 辐射固化涂料中挥发性有机化合物(VOC)含量的测定

GB/T 34682—2017 含有活性稀释剂的涂料中挥发性有机化合物(VOC)含量的测定

3 术语和定义

GB/T 5206—2015 界定的以及下列术语和定义适用于本文件。为了方便使用，以下重复列出了 GB/T 5206—2015 中的一些术语和定义。

3.1

低挥发性有机化合物含量涂料产品 low-volatile-organic-compound-content coatings product

施工状态下涂料产品中存在的挥发性有机化合物的质量符合本标准相应产品的挥发性有机化合物含量限量要求的涂料产品。

3.2

涂料 coating material

液体、糊状或粉末状的一类产品，当其施涂到底材上时，能形成具有保护、装饰和/或其他特殊功能的涂层。

[GB/T 5206—2015，定义 2.51]

3.3

挥发性有机化合物　volatile organic compound；VOC

参与大气光化学反应的有机化合物，或者根据有关规定确定的有机化合物。

3.4

挥发性有机化合物含量　volatile organic compound content

VOC 含量

在规定的条件下测得的涂料中存在的挥发性有机化合物的质量。

［GB/T 5206—2015，定义 2.271］

3.5

施工状态　application condition

在施工方式和施工条件满足相应产品技术说明书中的要求时，产品所有组分混合后，可以进行施工的状态。

4　要求

水性涂料中 VOC 含量的限量值应符合表 1 的要求，溶剂型涂料中 VOC 含量的限量值应符合表 2 的要求，无溶剂涂料中 VOC 含量的限量值应符合表 3 的要求，辐射固化涂料中 VOC 含量的限量值应符合表 4 的要求。

水性涂料和水性辐射固化涂料均不考虑水的稀释比例。其他类型涂料按产品明示的施工状态下的施工配比混合后测定。如多组分的某组分使用量为某一范围时，按照产品施工状态下的施工配比规定的最大比例混合后进行测定。当涂料产品适用于多种场合时，按最严格的限量值执行。

表 1　水性涂料中 VOC 含量的要求

<table>
<tr><th>产品类别</th><th colspan="2">主要产品类型</th><th>限量值/(g/L)</th></tr>
<tr><td rowspan="4">建筑用墙面涂料</td><td rowspan="2">墙面涂料</td><td>内墙涂料</td><td>≤50</td></tr>
<tr><td>外墙涂料</td><td>≤80</td></tr>
<tr><td rowspan="2">装饰板涂料</td><td>合成树脂乳液类涂料</td><td>≤100</td></tr>
<tr><td>其他类</td><td>≤200</td></tr>
<tr><td rowspan="2">木器涂料</td><td colspan="2">色漆</td><td>≤220</td></tr>
<tr><td colspan="2">清漆</td><td>≤270</td></tr>
<tr><td rowspan="10">车辆涂料</td><td rowspan="4">汽车原厂涂料(乘用车、载货汽车)</td><td>电泳底漆</td><td>≤200</td></tr>
<tr><td>中涂</td><td>≤300</td></tr>
<tr><td>底色漆</td><td>≤420</td></tr>
<tr><td>本色面漆</td><td>≤350</td></tr>
<tr><td rowspan="6">汽车原厂涂料[客车(机动车)]</td><td>电泳底漆</td><td>≤200</td></tr>
<tr><td>其他底漆</td><td>≤250</td></tr>
<tr><td>中涂</td><td>≤250</td></tr>
<tr><td>底色漆</td><td>≤380</td></tr>
<tr><td>本色面漆</td><td>≤300</td></tr>
<tr><td>清漆</td><td>≤300</td></tr>
</table>

表 1（续）

产品类别	主要产品类型				限量值/(g/L)
车辆涂料	汽车修补用涂料		底色漆		≤380
			本色面漆		≤380
	轨道交通车辆涂料［动车组、客车(铁道车辆)、城市轨道交通车辆、牵引机车］		底漆		≤200
			中涂		≤200
			底色漆		≤300
			本色面漆		≤300
			清漆		≤400
	轨道交通车辆涂料(货车)		底漆		≤200
			面漆		≤300
工业防护涂料	机械设备涂料	工程机械和农业机械涂料(含零部件涂料)	底漆		≤250
			中涂		≤250
			面漆		≤300
			清漆		≤300
		港口机械和化工机械涂料(含零部件涂料)	底漆		≤250
			中涂		≤200
			面漆		≤250
			清漆		≤250
	建筑物和构筑物防护涂料(建筑用墙面涂料除外)	金属基材防腐涂料	单组分	底漆	≤200
				面漆	≤250
			双组分	底漆	≤250
				中涂	≤200
				面漆	≤250
		混凝土防护涂料	封闭底漆		≤250
			底漆		≤200
			中涂		≤200
			面漆		≤250
	集装箱涂料		底漆		≤320
			中涂		≤200
			面漆		≤250
	包装涂料(不粘涂料)		底漆		≤420
			中涂		≤300
			面漆		≤270
	型材涂料		电泳涂料		≤200
			氟树脂涂料		≤300
			其他		≤250

表 1（续）

产品类别	主要产品类型	限量值/(g/L)
船舶涂料	上建内部和机舱内部用涂料	≤200
地坪涂料	水性	≤120
	聚合物水泥复合型	≤50
玩具涂料	—	≤420
道路及交通标志涂料	道路标志标线涂料	≤150
	铁路、公路设施涂料	≤300
防水涂料	—	≤50
防火涂料	—	≤80

表 2　溶剂型涂料中 VOC 含量的要求

产品类别	主要产品类型			限量值/(g/L)
木器涂料(限工厂化涂装用)	—			≤420
车辆涂料	汽车原厂涂料(乘用车)	中涂		≤500
		底色漆	实色漆	≤520
			效应颜料漆	≤580
		本色面漆		≤500
		清漆	单组分	≤480
			双组分	≤420
	汽车原厂涂料(载货汽车)[a]	本色面漆		≤500
		清漆		≤480
	汽车原厂涂料[客车(机动车)][a]	底漆		≤420
		中涂		≤420
		本色面漆		≤420
		清漆		≤420
	汽车修补用涂料[a]	底漆		≤540
		中涂		≤540
		本色面漆		≤540
		清漆		≤420
	轨道交通车辆涂料[动车组、客车(铁道车辆)、城市轨道交通车辆、牵引机车][a]	底漆		≤420
		中涂		≤420
		本色面漆		≤420
		清漆		≤420
	轨道交通车辆涂料(货车)	底漆		≤420
		面漆		≤420

表 2（续）

产品类别	主要产品类型				限量值/(g/L)
工业防护涂料	机械设备涂料	工程机械和农业机械涂料(含零部件涂料)	底漆		≤420
			中涂		≤420
			面漆	单组分	≤480
				双组分	≤420
			清漆	单组分	≤480
				双组分	≤420
		港口机械和化工机械涂料(含零部件涂料)	车间底漆(无机)		≤580
			底漆		≤420
			中涂		≤420
			面漆		≤450
			清漆		≤480
	建筑物和构筑物防护涂料(建筑用墙面涂料)	金属基材防腐涂料	车间底漆(无机)		≤580
			无机锌底漆		≤550
			单组分		≤500
			双组分	底漆	≤450
				中涂	≤420
				面漆	≤450
				清漆	≤480
		混凝土防护涂料(含铁路混凝土桥面用薄涂型防水涂料)	底漆		≤450
			中涂		≤420
			面漆		≤450
船舶涂料	车间底漆(无机)				≤580
	底漆		无机锌底漆		≤550
			其他		≤450
	面漆				≤450
	通用底漆/压载舱漆				≤350
	防污漆		Ⅰ型和Ⅱ型		≤450
			Ⅲ型		≤400
	特种涂料(耐高温漆、耐化学品漆等)				≤500
地坪涂料	—				≤250
道路及交通标志涂料	道路标志标线涂料				≤150
	铁路、公路设施涂料				≤300
防水涂料	单组分				≤100
	多组分				≤50

表 2（续）

产品类别	主要产品类型	限量值/(g/L)
防火涂料	—	≤420
[a] 溶剂型底色漆[载货汽车用、客车(机动车)用、汽车修补用、轨道交通车辆用]等涂料产品，目前暂无低 VOC 含量的溶剂型涂料产品，但考虑到该产品在溶剂型涂层体系的配套性需求是必不可少的，VOC 含量的限量值应符合相应产品的强制性国家标准中 VOC 项目的技术要求。		

表 3　无溶剂涂料中 VOC 含量的要求

项目	限量值/(g/L)
挥发性有机化合物(VOC)含量	≤60

表 4　辐射固化涂料中 VOC 含量的要求

产品类别	主要产品类型/施涂方式	限量值/(g/L)
金属基材与塑胶基材	喷涂	≤350
	其他	≤100
木质基材	水性	≤200
	非水性	≤100

5　测试方法

5.1　取样

产品按 GB/T 3186 的规定取样，也可按商定方法取样。取样量根据检验需要确定。

5.2　试验方法

5.2.1　施工状态判定

按产品明示的施工状态下的施工配比混合后，再按产品规定的施工工艺进行施涂，如施涂无障碍，干膜厚度能控制在产品规定的范围内，涂膜外观符合产品明示的质量标准规定的要求，则判定为“与实际施工状态相符”。

注：如实验室无法模拟施工工艺，可在实际涂装现场进行确认与取样。

5.2.2　VOC 含量

5.2.2.1　密度

按 GB/T 6750—2007 的规定进行，试验温度为(23±0.5)℃。

5.2.2.2　水性涂料中 VOC 含量

5.2.2.2.1　建筑用墙面涂料、木器涂料、地坪涂料、防水涂料、道路标志标线涂料中 VOC 含量

按 GB/T 23986—2009 的规定进行。色谱柱采用中等极性色谱柱(6％氰丙苯基/94％聚二甲基硅

氧烷毛细管柱),标记物为己二酸二乙酯。称取试样约 1 g。水分含量的测定,按附录 A 的规定进行。VOC 含量按 GB/T 23986—2009 中 10.4 计算。

5.2.2.2.2 其他水性涂料中 VOC 含量

先按附录 A 的规定,测定水性涂料中水分含量。

如涂料中水分含量大于或等于 70%(质量分数),按 GB/T 23986—2009 的规定进行。色谱柱采用中等极性色谱柱(6%氰丙苯基/94%聚二甲基硅氧烷毛细管柱),标记物为己二酸二乙酯。称取试样约 1 g。VOC 含量按 GB/T 23986—2009 中 10.4 计算。

如涂料中水分含量小于 70%(质量分数),按 GB/T 23985—2009 的规定进行。不挥发物含量按 GB/T 1725—2007 的规定进行,称取试样约 1 g,在(105±2)℃ 条件下烘烤 1 h。VOC 含量按 GB/T 23985—2009 中 8.4 计算。

5.2.2.3 溶剂型涂料中 VOC 含量

不含活性稀释剂和水的溶剂型涂料按 GB/T 23985—2009 的规定进行。不挥发物含量按 GB/T 1725—2007 的规定进行,称取试样约 1 g,在(105±2)℃ 条件下烘烤 1 h。不测水分,水分含量设为零。不含活性稀释剂和水的溶剂型涂料中 VOC 含量的计算,按 GB/T 23985—2009 中 8.3 进行。

含活性稀释剂的溶剂型涂料按 5.2.2.4 的规定进行。

有意添加水的溶剂型涂料按 GB/T 23985—2009 的规定进行。不挥发物含量按 GB/T 1725—2007 的规定进行,称取试样约 1 g,在(105±2)℃ 条件下烘烤 1 h;水分含量的测定,按附录 A 的规定进行。VOC 含量的计算,按 GB/T 23985—2009 中 8.4 进行。

5.2.2.4 无溶剂涂料中 VOC 含量

按 GB/T 34682—2017 的规定进行。不挥发物含量测定时的放置时间为标准试验环境[温度(23±2)℃;相对湿度(50±5)%]下放置 24 h,或按产品说明书要求时间放置,但放置时间不大于 7 d。不测水分,水分含量设为零。

VOC 含量的计算,按 GB/T 34682—2017 中 8.3 进行。

5.2.2.5 辐射固化涂料中 VOC 含量

按 GB/T 34675—2017 的规定进行。

水性辐射固化涂料中 VOC 含量的计算,按 GB/T 34675—2017 中 8.4 进行,水分含量的测定,按附录 A 的规定进行。

非水性辐射固化涂料中 VOC 含量的计算,按 GB/T 34675—2017 中 8.3 进行,不测水分,水分含量设为零。

6 判定规则

6.1 检验结果判定,按 GB/T 8170—2008 中修约值比较法进行。

6.2 在检验报告中标明施工状态下 VOC 含量时,按 5.2.1 的规定进行施工状态判定。

6.3 施工状态判定和 VOC 含量均达到本标准的要求时,产品为符合本标准的要求。

7 包装标志

7.1 产品包装标志除应符合 GB/T 9750 的规定外,按本标准检验合格的产品可在包装标志上明示。

7.2 包装标志上或产品说明书中应明确施工状态下的施工配比。

7.3 包装标志上或产品说明书中应标明符合本标准的分类、产品类别和产品类型(或施涂方式)。

7.4 含有活性稀释剂的溶剂型涂料应在包装标志上或产品说明书中明示。

7.5 有意添加水的溶剂型涂料应在包装标志上或产品说明书中明示。

7.6 对于聚氨酯类、环氧类等多组分固化的涂料应在包装标志上或产品说明书中标明适用期。

8 标准的实施

8.1 粉末涂料、无机建筑涂料(含建筑无机粉体涂装材料)、建筑用有机粉体涂料产品中 VOC 含量通常很少,属于低挥发性有机化合物含量涂料产品。

8.2 涂装现场对施工状态下的涂料产品抽查时,对于多组分固化的涂料品种抽样检验,应在产品适用期内进行检验。

附 录 A
（规范性附录）
水分含量的测定 气相色谱法

A.1 试剂和材料

A.1.1 蒸馏水：符合 GB/T 6682—2008 中三级水的要求。

A.1.2 稀释溶剂：用于稀释试样的并经分子筛干燥的有机溶剂，不含有任何干扰测试的物质。纯度至少为 99%（质量分数），或已知纯度。例如：二甲基甲酰胺等。

A.1.3 内标物：试样中不存在的并经分子筛干燥的化合物，且该化合物能够与色谱图上其他成分完全分离。纯度至少为 99%（质量分数），或已知纯度。例如：异丙醇等。

A.1.4 分子筛：孔径为 2 Å～3 Å，粒径为 1.7 mm～5.0 mm。分子筛应再生后使用。

A.1.5 载气：氢气或氦气，纯度≥99.995%。

A.2 仪器设备

A.2.1 气相色谱仪：配有热导检测器及程序升温控制器。

A.2.2 色谱柱：苯乙烯-二乙烯基苯多孔聚合物的毛细管柱。

注：其他满足检验要求的色谱柱也可使用。

A.2.3 进样器：微量注射器，10 μL。

A.2.4 配样瓶：约 10 mL 的玻璃瓶，具有可密封的瓶盖。

A.2.5 天平：实际分度值 d=0.1 mg。

A.3 气相色谱测试条件

A.3.1 色谱柱：苯乙烯-二乙烯基苯多孔聚合物的毛细管柱，25 m×0.53 mm×10 μm。

A.3.2 进样口温度：250 ℃。

A.3.3 检测器温度：300 ℃。

A.3.4 分流比：5∶1。

A.3.5 柱温：程序升温，100 ℃保持 2 min，然后以 20 ℃/min 升至 130 ℃并保持 3 min；再以30 ℃/min 升至 200 ℃保持 5 min。

A.3.6 载气：氢气，流速 6.5 mL/min。

注：也可根据所用气相色谱仪的性能、色谱柱类型及待测试样的实际情况选择最佳的气相色谱测试条件。

A.4 测试步骤

A.4.1 测试水的相对响应因子 *R*

在同一配样瓶（A.2.4）中称取约 0.2 g 的蒸馏水（A.1.1）和约 0.2 g 的内标物（A.1.3），精确至 0.1 mg，记录水的质量 m_w 和内标物的质量 m_i，再加入 5 mL 稀释溶剂（A.1.2），密封配样瓶（A.2.4）并摇匀。用微量注射器（A.2.3）吸取配样瓶（A.2.4）中的 1 μL 混合液注入色谱仪中，记录色谱图。按式（A.1）计算水的相对响应因子 R：

$$R=\frac{m_i \times A_w}{m_w \times A_i} \qquad \cdots\cdots(A.1)$$

式中：

R ——水的相对响应因子；

m_i ——内标物的质量，单位为克(g)；

A_w——水的峰面积；

m_w——水的质量，单位为克(g)；

A_i ——内标物的峰面积。

若内标物和稀释溶剂不是无水试剂，则以同样量的内标物和稀释溶剂（混合液），但不加水作为空白样，记录空白样中水的峰面积 A_0。按式(A.2)计算水的相对响应因子 R：

$$R=\frac{m_i \times (A_w - A_0)}{m_w \times A_i} \qquad \cdots\cdots(A.2)$$

式中：

R ——水的相对响应因子；

m_i ——内标物的质量，单位为克(g)；

A_w——水的峰面积；

A_0 ——空白样中水的峰面积；

m_w——水的质量，单位为克(g)；

A_i ——内标物的峰面积。

平行测试两次，取两次测试结果的平均值，其相对偏差应小于5%。

A.4.2 样品分析

称取搅拌均匀后的试样约0.6 g以及与水含量近似相等的内标物(A.1.3)于配样瓶(A.2.4)中，精确至0.1 mg，记录试样的质量 m_s 和内标物的质量 m_i，再加入5 mL稀释溶剂(A.1.2)（稀释溶剂体积可根据样品状态调整），密封配样瓶(A.2.4)并摇匀。同时准备一个不加试样的内标物和稀释溶剂混合液作为空白样。用力摇动或超声装有试样的配样瓶(A.2.4)15 min，放置5 min，使其沉淀[为使试样尽快沉淀，可在装有试样的配样瓶(A.2.4)内加入几粒小玻璃珠，然后用力摇动；也可使用低速离心机使其沉淀]。用微量注射器(A.2.3)吸取配样瓶(A.2.4)中的1 μL上层清液，注入色谱仪中，记录色谱图。

A.4.3 计算

按式(A.3)计算试样中的水分含量 w_w：

$$w_w=\frac{m_i \times (A_w - A_0)}{m_s \times A_i \times R} \times 100\% \qquad \cdots\cdots(A.3)$$

式中：

w_w ——试样中的水分含量，以质量分数计；

m_i ——内标物的质量，单位为克(g)；

A_w ——试样中水的峰面积；

A_0 ——空白样中水的峰面积；

m_s ——试样的质量，单位为克(g)；

A_i ——内标物的峰面积；

R ——水的相对响应因子。

平行测试两次，取两次测试结果的平均值，保留至小数点后两位。

A.5 精密度

A.5.1 重复性:水分含量大于或等于 15%,同一操作者两次测试结果的相对偏差小于 1.6%。

A.5.2 再现性:水分含量大于或等于 15%,不同实验室间测试结果的相对偏差小于 5%。

参 考 文 献

［1］ GB/T 2705—2003 涂料产品分类和命名

［2］ GB/T 33761—2017 绿色产品评价通则

［3］ GB/T 35602—2017 绿色产品评价 涂料

［4］ GB/T 35609—2017 绿色产品评价 防水与密封材料

［5］ GB 37822—2019 挥发性有机物无组织排放控制标准

［6］ GB 37824—2019 涂料、油墨及胶粘剂工业大气污染物排放标准

［7］ HG/T 4570—2013 汽车用水性涂料

［8］ HG/T 5367.1—2018 轨道交通车辆用涂料 第1部分:水性涂料

［9］ HJ 2537—2014 环境标志产品技术要求 水性涂料

［10］ ASTM D3960-05(2018) Standard Practice for Determining Volatile Organic Compound (VOC)Content of Paints and Related Coatings

［11］ Basic Criteria for Award of The Blue Angel Environmental Label RAL-UZ 12a Low-Emission and Low-Pollutant Paints and Varnishes(Edition August 2011)

［12］ Commission Decision (EU) 2015/886 Amending Decision 2014/312/EU establishing the ecological criteria for the award of the EU Ecolabel for indoor and outdoor paints and varnishes

［13］ Commission Decision (EU) 2014/312 Establishing the ecological criteria for the award of the EU Ecolabel for indoor and outdoor paints and varnishes

［14］ Directive 2010/75/EU of the European Parliament and of the Council of 24 November 2010 on industrial emissions (integrated pollution prevention and control)

［15］ Directive 2004/42/CE of the European Parliament and of the Council of 21 April 2004 on the limitation of emissions of volatile organic compounds due to the use of organic solvents in certain paints and varnishes and vehicle refinishing products and amending Directive 1999/13/EC

［16］ EPA method 24 Determination Of Volatile Matter Content,Water Content, Density, VolumeSolids, And Weight Solids Of Surface Coatings

［17］ Good Environmental Choice Australia Environmental Performance Standard Paints and Coatings (PCv2.2ii-2012)

［18］ GS-11 Green Seal Standard For Paints Coatings Stains and Sealers(Edition 3.2)

［19］ Hong Kong Green Label Scheme Product Environmental Criteria for Paint (GL-008-010)

［20］ Japan Eco-mark Product Category No.126 "Paints"(Version 2.5)

［21］ Korea Eco-label Standards EL241:2014 Paints

［22］ Nordic Ecolabelling of Chemical building products (Version 2.7)

［23］ US 40 CFR Part 60—STANDARDS OF PERFORMANCE FOR NEW STATIONARY SOURCES

［24］ World Health Organization, 1989. "Indoor air quality: organic pollutants." Report on a WHO Meeting, Berlin, 23-27 August 1987. EURO Reports and Studies 111. Copenhagen, World Health Organization Regional Office for Europe.

涂料与颜料标准汇编 涂料产品卷

2021

广告目录

珠海市卓和化工科技有限公司
江苏三木集团有限公司
江苏纽克莱涂料有限公司
德爱威（中国）有限公司
成都普瑞斯特新材料有限公司
广州致辉精细化工有限公司
山东瑞三化工科技有限公司
安德士新材料（中山）有限公司
佐敦涂料（张家港）有限公司
杭州明敏涂料有限公司
上海保立佳化工股份有限公司
冶建新材料股份有限公司
潍坊鼎盛化学工业有限公司
广州秀珀装饰工程有限公司
浙江金琨西立锆珠有限公司
上海天辰现代环境技术有限公司
杭州西河化工有限公司
上海正欧涂料有限公司
上海同力科技发展有限公司
福建南烽防火科技有限公司
成都虹润制漆有限公司
青岛爱尔家佳新材料股份有限公司
重庆三峡油漆股份有限公司
武汉双虎涂料有限公司
中山德图堡涂料有限公司
杭州电化新材料有限公司
上海鹏图抗菌新材料有限公司
广州拓普合成科技股份有限公司
广东华江粉末科技有限公司
浙江衢州硅宝化工有限公司
浙江圣安化工股份有限公司
河北德大新材料股份有限公司
珠海市氧特科技有限公司
深圳市广田环保材料有限公司

鸣谢单位　冠名权

鸣谢单位	冠名权	
珠海市卓和化工科技有限公司	邹长源	雷　霆
江苏三木股份有限公司	薛中群	惠正权
江苏纽克莱涂料有限公司	宣飞燕	
中山市华山高新陶瓷材料有限公司	程国胜	李杰伟
成都普瑞斯特新材料有限公司	史险峰	
广州致辉精细化工有限公司	段泽智	
深圳市广田环保材料有限公司	胡基如	
山东瑞三化工科技有限公司	纪合建	刘传浩
安德士新材料（中山）有限公司	杨力文	杨　灿
上海保立佳化工股份有限公司	杨文瑜	林奎方
冶建新材料股份有限公司	史优良	
潍坊鼎盛化学工业有限公司	王　正	盖成哲
广州秀珀装饰工程有限公司	欧阳讲继	梁剑锋
浙江金琨西立锆珠有限公司	胡法卿	胡宇升
上海天辰现代环境技术有限公司	姜　超	
杭州西河化工有限公司	梅巧芳	林　锋
上海正欧涂料有限公司	宗正新	
上海同力科技发展有限公司	顾淑平	
福建南烽防火科技有限公司	刘清良	方江海
成都虹润制漆有限公司	杨汝良	江　拥
重庆三峡油漆股份有限公司	魏雪峰	甘　劲
武汉双虎涂料有限公司	蒋红升	阙雷锋
中山德图堡涂料有限公司	尹承煊	
杭州电化新材料有限公司	刘　森	王光军
上海鹏图抗菌新材料有限公司	王　锦	
广州拓普合成科技股份有限公司	江文俊	江学亮
广东华江粉末科技有限公司	刘小峰	蔡劲树
浙江衢州硅宝化工有限公司	洪　璞	李冲合
浙江圣安化工股份有限公司	徐书群	
河北德大新材料股份有限公司	张家涛	
福建万安实业集团有限公司	苏万安	黄　文
杭州明敏涂料有限公司	戚长明	
珠海市氧特科技有限公司	侯汉亭	

企业介绍

浙江金琨西立锆珠有限公司是由金琨锆业和德国 SiLi 公司合资成立的专业生产，研发，销售氧化锆珠的高新技术企业。公司在原生产线的基础上，引进了 SiLi 公司世界一流的全自动生产线，采用了先进的德国工艺，生产德国 SiLi ZY-E 型锆珠。同时，也利用德国技术升级了原生产线，实现了 JZ95，JZ90 和 JZ80 等锆珠系列产品品质的提升。从而以一流的品质以及高性价比，满足了电池材料，先进陶瓷，钛白粉，墨水，油墨，涂料颜料，染料，造纸，喷丸，氧化硅，高岭土，碳酸钙，矿业等行业的不同需求。

公司是中德合资企业，借助德国先进的工艺和技术提升生产线，提升产品品质，促进企业发展。同时作为一家高新技术企业，公司秉持“技术创新，品质为先”的理念，每年投入利润的 10% 与德国 SiLi 公司合作进行研发。公司以“为客户创造价值”为追求，积累了大量的国内外知名客户，60% 产品的出口欧美地区。与此同时，公司是中国涂料工业协会和中国涂料协会装备分会的常任理事单位，被评为“浙江省涂料行业优秀供应商”。

JZ80
JZ90G
JZ95
JZ90B
SILI ZY-E
Jinkun®
SiLi®
SIGMUND LINDNER

XD-006/6VOC-A2 试验舱

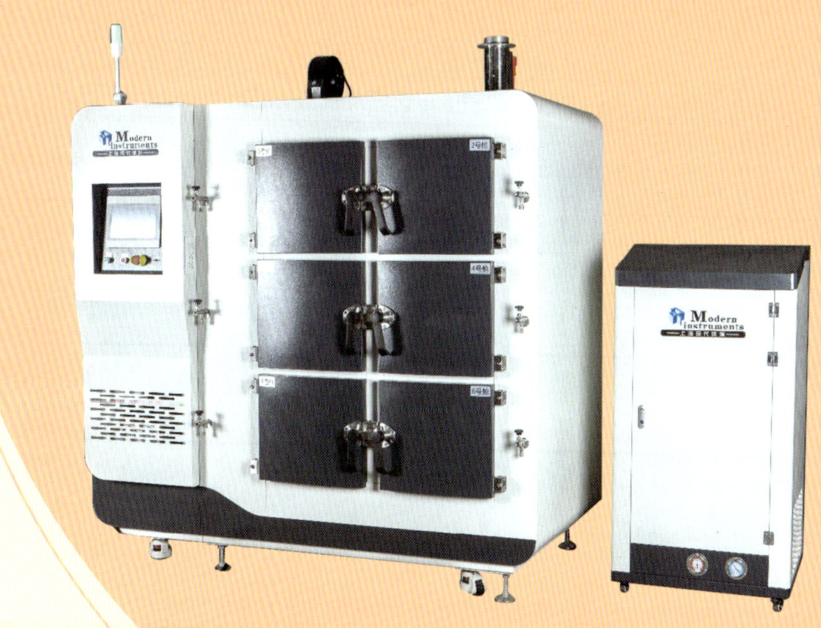

XD-006/6VOC-A2试验舱可提供多个洁净的封闭空间，能够精确控制舱内的温度、湿度、本底浓度、空气流速、气压、换气次数，模拟在特定环境下产品有害物的释放过程，从而模拟试样在特定环境中污染物（VOC）的释放指标。污染物浓度的监测确定其释放量，用来评价产品的环保水平。详细资料请扫描二维码查看。

满足标准：（涂料类）

★ JG/T 481-2015 低挥发性有机化合物(VOC)水性内墙涂覆材料

★ JG/T 528-2017 低挥发性有机化合物(VOC)水性内墙涂覆材料

★ GB/T 22374-2018 地坪涂装材料

★ GB/T 37884-2019 涂料中挥发性有机化合物（VOC）释放量的测定

★ ISO 16000-25-2011 建筑产品用挥发性有机化合物排放的测定微型室试验法

★ ISO 16000-23-2009 用吸附建筑材料降低甲醛和其他羰基化合物浓度的性能试验

★ ISO 16000-24-2009 室内空气和试验室空气中甲醛和其他羰基化合物含量的测定主动抽样法

AFA-V型自动涂膜机

AFA-V型自动涂膜机采用电动推杆实现湿膜制备器或线棒的涂布运动，有效避免手工涂布的不稳定性。本机采用单片机控制技术；触摸屏显示、选择左、右行速度和位移，运行时实时显示涂布实际移动距离；涂布架返回电动或手动均可；操作界面简单明了，极大方便操作者使用；为方便使用，还增加了左、右行启动/停止机械按钮和急停机械按钮。

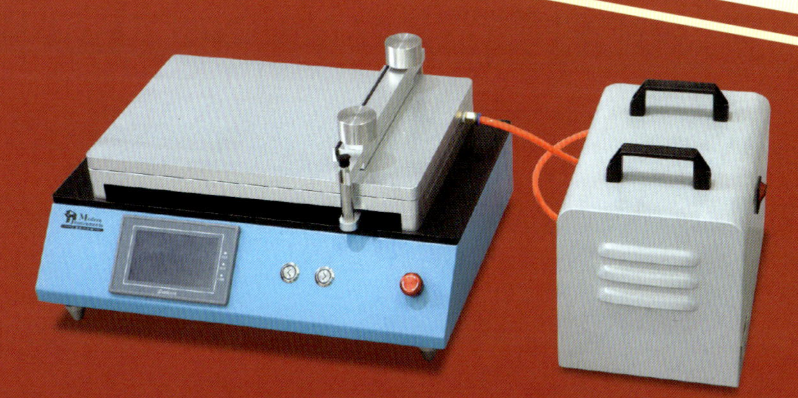

本机有可拆卸的“真空涂布台”和“夹具涂布台”二种可选配置，供客户订购时选择。

真空涂布台使用外置式真空泵。真空涂布台面板由定位销定位，可方便取下做清洁工作。

本机的涂布推杆经过改进，既可适用推湿膜制备器，装上线棒推架后亦可适用各种规格的线棒。线棒推架可附加配重以满足线棒涂布时的加压需求。

销售部：

油墨，涂料及木材仪器联系人：

张先生 邮箱：3004657537@qq.com 手机：13341635152

刘先生 邮箱：3004676923@qq.com 手机：18964084839

环境仓联系人：

王 平

邮箱：3004672507@qq.com

手机：18019704492

杭州西河化工有限公司

通过 ISO-9001 质量体系认证　　　　FCC ® INC SINCE 1958

增稠流变助剂　推荐应用表（水性体系）
附：　水性工业漆专用助剂

2020 年更新版本●

产品	增稠	触变性	储存稳定性	抗沉降	流挂控制	屈服值	应用举例
SUPBENT ® HV	++	+	+	+	+	+	水性工业漆，硅酸盐无机涂料，液体清洁剂，乳胶漆，汽车底涂，磨浆和磨料脱漆剂，水性油墨，日化用品，其他
SUPBENT ® LV	+	++	+	+	+	+	水性工业漆，有机硅涂料，乳液，腻子，乳胶漆，磨浆和磨料脱漆剂，水性油墨
SUPBENT ® LT	++	+	+	+	++	+	乳胶漆，水性涂料，有机硅涂料，乳液，腻子，液体清洁剂，磨浆和磨料脱漆剂，水性油墨，陶瓷釉彩，日化用品，其他
SUPBENT ® WT	+	+	+	+	+	+	水性工业漆，汽车底涂，乳液，色浆，有机硅涂料，液体清洁剂，脱漆剂，粘合剂，密封剂，沥青，制药工业，橡胶工业
SINOSTAR ® H420	0	++	+	++	++	+	水性工业涂料、环氧漆，聚脂漆，防腐漆，船舶漆，工业装饰漆，汽车底漆，胶粘剂及密封材料，油墨
SUPBENT ® CE	-	+	+	+	+	+	乳胶漆，水性涂料，粘合剂，瓷砖粘合剂，陶瓷，磨浆和磨料，液体洗涤剂，建筑材料，橡胶工业
SUPBENT ® LK	++	++	+	+	++	++	水性工业漆专用，也可用于水性防护材料，橡胶防护材料，在高电解质条件下稳定，与助溶剂协同性稳定
SUPBENT ® AK	+	+	+	+	+	+	水性工业漆专用，也用于低粘度无溶剂体系，金属防锈材料，在高电解质条件下稳定
SUPGEL ®MP *	++	++	+	+	+	++	水性漆，艺术涂料，乳液，高档乳胶漆，指画涂料，有机硅涂料，粘合剂，瓷砖粘合剂，陶瓷，磨浆和磨料，液体洗涤剂
SUPBENT®SP *	-	++	+	+	+	+	多彩涂料，艺术漆，乳液，高档乳胶漆，指画涂料，有机硅涂料，水性涂料；粘合剂，瓷砖粘合剂，陶瓷，磨浆和磨料，液体洗涤剂，牙膏，日用化妆品
SMECTONECLAY ®MP2010 *	++	++	+	+	+	+	防水涂料，水漆，内外墙涂料，弹性涂料，真石漆，仿砂漆，合成乳液
FCCBESTGEL ® 2020 *	++	+	+	+	+	+	水性漆用，防水材料，防锈材料，合成乳液
V-GEL ® 1958 *	++	+	+	+	+		水性工业漆，金属防锈，硅酸盐无机涂料，液体清洁剂，乳胶漆，汽车底涂

+ 绿色：高　++ 蓝色：极高　O：灰色 中等　- 红色：低

注 1 * 为易分散型　；注 2● 本表由 1980 年 SP/FR 系列演化而来，2020 年版本是在 2009 年版本基础上因技术及市场需求而更新的应用简表，由于水性漆技术不断在更新，本表后续如有更新可能无法一一向用户通知，有需求者请随时电邮询问，以便获取进一步更新的助剂信息

通过 **ISO-9001** 质量体系认证　　　　**FCC ® INC SINCE 1958**

流变助剂 推荐应用表（非水性体系用）

2020 年更新版本●

中低极性体系			高极性体系		
脂肪族溶剂	芳香族溶剂		醇类 酮类 酯类 含氧溶剂		
	低	高	高分子	低分子	
矿物油 石脑油 植物油	石蜡油 溶剂油 合成油	甲苯 二甲苯 苯乙烯	醋酸乙烯酯 乙酸丙酯 乙二醇酯 环已酮	乙醇 丙酮 丁醇 甲乙酮	应用举例

产品	应用举例
FRGEL®125	油漆：醇酸/沥青/环氧，润滑脂，胶粘剂，油墨
FRGEL®150	油漆：醇酸/沥青/环氧/丙烯酸，润滑脂，胶粘剂，油墨
FRGEL®MP100	高性能漆：醇酸/聚氨酯/丙烯酸/沥青/环氧/不饱和聚酯/酚醛/氯化橡胶，润滑脂，密封剂，油墨，化妆品，钻井泥浆
THIXCLAY®MPZ	修补漆，硝基漆，密封剂，填缝剂，清洗剂，化妆品
RHEOGEL® APA *	涂料：民用漆/工业油漆/富锌漆密封胶，油墨，化妆品
RHEOLOGYAGENT HF® EZ100 *	涂料：民用漆/工业油漆/富锌漆/交通划线漆，嵌缝胶和密封胶，油墨，化妆品
FRGEL® 170 *	高性能涂料：环氧树脂/工业涂料/汽车漆/底漆，清洗剂，胶粘剂，印刷油墨，化妆品
FRGEL® 200 *	高性能涂料丙烯酸体系/工业油漆/面漆/ 汽车漆，胶粘剂，印刷油墨，个人护理品
FRGEL® 250 *	高性能涂料，胶粘剂，填缝料和密封剂，印刷油墨，化妆品
EZGEL® UP	环氧 不饱和聚酯，高固份油漆 特种油墨，胶黏剂，密封胶
FRGEL ®HMP100 *	醇酸树脂 丙烯酸树脂 聚氨酯 沥青/环氧 不饱和聚酯 氯化橡胶 环氧树脂 酚醛树脂 环氧/聚酰胺树脂
FRGEL® 9800	醇酸树脂 丙烯酸树脂 聚氨酯 沥青/环氧 不饱和聚酯 氯化橡胶 环氧树脂 酚醛树脂 环氧/聚酰胺树脂
FRGEL® SPS	高性能涂料，胶粘剂，填缝料和密封剂
FRGEL HMP500	高性能民用漆/工业油漆/富锌漆/交通划线漆，塑料橡胶

注 1 * 为易分散型；▒ 为适用范围 ；注 2● 本表由 1980 年 SP /FR 系列演化而来，2020 年版本是 2009 年版本据技术及市场需求而更新而成。

杭州西河化工有限公司

电话:+86-571-88051375　传真:+86-571-88822631

www.nanoclay.net　www.sino-holding.com

技术研发部 EMAIL:additives@nanoclay.net

市场部 E-MAIL:sales@nanoclay.net

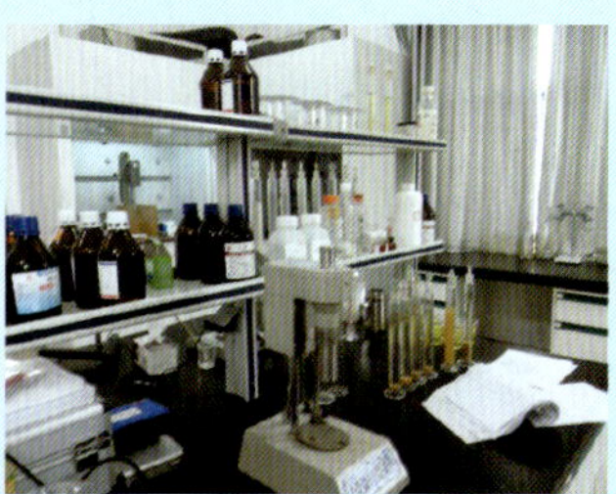

环保·科技·创新·品牌·和谐·发展

- Air++1102聚脲防水防腐涂料
- Air++1501聚脲耐磨防腐材料
- Air++1603聚脲防爆破涂料

防水　防腐　耐磨

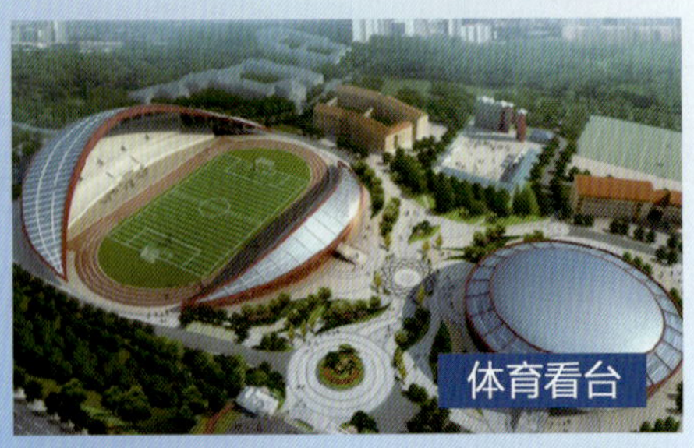
体育看台

水利大坝

隧道防水

管道防腐

矿山耐磨

3. 耐磨工程：矿山耐磨、工业地坪、皮卡车耐磨

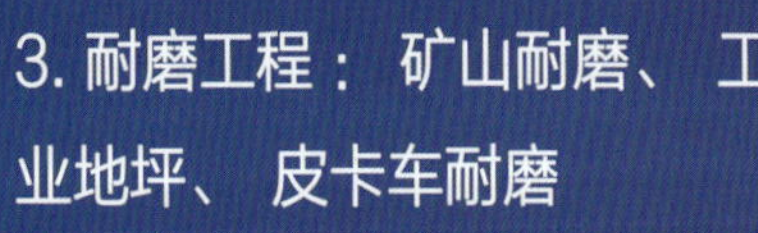

头盔防爆

军事车辆

企业简介

青岛爱尔家佳新材料股份有限公司成立于2006年，注册资本2520万元，是一家专业从事喷涂聚脲、单组分聚脲、聚天门冬氨酸等功能性高分子防水涂料应用研发的国家高新技术企业，应用领域主要集中于防水工程、防腐工程、高端制品等高科技及环保产业。

爱尔家佳是国家高新技术企业、青岛名牌、青岛市著名商标、山东名牌、山东著名商标、中国驰名商标、青岛市企业技术中心，公司拥有国家专利32项。

2016年12月，爱尔家佳成功登陆新三板，证券代码：870291。

网址：www.qdairjj.com
邮箱：qdairjj@qdairjj.com
电话：0532-66023326

青岛爱尔家佳新材料股份有限公司
地址：青岛市城阳区青大工业园春海路2号

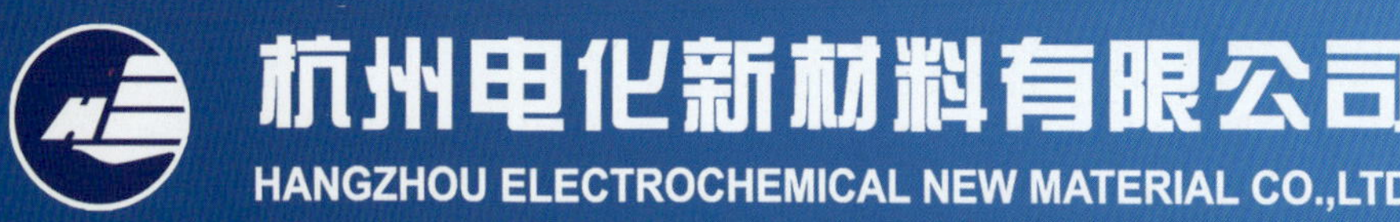

杭州电化新材料有限公司

HANGZHOU ELECTROCHEMICAL NEW MATERIAL CO.,LTD.

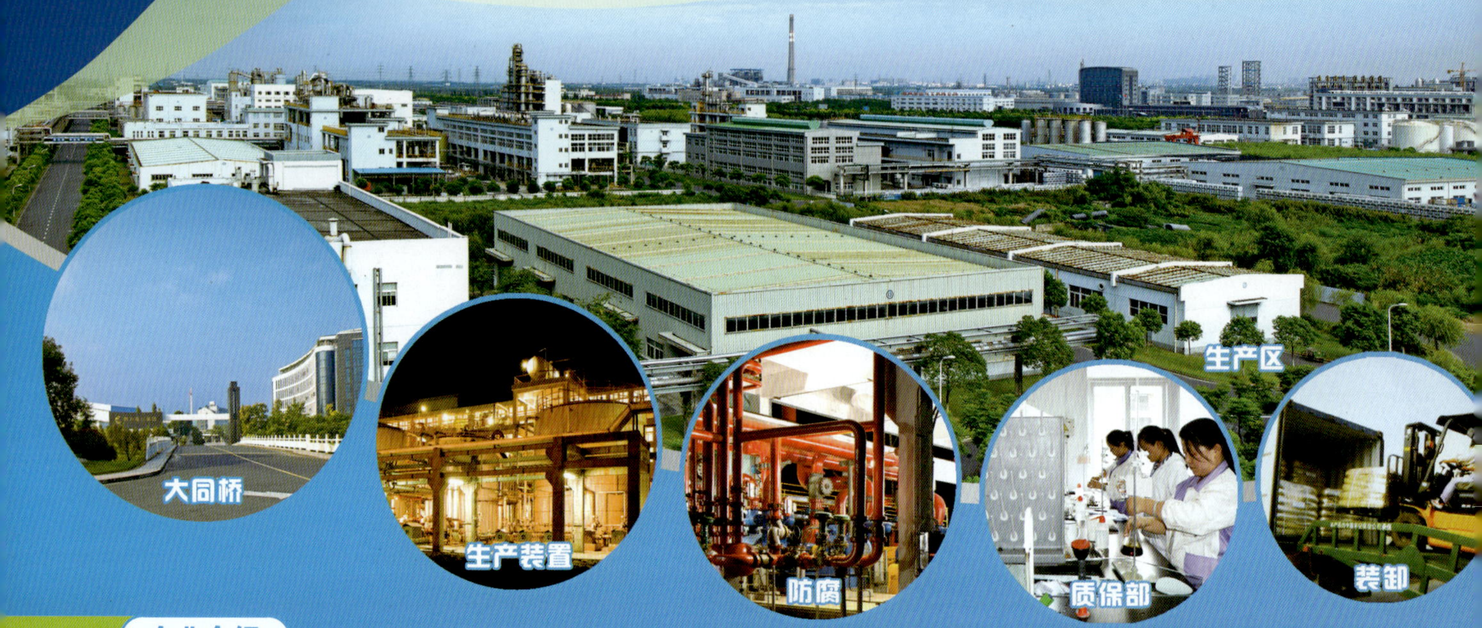
大同桥
生产装置
防腐
质保部
生产区
装卸

企业介绍

杭州电化新材料有限公司是杭州电化集团有限公司的控股子公司。企业位于浙江杭州钱塘新区临江高新技术产业园区，是一家专业从事生产氯化聚氯乙烯树脂及共混料、特种 PVC 树脂、氯醚树脂和氯醚乳液等产品的有限责任公司，并通过了 ISO9001 质量管理、ISO14001 环境管理体系和 OHSAS18001 职业健康安全管理体系的认证。杭州电化新材料有限公司承接原杭州电化集团有限公司多年的积累，在研发、技术、生产和售后服务等方面，均拥有自己独特的优势。公司致力于为客户提供质量优异的产品和全方位的服务，在国内外用户中获得了良好的口碑。

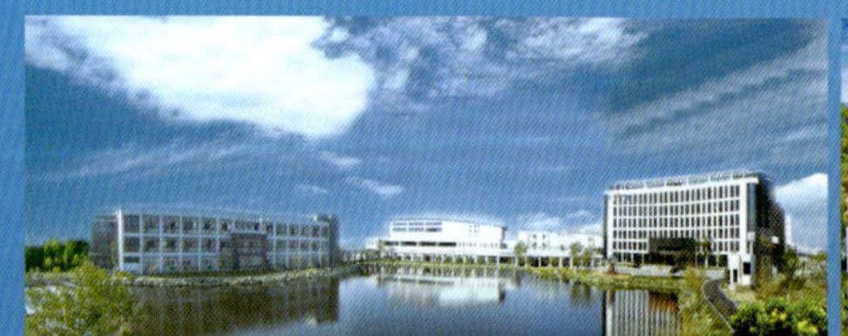

办公楼

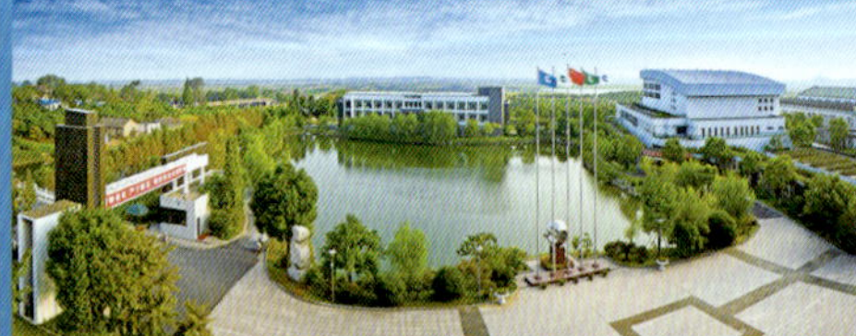

厂前区

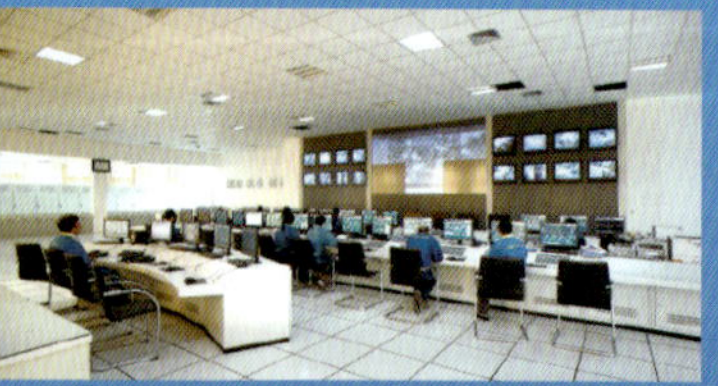

控制室

产品简介

氯醚树脂

我司是国内首家乳液法氯醚树脂生产单位。氯醚树脂产品溶解性优异，能溶解在众多溶剂中；分散性优异，对颜料有很强的润湿性，使颜料能够充分展示它的原色性和转移性；稳定性优异，具有良好的耐热、耐光、耐老化和耐盐雾性质。综上所述，其被广泛应用于防腐涂料和复合油墨领域。

氯醚乳液

我司自主研发的水性氯醚乳液防腐性能优异，主要应用于水性防腐涂料领域，如钢结构防腐、工程机械防腐等，还可应用于建筑外墙涂料体系。氯醚乳液是无毒、无味、无污染，不燃不爆的的环境友好型水性涂料，用氯醚乳液制成的水性涂料具有良好的耐候性、耐水性、耐盐雾等性能特点。

地址：杭州市钱塘新区临江工业园区红十五路 9936 号　电话：0571-86617799-6610

质保 20 年氟碳粉末
绚丽多彩 耐候耐腐蚀
独特邦定工艺 院士团队合作攻关

Rivers 千江

广东华江粉末科技有限公司

Guangdong Huajiang Powder Technology Co., Ltd.

公司成立于 2010 年，属于“新三板”公司肇庆千江高新材料科技股份公司（股票代码：836759）旗下子公司，并拥有子公司山东千江粉末科技有限公司，是一家专业研发、生产、销售高品质粉末涂料的高新技术企业。成立有广东省工程技术研究开发中心、省级企业技术中心。拥有 36 条先进的全自动生产线及七套先进的生产邦定机，年生产能力达 2 万吨。获得 ISO9001、ISO14001、欧盟 Qualicoat、Qualideco、美国 AAMA、广东省名牌产品等认证，秉承“坚持技术创新与质量第一，最大限度满足客户需求”的宗旨服务广大客户。

我们将为您带来：

（1）高附加值的粉末涂料产品

（2）高效快速的打板和生产供货

（3）快速响应的售后服务（2 小时内给解决方案，24 小时到现场）

（4）6 万种云端色彩数据与您共享

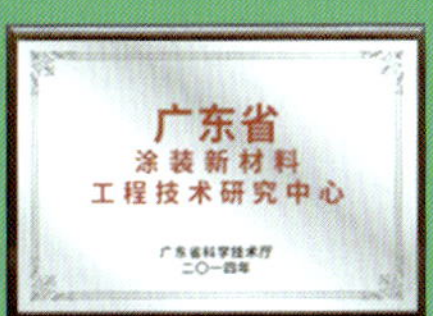

地址：广东省肇庆市国家高新区建设路 27 号
电话：0758-3636066　传真：0758-3636150
网址：riversqj.com　邮箱：riverscolor@qq.com

已服务过 1000+ 工程
Qualicoat Ⅰ类粉
质保 10 年

质保 10 年高耐候粉末

已服务过 1000+ 工程
Qualicoat Ⅱ类粉认证
AAMA2604 认证
质保 15 年

质保 15 年超耐候粉末

已服务过 10000+ 工程
GB/T 5237-2017 测试认证
质保 8 年
一箱可喷涂 400-500kg 铝材

质保 8 年户外专用粉末

绚丽多彩
耐候耐腐蚀
独特邦定工艺
院士团队合作攻关

高含量金属粉